本书由 大连市人民政府
大连海洋大学
大连獐子岛渔业集团股份有限公司 联合资助出版

鱼类及其他水生动物细菌实用鉴定指南

［澳］Nicky B. Buller　著
徐高蓉　常亚青　王诗欢　译
王　斌　牛　艳　校

海洋出版社
2013 年 · 北京

图书在版编目（CIP）数据

鱼类及其他水生动物细菌：实用鉴定指南／（澳）布勒（Buller，N. B.）著；徐高蓉，常亚青，王诗欢译. —北京：海洋出版社，2013. 1

书名原文：Bacteria from Fish and Other Aquatic Animals：A Practical Identification Manual

ISBN 978－7－5027－8436－2

Ⅰ. ①鱼…　Ⅱ. ①布…　②徐…　③常…　④王…　Ⅲ. ①水生动物－细菌－鉴定－指南　Ⅳ. ①S941. 42－62

中国版本图书馆 CIP 数据核字（2012）第 254510 号

图字：01－2008－6149

责任编辑：郑　珂

责任印制：赵麟苏

海洋出版社　出版发行

http://www. oceanpress. com. cn

北京市海淀区大慧寺路 8 号　邮编：100081

北京旺都印务有限公司印刷　　新华书店北京发行所经销

2013 年 1 月第 1 版　2013 年 1 月第 1 次印刷

开本：787 mm×1092 mm　1/16　印张：27. 25

字数：681 千字　定价：128. 00 元

发行部：62132549　邮购部：68038093　总编室：62114335

海洋版图书印、装错误可随时退换

译者序

近20年来，水产养殖业已成为世界上发展最快的食品生产行业之一。随着水产养殖规模的不断增大和集约化程度的不断提高，养殖病害也在不断增多、扩大和多样化，给水产养殖业造成重大损失。在2005年的《中国水产养殖病害检测报告》中，中华人民共和国农业部渔业局、全国水产技术推广总站指出，我国水产养殖动物生物性疾病种类达165种之多，其中细菌为主要病原，每年造成的直接经济损失达100亿元人民币。这还不包括因病害威胁导致的生产萎缩和产品质量下降带来的间接经济损失。在国际贸易中，水产疫病问题和防治疫病带来的药物残留问题对水产贸易造成严重的不良影响。目前，水产养殖病害已成为水产养殖业持续健康发展的主要瓶颈。水产业发展对水产病害的准确诊断、科学治疗提出迫切要求，而能否快速、准确地确定病原就显得至关重要。正如Nicky B. Buller博士所说的，与人类疾病临床微生物学可以参考的浩如烟海的书籍相比，水生动物微生物学相关的书籍实在有限。我们在工作过程中发现，国内尚无一本全面的、专门介绍水生动物细菌鉴定的书籍。2004年澳大利亚西澳大利亚州农业和食品部资深微生物学家Nicky B. Buller博士编写的*Bacteria from fish and other aquatic animals*：*a practical identification manual*一书出版发行，这是一本难得的专门针对水生生物疾病诊断和细菌鉴定的专业书籍。现将其翻译并介绍给国内读者，望其有助于我国水产科研事业的发展。

Nicky B. Buller博士在水生动物细菌学领域成绩卓著，书中不少内容是他本人的研究成果。本书具有涵盖面广、系统性强、信息量大、图文并茂，且强调实用性和可操作性的特点。全书共分为七章：内容涉及从细菌分离培养到培养基的选择，从传统的生化鉴定到分子技术的应用等方面，不仅对基本操作进行了详尽的介绍，更为可贵的是每一部分还介绍了大量的实践经验，把繁杂的内容以表格的形式呈现，使读者一目了然。此外，本书还展示了大量的彩色图片，使读者更能感性地认识和了解细菌形态及一些反应的结果。

翻译的过程对于我们来说也是个学习的过程。如果本书能给我国水生动物细菌学及疾病研究工作者带来帮助，那将是我们莫大的荣幸。尽管我们不遗余力，付出艰辛才得以成稿，但是毕竟水平有限，译文中错漏之处，恳请前辈专家和读者批评指正。

另外，本书中有个别英文名称和少量物种的拉丁文名，我们查阅大量文献仍未找到对应的中文译名，请读者见谅。

本书历经艰辛得以出版，这里要感谢对本书出版给予资金赞助的单位，更要感谢在本书出版过程中给予帮助的老师、同学、同事们和本书的编辑郑珂以及海洋出版社为之付出辛苦劳动的工作人员。正是由于他们的鼓励和支持才使我们有了坚持下去的勇气和信心。更可喜的是，一个可爱的小生命（徐高蓉的女儿）也随着本书的出版过程降临，谨将此书作为礼物送给她。

译者

2011年9月

中文版序

水产养殖业在全世界范围内持续扩展，在一些国家已成为提供本国消费或出口食品和产品的支柱产业。同所有的农业系统一样，疾病是水产动物养殖业成功的瓶颈。随着水产养殖知识的丰富及技术应用水平的提高，对水产病害的认识及其检测提出了更高的要求。科学家们持续探索和完善水产养殖的方法，并且使水产养殖种类更加多样化，从传统的有鳍鱼类、对虾，到更多的外来种，如鲍和海马。鱼类病理学家、微生物学家和研究者们需要利用有用的信息资源来帮助他们诊断疾病，这对于养殖者乃至整个产业都是有益的。

与浩如烟海的研究人类疾病的临床微生物学家可以参考的书籍和手册相比，微生物学家和其他科学家在鉴定水生动物细菌时可以参考的书籍相当有限。本书意在改善这种情形，并为诊断和研究水产动物细菌疾病的科学家们提供一个辅助的资源。本书在布局上将相似细菌的生化反应放在一起对比，并且包括被认为是不同水生动物正常菌群组成部分的那些细菌的生化反应。

我于27年前在西澳大利亚州农业和食品部（Department of Agriculture and Food）动物健康实验室的细菌实验室开始工作，并且从那时开始从各种不同的水生和陆生动物体上分离细菌。水生动物包括从热带到冷水的养殖水生种类，如有鳍鱼类（淡水及海水）、对虾、鲍、珠母贝及海马；野生水生动物通常是一些被冲刷到海岸上的种类；动物园动物，如企鹅、蛙、海豹等，还有一些是处在开展养殖研究阶段的种类。每一个种类都有自身独特的正常菌群和各自的细菌病原体范围。我从学术期刊中获得这些水生动物细菌的信息。因为从学术期刊获得的很多信息需要逐份打印集成一本易于查询的书，这样就唤起了撰写本书的念头，因此，本书是一本实用的手册。它提供了细菌，包括酵母菌和隐球菌的鉴定、初期培养、通用或选择培养基的使用、生化鉴定及详细的解释等各个方面的内容。本书包括一系列水生动物的病原体细菌，也包括正常菌群的一部分细菌，所以可以更精确地找到病原体细菌与非病原体细菌的区别，这给病原体细菌的成功鉴定更大的自信。采用分子生物学方法检测和鉴定细菌是一个飞跃。本书中的一个章节描述了分子方法，特别是聚合酶链式反应（PCR）在鉴定中的应用，并为要把这些方法引进到自身的诊断试验的实验室提供了基础的信息。

实验室使用的室内培养基类别迥异，最好的生化鉴定培养基是以鉴定海洋来源的细菌为目的而制作的那些培养基。本书包括大量已报道的适用于不同水生资源的不同细菌的培养基及其配方。同时本书也详述了文献所报道的可以直接购买的商业培养基和生化鉴定系统，如法国的生物梅里埃（bioMérieux）生产的API系统。很多生化实验方法都有限制条件，如果已知或者已报道，在正文中均有注明。

并非所有的实验室都能够涉及如此多的水生动物。本书意在包含更多的细菌正常菌群的一部分细菌，或者众多水生动物的病原体细菌。为了能与尽可能多的实验室相关，本书包括了不同国家的特有的或外来的细菌。

因为该领域的知识正在飞速发展，一本书不能涵盖最全面的趋势和日新月异的信息来源。本书列出了许多水生动物细菌疾病方面的权威学术期刊，所以本书的读者可以据此寻找更多的信息。撰写本书共引用了超过800条参考文献。

我在鱼类细菌性疾病方面的知识和经验得益于多年来大家的帮助以及一些允许我参与其中研究鱼类疾病的成功的应用基金。此外，在我事业初期，有幸访问了澳大利亚塔斯马尼亚州初级产业、水利及环境部（Department of Primary Industries，Water and Environment）的鱼类健康实验室，并与首席微生物学家Jeremy Carson博士讨论，向他学习了分离和鉴定技术，这些年来仍然在应用他的特有的技术来确定一些特殊细菌的鉴定。同样的，我也访问了位于澳大利亚维多利亚州的澳大利亚动物健康实验室的鱼类健康小组，向Nick Gudkovs学习了有关澳洲以外的细菌知识。我曾与澳大利亚昆士兰州汤斯维尔市初级产业和渔业部（Department of Primary Industries and Fisheries）擅长研究热带水生动物细菌感染的首席微生物学家Annette Thomas博士进行多次讨论。非常感谢上述科学家多年来的帮助。我还要感谢共事多年的鱼类病理学家们，他们的巨大热情和鱼类疾病方面渊博的学识激发了我对鱼类病原菌研究的浓厚兴趣和好奇。其中，我要特别感谢西澳大利亚州渔业部动物健康实验室鱼类健康小组的鱼类病理学家Brian Jones博士和已故的Jeremy Langdon博士。

我非常有幸能够获得资助以参加2000年和2001年在季隆市的澳洲动物健康实验室举行的关于鱼类疾病的专题讨论会，并且在大会上发表论文，同时我要感谢西澳大利亚州渔业部鱼类健康小组、西澳大利亚州农业和食品部动物健康实验室以及渔业研究与发展公司（FRDC）。

这本手册涵盖了包括隐球菌在内的31种细菌的培养和微观形态及一些室内生化培养基的生化反应的117张彩色图片。如果没有以下组织的帮助，将不可能获取这些图片：由渔业研究与发展公司（主赞助人）资助的澳洲农业、渔业和林业部（AFFA）水生动物健康子项目；西澳大利亚州农业和食品部动物健康实验室；西澳大利亚州渔业部以及Oxoid公司（澳大利亚）。

非常有幸能够看到本书中文版的问世，感谢郑珂编辑、翻译者及海洋出版社的工作人员为此书出版所作的贡献。本书最初在2004年由国际农业和生物科学中心（Centre for Agriculture and Biosciences International，CABI）于英国以英文出版。感谢助理编辑Meredith Carroll女士为海洋出版社安排翻译所做的努力。

Nicky B. Buller

2011年4月

原书序

水产动物疾病几个世纪以来已成为引起关注的事情，在过去的75年中由于全球大量海水、淡水养殖和环境事件的影响，使疾病的发生更为严重，尤其是细菌性疾病。由于水产养殖的集约化增强，并向新的领域扩展，鱼类的健康问题将具有更重要的意义。不管是来自海洋的还是淡水的，包括哺乳动物、鱼类、鸟类、软体动物、甲壳动物、爬行动物和两栖类在内的动物都不能避免细菌性疾病的影响。数百种细菌可能会是野生的和养殖的水生动物的病原菌，或在其有利的环境下成为潜在疾病威胁。此外，由于细菌性相关疾病的发生和防控，导致政府、私人水产业和公众付出巨大代价，每年水产资源损失达数百万美元。为了获得更大收益，有效控制产生疾病的细菌，迅速和准确地鉴定这些细菌就显得十分必要。

迄今为止，尚无一种单一可行的方法用于鉴定如此众多的来自海洋动物和淡水动物的细菌。然而，*Bacteria from fish and other aquatic animals*：*a practical identification manual* 的出版解决了这一难题。本书是一本实用的、读者易于掌握的鉴定指南，对没有经验和富有经验的细菌学家、微生物学老师和学生，水生动物健康研究人员和诊断专家，公共健康机构工作人员以及从事海洋鱼类、淡水鱼类、鸟类、哺乳动物、软体动物、甲壳类、爬行动物、两栖类动物研究的医学实验室工作人员都有很大的价值。本书借助大量表格和图片，分别论述了常规细菌的鉴定程序，基于观察的商品化鉴定试剂盒以及基于分子生物学的PCR和16*S* rDNA序列，具有广阔的科学应用前景。本书中包含近400种水生细菌的生物化学、生物物理学和分子生物学特征，它们的培养基以及与其相关疾病的简短论述。汇编此书是一项艰巨的任务，由于这本书为水生微生物学研究带来了不可估量的贡献，它的作者 Nicky B. Buller 博士受到高度赞誉。

John A. Plumb
奥本大学渔业与联合水产养殖系
亚拉巴马州
美国

致　谢

我要感谢 Jeremy Carson 博士（初级产业、水利及环境部，塔斯马尼亚州）和 Nick Gudkovs 博士（澳大利亚动物健康实验室，季隆，维多利亚州）接受我访问他们各自的实验室，尤其在我事业初期，一起研讨鱼类细菌疾病和细菌分离技术。另外，感谢 Jeremy Carson 博士和他的实验室，在那里的几年时间，他们帮助鉴定了我们从病例中分离的一些弧菌属和黄杆菌属的菌株。尤其要感谢农业部动物健康实验室（AHLDA）为本书提供的经过鉴定的菌株［柱状黄杆菌（*Flavobacterium columnare*）、鳗利斯特氏菌（*Listonella anguillarum*）、*Vibrio agarivorans*、鲍鱼肠弧菌（*Vibrio halioticoli*）和地中海弧菌（*Vibrio mediterranei*）］。感谢 Annette Thomas 博士（基础产业部，昆士兰州）赠送的溶藻弧菌（*Vibrio alginolyticus*）、哈维氏弧菌［*Vibrio*（*carchariae*）*harveyi*］、海豚链球菌（*Streptococcus iniae*）的菌株培养物和多年来所提供的大量关于兽医和鱼类病原菌的资料。感谢 Bruno Gomez-Gil 博士（CIAD/马萨特兰水产养殖和环境管理小组，墨西哥）提供的没有列在参考文献中的轮虫弧菌（*Vibrio rotiferianus*）的实验结果和在发表之前提供的包含在本书中的关于帕西尼氏弧菌（*Vibrio pacinii*）的论文，感谢 Fabiano Thompson 博士（微生物实验室，根特大学，比利时）提供的没有列进参考文献的详尽的海王弧菌（*Vibrio brasiliensis*）、巴西弧菌（*Vibrio neptunius*）、许氏弧菌（*Vibrio xuii*）API 20E 的进一步反应结果。感谢和我一起工作的鱼类病理学家，特别是 Brian Jones 博士和同一机构中的 Jeremy Langdon 博士，他们帮助我更好地理解了鱼类疾病。我也非常感激澳大利亚渔业研究与发展公司（FRDC）提供资金使我于 1996 年在塔斯马尼亚大学拥有鱼类疾病实验车间和 2000—2001 年在季隆的澳大利亚动物健康实验室拥有鱼类细菌学家的实验车间。

鲑鱼肾杆菌（*Renibacterium salmoninarum*）的照片是从动物健康实验室（AHL）档案室获得，这张照片没有文献来源，因此我无法感谢创始人。其余照片由作者本人拍摄，来自动物健康实验室（AHL）提交诊断书的培养物、典型菌株或者来自 A. Thomas 博士。柱状黄杆菌（*Flavobacterium columnare*）黏附在鳃组织上的照片由 Brian Jones 博士馈赠。

许多微生物学家和其他学科科学家这些年来负责任地发展技术，精炼培养基，用以分离和鉴定细菌。本书从文献援引的培养基也提到了这些培养基的发明人和改进者。如果有遗漏，在这里表示歉意。

由于昂贵的制版费用，得到以下单位的资助才有幸付梓。对他们的资助表示由衷的感谢。

主要资助者：澳大利亚农业、渔业和林业部（AFFA）水产动物健康子项目，由澳大利亚渔业研究与发展公司资助。

其他资助者：西澳大利亚州渔业部；Oxoid 公司（澳大利亚）；西澳大利亚州农业部动物健康实验室。

我也非常感谢西澳大利亚州农业部动物健康实验室提供照片一节所用的数码照相设备、培养基和细菌培养物。

我还要感谢国际农业和生物科学中心（CABI）的 Tim Hardwick 先生，是他协助把此书手稿带给出版社出版。

前　言

本书力图提供用于鉴定在水生生物体上可能发现的细菌资源。重点是鉴定养殖水生生物体携带的细菌。巴斯德有句名言"机会钟爱有准备的人"。因此，一个见识广博的微生物学家将会有更多的机会鉴定那些新发现的细菌。

由于水产业研究的不断发展，鱼类精养系统规模的日益扩大，国际上鲜活水生动物产品贸易的不断增加以及新疾病的不断发生，使我们分离并鉴定水生动物体及水生环境中细菌的知识得到迅速增长。每个月都有新的细菌被描述和报道，它们可能是病原菌、环境正常的菌群或者潜在的益生菌。分离和鉴定这些细菌，无论是在诊断还是研究能力方面对实验室来说都是个棘手问题。本书重点在于鉴定水产业的病原菌、正常菌群或可利用的潜在益生菌，还包括从其他生境分离的一些细菌。这本指南力图提供用现代尖端的分子技术和标准数据库的方法以及生化鉴定实验表格，来分离和鉴定来自水生环境中日益更新的细菌。分子诊断学已经在很多实验室变得常规化，本书中有一章专门介绍了利用分子生物学技术，如 PCR 和 16*S* rDNA 测序来鉴定细菌。

很多实验室不仅收到畜牧资源的样品，也收到动物园里动物的样品，如企鹅、海豹、海鸟以及圈养的和野生的水生哺乳动物。来自其他的水生环境用来分析的样品可能是鱼类，包括野生的和养殖的、淡水的和海水的、水族馆鱼类、热带鱼类，或养殖的水生动物，如鲍、珠母贝、海马、龙虾、小龙虾、雅比螯虾、麦龙螯虾及对虾。所有这些宿主都有各自的微生态菌群和潜在的细菌性病原，它们来自从热带到寒温带的生境。指南中包括的很多细菌都是在检测样品期间从不同范围的宿主和生境中发现的。不仅是样品中的病原菌，环境微生物和腐生菌，也有助于了解这些样品的微生物菌群。本书包含许多来自极端环境的细菌，随着世界水产业的增长，关于这些生境细菌群落的知识也不断增长，发现这些细菌的途径主要通过一些实验室提交的样品。因此，这些菌株在所推荐的培养基上可能有生长的能力，如本书中包含的 ZoBell 培养基或者海洋琼脂 2216（Difco）培养基。另外，还包含一些南极细菌，研究表明它们被当作海洋长须鲸的一种低成本的食物来源，它含有丰富的、在饮食上有重大意义的 ω-3 多不饱和脂肪酸（Nicols 等，1996）。因而，它可能被作为样品在实验室进行培养。

医学实验室也需要鉴定数量不断增多的来自水生生境的细菌样品，而且这些细菌可能与临床感染有关。这本书也可能协助鉴定商品化数据库，如 API（bioMérieux）中未涉及的细菌。

一般来说，文献中表型实验结果可能比较混乱，文献中采用的实验方法才是最重要的。在本书中，大部分生化实验依据 West 和 Colwell（1984）及 Cowan 和 Steel（1970）的实验方法，这些方法列在了表中。生物梅里埃（bioMérieux）公司可买到的商品化鉴定试剂盒 API 20E、API 50CH 和 API-ZYM 也被收入本书，这些实验结果被列进恰当的表格中。表型实验在生化管培养基和商品化鉴定试剂盒之间可能产生不同的结果，包括柠檬酸盐反应、脱羧酶、吲哚和一些糖类。文献中使用不同菌株，有不同的表型结果被报道，那么这些细菌的结果被分别列出。本书力图为细菌学家提供可能的、最好的鉴定分离于诊断样品或研究样品中细菌的方法。

本书尽可能多地采用界定明确的生化测试组合，照此则水生资源中遇到的大部分病原性和非病原性细菌可能被鉴定到属的水平，很多常见的细菌能被鉴定到种的水平。采用详细界定的生化测试组合的目的，是在室内准备的培养基能够尽可能多地培养和鉴定细菌，避免常规实验室因没有准备，花费大量的时间测试培养基而错过培养细菌的时间。由于使用不同的方法进行生化试验，因此，在一些文献报道中，出现了生化反应可变的问题。本书为水生细菌提供了一套标准的生化鉴定方法，书中报道的反应都是基于这套明确界定的方法。

本书包括需要特殊培养基和鉴定实验的细菌，以便为实验室进行相关鉴定提供帮助。对于布鲁氏杆菌属（*Brucella*）、支原体（*Mycoplasma*）和分枝杆菌（*Mycobacterium*），这些方法只能作为参考，它们应该送到专门实验室进行鉴定。也包括其他一些培养基，如检测黄杆菌属细菌糖发酵的替代方法。

发酵和利用的概念在文献中经常被混淆，在一些实例中通过所使用的方法进行评估是很困难的。区分发酵和利用是非常重要的，使用不同的方法，一种细菌糖发酵可能是阳性，然而当用唯一碳源测试时同一种糖利用却是阴性。通常说的“糖”的发酵是指一种碳水化合物的发酵或分解。分解的产物通过培养基中 pH 指示剂颜色的变化而测试，通常为酚红。利用是测试此细菌能否在唯一碳源的培养基上生长，培养基没有其他的营养成分，通过肉眼观察测试培养基的混浊度来判断细菌是否生长，利用培养基中没有 pH 指示剂。除柠檬酸盐外，都用 Simmons 法。

隐球菌属（酵母菌）也被列入本书，尽管它不是细菌，但对鱼类病理学家、兽医病理学家、微生物学家和实验室其他成员及处理易感水生哺乳动物样品者来说都有被感染的危险。因此，它包含在警示工作人员注意的危险生物样品之列。其他人兽共患细菌包括布鲁氏杆菌属（*Brucella*）、分枝杆菌（*Mycobacterium*）和诺卡氏菌（*Nocarclia*）。很多来自于水环境的细菌都有可能导致人类感染，这些细菌在表 1－1 中列出。

本书结构设计

本书是根据分离和鉴定一株未知的细菌的步骤分成章节的。其中一些基础章节对于经验丰富的微生物学家来说可能比较浅显，但是为了方便一些学生或者没有细菌培养技术的初学者，上述章节，尤其是诊断实验室用到的那部分仍旧被包括在内。

这些章节围绕宿主和细菌、分离技术、表型（生化）鉴定技术、分子鉴定和培养基等内容展开。

在表型鉴定一章有一个流程图（图 4－1），它指引微生物学家采用进行生化鉴定所要求的最合适的表格，进行一株未知细菌的鉴定。生化鉴定表是根据属名命名，如气单胞菌和弧菌，或根据革兰氏染色和细菌的形状，或根据氧化酶试验来命名的。

在常规鉴定表中，在“病原的”或“环境的”标题之下，细菌按其拉丁文名的字母顺序排列（弧菌属表格除外，即表 4－21 和表 4－22）。“病原的”或“环境的”的区分是根据对鱼类和水生动物的致病性来判定的，一般不能根据人或者陆地上的动物来判定。涵盖腐生菌和其他种类细菌的生化反应是为了有助于鉴定和确保具有相同结果的种类能够被正确鉴定。弧菌列表中的细菌是以 ODC、LDC 和 ADH 反应为基础来分组列表的。这样分组的目的是以此作为鉴定的起始点，类似流程表。API 数据库中的细菌按其拉丁文名的字母顺序列表。

意　义

鱼类和其他水生动物（养殖的和野生的）同陆地上的动物一样易于感染细菌。尤其当它们受到胁迫时，疾病可能发生在全身系统或者被限定在外部表面，如皮肤或鳃。在很多病例中，致病菌在环境中是广泛存在的或者部分是水生动物内部正常的菌群。研究表明，可能有 28 种不同的弧菌存在于甲壳动物胰腺（10^4 cfu/g）或健康虾的肠道和胃中（10^6 cfu/g）。这些弧菌经鉴定为溶藻弧菌（*Vibrio alginolyticus*）、副溶血性弧菌（*Vibrio parahaemolyticus*）、霍乱弧菌（*Vibrio cholerae*）和美人鱼发光杆菌（*Photobacterium damselae*）。但是，它们在疾病状态下仅有一种或两种弧菌被发现（Gomez-Gil 等，1998）。诊断疾病时需要考虑很多因素，如临床症状表现、病理学、细菌数量、细菌种类、分离细菌的组织部位及样品收集的无菌操作（Lightner 和 Redman，1998）。

鱼类体表细菌群落根据它们生长环境的盐度而有所不同，嗜盐性细菌在连续培养后嗜盐性依然保留。由于上述原因，鱼的肠道可能附着一些特殊的嗜盐弧菌（Liston，1957；Simidu 和 Hasuo，1968）。因此，当试图培养鱼类病原菌时，其嗜盐性一定要考虑进去，做生化鉴定试验也是如此。

感染水生动物的细菌性疾病在文献中有详细的介绍，如 Austin 和 Austin（1999），Woo 和 Bruno（1999）（参见“深入阅读和其他信息来源”部分）。在本书中致病细菌和疾病作为快速参考资料仅以列表的形式呈现。

目　次

第1章　水生动物和细菌之间的关系…………（1）
1.1　宿主种类、细菌和疾病之间的关系…………（1）
1.2　细菌性疾病…………（1）
1.3　细菌和宿主之间的关系…………（41）
1.4　细菌分类及疾病症状…………（82）
第2章　细菌培养技术：显微镜观察、培养和鉴定…………（92）
2.1　样品收集和提交…………（92）
2.2　培养和接种…………（93）
2.3　培养平板观察…………（94）
2.4　生化鉴定试验…………（122）
2.5　生化鉴定管接种…………（123）
2.6　API鉴定系统…………（124）
第3章　生化鉴定反应及生化组合介绍…………（125）
3.1　常规培养基：生化鉴定组合…………（125）
3.2　鉴定试验及其介绍…………（125）
3.3　生化鉴定表的使用…………（131）
3.4　属、种介绍及鉴定…………（132）
3.5　抗血清的获得与利用…………（146）
第4章　生化鉴定表…………（148）
4.1　常规生化试验结果（试验设计）…………（148）
4.2　API试剂盒结果…………（148）
第5章　技术方法…………（270）
5.1　总细菌数（TBC）…………（270）
5.2　显微镜使用方法…………（272）
5.3　细菌保存…………（272）
第6章　细菌分子鉴定技术…………（274）
6.1　利用特异引物通过PCR进行分子鉴定…………（274）
6.2　PCR操作步骤…………（283）
6.3　通过16*S* rDNA测序进行分子鉴定…………（287）
6.4　荧光原位杂交（FISH）…………（293）
第7章　培养和鉴定培养基制备…………（295）
7.1　常规分离与选择培养基…………（295）
7.2　生化测试培养基…………（313）

深入阅读和其他信息来源……………………………………………………………………（331）
附录……………………………………………………………………………………………（334）
术语表…………………………………………………………………………………………（343）
参考文献………………………………………………………………………………………（349）
索引……………………………………………………………………………………………（384）

第1章　水生动物和细菌之间的关系

1.1　宿主种类、细菌和疾病之间的关系

本章主要介绍宿主和细菌群落之间的关系，其中部分细菌可能既是宿主的正常菌群，又是病原菌。这部分内容分两种方式介绍。

第一种方式，表1－1按照水生动物宿主英文通用名的字母顺序排列，拉丁文学名在括号里。一些宿主是以它们隶属的科分组。例如，鳟鱼和大麻哈鱼都列为鲑鳟类；海豚、鼠海豚、海狮和鲸鱼都列为海生哺乳动物；水族箱的鱼都列为观赏鱼类。在列表中相邻的列中分别介绍：被报道的病原菌或正常菌群、感染或病原出现的组织部位及疾病状态。一些细菌被认为是条件致病菌，在宿主健康状态下可能为正常菌群的组成部分，动物在受胁迫状态下，这些细菌可能突破宿主的防御系统，导致动物发病或者感染。其中一些已经被分离鉴定但是至今它们的传染途径还是未知的，对其毒力的研究也尚未开展。

第二种方式，表1－2中的信息按照细菌拉丁文学名的字母顺序排列，相邻的列中分别介绍疾病名称和症状、所分离组织部位及疾病分布的地理位置。

1.2　细菌性疾病

在表1－1和表1－2之外，以下对一些普遍认识的鱼病细菌进行了简要介绍，如需更详细的介绍和进一步了解，请参见“深入阅读和其他信息来源”部分。

1.2.1　坏疽杆菌病

这是最近在泰国的淡水低头鲇（*Pangasius hypophthalmus* Sauvage）中发现的一种病。致病细菌已鉴定为叉尾鮰爱德华菌（*Edwardsiella ictaluri*），据美国报道，此菌可导致鲇鱼肠败血症。该疾病在这种鲇鱼上出现的症状为多发性、大小不规则的白色病灶，在内脏器官，主要出现在肾、肝和脾上。病灶在组织学上表现为坏疽和炎症性化脓肉芽。利用致病细菌生化特征鉴定为叉尾鮰爱德华菌（*Edwardsiella ictaluri*）；然而，当利用显微观察时发现细菌细胞显示多态性，比常见的叉尾鮰爱德华菌其他菌株的长度和体积更大（Crumlish 等，2002）。

1.2.2　细菌性鳃病（BGD）

细菌性鳃病是由产黄菌属嗜鳍黄杆菌（*Flavobacterium branchiophilum*）引起的，它是大的丝状体革兰氏阴性杆菌。这类细菌黏附在鱼鳃的上皮组织表面致病（Snieszko，1981；Ostland 等，1994）。

1.2.3　细菌性肾病（BKD）

病原是鲑鱼肾杆菌（*Renibacterium salmoninarum*），它感染鲑鱼。此疾病开始时有一个

表 1-1　宿主和细菌之间的关系

宿主	病原菌	正常菌群	组织部位	疾病状态	参考文献
鲍 **abalone**		假交替单胞菌（*Pseudoalteromonas* spp.），希瓦氏菌属（*Shewanella* spp.），*Vibrio agarivorans*（致病性未确定），地中海弧菌（*Vibrio mediterranei*）	组织	大量死亡，组织损伤	135
皱纹盘鲍（*Haliotis discus hannai*）		鲍鱼肠弧菌（*Vibrio halioticoli*）	肠	正常菌群	678
红鲍 red abalone（*Haliotis rufescens*）	溶藻弧菌（*Vibrio alginolyticus*）		患病鲍不能活动，在池底	幼虫死亡	30
疣鲍（*Haliotis tuberculata*）	哈维氏弧菌［*Vibrio*（*carchariae*）*harveyi*］		足上有红色小脓包	大量死亡	576
Japanese abalone（*Sulculus diversicolor supratexta*）	哈维氏弧菌（*Vibrio harveyi*）（菌株非发光，ODC 阴性，尿素酶阴性）		足上有白色斑点，组织有病灶，肌肉纤维坏疽严重	大量死亡，失去附着能力	581
九孔鲍 small abalone（*Haliotis diversicolor supe rtexta*）	副溶血性弧菌（*Vibrio parahaemolyticus*）		血淋巴组织	综合征，大量死亡	499
藻类 **alga**					
石莼 marine alga（*Ulva lactuca*）		藻假交替单胞菌（*Pseudoalteromonas ulvae*）		具有防污特性	231
红叶藻 red alga（*Delesseria sanguinea*）		食半乳糖邹贝尔氏菌（*Zobellia galactanovorans*）			61
鳄鱼 **alligator**					
密河鳄（*Alligator mississippiensis*）	1. 迟钝爱德华菌（*Edwardsiella tarda*） 2. *Mycoplasma alligatoris* 3. 多杀巴斯德菌（*Pasteurella multocida*） 4. 葡萄球菌（*Staphylococcus*）	5. 迟钝爱德华菌（*Edwardsiella tarda*），迈阿密沙门氏菌（*Salmonella miami*），爪哇型沙门氏菌（*S. java*），哈特福德沙门氏菌（*S. hartford*）	1、3. 肠增大，泄殖腔充血，肾有坏死组织，腹膜炎，胃黏膜腐烂 2. 肺水肿，形成空隙肺炎、心包炎、心肌炎、脑膜炎、关节炎 3、4. 肺脏	1、5. 肾炎致病性未确定 2. 急性多系统并发症 3、4. 肺炎	128 129 520 804 823
琥珀鱼 **amberjack**，参见五条鰤 **yellowtail**					
凤尾鱼 **anchovy**（*Engraulis mordax*）	海洋屈挠杆菌（*Tenacibaculum maritimum*）		吻、眼睛和腹部中央出血性损伤	传染	154
北极红点鲑 **Arctic charr**（*Salvelinus alpinus* Linnaeus）参见鲑鳟鱼类 SALMONIDS					

续表 1－1

宿主	病原菌	正常菌群	组织部位	疾病状态	参考文献
卤虫属 ***Artemia* spp.**，参见虾类 **shrimp** 中的卤虫 brine shrimp					
香鱼 **ayu**（*Plecoglossus altivelis* Temminck and Schlegel）	1. 嗜冷黄杆菌（*Flavobacterium psychrophilum*） 2. 鳗利斯特氏菌（*Listonella anguillarum*）01 和 02（欧洲名称） 3. 鳗败血假单胞菌（*Pseudomonas anguilliseptica*） 4. 变形假单胞藻（*Pseudomonas plecoglossicida*） 5. 鲑鱼肾杆菌（*Renibacterium salmoninarum*） 6. 海豚链球菌（*Streptococcus iniae*） 7. 非 01 霍乱弧菌（*Vibrio cholera* non－01）（鸟氨酸脱羧酶阴性）		4. 出血性腹水 5. 肾白色节结，腹部鼓胀腹水，眼球凸出	1. 冷水疾病 2. 弧菌病 3. 疾病 4. 大量死亡，细菌性出血性腹水（BHA） 5. 细菌性肾疾病（BKD） 6. 死亡，链球菌 7. 大量死亡	434 442 561 564 568 582 712 722 757 803
黑头软口鲦 American **baitfish**（*Pimephales promelas Rafinesque*）	参见鲤科小鱼 **minnow**				
尖吻鲈 **barramundi**（*Lates calcarifer* Bloch）	参见鲈科鱼类 **bass**				
鲈科鱼类 **bass**					
舌齿鲈 European sea bass（*Dicentrarchus labrax* Linnaeus）	1. 嗜水气单胞菌（*Aeromonas hydrophila*） 2. 美人鱼发光杆菌杀鱼亚种（*Photobacterium damselae* ssp. *piscicida*） 3. 鳗败血假单胞菌（*Pseudomonas anguilliseptica*） 4. 海洋分枝杆菌（*Mycobacterium marinum*）和分枝杆菌属（*Mycobacterium* spp.） 5. 海豚链球菌（*Streptococcus iniae*） 6. 海洋屈挠杆菌（*Tenacibaculum maritimum*）		1. 脾脏增大，肛门有红斑并出水 2. 没有明显病理特征，肾脏增大，有白色节结 3. 细菌分离于头肾和脾脏 4. 眼睛蜕变，眼球凸出，皮肤溃烂，鳃坏死 4、5. 细菌存在于心和脾脏，脾脏极度肿大 6. 皮肤苍白区域具黄色边缘，导致鱼体鳍、口腔、眼睛和鳃坏死	1. 大量死亡 2. 鱼巴斯德菌病 3. 出血性败血症 4. 分枝杆菌病 5. 渗出性脑膜炎和全眼炎 6. 皮肤坏死，小鱼易感，成鱼与环境胁迫有关	60 91 96 140 183 209 227

续表 1－1

宿主	病原菌	正常菌群	组织部位	疾病状态	参考文献
大口黑鲈 largemouth bass（*Micropterus salmoides* Lacépède）	迟钝爱德华菌（*Edwardsiella tarda*）	叉尾鮰爱德华菌（*Edwardsiella ictaluri*）	肠、肝、脾	内部器官无血色和贫血，血液稀薄，胃壁和肠黏膜有出血性结节	627 823
尖吻鲈 sea bass（*Lates calcarifer* Bloch），也被称为澳洲肺鱼（barramundi，barramundi perch）	1. 约氏黄杆菌（*Flavobacterium johnsoniae*） 2. 美人鱼发光杆菌美人鱼亚种（*Photobacterium damselae* ssp. *damselae*） 3. 美人鱼发光杆菌杀鱼亚种（*Photobacterium damselae* ssp. *piscicida*） 4. 海豚链球菌（*Streptococcus iniae*） 5. 哈维氏弧菌（*Vibrio harveyi*）		1. 尾部侧面，肺鳍，偶尔也见到颌下表面皮肤糜烂 3. 眼睛凸出，皮肤溃烂出血，败血 4. 细菌分离于脑部	1. 幼体传染 2、3、4、5. 大量死亡	127 135 145 734
花鲈 sea bass（*Lateolabrax japonicus* Cuvier），Japanese seaperch	黄尾脾脏诺卡氏菌（*Nocardia seriolae*）		在鳃、心脏、肾脏、肝脏、脾脏有白黄结节	诺卡氏菌病	155
尖吻重牙鲷 sea bass（*Puntazzo puntazzo* Cuvier）	嗜水气单胞菌（*Aeromonas hydrophila*）		肾增大，肛门红斑并肿胀	大量死亡	227
条纹狼鲈 striped bass（*Morone saxatilis* Walbaum），（*Roccus saxatilis*）	1. 栖鱼肉杆菌（*Carnobacterium piscicola*） 2. 水生棒杆菌（*Corynebacterium aquaticum*） 3. 海洋分枝杆菌（*Mycobacterium marinum*）和分枝杆菌属（*Mycobacterium* spp.） 4. 美人鱼发光杆菌杀鱼亚种（*Photobacterium damselae* ssp. *piscicida*） 5. 黏质沙雷氏菌（*Serratia marcescens*） 6. 海豚链球菌（*Streptococcus iniae*）	7. 非 01 霍乱弧菌（*Vibrio cholerae* non－01）和拟态弧菌（*Vibrio mimicus*）毒性试验不能导致死亡，然而，它可能是胁迫环境下鱼的条件致病菌	1. 肝、肾、脾和脑充血并出血 2. 脑组织有细菌，眼球凸出 3. 所有器官都有小凸起病灶 4. 从器官内部，增大的肾脏和脾脏分离细菌，反常的皮肤色素沉着 5. 肌肉组织有结节	1. 大量死亡 2. 传染 3. 大量死亡 4. 鱼巴斯德菌病 5. 鱼苗大量死亡 6. 链球菌 7. 野生的鱼表现健康；养殖胁迫下的鱼会导致大量死亡	73 75 76 235 333 337 339 474 507 708
有名锤形石首鱼 white sea bass（*Atractoscion nobilis* Ayres），也被称为白犬牙石首鱼 white weakfish，鲔科	海洋屈挠杆菌（*Tenacibaculum maritimum*）		眼睛损害，身体从鳃盖损害到大范围的深层肌肉组织溃烂	幼苗传染疾病	154

续表 1-1

宿主	病原菌	正常菌群	组织部位	疾病状态	参考文献
斜带石斑鱼，巨石斑鱼 orange-spotted grouper（*Epinephelus coioides* Hamilton，*E. tauvina* Forsskål），鮨科	1. 海豚链球菌（*Streptococcus iniae*） 2. 哈维氏弧菌（*Vibrio harveyi*）		1. 易传染	1. 链球菌	847 848
绵鳚 viviparous **blenny**（*Zoarcesviviparus* Linnaeus）	非典型杀鲑气单胞菌（*Aeromonas salmonicida*）		红色溃烂有白边，细菌分离于内部器官	皮肤溃烂，败血症	832
鲷科鱼类 **bream**					
黄鳍棘鲷 black sea bream（*Acanthopagrus latus* Houttuyn），也被称为黄鳍鲷 yellowfin seabream	1. 鳗败血假单胞菌（*Pseudomonas anguilliseptica*）		1. 出血和病灶溃烂	对海豚链球菌不易感 1. 冬季发病，败血症	225 569 848
欧鳊 common bream，carp bream（*Abramis brama* Linnaeus）	杀鲑气单胞菌无色亚种（*Aeromonas salmonicida* ssp. *achromogenes*）		大的开放性损伤，脱皮，看不到典型的"疖"	大量死亡	534
单斑重牙鲷 one-spot sea bream（*Diplodus sargus kotschyi* Steindachner）				对海豚链球菌不易感	848
真鲷 red sea bream，Japanese seabream（*Pagrus major* Temminck and Schlegel），鲷科	1. 迟钝爱德华菌（*Edwardsiella tarda*） 2. 鳗利斯特氏菌（*Listonella anguillarum*） 3. 海洋屈挠杆菌（*Tenacibaculum maritimum*）		1. 败血症，局灶性化脓或肉芽肿性病变，皮肤溃烂	1. 爱德华菌病 2、3. 传染	
金头鲷 sea bream（*Sparus auratus* Linnaeus），鲷科	1. 鳗利斯特氏菌（*Listonella anguillarum*） 2. 美人鱼发光杆菌美人鱼亚种（*Photobacterium damselae* ssp. *damselae*） 3. 美人鱼发光杆菌杀鱼亚种（*Photobacterium damselae* ssp. *piscicida*） 4. 鳗败血假单胞菌（*Pseudomonas anguilliseptica*） 5. 无乳链球菌（*Streptococcus agalactiae*） 6. 海豚链球菌（*Streptococcus iniae*） 7. 溶藻弧菌（*Vibrio alginolyticus*） 8. 哈维氏弧菌（*Vibrio harveyi*） 9. 灿烂弧菌（*Vibrio splendidus*）		2. 不活泼，腹部膨大，鳍和尾部出血，肝无血色 3. 除肛门发红凸出外，腹部膨大，腹水，脾脏增大，肝脏点状出血，肾和脾脏肉芽肿性病变，多组织坏死 4. 在水表面诡异游泳，沉在笼子底部并死亡，腹水、肾脏出血 5. 躯干、嘴、眼睛、鳃盖和鳍大面积出血 1、7、8、9. 溃烂，出血，眼球凸出	1、2. 大量死亡 3. 鱼巴斯德菌病 4. 冬季发病，角膜炎伴有败血性出血 5. 链球菌——流行性引起100%的死亡 6. 脑膜炎渗出和全眼球炎 1、3、7、8、9. 初始病原毒力研究	57 58 60 96 225 242 751 786 853

续表 1-1

宿主	病原菌	正常菌群	组织部位	疾病状态	参考文献
粗鳞鳊 silver bream，white bream（*Blicca bjoerkna* Linnaeus）	杀鲑气单胞菌无色亚种（*Aeromonas salmonicida* ssp. *achromogenes*）		大的开放性的皮肤病灶，周围有结痂，看不到典型的“疖”	疖病，大量死亡	534
鲤科鱼类 **carp**					
鳙 bighead carp（*Aristichthys nobilis*）		叉尾鮰爱德华菌（*Edwardsiella ictaluri*）			627
鲤 common carp，koi carp（*Cyprinus carpio* Linnaeus）	1. 兽气单胞菌（*Aeromonas bestiarum*） 2. 非典型杀鲑气单胞菌（*Aeromonas salmonicida*） 3. 维隆气单胞菌维隆亚种（*A. veronii* ssp. *veronii*） 4. 弗劳地柠檬酸杆菌（*Citrobacter freundii*） 5. 柱状黄杆菌（*Flavobacterium columnare*） 6. 鲁氏耶尔森菌（*Yersinia ruckeri*）	7. 嗜泉气单胞菌（*Aeromonas eucrenophila*） 8. 温和气单胞菌（*A. sobria*）在毒性研究中不是螃蟹的病原（参见文献 452） 9. 海豚链球菌（*Streptococcus iniae*）和无乳链球菌（*S. agalactiae*）［难辨链球菌（*S. difficile*）］在毒性试验中是非病原（参见文献 234）	1、3. 出血，坏疽，溃烂 2. 溃烂，损害 3. 血性腹水 4. 小鱼可见 5. 鳃 6. 能够传染，有或无临床症状 7. 腹水	1、3. 病原菌毒力研究 2. 真皮层溃烂 4. 死亡率高，败血症，条件致病 5. 传染 6. 耶尔森氏鼠疫杆菌肠道病 7. 非病原的	135 209 234 271 379 425 452 473 760
黑鲫caucasian carp，crucian carp（*Carassius carassius* Linnaeus）	伤口埃希氏菌（*Escherichia vulneri*）		眼睛出血，腹部鼓胀，发黑，肝黄色，肠液黄色	死亡	51
伊比利亚秘鳉 Iberian toothcarp，Spanish toothcarp（*Aphanius iberus* Valenciennes）	副溶血性弧菌（*Vibrio parahaemolyticus*）		外部出血，尾部腐烂	死亡	10
白鲢 silver carp（*Hypophthalmichthys molitrix* Valenciennes）	1. 雷氏普罗威登斯菌［*Providencia*（*Proteus*）*rettgeri*］ 2. 金黄色葡萄球菌（*Staphylococcus aureus*）		1. 腹部、胸鳍基部和头部有大块红色溃烂，细菌分离于内部器官。池底受精卵被家禽粪便中的雷氏普罗威登斯菌污染 2. 红色角膜变得不透明，眼组织蜕变	1. 死亡率高 2. 眼睛疾病	79 688
鲇科鱼类 **catfish**					
叉尾鮰属（*Ictalurus* spp. Rafinesque）	柱状黄杆菌（*Flavobacterium columnare*）		肾脏有细菌		88

续表 1-1

宿主	病原菌	正常菌群	组织部位	疾病状态	参考文献
黑鮰black bullhead (*Ameiurus melas* 是有效名，*Ictalurus melas* Rafinesque 为学名)	1. 叉尾鮰爱德华菌 (*Edwardsiella ictaluri*) 2. 柱状黄杆菌 (*Flavobacterium columnare*)		2. 头部皮肤糜烂，边缘黄色	1. 鲇鱼肠败血症 (ESC)，爱德华氏菌病 2. 柱状疾病	88
长鳍叉尾鮰 blue catfish (*Ictalurus furcatus* Valenciennes)	叉尾鮰爱德华菌 (*Edwardsiella ictaluri*)			鲇鱼肠败血症 (ESC)	334
棕鮰 brown bullhead (*Ictalurus nebulosus* Lesueur)	1. 叉尾鮰爱德华菌 (*Edwardsiella ictaluri*) 2. 迟钝爱德华菌 (*Edwardsiella tarda*)		1. 脑部，全身系统感染，细菌分布在内脏器官组织、肌肉组织和溃烂皮肤组织 2. 败血症、局灶性化脓或肉芽肿性病变，皮肤溃烂	1. 鲇鱼肠败血症 (ESC)，爱德华氏菌病 2. 爱德华氏菌病条件传染	334
斑点叉尾鮰 channel catfish (*Ictalurus punctatus* Rafinesque)	1. 嗜水气单胞菌 (*Aeromonas hydrophila*) 2. 蕈状芽孢杆菌 (*Bacillus mycoides*) 3. 栖鱼肉杆菌 (*Carnobacterium piscicola*) 4. 叉尾鮰爱德华菌 (*Edwardsiella ictaluri*)，厌氧菌株可分离到 5. 迟钝爱德华菌 (*Edwardsiella tarda*) 6. 鲁氏耶尔森氏菌 (*Yersinia ruckeri*)		2. 皮肤病灶溃烂和肌肉轴上的局灶性坏疽 3. 肝脏、肾脏、脾脏和脑部有轻微的充血和出血 5. 细菌分离于皮肤、浅部肌肉和坏疽器官的病灶 6. 眼睛和额眶周围环状出血	1、2、3. 传染并死亡 4. 鲇鱼肠败血症 5. 爱德华氏菌病，肠败血，条件传染耶尔森氏鼠疫杆菌肠道病	73 203 307 334 547 783
低头鲇 freshwater catfish，sutchi catfish (*Pangasius hypophthalmus* Sauvage)	叉尾鮰爱德华菌 (*Edwardsiella ictaluri*)		死亡，多病灶，无规律，内脏器官有白色损害。坏疽和化脓性肉芽肿	鲑的细菌性坏疽	194
蟾胡子鲇，大棘胡鲇 walking catfish (*Clarias batrachus* Linnaeus，*Clarias gariepinus*)	1. 嗜水气单胞菌 (*Aeromonas hydrophila*) 2. 叉尾鮰爱德华菌 (*Edwardsiella ictaluri*)			1. 溃疡性疾病，死亡 2. 鲇鱼肠败血症	29 426
犀目鮰 white catfish (*Ameiurus catus* Linnaeus)	叉尾鮰爱德华菌 (*Edwardsiella ictaluri*)			鲇鱼肠败血症 (ESC)	334
圆鳍雅罗鱼 **chub**，European chub (*Leuciscus cephalus* Linnaeus)	非典型杀鲑气单胞菌 (*Aeromonas salmonicida*)		皮肤溃烂和鳍腐烂	死亡	837

续表 1 -1

宿主	病原菌	正常菌群	组织部位	疾病状态	参考文献
黑鳕 coalfish		鱼肠发光杆菌（*Photobacterium iliopiscarium*）	肠	非病原的	599 767
大西洋鳕 Atlantic **cod**（*Gadus morhua* Linnaeus）	1. 非典型杀鲑气单胞菌（*Aeromonas salmonicida*） 2. 鳗利斯特氏菌（*Listonella anguillarum*）血清型 02 3. 杀鲑弧菌（*Vibrio salmonicida*）	4. 肉杆菌属（*Carnobacterium* spp.） 5. 鱼肠发光杆菌（*Photobacterium iliopiscarium*）	2. 损伤 4、5. 肠	1. 皮肤溃烂 2. 传染弧菌病 4. 非病原的	186 232 599 712 767
珊瑚 **coral**					
地中海珊瑚（*Oculina patagonica*）	*Vibrio shilonii*，即地中海弧菌（*V. mediterranei*），主观同物异名		珊瑚的边缘	珊瑚褪色	59 458 742
鹿角杯形珊瑚（*Pocillopora damicornis* Linnaeus）	溶珊瑚弧菌（*Vibrio coralliilyticus*）		开始 3～5 d 可见白斑，2 周以后组织完全破坏	组织溶解，死亡	83 84
螃蟹 **crab**					
美洲蓝蟹 blue crab（*Callinectes sapidus*）		霍乱弧菌（*Vibrio cholerae*-like）（2%的螃蟹），副溶血性弧菌（*Vibrio parahaemolyticus*）（23%的螃蟹），创伤弧菌（*Vibrio vulnificus*）（7%的螃蟹）	血淋巴，消化道	健康螃蟹表现明显	212
三疣梭子蟹 swimming crab（*Portunus trituberculatus*）	哈维氏弧菌（*Vibrio harveyi*）（起初称为 *Vibrio* sp. *zoea*）			在海蟹幼虫时大量死亡	390
美国淡水龙虾，克氏原螯虾 red swamp **crawfish**（*Procambarus clarkii*）	霍乱弧菌（*Vibrio cholerae*） 拟态弧菌（*Vibrio mimicus*）			大量死亡	507
淡水龙虾 **crayfish**					
澳大利亚淡水龙虾，雅比螯虾 *yabby*（*Cherax albidus*），红螯螯虾 *red claw*（*Cherax quadricarinatus*）	拟态弧菌（*Vibrio mimicus*）		血淋巴	死亡，弧菌病	135 230 840

续表 1－1

宿主	病原菌	正常菌群	组织部位	疾病状态	参考文献
鲹 **crevalle**，澳洲鲹 trevally，马鲹 jack crevalle（*Caranx hippos* Linnaeus）	哈维氏弧菌（*Vibrio harveyi*）		皮肤损害	传染	453
鳄鱼 **crocodile**		迟钝爱德华菌（*Edwardsiella tarda*）		致病性未知	
美洲鳄（窄吻鳄）（*Crocodilus acutus*）	猪红斑丹毒丝菌（*Erysipelothrix rhusiopathiae*）		鳞片上黑色斑块	皮肤损伤	408
眼镜凯门鳄 caiman crocodile（*Caiman crocodilus*）	猪红斑丹毒丝菌（*Erysipelothrix rhusiopathiae*）		腹部和颚的鳞片下坏死病灶	败血症	408
尼罗鳄（*Crocodylus niloticus*）	鳄鱼支原体（*Mycoplasma crocodyli*）		关节肿胀，肺中也发现细菌	渗出多发性关节炎	411
欧洲黄盖鲽 **dab**（*Limanda limanda* Linnaeus）	非典型杀鲑气单胞菌（*Aeromonas salmonicida*）		圆形、红色的溃烂，有坏死组织的白色边缘	皮肤溃烂	832
雅罗鱼 **dace**（*Leuciscus leuciscus* Linnaeus）	1. 杀鲑气单胞菌杀鲑亚种（*Aeromonas salmonicida* ssp. *salmonicida*） 2. 非典型杀鲑气单胞菌（*Aeromonas salmonicida*）		1、2. 皮肤溃烂	1. 疖病 2. 传染	323 352
雀鲷 **damselfish**（雀鲷科）					
斑点光鳃鱼blacksmith（*Chromis punctipinnis* Cooper）	美人鱼发光杆菌美人鱼亚种（*Photobacterium damselae* ssp. *damselae*）		皮肤溃烂	溶细胞素的产生导致灾难性感染	504
黑吻宽齿雀鲷，克氏双锯鱼 staghorn damselfish，yellowtail clownfish（*Amblyglyphidodon curacao* Bloch，*Amphiprion clarkii* Bennett）	杀鱼假单孢菌（*pseudoalteromonas piscicida*）	鳗利斯特氏菌（*Listonella anguillarum*）和副溶血性弧菌（*Vibrio parahaemolyticus*）在感染试验中没有显示相关的疾病	畸形卵，脑和脊髓发白，眼睛不规则凹陷，心脏退化成卵黄囊状	传染，死亡	572
丹尼鱼 **danio**	参见观赏鱼 ORNAMENTAL FISH				
七彩神仙鱼 **discus fish**	参见观赏鱼 ORNAMENTAL FISH				
海豚 **dolphin**	参见海洋哺乳动物 SEA MAMMALS				
鳗鱼 **eel**					
美洲鳗鲡 American eel（*Anguilla rostrata* Lesueur）	1. 杀鲑气单胞菌（*Aeromonas salmonicida*）		1. 局灶性病损扩大，真皮层和上皮组织之间形成大的溃烂，使深部的肌肉裸露	1. 皮肤溃烂疾病，死亡	584

续表 1－1

宿主	病原菌	正常菌群	组织部位	疾病状态	参考文献
欧洲鳗鲡 European eel（*Anguilla anguilla* Linnaeus）	1. 非典型杀鲑气单胞菌（*Aeromonas salmonicida*） 2. 鳗利斯特氏菌（*Listonella anguillarum*）血清型 05 3. 鳗败血假单胞菌（*Pseudomonas anguilliseptica*） 4. 弗尼斯弧菌（*Vibrio furnissii*） 5. 创伤弧菌（*Vibrio vulnificus*）血清变型 04 6. 鲁氏耶尔森氏菌（*Yersinia ruckeri*）	7. 鳗气单胞菌（*Aeromonas encheleia*）	1. 皮肤损害伤 2. 损伤 3. 皮下出血，腹部膨胀，细菌在内部器官中生长 4. 肠道出血 5. 细菌寄生于鳃和肠内溶物、肾脏、脾脏 6. 无临床症状，但具有传染性	1. 传染 2. 弧菌病 3. 败血症 4. 致死。细菌在致病性研究中有毒力 5. 发病 6. 耶尔森氏鼠疫杆菌肠道病 7. 非病原的	201 209 240 241 271 323 356 541 712
日本鳗鲡 Japanese eel（*Anguilla japonica* Temminck and Schlegel）	1. 非典型杀鲑气单胞菌（*Aeromonas salmonicida*） 2. 迟钝爱德华菌（*Edwardsiella tarda*） 3. 柱状黄杆菌（*Flavobacterium columnare*） 4. 鳗败血假单胞菌（*Pseudomonas anguilliseptica*） 5. 创伤弧菌（*Vibrio vulnificus*）生物组 2，血清变型 E，包含有毒性菌株和无毒性菌株	创伤弧菌（*V. vulnificu*）的其他生物型对鳗鲡来说是非病原菌	2. 败血症，局灶性化脓或肉芽肿性病变，皮肤溃烂，肾或者肝脓疮或溃烂 4. 出血和溃烂损伤。嘴、鳃盖、脑、肝、肾损伤 5. 损伤	2. 爱德华菌病，“副大肠杆菌病” 4. “Sekiten-byo”（红斑点病） 5. 弧菌病	26 506 746 757 799 800 830
宽鳍鳗鲡 eel（*Anguilla reinhardtii*）	美人鱼发光杆菌美人鱼亚种（*Photobacterium damselae* ssp. *damselae*）				429
鳗鲡 eel	格氏乳球菌（*Lactococcus garvieae*）				
尖头富筋鱼 eel（*Hyperoplus lanceolatus* Le Sauvege）	非典型杀鲑气单胞菌（*Aeromonas salmonicida*）		吻、尾鳍和尾部出血，体侧有典型凸起疥疮	皮肤溃烂	197
鳗线仔鳗 elvers	异嗜糖气单胞菌（*Aeromonas allosaccharophila*）			发病	527
绿裸胸鳝 green moray eel（*Gymnothorax funebris*），点纹裸胸鳝 spotted moray eel（*G. moringa*）	类三重分枝杆菌（*Mycobacterium-triplex-like*）		头和躯干周围皮肤有柔软灰白色，有凝胶状和黄褐色的结节	皮肤增生性疾病	345

续表 1-1

宿主	病原菌	正常菌群	组织部位	疾病状态	参考文献
鳞柄筋鱼 sand eel（*Ammodytes lancea* Cuvier）	非典型杀鲑气单胞菌（*Aeromonas salmonicida*）		吻、尾鳍和尾上出血，体侧有典型的凸起疖疮	皮肤溃烂	197
鲆鲽类 **flounder**					
川鲽 flounder（*Platichthys flesus* Linnaeus）	非典型杀鲑气单胞菌（*Aeromonas salmonicida*），氧化酶阴性		表皮溃疡，黑色，红色伤口为圆形，也可见不规则形状	皮肤溃疡疾病	323 829 831 832
绿背菱鲽 greenback flounder（*Rhombosolea tapirina* Günther）	非典型杀鲑气单胞菌（*Aeromonas salmonicida*）			真皮损伤溃疡	826
牙鲆 Japanese flounder，也被称为褐牙鲆（*Paralichthys olivaceus* Temminck and Schlegel）	1. 非典型杀鲑气单胞菌（*Aeromonas salmonicida*） 2. 迟钝爱德华菌（*Edwardsiella tarda*） 3. 格氏乳球菌（*Lactococcus garvieae*） 4. 黄尾脾脏诺卡菌（*Nocardia seriolae*） 5. 美人鱼发光杆菌杀鱼亚种（*Photobacterium damselae* ssp. *piscicida*） 6. 海豚链球菌（*Streptococcus iniae*） 7. 海洋屈挠杆菌（*Tenacibaculum maritimum*） 8. 鱼肠道弧菌（*Vibrio ichthyoenteri*）	9. 希腊魏斯氏菌（*Weissella hellenica*）菌株 DS-12	2. 败血症，局灶性化脓或肉芽肿病变，皮肤溃疡 4. 肾、鳃和脾有瘤状凸起，表皮有脓疮 5. 出血性败血症，肾、肝、脾里有白色肉芽肿 8. 肠坏疽，晦暗 9. 在肠道中出现	1. 具有传染性 2. 爱德华氏菌病 3. 链球菌病 4. 诺卡氏菌病 5. 鱼巴斯德菌病 6、7、8. 死亡 9. 潜在益生菌	139 273 385 389 442 455 567 570
夏牙鲆 summer flounder（*Paralichthys dentatus* Linnaeus）	1. 分枝杆菌（*Mycobacterium* spp.），该属与海洋分枝杆菌（*M. marinum*）和溃疡分枝杆菌（*M. ulcerans*）同源 2. 哈维氏弧菌［*Vibrio*（*carchariae*）*harveyi*］		1. 肾里有肉芽肿，并有大块红褐色分叶状肿块 2. 肛门周围发红，腹部被液体胀鼓，并有肠炎和结节	1. 支原体 2. 鲆坏死性肠炎（FINE）	373 710

续表 1－1

宿主	病原菌	正常菌群	组织部位	疾病状态	参考文献
茴鱼 **grayling**（*Thymallus thymallus* Linnaeus）	1. 杀鲑气单胞菌杀鲑亚种（*Aeromonas salmonicida* ssp. *salmonicida*） 2. 非典型杀鲑气单胞菌（*Aeromonas salmonicida*） 3. 鲁氏耶尔森氏菌（*Yersinia ruckeri*）		1、2. 皮肤溃烂	1. 疖病 2、3. 传染	209 323 352
青电鳗 **green knifefish**（*Eigemannia virescens* Valenciennes）	叉尾鮰爱德华菌（*Edwardsiella ictaluri*）			肠败血症	426
六线鱼（海水鱼）**greenling**（*Hexagrammos otakii*）	非典型杀鲑气单胞菌（*Aeromonas salmonicida*）			传染	385
鮨科鱼类 **grouper**	参见鲈科鱼类 **sea bass**				
黑线鳕 **haddock**（*Melanogrammus aeglefinus* Linnaeus），鳕科——鳕鱼和黑线鳕	非典型杀鲑气单胞菌（*Aeromonas salmonicida*）		皮肤溃烂	传染	323
大比目鱼 **halibut**					
庸鲽 Atlantic halibut（*Hippoglossus hippoglossus* Linnaeus）	1. 非典型杀鲑气单胞菌（*Aeromonas salmonicida*） 2. 解卵曲挠杆菌（*Tenacibaculum ovolyticum*）		1. 皮肤溃烂 2. 卵壳溶解并辐射状卵裂	1. 传染 2. 卵和幼虫的条件致病菌	323 324
马舌鲽 Greenland halibut（*Reinhardtius hippoglossoides* Walbaum）		平鱼节杆菌（*Arthrobacter rhombi*）	细菌分离于脾脏，内部器官	致病性未确定	600
波罗的海鲱 Baltic **herring**（*Clupea harengus membras* Linnaeus）	1. 鳗败血假单胞菌（*Pseudomonas anguilliseptica*）	2. 鱼肠发光杆菌（*Photobacterium iliopiscarium*）	1. 眼睛出血 2. 肠	1. 发病 2. 非病原的	503 599 767

续表 1－1

宿主	病原菌	正常菌群	组织部位	疾病状态	参考文献
人类 **human**（*Homo sapiens*）	1. 异嗜糖气单胞菌（*Aeromonas allosaccharophila*） 2. 豚鼠气单胞菌（*A. caviae*） 3. 嗜水气单胞菌达卡亚种（*A. hydrophila* ssp. *dhakensis*） 4. 嗜水气单胞菌（*A. hydrophila*） 5. 简氏气单胞菌（*A. janadaei*） 6. 舒伯特气单胞菌（*A. schubertii*） 7. 温和气单胞菌（*A. sobria*） 8. 脆弱气单胞菌（*A. trota*） 9. 维隆气单胞菌温和亚种（*A. veronii* ssp. *sobria*） 10. 维隆气单胞菌维隆亚种（*A. veronii* ssp. *veronii*） 11. 流产布鲁氏杆菌（*Brucella abortus*） 12. 布鲁氏杆菌（*Brucella* species） 13. 类鼻疽伯克霍尔德氏菌［*Burkholderia*（*Pseudomonas*）*pseudomallei*］ 14. 青紫色素杆菌（*Chromobacterium violaceum*） 15. 新生隐球菌（*Cryptococcus neoformans*） 16. 迟钝爱德华菌（*Edwardsiella tarda*） 17. 猪红斑丹毒丝菌（*Erysipelothrix rhusiopathiae*） 18. 苛养颗粒链菌（*Granulicatella elegans*） 19. 美丽盐单胞菌（*Halomonas venusta*） 20. 海洋分枝杆菌（*Mycobacterium marinum*）		1、2 粪便 3、4. 粪便 5. 伤口感染，大便，血液污染 6. 伤口，脓肿，血液，胸膜液 7. 9、10. 粪便 11. 呼吸传染，流产 12. 头疼，疲乏，鼻窦炎 13. 伤口感染，肺炎和败血症 14. 伤口感染 15. 脑脊液 16. 肠 17. 皮肤病灶化脓 18. 心内膜炎 19. 鱼咬伤口出脓水 20. 皮肤损伤 22. 静脉输液感染 24. 腿溃疡，败血症，中耳炎，粪便 25. 处理鱼而导致的伤口 26. 咬伤，从腹膜液分离培养细菌 27. 粪便 28. 血、粪便中培养可得 29. 血液和脊髓液 30、31、32、33. 粪便 34. 伤口、粪便	1. 腹泻，婴儿肾脏衰竭 2、3、4、8. 腹泻 5. 伤口感染，腹泻 6、8. 传染 7. 婴儿急性肾衰竭 9、10. 腹泻 11、12. 布鲁氏菌病 13. 类鼻疽 14. 传染 15. 人兽共患，死亡 17. 类丹毒 18. 心内膜炎 19. 伤口感染 20. 传染 21. 伤口感染 22. 脓血症，也使宿主免疫力低下 23. 新生婴儿败血症 24. 感染 25. 蜂窝组织炎 26. 临床传染 27. 霍乱 28. 蜂窝组织炎、脑膜炎、败血症、腹泻 29. 脑膜炎 30、31、32. 腹泻 33. 肠胃炎，食物中毒 34. 感染，食物中毒	120 123 125 142 143 151 177 196 255 259 276 310 346 347 348 378 383 392 482 527 555 588 653 732 792 816 822

续表 1 – 1

宿主	病原菌	正常菌群	组织部位	疾病状态	参考文献
人类 **human**（*Homo sapiens*）	21. 美人鱼发光杆菌美人鱼亚种（*Photobacterium damselae* ssp. *damselae*） 22. 水生拉恩氏菌（*Rahnella aquatilis*） 23. 植生拉乌尔菌（*Raoultella planticola*） 24. 海藻希瓦氏菌（*Shewanella algae*） 25. 海豚链球菌（*Streptococcus iniae*） 26. 河流漫游球菌（*Vagococcus fluvialis*） 27. 霍乱弧菌（*Vibrio cholerae*）01 和 0139 28. 非 01 霍乱弧菌（*V. cholerae* non –01） 29. 辛辛那提弧菌（*V. cincinnatiensis*） 30. 河流弧菌（*V. fluvialis*） 31. 弗氏弧菌（*V. furnissii*） 32. 霍利斯弧菌（*V. hollisae*） 33. 副溶血性弧菌（*V. parahaemdyticus*） 34. 创伤弧菌（*V. vulnificus*）				
日本青鳉 **Japanese medaka**（*Oryzias latipes* Temminck and Schlegel）	脓肿分枝杆菌（*Mycobacterium abscessus*）			分枝杆菌病	736
七鳃鳗 **lamprey**	杀鲑气单胞菌杀鲑亚种（*Aeromonas salmonicida* ssp. *salmonicida*）		可能是疾病携带者，在肾脏发现细菌	在胁迫作用下发病	352
美国龙虾 American **lobster**（*Homarus americanus*，*H. gammarus* L.）	1. 绿气球菌螯龙虾变种（*Aerococcus viridans* var. *homari*） 2. 鳗利斯特氏菌（*Listonella anguillarum*）		1. 细菌在血淋巴液中	1. 高夫败血症，高死亡率 2. 弧菌病	114 299 827
鲭 **mackerel**					
鲭 mackerel（*Scomber scombrus* Linnaeus）	分枝杆菌属（*Mycobacterium* spp.）		肾脏和内脏器官有灰白色节结	分枝杆菌	515

续表 1-1

宿主	病原菌	正常菌群	组织部位	疾病状态	参考文献
日本竹筴鱼 Japanese jack mackerel (*Trachurus japonicus* Temminck and Schlegel)	1. 格氏乳球菌 (*Lactococcus garvieae*) 2. 鳗利斯特氏菌 (*Listonella anguillarum*) 3. 日本竹筴鱼弧菌 (*Vibrio trachuri*), 最近信息表明这是哈维氏弧菌 (*V. harveyi*) 的次同物异名①		3. 器官出血, 眼凸出	3. 发病	400 743
鲯鳅 **mahi mahi** (*Coryp Haena hippurus* Linnaeus), 也称海豚鱼	成团泛菌 [*Pantoea* (*Enterobacter*) *agglomerans*]		眼睛、脊柱和侧部肌肉出血	死亡, 条件致病菌	325
海带 **makonbu** (*Laminaria japonica*)	1. 溶菌假交替单胞菌 (*Pseudoalteromonas bacteriolytica*) 2. 艾氏假交替单胞菌 (*Pseudoalteromonas elyakovii*)		1. 海带上有红色色素产物并导致孢子叶腐烂 2. 叶子腐烂	1. 红色斑点病 2. 斑点病	677 679
遮目鱼 **milkfish** (*Chanos chanos* Forsskål)	哈维氏弧菌 (*Vibrio harveyi*)		眼睛损伤, 眼球凸出, 眼睛晦暗, 出血	眼睛疾病, 死亡	390
鲤科小鱼 **minnow**					
胖头鲅 American baitfish, fathead minnow (*Pimephales promelas* Rafinesque)	鲁氏耶尔森氏菌 (*Yersinia ruckeri*)			耶尔森氏菌病	
大底鳉 bullminnows (*Fundulus grandis* Baird)	非溶血性B族链球菌属 (*Streptococcus* spp.)		眼球凸出, 腹部出血伴有淤斑, 肝水肿	死亡, 链球菌病	637
鲅 eurasian minnow (*Phoxinus phoxinus* Linnaeus)	非典型杀鲑气单胞菌 (*Aeromonas salmonicida*)		皮肤损伤, 广泛出血	大量死亡	331
鲦鱼 minnow	鳗利斯特氏菌 (*Listonella anguillarum*)			鱼类死亡	135
大鳞油鲱 **menhaden** (*Brevoortia patronus* Goode)	无乳链球菌 (*Streptococcus agalactiae*)			链球菌病	
软体动物 **MOLLUSCS**					

① 译者注: 次同物异名 (junior synonym) 是指两个同物异名较后建立的一个, 或为同时建立但未取得优先地位的一个。

续表 1－1

宿主	病原菌	正常菌群	组织部位	疾病状态	参考文献
双壳类 **bivalve**（*Nodipecten nodosus*）		巴西弧菌（*Vibrio brasiliensis*），海王弧菌（*V. neptunius*）	海王弧菌（*Vibrio neptunius*）分离于患病的和健康的动物	病原性未知	740
蛤 **clam**					
菲律宾蛤仔 Manila clam（*Ruditapes philippinarum* 和 *R. decussatus*）	蛤弧菌（*Vibrio tapetis*）		入侵外套膜腔和附着在外套膜触手，主要的特征是在贝壳的内表面堆积棕色贝壳硬蛋白	棕色环疾病（BRD）	14 108 146 610 611
硬壳蛤 clams（*Mercenaria mercenaria*），双壳类软体动物	1. 塔氏弧菌（*Vibrio tubiashii*）		1. 幼虫停止活动，组织降解	1. 细菌性坏疽和身体系统疾病	321 762
江户布目蛤 **mussel**（*Protothaca jedoensis* Lischke）		日本希瓦氏菌（*Shewanella japonica*）			379
牡蛎 **oyster**					
美国牡蛎 Eastern oyster（*Crassostrea virginica*）	1. 玫瑰杆菌属（*Roseobacter* spp.）菌株 CVSP 2. 塔氏弧菌（*Vibrio tubiashii*）	2. 考氏希瓦氏菌（*Shewanella colwelliana*）	1. 损伤，外套膜萎缩，贝壳内表面有贝壳硬蛋白沉积物 2. 促进牡蛎幼虫附着	1. 稚牡蛎疾病（JOD） 2. 正常菌群	104 105 814 815
日本牡蛎 Japanese oyster（*Crassostrea gigas*），太平洋牡蛎 Pacific oyster（*Crassostrea gigas*）	1. 交替单胞菌（*Alteromonas*）种类（未形成种） 2. 鳗利斯特氏菌（*Listonella anguillarum*） 3. 粗形诺卡氏菌（*Nocardia crassostreae*） 4. 美人鱼发光杆菌美人鱼亚种（*Photobacterium damselae* ssp. *damselae*） 5. 灿烂弧菌（*Vibrio splendidus*）生物型Ⅱ 6. 灿烂弧菌（*Vibrio splendidus*） 7. 塔氏弧菌（*Vibrio tubiashii*） 8. 创伤弧菌（*Vibrio vulnificus*）血清变型 E（有些菌株对中国台湾的鳗鲡无毒性）	9. 中间气单胞菌（*Aeromonas media*） 10. 气单胞菌属（*Aeromonas* spp.） 11. 交替单胞菌属（*Alteromonas* spp.） 12. 假单胞菌属（*Pseudomonas* spp.） 13. 弧菌属（*Vibrio* spp.） 软组织细菌总数为 2.9×10^4 cfu/g，血淋巴中细菌总数为 2.6×10^4 cfu/mL（参见文献 596）	1. 幼虫死亡 2. 面盘幼虫解体 3. 外套膜局病灶性棕色病变区域或肌肉外展肌、鳃、心、外套膜有绿黄色结节 5. 细菌分离于亲贝性腺、带菌量大的幼虫，细菌也存在于贝壳边缘、脱落的纤毛和外套膜边缘 7. 幼虫停止活动，组织降解	1、2、4. 死亡 3. 诺卡氏菌病 5. 大量死亡，疾病类似细菌性坏疽 6. 死亡，疾病与胁迫有关 7. 细菌坏疽和细菌疾病 9. 抗塔氏弧菌（*Vibrio tubiashii*）的益生菌	26 222 270 280 294 321 466 467 596 721 762 798

续表 1-1

宿主	病原菌	正常菌群	组织部位	疾病状态	参考文献
地中海牡蛎 Mediterranean oysters		慢性弧菌（*Vibrio lentus*）			513
扇贝 **scallop**					
紫扇贝（*Argopecten purpuratus*）	嗜水气单胞菌（*Aeromonas hydrophila*）；溶藻弧菌（*Vibrio alginolyticus*）			幼虫死亡	650
大海扇蛤（*Pecten maximus*）	1. 杀扇贝弧菌（*Vibrio pectenicida*）	2. 盖里西亚玫瑰杆菌（*Roseobacter gallaeciensis*）	1. 侵袭幼虫	1. 弧菌病	662 470
白斑狗鱼 Northern **pike**（*Esox lucius* Linnaeus）	鲁氏耶尔森氏菌（*Yersinia ruckeri*）				209
大弹涂鱼 **mud skipper**	鳗利斯特氏菌（*Listonella anguillarum*）			鱼类死亡	135
鲻鱼 **mullet**					
鲻 black mullet，grey mullet，flathead mullet（*Mugil cephalus* Linnaeus）	1. 迟钝爱德华菌（*Edwardsiella tarda*） 2. 舞蹈病真杆菌（*Eubacterium tarantellae*） 3. 格氏乳球菌（*Lactococcus garvieae*）（尝试鉴定）		1. 败血症，局部性化脓，肉芽肿损伤，皮肤溃烂 2. 从脑、肝、肾、血液获得细菌 3. 鱼类嗜睡，眼球凸出，肾和脾脏充血和出血，器官内有白色斑点，腹水，肉芽肿，巨噬细胞和细菌	1. 爱德华氏菌病 2. 死亡 3. 败血症，慢性脑膜炎	157 343 764
大鳞鲻 borneo mullet，largescale mullet（*Liza macrolepis* Smith）	海豚链球菌（*Streptococcus iniae*）		易感染	链球菌病	848
库里玛鲻 silver mullet（*Mugil curema* Valenciennes）	哈维氏弧菌（*Vibrio harveyi*）		细菌分离于纯化培养	出血 败血症	23
条纹鲻 striped mullet	美人鱼发光杆菌杀鱼亚种（*Photobacterium damselae ssp. piscicida*）			鱼巴斯德菌病	
多耙鲮 wild mullet（*Liza klunzingeri* Day）	无乳链球菌（*Streptococcus agalactiae*）		身体出血，尤其是眼睛、嘴、鳃盖、鳍。细菌分离于脑、眼睛和血液	链球菌病，家禽流行病	242
观赏鱼 **ORNAMENTAL FISH**					

续表 1－1

宿主	病原菌	正常菌群	组织部位	疾病状态	参考文献
丽体鱼 **black acara**（*Cichlasoma bimaculatum* Linnaeus）	龟分枝杆菌脓肿亚种（*Mycobacterium chelonae* abscessus）；偶发分枝杆菌（*M. fortuitum*）；猿猴分枝杆菌（*M. simiae*）			分枝杆菌病	474
近美七夕鱼 comets（*Calloplesiops altivelis* Steindachner）	柱状黄杆菌（*Flavobacterium columnare*）		溃烂	死亡	135
德瓦丹尼鱼 sind **danio**（*Danio devario* Hamilton）	叉尾鮰爱德华菌（*Edwardsiella ictaluri*）			肠败血症	
蓝色七彩神仙鱼 **blue discus fish**（*Symphysodon aequifasciatus* Pellegrin）	1. 嗜水气单胞菌（*Aeromonas hydrophila*） 2. 简氏气单胞菌（*A. janadaei*） 3. 偶发分枝杆菌（*Mycobacterium fortuitum*）		2. 肝中有细菌 3. 鳍损伤	1、2. 死亡 3. 分枝杆菌病	116 135
阿氏鬼丽鱼 **electric blue hap**（*Sciaenochromis ahli* Trewavas）	简氏气单胞菌（*Aeromonas janadaei*）			死亡	135
火口鱼 **firemouth cichlid**（*Thorichthys meeki*，*Cichlasoma meeki* Brind）	龟分枝杆菌脓肿亚种（*Mycobacterium chelonae abscessus*）			分枝杆菌病	474
丽鳍角鱼 **Flying fox**（*Epalzeorhynchos kalopterus* Bleeker）	海豚链球菌（*Streptococcus iniae*）		分离到纯菌株	死亡	135
金体美洲鳊鱼 **golden shiner**（*Notemigonus crysoleucas* Mitchill）	1. B 族无乳链球菌（*Streptococcus agalactiae*）	2. 叉尾鮰爱德华菌（*Edwardsiella ictaluri*）		1. 链球菌病	627
鲫 **goldfish**（*Carassius auratus* Linnaeus）	1. 非典型杀鲑气单胞菌（*Aeromonas salmonicida*） 2. 杀鲑气单胞菌新亚种（*Aeromonas salmonicida* ssp. *nova*） 3. 嗜鳃黄杆菌（*Flavobacterium branchiophilum*） 4. 龟分枝杆菌脓肿亚种（*Mycobacterium chelonae abscessus*） 5. 非 01 霍乱弧菌（*Vibrio cholera* non－01）		1、2. 皮肤溃烂损伤，出血 3. 细菌在鳃表面，鳃盖外沿，出血、肿胀的鳃组织及分泌的黏液中 5. 败血病	1、2. 金鱼皮肤溃烂病（GUD） 3. 细菌性鳃疾病 4. 分枝杆菌病 5. 死亡，条件致病菌，与胁迫相关	40 474 602 639 695 825

续表 1-1

宿主	病原菌	正常菌群	组织部位	疾病状态	参考文献
虹鳉 **guppy**（*Poecilia reticulata* Peters，*Lebistes reticulatus*）	偶发分枝杆菌（*Mycobacterium fortuitum*）		鳍损伤，衰弱，绕圈运动	分枝杆菌病	116
帆鱼 **molly**					
Balloon molly（*Poecilia* spp.）	伤口埃希氏菌（*Escherichia vulneri*）		眼球凸出，鳃盖无色，消化道无物，鳃盖张开，肝脏黄色	死亡	51
楔孔花鳉 black molly（*Poecilia sphenops* Valenciennes）	柱状黄杆菌（*Flavobacterium columnare*）		背和头上有白色斑点，皮肤溃疡	死亡	214
Silver molly（*Poecilia* spp.）	伤口埃希氏菌（*Escherichia vulneri*）		肝无血色，躯干倾斜或弯曲，纤瘦	死亡	51
星丽鱼 **oscar**（*Astronotus ocellatus* Agassiz，*Apistogramma ocellatus*）	偶发分枝杆菌（*Mycobacterium fortuitum*）		头上皮肤损伤	分枝杆菌病	
Rams	B 族无乳链球菌（*Streptococcus agalactiae*），难辨链球菌（*S. difficile*）		在肝脏中获得细菌纯菌株	致死	135
玫瑰无须鲃 rosy barbs（*Puntius conchonius* Hamilton）	叉尾鮰爱德华菌（*Edwardsiella ictaluri*）		垂死，器官内有细菌	死亡率为40%	374
五彩搏鱼 *Siamese fighting fish*（*Betta splendens* Regan）	1. 迟钝爱德华菌（*Edwardsiella tarda*） 2. 偶发分枝杆菌（*Mycobacterium fortuitum*）		1. 垂死，皮肤有一处或多处直径为1 mm的溃疡，内部器官有细菌 2. 损伤	1. 死亡率为70% 2. 分枝杆菌病	374 633
脂鲤 **tetra**					
black skirted tetra（*Hyphessobrycon* spp.）	迟钝爱德华菌（*Edwardsiella tarda*）		败血症，局灶性化脓或者肉芽肿病变，皮肤溃疡	爱德华氏菌病	374 548
红绿鲃脂鲤 neon tetra（学名为 *Hyphessobrycon innesi* Myers，*Paracheirodon innesi* Myers 为有效名）	1. 柱状黄杆菌（*Flavobacterium columnare*） 2. 偶发分枝杆菌（*Mycobacterium fortuitum*）		1. 皮肤变色，节结区域白色。细菌在皮肤、鳃、肌肉及鳞片内表面 2. 损伤	1. 肌肉感染 2. 分枝杆疾病	116 543 656
红钩扯旗鱼 serpae tetra	B 族无乳链球菌（*Streptococcus agalactiae*），难辨链球菌（*S. difficile*）		分离到大量纯菌株	致死	135

续表 1-1

宿主	病原菌	正常菌群	组织部位	疾病状态	参考文献
毛足鲈 **three-spot gourami**（*Trichogaster trichopterus* Pallas）	分枝杆菌属（*Mycobacteria*）			分枝杆菌病	672
水獭 **otter**（*Lutra lutra*）	1. 鳍脚类布鲁氏杆菌（*Brucella pinnipediae*） 2. 水獭葡萄球菌（*Staphylococcus lutrae*） 3. *Vagococcus lutrae*		1. 细菌分离于组织 2. 细菌寄生在肝、脾、淋巴结 3. 在血液、肝脏、肺、脾脏里发现细菌	1. 布鲁氏菌病 2、3. 致病性未知	262 264 267 477
鹿角杜父鱼 **Pacific staghorn sculpin**（*Leptocottus armatus* Girard）	淋巴结分枝杆菌（*Mycobacterium scrofulaceum*）		肝脏发白易碎	分枝杆菌病	474
鲈鱼 **perch**					
河鲈 European perch（*Perca fluviatilis* Linnaeus）	1. 杀鲑气单胞菌无色亚种（*Aeromonas salmonicida* ssp. *achromogenes*） 2. 鲁氏耶尔森氏菌（*Yersinia ruckeri*）		1. 大的开放性损伤，蜕皮。可见非典型“结节” 2. 在恶劣环境下易发生疾病	1. 死亡 2. 耶尔森氏鼠疫杆菌肠道病	534 772
银鲈鱼 silver perch（bidyan perch）（*Bidyanus bidyanus* Mitchell）	非典型杀鲑气单胞菌（*Aeromonas salmonicida*）		皮肤溃疡	皮肤疾病，溃疡皮炎	825
白石鮨 white perch［*Morone americana*（Gmelin），*Roccus americanus*］	美人鱼发光杆菌杀鱼亚种（*Photobacterium damselae* ssp. *piscicida*）		细菌分离于内脏器官	鱼巴斯德菌病高死亡率	708
金鲈 yellow perch（*Perca flavescens* Mitchill）	龟分枝杆菌（*Mycobacterium chelonae*）		肉芽肿、腹膜炎和肝炎	分枝杆菌病	204
梭子鱼 **pike**，白斑狗鱼 northern pike（*Esox lucius* Linnaeus）	非典型杀鲑气单胞菌（*Aeromonas salmonicida*）		皮肤溃疡	传染	323
巨骨舌鱼 **pirarucu**（*Arapaima gigas* Cuvier），一种巨大的热带淡水鱼	亚利桑那沙门氏菌（*Salmonella arizonae*）		细菌分离于肝、脾、心脏、体腔内的血性分泌物和不透明的角膜	败血症	447
鲽 **plaice**，European plaice（*Pleuronectes platessa* Linnaeus）	鳗利斯特氏菌（*Listonella anguillarum*）血清型 07		损伤	弧菌病	712
斑剑尾鱼 **platies**，southern platyfish（*Xiphophorus maculatus* Gnther）	柱状黄杆菌（*Flavobacterium columnare*）		背和头上有白色斑点，皮肤溃疡	死亡	214
海豚、小鲸 **porpoise**	参见海生哺乳动物 SEA MAMMALS				
对虾 **prawn**	参见虾类 **Shrimp**				

续表 1-1

宿主	病原菌	正常菌群	组织部位	疾病状态	参考文献
篮子鱼 **rabbitfish**					
金带篮子鱼 marbled spinefoot（*Siganus rivulatus* Forsskål）	1. 海洋分枝杆菌（*Mycobacterium marinum*） 2. 腐败假单胞（*Pseudomonas putrefaciens*） 3. 海豚链球菌（*Streptococcus iniae*）		1. 肾脏白黄节结 2. 皮肤变色，局灶性坏死，出血，腹水，眼球凸出，肾坏死 3. 内脏弥漫性出血性系统疾病	1. 分枝杆菌病：从野生河豚向笼养鱼扩散传染 2、3. 死亡	218 260 666 853
沟篮子鱼 white-spotted spinefoot（*Siganus canaliculatus* Park）	海豚链球菌（*Streptococcus iniae*）		腹水，肝、脾肿大	链球菌病，死亡率高	848
红海石鲈 **Red Sea fish**，wild fish，striped piggy（*Pomadasys stridens* Forsskål），杂斑狗母鱼 variegated lizardfish（*Synodus variegatus* Lacépède）	海豚链球菌（*Streptococcus iniae*）		细菌从血液中培养获得，没有显著的疾病症状	发病	183
似石首鱼 **redfish**，红鼓鱼 red drum（*Sciaenops ocellatus* Linnaeus）	1. 真杆菌属（*Eubacterium* species）（尝试鉴定） 2. 海豚链球菌（*Streptococcus iniae*）		1. 细菌分离于脑、肝、肾和血液 2. 皮肤损伤，眼球凸出，眼睛变形，鳃腐烂坏死。心脏和脾脏中有细菌	1、2. 死亡	343 183
爬行动物 REPTILES					
蛇 snakes		迟钝爱德华菌（*Edwardsiella tarda*）	分离于粪便	携带状态，或作为正常菌群的一部分	399
龟 tortoise	龟嘴棒杆菌（*Corynebacterium testudinoris*）		嘴损伤		180
海龟 **turtles**［caspian terrapin（*Mauremys caspica*），eastern box turtle（*Terrapene carolina carolina*），Mississippi map turtle（*Malaclemys kohni*），northern diamondback terrapin（*Malaclemys terrapin terrapin*），油彩色 painted turtle（*Chrysemys picta*），巴西龟 red-eared turtle（*Chrysemys scripta elegans*），stinkpot turtle（*Sternotherus odoratus*），travancore crowned turtle（*Melanochelys trijuga coronata*）］		迟钝爱德华菌（*Edwardsiella tarda*），达拉姆沙门菌（*Salmonella durham*）	泄殖腔	带菌状态	606

续表 1-1

宿主	病原菌	正常菌群	组织部位	疾病状态	参考文献
绿蠵龟 *Chelonia mydas*，*C. caretta*，*Eretmochelys imbricata*	1. 嗜水气单胞菌（*Aeromonas hydrophila*） 2. 海龟嗜皮菌（*Dermatophilus chelonae*） 3. 黄杆菌属（*Flavobacterium* spp.） 4. 分枝杆菌属（*Mycobacterium* spp.） 5. 假单胞菌属（*Pseudomonas* spp.） 6. 溶藻弧菌（*Vibrio alginolyticus*）	7. 乙酸钙不动杆菌（*Acinetobacter calcoaceticus*） 8. 芽孢杆菌属（*Bacillus* spp.），微球菌属（*Micrococcus* spp.），莫拉菌属（*Moraxella* spp.），变形杆菌属（*Proteus* spp.）	2. 皮肤 4. 肺损伤 7. 口腔 8. 皮肤、口腔和器官的部分正常菌群	1. 并发性支气肺管炎，口腔溃疡，由刺伤而致的皮炎性溃疡 2. 皮肤损伤，脓肿，结痂 3. 由刺伤而致的并发性皮炎性溃疡，溃疡性口腔炎、支气管肺炎和角膜结膜炎—溃疡性睑炎 5. 由刺伤而致的并发性外伤皮炎性溃疡，溃疡性口腔炎、腺炎、腹膜炎、支气管肺炎和角膜结膜炎—溃疡性睑炎 6. 由刺伤而致的并发性外伤皮炎性溃疡、支气管肺炎和骨髓炎	300 301 529
黄腹彩龟 turtles（*Pseudemis scripta*）	嗜水气单胞菌（*Aeromonas hydrophila*）			传染	614
夏威夷绿海龟 Hawaiian green turtle		弗劳地柠檬酸杆菌（*Citrobacter freundii*），蜂房哈夫尼菌（*Hafnia alvei*），产酸克雷伯氏菌（*Klebsiella oxytoca*），美人鱼发光杆菌（*Photobacterium damselae*），荧光假单胞杆菌（*Pseudomonas fluorescens*），腐败假单胞菌（*Pseudomonas putrefaciens*），施氏假单胞菌（*Pseudomonas stutzeri*），非溶血性链球菌属（non-*Haemolytic streptococcus* spp.），溶藻性弧菌（*Vibrio alginolyticus*），河流弧菌（*Vibrio fluvialis*）	从健康海龟的鼻和泄殖腔拭子培养获得	致病性未确定，大多数是这些部位的正常菌群	5
棱皮龟 leatherback turtle（*Dermochelys coriacea*）	美人鱼发光杆菌美人鱼亚种（*Photobacterium damselae* ssp. *damselae*）		体腔液，在肺组织中有钙质结节，肺充血	瓣膜性心内膜炎和败血症	590

续表 1-1

宿主	病原菌	正常菌群	组织部位	疾病状态	参考文献
大西洋蠵龟 loggerhead sea turtle (*Caretta caretta*)	绿色气球菌（*Aerococcus viridans*）		憩室，多发性肉芽肿性浆膜炎。在黏膜上有绿色黏液和纤维性隔膜	食管憩室	755
丽龟 Ridley sea turtle（*Lepidochelys olivacea*）	拟态弧菌（*Vibrio mimicus*）		降低产卵能力	导致人类食物中毒	4
尖吻鯻（***Rhynchopelates oxyrhynchus*** *Temminck & Schlegel*），日本的沿岸鱼（*Therapon oxyrhynchus* 为其同物异名）		霍利斯弧菌（*Vibrio hollisae*）	肠内溶物	非病原的	580
拟鲤 **roach**（*Rutilus rutilus* Linnaeus）	1. 杀鲑气单胞菌无色亚种（*Aeromonas salmonicida* ssp. *achromogenes*） 2. 非典型杀鲑气单胞菌（*Aeromonas salmonicida*） 3. 鲁氏耶尔森氏菌（*Yersinia ruckeri*）		1. 大的开放性损伤，区域性脱皮，可见非典型“疖” 2. 皮肤溃疡 3. 恶劣环境并发疾病	1. 死亡 2. 溃疡性皮炎 3. 耶尔森氏鼠疫杆菌肠道病	352 534 772 825 826
许氏平鲉 **rockfish**, schlegel's black rockfish（*Sebastes schlegeli* Hildendorf）	非典型杀鲑气单胞菌（*Aeromonas salmonicida*）		躯干溃疡，细菌分离于肾脏和脑部	死亡	385 403
四须岩鳕 fourbeard **rockling**（*Enchelyopus cimbrius* Linnaeus）	非典型杀鲑气单胞菌（*Aeromonas salmonicida*）			皮肤溃疡	832
褶皱臂尾轮虫 **rotifer**（*Brachionus plicatilis*）		1. 轮虫弧菌（*Vibrio rotiferianus*） 2. 海王弧菌（*V. neptunius*）	1、2. 细菌分离于流经养殖系统的轮虫，致病性未知		305 740
红眼鱼 **rudd**（*Scardinius erythrophthalmus* Linnaeus）	1. 杀鲑气单胞菌无色亚种（*Aeromonas salmonicida* ssp. *achromogenes*） 2. 鲁氏耶尔森氏菌（*Yersinia ruckeri*）				209 318
鲑鳟鱼类 **SALMONIDS**					
北极红点鲑 **Arctic char**（*Salvelinus alpinus* Linnaeus）	1. 杀鲑气单胞菌杀鲑亚种（*Aeromonas salmonicida* ssp. *salmonicida*） 2. 非典型杀鲑气单胞菌（*Aeromonas salmonicida*） 3. 液化沙雷氏菌（*Serratia liquefaciens*）	4. 肉杆菌属（*Carnobacterium* spp.）	1、2. 皮肤溃疡 3. 肛门周围发红，肿胀腹水，内部组织出血	1. 疖病 2. 感染 3. 死亡 4. 非病原的	323 352 648 715

续表 1-1

宿主	病原菌	正常菌群	组织部位	疾病状态	参考文献
鲑鱼 **salmon**					
大西洋鲑 Atlantic salmon（*Salmo salar* Linnaeus）	1. 杀鲑气单胞菌杀鲑亚种（*Aeromonas salmonicida* ssp. *salmonicida*） 2. 非典型杀鲑气单胞菌（*Aeromonas salmonicida*） 3. 嗜冷黄杆菌（*Flavobacterium psychrophilum*） 4. 鳗利斯特氏菌（*Listonella anguillarum*） 5. 黏菌落莫里特氏菌（*Moritella viscosa*） 6. 龟分枝杆菌（*Mycobacterium chelonae*） 7. 黄尾脾脏诺卡菌（*Nocardia seriolae*） 8. 斯凯巴斯德菌（*Pasteurella skyensis*） 9. 美人鱼发光杆菌美人鱼亚种（*Photobacterium damselae* ssp. *damselae*） 10. 鳗败血假单胞菌（*Pseudomonas anguilliseptica*） 11. 鲑鱼肾杆菌（*Renibacterium salmoninarum*） 12. 液化沙雷氏菌（*Serratia liquefaciens*） 13. 类念珠状链杆菌（*Streptobacillus moniliformis*） 14. 海洋屈挠杆菌（*Tenacibaculum maritimum*） 15. 沙氏漫游球菌（*Vagococcus salmoninarum*） 16. *Varracalbmi* 17. 火神弧菌（*Vibrio logei*） 18. 奥德弧菌（*Vibrio ordalii*） 19. 杀鲑弧菌（*Vibrio salmonicida*）	22. 抑制肉杆菌（*Carnobacterium inhibens*） 23. 肉杆菌属（*Carnobacterium* spp.） 24. 乳酸杆菌（*Lactobacillus* spp.） 25. 鱼肠发光杆菌（*Photobacterium iliopiscarium*） 26. 帕西尼氏弧菌（*Vibrio pacinii*）	1. 皮肤溃疡 2. 细菌分离于头肾和皮肤损伤 3. 鳍糜烂 5. 皮肤溃烂，内脏有棕色斑点和点状出血 6. 组织内节结样肉芽肿 7. 体内肉芽肿病变 8. 肾脏、肝脏、脾脏多发性凝固性坏死 10. 皮肤，嘴和肛门，腹膜和肝脏有淤血斑点 11. 肾脏有白色结节 12. 肾脏肿大，肛门和肠出血，肠胃炎 13. 细菌在组织细胞内，肾小管的内皮细胞增大 14. 牙齿和口腔有黄色不透明物质 15. 腹膜炎，血性腹水，卵完整，睾丸肿胀，无力游泳 16. 皮肤深度损伤，眼睛损伤，腮、肾、肝和假鳃出血和肉芽肿病变 17. 皮肤损伤 21. 肌肉组织出血 25. 肠	1. 疖病 2. 类似疖病 3. 发病率与死亡率 4. 弧菌病 5. 冬季溃烂 6. 分枝杆菌病 7. 诺卡氏菌病 8. 死亡 9. 病原感染试验 10. 出血性疾病 11. 细菌性肾疾病 12、13. 死亡 14. 2 龄幼鲑细菌性口腔炎（嘴腐烂） 15. 死亡 16. 失明 17. 潜在病原 18. 死亡 20. 条件感染“冬季溃烂”病 21. 红口石鲈肠热病（ERM） 22. 抑制鳗利斯特氏菌和杀鲑气单胞菌的生长 23. 潜在益生菌 24. 正常微生态菌群 25. 非病原的	49 100 107 117 132 133 137 144 232 306 330 352 411 412 416 450 506 519 538 564 599 605 611 622 648 682 683 712 767

续表1-1

宿主	病原菌	正常菌群	组织部位	疾病状态	参考文献
大西洋鲑 Atlantic salmon（*Salmo salar* Linnaeus）	20. 沃丹弧菌（*Vibrio wodanis*） 21. 鲁氏耶尔森氏菌（*Yersinia ruckeri*）血清型I				771 824 828
大鳞大麻哈鱼 chinook salmon（*Oncorhynchus tschawytscha* Walbaum）	1. 迟钝爱德华菌（*Edwardsiella tarda*） 2. 嗜鳃黄杆菌（*Flavobacterium branchiophilum*） 3. 柱状黄杆菌（*F. columnare*） 4. 新金分枝杆菌（*Mycobacterium neoaurum*） 5. 分枝杆菌属（*Mycobacterium* spp.） 6. 鲑鱼肾杆菌（*Renibacterium salmoninarum*） 7. 海洋屈挠杆菌（*Tenacibaculum maritimum*） 8. 鲁氏耶尔森氏菌（*Yersinia ruckeri*）		2. 细菌黏附在鳃上皮细胞上 3. 鳃损伤 4. 细菌出现在眼睛里，眼球凸出，眼睛损伤 6. 鳃损伤	1. 爱德华氏菌病 2. 细菌性鳃疾病（BGD） 3. 死亡 4. 全眼球炎 5. 分枝杆菌病 6. 细菌性肾脏疾病（BKD） 7. 死亡 8. 红口石鲈肠热病（ERM）	36 53 88 137 154 209 245 802
太平洋鲑鱼 Pacific salmon，coho salmon（*O. kisutch* Walbaum）	1. 杀鲑气单胞菌（*Aeromonas salmonicida*）（氧化酶阴性） 2. 柱状黄杆菌（*Flavobacterium columnare*） 3. 嗜冷黄杆菌（*F. psychrophilum*） 4. 鳗利斯特氏菌（*Listonella anguillarum*）01 5. 鲑鱼肾杆菌（*Renibacterium salmoninarum*）		1. 小鱼受到侵袭，肾脏柔软，有时鱼鳍出血，没有其他外部迹象	1. 疖病 3. 冷水疾病 4. 弧菌病 5. 细菌性肾脏疾病（BKD）	168 712 748 749 757 765
马苏大麻哈鱼 cherry salmon（*Oncorhynchus masou masou* Brevoort），在日本以“yamame”为名	嗜鳃黄杆菌（*Flavobacterium branchiophilu*）			细菌性鳃疾病（BGD）	802
红大麻哈鱼 sockeye salmon（*O. nerka* Walbaum）	1. 嗜鳃黄杆菌（*Flavobacterium branchiophilum*） 2. 鲁氏耶尔森氏菌（*Yersinia ruckeri*）		1. 细菌黏附在鳃上皮细胞上	1. 细菌性鳃疾病（BGD） 2. 红口石鲈肠热病	137 802

续表 1-1

宿主	病原菌	正常菌群	组织部位	疾病状态	参考文献
鲑鳟 **salmonids-trout**					
美洲红点鲑，也称溪红点鲑 brook trout（*Salvelinus fontinalis* Mitchill）	1. 非典型杀鲑气单胞菌（*Aeromonas salmonicida*） 2. 迟钝爱德华菌（*Edwardsiella tarda*） 3. 嗜鳃黄杆菌（*Flavobacterium branchiophilum*） 4. 诺卡氏菌属（*Nocardia* spp.） 5. 鲁氏耶尔森氏菌（*Yersinia ruckeri*）		1. 皮肤溃疡 3. 细菌黏附在鳃上皮细胞上 4. 肾脏、脾脏和鳃血栓和坏死	1. 皮肤溃疡和败血症 2. 急性细菌性败血症 3. 细菌性鳃疾病（BGD） 4. 诺卡氏菌病 5. 红口石鲈肠热病（ERM）	137 604 765 824
欧鳟 brown trout，sea trout，steelhead trout（*Salmo trutta trutta* Linnaeus）	1. 杀鲑气单胞菌杀鲑亚种（*Aeromonas salmonicida* ssp. *salmonicida*） 2. 非典型杀鲑气单胞菌（*Aeromonas salmonicida*） 3. 嗜鳃黄杆菌（*Flavobacterium branchiophilum*） 4. 柱状黄杆菌（*Flavobacterium columnare*） 5. 蜂房哈夫尼菌（*Hafnia alvei*） 6. 鳗利斯特氏菌（*Listonella anguillarum*）02 7. 鳗败血假单胞菌（*Pseudomonas anguilliseptica*）		1、2. 皮肤溃烂 3. 背鳍周围的皮肤发白，但看不到溃疡 5. 肾里寄生细菌并溃疡 6. 损伤 7. 皮肤、嘴、肛门、腹膜、肝和鳍的基部淤血性出血	1. 疖病 2. 皮肤溃疡，败血症 3. 柱状病，慢性死亡 4. 细菌性鳃疾病（BGD） 5. 条件病原菌 6. 弧菌病 7. 出血性疾病	88 352 652 712 802 824 828
虹鳟rainbow trout（*Oncorhynchus mykiss* Walbaum，以前称作 *Salmo gairdneri* Richardson）	1. 杀鲑气单胞菌杀鲑亚种（*Aeromonas salmonicida* ssp. *salmonicida*） 2. 非典型杀鲑气单胞菌（*Aeromonas salmonicida*） 3. 非典型杀鲑气单胞菌（*Aeromonas salmonicida*）（37℃生长） 4. 温和气单胞菌（*Aeromonas sobria*） 5. 栖鱼肉杆菌（*Carnobacterium piscicola*） 6. 肉毒梭菌（*Clostridium botulinum*）	31. 弗劳地柠檬酸杆菌（*Citrobacter freundii*）	1、2、3. 皮肤溃疡 4. 小鱼病原毒力试验（参见文献 750） 5. 双眼球凸出，眼眶周围出血，肝、膀胱、肌肉和肠出血、腹水 6. 血清毒素和肠内溶物 7. 皮肤病灶出血，消化道出血，肝黄色并出血，性腺出血 8.	1. 疖病 2、3 皮肤溃疡，败血症 4. 出血性败血症 5. 慢性疾病，低死亡率 6. 波特淋菌中毒 7. 死亡 8. 爱德华菌病 9. 细菌性鳃疾病（BGD） 10.	296 40 43 48 51 73 76 81 82

续表 1－1

宿主	病原菌	正常菌群	组织部位	疾病状态	参考文献
虹鳟rainbow trout（*Oncorhynchus mykiss* Walbaum，以前称作 *Salmo gairdneri* Richardson）	7. 伤口埃希氏菌（*Escherichia vulneris*） 8. 迟钝爱德华菌（*Edwardsiella tarda*） 9. 嗜鳃黄杆菌（*Flavobacterium branchiophilum*） 10. 嗜冷黄杆菌（*F. psychrophilum*） 11. 蓝黑紫色杆菌（*Janthinobacterium lividum*） 12. 臭鼻肺炎克雷伯氏菌（*Klebsiella pneumoniae*） 13. 格氏乳球菌（*Lactococcus garviea*） 14. 鱼乳球菌（*Lactococcus piscium*） 15. 鳗利斯特氏菌（*Listonella anguillarum*） 16. 藤黄微球菌（*Micrococcus luteus*） 17. 黏菌落莫里特氏菌（*Moritella viscosa*） 18. 海洋分枝杆菌（*Mycobacterium marinum*） 19. 星状诺卡氏菌（*Nocardia asteroide*） 20. 美人鱼发光杆菌美人鱼亚种（*Photobacterium damselae* ssp. *damselae*） 21. 类志贺毗邻单胞菌（*Plesiomonas shigelloides*） 22. 鳗败血假单胞菌（*Pseudomonas anguilliseptica*） 23. 鲑鱼肾杆菌（*Renibacterium salmoninarum*）01、02、03、04 24. 黏质沙雷氏菌（*Serratia marcescens*），普城沙雷氏菌（*S. plymuthica*） 25. 沃氏葡萄球菌（*Staphylococcus warneri*） 26. 无乳链球菌（*Streptococcus agalactiae*），难辨链球菌（*S. difficile*） 27. 海豚链球菌（*Streptococcus iniae*）		9. 细菌黏附在鳃上皮细胞上 12. 鳍和尾 15. 损伤 16. 细菌分离于肾脏、脾脏，腹水液 17. 皮肤损伤，肝和腹膜淤血性出血 18. 肾脏损伤 19. 肾脏损伤 20. 头肾中带细菌 21. 肠淤血性出血 22. 皮肤、嘴、肛门、鳍基部、隔膜和肝淤血性出血 23. 肾脏白色结节 25. 眼球凸出，腹水，鳍损伤，细菌寄生在肾和肝脏 26、27. 脑和眼睛中有细菌 28. 失去平衡，眼睛和鳃周围出血，躯干损伤，脾和肝充血，腹膜炎，出血性腹水，卵滞留，睾丸过饱和，无力游泳 30. 嘴周围和肠出血	11. 鱼苗时死亡，可能条件传染 12. 鳍和尾疾病 13. 死亡 14. 假肾疾病 15. 弧菌病，败血症 16. 细菌从垂死的鱼中分离 17. 病态 18. 死亡，分枝杆菌病 19. 诺卡氏菌病 20. 细菌感染试验和自然感染 21. 可能为条件致病菌 22. 出血病 23. 细菌性肾脏疾病（BKD） 24. 小鱼死亡 25. 患病的和垂死的鲑鱼可能感染 26、27. 脑膜炎，败血症 28. 慢性疾病，伴有死亡 29. 弧菌病 30. 红口石鲈肠热病（ERM） 31. 条件致病菌	107 135 137 141 195 205 233 234 352 268 542 564 579 604 618 640 682 707 712 716 748 750 752 753 757 802 824 828 835 853

续表 1－1

宿主	病原菌	正常菌群	组织部位	疾病状态	参考文献
虹鳟rainbow trout（*Oncorhynchus mykiss* Walbaum，以前称作 *Salmo gairdneri* Richardson）	28. 沙氏漫游球菌（*Vagococcus salmoninarum*） 29. 奥德弧菌（*Vibrio ordalii*） 30. 鲁氏耶尔森氏菌（*Yersinia ruckeri*）				
amago trout	绿针假单胞菌（*Pseudomonas chlororaphis*）		出血，腹水增加	感染	332
南美拟沙丁鱼 Pacific **sardine**，South American pilchard（*Sardinops sagax* Jenyns）	海洋屈挠杆菌（*Tenacibaculum maritimum*）		滑走细菌，形成褐色的假膜覆盖在身体上	发病	154
海鸟类 **SEA BIRDS**					
鹤 **crane**（*Grus canadensis*）		迟钝爱德华菌（*Edwardsiella tarda*），哈特福德沙门氏菌（*Salmonella hartford*），爪哇型沙门氏菌（*S. java*）	大肠		823
鹰 **eagle**（*Haliaeetus leucocephalus*）	迟钝爱德华菌（*Edwardsiella tarda*）		泄殖腔拭子	鸟患病，没有其他感染迹象	823
环嘴鸥 **gull**（*Larus delewarensis*）		迟钝爱德华菌（*Edwardsiella tarda*）	大肠		823
大蓝鹭 **heron**（Great blue heron-*Ardea herodias*）		迟钝爱德华菌（*Edwardsiella tarda*）	大肠		823
白嘴潜鸟 **loon**（*Gavia immer*）	迟钝爱德华菌（*Edwardsiella tarda*）		肠内溶物	出血性肠炎，肠内溶物发黑并滞留	823
褐鹈鹕 brown **pelican**（*Pelecannus occidentalis carolinensis*）	迟钝爱德华菌（*Edwardsiella tarda*）		肠内溶物，肺、肝	出血性肠炎，肠内溶物发黑并滞留	823
企鹅 **penguin**					
巴布亚企鹅 Gentoo penguin，分布于亚南极地区		肠炎沙门氏菌（*Salmonella enteritidis*），哈瓦那沙门氏菌（*S. havana*），鼠伤寒沙门氏菌（*S. typhimurium*）		带菌状态	612
长冠企鹅 macaroni penguin（*Eudyptes chrysolophus*）	类鼻疽伯克霍尔德氏菌［*Burkholderia*（*Pseudomonas*）*pseudomallei*］		在肝和肺上有针状，白色损伤，气囊有液体，细菌寄生在脾脏、肝脏、心血液中	类鼻疽	516

续表 1－1

宿主	病原菌	正常菌群	组织部位	疾病状态	参考文献
企鹅 penguins［王企鹅（*Aptenodytes patagonica*），跳岩企鹅（*Eudyptes crestatus*），巴布亚企鹅（*Pyoscelis papua*），斑嘴企鹅（*Spheniscus demersus*），洪氏环企鹅（*Spheniscus humboldti*）］		弗氏普罗威登斯菌（*Providencia friedericiana*）	细菌分离于捕捉的企鹅粪便中		559
真鲦 gizzard **shad**（*Dorosoma cepedianum* Lesueur）	温和气单胞菌（*Aeromonas sobria*）		纯化培养分离于肾脏、肝脏、脾脏。病原分离于鲑鱼幼苗的毒性试验	在产卵的雌性中流行，家禽流行病	750
海鲷 **sea bream**	参见鲷科鱼类 **bream**				
海草 **sea grass**		*Vibrio aerogenes*，重氮养弧菌（*Vibrio diazotrophicus*）	在沉积物中出现		319 692
库达海马和海马属未定种 **seahorse**（*Hippocampus kuda* 和 *Hippocampus* spp.）	哈维氏弧菌（*Vibrio harveyi*）		外部出血，肝脏出血，腹水	死亡	11 135
枝叶海马 **sea dragon**，leafy sea dragon（*Phycodurus equis*）	哈维氏弧菌（*Vibrio harveyi*）		细菌分离于心血和肝脏	死亡。细菌病原性未确定	135
海豹 **seal**，参见海生哺乳动物 SEA MAMMALS					
海狮 **sea Lion**，参见海生哺乳动物 SEA MAMMALS					
海生哺乳动物 **SEA MAMMALS**（鲸目 Order Cetacea）	海生哺乳动物包括3个目，被认为是真正的水生哺乳动物，分别是鲸目（鲸、海豚和鼠海豚）、鳍脚目（海豹、海狮和海象）及海牛目（海牛）（Foster 等，2002）				
海豚 **dolphin**					
海豚鱼 dolphin fish，参见鲯鳅 **mahi-mahi**					
白腰斑纹海豚 Atlantic white-sided dolphin（*Lagenorhynchus acutus*）	1. 鲸类布鲁氏杆菌（*Brucella cetaceae*） 2. 鲸螺杆菌（*Helicobacter cetorum*）		1. 食道溃疡，流产，肝脏和脾脏有凝固性坏死 2. 细菌发现于主胃黏膜腺体中	1. 布鲁氏菌病 2. 胃溃疡	262 327 267 327 328
亚马孙河豚 Amazon freshwater dolphin（*Inia geoffrensis*）	海豚链球菌（*Streptococcus iniae*）		皮下脓肿	“高尔夫球”病	625

续表 1－1

宿主	病原菌	正常菌群	组织部位	疾病状态	参考文献
*Tursiops aduncas*①	多杀巴斯德菌（*Pasteurella multocida*）		肠出血，感染细菌的来源是当地鸟类白嘴鸦的传染	肠炎；死亡	726
宽吻海豚（*Tursiops gephyreus*②）		螺杆菌属（*Helicobacter* spp.）	牙垢上出现	可能是传染源，并引起溃疡	303
宽吻海豚 Atlantic bottlenose dolphin（*Tursiops truncatus*）	1. 布鲁氏菌（*Brucella species*） 2. 类鼻疽伯克霍尔德氏菌（*Burkholderia pseudomallei*） 3. 产气荚膜梭菌（*Clostridium perfringens*） 4. 迟钝爱德华菌（*Edwardsiella tarda*） 5. 猪红斑丹毒丝菌（*Erysipelothrix rhusiopathiae*） 6. 鲸螺杆菌（*Helicobacter cetorum*） 7. 曼氏溶血杆菌（*Mannheimia haemolytica*） 8. 美人鱼发光杆菌美人鱼亚种（*Photobacterium damselae* ssp. *damselae*） 9. 美人鱼发光杆菌杀鱼亚种（*Photobacterium damselae* ssp. *piscicida*）		1. 流产 2. 水肿，肺出血和结节 3. 脊肌肉脓肿 4. 乳房化脓 5. 皮肤可见扁菱形溃疡，肺萎缩并水肿，所有的器官中有细菌 6. 从粪便中培养细菌 7. 出血性气管炎	1. 布鲁氏菌病 2. 类鼻疽 3. 梭菌肌炎 4. 乳腺炎 5. 丹毒，败血症 6. 食管溃疡和前胃胃炎 7. 败血症 8. 伤口感染 9. 巴斯德菌病	349 247 312 292 328 726
短吻真海豚 common dolphin（*Delphinus delphis*）	1. 鲸类布鲁氏杆菌（*Brucella cetaceae*） 2. 螺杆菌（*Helicobacter* spp.） 3. 多杀巴斯德菌（*Pasteurella multocida*） 4. 海豚葡萄球菌（*Staphylococcus delphini*）		1. 皮下损伤 2. 细菌发现于主胃黏膜腺体 3. 肠出血 4. 皮肤损伤含脓	1. 布鲁氏菌病 2. 胃溃疡 3. 肠炎 4. 皮肤感染	327 267 404 658 726 778
太平洋斑纹海豚 Pacific white-sided dolphin（*Lagenorhynchus obliquidens*）	1. 类鼻疽伯克霍尔德氏菌（*Burkholderia pseudomallei*） 2. 鲸螺杆菌（*Helicobacter cetorum*）		1. 肺水肿，出血，结节 2. 细菌来自粪便	1. 类鼻疽 2. 食管溃疡和前胃胃炎	349 328
蓝白海豚 striped dolphin（*Stenella coeruleoalba*）	1. 鲸类布鲁氏杆菌（*Brucella cetaceae*） 2. 新生隐球菌（*Cryptococcus neoformans*）（酵母）	3. 海豚放线杆菌（*Actinobacillus delphinicola*）	1. 脑膜炎 2. 肺部感染 3. 细菌分离于多种组织	1. 布鲁氏菌病 2. 肺部隐球菌病 3. 病原性未确定	278 262 263 267

① 译者注：*Tursiops aduncas* 恐有误，怀疑应为 *Tursiops aduncus* Ehrenberg，即红海海豚，余同。
② 译者注：*Tursiops gephyreus* 为 *Tursiops truncatus* 的同物异名，后者为接受名。

续表 1-1

宿主	病原菌	正常菌群	组织部位	疾病状态	参考文献
鼠海豚 *harbour* **porpoise**（*Phocoena phocoena*）	1. 鲸类布鲁氏杆菌（*Brucella cetaceae*） 2. 猪红斑丹毒丝菌（*Erysipelothrix rhusiopathiae*） 3. 停乳链球菌停乳亚种（*Streptococcus dysgalactiae* ssp. *dysgalactiae*）分型组 L 4. *Vagococcus fessus*	5. 海豚放线杆菌（*Actinobacillus delphinicola*） 6. 海洋哺乳放线菌（*Actinomyces marimammalium*） 7. 苏格兰放线菌（*Actinobacillus scotiae*） 8. 动物隐秘杆菌（*Arcanobacterium pluranimalium*） 9. 子宫海豚杆菌（*Phocoenobacter uteri*）	1. 淋巴结 2. 皮肤上的损伤 3. 肠、肾、肺、脾 4、5. 多种组织可分离到 6. 肺 7. 搁浅的大西洋鼠海豚的肝、肺、脑和脾脏 9. 子宫	1. 布鲁氏菌病 2. 丹毒病 3. 败血症，支气管肺炎，心肌炎，肾盂肾炎 4、5、6、7、8、9. 病原性未确定	262 263 265 266 267 369 370 404 480 658 686 727
海狮 **sea lion**					
海狮 sea lion（*Zalophus californianus*）	1. 类鼻疽伯克霍尔德氏菌（*Burkholderia pseudomallei*） 2. 产气荚膜梭菌（*Clostridium perfringens*） 3. 迟钝爱德华菌（*Edwardsiella tarda*） 4. 大肠杆菌（*Escherichia coli*） 5. 多杀巴斯德菌（*Pasteurella multocida*）	6. 海德堡沙门氏菌（*Salmonella Heidelberg*），牛波特沙门氏菌（*S. newport*），奥里塔蔓林沙门氏菌（*S. oranienburg*）	1. 肺脏水肿，出血，结节 2. 感染的肌肉有气体和脓汁 3. 肺脓肿，气管和支气管末端有血样黏液流出 4. 在心房与心室的瓣膜上有疣状的、灰红色的损伤 5. 黄色脓汁液充满胸膜腔 6. 恢复的健康动物	1. 类鼻疽 2. 梭菌肌炎 3. 细菌性肺炎，呼吸传染，致病性未确定 4. 心内膜炎 5. 死亡 6. 非病原的或带菌状态	298 312 349 430 435 804
海豹 **seals**（鳍脚目 Pinnipedia）					
麻斑海豹 common seal，harbour seal（*Phoca vitulina*）	1. 鳍脚类布鲁氏杆菌（*Brucella pinnipediae*） 2. 海豹脑支原体（*Mycoplasma phocicerebrale*） 3. 海豹支原体（*Mycoplasma phocirhinis*） 4. 海豹链球菌（*Streptococcus phocae*） 5. *Vagococcus fessus*	6. 海豹隐秘杆菌［*Arcanobacterium*（*Corynebacterium*）*phocae*］ 7. 海豹鼻节杆菌（*Arthrobacter nasiphocae*） 8. *Atopobacter phocae* 9. 海豹支原体（*Mycoplasma phocidae*）	1. 胃淋巴结，脾脏 2. 细菌寄生在脑、心脏、鼻子和喉头 3. 细菌分离于肺脓汁中 4. 肺脏损伤，支气管分泌物 5. 纯培养细菌分离于肝脏和肾脏 6. 细菌寄生于鼻道	1. 布鲁氏菌病 2、3. 伴有呼吸疾病 4. 肺炎——在海豹麻疹感染时，条件致病菌感染 5、6、7、8. 致病性未知 9. 无致病力	404 182 295 449 267 369 479

续表 1－1

宿主	病原菌	正常菌群	组织部位	疾病状态	参考文献
麻斑海豹 common seal，harbour seal (*Phoca vitulina*)			7. 细菌分离于肠和淋巴结，动物患有淋巴结病和肺出血 9. 细菌分离于呼吸道		613 658 660 700
灰海豹 grey seal (*Halichoerus grypus*)	1. 嗜水气单胞菌（*Aeromonas hydrophila*） 2. 鳍脚类布鲁氏杆菌（*Brucella pinnipediae*） 3. 类鼻疽伯克霍尔德氏菌（*Burkholderia pseudomallei*） 4. 海豹链球菌（*Streptococcus phocae*）	5. 海洋哺乳放线菌（*Actinomyces marimammalium*） 6. 海豹隐秘杆菌（*Arcanobacterium phocae*）	1. 细菌来自肺脏和肝脏，分离菌的气溶素、细胞毒素和溶血素基因为阳性 2. 从肺中分离 3. 肺水肿，出血，结节 4. 肺损伤，支气管脓汁 5. 分离于肠道	1. 败血症 2. 布鲁氏菌病 3. 类鼻疽 4. 肺炎——在海豹麻疹感染时，条件致病菌感染 5、6. 致病性不清楚，分离于海豹败血症和肺炎	454 349 262 370 267 613 700
格陵兰海豹 harp seal (*Phoca groenlandica*)	布鲁氏杆菌属（*Brucella* spp.）		细菌寄生在淋巴结	布鲁氏菌病	261
冠海豹 hooded seal (*Cystophara cristata*)	1. 鳍脚类布鲁氏杆菌（*Brucella pinnipediae*）	2. 海洋哺乳放线菌（*Actinomyces marimammalium*）	2. 分离于肺	1. 布鲁氏菌病与胁迫有关 2. 病原性不确定	262 370 267
北海狗 northern fur seal (*Callorhinus ursinus*)		1. 阿德莱德沙门氏菌（*Salmonella adelaide*），海德堡沙门氏菌（*S. heidelberg*），牛波特沙门氏菌（*S. newport*），奥里塔蔓林沙门氏菌（*S. oranienburg*） 2. 乙酸钙不动杆菌（*Acinetobacter calcoaceticus*），放线杆菌属（*Actinobacillus* spp.），嗜泉气单胞菌（*Aeromonas eucrenophila*），粪产碱菌（*Alcaligenes faecalis*），大肠杆菌（*Escherichia. coli*），肠杆菌属（*Enterobacter* spp.），克雷伯氏菌属（*Klebsiella* spp.），莫拉菌属（*Moraxella* spp.），荧光假单胞杆菌（*Pseudomonas fluorescen*），假单胞菌属（*Pseudomonas* spp.），表皮葡萄球菌（*Staphylococcus epidermidis*），链球菌属（*Streptococcus* spp.）	1. 康复的动物 2. 直肠 3. 口咽	1. 病原性未确定——带菌 2、3. 正常菌群	298 779

续表1-1

宿主	病原菌	正常菌群	组织部位	疾病状态	参考文献
北海狗 northern fur seal (*Callorhinus ursinus*)		3. 芽孢杆菌属（*Bacillus* spp.），棒状杆菌属（*Corynebacterium* spp.），大肠杆菌（*Escherichia coli*），利斯特菌属（*Listeria* spp.），莫拉菌属（*Moraxella* spp.），兔奈瑟菌（*Neisseria cuniculi*），奇异变形杆菌（*Proteus mirabilis*），表皮葡萄球菌（*Staphylococcus epidermidis*），链球菌属（*Streptococcus* spp.）			
环斑海豹 ringed seal (*Phoca hispida*)	布鲁氏杆菌（*Brucella* species）		细菌寄生在淋巴结	布鲁氏菌病	261
南极海狗（南乔治亚岛）South Georgian Antarctic fur seal		肠炎沙门氏菌（*Salmonella enteritidis*），哈瓦那沙门氏菌（*S. havana*），牛波特沙门氏菌（*S. newport*），鼠伤寒沙门氏菌（*S. typhimurium*）		带菌状态	612
海豹 seal	支原体（*Mycoplasma*）			由于海豹麻疹二次感染	
南象海豹 southern elephant seal (*Mirounga leonina*)		*Facklamia miroungae*	鼻拭子	分离于明显健康的动物幼体	368
鲸 **whale**					
白鲸 beluga whale，whitewhale (*Delphinapterus leucas*)	1. 鲸螺杆菌（*Helicobacter cetorum*） 2. 海洋分枝杆菌（*Mycobacterium marinum*）		1. 食欲不振和无生气，食管和前胃溃烂 2. 肉芽肿皮炎和质膜炎	1. 胃炎 2. 分枝杆菌病	329 327 328 111
伪虎鲸 false killer whale (*Pseudorca crassidens*)	类鼻疽伯克霍尔德氏菌（*Burkholderia pseudomallei*）		肺水肿，出血，结节	类鼻疽	349
逆戟鲸（虎鲸）killer whale (*Orcinus orca*)	1. 类鼻疽伯克霍尔德氏菌（*Burkholderia pseudomallei*） 2. 念珠菌属（*Candida* spp.） 3. 产气荚膜梭菌（*Clostridium perfringens*）		1. 肺水肿，出血，结节 2. 皮肤损伤坏疽，呼吸孔损伤能够引起全身系统疾病 3. 毒血症，淋巴结水肿，肌肉溶解	1. 类鼻疽 2. 感染 3. 梭菌肌炎	349 312 726

续表 1－1

宿主	病原菌	正常菌群	组织部位	疾病状态	参考文献
小须鲸 minke whale（*Balaenoptera acutorostrata*）	1. 布鲁氏菌（*Brucella* species） 2. 小须鲸颗粒链菌（*Granulicatella balaenopterae*）		1. 分离于肝和脾 2. 从搁浅的鲸的肝和肾脏分离到纯的细菌	1. 在商业捕捞中鲸的疾病状态未知 2. 病原性未确定	171 179 478
北太领航鲸 Pacific pilot whale（*Globicephala scammoni*）	念珠菌属（*Candida* spp.）		鼻孔感染通常为二次感染	感染	726
梭氏中喙鲸 sowerby's beaked whale		海豚放线杆菌（*Actinobacillus delphinicola*）	从多种组织分离到	病原性未确定	263
海胆 **sea urchin**		重氮养弧菌（*Vibrio diazotrophicus*）	部分肠道菌群		319
鲨鱼 **sharks**					
高鳍真鲨 brown shark（*Carcharhinus plumbeus*）	美人鱼发光杆菌美人鱼亚种（*Photobacterium damselae* ssp. *damselae*）				314
妆饰须鲨 nurse shark（*Orectolobus ornatus*），捕捞的动物	美人鱼发光杆菌美人鱼亚种（*Photobacterium damselae* ssp. *damselae*）		细菌分离于器官	死亡	618
灰真鲨 sandbar shark	哈维氏弧菌［*Vibrio*（*carchariae*）*harveyi*］		分离于肾脏		316
大西洋星鲨 smooth dogfish（*Mustelus canis* Mitchill）和白斑角鲨 spiny dogfish（*Squalus acanthias* L.）		交替单胞菌属（*Alteromonas* spp.），发光杆菌属细菌属（*Photobacterium* spp.），假单胞菌属（*Pseudomonas* spp.），腐败希瓦氏菌（*Shewanella putrefaciens*），弧菌属（*Vibrio* spp.）	所有的细菌分离于健康鲨鱼的头肾	损伤的作用使细菌能够生长，发病率和死亡率还是未知的	109
黑梢真鲨 blacktip shark（*Carcharhinus limbatus*），短吻柠檬鲨 lemon shark（*Negaprion brevirostris* Poey），大斑猫鲨 nurse shark（*Ginglymostoma cirratum*），虎纹猫鲨 tiger shark（*Galeocerdo curvieri*）	1. 杀鲑气单胞菌（*Aeromonas salmonicida*），交替单胞菌属（*Alteromonas* spp.），莫拉菌属（*Moraxella* spp.），奈瑟菌属（*Neisseria* spp.），美人鱼发光杆菌美人鱼亚种（*Photobacterium damselae* ssp. *damselae*），美人鱼发光杆菌杀鱼亚种（*Photobacterium damselae* ssp. *piscicida*），类志贺毗邻单胞菌（*Plesiomonas shigelloide*），溶藻弧菌（*Vibrio alginolyticus*），哈维氏弧菌（*Vibrio harveyi*） 2. 哈维氏弧菌（*Vibrio harveyi*）	3. 美人鱼发光杆菌美人鱼亚种（*Photobacterium damselae* ssp. *damselae*）	1. 细菌分离于多种组织 2. 在组织学的检测中发现脾脏和肝脏病变	1. 致病性没有评估 2. 从感染试验的短吻柠檬鲨分离到细菌但没有临床症状，与胁迫有关 3. 从试验的短吻柠檬鲨接种未获得细菌	315 316

续表 1－1

宿主	病原	正常菌群	组织部位	疾病状态	参考文献
六须鲇 **sheatfish**，wels catfish（*Silurus glanis* Linnaeus）	1. 嗜鳃黄杆菌（*Flavobacterium branchiophilum*） 2. 柱状黄杆菌（*F. columnare*）		1. 细菌黏附在鳃表皮细胞上 2. 细菌分离于肾、皮肤发白溃烂处	1. 细菌性鳃部疾病（BGD） 2. 柱状疾病	88 251 802
虾类 **shrimp**					
斑节对虾 black tiger prawn（*Penaeus monodon*）	1. 哈维氏弧菌（*Vibrio harveyi*） 2. 副溶血性弧菌（*Vibrio parahaemolyticus*） 3. 灿烂弧菌（*Vibrio splendidus*）Ⅱ		1、2、3. 感染肝胰腺，可见发生炎性反应的管状窦	1、2、3. 死亡	363 410
卤虫属未定种 brine shrimp（*Artemia* species）	解蛋白弧菌（*Vibrio proteolyticus*）		侵袭微绒毛，使肠上皮细胞连接混乱，毁坏体腔细胞和组织	致死	135 788
中国对虾 Chinese shrimp（*Penaeus chinensis*）	1. 溶藻弧菌（*Vibrio alginolyticus*） 2. 哈维氏弧菌（*Vibrio harveyi*） 3. 创伤弧菌（*Vibrio vulnificus*）血清组 E	4. 帕西尼氏弧菌（*Vibrio pacinii*）	1、2. 从溞状幼体时期开始侵袭幼体的发育，失去活力，厌食，反应迟钝，幼体聚集在箱底部	1、2、3. 弧菌病，死亡 4. 从健康的虾分离到	98 306 777
丰年虫fairy shrimp（*Branchipus schaefferi* Fisher，*Chirocephalus diaphanous* Prévost，*Streptocephalus torvicornis* Waga）	嗜水气单胞菌（*Aeromonas hydrophila*）		胸附肢、尾器、触角上有黑色结节	黑色病	220
罗氏沼虾 giant freshwater prawn（*Macrobranchium rosenbergii*）	1. 豚鼠气单胞菌（*Aeromonas caviae*） 2. 维隆气单胞胞菌维隆亚种（*A. veronii* ssp. *veronii*） 3. 格氏乳球菌（*Lactococcus garvieae*）		3. 肌肉上有黄白斑点，肌肉发白肿胀，肝胰腺黄色，甲壳和肌肉组织之间有液体堆积	1、2. 在毒力研究中是致病的 3. 死亡	156 723

续表 1－1

宿主	病原	正常菌群	组织部位	疾病状态	参考文献
日本对虾，细角滨对虾 kuruma prawn [*Penaeus*（*Marsupenaeus*）*japonicus*，*Penaeus stylirostris*]	1. 哈维氏弧菌（*Vibrio harveyi*） 2. 杀对虾弧菌（*Vibrio penaeicida*）	3. 不动杆菌属（*Acinetobacter* spp.），交替单胞菌属（*Alteromonas* spp.），芽孢杆菌属（*Bacillus* spp.），棒状杆菌属（*Corynebacterium* spp.），黄杆菌属（*Flavobacterium* spp.），微球菌属（*Micrococcus* spp.），莫拉菌属（*Moraxella* spp.），假单胞菌属（*Pseudomonas* spp.），葡萄球菌属（*Staphylococcus* spp.）	1. 外壳上有斑点 2. 败血病 3. 从健康的虾分离到，而患病的却没有分离到	1. 死亡 2. 1993 年爆发的“93 综合征”（syndrome 93） 3. 非病原的	187 388 198 23
南美白对虾 white shrimp（*Penaeus vannamei* Boone）	1. 外来分枝杆菌（*Mycobacterium peregrinum*） 2. 哈维氏弧菌（*Vibrio harveyi*）	许氏弧菌（*Vibrio xuii*）	1. 多病灶性，甲壳黑色结节损伤 2. 外壳有黑色斑点	1. 条件感染 2. 死亡 3. 病原性未知	23 551 740
黑鱼 **snakehead fish**（*Channa striatus* Fowler）	多孔分枝杆菌（*Mycobacterium poriferae*），后来通过 PCR 鉴定为偶发分枝杆菌（*M. fortuitum*）		体内有小瘤状结节损伤	分枝杆菌病	633 756
婢鲈 **snook**（*Centropomus undecimalis* Bloch）	哈维氏弧菌（*Vibrio harveyi*）		角膜晦暗	感染	453
塞内加尔鳎 **sole**（*Solea senegalensis* Kaup）	美人鱼发光杆菌杀鱼亚种（*Photobacterium damselae* ssp. *piscicida*）		出血性败血症，肾脏、肝脏、脾脏有白色肉芽肿	鱼巴斯德菌病	855
欧洲鳎 dover sole（*Solea solea*）	海洋屈挠杆菌（*Tenacibaculum maritimum*）		鳍边缘和尾部之间的皮肤疱疹，真皮组织脱落，坏死溃疡	黑色补丁坏疽	90 539
大西洋白鲳 Atlantic **spadefish**（*Chaetodipterus faber* Broussonet）	哈维氏弧菌（*Vibrio harveyi*）		双眼凸出，眼睛及周围出血，角膜不透明	死亡	23
海绵 marine **sponge**（*Halichondria bowerbanki*），也被称作 crumb-of-bread sponge		多孔分枝杆菌（*Mycobacterium poriferae*）			608
乌贼 **squid**					
皮氏枪乌贼（*Loligo pealei*）		1. *Shewanella pealeana* 2. 火神弧菌（*Vibrio logei*）	1. 与雌性生殖器官、副缠卵腺相关 2. 与光器官共生	1、2. 正常菌群	257 492

续表 1-1

宿主	病原	正常菌群	组织部位	疾病状态	参考文献
夏威夷短尾鱿鱼 Hawaiian sepiolid squid（*Euprymna scolopes*）		费希尔弧菌（*Vibrio fischeri*）	光器官	光器官共生细菌	257
Sepiola affinis，*S. robusta*		费希尔弧菌（*Vibrio fischeri*），火神弧菌（*Vibrio logei*）	光器官	光器官共生细菌	257
尖嘴魟 **stingray**（*Dasyatis pastinaca*），养殖获得	美人鱼发光杆菌美人鱼亚种（*Photobacterium damselae* ssp. *damselae*）		细菌从器官中分离	死亡	618
长缟鲹 **striped jack**，**white trevally**（*Pseudocaranx dentex* Bloch and Schneider）	1. 美人鱼发光杆菌杀鱼亚种（*Photobacterium damselae* ssp. *piscicida*） 2. 鳗败血假单胞菌（*Pseudomonas anguilliseptica*）		1. 出血性败血症，肾脏、肝脏、脾脏有白色肉芽肿 2. 嘴、鼻、鳃盖和脑出血，细菌寄生在肾脏	1. 鱼巴斯德菌病 2. 死亡	465 567
鲟鱼 **sturgeon**					
纳氏鲟 Adriatic sturgeon（*Acipenser naccarii* Bonaparte）	格氏乳球菌（*Lactococcus garvieae*）		食欲不振，不规则游泳，有些双眼凸出，腹水	死亡	669
西伯利亚鲟 Siberian sturgeon（*Acipenser baerii* Brandt）	鲁氏耶尔森氏菌（*Yersinia ruckeri*）		能够传染，有或无临床症状	耶尔森氏鼠疫杆菌肠道病	797
丁鲹 **tench**（*Tinca tinca* L.）	运动支原体（*Mycoplasma mobile*）		细菌从鳃中分离	病原性未确定	439 440
罗非鱼 **tilapia**					
尼罗罗非鱼 Nile tilapia（*Oreochromis* sp.，*O. niloticus niloticus* Linnaeus），也被称作“圣·彼得鱼”（St. Peter's fish）	1. 迟钝爱德华菌（*Edwardsiella tarda*） 2. 无乳链球菌（*Streptococcus agalactiae*） 3. 海豚链球菌（*Streptococcus iniae*）		1. 败血症，局灶性化脓或肉芽肿病变，皮肤溃疡 3. 中枢神经系统受损，无活力，游泳诡异	1. 爱德华菌病 2、3. 链球菌病	233 442
蓝帚齿罗非鱼 tilapia [*Saratherodon*（*Tilapia*）*aureus*①]	1. 叉尾鮰爱德华菌（*Edwardsiella ictaluri*） 2. 海豚链球菌（*Streptococcus iniae*）		2. 失去方向感，眼球凸出，肛门、嘴、胸鳍周围有淤血，腹腔有液体，器管肿大	1. 轻微易感 2. 死亡	621 627

① 译者注：*Saratherodon* 恐有误，怀疑应为 *Sarotherodon*，余同。

续表 1-1

宿主	病原菌	正常菌群	组织部位	疾病状态	参考文献
尼罗帚齿罗非鱼 *tilapia*（Sarotherodon niloticus），也被称作尼罗罗非鱼（*Nile tilapia*）	1. 格氏乳球菌（Lactococcus garvieae） 2. 海豚链球菌（Streptococcus iniae） 3. 非 01 霍乱弧菌（Vibrio cholerae *non* – 01）		1. 皮肤出血，眼球凸出，心外膜炎，腹膜炎，肝脏无血色，脾肿大，性腺形成结节	1、2. 全身感染链球菌病 3. 养殖死亡，可能是条件致病	507 550 621
			2. 失去方向感，眼球凸出、肛门、嘴、胸鳍周围有淤血，腹膜腔有液体，器管肿大		
大菱鲆 **turbot**（*Scophthalmus maximus* Linnaeus）	1. 非典型杀鲑气单胞菌（*Aeromonas salmonicida*），也是氧化酶阴性菌株 2. 大菱鲆金黄杆菌（*Chryseobacterium scophthalmum*） 3. 鳗利斯特氏菌（*Listonella anguillarum*）01 和 02β，02α 4. 龟分枝杆菌（*Mycobacterium chelonae*）和海洋分枝杆菌（*M. marinum*） 5. 美人鱼发光杆菌美人鱼亚种（*Photobacterium damselae* ssp. *damselae*） 6. 美人鱼发光杆菌杀鱼亚种（*Photobacterium damselae* ssp. *piscicida*） 7. 鳗败血假单胞菌（*Pseudomonas anguilliseptica*） 8. 液化沙雷氏菌（*Serratia liquefaciens*） 9. 副乳房链球菌（*Streptococcus parauberis*） 10. 灿烂弧菌（*Vibrio splendidu*）生物型 I	11. 挪威肠弧菌（*Enterovibrio norvegicus*） 12. 非 01 霍乱弧菌（*Vibrio cholerae* non – 01）和拟态弧菌（*Vibrio mimicus*）在毒性试验中不致死 13. 海王弧菌（*Vibrio neptunius*） 14. 大菱鲆弧菌（*Vibrio scophthalmi*）	1. 皮肤溃疡 2. 肠膨胀，眼睛、皮肤、下颌出血，鳃肿大 4. 器官肉芽肿 7. 头肾和脾脏寄生细菌 8. 肾脏和脾脏肿大，黄色结节，液化性局灶性坏死 9. 肛门和胸鳍损伤，出血，腹部斑点淤血，眼球凸出，眼睛化脓 10. 嘴出血，腹部膨胀，腹腔有血性腹水 11、13、14. 部分为肠正常菌群	1. 死亡 2. 鳃疾病，出血性败血症 3. 弧菌病 4. 分枝杆菌病 5. 死亡 6. 鱼巴斯德菌病 7. 出血性败血症 8. 条件病原菌，死亡 9. 链球菌病，肝肿大，血红素肠炎 10. 幼苗流行体外寄生 11、14. 正常菌群 13. 病原性未知	268 281 224 149 31 96 475 507 557 617 673 712 740 741 748 749 751 754 791 832
裸翼彩菱鲽 turbot（*Colistium nudipinnis* Waite），贡氏彩菱鲽 brill（*C. guntheri*）；二者都称为比目鱼	类坎贝氏弧菌（*Vibrio campbellii*-like），灿烂弧菌（*Vibrio splendidus*）生物型 I		细菌寄生在脑、肾和肝，表现损伤和出血	在幼苗时急剧死亡，条件感染	221

续表 1-1

宿主	病原菌	正常菌群	组织部位	疾病状态	参考文献
五条鰤 **yellowtail**（*Seriola quinqueradiata*，*S. purpurascens* Temminc and Schlegel），也被称为造船鱼和日本琥珀鱼	1. 格氏乳球菌（*Lactococcus garvieae*） 2. 鳗利斯特氏菌（*Listonella anguillarum*） 3. 分枝杆菌属（*Mycobacterium* spp.） 4. 黄尾脾脏诺卡菌（*Nocardia seriolae*） 5. 美人鱼发光杆菌美人鱼亚种（*Photobacterium damselae* ssp. *damselae*） 6. 美人鱼发光杆菌杀鱼亚种（*Photobacterium damselae* ssp. *piscicida*） 7. 海豚链球菌（*Streptococcus iniae*）		1. 尾鳍糜烂，臀鳍充血，鳃盖里面有淤血斑点，眼球凸出 4. 上皮组织脓肿，在鳃、肾脏、脾脏形成瘤状凸起结节 5. 细菌寄生在脾、肾和畸形生长的毒性物质中 6. 脾脏、肾脏可见灰白色菌落 7. 细菌分离于脑部	1. 链球菌病 3. 分枝杆菌病 4. 诺卡菌病 5. 死亡 6. 鱼巴斯德菌病 7. 败血症	459 462 424 455 464 236 233 235
鲸 **whale**，参见海生哺乳动物 SEA MAMMALS					
白鲑 **whitefish**（*Coregonus* sp.），加拿大白鲑 cisco（*Coregonus artedi* Lesueur），鲱形白鲑lake whitefish（*Coregonus clupeaformis* Mitchill），高白鲑 peled（*Coregonus peled* Gmelin） 鲑科鱼类	1. 杀鲑气单胞菌杀鲑亚种（*Aeromonas salmonicida* ssp. *salmonicida*） 2. 非典型杀鲑气单胞菌（*Aeromonas salmonicida*） 3. 鳗败血假单胞菌（*Pseudomonas anguilliseptica*） 4. 鲁氏耶尔森氏菌（*Yersinia ruckeri*）		3. 皮肤、嘴、肛门、腹膜和肝脏淤血、斑点出血 4. 恶劣的环境易发病	1. 皮肤溃疡，疖病 2. 皮肤溃疡 3. 出血疾病 4. 耶尔森氏鼠疫杆菌肠道病	323 352 772 828
狼鱼 **wolf-fish**（*Anarhichas lupus* Linnaeus），花狼鱼 spotted wolf-fish（*A. minor* Olafsen）	1. 非典型杀鲑气单胞菌（*Aeromonas salmonicida*）	2. 广布肉毒杆菌（*Carnobacterium divergens*） 3. 肉杆菌属（*Carnobacterium* spp.）		1. 非典型疖病 2、3. 部分为肠内正常微生态菌群	648
隆头鱼 **wrasse**（隆头鱼科 Labridae）清洁鱼 cleaner fish	非典型杀鲑气单胞菌（*Aeromonas salmonicida*）		内脏器官出血，有血性分泌液	疖病	468

漫长的潜伏期，当鱼为 1 龄后，将完全表现出来。肉芽组织病灶将在系统所有器官中看到，但主要集中在肾脏。表现为组织发灰，坏死性肿瘤将在整个肾脏出现，导致肾脏肿大并坏死（OIE，2000a）。

1.2.4 细菌性口腔炎（嘴溃烂）

1 龄大西洋鲑在海水中时会出现牙和口腔覆盖一层黄色不透明的装饰样的物质，致病细菌被鉴定为海洋屈挠杆菌（*Tenacibaculum maritimum*）。这些菌株和参考资料里面的菌株有明显区别。从腐烂口腔分离的菌株最适生长温度为 18 ~25℃，比参考资料的菌株生长温度稍微低点。它们的最适培养基海水含量为 70%。很多分离自腐烂口腔的菌株有 α－葡萄糖苷酶和 β－葡萄糖苷酶活性，分离出海洋屈挠杆菌是个不寻常的发现（Ostland 等，1999b）。

1.2.5 黑色斑状坏死

这种疾病感染太平洋油鲽，是由海洋屈挠杆菌（*T. maritimum*）引起的。开始时在皮肤表面出现明显的疱疹，继而发展到上皮组织脱落和坏死溃烂（Bernardet 等，1990）。

1.2.6 褐色指环病（BRD）

这种疾病由蛤弧菌（*Vibrio tapetis*）引起，此病可能引起菲律宾蛤仔（*Ruditapes philippinarum*）的大规模死亡。1987 年在法国首次报道，它引起养殖的亲贝发生大规模的死亡。这种疾病的特征是外套线和贝壳边缘之间沉积几层褐色的环状物。在贝壳修复过程中发生，并能够看到白色的钙化区域被棕色的环状物覆盖（Paillard 和 Maes，1994）。

1.2.7 红口石鲈肠疾病（ERM）

这种病的致病菌为革兰氏阴性鲁氏耶尔森氏菌（*Yersinia ruckeri*）。该病在很多国家的虹鳟鱼养殖业中是一种对经济效益影响严重的疾病。临床特征是嘴、肠和其他器官周围有出血区域。

传播这种疾病的方式有很多种，包括鸟、野生鱼和运输的鱼（Willumsen，1989）。这种细菌可在鱼的养殖箱上面形成生物膜，成为感染源（Coquet 等，2002）。

1.2.8 鲇鱼肠败血症（ESC）

这种疾病由叉尾鮰爱德华菌（*Edwardsiella ictaluri*）所致，对于商业化的叉尾鮰养殖是个很重大的问题。观赏性鱼类和鲑鱼都是易感种类，有报道称也能使舌齿鲈（*Dicentrarchus labrax*）致病（Hawke 等，1981）。在叉尾鮰种类中抗病能力是可变的，长鳍叉尾鮰（*Ictalurus furcatus*）和红河种类表现出非常强的抗病力（Wolters 和 Johnson，1994）。通常疾病爆发温度出现在 18 ~28℃范围内，但小规模死亡和病原携带状态可能会出现在这个温度范围之外。在急性情况下，通常表现为急性败血症，口、喉、鳍、肝内部和其他器官的周围会出现淤血斑点。这种细菌能够穿过肠黏膜进入内脏器官。该病的慢性状态会以脑膜炎的症状出现，使其行为发生改变，伴有肠坏死或者头上出现洞的症状（Hawke 等，1981；OIE，2000b）。

1.2.9 疖病

本病的致病菌是杀鲑气单胞菌杀鲑亚种（*Aeromonas salmonicida* spp. *salmonicida*），可导致鲑鱼大规模死亡。该病病灶特征为油炸样，呈现明显的疖疮，而且能够渗透到肌肉组织深处。但是这些临床特征并不总是出现（OIE，2000a）。

1.2.10　巴斯德菌病

著名的鱼巴斯德菌病由美人鱼发光杆菌杀鱼亚种（*Photobacterium damselae* spp. *piscicida*）［先前曾被称为杀鱼巴斯德氏菌（*Pasteurella piscicida*）］引起。在日本、美国和欧洲这种疾病能够感染很多种养殖的鱼类。它通常会引起很高的死亡率，除看到体色变暗之外，很少见到外部和临床的疾病特征。病鱼脾脏由于病原菌的生长呈现白色疖节或小肿瘤（Kusuda 和 Yamaoka，1972；Hawke 等，1987；Toranzo 等，1991；Baptista 等，1996；Candan 等，1996；Fukuda 等，1996）。

1.2.11　淤血点

在鱼的下侧和腹部出现淤血（极小的出血点），显示败血症和全身菌血症。

1.2.12　虹鳟鱼苗综合征

美国报道，病鱼表现出贫血、眼球凸出、鳃苍白和皮肤色素沉积，腹腔积水，表现腹部凸出和肾脏胀大。没有权威病原菌鉴定结果。这种症状下能够分离到很多种细菌。它们包括：柱状黄杆菌（*Flavobacterium columnare*）［曾被称为柱状噬纤维菌（*Cytophaga columnaris*）］，紫色杆菌属种类（*Janthinobacterium* spp.），藤黄微球菌（*Micrococcus luteus*）和动性球菌属（*Planococcus* spp.）（Austin 和 Stobie，1992b）。

1.2.13　皮肤和尾部溃烂病

病鱼溃烂的皮肤和尾部能够分离到细菌，如假单胞菌属（*Pseudomonas* spp.）、气单胞菌属（*Aeromonas* spp.）、黄杆菌属（*Flavobacterium*）和屈挠杆菌属（*Flexibacter* spp.）。然而，这种情况通常是由于水质贫瘠所致，因此，出现这种症状首先被认为是管理问题。

1.2.14　皮肤溃烂

皮肤溃烂通常可看到疖子样或者丘疹样表面凸起。它们可能是由于多种细菌引起，包括典型的和多种非典型的杀鲑气单胞菌（*Aeromonas salmonicida*）种类。鳗利斯特氏菌（*Listonella anguillarum*）引起该疾病，通常表现为红色溃烂和液化状疖子样病灶。

1.2.15　链球菌病

这种病由属于B族β－溶血的无乳链球菌（*Streptococcus agalactiae*）所致，是革兰氏阳性球菌。感染后临床症状表现行为异常，如不稳定的游泳，在水面旋转，在水面游泳时身体形成“C”形弯曲。眼睛可能模糊，可见眼球凸出和出血。头部和身体，尤其是嘴、吻、鳃盖和鳍周围有出血斑点，可能是出血性肠炎。

1.2.16　链球菌感染

这种疾病的临床症状可能因感染鱼的种类不同而变化，慢性感染通常在25℃时会出现，然而在28～32℃时，这种疾病多表现为急性症（Yuasa 等，1999）。

1.3　细菌和宿主之间的关系

表1－2所列细菌可能是鱼类和其他水生动物的病原体或者腐生菌，以表格的形式概

表 1－2　鱼类及其他水生动物的病原体和腐生菌

细菌	疾病	疾病症状	宿主/分离部位	分布	参考文献
小须鲸乏养菌（*Abiotrophia balaenopterae* spp. nov.）	参见 *Granulicatella balaenopterae* com. nov.				179
Abiotrophia elegans，一种营养变异的链球菌	参见苛养颗粒链菌（*Granulicatella elegans*）				
木糖氧化无色杆菌木糖氧化亚种（*Achromobacter xylosoxidans* ssp. *denitrificans*）（曾被称为 *Alcaligenes denitrificans* 反硝化产碱菌）					659
鲍氏不动杆菌（*Acinetobacter baumannii*）基因型群 2	人类感染		分离于人类患者和环境		110
乙酸钙不动杆菌（*Acinetobacter calcoaceticus*）基因型群 1	1. 环境细菌 2. 口腔正常菌群		1. 分离于土壤 2. 海龟	2. 正常菌群组成部分	110 300 301
溶血不动杆菌（*Acinetobacter haemolyticus*）基因型群 4	对鱼类病原性未知	器官损伤	分离于大西洋鲑，斑点叉尾鮰，环境和人类临床样品	挪威、美国	110
海豚放线杆菌（*Actinobacillus delphinicola*）	病原性未确定	从多种组织分离	海洋哺乳类——大西洋鼠海豚、条纹原海豚、梭氏中喙鲸	苏格兰	263
苏格兰放线菌（*Actinobacillus scotiae*）	病原性未确定	细菌寄生在肝脏、肺、脑和脾	分离于条纹原海豚	苏格兰	265
海洋哺乳放线菌（*Actinomyces marimammalium*）	病原性未确定	分离于多种组织，如肺、肝、脾、肠，并带有其他细菌	死冠海豹，死灰海豹，死大西洋鼠海豚	英国	370
南极栖海面菌（*Aequorivita antarctica*），解脂海表菌（*A. lipolytica*），黄色海表菌（*A. crocea*），石下海表菌（*A. sublithincola*）	环境菌株（黄杆菌科成员）		分离于海洋环境——海水、海冰	南极	113
绿色气球菌（*Aerococcus viridans*）	伴有食管盲囊感染	细菌寄生在食道病灶上	蠵龟	西班牙	755
绿气球菌螯龙虾变种（*Aerococcus viridans* var. *homari*）（大量生长）	高死亡率，高夫败血症，致命性败血症	在血淋巴里可看到粉红或者红色染色，细菌在肝胰腺、血淋巴中繁殖，少见于心脏和骨骼肌	龙虾，龙虾池塘的海水和沉积物中。存在于海洋底部，螃蟹和其他甲壳类是细菌的宿主或者携带者	挪威、加拿大	299 719 827

续表 1-2

细菌	疾病	疾病症状	宿主/分离部位	分布	参考文献
异嗜糖气单胞菌（*Aeromonas allosaccharophila*）（HG15）（在1995年曾被分类为HG14）	1. 患病仔鳗 2. 腹泻病粪便	1. 患病仔鳗 2. 排泄物	1. 鳗鲡养殖场的仔鳗 2. 人类	1. 西班牙 2. 南卡罗来纳州，美国	527
兽气单胞菌（*Aeromonas bestiarum*）（HG2）［原来被分类为嗜水气单胞菌（*A. hydrophila*）基因种组2］	病原性存疑		鱼类，河水，海水，甲壳类，人类粪便	美国	13
豚鼠气单胞菌（*Aeromonas caviae*）（HG4）	1. 败血症，当细菌数量高时，会引起死亡 2. 感染，肠炎	1. 皮肤溃疡，出现在肝胰腺中 2. 感染	1. 淡水观赏鱼，大西洋鲑，章鱼，罗氏沼虾，大菱鲆幼苗 2. 人类	土耳其、肯尼亚和中国台湾省的环境普遍存在	21 723
蚊子气单胞菌（*Aeromonas culicicola*）	水生种类是否存在未知		分离于蚊子	印度	624
鳗鱼气单胞菌（*Aeromonas encheleia*）（HG16）（曾被分类为HG11）	非病原的		健康的鳗鲡，淡水中	西班牙	427 379 241
嗜泉气单胞菌（*Aeromonas eucrenophila*）（曾被称为 *A. punctata* ssp. *punctata*）（HG6）	非病原的		鲤鱼腹水，饮用水，井水	欧洲、德国	379
气单胞菌（*Aeromonas*）组501（曾被称为肠道组501）（HG12）	参见舒伯特气单胞菌（*A. schubertii*）				
嗜水气单胞菌嗜水亚种（HG1）（*Aeromonas hydrophila* ssp. *hydrophila*）（通常分离于大量生长的纯菌落，这被认为是主要病原）	1. 出血性败血症，腹膜炎，红色溃疡，鳍糜烂，红鳍疾病，有死亡。鲇鱼和鳢鱼（泰国、菲律宾）伴有由丝囊霉菌（*Aphanomyces invadans*）引起的真菌性流行性溃疡综合征。海豹条件感染麻疹病毒属感染 2. 条件致病菌和原发性病原菌 3. 黑色病 4. 病原性不清楚 5. 肠胃炎	1. 腐蚀性或溃疡性皮肤损伤，鳍和躯干上出血，肛门涨大，红斑 2. 蛙红腿败血病 3. 胸腹肢上有黑色结节 4. 于流产病例中分离	1. 淡水鱼和观赏鱼，香鱼，斑点叉尾鮰，蟾胡子鲇，罗非鱼，鳟鱼，海龟，鳗鱼，爬行动物，灰海豹，偶尔有海水鱼——养殖的大西洋鲑，海鲈，扇贝幼虫。有机物质增加，温度高于18℃时有利于嗜水气单胞菌的增殖，在淡水、咸淡水和沿海的水中都有发现 2. 青蛙，饲养的牛蛙 3. 丰年虫 4. 牛、马、猪 5. 人类	1、2. 世界各地的环境中普遍存在 3. 阿尔及利亚、德国、西班牙	227 220 21 454 29 300 301 456 497 530 614 650 783

续表 1-2

细菌	疾病	疾病症状	宿主/分离部位	分布	参考文献
嗜水气单胞菌达卡亚种（*Aeromonas hydrophila* ssp. *dhakensis*）组 BD-2（HG1）	腹泻	细胞溶解和血球溶解的特性	分离于孩子腹泻物	孟加拉国	383
简氏气单胞菌（*Aeromonas jandaei*）（HG9）［以前称为温和气单胞菌（*A. sobria*）（HG9）］	1. 病原菌 2. 临床意义	1. 组织 2. 分离于血液，伤口，腹泻物	1. 鳗鲡 2. 人类	1. 西班牙 2. 美国	143
中间气单胞菌（*Aeromonas media*）（HG5）	1. 环境的细菌 2. 临床的，肠胃炎		1. 河水，益生菌特性，抗塔氏弧菌（*Vibrio tubiashii*） 2. 人类	1. 英国	15 294
波氏气单胞菌（*Aeromonas popoffii*）	环境细菌		饮用水水库	芬兰、苏格兰	380
杀鲑气单胞菌杀鲑亚种（*Aeromonas salmonicida* ssp. *salmonicida*）（HG3），"典型"杀鲑气单胞菌（"tipycal" *A. salmonicida*）（产生棕色色素）	金鱼溃疡病（GUD），鲑鳟鱼疖病	真皮溃疡显示典型的凸形的疖。细菌渗透皮下组织、肾脏、体腔液、脾脏和肠道	很多种鱼：金鱼、鲤鱼、银鲈、鲑鱼、大西洋鲑、海水比目鱼、绿背比目鱼、鳗鲡、鲇鱼、鲤鱼、清洁鱼。蛙，饲喂后污染的鲑鳟	高毒性菌株来自北美、欧洲、英国、美国。澳大利亚未出现	468 531 584
杀鲑气单胞菌杀鲑亚种（*Aeromonas salmonicida* ssp. *salmonicida*）（无色素菌株）	患病鲑鱼	头肾	养殖的大西洋鲑注射实验表明无色素菌株比有色素菌株的死亡率更高	挪威	450
杀鲑气单胞菌无色亚种（*Aeromonas salmonicida* ssp. *achromogenes*）	"非典型"杀鲑气单胞菌（"atypical" *A. salmonicida*） 疾病症状多样，鲤鱼红皮病，金鱼溃疡病，比目鱼溃疡病	大的开放性皮肤损伤，除去周围结痂会露出柔软皮肤和红色真皮	鲑鳟和非鲑鳟、大西洋鳕、银鲤、鲈鱼、拟鲤。发现于淡水、咸淡水和海洋环境	全世界：澳大利亚、英格兰、欧洲北部和中部、冰岛、日本、北美、南非	186 534 830
杀鲑气单胞菌杀日本鲑亚种（*Aeromonas salmonicida* ssp. *masoucida*）	1. "非典型"杀鲑气单胞菌（"atypical" *A. salmonicida*）	表面皮肤损伤	鲑鱼［马苏大麻哈鱼（*Oncorhynchus masou*）和细鳞大麻哈鱼（*O. gorbuscha*）］	日本	438 830
杀鲑气单胞菌新星亚种（*Aeromonas salmonicida* ssp. *nova*）	金鱼溃疡病（GUD）	皮肤溃疡	金鱼、鲑鱼和非鲑鱼、鳗鲡、鲤鱼、海水鱼	英格兰、日本、美国，全世界。澳大利亚金鱼的菌株被认为属于这个亚种。澳大利亚的鲑鱼易感	144 535 695 761 824 825

续表 1－2

细菌	疾病	疾病症状	宿主/分离部位	分布	参考文献
杀鲑气单胞菌解果胶亚种（*Aeromonas salmonicida* ssp. *pectinolytica*）	环境细菌		污染河流	阿根廷	615
杀鲑气单胞菌史氏亚种（*Aeromonas salmonicida* ssp. *smithia*）	"非典型"杀鲑气单胞菌（"atypical" *Aeromonas salmonicida*）	表面皮肤溃疡	非鲑鱼	英格兰	47 830
杀鲑气单胞菌（*Aeromonas salmonicida*）（"非典型"菌株）	死亡。病理状况多样，鲤鱼红皮病，金鱼溃疡病，比目鱼溃疡病，鳗鲡头部腐烂，溃疡性疾病	皮肤损伤，坏疽，出血性溃疡，鳗鲡头部有凸形疖和肿胀。有时侵袭深部组织，尤其是养殖的鱼类	绵鳚、鲤鱼、白鲑、清洁鱼、欧洲黄盖鲽、鳗鲡、沙鳗、比目鱼、金鱼、鲤科淡水小鱼、虹鳟鱼（海水）、拟鲤、岩鱼（栖于礁石中的鱼类）	波罗的海、丹麦、英格兰、芬兰、日本、挪威、南非、美国	17 352 331 107 403 468 584 832
杀鲑气单胞菌（*Aeromonas salmonicida*） "非典型"菌株 氧化酶阴性	死亡，溃疡疾病	不活泼，皮肤溃疡	大菱鲆，海水养殖的比目鱼，银大麻哈鱼	丹麦、波罗的海、美国	153 617 832
杀鲑气单胞菌（*Aeromonas salmonicida*）"非典型"菌株，37℃生长	死亡和发病	皮肤溃疡	鲤鱼、金鱼、拟鲤。花园池塘、玻璃缸、河流	英格兰	40
舒伯特气单胞菌（*Aeromonas schubertii*）（HG12）（以前称为肠道组 501）	1. 环境细菌 2. 败血症，肠胃炎，腹泻	2. 脓肿，创伤，胸膜积液，血液	2. 人类，常见免疫机能低下	2. 美国，波多黎各和美国南部沿岸	348 2
温和气单胞菌（*Aeromonas sobria*）（HG7）[现在也称为维隆气单胞菌温和亚种（*A. veronii* ssp. *sobria*）]	1. 腹膜炎，体外溃疡综合征。致病性存疑 2. 腹泻，肾衰竭，蜂窝组织，成年人坏死性肠炎	1. 腹膜炎 2. 排泄物，细胞毒素产物	1. 淡水观赏鱼，斑鲦。可能在健康鱼肠中发现 2. 婴儿，患有肝硬化疾病的成人	环境中普遍存在 美国	21 259 393 452 750
脆弱气单胞菌（*Aeromonas trota*）（HG14）[以前称为肠棕气单胞菌（*A. enteropelogenes*）]	1. 对于鱼类没有致病性 2. 腹泻	2. 粪便样品	1. 在海洋、河口和淡水环境中都有发现 2. 人类	东南亚（孟加拉国、印度、印度尼西亚、泰国），世界各地	142 178 382

续表 1－2

细菌	疾病	疾病症状	宿主/分离部位	分布	参考文献
维隆气单胞菌温和亚种（*Aeromonas veronii* ssp. *sobria*）（HG8）	1. 环境细菌 2. 人类		1. 环境中普遍存在 2. 人类——大多数气单胞菌类有致病性	世界范围	259 393
维隆气单胞菌维隆亚种（*Aeromonas veronii* ssp. *veronii*），曾被认为是肠道组 7（HG10）［曾被称为小鱼气单胞菌（*A. ichthiosmia*）］	1. 当细菌数量高时出现死亡 2. 腹泻，伤寒，胆囊炎	1.（甲壳动物的）肝胰腺 2. 粪便，伤口	1. 大型淡水虾 2. 人类 发现于淡水中	1. 中国台湾省	347 2 178 381 723
粪产碱菌龙虾亚种（*Alcaligenes faecalis homari*）	参见中度嗜盐菌（*Halomonas aquamarina*）				
肠奇异单胞菌（*Allomonas enterica*）	环境细菌		分离于污染河流和人类粪便	俄罗斯	418
交替单胞菌（*Alteromonas* species）	细菌性坏疽和败血症	坏疽，败血症	软体动物的幼虫和稚贝（牡蛎）		
柠檬交替单胞菌（*Alteromonas citrea*）	参见柠檬假交替单胞菌（*Pseudoalteromonas citrea*）				
考氏交替单胞菌（*Alteromonas colwelliana*）	参见科氏希瓦氏菌（*Shewanella colwelliana*）				
普通交替单胞菌（*Alteromonas communis*）	参见普通海单胞菌（*Marinomonas communis*）				
水生螺菌属（*Aquaspirillum* spp.）	报道显示由丝囊霉菌（*Aphanomyces invadans*）导致皮肤溃疡综合征	水生螺菌属（*Aquaspirillum*）引起轻微的皮肤肌肉坏疽病灶	鲇鱼有弱毒性，当用水生螺菌（*Aquaspirillum*）感染黑鱼时没有感染发生	泰国	497
伯纳德隐秘杆菌（*Arcanobacterium bernardiae*）	从临床的材料中分离，尤其是血液和脓肿		人类来源的菌株		274 636
海豹隐秘杆菌［*Arcanobacterium*（*Corynebacterium*）*phocae*］	病原性未确定	组织及组织液	从败血症和肺炎中刚恢复的混合饲养的海豹中获得	苏格兰	613 636
动物隐秘杆菌（*Arcanobacterium pluranimalium*）	病原性未确定	分离部位不确定	死亡的大西洋鼠海豚，死亡的蜡黄色的鹿	英国	480

续表 1－2

细菌	疾病	疾病症状	宿主/分离部位	分布	参考文献
化脓隐秘杆菌（*Arcanobacterium pyogenes*）	伴有多种发脓情况	黏膜和组织	人和动物中都出现	全世界	636 641
活泼微球菌（*Arthrobacter agilis*）	环境细菌		水、泥、人类皮肤		
海豹鼻节杆菌（*Arthrobacter nasiphocae*）	可能是正常菌群	鼻腔	斑海豹（*Phoca vitulina*）		182
平鱼节杆菌（*Arthrobacter rhombi*）	病原性未确定	细菌分离于内部器官	马舌鲽（健康）	格陵兰	600
Atopobacter phocae	病原性未确定	肠、淋巴结和肺	分离于死亡的海豹	苏格兰	479
蜡状芽孢杆菌（*Bacillus cereus*）	鳃坏死	鲤鱼的腮部发现坏死	鲤鱼、条纹石鮨	俄罗斯、美国	74 634
蕈状芽杆菌（*Bacillus mycoides*）	死亡	背部溃烂，肌肉轴上局部坏死	斑点叉尾鮰，细菌在土壤中到处存在，在患病的人类和鹦鹉上携带	波兰、美国	307
枯草芽孢杆菌（*Bacillus subtilis*）	鳃坏死菌群的一部分		鲤鱼	波兰	634
贝内克氏菌（*Benechea chitinovora*）（已知的细菌中没有列出），曾被称为蚀几丁芽孢杆菌（*Bacillus chitinovorus*）	贝壳溃烂疾病，贝壳腐烂，斑点疾病，锈病。中度接触感染，慢性自限性疾病	侵袭甲壳动物的几丁质面（背部甲壳）和胸甲（腹部甲壳）。甲壳变得有凹痕和早期病灶有斑点状黑色素沉着	散养和捕捉的海龟（东方棘鳖、巴西龟、中华花龟、南美侧颈蛇龟、东部锦龟）	美国	806
支气管败血性博德特氏菌（*Bordetella bronchiseptica*）	1. 支气管肺炎，是海豹麻疹病毒（大瘟热）感染的次要病原	肺、气管	1. 海豹 2. 狗、实验动物、猫、兔子、马、火鸡、猴子和人类的支气管炎，猪还伴有萎缩性鼻黏膜炎	欧洲、苏格兰、丹麦、英国	642
缺陷短波单胞菌［*Brevundimonas*（*Pseudomonas*）*diminuta*］	环境细菌				685
泡囊短波单胞菌［*Brevundimonas*（*Pseudomonas*）*vesicularis*］	环境细菌		河流中发现		685
流产布鲁氏菌（*Brucella abortus*）	布鲁氏菌病	血清学阳性	威德尔海海豹（*Leptonychotes weddellii*）	南极洲	592

续表 1－2

细菌	疾病	疾病症状	宿主/分离部位	分布	参考文献
流产布鲁氏菌（*Brucella abortus*），马耳他布氏杆菌（*B. melitensis*），猪布鲁氏杆菌（*B. suis*）和稀少的犬种布鲁氏菌（*B. canis*）	布鲁氏菌病		通常具有宿主特异性——流产布鲁氏菌（牛），马耳他布氏杆菌（山羊），犬种布鲁氏菌（狗），沙林鼠种布鲁氏杆菌（沙漠林鼠），猪布鲁氏杆菌（猪、驯鹿和野兔）。人兽共患。使用生物安全柜	全世界	185
鲸类布鲁氏杆菌（*Brucella cetaceae*）［曾被列为海洋种布鲁氏菌生化变种Ⅰ&Ⅱ（*Brucella maris* sp. nov. biovar Ⅰ&Ⅱ）的一部分］	1. 布鲁氏菌病，流产，传染 2. 布鲁氏菌病	1. 流产，皮下损伤，脾脏和肺 2. 患病，血液培养阳性	1. 海豚（白腰斑纹海豚，长吻真海豚，条纹原海豚，宽吻海豚），港湾鼠海豚，鲸 2. 人类传染 人兽共患。工作时使用的所有可疑组织和布鲁氏菌的培养物都放在生物安全柜中	加拿大、欧洲、苏格兰、美国	261 404 125 267 172 658
鳍脚类布鲁氏杆菌（*Brucella pinnipediae*）［曾被列为海洋种布鲁氏菌生化变种Ⅰ&Ⅱ（*Brucella maris* sp. nov. biovar Ⅰ&Ⅱ）的一部分］	1. 布鲁氏菌病，流产，传染	1. 流产，皮下损伤，脾脏和肺	1. 海豹（斑海豹、灰海豹、冠海豹、格陵兰海豹、环斑海豹），欧洲水獭，可能人兽共患。工作时使用的所有可疑组织和布鲁氏菌的培养物都放在生物安全柜中	加拿大、欧洲、苏格兰、美国	261 404 125 267 172 658
布鲁氏菌属（*Brucella* species）	布鲁氏菌病	在鲸的肝脏、脾脏和海豹的淋巴结中发现细菌	格陵兰海豹、环斑海豹、小须鲸	加拿大、挪威	261 171
水生布戴约维来菌（*Budvicia aquatica*）	环境细菌		从河流和饮水中分离	捷克、斯洛伐克、瑞典	591
洋葱伯克霍尔德氏菌［*Burkholderia* (*Pseudomonas*) *cepacia*］	环境细菌		淡水和土壤	到处存在	298
类鼻疽伯克霍尔德氏菌［*Burkholderia* (*Pseudomonas*) *pseudomallei*］	类鼻疽病	败血症，肺部脓肿，脊柱、肝、肾	海洋水族馆的鲸类——伪虎鲸、宽吻海豚、白腰斑纹海豚、海狮、灰海豹以及绵羊、鸽子、山羊、狗、粉红凤头鹦鹉、美冠鹦鹉、人类、水和土壤中都有发现。人兽共患。使用生物安全柜	中国香港（热带和亚热带疾病，亚洲，东南亚）	349 516

续表 1-2

细菌	疾病	疾病症状	宿主/分离部位	分布	参考文献
念珠菌属（*Candida* spp.）（酵母）	机会感染		鲸类，尤其是海豚		726
类湖底肉杆菌（*Carnobacterium alterfunditum*）	环境细菌		湖水	南极洲	412
广布肉杆菌（*Crrnobacterium divergens*）	健康鱼类肠道正常菌群	肠道和消化道	大西洋鲑鱼苗，大西洋鳕，北极红点鲑，绿青鳕	法国和挪威	176
广布肉杆菌 6251（*Carnobacterium divergens* 6251）	潜在益生菌，可对抗杀鲑气单胞菌杀鲑亚种（*Aeromonas salmonicida* ssp. *salmonicida*）、鳗利斯特氏菌（*Listonella anguillarum*）和黏菌落莫里特氏菌（*Moritella viscosus*）	肠道有分布	北极红点鲑（*Salvelinus alpinus* L.）		649
湖底肉杆菌（*Carnobacterium fimditum*）	环境微生物	湖水		南极洲	412
鸡肉杆菌（*Carnobacterium gallinarum*）	环境细菌		分离于屠宰小鸡周围冰泥中		176
抑制肉杆菌 K1 菌株（*Carnobacterium inhibens* strain K1）	健康鱼类的肠道正常菌群	消化器官中发现	抑制鳗利斯特氏菌和杀鲑气单胞菌在大西洋鲑上的生长		412 411
活动肉杆菌（*Carnobacterium mobile*）	环境细菌		鸡肉处理过程		176
栖鱼肉杆菌［*Carnobacterium*（*Lactobacillus*）*piscicola*］	类似肾脏疾病。后提部（Post-striping）腹膜炎，在 1 龄或者更大的鱼体能够见到，在承受处理和产卵的压力后，很多的菌株是条件致病菌，具有很低的毒性；然而，其他菌株有很高的毒性，会导致很高死亡率	心外膜炎、腹膜炎，内脏肉芽肿，腹部膨胀，腹水。皮下出血或者起泡。从肾脏、脾脏、鱼鳔收集样品。毒菌株导致双眼凸出，眼周围、肝脏出血和腹水	鲑鱼、克氏鲑、虹鳟、大鳞大麻哈鱼、养殖条纹鲈、斑点叉尾鮰、褐色大头鲇，对条纹鲈和斑点叉尾鮰是低毒	加拿大、比利时、法国、英国、美国	353 73 176 752
链条杆菌属（*Catenibacterium* spp.）	参见真细菌（*Eubacterium* spp.）				
溶解噬纤维菌［*Cellulophaga*（*Cytophaga*）*lytica*］	环境分离		海洋，海滩泥	哥斯达黎加	163
青紫色素杆菌（*Chromobacterium violaceum*）	1. 环境分离 2. 伤口感染，败血症，脓肿		1. 土壤和水 2. 人类	1. 热带和亚热带地区 2. 澳大利亚、马来群岛、塞内加尔、中国台湾省、美国、越南	482 599
大比目鱼金黄杆菌［*Chryseobacterium*（*Flavobacterium*）*balustinum*］	产黄杆菌症（Flavobacteriosis）		海洋鱼类	美国	802

续表 1－2

细菌	疾病	疾病症状	宿主/分离部位	分布	参考文献
黏金黄杆菌［*Chryseobacterium*（*Flavobacterium*）*gleum*］	非鱼类病原		人类临床标本中发现		366
产吲哚金黄杆菌（*Chryseobacterium indologenes*）［曾被称为鞘氨醇杆菌（*Sphingobacterium*）和吲哚黄杆菌（*Flavobacterium indologenes*）］	1. 全身感染 2. 临床来源	1. 歪脖子病，身体全身损伤，肉芽肿，器官肿大	1. 养殖的牛蛙（*Rana castesbeiana*） 2. 人类样品和医院环境	美国	530 844
吲哚金黄杆菌［*Chryseobacterium*（*Flavobacterium*）*indoltheticum*］					557
脑膜脓毒性金黄杆菌［*Chryseobacterium*（*Flavobacterium*）*meningosepticum*］	1. 非鱼类病原 2. 包心炎，败血症 3. 全身感染 4. 婴儿脑膜炎	2. 从心包膜、肝、眼睛的病灶分离 3. 歪脖子病，身体全身损伤，肉芽肿，器官肿大	1. 从鱼血和海泥中获得 2. 鸟类（鸡、鸽子、雀类） 3. 养殖的牛蛙（*Rana castesbeiana*） 4. 人类病原	美国 世界范围	530 773
大菱鲆金黄杆菌［*Chryseobacterium*（*Flavobacterium*）*scophthalmum*］	鳃病，出血性败血症，幼鱼 100% 的死亡率	鳃瓣肿胀（增生），出血性败血症，肠肿胀，含黄色内溶物，眼睛、皮肤、颌出血	健康和患病的大菱鲆。沿岸海水	苏格兰	556 557
弗劳地柠檬酸杆菌（*Citrobacter freundii*）	1. 条件感染，对鲑鱼低毒 2. 全身感染	1. 皮肤、眼睛和鳍有出血斑点。细菌分离于肾、肝脏和脾 2. 歪脖子病，身体全身损伤，肉芽肿，器官肿大	1. 水族箱中的神仙鱼，虹鳟，翻车鱼、普通鲤鱼，泥、水、污水、食物，发病和健康的哺乳动物、鸟、两栖动物和爬行动物都能分离到细菌 2. 养殖的牛蛙（*Rana castesbeiana*）	印度、日本、英国、美国 世界范围	425 530 675 753
肉毒梭菌 E 型（*Clostridium botulinum* type E）	发病和死亡		养殖的鳟鱼、鲑鱼、银鲑，肉毒梭菌（*C. botulinum*）可能在鳟鱼的肠道和鳃上共生，活鱼通常不产生毒素，但部分死鱼溃烂过程会产生毒素。湖泊的沉积物发现。细菌在厌氧环境中产生毒素	英国、加拿大、丹麦、美国	141
产气荚膜梭菌 A 型（*Clostridium perfringens* type A）	1. 肠毒血症 2. 肌注部位肌炎	1. 肠溶物 2. 肌肉脓肿	捕获的鲸、海豚、海豹	美国	312

续表 1－2

细菌	疾病	疾病症状	宿主/分离部位	分布	参考文献
海洋科尔韦尔氏菌（*Colwellia maris*），曾为弧菌属（*Vibrio*）ABE－1 菌株	环境细菌		嗜冷性，在冰水中发现	日本	849
水生棒杆菌（*Corynebacterium aquaticum*）	1. 眼球凸出 2. 临床感染	1. 细菌出现在脑中，眼睛出血	1. 条纹鲈、虹鳟，细菌在自然淡水和蒸馏水中获得 2. 报道中指出会导致患者免疫障碍 3. 在淡水中发现	1. 美国 2. 世界范围	73 75
海豹棒杆菌（*Corynebacterium phocae*）	参见 *Arcquobacterium phocae*①				
龟嘴棒杆菌（*Corynebacterium testudinoris*）	与嘴坏死病相关联	嘴损伤	龟	苏格兰	180
狼隐球菌（*Cryptococcus lupi*）	环境细菌		泥	南极洲	55
新生隐球菌格特变种（酵母）（*Cryptococcus neoformans* var. *gattii*）	死亡，败血症	从肺、脑和淋巴结分离到细菌	海豚。人兽共患。细菌分离于蝙蝠的粪便和桉树	澳大利亚，热带和南半球	278 135
水生噬纤维菌（*Cytophaga aquatilis*）	参见水栖黄杆菌（*Flavobacterium hydatis*）				
地生噬纤维菌（*Cytophaga arvensicola*）	分离于环境		泥	日本	89
橙黄噬纤维菌（*Cytophaga aurantiaca*）	分离于环境		沼泽地的泥	德国	92
柱状噬纤维菌（*Cytophaga columnaris*）	参见柱状黄杆菌（*Flavobacterium columnare*）				
发酵噬纤维菌（*Cytophaga fermentans*）	分离于环境		海泥	美国加利福尼亚州	89 162
哈氏噬纤维菌（*Cytophaga hutchinsonii*）	分离于环境		泥		89
约氏噬纤维菌（*Cytophaga johnsonae*）	参见约氏黄杆菌（*Flavobacterium johnsoniae*）				
砖红噬纤维菌（*Cytophaga latercula*）	分离于环境		海洋	美国	163
海黄噬纤维菌（*Cytophaga marinoflava*）	分离于环境		海水	苏格兰	92
嗜冷噬纤维菌（*Cytophaga psychrophila*）	参见嗜冷黄杆菌（*Flavobacterium psychrophilum*）				

① 译者注：*Arcquobacterium phocae* 恐有误，怀疑应为 *Arcanobacterium phocae*。

续表 1－2

细菌	疾病	疾病症状	宿主/分离部位	分布	参考文献
海龟嗜皮菌（*Dermatophilus chelonae*）	真皮结节瘤	皮肤损伤，皮肤脓肿，皮肤结痂	龟鳖类——海龟和陆生龟鳖	澳大利亚	529
刚果嗜皮菌（*Dermatophilus congolensis*）	嗜皮菌病（在感染的绵羊中被称为渗出性皮炎和绵羊霉菌性皮炎）	皮下结节和损伤，含有干酪样物质	1. 水生种类——鳄鱼、鬃狮蜥、北极熊、海豹 2. 人类、马、绵羊、蓝舌石龙子、猫、牛、山羊、鹿、猴子、猪、兔子、猫头鹰、狐狸、长颈鹿、瞪羚	澳大利亚	419 308 699
海洋迪茨氏菌（*Dietzia maris*）［曾被称为海洋红球菌（*Rhodococcus maris*）］	微生态菌群	皮肤和肠的菌群	鲤鱼、泥	苏联	573
保科爱德华菌（*Edwardsiella hoshinae*）	正常菌群的组成部分	粪便	鸟类（角嘴海雀、火烈鸟）和爬行动物（大壁虎、蜥蜴），水	世界范围	317
叉尾鮰爱德华菌（*Edwardsiella ictaluri*），有限耐氧菌株被分离到（Mitchell 和 Goodwin，2000）	1. 鲇鱼肠败血症 2. 环境	1. 脑部初始感染。下颌、腹部、头部损伤、腮、肾脏感染处有出血性斑点	1. 淡水观赏鱼，养殖斑点叉尾鮰（*Ictalurus punctatus*）、鲐鱼、白鲇鱼、青电鳗、鲈鱼、鲤属和鳗鲡科。鲇鱼是最易感的种类 2. 从有机污染的水、人类尿和粪便、蛇的肠道微生态菌群中分离到	1. 泰国，美国，越南	194 334 374 426 500 547 627
迟钝爱德华菌（*Edwardsiella tarda*）［鳝死爱德华菌（*E. anguillimortifera*）是其首同物异名①，然而，*E. tarda* 的使用保留了下来；起初命名为鳝死副大肠杆菌（*Paracolobactrum anguillimortiferum*）］	1. 爱德华菌病，赤斑病，鲇鱼的气肿性腐败病，鱼坏疽 2. 全身系统感染 3. 人类临床样本和腹泻物	1. 败血症，溃疡性皮炎，肠感染，肌肉损伤和脓肿。鲑鱼可能从泄殖腔、肿大的脾脏、增大的肝脏、浆膜脂肪和腮上排出脓性黏液。鳗鱼表现为在肾脏或肝脏上长脓疮或溃疡损伤 2. 斜颈症，大面积损伤，肉芽肿瘤，器官增大	1. 鳄鱼、天使鱼、黑鲻鱼、海鲈鱼、鲇鱼、鳗鱼、淡水鱼和观赏鱼、比目鱼、金鱼、海洋哺乳动物、鸵鸟、虹鳟、溪红点鲑、海狮、蛇、罗非鱼、海龟。也是许多水生动物（鱼、蛙、两栖类、爬行类、哺乳类、捕获的小企鹅、蟾蜍、海龟）、水生动物生境和地表水正常菌群的组成部分。健康猪的胆汁中也被发现。 3. 从脑膜炎脓肿、伤口、尿、血液、排泄物、脊髓中分离到	环境中到处存在 亚洲，澳大利亚、加拿大、日本、美国	374 530 606 640 711 800 804 823

① 译者注：首同物异名（senior synonym）是指两个同物异名中较早建立的一个，或为同时建立但优先于未被使用且已被贬为被遗忘名称的一个。

续表 1－2

细菌	疾病	疾病症状	宿主/分离部位	分布	参考文献
短稳杆菌（*Empedobacter brevis*）［曾被称为短黄杆菌（*Flavobacterium breve*）］	1. 环境 2. 临床	2. 眼睛、尿、血培养物、支气管分泌物	1. 鱼、运河水，可能是实验动物的病原 2. 人类	英格兰、爱尔兰、瑞士、捷克、斯洛伐克	363 775
成团肠杆菌（*Enterobacter agglomerans*）	参见成团泛菌（*Pantoea agglomerans*）				
粪肠球菌（*Enterococcus faecalis*）［有报道为粪肠球菌液化亚种（*E. faecalis* ssp. *liquefaciens*）］	1. 可能是病原，鉴定结果不能确定 2. 全身系统感染	1. 肝脏、肾脏以及溃烂的鳍上有细菌	1. 虹鳟、鲇鱼、褐色大头鲇 2. 螃蟹 人类和动物肠道正常细菌群的组成部分。可能在医院感染	1. 意大利、克罗地亚 2. 法国、地中海沿岸 世界范围	
尿肠球菌（*Enterococcus faecium*）	正常菌群，可能导致在医院感染		人类和动物肠道正常菌群的组成部分。可能在医院感染	世界范围	
黄尾杀手肠球菌（*Enterococcus seriolicida*）	参见格式乳球菌（*Lactococcus garvieae*）				731
挪威肠弧菌（*Enterovibrio norvegicus*）	正常菌群		大菱鲆幼鱼肠道中出现	挪威	741
猪红斑丹毒丝菌（*Erysipelothrix rhusiopathiae*）	1. 非鱼类病原 2. 丹毒 3. 类丹毒，皮肤疾病，多发性关节炎，化脓性关节炎，肾衰竭，腹膜炎	2. 系统疾病和皮肤疾病 3. 皮肤疾病和败血症	1. 鱼和龙虾上寄生 2. 海豚、猪、袋鼠、鹇鹋、牛、绵羊、狗、马、鸟类、鳄鱼 3. 人类病原菌，职业接触	世界范围	292 408 229
大肠杆菌（*Escherichia coli*）	心内膜炎	心瓣膜损伤	海狮	韩国	435
伤口埃希氏菌（*Escherichia vulneris*）	1. 败血症，死亡 2. 伤寒	1. 鳃、肝、肾、脾畸形和出血	1. 淡水鱼——虹鳟、气球摩利鱼（balloon molly）、孔雀鱼（silver molly）、黑鲫（caucasian carp） 2. 人类及人类粪便 在鱼池和鱼粪便中能够发现	1. 土耳其	51
真细菌属（*Eubacterium* spp.）［鉴定是探讨性的（Udey 等，1977）；最初被鉴定为链状细菌（*Catenabacterium*）（Henley 和 Lewis，1976）］	死亡	从脑、肝、肾脏和血液回收获得细菌	鲻、红大麻哈鱼	美国	343

续表 1-2

细菌	疾病	疾病症状	宿主/分离部位	分布	参考文献
舞蹈病真杆菌（*Eubacterium tarantellae*）（*E. tarantellus*）	脑膜炎，可能是次要病原	细菌分离于脑部组织	鲻	美国佛罗里达州	764
Facklamia miroungae	正常菌群	鼻腔	南象海豹	英国	368
水生黄杆菌（*Flavobacterium aquatile*）	环境细菌		深井水	英国肯特郡	92
嗜鳃黄杆菌（*Flavobacterium branchiophilum*）（*Flavobacterium branchiophila*）	细菌性鳃疾病（BGD），高死亡率	食欲减退，窒息，身体损伤和腮上有灰白色斑点。细菌出现在鳃表面	淡水鱼（金鱼）、鲑鱼	加拿大、欧洲、匈牙利、日本、韩国、美国	604 802
Flavobacterium cauliformans	环境细菌		湖水		533
柱状黄杆菌（*Flavobacterium columnare*）[曾被称为柱状噬纤维菌（*Cytophaga columnaris*），柱状屈挠杆菌（*Flexibacter columnaris*）]	柱状病，脊柱前凸疾病，严重的系统疾病	在鳃上有黄色或棕色病灶，身体表面溃疡和坏疽，40% 的感染最终渗透到组织和器官	淡水鱼（斑点叉尾鮰、长鳍叉尾鮰、鲤鱼、金眼狼鲈、大口黑鲈、尖吻鲈、黑头软口鲦），黑鮰，鲑鱼（褐鳟），black comets，帆鱼（mollies），鳗鲡，红绿鲃脂鲤，剑鳍玛丽。 水温超过 14℃容易发生，尤其是在 25～32℃	澳大利亚、法国、匈牙利、日本、美国 世界范围	89 90 88 135 211 214 543
内海黄杆菌（*Flavobacterium flevense*）[曾被称为内海噬纤维菌（*Cytophaga flevensis*）]	环境细菌		湖水	荷兰	89 533
冷水黄杆菌（*Flavobacterium frigidarium*）	环境细菌		海洋沉积物	南极洲	376
杰里斯氏黄杆菌（*Flavobacterium gillisiae*）	环境细菌		环境	南极洲	533
冬季黄杆菌（*Flavobacterium hibernum*）	环境细菌		淡水湖	南极洲	532 533
水栖黄杆菌[*Flavobacterium hydatis*（*Cytophaga aquatilis*）]	鳃疾病，病原性未确定	从患病的鲑鱼鳃分离到细菌	养殖鲑鱼	欧洲、美国	720
约氏黄杆菌（*Flavobacterium johnsoniae*）[曾被称为约氏噬纤维菌（*Cytophaga johnsonae*），包括曾被命名的橙色屈挠杆菌（*Flexibacter aurantiacus*）]	假柱状疾病，鳃疾病，皮肤疾病	皮肤和鳃损伤	尖吻鲈、鲑鱼、锦鲤和其他鱼。 分离于泥和泥浆	澳大利亚、欧洲、法国、英国、美国	89 145

续表 1-2

细菌	疾病	疾病症状	宿主/分离部位	分布	参考文献
脑膜脓毒性黄杆菌（*Flavobacterium meningosepticum*）	参见脑膜脓毒性金黄杆菌（*Chryseobacterium meningosepticum*）				
三田氏黄杆菌（*Flavobacterium mizutaii*）[曾被称为水谷鞘氨醇杆菌（*Sphingobacterium mizutae*）]	脑膜炎，病原性未确定	脊髓液	早产婴儿 自然生境未知	日本	844
噬果胶黄杆菌[*Flavobacterium*（*Cytophaga*）*pectinovorum*]	环境细菌		泥土	英国	92
嗜冷黄杆菌（*Flavobacterium psychrophilum*）[曾被称为嗜冷屈挠杆菌（*Flexibacter psychrophilus*）和嗜冷噬纤维菌（*Cytophaga psychrophila*）]	冷水细菌病，尾柄病，虹鳟幼苗综合征，鳍腐烂	尾柄腐蚀，溃烂范围扩大，导致渗入组织	鱼类，尤其是鱼苗和幼鱼、银大麻哈鱼、大鳞大麻哈鱼、虹鳟、鲤鱼、鳗鲡、鲤属、日本香鱼。水温在 15℃以下会发病	澳大利亚、加拿大、智利、丹麦、英格兰、法国、德国、日本、韩国、西班牙、美国北部	89 90 168
嗜糖黄杆菌[*Flavobacterium*（*Cytophaga*）*saccharophilum*]	环境细菌		河水	英格兰	533
大菱鲆黄杆菌（*Flavobacterium scophthalmum*）	参见大菱鲆金黄杆菌（*Chryseobacterium scophthalmum*）				
琥珀酸黄杆菌[*Flavobacterium*（*Cytophaga*）*succinicans*]	病原性未证实	分离于患病鱼体表	鲑鱼 发现于淡水	美国	92 162
席黄杆菌（*Flavobacterium tegetincola*）	环境细菌		与蓝藻藻垫有关	南极洲	533
黄黄杆菌[*Flavobacterium*（*Cytophaga*）*xanthum*]	环境细菌		泥塘	南极洲	533
聚集屈挠杆菌（*Flexibacter aggregans*）	环境细菌		海洋环境，海滩泥沙	加纳	162
加拿大屈挠杆菌（*Flexibacter canadensis*）	环境细菌		土壤	加拿大	162
柱状屈挠杆菌（*Flexibacter columnaris*）	参见柱状黄杆菌（*Flavobacterium columnare*）				
华美屈挠杆菌（*Flexibacter elegans*）	环境细菌		淡水，温泉		162
易挠屈挠杆菌亚种（*Flexibacter flexilis* ssp.）-*algavorum-iolanthe-pelliculosus*	环境细菌		淡水中发现，荷花池	哥斯达黎加	162

续表 1－2

细菌	疾病	疾病症状	宿主/分离部位	分布	参考文献
海滨屈挠杆菌（*Flexibacter litoralis*）	环境细菌		海洋和淡水	美国加利福尼亚州	162
沿海屈挠杆菌（*Flexibacter maritimus*）	参见海洋屈挠杆菌（*Tenacibaculum maritimum*）				551
解卵屈挠杆菌（*Flexibacter ovolyticus*）	参见解卵屈挠杆菌（*Tenacibaculum ovolyticum*）				551
多形屈挠杆菌（*Flexibacter polymorphus*）	环境分离		海洋环境发现	墨西哥、美国	494
嗜冷屈挠杆菌（*Flexibacter psychrophilus*）	参见嗜冷黄杆菌（*Flavobacterium psychrophilum*）				
玫瑰屈挠杆菌（*Flexibacter roseolus*）	环境分离		温泉	哥斯达黎加	162
红屈挠杆菌（*Flexibacter ruber*）	环境分离		温泉	冰岛	89
神圣屈挠杆菌（*Flexibacter sancti*）	环境分离			阿根廷	89
聚团屈挠杆菌（*Flexibacter tractuosus*）	环境细菌		海洋和淡水	越南	162
毗邻颗粒链菌（*Granulicatella adiacens*）和苛养颗粒链菌（*G. elegans*）［曾被称为软弱乏养球菌（*Abiotrophia adiacens*）和 *A. elegans*］，参见营养变异链球菌（nutritionally variant *Streptococci*，NVS）	临床分离，链球菌在其他细菌菌落周围围绕生长	口腔、肠和泌尿系统的正常菌群。可能导致心内膜炎、结膜炎、中耳炎	人类，生长要求维生素 B_6 或 L－盐酸半胱氨酸［苛养颗粒链菌（*G. elegans*）］		421 179 653
小须鲸颗粒链菌（*Granulicatella balaenopteraecom.* nov.）［曾被称为小须鲸乏养菌（*Abiotrophia balaenopterae*）］	病原性未确定	分离于肝脏和肾脏的纯菌株	搁浅的小须鲸	苏格兰	179 478
鱼嗜血杆菌（*Haemophilus piscium*）	重新分类为"非典型"杀鲑气单胞菌（"atypical" *Aeromonas salmonicida*）。非常接近杀鲑气单胞菌无色亚种（*A. salmonicida achromogenes*）的描述				50
蜂房哈夫尼菌（*Hafnia alvei*）	1. 出血性败血症，死亡 2. 肠紊乱、肺炎、脑膜炎、脓肿和败血症		1. 马苏大麻哈鱼、虹鳟、褐鳟 2. 人类 在土壤、污水和水环境中都能发现	1. 保加利亚、英格兰、日本	313 652

续表 1-2

细菌	疾病	疾病症状	宿主/分离部位	分布	参考文献
中度嗜盐菌（*Halomonas aquamarina*）[与粪产碱菌龙虾亚种（*Alcaligenes faecalis homari*），*Deleya aesta*，海水德莱氏菌（*D. aquamarina*），*A. aquamarinus* 同物异名；后被转移到 *Halomonas* 属，称为 *H. aquamarina*]	濒临死亡	使贝壳和甲壳不透明部分变软。从血淋巴分离到细菌	龙虾	美国	45 719 8
渴望盐单胞菌（*Halomonas cupida*）（曾被称为 *Alcaligenes cupidus* 和 *Deleya cupida*）	死亡		黑鲷苗	日本	463
高嗜盐菌（*Halomonas elongata*）	环境细菌		超盐环境	荷兰	795
耐盐单胞菌（*Halomonas halodurans*）	环境细菌		超盐环境	美国、荷兰、太平洋	336
海洋盐单胞菌（*Halomonas marina*）[曾被称为 *Pseudomonas marina* 和海洋德莱氏菌（*Deleya marina*）]	环境细菌		海洋环境		66
美丽盐单胞菌（*Halomonas venusta*）[曾被称为迷人产碱杆菌（*Alcaligenes venustus*）]	临床传染		人类（被鱼类咬伤所致）。在海水中出现	马尔代夫群岛	66 310
鲸螺杆菌（*Helicobacter cetorum*）	1. 牙垢上发现细菌 2. 胃溃疡	1. 胃感染是潜在病因 2. 细菌在黏膜的腺体和主胃中	1. 捕获的宽吻海豚（*Tursiops gephyreus*） 2. 海豚、白鲸	美国	303 327 329
帕氏氢噬胞菌[*Hydrogenophaga*（*Pseudomonas*）*palleronii*]	环境细菌		出现在水中	德国、俄罗斯	834
类黄氢噬胞菌[*Hydrogenophaga*（*Pseudomonas*）*pseudoflava*]	环境细菌		水、泥浆和土壤中出现	德国	39 834
河流色杆菌（*Iodobacter fluviatilis*）（曾被称为 *Chromobacterium fluviatile*）	环境细菌		淡水中发现	南极洲湖泊、英格兰、苏格兰。到处存在	502
蓝黑紫色杆菌（*Janthinobacterium lividum*）	贫血	眼球凸出，鳃无血色，内脏症状	虹鳟 在土壤和泉水中发现	苏格兰	48
臭鼻肺炎克雷伯氏菌（*Klebsiella pneumoniae*）	1. 鳍和尾部疾病 2. 微生态群落		1. 虹鳟 2. 哺乳动物组织	英国 世界范围	205

续表 1 – 2

细菌	疾病	疾病症状	宿主/分离部位	分布	参考文献
植生克雷伯氏菌（*Klebsiella planticola*） 特氏克雷伯氏菌（*Klebsiella trevisanii*）	参见植生拉乌尔菌（*Raoultella planticola*）				256 228
解鸟氨酸克雷伯氏菌（*Klebsiella ornithinolytica*）	参见解鸟氨酸拉乌尔菌（*Raoultella ornithin olytica*）				228
土生克雷伯氏菌（*Klebsiella terrigena*）	参见土生拉乌尔菌（*Raoultella terrigena*）				228
产酸克雷伯氏菌（*Klebsiella oxytoca*）					228
乳酸杆菌（*Lactobacillus* spp.），尤其是类植物乳杆菌（*Lactobacillus plantarum*-like）菌株	健康鱼类肠道正常细菌生态菌群	肠和消化器官	大西洋鳕、大西洋鲑、虹鳟、狼鱼、北极红点鲑	法国、挪威	
栖鱼乳杆菌（*Lactobacillus piscicola*）	参见栖鱼肉杆菌（*Carnobacterium piscicola*）				
格氏乳球菌（*Lactococcus garvieae*）生物型 1 – 13［曾被称为杀鱼肠球菌（*Enterococcus seriolicida*），链球菌（*Streptococcus*）Ⅰ型和格氏乳球菌（*Streptococcus garvieae*）］	1. 乳球菌病，出血性败血症，出血性肠炎，脑膜炎 2. 亚临床乳腺炎 3. 感染，骨髓炎	1. 双眼凸出，皮肤暗，肠、肝脏、肾脏、脾脏和脑充血，腹部膨胀，腹腔血性腹水，细菌出现在心、鳃、皮肤、脾脏、眼睛、肾脏 2. 牛奶 3. 血液、皮肤、尿和粪便	1. 养殖虹鳟、鳗鲡、黄条鰤、对虾、大菱鲆、纳氏鲟。海水、泥和野生鱼类肠道中发现，如斑点马鲛、马面鲀（生物型 1、2、3、4、5、6、10） 2. 奶牛、水牛（生物型 4、7、8、9） 3. 人类（生物型 1、2、10、11、12、13）	澳大利亚、欧洲、法国、意大利、以色列、日本、北美、阿拉伯半岛、西班牙、南非、中国台湾省、英国、美国	236 238 237 156 174 157 464 669 731 780
鱼乳球菌（*Lactococcus piscium*）	乳杆菌病，假肾疾病		虹鳟	北美	835
鳗利斯特氏菌（*Listonella anguillarum*）（血清变型 01、02、08、09），曾被称为鳗弧菌（*Vibrio anguillarum*）生物型Ⅰ。大多数爆发性疾病由血清型 01 和 02 导致	弧菌病，系统病，溃烂病，坏疽	鱼的腹鳍和测鳍有红色斑点，皮肤溃疡。细菌出现在血液中和出血组织中	1. 鱼，软体动物（幼体和稚贝），香鱼，比目鱼（大菱鲆、欧鲽鱼苗、冬蝶鱼、鳎鱼、庸鲽），龙虾，鳗鲡，鲑鱼，虹鳟，真鲷，章鱼 2. 虾 3. 螃蟹	1. 世界范围 2. 印度洋—太平洋海域及东亚地区 3. 英国	341 222 561 563 620

续表 1-2

细菌	疾病	疾病症状	宿主/分离部位	分布	参考文献
海利斯特氏菌（*Listonella pelagia*）[曾被称为海弧菌（*Vibrio pelagia*）Ⅰ & Ⅱ]	死亡	鳍和尾部腐蚀；鳍和器官出血	养殖大菱鲆的幼鱼	西班牙	
奥氏利斯特氏菌（*Listonella ordalii*）	参见奥德弧菌（*Vibrio ordalii*）				
曼氏溶血杆菌（*Mannheimia haemolytica*）[曾被称为溶血巴斯德菌（*Pasteurella haemolytica*）]	1. 溃烂口腔炎 2. 疾病 3. 出血性气管炎		1. 爬行动物 2. 绵羊、山羊、牛 3. 海豚	1. 美国	709 726
鲑鱼肉色海滑菌生化变种（*Marinilabilia salmonicolor* biovar *agarovorans*）[曾被称为鲑肉色噬纤维菌（*Cytophaga salmonicolor*）和噬琼脂噬纤维菌（*C. agarovorans*）]	环境细菌		海泥	美国加利福尼亚州	92 89 162
除烃海杆菌（*Marinobacter hydrocarbonoclasticus*）[航海假单胞菌（*Pseudomonas nautica*）]			海洋环境中发现		69
海中嗜杆菌（*Mesophilobacter marinus*）	环境细菌		海水中发现	日本，印度洋	583
藤黄微球菌（*Micrococcus luteus*）	死亡	鳃无血色，腹水液，肠胃炎，内脏出血	虹鳟苗	英格兰	43
莫拉菌属（*Moraxella* spp.）	与死亡相关		美国条纹鲈	美国	72
日本莫里特氏菌（*Moritella japonica*）	环境细菌		海滩沉积物	日本	585
海洋莫里特氏菌（*Moritella marina*）[海产弧菌（*Vibrio marinus*）]	皮肤损伤	分离于皮肤表面损伤	大西洋鲑，太平洋北部海水和沉积物	冰岛、挪威、太平洋、苏格兰	82 99 766
黏菌落莫里特氏菌（*Moritella viscosa*）[曾被称为黏弧菌（*Vibrio viscosus*）]	冬季溃烂病	皮肤溃烂，内脏器官出血	大西洋鲑，圆鳍鱼，虹鳟，在冷水中发现	冰岛、挪威和苏格兰的冷水中	81 82 132 506
分枝杆菌属（*Mycobacterium* spp.）	分枝杆菌病，系统疾病	皮肤和肾有损伤，器官结节，脾脏、肾脏、肝脏变软，组织肉芽肿	很多淡水鱼、咸水鱼和观赏鱼类，淡水蜗牛，蛙，爬行动物，海龟，太平洋绿海龟，新西兰海狗，澳大利亚淡水鳄鱼。人兽共患	世界范围	592 737

续表 1－2

细菌	疾病	疾病症状	宿主/分离部位	分布	参考文献
脓肿分枝杆菌（*Mycobacterium abscessus*）	肉芽肿和系统疾病	鱼类的分枝杆菌病没有明显的临床症状。偶见口腔周围和排泄口有肉芽肿，内部肉芽肿	日本青鳉、淡水热带鱼、丽体鱼、金鱼、火口鱼、星丽鱼。人兽共患	美国	474 736
龟分枝杆菌（*Mycobacterium chelonae*）	死亡，肉芽肿，衰弱，眼球凸出，角膜炎，皮肤溃疡，异常游泳行为	组织中，肾脏、肝脏、脾脏有多样灰白色粒状肉芽肿结节	大西洋鲑、美国黄金鲈、蛇、大菱鲆、海龟。人兽共患	澳大利亚、加拿大、葡萄牙、设得兰群岛、苏格兰，世界范围	133 375 204 673 737
偶发分枝杆菌（*Mycobacterium fortuitum*）（曾被称为 *M. piscium* 和 *M. salmoniphilum*）	败血症，鱼可能显得衰弱，眼球凸出和皮肤炎症	皮肤和组织肉芽肿。肝脏、肾脏、心、脾脏有可见白色斑点	观赏鱼（丽体鱼、近美七夕鱼、盘丽鱼、丝足鱼、孔雀鱼、宽额脂鲤、星丽鱼、暹罗斗鱼），大西洋鲑。人兽共患——皮肤溃疡和人类疾病会扩散到肺部	澳大利亚、南非、泰国，世界范围	116 375 474 633
海洋分枝杆菌（*Mycobacterium marinum*）	分枝杆菌病。在捕获的白鲸身上发现皮炎和腹膜炎	肾脏和皮肤上有损伤，结节损伤可能累及所有器官系统。器官肉芽肿	淡水鲑鱼、淡水观赏鱼、海水鱼、河豚、花鲈、条斑鲈、大菱鲆、捕获的白鲸。人类损伤的皮肤	澳大利亚、以色列、葡萄牙、美国。世界范围，到处存在	35 111 135 218 339 474 673
新金分枝杆菌（*Mycobacterium neoaurum*）	全眼球炎	视觉损伤，肌肉和器官结节。细菌分离于红球菌属（*Rhodococcus*）	大西洋鲑、大鳞大麻哈鱼。人兽共患	加拿大	53
外来分枝杆菌（*Mycobacterium peregrinum*）	分枝杆菌病。对虾除甲壳黑色损伤区域外表现健康	多发性病灶，黑化结节，甲壳损伤	南美白对虾（*Penaeus vannamei*）。导致人类皮肤感染。在水中和土壤中发现	美国	551
多孔分枝杆菌（*Mycobacterium poriferae*），这株菌已用 PCR 鉴定为偶发分枝杆菌（*M. fortuitum*）	分枝杆菌病	内脏结节损伤	淡水线鳢（*Channa striatus*）。之前曾报道来自海绵	泰国	608 633 756

续表 1-2

细菌	疾病	疾病症状	宿主/分离部位	分布	参考文献
淋巴结分枝杆菌（*Mycobacterium scrofulaceum*）	分枝杆菌病	肾脏和肝脏损伤。肝脏白色易碎	太平洋鹿角杜父鱼	美国	474
猿猴分枝杆菌（*Mycobacterium simiae*）	分枝杆菌病	肾脏和肝脏损伤	丽体鱼。水环境发现。人兽共患	美国	474
分枝杆菌属（*Mycobacterium* spp.），经鉴定不是已知种类	分枝杆菌病	皮肤外部溃疡和结节，内部损伤	野生美洲条纹鲈	切萨皮克湾（美国）	337
分枝杆菌（*Mycobacterium* species）类三重分枝杆菌（*Mycobacterium triplex*-like）	肉芽肿皮炎	绚丽的皮肤结节——柔软，凝胶状，头和躯干周围呈灰色和棕褐色	绿色欧洲海鳗、斑点海鳗	美国	345
Mycoplasma alligatoris	流行性肺炎，多发性浆膜炎和多发性关节炎	细菌发现于气管、肺部、关节液和脑脊液（CSF）	密河鼍	美国	128
鳄鱼支原体（*Mycoplasma crocodyli*）	渗出性多发性关节炎	关节肿胀，在肺部发现	鳄鱼	津巴布韦	441
运动支原体（*Mycoplasma mobile*）	红色病	鳃	丁鲷	美国	439 440
海豹脑支原体（*Mycoplasma phocicerebrale*）（曾被称为 *M. phocacerebrale*）	与呼吸疾病相关	分离于脑、鼻子、喉、肺和心脏	海豹	北海	295 449
海豹支原体（*Mycoplasma phocidae*）（*Mycoplasma phocae* ——此修订名称不合法）	无毒性	呼吸道	港海豹	美国	449 660
Mycoplasma phocirhinis（曾被称为 *M. phocarhinis*）	与呼吸疾病相关	分离于鼻子、喉、气管、肺和心脏	海豹	北海	295 449
乌龟支原体（*Mycoplasma testudinis*）	非病原的		龟的泄殖腔	英国	350
拟香味类香味菌［*Myroides*（*Flavobacterium*）*odoratimimus*］			临床样品，医院环境		774
香味类香味菌（*Myroides odoratus*）（曾被称为 *Flavobacterium odoratum*）			临床样品（尿、伤口拭子、腿溃疡），医院环境	英国、捷克、斯洛伐克	362 774
星形诺卡菌（*Nocardia asteroides*）	诺卡菌病		鲃脂鲤、虹鳟、大嘴河鲈、斑鳢。也能导致猫、牛、狗、鱼、山羊、人类和海洋哺乳类的感染	阿根廷、中国台湾省	155
巴西诺卡菌（*Nocardia brasiliensis*）和南非诺卡氏菌（*N. transvalensis*）	放射线菌性足菌肿				661

续表 1－2

细菌	疾病	疾病症状	宿主/分离部位	分布	参考文献
Nocardia crassostreae sp. nov.	诺卡菌病	外套膜有棕色污点，外展肌肌肉、鳃、心和外套膜上有绿色或黄色结节	太平洋牡蛎	加拿大、美国	270
黄玫瑰诺卡菌（*Nocardia flavorosea*）	环境细菌		土壤分离	中国	165
新星诺卡菌（*Nocardia nova*）			人类病原		805
杀鲑诺卡菌（*Nocardia salmonicida*）	诺卡菌病		红大麻哈鱼		391
诺卡氏菌（*Nocardia seriolae*）［曾被称为卡帕奇诺卡菌（*N. kampachi*）］	诺卡菌病	表皮有脓肿和淡黄色结节，鳃、肾脏、肝脏、心脏和脾脏有结节和肉芽肿	养殖鱼类——（长鳍科鱼类、黄条鰤、牙鲆、海鲈）	日本、中国台湾省	155 424 455
诺卡氏菌（*Nocardia* spp.）	败血症，死亡	真皮、肌肉、鳃和器官有小的白色斑点损伤。在内脏器官也发现	大西洋鲑，养殖的大鳞大麻哈鱼，海水鱼类，淡水观赏鱼。分离于土壤和植物	世界范围、澳大利亚、加拿大、日本、印度、中国台湾省、美国	117
鲍曼氏海洋单胞菌（*Oceanomonas baumannii*）	环境细菌	降解苯酚	威尔河（River Wear）的河口	英国	130
杜氏海洋单胞菌［*Oceanomonas*（*Pseudomonas*）*doudoroffii*］	环境细菌		海洋环境		69 130
成团泛菌［*Pantoea*（*Enterobacter*）*agglomerans*］	1. 病原性存疑——可能是条件致病菌 2. 人类	1. 眼睛、脊柱肌肉组织出血 2. 伤口、血液、尿液	1. 鲯鳅（mahi-mahi） 2. 人类，也在肠道发现 3. 发现于植物表面，种子和水。有报道在鹿的肠道发现，但没有疾病症状	美国，到处存在	325 291 249
分散泛菌（*Pantoea dispersa*）	环境细菌		植物表面、种子、土壤、环境	到处存在	291
多杀巴斯德菌（*Pasteurella multocida*）	1. 肺炎、死亡、胸膜炎（禽霍乱） 2. 肠炎（从附近的白嘴鸦身上感染）	1. 肺分泌液、胸腔液 2. 肠出血	1. 鳄鱼、加利福尼亚海狮、企鹅 2. 海豚 绵羊、山羊、牛、兔子的呼吸系统疾病	美国 世界范围	430 520 709 726
杀鱼巴斯德菌（*Pasteurella piscicida*）	参见美人鱼发光杆菌杀鱼亚种（*Photobacterium damselae* ssp. *piscicida*）				745
斯凯巴斯德菌（*Pasteurella skyensis*）	死亡（低毒）	表现食欲消失，有并发症	海水养殖的大西洋鲑（*Salmo salar* L.）	苏格兰	100 416
龟巴斯德菌（*Pasteurella testudinis*）	多发性病灶支气管炎和共生	脓肿，肺损伤	加利福尼亚阿氏沙龟	美国	709

续表 1-2

细菌	疾病	疾病症状	宿主/分离部位	分布	参考文献
解肝磷脂土地杆菌（*Pedobacter heparinus*）[曾被称为噬纤维菌（*Cytophaga*）和肝素鞘氨醇杆菌（*Sphingobacterium heparinum*）][嗜肝素噬纤维菌（*Cytophaga heparina*）]	环境分离		土壤，降解肝素		89 163
鱼土地杆菌［*Pedobacter*（*Sphingobacterium*）*piscium*］	环境细菌		与冻鱼相关	日本	728
Phocoenobacter uteri gen nov. spp. nov.	病原性未确定	子宫	鼠海豚	英国	266
狭小发光杆菌（*Photobacterium angustum*）	环境细菌		海洋环境		67
美人鱼发光杆菌美人鱼亚种（*Photobacterium damselae* ssp. *damselae*）[曾被称为美人鱼弧菌（*Vibrio damsela*），EF-5]	1. 弧菌病，系统疾病，肉芽肿性溃疡性皮炎，死亡 2. 伤口感染	1. 肺鳍和尾鳍柄的区域皮肤溃疡 2. 溶细胞素的产物导致软组织感染	1. 乌鲂、尖吻鲈、雀鲷类、海豚、鳗鲡、章鱼、牡蛎、对虾类，鲨鱼、甲壳类、虾、黄貂鱼、鲑鱼、虹鳟、大菱鲆、海龟、海马、黄条鰤。可能是健康真鲨科鲨鱼和海藻微生态菌群的组成部分。澳大利亚本土和引进鱼类 2. 人类	澳大利亚、丹麦、欧洲、日本、西班牙、美国	268 429 504 506 555 590 618 705 745
美人鱼发光杆菌杀鱼亚种（*Photobacterium damselae* ssp. *piscicida*）[曾被称为杀鱼巴斯德菌（*Pasteurella piscicida*），杀鱼黄杆菌（*Flavobacterium piscicida*），杀鱼假单胞菌（*Pseudomonas piscicida*）]	巴斯德菌病，鱼假结核病	在肾脏和脾脏有细菌菌落和白色结节	鲈鱼、牙鲆、金头海鲷、舌齿鲈、条纹鲈、鳎、白鲈、黄条鰤。养殖鱼类和野生鱼类	欧洲、法国、希腊、意大利、日本、马耳他、葡萄牙、苏格兰、西班牙、中国台湾省、土耳其、美国。澳大利亚未发现	289 57 60 140 273 333 518 745 855
费氏发光杆菌（*Photobacterium fischeri*）	参见费希尔弧菌（*Vibrio fischeri*）——同模异名				

续表 1－2

细菌	疾病	疾病症状	宿主/分离部位	分布	参考文献
组胺发光杆菌（*Photobacterium histaminum*）	被认为是美人鱼发光杆菌美人鱼亚种（*Photobacterium damselae* ssp. *damselae*）的晚出主观异名				437 595
鱼肠发光杆菌（*Photobacterium iliopiscarium*）［曾被称为鱼肠弧菌（*Vibrio iliopiscarius*）］	非病原的	肠	鲱鱼、绿青鳕、鲑鱼和在冷水中生存的鳕鱼		599 767
鲾发光杆菌（*Photobacterium leiognathi*）	非病原的	发光器官	海洋鱼类鲾鱼（*Leiognathus*）的发光器官中的微生态菌群		643
火神发光杆菌（*Photobacterium logei*）	参见火神弧菌（*Vibrio logei*）				
明亮发光杆菌（*Photobacterium phosphoreum*）	环境细菌。可能导致海鲜腐烂		海洋环境。在海洋硬骨鱼类的发光器官中，与其共生		67
深海发光杆菌（*Photobacterium profundum*）	环境分离		分离于深海沉积物		586
柠檬色动性球菌（*Planococcus citreus*）	环境分离		海水、海洋蛤类和冷冻的熟虾分离到运动型革兰氏阳性球菌		326
科氏动性球菌（*Planococcus kocurii*）	环境分离		北海鳕鱼体表，处理鱼的盐水，冷冻熟虾和冷冻对虾	日本	326
动性球菌属（*Planococcus* spp.），推测性鉴定结果	死亡	鳃无血色、腹水、肠胃炎、肠出血	虹鳟苗	英格兰	43
海床动性球菌（*Planomicrobium okeanokoites*）［曾被称为海床游动微球菌（*Planococcus okeanokoites*）和海床黄杆菌（*Flavobacterium okeanokoites*）］	环境细菌		分离于海泥	日本	566
类志贺毗邻单胞菌（*Plesiomonas shigelloides*）［曾被称为类志贺气单胞菌（*Aeromonas shigelloides*）］	可能是条件致病菌	瘦弱，肠斑点性出血	非洲鲇鱼、鳗鲡、吻口鱼、虹鳟、鲟鱼。捕获的企鹅、水生爬行动物、环境中到处存在	澳大利亚、德国、葡萄牙	195 443
雷氏普罗威登斯菌［*Providencia*（*Proteus*）*rettgeri*］［曾被称为雷氏变形菌（*Proteus rettgeri*）］	败血症	细菌分离于内脏器官和外部溃疡病灶	银鲤 伴生于家禽排泄物	以色列	79

续表 1－2

细菌	疾病	疾病症状	宿主/分离部位	分布	参考文献
斯氏普罗威登斯菌（*Providencia rustigianii*）[曾被称为佛氏普罗威登斯菌（*P. friedericiana*）]	正常菌群	粪便	企鹅：王企鹅（*Aptenodytes patagonica*）、跳岩企鹅（*Eudyptes crestatus*）、巴布亚企鹅（*Pyoscelis papua*）、斑嘴企鹅（*Spheniscus demersus*）、洪氏环企鹅（*Spheniscus humboldti*）	德国动物园中的企鹅	559
南极洲假交替单胞菌 [*Pseudoalteromonas* (*Alteromonas*) *antarctica*]	环境细菌		泥质土壤和沿岸区域沉积物	南极洲	115
溶菌假交替单胞菌（*Pseudoalteromonas bacteriolytica*）	红斑病	细菌在海带上产生红色色素，致使种子的供给被破坏	海带（*Laminaria japonica*）苗床	日本	677
柠檬假交替单胞菌 [*Pseudoalteromonas* (*Alteromonas*) *citrea*]	1. 环境分离 2. 微生态菌群		1. 海水表面 2. 远东贻贝（*Crenomytilus grayanus* 和 *Patinopecten yessoensis*）、软体动物、海鞘类、海绵	1. 地中海、法国 2. 日本海、白令海	285 396
反硝化假交替单胞菌 [*Pseudoalteromonas* (*Alteromonas*) *denitrificans*]	环境细菌			挪威峡湾沿岸	239
明显假交替单胞菌 [*Pseudoalteromonas* (*Alteromonas*) *distincta*]	微生态菌群		海洋海绵	科曼多尔群岛、俄罗斯	394
艾氏假交替单胞菌（*Pseudoalteromonas elyakovii*）[曾被称为艾氏交替单胞菌（*Alteromonas elyakovii*）]	1. 斑点病 2. 微生态菌群	1. 藻体	1. 海带（*Laminaria japonica*）藻体有斑点损伤 2. 远东贻贝（*Crenomytilus grayanus*）	1. 日本海 2. Troitsa 湾（俄罗斯），日本海	679
埃氏假交替单胞菌 [*Pseudoalteromonas* (*Alteromonas*) *espejiana*]	环境分离		海洋环境	美国加利福尼亚沿岸	150
Pseudoalteromonas flavipulchra [曾被称为金色假交替单胞菌（*Pseudoalteromonas aurantia*）和橙色交替单胞菌（*Alteromonas aurantia*）]	环境细菌		海水表面	地中海、法国	398 286
藤黄紫假交替单胞菌 [*Pseudoalteromonas* (*Alteromonas*) *luteoviolacea*]	环境细菌			地中海、法国	287
Pseudoalteromonas maricaloris	环境细菌		海绵（*Fascaplysinopsis reticulata*）	珊瑚海（Coral Sea）	398

续表 1－2

细菌	疾病	疾病症状	宿主/分离部位	分布	参考文献
产黑假单胞菌［*Pseudoalteromonas*（*Alteromonas*）*nigrifaciens*］	非病原性		分离于海水和贻贝	日本	395
杀鱼假单孢菌（*Pseudoalteromonas piscicida*）［曾被称为杀鱼交替单胞菌（*Alteromonas piscicida*），杀鱼假单胞菌（*Pseudomonas piscicida*），杀鱼黄杆菌（*Flavobacterium piscicida*）］	卵患病，死亡	卵	雀鲷科鱼类（Pomacentridae）	希腊、日本、美国	288 77 134 572
红色假交替单胞菌（*Pseudoalteromonas rubra*）［曾被称为红色交替单胞菌（*Alteromonas rubra*）］	环境细菌		海水	地中海、法国	283
藻假交替单胞菌（*Pseudoalteromonas ulvae*）	分离于环境	抑制海藻孢子发芽和无脊椎动物幼虫附着	海洋环境。在石莼（*Ulva lactuca*）表面发现	澳大利亚	231
水蛹假交替单胞菌［*Pseudoalteromonas*（*Alteromonas*）*undina*］	分离于环境		海洋环境	美国加利福尼亚沿岸	150
鳗败血假单胞菌（*Pseudomonas anguilliseptica*）	鳗鲡红斑病。并发于海鲷冬季疾病，败血症	病灶出血和溃疡，眼睛、鼻子、鳃盖、脑、肝、肾出血	鳗鲡、虹鳟、海洋鱼类、海鲈、海鲷、香鱼、鲑鱼、鲱鱼、拟鲹、大菱鲆	丹麦、芬兰、法国、日本、苏格兰、西班牙、中国台湾省。澳大利亚未发现	225 96 465 719 541 799 828
绿针假单胞菌（*Pseudomonas chlororaphis*）	1. 死亡 2. 条件致病菌	出血，腹水增加	1. 鳟鲑（amago trout） 2. 螯虾	1. 日本 2. 英国	332
荧光假单胞杆菌（*Pseudomonas fluorescens*）	1. 死亡，败血症。条件致病菌 2. 并发于“非典型”细菌性鳃疾病（BGD），水温低于10℃	1. 肾脏有白色结节，鳔脓肿。鳍或尾腐烂 2. 鳃上有细菌，细菌黏附于上皮细胞	1. 淡水观赏鱼（鲤鱼、猪仔鱼、罗非鱼、金鱼、海鲷、虹鳟） 2. 养殖的鲑类（虹鳟、大鳞大麻哈鱼、大西洋鲑）	1. 全世界，日本 2. 加拿大、智利、挪威	460 548 604 693
变形假单胞菌（*Pseudomonas plecoglossicida*）	细菌性出血性腹水——高死亡率	血性腹水	养殖的香鱼	日本	582

续表 1－2

细菌	疾病	疾病症状	宿主/分离部位	分布	参考文献
类产碱假单胞菌（*Pseudomonas pseudoalcaligenes*）	死亡	皮肤溃疡	虹鳟	苏格兰	42
恶臭杆菌（*Pseudomonas putida*）	出血性腹水		大西洋鲑、黄条鰤	日本。环境中到处存在	461
腐败假单胞菌（*Pseudomonas putrefaciens*）	参见海藻希瓦氏菌（*Shewanella algae*），波罗的海希瓦氏菌（*S. baltica*）和腐败希瓦氏菌（*S. putrefaciens*）				
斯塔氏假单胞菌（*Pseudomonas stanieri*）	环境细菌		发现于海洋环境		69
施氏假单胞（*Pseudomonas stutzeri*）［金海假单胞菌（*Pseudomonas perfectomarina*）是其次同物异名］	1. 损伤	1. 损伤	1. 章鱼 2. 人类，临床材料 发现于废水、水、土壤和海洋环境	1. 美国 2. 丹麦、阿根廷、西班牙、美国	69 359
关德瓦纳嗜冷弯曲杆菌［*Psychroflexus*（*Flavobacterium*）*gondwanensis*］	环境细菌		南极洲环境	南极洲	533
水生拉恩氏菌（*Rahnella aquatilis*）	1. 环境细菌 2. 临床病原——稀少。菌血症，伤口感染，泌尿系统感染，呼吸道感染		1. 分离于水和蜗牛 2. 人类	1. 法国，到处存在，美国 2. 韩国和其他地方	124 151 506 599
解鸟氨酸拉乌尔菌（*Raoultella ornithinolytica*）［曾被认为是鸟氨酸阳性的产酸克雷伯氏菌（*Klebsiella oxytoca*）］	环境细菌				228
植生拉乌尔菌（*Raoultella planticola*）［曾被称为植生克雷伯氏菌（*Klebsiella planticola*）和特氏克雷伯菌（*K. trevisanii*）］	环境细菌		在未污染的水中（饮用水和地表水）、土壤、植物中发现，偶见于哺乳动物组织	欧洲	256 402 228
土生拉乌尔菌（*Raoultella terrigena*）［曾被称为土生克雷伯氏菌（*Klebsiella terrigena*）］	环境细菌		在未污染的水中（饮用水和地表水）、土壤、植物中发现，偶见于哺乳动物组织。可能涉及医院感染和新生儿感染	欧洲	402 228

续表 1－2

细菌	疾病	疾病症状	宿主/分离部位	分布	参考文献
鲑鱼肾杆菌（*Renibacterium salmoninarum*）	细菌性肾脏疾病	眼球凸出，体侧起水疱，溃疡，脓肿，器官有损伤。在肾脏可见到灰白色增大坏疽脓肿	鲑类——褐鳟、虹鳟、溪鳟鱼、大鳞大麻哈鱼，银大麻哈鱼，大西洋鲑，香鱼	加拿大、智利、丹麦、法国、德国、冰岛、日本、西班牙、美国，南斯拉夫、澳大利亚未发现	564 671
缠绕红球菌［*Rhodococcus*（*luteus*）*fascians*］	微生态菌群	皮肤和肠道菌群	鲤鱼，土壤	苏联	573
红球菌属（*Rhodococcus* spp.）	全眼球炎，眼睛水肿 病原性未确定	眼睛损伤，肌肉和器官结节。伴有新金分枝杆菌（*Mycobacterium neoaurum*）被发现	大鳞大麻哈鱼	加拿大	53
盖里西亚玫瑰杆菌（*Roseobacter gallaeciensis*）	正常菌群	扇贝幼虫正常菌群细菌	大扇贝（*Pecten maximus*）	欧洲	662
玫瑰杆菌属（*Roseobacter*）菌株 CVSP	牡蛎稚贝疾病（JOD）	生长率下降，易碎，扇贝边缘参差不齐，内部表现为外套膜收缩，损伤，贝壳内侧有蛋白堆积物（贝壳素）出现	培育的牡蛎［近江牡蛎（*Crassostrea virginica*）］	美国	104 105
Salegentibacter（*Flavobacterium*）*salegens*	环境细菌		高盐湖	南极洲	533
Salinivibrio（*Vibrio*）*costicola* ssp. *costicola*	环境细菌		超盐环境	西班牙特内里费岛	279 371
亚利桑那沙门氏菌（*Salmonella arizonae*）	败血症	从器官分离到细菌	动物园水族箱巨骨舌鱼（热带淡水鱼）	日本	447
达拉姆沙门氏菌（*Salmonella durham*）	携带状态	泄殖腔	非洲泥龟、黄点侧颈龟、非洲大头侧胫龟、东部箱龟、北部钻纹龟、密西西比地图龟、特拉凡尔陆龟、黑海水龟、锦龟、红耳拟龟、密西西比麝香龟	美国	606
肠炎沙门氏菌（*Salmonella enteritidis*），哈瓦那沙门氏菌（*S. havana*），牛波特沙门氏菌（*S. newport*），鼠伤寒沙门氏菌（*S. typhimurium*）	携带状态	粪便	巴布亚企鹅、长冠企鹅、灰头信天翁、南极海狗	南极洲南乔治亚群岛之鸟岛	612

续表 1-2

细菌	疾病	疾病症状	宿主/分离部位	分布	参考文献
海德堡沙门氏菌（*Salmonella heidelberg*），牛波特沙门氏菌（*S. newport*），奥里塔蔓林沙门氏菌（*S. oranienburg*）	健康动物携带状态或温和肠炎	直肠拭子	加利福尼亚海狮幼仔，北海狗幼仔	美国	298
沙门氏菌（*Salmonella*）O组B型	死亡和患病		海龟（绿蠵龟）（*Chelonia mydas*）	澳大利亚西部	592
居泉沙雷氏菌（*Serratia fonticola*）	环境细菌		水、泉水、土壤、野鸟，蛞蝓和蜗牛的肠道内溶物	到处存在	290 558
液化沙雷氏菌（*Serratia liquefaciens*）	死亡，败血症。条件致病菌	肾脏、脾脏、肝脏感染，血性腹水，组织出血。北极红点鲑的肛门周围红色和肿胀	北极红点鲑、大西洋鲑、大菱鲆	法国、苏格兰、美国（大西洋中部）	500 538 715 791
黏质沙雷氏菌（*Serratia marcescens*）	病原性存疑——条件致病菌	肾	鲈鱼、鲑鱼、白鲈	美国；污染的河流	76
普城沙雷氏菌（*Serratia plymuthica*）	病原性存疑——条件致病菌 从垂死的鲑鱼分离	肠道细菌	虹鳟。与生活污水的污染有关	苏格兰、西班牙	42 579
海藻希瓦氏菌（*Shewanella algae*），曾被鉴定为腐败希瓦氏菌［*Shewanella*（*Pseudomonas*）*putrefaciens*］Ⅳ组，Gilardi 生化变型2，CDC 生物型2	1、环境中分离 2. 与人类粪便、皮肤溃疡、耳炎分泌物有关，在菌血症中发现	1. 细菌群落 2. 皮肤、血液	1. 红藻，海洋环境 2. 人类的病原	1. 日本 2. 世界范围、加拿大、丹麦、瑞典、美国	433 360 588 792
波罗的海希瓦氏菌（*Shewanella baltica*），曾被称为腐败希瓦氏菌［*Shewanella*（*Pseudomonas*）*putrefaciens*］Owen's Ⅱ组	环境中分离		油性盐水	波罗的海	851
海底希瓦氏菌（*Shewanella benthica*）			肠道，海参（*Psychrobotes longicauda*）		112
科氏希瓦氏菌［*Shewanella*（*Alteromonas*）*colwelliana*］（原始参考文献中该细菌被定义为LST）	土著的（地方性的）	增加牡蛎幼虫沉积物，黏附在表面，如牡蛎壳、玻璃和塑料	河口养殖牡蛎的水中，东方牡蛎（*Crassostreae virginica*）	英国	814 815
冷海希瓦氏菌（*Shewanella frigidimarina*）	环境分离		冰，冰藻生物质，蓝藻垫	南极洲	112
冰海希瓦氏菌（*Shewanella gelidimarina*）	环境分离		冰	南极洲	112

续表 1－2

细菌	疾病	疾病症状	宿主/分离部位	分布	参考文献
羽田氏希瓦氏菌（*Shewanella hanedai*）（*Alteromonas hanedai*）	环境分离		沉积物，海洋环境	北极	409
日本希瓦氏菌（*Shewanella japonica*）	环境分离		在海水和江户布目蛤（*Protothaca jedoensis*）中发现。降解琼脂	日本海沿岸地区	397
奥奈达希瓦氏菌（*Shewanella oneidensis*）（曾被称为 *Shewanella* sp. MR－1）	环境分离		湖水	美国奥奈达湖、密歇根湖，黑海	782
Shewanella pealeana	正常菌群，共生	副缠卵腺	贝氏枪乌贼（*Loligo pealei*）		492
腐败希瓦氏菌（*Shewanella putrefaciens*），曾被称为腐败假单胞菌（*Pseudomonas putrefaciens*）Owens Ⅰ组，Gilardi 生化变型 1 & 3，CDC 生物型 1	败血症	躯干上出血性坏疽。鳍磨损，眼凸出	篮子鱼。水生环境中发现，包括海洋、沉积物、油田、腐败的鱼	沙特阿拉伯、南极洲、英国、世界范围	433 665 666
武氏希瓦氏菌（*Shewanella woodyi*）	非病原的		鱿鱼的墨汁和海水	阿尔沃兰海（Alboran Sea）	521
多食鞘氨醇杆菌（*Sphingobacterium multivorum*）［曾被称为多食黄杆菌（*Flavobacterium multivorum*）lik 组，生物型 2］	临床来源	脾脏	人类病原体	英国和美国	364 365 844
食神鞘氨醇杆菌［*Sphingobacterium*（*Flavobacterium*）*spiritivorum*］，薮内黄杆菌（*F. yabuuchiae*）是其次同物异名	临床分离		人类		365 844
少动鞘氨醇单胞菌［*Sphingomonas*（*Pseudomonas*）*paucimobilis*］	环境细菌		临床、医院环境、水		361
金黄色葡萄球菌（*Staphylococcus aureus*）	眼睛疾病	角膜红肿不透明	银鲤，海洋环境中也发现	印度	320 688
海豚葡萄球菌（*Staphylococcus delphini*）	皮肤损伤	皮肤溃疡脓肿	捕获的海豚	欧洲	778
表皮葡萄球菌（*Staphylococcus epidermidis*）	1. 葡萄球菌病 2. 皮肤微生态菌群	1. 鳍溃疡和出血	1. 真鲷、黄条鰤，在海洋、河口水域也发现 2. 人类	1. 日本、中国台湾省	320

续表1-2

细菌	疾病	疾病症状	宿主/分离部位	分布	参考文献
人葡萄球菌（*Staphylococcus hominis*）	非已知水产病原		报道来自海洋、河口环境及与人类有关的来源		320 444
水獭葡萄球菌（*Staphylococcus lutrae*）	病原性未确定，有可能是病原	肝、脾和淋巴结	分离于欧洲水獭	英国	264
葡萄球菌（*Staphylococcus* spp.）——头状葡萄球菌（*S. capitis*），科氏葡萄球菌（*S. cohnii*），表皮葡萄球菌（*S. epidermidis*），溶血葡萄球菌（*S. haemolyticus*），腐生葡萄球菌（*S. saprophyticus*），模仿葡萄球菌（*S. simulans*），木糖葡萄球菌（*S. xylosus*）	微生态菌群	皮肤	人类		320 444 681
沃氏葡萄球菌（*Staphylococcus warneri*）	1. 患病和濒死的鲑鱼。机会感染 2. 并发于败血症、心内膜炎、结膜炎、尿道和伤口感染	1. 鳍溃烂损伤和眼球凸出，腹水。分离于肝脏和肾脏	1. 虹鳟 2. 人类	1. 西班牙	296 320 444
类星形斯塔普氏菌（*Stappia stellulata*-like）菌株 M1［曾被称为星斑土壤杆菌（*Agrobacterium stellulatum*）］	在牡蛎稚贝疾病（JOD）中可能为益生菌		玫瑰杆菌属（*Roseobacter*）菌株 CVSP 可能阻止牡蛎的稚贝定殖	美国	105
念珠状链杆菌（*Streptobacillus moniliformis*），也可能是梭杆菌属（*Fusobacterium*）。鉴定此菌并不引起疾病（Maher 等，1995）	细菌疾病	在组织中能看到细胞内有细菌，肾小球内皮细胞增大	大西洋鲑。树袋熊肺炎、豚鼠子宫颈脓肿、老鼠多发性关节炎、火鸡腱鞘关节炎都能见到。导致人类鼠咬热	爱尔兰、世界范围	169 519 611
链球菌（*Streptococcus*）Ⅰ型	现在被认为是格氏乳球菌（*Lactococcus garvieae*）				
无乳链球菌（*Streptococcus agalactiae*）B组	死亡、眼球凸出、出血	躯干、嘴、鳍出血。内脏器官细菌	竹筴鱼类、养殖海鲷、野生鲻鱼、条纹狼鲈、海鳟、鲤科淡水小鱼（bull minnows）。水族馆鱼（rams）。导致牛乳腺炎，感染很多其他动物，人类新生儿脑膜炎	澳大利亚、科威特，美国切萨皮克湾、阿拉巴马州	71 135 242 637

续表 1－2

细菌	疾病	疾病症状	宿主/分离部位	分布	参考文献
无乳链球菌（*Streptococcus agalactiae*）B 组，1b 型荚膜抗原［难辨链球菌（*Streptococcus difficile*）］	败血症，脑膜脑炎	从脑中分离到细菌	鲤鱼、虹鳟、罗非鱼、淡水观赏鱼、蛙、老鼠、牛、人类	澳大利亚、以色列	233 776
难辨链球菌（*Streptococcus difficile*）	被认为是无乳链球菌（*Streptococcus agalactia*）B 组，1b 型荚膜抗原				776
停乳链球菌停乳亚种（*Streptococcus dysgalactiae* ssp. *dysgalactiae*），C 组	动物病原		动物——牛乳腺炎		790
停乳链球菌停乳亚种（*Streptococcus dysgalactiae* ssp. *dysgalactiae*）血清变型 L	感染和败血症，导致支气管炎、心肌炎、骨髓炎、肾盂肾炎、脓肿	从肺、肾、肠、脾脏分离到，几乎为纯菌株	分离于搁浅或者被渔网捕获的鼠海豚。感染牛、狗、猪和其他动物	波罗的海、北海	727 790
乳链球菌似马亚种（*Streptococcus dysgalactiae* subsp. *equisimilis*），C 组、G 组或 L 组	动物和人类病原		动物和人类		790
海豚链球菌（*Streptococcus iniae*）（*Strep shiloi* 是其次同物异名）	1. 死亡，脑膜脑炎 2. 海豚"高尔夫球"疾病 3. 系统感染 4. 清洗鱼时受伤，死亡	1. 从脑、肝脏、肾脏中培养细菌 2. 皮下脓肿 3. 斜颈，显著病灶，肉芽肿，器官增大 4. 局部蜂窝组织炎，溃疡	1. 鳕鱼、舌齿鲈、金头鲷、河豚、篮子鱼、珊瑚鱼、虹鳟、黄貂鱼、罗非鱼、养殖的香鱼、水族鱼类（flying box aquarium fish）、淡水鱼和咸水鱼 2. 淡水亚马孙海豚 3. 养殖的牛蛙（*Rana castesbeiana*） 4. 人类，尤其是老年人和处理鱼的人 海水和咸淡水	澳大利亚、巴林、巴巴多斯岛、加拿大、中国、以色列、日本、南非、泰国、美国	223 233 235 135 127 621 625 626 530 848
米氏链球菌（*Streptococcus milleri*）（鉴定结果不确定，*S. milleri* 是个未知的名字）	疾病	体侧和尾部溃疡	锦鲤	英国	41 87
副乳房链球菌（*Streptococcus parauberis*）［曾被称为乳房链球菌（*Streptococcus uberis*）基因型 Ⅱ］	1. 链球菌病，卡他性肠炎 2. 乳腺炎	1. 肛门、胸鳍和眼睛出血。细菌分离于肝脏、肾脏和脾脏 2. 牛奶	1. 养殖的大菱鲆 2. 牛	西班牙	224 754

续表 1－2

细菌	疾病	疾病症状	宿主/分离部位	分布	参考文献
海豹链球菌（*Streptococcus phocae* spp. nov.）	病毒感染中机会感染		海豹	挪威	700
猪链球菌（*Streptococcus porcinus*）（曾被称为 *Streptococcus infrequens*，兰氏血清分型 E 组，P 组，U 组，V 组）	感染	子宫颈淋巴结和牛奶	猪	世界范围	175
鲑色链霉菌（*Streptomyces salmoni*）（*Streptoverticillium salmonis* 是基原异名）	链球菌病		鲑鱼	美国	41
海洋屈挠杆菌（*Tenacibaculum maritimum*）[曾被称为近海噬纤维菌（*Cytophaga marina*）和沿海屈挠杆菌（*Flexibacter maritimus*）]	海洋柱状细菌病、皮肤腐蚀疾病、鳃腐烂和溃疡皮炎、黑色斑点坏疽、细菌性口腔炎（嘴腐烂）	腐蚀嘴和鳍，皮肤溃疡病灶	海洋鱼类，尤其是大西洋鲑、大鳞大麻哈鱼、舌齿鲈、红海鲷、黑鲷、条石鲷、美洲鳀、六带牙鲷、太平洋油鲽、鲆鲽类、黄尾鰤	澳大利亚、加拿大、欧洲、法国、日本、苏格兰	89 90 91 154 551 605 725 801
解卵屈挠杆菌 [*Tenacibaculum*（*Flexibacter*）*ovolyticum*]	条件致病菌 幼虫和卵死亡	浆膜溶解和卵壳透明带	庸鲽的卵和幼体	挪威	324 725
Vagococcus fessus	病原性未确定	细菌分离于肝脏和肾脏	分离于死亡的斑海豹和宽吻海豚	欧洲	369
河流漫游球菌（*Vagococcus fluvialis*）	1. 环境细菌 2. 临床样品	2. 血液、腹腔液、伤口	1. 河水，鸡粪，家养动物（猪、牛、猫、马） 2. 人类	英国	177 629 732
Vagococcus lutrae	病原性未确定	细菌发现于血液、肝脏、肺和脾脏	水獭	英国	477
沙氏漫游球菌（*Vagococcus salmoninarum*）	假肾疾病，腹膜炎，败血症及 Lactobacillosis	鳃和眼部出血，腹膜炎，心损伤，肾脏增大，情绪低落，行动迟钝	大西洋鲑、褐鳟、虹鳟	澳大利亚、法国、北美洲、挪威	542 682 807
Varracalbmi spp. nov.	眼睛损伤（眼睛出血）和失明	肾、肝、鳃、假鳃损伤，细菌分离于眼睛。皮肤溃疡	大西洋鲑	挪威	771

续表 1－2

细菌	疾病	疾病症状	宿主/分离部位	分布	参考文献
Vibrio aerogenes	环境细菌		伴生于海草沉积物，在浅的沿岸和大洋海水中发现	中国台湾省	692
河口弧菌（*Vibrio aestuarianus*）	环境细菌		发现伴生于甲壳类（牡蛎、蛤、蟹）和河口的水中	美国	747
Vibrio agarivorans	环境细菌		海水 鲍——病原性未知	澳大利亚、地中海（西班牙）	135 514
溶藻弧菌（*Vibrio alginolyticus*）	1. 系统疾病，溃疡疾病，坏疽，眼睛疾病，弧菌病，扇贝幼虫死亡 2. 受伤感染，外耳炎，蜂窝组织炎	1. 细菌分离于器官和眼睛，扇贝幼虫 2. 暴露于海水中的伤口	1. 澳大利亚本地鱼和引进鱼、软体动物（幼虫和稚贝）、红鲍、南非鲍、扇贝幼虫、鳗鲡、虹鳟、海鲷、大菱鲆、海龟、海马。虾类 2. 人类	澳大利亚、智利、墨西哥，世界范围 印度洋—太平洋地区及东亚	30 300 301 650
鳗弧菌（*Vibrio anguillarum*）	参见鳗利斯特氏菌（*Listonella anguillarum*）				
巴西弧菌（*Vibrio brasiliensis*）	病原性未确定，很可能是正常菌群		分离于双壳类幼虫（*Nodipecten nodosus*）	巴西	740
加尔文弧菌（*Vibrio calviensis*）	环境细菌		海水	西地中海，法国	216
坎贝氏弧菌（*Vibrio campbellii*）	环境细菌		海水	美国佛罗里达州，波多黎各	819 820
类坎贝氏弧菌（*Vibrio campbellii*-like）	稚贝死亡	细菌存在于脑、肾脏、肝脏。器官损伤和出血	育苗厂的大菱鲆和斑点鲆	新西兰	221
鲨鱼弧菌（*Vibrio carchariae*）	是哈维氏弧菌（*V. harveyi*）的次同物异名。文献报道的菌株表型有轻微区别				619
非01霍乱弧菌［*Vibrio cholerae*（non－01）］Heiberg 组Ⅰ，Ⅱ	1. 败血症 2. 肠胃炎	1. 皮肤出血 2. 腹泻，呕吐	1. 香鱼，金鱼，甲壳类。分离于淡水和河口 2. 人类——食用生甲壳类	1. 澳大利亚、日本 2. 非洲、亚洲大陆、欧洲、美国、英国	196 255 275 434 507

续表 1－2

细菌	疾病	疾病症状	宿主/分离部位	分布	参考文献
霍乱弧菌（*Vibrio cholerae*）El Tor（血清群 01 & 0139）	霍乱		人类 发现于水生环境—地表水	血清群 0139 仅存在于孟加拉国、印度次大陆。大流行菌株	275 392 9
类霍乱弧菌（*Vibrio cholerae*-like）	死亡		龙虾	美国（细菌在高于 25℃时不能生长）	
辛辛那提弧菌（*Vibrio cincinnatiensis*）	1. 环境细菌 2. 菌血症，脑膜炎		1. 环境 2. 人类病原	2. 美国	120
溶珊瑚弧菌新种（*Vibrio coralliilyticus* spp. nov.）（曾被称为 *V. coralyticus* YB）	珊瑚病原菌	组织溶解和死亡。3～5 d 珊瑚上可见白色斑点，2 周后组织完全毁坏	珊瑚（*Pocillopora damicornis*）。也分离于大西洋的牡蛎幼体	大西洋、印度洋、红海	83 84
环状热带弧菌（*Vibrio cyclitrophicus*）（最早拼写为 *V. cyclotrophicus*）	环境细菌			美国华盛顿州鹰港	338
魔鬼弧菌（*Vibrio diabolicus*）	环境细菌		分离于深海喷射口处的环节动物庞贝蠕虫（*Alvinella pompejana*）	太平洋	635
重氮养弧菌（*Vibrio diazotrophicus*）	环境细菌		海胆和海洋哺乳动物的胃、肠消化道。存在于芦苇、河口环境、海水和沉积物	加拿大、苏格兰、英格兰	319
费希尔弧菌（*Vibrio fischeri*）［与费氏发光杆菌（*Photobacterium fischeri*）是同物异名］	1. 病原性存疑 2. 共生	1. 皮肤白色结节，出血溃疡，胰腺和胆管肿瘤 2. 在夏威夷短尾乌贼（*Euprymna scolopes*）的发光器官中出现	1. 海鲷科鱼类、大菱鲆 2. 夏威夷短尾乌贼	1. 西班牙 2. 夏威夷	106 267 342 486
河流弧菌（*Vibrio fluvialis*）［曾被分类为 F 组（Furniss 等，1977）和 EF6 组（Huq 等，1980）］	1. 死亡 2. 环境 3. 急性腐烂，慢性腹泻。产生毒素	1. 器官 2. 非病原性 3. 粪便	1. 白齿海蝶（*Pleuronectes platessa*） 2. 在水环境，尤其是河口环境发现。分离于软体动物和甲壳类 3. 人类	1. 丹麦 2. 世界范围 3. 孟加拉国、印度、肯尼亚、中东地区、菲律宾、西班牙、坦桑尼亚、突尼斯	276 378 485 620 687

续表 1－2

细菌	疾病	疾病症状	宿主/分离部位	分布	参考文献
弗尼斯弧菌（*Vibrio furnissii*）［曾被称为河流弧菌（*V. fluvialis*），生化变型 2（产气生物群），F 组，EF 6 组］	1. 病原性存疑 2. 环境细菌 3. 食物中毒，肠胃炎	1. 肠出血 3. 腹泻	1. 鳗鲡 2. 河水、动物粪便、海洋软体动物和甲壳动物 3. 人类。在水生环境发现，尤其是河口环境	1. 西班牙 2. 英国、世界范围 3. 巴林、孟加拉国、印度尼西亚、秘鲁、美国	123 276 240 485 687
产气贝内克氏菌（*Vibrio gazogenes*）	环境细菌				67
Vibrio halioticoli spp. *nov.*	非病原的	主要的肠道微生态菌群	鲍	日本	678
哈维氏弧菌（*Vibrio harveyi*）［曾被鉴定为鲨鱼弧菌（*V. carchariae*），被认为是 *V. harveyi* 的次同物异名］	1. 鲨鱼和鲍死亡，大西洋牙鲆坏死性肠炎，石斑鱼类胃肠炎，系统疾病，溃疡疾病，坏疽，弧菌病 2. 伤口（鲨鱼咬伤）	1. 鲍鱼足上有白斑点。失去附着能力，坏疽恶化，有空泡组织损伤。比目鱼腹部拉长，肛门红色。鱼类——细菌分离于肾和眼睛。虾类——外骨骼有黑色斑点。细菌在病灶部位、眼睛、肝胰腺中	1. 鲍、鲨鱼、比目鱼、石斑鱼类、遮目鱼、软体动物、牡蛎（幼虫和稚贝）、斑节对虾、对虾类和虾类、鲑类、舌齿鲈、鲷类、海马、鲨鱼、章鱼。澳大利亚本土和引进的鱼 2. 人类	1. 澳大利亚、欧洲、印度尼西亚、印度洋—太平洋太地区及东亚、日本、菲律宾、南美洲、中国台湾省、泰国、委内瑞拉、美国、世界范围	23 11 410 576 581 619 710 734 735 847
霍利斯弧菌（*Vibrio hollisae*）（曾被分类为 EF 13 组）	1. 非鱼类病原 2. 食物中毒、肠胃炎、伤口感染、菌血症	2. 腹泻	1. 出现在鱼肠道中 2. 人类。耐热性溶血，与副溶血性弧菌（*V. parahaemdyticus*）相似	1. 日本 2. 美国	346 555 580
鱼肠道弧菌（*Vibrio ichthyoenteri*）	死亡，肠坏疽	肠不透明	牙鲆鱼苗	日本	389
慢性弧菌（*Vibrio lentus*）	病原性未确定		伴生于地中海牡蛎	西班牙，地中海沿岸	513
火神弧菌（*Vibrio logei*）	1. 可能的病原 2. 非病原的	1. 皮肤溃疡 2. 与光器官共生	1. 大西洋鲑 2. 乌贼（*Sepiola*）	1. 冰岛 2. 西太平洋	257

续表 1－2

细菌	疾病	疾病症状	宿主/分离部位	分布	参考文献
地中海弧菌（*Vibrio mediterranei*）	1. 非病原性 2. 益生菌特性 3. 珊瑚白化：参见 *V. shilonii* 可能出现不同种类		1. 浮游生物、海底沉积物、海水 2. 有些菌株是大菱鲆鱼苗的益生菌 3. 珊瑚白化	西班牙、地中海沿岸	631
梅氏弧菌（*Vibrio metschnikovii*）	1. 非鱼类病原 2. 腹膜炎和菌血症	1. 从家禽霍乱病中分离	1. 在海洋和淡水环境中发现，尤其是河流、河口和下水道。分离于蛤类鸟蛤、牡蛎和龙虾 2. 人类	世界范围	483
拟态弧菌（*Vibrio mimicus*）［曾被称为霍乱弧菌（*Vibrio cholerae*）Heiberg 组Ⅴ］	1. 系统疾病和条件致病菌 2. 海龟卵上的污染物 3. 食物中毒，肠胃炎，耳炎分泌物	1. 血淋巴，心包膜炎症 3. 腹泻，耳朵感染	1. 甲壳动物——对虾类，螯虾，麦龙螯虾，淡水小龙虾。尖吻鲈 2. 降低海龟卵的发育能力，人类食用卵后感染病原 3. 人类——生食贝类。发现于淡水和咸淡水中	1、3. 亚洲、澳大利亚、孟加拉国、墨西哥、新西兰、关岛、加拿大、世界范围 2. 哥斯达黎加	4 161 135 210 230 507
贻贝弧菌（*Vibrio mytili*）	1、2. 非病原的	1. 正常菌群	1. 贻贝 2. 人类	西班牙	632
漂浮弧菌（*Vibrio natriegens*）	环境细菌		盐沼泥、水、牡蛎	英国、美国	820
纳瓦拉弧菌（*Vibrio navarrensis*）	环境细菌		环境——下水道和地表水	西班牙	768
海王弧菌（*Vibrio neptunius*）	微生态菌群		再循环系统内轮虫的优势微生态菌群。分离于健康的和患病的双壳类（*Nodipecten nodosus*）幼虫、大菱鲆幼苗肠道、轮虫		305
海蛹弧菌（*Vibrio nereis*）	环境细菌		海水		820
黑美人弧菌（*Vibrio nigripulchritudo*）	环境细菌		海水		819 820
奥德弧菌（*Vibrio ordalii*）［曾被称为鳗弧菌（*Vibrio anguillarum*）生物型 2 和奥氏弧菌（*Listonella ordalii*）］	弧菌病，细菌性坏疽和系统疾病	细菌发现于肌肉、皮肤、鳃、消化道、心脏、肝脏、肾脏。坏疽和出血	软体动物（幼体和稚贝），鲑鱼	澳大利亚、日本、太平洋西北部、美国、世界范围	680

续表 1 - 2

细菌	疾病	疾病症状	宿主/分离部位	分布	参考文献
东方弧菌（*Vibrio orientalis*）	环境细菌		发光海洋细菌	中国	846
Vibrio pacinii spp. nov.	病原性未知		分离于中国对虾（*Penaeus chinensis*）幼体	中国	306
副溶血性弧菌（*Vibrio parahaemolyticus*）（曾被称为 *Beneckea parahaemolytica*）	1. 败血症，死亡 2. 萎缩综合征 3. 食品中毒、肠胃炎、伤口感染、菌血症	1. 外部出血，尾部溃烂，细菌发现于在内部器官 2. 血淋巴发现细菌 3. 腹泻，呕吐	1. 甲壳类（虾、螯虾）、鲻鱼、章鱼、伊比利亚秘鳉 2. 养殖的小鲍 3. 人类	1. 印度洋—太平洋地区、东亚、西班牙 2. 中国台湾省	10 135 272 417 499
杀扇贝弧菌（*Vibrio pectenicida*）	病原性	濒死的扇贝	扇贝幼虫，虾，对虾	印度洋—太平洋地区、东亚、法国	470
海弧菌（*Vibrio pelagius*）	参见海利斯特氏菌（*Listonella pelagia*）				
杀对虾弧菌（*Vibrio penaeicida*）（曾被称为 *Vibrio* P J），可能是“93 综合征”的致病因子	1. 对虾弧菌病 2. 败血症，伴发于“93 综合征”	1. 在淋巴结和鳃有褐色斑点（坏疽） 2. 血淋巴	1. 日本对虾。也分离于健康对虾 2. 细角滨对虾（*Penaeus stylirostris*）	1. 日本 2. 新喀里多尼亚	388 187 676
解蛋白弧菌（*Vibrio proteolyticus*）菌株 CW8T2	病原菌	感染肠微绒毛、肠细胞和体腔内的毁坏细胞	卤虫（*Artemia* spp.）幼体，水产养殖生物的活饵料	欧洲	67 788
轮虫弧菌（*Vibrio rotiferianus*）	病原性未知		分离于流经养殖系统的轮虫	比利时	305
鲁莫尼弧菌（*Vibrio rumoiensis*）	环境细菌		分离于鱼类产品加工厂排水沟	日本	850
杀鲑弧菌（*Vibrio salmonicida*）	冷水弧菌病、希特拉病	败血症，器官周围的外皮出血。细菌在血液和肾脏中发现	大西洋鲑、患病鳕鱼	加拿大、法罗群岛（丹麦）、冰岛、挪威、苏格兰	198 232
大菱鲆弧菌（*Vibrio scophthalmi*）	非病原性	肠道微生态菌群组成部分	大菱鲆幼苗	西班牙	149 254
Vibrio shilonii（曾被称为 *V. shiloi*，*Vibrio* species AK－1）。最近信息表明这是地中海弧菌（*V. mediterranei*）的晚出异名（Thompson 等，2001a，2001b）	珊瑚白化	附着和渗透在地中海珊瑚（*Oculina patagonica*）表层。从珊瑚黏液中培养。细菌在细胞内，不可培养	温度升高时细菌黏附在珊瑚上，并破坏与其共生的光合微藻（zooxanthellae）的共生过程。产生耐热毒素	地中海	59 458 742

续表 1-2

细菌	疾病	疾病症状	宿主/分离部位	分布	参考文献
灿烂弧菌（*Vibrio splendidus*）	应激的牡蛎死亡		长牡蛎（*Crassostrea gigas*）幼虫	法国	466 467
1. 灿烂弧菌（*Vibrio splendidus*）Ⅰ 2. 类灿烂弧菌（*Vibrio splendidus*-like）	1. 败血症；幼体死亡 2. 死亡	1. 嘴、肛门和鳍出血。细菌分离于脑、肾脏和肝脏 2. 皮肤出血，鳍和尾部腐烂，鳍之间的软组织腐烂。样品来自于肾脏和脾脏	1. 金头海鲷、虹鳟、大菱鲆幼苗、虾类（对虾）。养殖的大菱鲆和斑点鲆幼苗 2. 鲽幼苗	1. 法国、新西兰、苏格兰、西班牙 2. 丹麦	281 254 31 221 620
灿烂弧菌（*Vibrio splendidus*）Ⅱ	细菌性坏疽，死亡	幼虫不活泼，沉降在养殖箱底部	长牡蛎幼虫，长牡蛎（*Crassostrea gigas*）	日本、法国	721 798
蛤弧菌（*Vibrio tapetis*）[曾被称为弧菌（*Vibrio*）P1 或 VP1 或 VTP]	棕色环疾病，高死亡率	棕色贝壳素沉积在外套线与贝壳边缘之间的贝壳内表面	养殖的菲律宾蛤仔	英格兰、法国、葡萄牙、西班牙	108 146 14 609 610
日本竹筴鱼弧菌（*Vibrio trachuri*），最近信息表明，这是哈维弧菌（*V. harveyi*）的次同物异名（Thompson 等，2002b）	患病	器官出血，眼球凸出	日本竹筴鱼	日本	400 743
塔氏弧菌（*Vibrio tubiashii*）	细菌性坏疽和系统疾病	幼虫停止游动，组织降解	软体动物（牡蛎和蛤）的幼虫和稚贝，长牡蛎	澳大利亚、英国、美国	321 294
黏弧菌（*Vibrio viscosus*）	参见黏菌莫里特氏菌（*Moritella viscosa*）				82 506
创伤弧菌（*Vibrio vulnificus*）生物型 Ⅰ	1. 环境 2. 感染，系统疾病，溃疡疾病，坏疽 3. 伤口感染，败血症 在生食海鲜，尤其是牡蛎后。败血症有 50% 的死亡率	1. 鱼、贻贝、蟹和海鸟的肠道或鳃的微生态菌群 3. 摄取海产品受污染肠壁损坏。伤口污染	1. 宿主包括蛤、蟹、牡蛎、贻贝、比目鱼、浮游生物、海鸟、海水及咸淡水 2. 养殖的虾、软体动物幼虫、稚贝、鱼 3. 人类——血清铁水平高、免疫低下、有肺病的人很容易感染	1. 太平洋沿岸地区、丹麦、欧洲，印度洋—太平洋地区及东亚、澳大利亚、墨西哥 2. 澳大利亚、印度洋—太平洋地区及东亚、欧洲、日本、美国 3. 澳大利亚、比利时、丹麦、德国、日本、荷兰、瑞典、美国	358 597 746

续表 1－2

细菌	疾病	疾病症状	宿主/分离部位	分布	参考文献
创伤弧菌（*Vibrio vulnificus*）生物型 2 血清变型 E 基于脂多糖的 O 血清群，04	1. 弧菌病，出血性败血症 2. 人在处理完鳗鲡后可能导致患病或者伤口感染	1. 细菌分离于鳃、黏液、肠内溶物。脾脏和肾脏	1. 鳗鲡——有毒性和无毒菌株都发现。养殖虾类。咸淡水、牡蛎和沉积物中发现 2. 人类	丹麦、欧洲、日本、挪威、西班牙、瑞典、中国台湾省	201 356 34 25 597 746
创伤弧菌（*Vibrio vulnificus*）生物型 3	严重的伤口感染和菌血症	伤口和血液	人类	以色列	101
沃丹弧菌（*Vibrio wodanis*）	非病原性，可能是冬季溃疡病的条件致病菌		大西洋鲑、虹鳟、黑线鳕	冰岛冷水、挪威	565 82 506
徐氏弧菌（*Vibrio xuii*）	病原性未知		分离于虾类养殖水体和双壳类生物（*Nodipecten nodosus*）的幼虫	中国	740
魏斯氏菌属（*Weissella*）的菌株 DS－12	可能为益生菌	非病原性	比目鱼肠道微生态菌群的组成部分。魏斯氏菌属（*Weissella*）的种类在发酵食品，如鱼和香肠中能够发现	韩国	139
阿氏耶尔森氏菌（*Yersinia aldovae*），曾被称为结肠炎耶尔森菌（*Y. enterocolitica*）X2 组	环境细菌		分离于饮用水、河水、土壤和鱼		85
伯氏耶尔森氏菌（*Yersinia bercovieri*）［曾被称为小肠结肠炎耶尔森菌（*Y. enterocolitica*）3B 生物组］	环境细菌		分离于淡水和土壤		812
Yersinia enterocolitica ssp. *enterocolitica*	通常对于哺乳动物来说是非病原		蔗糖阴性菌株分离于小型啮齿类动物。发现于陆地和水生生境	日本、欧洲、加拿大、美国	422 121
弗氏耶尔森氏菌（*Yersinia frederiksenii*）	环境细菌		发现于水中。鱼、人类、哺乳动物和鸟类可能是健康的携带者		423
中间耶尔森氏菌（*Yersinia intermedia*）	环境细菌		大西洋鲑。在水中发现。鱼和哺乳动物可能是健康的携带者	澳大利亚	423

续表 1－2

细菌	疾病	疾病症状	宿主/分离部位	分布	参考文献
克氏耶尔森氏菌（*Yersinia kristensenii*）	环境细菌		在水、土壤、动物中发现。鱼、人类和哺乳动物可能是健康的携带者。蔗糖阴性菌株	澳大利亚、丹麦、法国、德国、希腊、日本、挪威、英国、美国	86 423
莫氏耶尔森氏菌（*Yersinia mollaretii*）［曾被称为小肠结肠炎耶尔森菌（*Y. enterocolitica*）3A 生物组］	环境细菌		分离于淡水和土壤		812
罗氏耶尔森氏菌（*Yersinia rohdei*）	环境细菌		地表水，人类粪便，狗粪便	美国加利福尼亚州、德国	12
鲁氏耶尔森氏菌（*Yersinia ruckeri*）	1. 肠炎红嘴病（ERM）——疾病很严重；耶尔森氏菌病——疾病较温和。系统疾病 2. 鲑鱼血斑病 3. 非病原的	1. 喉咙和嘴变红，鳃和鳍出血。分离于肾 2. 眼睛有血点，尾柄肌肉出血。细菌分离于肝脏和肾脏 3. 肠内溶物微生态菌群	1. 大西洋鲑幼苗、野生大西洋鲑，斑点叉尾鮰、金鱼、河鳟、养殖场的虹鳟、鲑鱼、鳗鲡、水獭、淡水观赏鱼和海水鱼。疾病通常伴发于环境恶劣时 2. 养殖的鲑鳟鱼和大西洋鲑与血清变型 Ⅰ 发生部分交叉反应，被定义为血清变型 Ⅰ′；然而，后来被证实为血清变型 Ⅲ 3. 海鸟	1. 澳大利亚、保加利亚、加拿大、芬兰、法国、德国、希腊、意大利、新西兰、挪威、南非、苏格兰、西班牙、瑞士、土耳其、英国、美国 2. 澳大利亚	250 311 167 203 137 207 500 657 718
食半乳糖邹贝尔氏菌（*Zobellia galactanovorans*）	环境细菌	伴生于红叶藻（*Delesseria sanguinea*）	海洋环境	法国布列塔尼	61
潮气邹贝尔氏菌（*Zobellia uliginosa*）［曾被称为潮气噬纤维菌（*Cytophaga uliginosum*）和潮湿黄杆菌（*Flavobacterium uliginosum*）］	环境细菌		海洋环境		61

注：“病原性未确定”意思是指细菌分离于已经死亡或者患病的动物体，但疾病没有通过科赫法则进行确定。

括列出，以便信息更容易获取。

细菌按拉丁文名的字母顺序排列。疾病栏显示出细菌是否为鱼类和其他水生动物的腐生菌、环境细菌或病原体，疾病症状栏显示感染者由细菌感染导致的疾病症状，随后是水生生物宿主（分离部位）以及这些水生生物的分布，最后一栏是参考文献序号。

1.4 细菌分类及疾病症状

从水生环境中发现的新细菌，其鉴定和命名率也随之升高。随着种类命名和研究的增多，不断地有细菌被重新分配到不同的属或者建立新属。下面提供了当前属或种的分类地位的主要特征。由于这些信息可能不是最新的，因此，鼓励微生物学家经常关注分类网站上的信息。一些地址和其他信息资源可以参考本书“深入阅读和其他信息来源”部分提供的文献。根据这些和一些其他资料才能全面地掌握疾病。

1.4.1 乏氧菌属（*Abiotrophia* spp.）

这类细菌以营养可变的链球菌出名，该菌伴生在其他细菌周围，或者培养基中必须有L－半胱氨酸或维生素 B_6 才能生长。*A. elegans* 要求有 *L*－半胱氨酸才能生长。软弱乏养球菌（*A. adiacens*）、缺陷乏养球菌（*A. defectiva*）和 *A. elegans* 是从人类口腔、肠道、生殖道中分离的，是正常菌群的组成部分。它也能在心内膜炎病例、耳炎分泌物和伤员感染伤口中分离到。它们被列入本书是因为在小须鲸体内分离到的一株细菌最初被列入这个属中。在小须鲸体内发现的这株细菌和其他一些之前被命名为乏氧菌（*Abiotrophi*）的种已被归入颗粒链菌属（*Granulicatella*）。小须鲸颗粒链菌（*G. balaenopterae*）不需要添加生长因子，可在空气中或者5%的 CO_2 中生长。

1.4.2 碳酸噬胞菌属（*Aequorivita* spp.）

这个属的细菌隶属于噬纤维菌目、黄杆菌科，分离于南极洲的海洋环境中，它能在海洋2216培养基（MA 2216）上生长。

1.4.3 气单胞菌属（*Aeromonas* spp.）

气单胞菌属隶属的气单胞菌科的分类处于持续变动状态。既有新的种类描述，也有种类被重新归类，目前的分类已经比较精确了。可根据表型和基因型进行分类，基因型根据目前公认的16*S* rDNA 杂交组（HG）的 DNA－DNA 杂交进行分类。基因种的名称取决于杂交组的典型菌株。诊断微生物学家对于菌株表型的鉴定仍然存在问题。在 DNA 内 杂交组（HG）会出现菌株表型的多样性，生化性质相同的菌株 DNA 内的杂交组（HG）可能不相同。本书中典型菌株的表型实验都有记录。表 4－2 列出了根据杂交组（HG）进行的表型实验（Abbott 等，1992；Kaznowski，1998）。报道的内容是两个研究平衡后的结果，不同参考资料的结果评价比较困难。Abbott 等（1992）报道用22 株菌株的 HG1 里面包含典型的嗜水气单胞菌（*Aeromonas hydrophila*）ATCC 7966 菌株，LDC 100% 显阳性。这些实验支持了嗜水气单胞菌组有一个新的亚种的报道，嗜水气单胞菌嗜水亚种（*Aeromonas hydrophila* ssp. *hydrophila*）和嗜水气单胞菌达卡亚种（*A. hydrophila* ssp. *dhakensis*）已经被确认（Huys 等，2002b）。这些研究报告给出的结果是嗜水气单胞菌嗜水亚种（*A. hydrophi-*

la ssp. *hydrophila*）中的典型的 LMG 2844 与 ATCC 7966 是同一种。然而，仅用典型菌株 ATCC 7966 一种菌株，报道 HG1 的 LDC 反应显阳性的为0（Kaznowski，1998）。同样，其他研究者发现典型菌株 ATCC 7966 LDC 反应阴性（Nielsen 等，2001）。对于 LDC 不同结果的报道可能是试验的错误或者测定 LDC 使用不同的方法所致。通常 LDC 是暗紫色，尤其是与 ADH 管对照。此外，培养 48 h 比 24 h 结果明显。

HG8 和 HG10 用生化试验就可以区分开；它们的基因型一致，名字分别为维隆气单胞菌温和亚种（*Aeromonas veronii* biogroup *sobria*）和维隆气单胞菌维隆亚种（*A. veronii* biogroup *veronii*）。杀鲑气单胞菌（*A. salmonicida*）属于 HG3 典型的不运动的菌株，尽管 HG3 的很多特点符合嗜水气单胞菌（*Aeromonas hydrophila*）的表型种。

异嗜糖气单胞菌（*Aeromonas allosaccharophila*）和鳗气单胞菌（*Aeromonas encheleia*）：这些种的地位通常是有争议的（Working group on *Aeromonas* taxonomy. International Journal of Systematic Bacteriology，1999，49：1946）。

兽气单胞菌（*Aeromonas bestiarum*）在普通螃蟹病原的研究中显示具有毒性（Kozinska 等，2002）。

当豚鼠气单胞菌（*A. caviae*）和维隆气单胞菌（*A. veronii*）感染数量很大时，可导致大的淡水对虾 100% 死亡；体内可分离到的细菌数量分别为 3.8×10^6 cells/g 和 3.7×10^5 cells/g（Sung 等，2000）。

嗜水气单胞菌（*Aeromonas hydrophila*）是胁迫条件下的条件致病细菌；然而，这种细菌的致病机理和毒力仍然不清楚。有很多毒素产生，例如溶血素、细胞毒素、肠毒素、细胞溶血素和气单胞菌素。气单胞菌素是一种通道型杀细胞毒素，使小鼠致死，具有溶血性和细胞毒素活性，是主要致病性物质（Chopra 等，1993）。非溶血性嗜水气单胞菌（*A. hydrophila*）菌株、非溶血性豚鼠气单胞菌（*A. caviae*）菌株、温和气单胞菌（*A. sobria*）菌株中没有发现气单胞菌气溶素基因（Pollard 等，1990）。

在中国水产养殖暴发疾病时分离的优势种嗜水气单胞菌，在表型实验中 LDC 显阴性，纤维二糖发酵型（Nielsen 等，2001）。然而，与其他研究结果相对照，显示分离出的 LDC 阴性的细菌毒力小于 LDC 阳性的，从发病的哺乳动物分离到的 78% 的（$n=23$）菌株和从垂死的鱼分离到的 100% 的（$n=4$）菌株 LDC 均显阳性（Lallier 和 Higgins，1988）。尽管从垂死的鱼分离菌株的数量（$n=4$）偏小，在这些病例中嗜水气单胞菌吲哚反应也显阴性，不能产生肠毒素，0.2% 吖啶黄凝集显阴性。

从蟾胡子鲇分离的菌株毒性研究表明，病例中毒性从无毒、弱毒到强毒。所有的毒株都有溶血素基因，并具有溶解大多数种类动物红细胞的能力。大多数无毒性或弱毒性菌株要么不含有三个溶血基因（AHH_1，AHH_5，ASA）中的任意一个，要么仅含有一个或两个基因的联合。这些菌株通常不能溶解多种动物的血红细胞。毒性菌株注射量达 10^4 cfu/mL 会导致动物感染，当然无毒性的菌株达到这个浓度也不能导致动物感染（Angka 等，1995）。

最近有文章报道嗜水气单胞菌 HG1 有一个亚组，被称为 *A. hydrophila* ssp. *dhakensis* ssp. nov.。这些菌株是从孟加拉国的小孩痢疾病例中分离到的。通过遗传实验和表型实验表明它们不同于嗜水气单胞菌嗜水亚种（*A. hydrophila* ssp. *hydrophila*）。嗜水气单胞菌达卡亚种（*A. hydrophila* ssp. *dhakensi*）L－阿拉伯糖产酸显阴性；甲基－α－D－甘露醇、L－海藻糖和 L－阿拉伯糖利用显阴性。然而，嗜水气单胞菌嗜水亚种 L－阿戊糖产酸显阳性，甲基－α－D－甘露醇、L－海藻糖和L－阿拉伯糖利用显阳性（Huys等，2002b）。

小鱼气单胞菌（*A. ichthiosmia*）是维隆气单胞菌（*Aeromonas veronii*）的晚出异名（Huys等，2001）。

温和气单胞菌（*Aeromonas sobria*）现在叫维隆气单胞胞菌温和亚种（*Aeromonas veronii* ssp. *sobria*）。一些商业系统仍然叫温和气单胞菌（*A. sobria*）。两个名称在表中都被列出。

脆弱气单胞菌（*Aeromonas trota*）是肠棕气单胞菌（*A. enteropelogenes*）的次同物异名。肠棕气单胞菌（*A. enteropelogenes*）首先被发表，然而，由于脆弱气单胞菌（*A. trota*）这个名字广泛被应用，所以到现在仍然保留（Huys等，2002a）。

为保证文献和已设定的生化鉴定程序的连续性，维隆气单胞菌温和生化变型（*Aeromonas veroni* biovar *sobria*）的称呼现在仍然保留。以前称为温和气单胞菌（*A. sobria*），但是实际遗传型是维隆气单胞菌（*A. veronii*）（Working group on *Aeromonas* taxonomy，1999，IJSB，49：1946）。毒性试验表明这些种类不是普通螃蟹的病原（Kozinska等，2002）。

1.4.4 杀鲑气单胞菌杀鲑亚种（*Aeromonas salmonicida* ssp. *salmonicida*）

这些菌株有产生色素和不运动特征。它属于气单胞菌DNA HG3。这些毒株是典型的杀鲑气单胞菌（*A. salmonicida*），拥有A－蛋白质层壳，在蒸馏水中自动凝集。然而，杀鲑气单胞菌的这些表型实验并不是体内毒力的可靠指示（Bernoth，1990；Olivier，1990）。杀鲑气单胞菌杀鲑亚种（*A. salmonicida* ssp. *salmonicida*）能够导致众所周知的疖疮病。此病名由于真皮层有溃烂病灶，外部有明显的特征而得名。细菌能够侵透到组织和器官内部。疖疮病主要影响鲑鱼。

1.4.5 "非典型"杀鲑气单胞菌（the "atypical" *Aeromonas salmonicida*）

用"非典型"来描述杀鲑气单胞菌（*A. salmonicida*）生化反应可变、生长可能缓慢、色素产生较慢、氧化酶显阴性并可能产生多样化的胞外蛋白酶产物的菌株。非典型致病性菌株显出极大可变性，与典型的杀鲑气单胞菌描述的毒力机制也不尽相同。能够检测到胞外A－蛋白质层，与典型菌株比较，非典型菌株具有金属蛋白酶胞外产物，并且利用铁的机制也不同（Wiklund和Dalsgaard，1998）。目前，研究表明，疾病中可见的皮肤溃烂的原因可能仅由一个明确定义的非典型杀鲑气单胞菌生物型导致，然而这种细菌并不能经常分离到。在溃烂恢复期能分离到该细菌是常有的现象，这说明它的感染并不是致命的（Wiklund等，1999）。

许多亚种已被命名，包括杀鲑气单胞菌杀日本鲑亚种（*A. salmonicida* ssp. *masoucida*）、史氏亚种（ssp. *smithia*）、无色亚种（ssp. *achromogenes*）和新星亚种（ssp. *nova*），后者是从非鲑鱼类上分离的菌株。杀鲑气单胞菌杀日本鲑亚种和杀鲑气单胞菌史氏亚种自Kimura（1969）和Austin等（1989）首次报道以来，再没有报道过。已有许多非典型杀鲑气单胞菌菌株在文献中被报道，但是不能放在上述任何一个亚种里面（Wiklund和Dalsgaard，1998）。对于保留杀鲑气单胞菌亚种（*A. salmonicida* ssp.）的有效性仍存在争议，为了理解和准确鉴定这些不稳定种需要进一步研究。非典型的菌株比杀鲑气单胞菌杀鲑亚种感染鱼类的种类更广泛。

1.4.6　交替单保菌属（*Alteromonas* genus）

交替单保菌属（*Alteromonas*）被分成了两个属：包含有 11 个种的假交替单胞菌属（*Pseudoalteromonas*）和包含有模式菌株麦氏交替单胞菌（*A. macleodii*）的交替单胞菌属（*Altermonas*）。它们能在海洋琼脂 2216（MA 2216）上生长（Difco）。

1.4.7　布鲁氏杆菌属（*Brucella* spp.）

布鲁氏杆菌是小球杆菌，能够在哺乳动物的细胞内生长。鉴于它们在侵染性上有宿主特异性，传统上按照它们的宿主进行分类。研究表明布鲁氏杆菌属具有单一性，即仅有一个种。马耳他布鲁氏杆菌（*Brucella melitensis*）是这个属里公认的一个种。还有其他六个种被公认作为生化变型：流产型马耳他布鲁氏杆菌（*B. melitensis abortus*），犬马耳他布鲁氏杆菌（*B. melitensis canis*），羊布鲁氏杆菌（*B. melitensis melitensis*），沙林鼠马耳他布鲁氏杆菌（*B. melitensis melitensis*），绵羊马耳他布鲁氏杆菌（*B. melitensis melitensis*）和猪马耳他布鲁氏杆菌（*B. melitensis suis*）（Verger 等，1985）。然而，这些名称仍然保留对于避免目前的分类混乱有一定的实际意义（Wayne 等，1987）。

最近从海洋哺乳动物分离到布鲁氏细菌表明，单一种的理论并不适用（Moreno 等，2002）。从海洋哺乳动物上分离的布鲁氏杆菌菌株，通过 IS 711 – based DNA 指纹识别区分出明显的不同（Bricker 等，2000）。海洋种布鲁氏杆菌（*Brucella maris*）的名下包括 3 种生化变型，它们都是从海豹、鼠海豚、海豚、水獭和鲸中分离到的菌株（Jahans 等，1997）。利用 PCR 限制性片段长度多态性分析蛋白质外膜的 *omp*2 和 *omp*2b 基因，研究显示从海洋哺乳动物和陆地哺乳动物分离的菌株有区别。从海洋哺乳动物分离的菌株比从陆地哺乳生物分离的菌株有更大的异源性。因此，提倡像陆地哺乳动物菌株那样，根据海洋哺乳动物菌株的宿主种类来命名，以替代将所有水生来源菌株都命名为海洋种布鲁氏杆菌（*B. maris*）。这种方式尚未被国际系统细菌学委员会公认。然而，有提议认为水生资源分离的菌株，如分离于海豹的菌株就命名为鳍脚类布鲁氏杆菌（*B. pinnipediae*），如分离于鲸目动物（鲸、海豚和鼠海豚）的菌株就命名为鲸类布鲁氏杆菌（*B. cetaceae*）（Cloeckaert 等，2001；Foster 等，2002）。

1.4.8　肉杆菌属（*Carnobacterium* spp.）

以在醋酸盐的琼脂上能否生长来区分肉杆菌属（*Carnobacterium*）和乳杆菌属（*Lactobacillus*），前者不能生长（Rogosa medium，Oxoid；Rogosa 等，1951）。常规实验管和 API 50CH 系统在菊粉、乳糖、山梨醇、半乳糖结果上有差异（Baya 等，1991）。肉杆菌属种类在系统发育上与肠球菌属（*Enterococcus*）和漫游球菌属（*Vagococcus*）的关系比乳杆菌属进化关系近。

在早期的文献中栖鱼肉杆菌［*Carnobacterium*（*Lactobacillus*）*piscicola*］可能作为棒状杆菌（*Corynebacterium* spp.）、乳酸杆菌（*Lactobacillus* spp.）、利斯特氏菌属（*Listeria* spp.）或沙氏漫游球菌（*Vagococcus salmoninarum*）被报道。

1.4.9　噬纤维菌属（*Cytophaga* spp.）

这个属现在仅有两个可分解纤维素的种：模式菌株哈氏噬纤维菌（*C. hutchinsonii*），

橙黄噬纤维菌（*C. aurantiaca*）。它们与生孢噬纤维细菌属（*Sporocytophaga*）有很近的亲缘关系。这个属包括球形生孢噬纤维菌（*S. myxococcoides*），此属具有可分解纤维素和产生囊胞的能力（Bernardet 等，1996）。

由 Lewin 和 Lounsbery（1969）报道的橙黄噬纤维菌（*Cytophaga aurantiacus*）菌株 NCIMB 1382 被认为是约氏黄杆菌（*Flavobacterium johnsoniae*）（Bernardet 等，1996）。

1.4.10 迟钝爱德华菌（*Edwardsiella tarda*）

最早被称为鳝死爱德华菌（*Edwardsiella anguillimortifera*），有的文献仍然在沿用。这类细菌在水池、湖泊、河流、土壤和鳄鱼、蜥蜴、海鸥、蛇、海龟和水鸟生活的水环境中都能发现。这些可能是正常菌群的成员或者表现为疾病携带状态。它是很多水生动物，包括鲇鱼、鲑鱼、鳗鱼的病原菌，也能导致人类肠炎。因为它广泛地存在于环境中，从水生动物体中分离到此类细菌以评价它们的致病状态是很困难的。然而，从分离的部位、临床症状、疾病状态及组织病理学观察结果应该能够做出正确的诊断（Wallace 等，1966；Otis 和 Behler，1973；White 等，1973；Miyashita，1984；Humphrey 等，1986；Reddacliff 等，1996；Uhland 等，2000）。

1.4.11 肠球菌属（*Enterococcus* spp.）

粪肠球菌（*Enterococcus faecalis*）曾被称为液化链球菌（*Streptococcus liquefaciens*）和粪链球菌（*Streptococcus faecalis*）。

黄尾杀手肠球菌（*Enterococcus seriolicida*）曾被描述为链球菌属（*Streptococcus* species）生物型 1，它分离于澳大利亚的维多利亚州和塔斯马尼亚州的鲑鱼，现在被确定为格氏乳球菌（*Lactococcus garvieae*）。

1.4.12 挪威肠弧菌（*Enterovibrio norvegicus*）

这是最近分离鉴定的弧菌科的成员。它类似弧菌，尽管对弧菌抑制剂 O/129 有抗性，但在 TCBS 上 3 d 后缓慢生长。它是比目鱼幼体肠道微生态菌群的成员（Thompson 等，2002a）。

1.4.13 黄杆菌属/屈挠杆菌属/噬纤维菌属（*Flavobacterium*/*Flexibacter*/*Cytophaga*）

黄杆菌属主要的特征是滑动，产黄色素，属于屈挠杆菌—拟杆菌—黄杆菌类群。黄杆菌属是黄杆菌科中典型的属。这个科中还包括伯杰氏菌属（*Bergeyella*），二氧化碳嗜纤维菌属（*Capnocytophaga*），金黄杆菌属（*Chryseobacterium*），稳杆菌属（*Empedobacter*），冰冷杆菌属（*Gelidibacter*），类香菌属（*Myroides*），鸟杆菌属（*Ornithobacterium*），极地杆菌属（*Polaribacter*），冷湾菌属（*Psychroflexus*），冷蛇菌属（*Psychroserpens*），立默氏菌属（*Riemerella*），威克斯氏菌属（*Weeksella*）及分类错误的噬纤维菌属和屈挠杆菌属种类。黄杆菌属大多数需氧，革兰氏阴性，产生黄色素菌落，能够滑行运动，不能水解纤维素，广泛分布于土壤和淡水环境。有些是鱼类病原菌（Bernardet 等，1996）。

柱状黄杆菌（*Flavobacterium columnare*）：柱状黄杆菌菌株的遗传多样性被报道，可分成 3 个组或基因型。3 个基因型的表型特征是相同的。没有明显的证据当做一个新种或者亚种（Triyanto 和 Wakabayashi，1999）。一个基因型为表型相似，但遗传特性却截然不同（Ursing 等，1995）。

橙色屈挠杆菌（*Flexibacter aurantiacus*）（Lewin 和 Lounsbery，1969）菌株 NCIMB 1382［曾被称为橙黄噬纤维菌（*Cytophaga aurantiaca*）］和 NCIMB1455［嗜冷屈挠杆菌（*Flexibacter psychrophilus*）］现在被认为是约氏黄杆菌菌株（*Flavobacterium johnsoniae*），它显示出与橙黄噬纤维菌（*Cytophaga aurantiaca*）*bona fide* 菌株和嗜冷黄杆菌（*Flavobacterium psychrophilum*）有所不同（Bernardet 等，1996）。

屈挠杆菌属包括易屈挠杆菌（*F. flexis*）一个种。噬纤维菌属（*Cytophaga*）真正所属的成员仅有哈氏噬纤维菌（*C. hutchinsonii*）（模式菌株）和橙黄噬纤维菌（*C. aurantiaca*）（菌株 NCIMB 1382 和 NCIMB 1455 除外）。

1.4.14　蜂房哈夫尼菌（*Hafnia alvei*）

蜂房哈夫尼菌（*Hafnia alvei*）是由于与鲁氏耶尔森氏菌（*Yersinia ruckeri*）交叉反应而被认识（Stevenson 和 Airdrie 1984；本人的观察）。

1.4.15　鱼嗜血杆菌（*Haemophilus piscium*）

菌株最初被鉴定为鱼嗜血杆菌（*H. piscium*），包括杀鲑气单胞菌（*Aeromonas salmonicida*）菌株在内。表型特征表明此菌株与杀鲑气单胞菌无色亚种（*A. salmonicida* ssp. *achromogenes*）是同种异名，然而分子生物学研究表明，核糖体基因分型、随机扩增多态性 DNA（RAPD）和 PCR 聚类并不能支持这种观点（Austin 等，1998）。

1.4.16　螺杆菌（*Helicobacter* spp.）

自从幽门螺杆菌（*Helicobacter pylori*）第一次作为人类胃溃烂的致病菌被分离出来后（Marshall 和 Warren，1984），这个属已扩展为 30 个种类，菌株分离于许多不同动物的胃肠道。这些细菌微耗氧，细胞两端呈纺锤形，弯曲或呈螺旋状，具有不同数量的鞭毛，根据这些可定为不同的种。

1.4.17　利斯特氏菌属（*Listonella* spp.）

在科学界对于由 MacDonell 和 Colwell（1985）提议把鳗弧菌（*V. anguillarum*）归入利斯特氏菌属（*Listonella*）有很多的争议。然而，却一致同意把鳗弧菌的生物型 01 和生物型 02 分成两个种，分别为鳗弧菌（*V. anguillarum*）和奥德弧菌（*V. ordalii*）（Austin 等，1997）。在本书中把鳗弧菌（*V. anguillarum*）当做鳗利斯特氏菌（*Listonella anguillarum*）。

1.4.17.1　鳗利斯特氏菌（*Listonella anguillarum*）

这种病原细菌引起的疾病在鱼类中很广泛，其对鲑鱼养殖企业的经济上尤为重要。当鲑鱼从淡水到海水的过程中，对此病非常敏感。

根据 O 抗原，鳗利斯特氏菌（*Listonella anguillarum*）可分为 10 种血清型（欧洲指定的血清型），这些血清型中仅有 01 和 02 血清型分离于患病的鱼体。它们在疾病暴发时，感染率分别为 70% 和 15%。在弧菌感染野生鱼中，75% 可分离出 02 血清型。其他血清型仅在环境中分离到（Sørensen 和 Larsen，1986）。血清型 01 表现阿拉伯糖阳性，从 01 血清型中分离出的细菌是类似的同一群，02 血清型根据双向免疫扩散、斑点酶联免疫吸附检测的差别，还能够进一步分出02α 型和02β 型（Toranzo 和 Barja，1990）。奥德弧菌（*Vibrio ordalii*）曾被分类为鳗利斯特氏菌（*L. anguillarum*）生物型Ⅱ，与02 血清型抗血清有交叉反应（Toranzo 等，1987）。

海利斯特氏菌（*Listonella pelagia*）菌株 NCIMB 和 NCMB 1900：最近 NCMB 1900 系统发育树显示这株菌和漂浮弧菌（*Vibrio natriegens*）非常相似，最初保存在 NCIMB 的菌株可能已经遗失了。表型实验表明 NCIMB 1900 菌株和漂浮弧菌菌株的预测非常吻合，如 L－阿拉伯糖、乙糖和 L－鼠李糖产酸阳性和乳糖发酵、藻酸盐降解阴性（Macián 等，2000）。由 Lunder 等（2000）记载的 NCIMB 1900 的表型结果是海利斯特氏菌（*L. pelagia*），本书是以漂浮弧菌（*V. natriegens*）来报道的。

1.4.17.2 奥德弧菌（*Listonella ordalii* = *Vibrio ordalii*）

尽管奥德弧菌（*Vibrio ordalii*）在分类学上是正规的名字，但是两个名字在文献中都有应用。

1.4.18 海洋莫里特氏菌（*Moritella marina*）和黏菌莫里特氏菌（*Moritella viscosa*）

海洋莫里特氏菌（*Moritella marina*）和黏菌莫里特氏菌（*Moritella viscosa*）是很接近的两个属，其16*S* rDNA 序列测定显示 99.1% 的相似性。

1.4.19 支原体（*Mycoplasma* spp.）

Mycoplasma phocicerebrale 是对先前报道中命名为海豹脑支原体（*M. phocacerebrale*）的合法修正名称。把 *Mycoplasma phocae* 修正为海豹支原体（*M. phocidae*）是不合法的（de Vos 和 Truper，2000）。*Mycoplasma phocirhinis* 是对 *M. phocarhinis* 的合法修正。

1.4.20 诺卡氏菌属（*Nocardia* spp.）

诺卡氏菌（*Nocardia*）的成员生产分枝菌丝，菌丝片段可原位形成棒状或球状的非游动的个体。在空气中长出无数的气生菌丝，但是一些仅能在显微镜下看到，3 d 后长出仅1 mm 长的菌丝。

1.4.21 发光杆菌属（*Photobacterium* spp.）

该属中一些种是否该保留仍然在争论中，有几个种归入这个属意见一致［狭小发光杆菌（*P. angustum*），明亮发光杆菌（*P. phosphoreum*），鲾发光杆菌（*P. leiognathi*）］。尽管美人鱼弧菌（*V. damselae*）已经普遍认可放进发光杆菌属中，但是其他种类，如费希尔弧菌（*V. fischeri*）、火神弧菌（*V. logei*）和美人鱼弧菌（*V. damselae*）（Lunder 等，2000）还在争论中。

已一致同意将美人鱼发光杆菌杀鱼亚种（*Photobacterium damselae* ssp. *piscicida*）放在发光杆菌属，而不是其首次被放入的巴斯德菌属（*Pasteurella*）。然而，美人鱼发光杆菌杀鱼亚种（*P. damselae* ssp. *piscicid*）是美人鱼发光杆菌（*P. damselae*）的一个亚种还是其自身为独立的一个种，这仍然在争论中（Gauthier 等，1995b；Thyssen 等，1998）。

组胺发光杆菌（*Photobacterium histaminum*）是美人鱼发光杆菌美人鱼亚种（*P. damselae* ssp. *damselae*）的晚出主观异名（Kimura 等，2000）。

费氏发光杆菌（*Photobacterium fischeri*）和费希尔弧菌（*Vibrio fischeri*）是同模异名。

1.4.22　雷氏普罗威登斯菌［*Providencia*（*Proteus*）*rettgeri*］和雷氏变形菌（*Proteus rettgeri*）

雷氏普罗威登斯菌［*Providencia*（*Proteus*）*rettgeri*］和雷氏变形菌（*Proteus rettgeri*）是同模异名，即它们共享同一模式菌株（Brenner 等，1978）。

1.4.23　假交替单胞菌（*Pseudoalteromonas* species）

参见交替单胞菌属（*Alteromonas*）。假交替单胞菌属由大部分之前称为交替单胞菌（*Alteromonas*）的种类组成，但麦氏交替单胞菌（*A. macleodii*）除外。大多数假交替单胞菌与真核宿主共生，在海水中也经常会分离到此细菌。大多数在海洋琼脂 2216（MA 2216）培养基上生长，最适温度为 23℃。

1.4.24　腐败希瓦氏菌（*Shewanella putrefaciens*）

菌株 NCIMB 400 被重新分类为冷海希瓦氏菌（*Shewanella frigidimarina*）。

1.4.25　鞘氨醇杆菌属（*Sphingobacterium* spp.）

鞘氨醇杆菌属（*Sphingobacterium*）的很多成员 G + C 含量很低（39 ~ 42 mol %），包含有鞘脂类。

1.4.26　链球菌属（*Streptococcus* spp.）

无乳链球菌（*Streptococcus agalactiae*）为兰氏分类 B 群链球菌，非溶血性。根据它们的荚膜多糖，B 群链球菌可以分为 9 个血清群。

停乳链球菌（*Streptococcus dysgalactiae*）包括两个种类。停乳链球菌停乳亚种（*Streptococcus dysgalactiae* ssp. *dysgalactiae*）菌株是 α - 溶血性或非溶血性，兰氏分类为 C 群。停乳链球菌似马亚种（*Streptococcus dysgalactiae* ssp. *equisimilis*）菌株全部为 β - 溶血性，兰氏分类可能为 C 群、G 群或 L 群抗原（Vieira 等，1998）。

难辨链球菌（*Streptococcus difficile*）现在被鉴定为无乳链球菌（*Streptococcus agalactiae*）Ib 型（Vandamme 等，1997）。

1.4.27　漫游球菌属（*Vagococcus* genus）

漫游球菌属（*Vagococcus*）被认为是为革兰氏阳性球菌，其具有运动性，与兰氏分类 N 群链球菌抗血清反应（Collins 等，1989）。

1.4.28　弧菌属（*Vibrio* spp.）

弧菌科细菌的成员包括科尔韦尔氏菌属（*Colwellia*），利斯特氏菌属（*Listonella*），莫里特氏菌属（*Moritella*），发光杆菌属（*Photobacterium*）和弧菌属（*Vibrio*）。从鱼类身体上分离的菌株在普通培养基上都能生长。

鲨鱼弧菌（*Vibrio carchariae*）和哈维氏弧菌（*V. harveyi*）：鲨鱼弧菌（*V. carchariae*）是哈维氏弧菌（*V. harveyi*）的次同物异名。利用扩增片段长度多态性（AFLP）、DNA 杂

交及核糖体分型（Pedersen 等，1998）和 16*S* rDNA 测序比较这两种细菌没有区别（Gauger 和 Gómez – Chiarri，2002）。

霍乱弧菌（*Vibrio cholerae*）：根据蔗糖、D – 甘露糖和 L – 阿拉伯糖进行生物型分类。这些生物型就是众所周知的 Heiberg 型Ⅰ至Ⅷ。分类方案显示从霍乱患者体内分离的霍乱弧菌为 01 群，其他的菌株分为非 01 群。非 01 群菌株导致人类肠胃炎、败血症和其他病症，也有报道感染陆地和水生动物。有两种生物型——El Tor 型和古典生物型，它们不能通过血清学区分，都属于血清变型 01。血清变型 01 在一些国家能够引起人类古典型霍乱的流行。孟加拉血清型 0139 也是霍乱的流行菌株（Furniss 等，1978；Albert 等，1993）。

鳗弧菌（*Vibrio anguillarum*）：参见鳗利斯特氏菌（*Listonella anguillarum*）的注释。

漂浮弧菌（*Vibrio natriegens*）：在文献中很多报告鉴定 NCIMB 和 NCMB 1900 为海利斯特氏菌（*Listonella pelagia*）。测序鉴定表明 1900 菌株符合漂浮弧菌（*Vibrio natriegens*）的特征（Macián 等，2000）。也可参见海利斯特氏菌（*L. pelagia*）的注释。

日本竹筴鱼弧菌（*Vibrio trachuri*）：从日本竹筴鱼（*Trachurus japonicus*）分离并鉴定为弧菌的一个新种（Iwamoto 等，1995a）。然而，进一步试验表明这个种是哈维氏弧菌（*Vibrio harveyi*）的次同物异名（Thompson 等，2002b）。

创伤弧菌（*Vibrio vulnificus*）：创伤弧菌的生物分型和血清分型目前有点混乱。分离的生物型 1 吲哚试验阳性，和人类感染相关，而分离的生物型 2 吲哚反应是阴性，和鳗鱼感染有关（Tison 等，1982）。然而，在丹麦和瑞典从鳗鱼中分离到的 85% 的生物型 2 都有致病性（Høi 等，1998b）。生物型 2 菌株是血清变型 E，可根据 LPS – O 抗原进一步分为 03 型和 04 型。一些来自中国台湾省的血清变型 E、生物型 2 菌株发现对鳗鱼没有致病性，并且这些菌株甘露醇发酵阳性（Amaro 等，1999）。创伤弧菌生物型 3 是美国疾病控制中心（CDC）提出的。它是从以色列伤员感染的伤口分离的，鉴定可能为弧菌（Bisharat 等，1999）。它不同于我们一般认识的创伤弧菌，因为它的纤维二糖、柠檬酸盐、乳糖、水杨苷和 ONPG 反应阴性。利用 PCR 检测创伤弧菌溶血素基因为阳性（Bisharat 等，1999；Nair 和 Holmes，1999）。在常规生化鉴定表和 API 20E 表中列出了不同的创伤弧菌菌株及其具有的不同的反应特性，以便帮助微生物学家进行鉴定。

据 16*S* rRNA 基因序列测定表明：沃丹弧菌（*Vibrio wodanis*）与火神弧菌（*Vibrio logei*）菌株 CIP 103204 的序列相似性为 98.8%（Benediktsdóttir 等，2000）。

1.4.29 耶尔森氏菌属（*Yersinia* spp.）

小肠结肠炎耶尔森菌（*Yersinia enterocolitica*）：它被分成亚种 *Y. enterocolitica* ssp. *enterocolitica* 和 *Y. enterocolitica* ssp. *palearctica*。莫氏耶尔森氏菌（*Yersinia mollaretii*）和伯氏耶尔森氏菌（*Y. bercovieri*）以前分别是小肠结肠炎耶尔森菌（*Y. enterocditica*）生物群 3A 和 3B（Wauters 等，1988）。

鲁氏耶尔森氏菌（*Yersinia ruckeri*）：最初的血清分型方法划分成 6 个血清变型（Hagerman 血清变型）。患病鱼类和虹鳟的大部分自然暴发流行是由血清变型Ⅰ引起的，被称为 Hagerman 菌株（McCarthy 和 Johnson，1982）。一些从澳大利亚分离的鲁氏耶尔森氏菌（*Y. ruckeri*）与血清变型Ⅰ和血清变型Ⅱ交叉反应。血清变型Ⅱ伴生于大鳞大麻哈鱼肠炎红嘴病（ERM）时，可能对其有重要影响（Cipriano 等，1986）。分离的血清变型Ⅱ和血清变型Ⅴ菌株山梨醇阳性。血清变型Ⅲ发现于澳大利亚。起初认为，山梨醇发酵可能与致病性有关；然而，它不是可靠的毒性指示器（Stevenson 和 Airdrie 1984；Cipriano 等，1986）。

最近，根据生物型、血清型和外膜蛋白，将鲁氏耶尔森氏菌分成了不同克隆群，这些群可能与细菌的毒性有关。依据对吐温 20 和吐温 80 的水解以及运动性分为两个生物型。生物型 2 菌株没有运动性，不降解吐温 80（Davies 和 Frerichs，1989）。在欧洲、北美、澳大利亚和南非，依据热稳定的 O－抗原鉴定的血清型有 01、02、05、06 和 07（Davies，1990）。所有的血清型在欧洲和北美都发现过，而在澳大利亚和南非只鉴定过血清型 01。研究表明：澳大利亚分离的血清型Ⅲ按照他们的方法应为血清型 01。5 种外膜蛋白图谱被证实，可以用来区分同一血清型的不同菌株。血清型 01 被分为 6 个克隆群。克隆群 2 在英国暴发的疾病中被发现，克隆群 5 在欧洲大陆、北美、南非暴发的疾病中发现过。克隆群 3、4 和 6 与疾病暴发没有相关性。克隆群 1 和 3 在澳大利亚分离到，克隆群 3 也在芬兰、法国、德国（“西德”）和美国发现过。克隆群 4 在挪威被分离到，克隆群 6 在芬兰、法国、挪威和加拿大被分离到（Davies，1991）。

已知蜂房哈夫尼菌（*Hafnia alvei*）与鲁氏耶尔森氏菌（*Yersinia ruckeri*）有交叉反应（Stevenson 和 Daly，1982；Stevenson 和 Airdrie 1984；本人的观察）。

由鲁氏耶尔森氏菌（*Yersinia ruckeri*）导致的肠炎红嘴病（ERM）的暴发，通常是由于环境状况不好，溶解氧水平低、水温高、水质差造成的，这些胁迫因素使鱼更易感染疾病。

第2章　细菌培养技术：显微镜观察、培养和鉴定

成功分离和准确鉴定未知的病原细菌要依靠标准的细菌学培养法。使用准确的方法，采用合乎逻辑的一步一步的鉴定方式在整个工作中是非常重要的。细菌在培养基上生长，然后接种进行生化测定，记录结果并与标准结果比较。表2－1列出了细菌的分离和鉴定步骤，读者可以直接参考本书中的技术和方法。

表2－1　细菌培养和鉴定的实验步骤

时间	操作	方法和技术
第1 d	1. 样品的收集和准备	2.1
	2. 样品接种初次分离的平板培养基（或合适的肉汤）	2.2，表2－2，表2－3
	3. 在合适的温度和环境下培养	2.2，表2－2，表2－3
第2 d（24 h）	1. 检查培养的平板	2.3
	2. 选择可疑菌落，在BA或MSA－B平板上纯化培养获得纯培养	表2－4显微镜下（个体）和培养物（菌落）特征
	3. 再接种在初次的平板上	2.2，表2－2，2.3
	4. 平板放在和以前一样合适的温度和环境下培养	
第3 d（48 h）	1. 重新检查初次的平板上生长缓慢的病原菌	2.3
	2. 检查二次纯化的平板上是否为纯种	
	3. 初步鉴定测试	2.4，第3章，培养基（第7章）
	4. 接种在适合的生化鉴定管	2.5，2.6
	5. 重新接种在以前适合的平板上	2.2，表2－2，2.3
第4 d（72 h）	1. 再次检查初次的培养基上生长缓慢的病原菌的生长情况，如果疾病提示病原菌要求生长3 d以上的，继续培养	2.3
	2. 检查生化鉴定管和记录接种24 h的结果	表3－1
第5 d（96 h）	1. 检查生化鉴定管和记录接种48 h的结果。添加试剂测试吲哚，甲基红，硝酸盐，VP（Voges－Proskaüer）	表3－1
	2. 从适合的鉴定表中解释结果	第3章和表4－1至表4－22的生化鉴定结果（生化鉴定管）及表4－23至表4－31的API试剂盒结果

注：BA为血琼脂；MSA－B为含血的海洋盐琼脂。

2.1　样品收集和提交

样品应该收集活的患病的或者死亡时间不超过6 h的动物。收集的样品由于死亡时间长会滋生大量细菌。不幸的是，由于实验室和养殖场距离较远，实验室往往不能在理想的时间内采集样品。

最理想的用于细菌检测的样品应该是在用抗生素处理之前采集。用抗生素治疗后采集的水生生物样品无法将所有的病原细菌都培养出来。

提交的样品可以是棉拭子、一些组织或整条鱼。鉴别系统疾病最适合的样品是肾、血淋巴或血液。对于皮肤疾病，拭子和适当的皮肤组织是最理想的样品。可参考表1－1和表1－2中所列细菌可能存在的组织部位。

2.1.1　运输培养基和实验室运输方法

如果收集的是拭子，必须放进运输培养基中防止拭子干燥，以便保持细菌存活。Amies 运输培养基通常是实验室选择运送拭子的培养基。

鱼、组织和拭子收集后放在 Amies 运输培养基中再保存在冰中或者 4℃条件下，尽可能快地运送到实验室。

Stuarts 运输培养基不适合运送和保存弧菌样品。当把 Stuarts 培养基保存在 4℃下测试，溶藻弧菌（*Vibrio alginolyticus*）、哈维氏弧菌（*Vibrio harveyi*）和美人鱼发光杆菌美人鱼亚种（*Photobacterium damselae* ssp. *damselae*）的很多活细胞在 24 h 后数量锐减，48 h、72 h 后没有活性。然而，当这 3 种细菌放在 Amies 运输培养基中测试，4℃放置 24 h、48 h、72 h 细胞没有减少（McLetchie 和 Buller，未发表）。

2.1.2　样品预处理

2.1.2.1　拭子

拭子不需要样品处理，直接接种在适合的培养基中。

2.1.2.2　组织

无菌条件下从鱼体取下一块感染组织，放进 McCartney 瓶[①]中。用酒精灼烧过的剪刀分离组织，用无菌的棉拭子接种到适宜的培养基上。未经无菌操作从鱼体取出的组织样品，需要表面消毒。用无菌水或盐水清洗组织块（胡桃大小的组织）3 ~ 4 遍或者可以浸泡在 70% 的酒精中后，用火焰烧 3 ~ 5 s，然后把组织放在无菌的 McCartney 瓶中或者适当的容器中，用灼烧过的剪刀剪碎。一个无菌的棉签拭子可以用来将组织接种到合适的琼脂培养基，并进行革兰氏涂片。

2.1.2.3　创伤

通常收集的样品是病灶边缘，包括一些中间组织，保证样品确实被细菌侵染。来自病灶中间的样品可以培养出次要的侵染细菌，这可能会干扰结果的准确。侵染的细菌可能在病灶组织中央不能长时间存活。

2.1.2.4　整条鱼样品

对于体积小的鱼，用灭菌蒸馏水或者生理盐水将整条鱼体表清洗 3 ~ 4 次。对于体积较大的鱼体，用 70% 的酒精灼烧或者用无菌蒸馏水或生理盐水清洗鱼体表面，进行体表灭菌。用灼烧的镊子和剪刀，从腮后到中线剪开，然后沿中线剪到肛门，揭开剪下的组织会暴露内部器官。分析选择需要的器官，用灼烧灭菌的镊子和剪刀取出该器官，将组织匀浆后接种平板。

2.2　培养和接种

2.2.1　培养基

所有的样本在通用的培养基上应该都能生长。淡水样本用 BA 培养基和 MCA 培养基。

① 译者注：McCartney 瓶为一种简单的玻璃瓶。在细菌培养中，其优点是可以装入培养基后一起灭菌，使用简便。

TCA 培养基也会用到。然而，添加血液会促进某些细菌的分离，例如杀鲑气单胞菌（*Aeromonas salmonicida*）、肉食杆菌属（*Carnobacterium*）和链球菌属（*Streptococci*）。对于海水样本，一般用含有 Na^+ 的 BA 培养基和 MCA 培养基。由添加5%马血和2%食盐的TSA（参见第7章中关于培养基的介绍）制备的海洋盐琼脂（MSA－B）是一种良好的海洋细菌通用培养基。海洋琼脂2216（MA 2216）是能够从 Difco 买到的商品培养基，是在 ZoBell（1941）原始配方的基础上发展而来的，它也适合海洋细菌的普遍生长。MSA－B 能促进生长，尤其是首次分离的弧菌。当培养需要复杂电解液的海洋细菌时，MA 2216 会更合适。

2.2.2 分离和生长条件：培养基、温度和接种时间

所有的样品应该首先接种到通用培养基上，然后放在25℃培养2～5 d，表2－2所示为通用培养条件。然而，来自特殊环境的样品，如冷水环境或海洋环境，可能需要特殊的培养温度或者培养基要求添加 NaCl，这些特殊种类的培养条件如表2－3所示。

一些微生物需要特殊的生长条件，或者用选择和（或）富集培养基能更好地检测。这些特殊微生物的培养条件在表2－3中有详细介绍。

表2－2和表2－3中提到的所有培养基的制备在第7章都有介绍。

表2－2 通用培养条件

鱼和水生动物	淡水动物培养基	海水动物培养基	最适温度（范围），时间
所有样品，组织	BA，MCA	MSA－B，BA，MCA	20～25℃，2～5 d
冷水	BA，MCA	MSA－B，BA，MCA	15～22℃，3～5 d
热带	BA，MCA	MSA－B，BA，MCA	25℃，2～5 d

注：BA 为血琼脂；MCA 为麦康凯（MacConkey）琼脂；MSA－B 为含血的海洋盐琼脂。

2.3 培养平板观察

分离于鱼和其他水生动物的很多细菌，在菌落出现或者长成适合检测和纯化培养的菌落大小需要48 h。在培养24 h后不同的弧菌种类的菌落还是没有区别。然而，48 h后不同的种类之间会出现明显的不同的特征。加进血的培养基如 MSA－B，对弧菌来说，能促进其不同种类之间的辨别和溶血性的确定。一般来讲，处于中度生长或者优势生长的细菌会非常明显。记录实验室获得这些样品的时间，样品收集时间超过24 h后与之共生的细菌可能会大量繁殖。

选择合适的菌落进行纯化，需要给它们独立编号（如#1、#2等）。例如，选择菌落画个圈，用记号笔在平板底部标上记号，然后挑取菌落，在新平板上划线纯化。淡水样品用 BA 培养基、MCA 培养基和 TCBS 培养基纯化（后者用于疑似弧菌的种类）。海水样品用 BA 培养基、MCA 培养基、MSA－B 培养基和 TCBS 培养基分离纯化。要求特殊培养基生长的细菌用适合的培养基（表2－3）。来自海洋环境的细菌可能需要在 MA 2216 培养基培养。为获得足够的生长数量，可再培养24 h或按照要求的时间培养。纯化的继代培养的细菌被用于接种进行生化鉴定实验。

2.3.1 镜下形态和培养特征

表2－4列出了细菌的镜下显微形态和菌落特征以及革兰氏染色、氧化酶和过氧化氢

表 2－3　微生物所需要的特殊培养条件

细菌	淡水动物培养基	咸水动物培养基	温度，空气，时间
小须鲸乏养菌（*Abiotrophia balaenopterae*）	BA		37℃，5% CO_2或空气，24～48 h
海洋哺乳放线菌（*Actinomyces marimammalium*）	BA		空气或5% CO_2，24～72 h
碳酸噬胞菌属（*Aequorivita* spp.）		MA 2216 NA、TSA 和 AO 加入 2.5% NaCl 或添加 35 g/L 海水盐	20℃，3～7 d
绿气球菌螯龙虾变种（*Aerococcus viridans* var. *homari*）		NA＋5%血液，TSA，BA，BHIB SIEM 选择培养基	30℃，24～48 h
嗜泉气单胞菌（*Aeromonas eucrenophil*），鳗鱼气单胞菌（*A. encheleia*），波氏气单胞菌（*A. popoffii*）	TSA，BA		28℃，24～48 h
杀鲑气单胞菌（*Aeromonas salmonicida*）	BA，TSA－B。培养物在 FA 培养基上生长 5～7 d，检查棕色色素。用 BA 或 TSA－B 作为初始培养基可提高"非典型"菌株的分离	TSA 添加 0. 5% NaCl	15～22℃，3～5 d，培养温度是关键的，不同的生化反应温度显著不同（Hahnel 和 Gould，1982）
粪产碱杆菌龙虾亚种变种（*Alcaligenes faecalis* var. *homari*）		MA 2216	18℃，培养 7 d
交替单胞菌（*Alteromonas*）		MA 2216 在 TSA 和 NA 上即使添加食盐也生长贫瘠	严格需氧，25℃，24～48 h
水生螺菌属（*Aquaspirillum* spp.）	TSA，BA		25℃，2～4d
隐秘杆菌属（*Arcanobacterium* spp.）	BA		37℃，5% CO_2 或空气，24～48 h
节杆菌属（*Arthrobacter* spp.）	BA		37℃，5% CO_2 或空气，24～48 h
贝内克氏菌（*Beneckea chitinovora*）	BA		25℃，24～48 h
支气管败血性博德特氏菌（*Bordetella bronchiseptica*）	BA，CFPA，MCA		37℃，48～72 h
布鲁氏杆菌属（*Brucella* spp.） 使用生物安全柜	TSA、BA、Farrell 培养基（FM） 分离于海豹。可能在 FM 上不生长，也可能在 14 d 后才出现菌落		37℃，5%～10% CO_2，3～5 d。分离于海豹、水獭及某些鲸类动物的菌株需要 10%的 CO_2
类鼻疽伯克霍尔德氏菌（*Burkholderia pseudomallei*） 使用生物安全柜	BA，丙三醇平板，选择性肉汤，Ashdown 培养基		37℃，1～4 d
抑制肉杆菌（*Carnobacterium inhibens*），栖鱼肉杆菌（*Carnobacterium piscicola*）	BA，TSA，BHIA		15～25℃，48～72 h
脑膜脓毒性金黄杆菌［*Chryseobacterium*（*Flavobacterium*）*meningosepticum*］	TSA		30～37℃，48 h

续表 2-3

细菌	淡水动物培养基	咸水动物培养基	温度，空气，时间
大菱鲆金黄杆菌（*Chryseobacterium scophthalmum*）	TSA，AO	培养基 K，MA2216，AO-M	25℃，48 h
肉毒梭菌（*Clostridium botulinum*）	厌氧性细菌，ANA 培养基，接种在 Robertson 肉汤中，通过测试产生的毒素来鉴定		在肉汤中培养 6 d，在 30℃预先测试毒性
水生棒杆菌（*Corynebacterium aquaticum*）	BA，TSA，BHIA		25℃，48~72 h
哈氏噬纤维菌（*Cytophaga hutchinsonii*）	Dubos 培养基，补充 30%（wt/vol）的 D-纤维二糖		22℃，48~72 h
砖红噬纤维菌（*Cytophaga latercula*）		海洋屈挠杆菌培养基（Lewin 和 Lounsbery，1969）	
海龟嗜皮菌（*Dermatophilus chelonae*）	BA，聚乙烯平板		25℃，2~5 d
刚果嗜皮菌（*Dermatophilus congolensis*）	BA，聚乙烯平板		37℃，2~3 d
叉尾鮰爱德华菌（*Edwardsiella ictaluri*）	BA，TSA，EIM		25~37℃，需氧和厌氧。分离的菌株耐氧能力有限（Mitchell 和 Goodwin，2000）
迟钝爱德华菌（*Edwardsiella tarda*）	BA，MCA，DCA，SS 琼脂，氯化锶 B 富集肉汤		37℃，1~2 d
爱德华菌属（*Edwardsiella* spp.）	BA，BHIA，NA		25~28℃，2~5 d
短稳杆菌［*Empedobacter*（*Flavobacterium*）*brevis*］	TSA		30℃，2~3 d
肠球菌（*Enterococcus* spp.）	BA，TSA，BHIA		25℃，48~72 h
挪威肠弧菌（*Enterovibrio norvegicus*）		MA 2216 或 NA 和 TSA 补充 1.5% NaCl	27~28℃，2 d
猪红斑丹毒丝菌（*Erysipelothrix rhusiopathiae*）	BA，Woods 选择性肉汤，Packers 平板		37℃，48 h。24 h 和 48 h 将 Woods 肉汤继代培养接种到 BA 和 Packers 平板上
舞蹈病真杆菌（*Eubacterium tarantellae*）	BHIB 或 BA（厌氧菌），ANA		20~25℃，7 d，厌氧条件
Facklamia miroungae	BA	MSA-B	37℃，24~48 h
嗜鳃黄杆菌（*Flavobacterium branchiophilum*）	AO（NaCl 浓度大于 0.2% 时培养基上没有菌落生长）		18℃，5~7 d
柱状黄质菌［*Flavobacterium*（*Flexibacter*）*columnare*］	AO，添加妥布霉素的 Shieh 培养基，TSA，NA，BA，TYG 琼脂，Hsu-Shotts 琼脂		22~30℃，5~7 d
嗜冷黄杆菌［*Flavobacterium*（*Cytophaga*）*psychrophilum*］	TYG 琼脂，Shieh 培养基，AO 琼脂（在 TSA 上不生长）。样品来自黏液和肾脏，样品组织稀释培养以提高分离率。使用 FPM 培养基可提高分离率		14~18℃，5~7 d

续表 2-3

细菌	淡水动物培养基	咸水动物培养基	温度，空气，时间
杰里斯氏黄杆菌（*Flavobacterium gillisiae*），席黄杆菌（*F. tegetincola*），黄黄杆菌（*F. xanthum*）	NA，TSA，R2A	MA 2216	20℃，2~7 d
屈挠杆菌属（*Flexibacter* spp.）——海洋细菌		AO-M［AO 培养基用 38 g/L 的人工海水（Sigma）制备］	25℃，2~7 d
多形屈挠杆菌（*Flexibacter polymorphus*）	Lewin（1974）的（屈挠杆菌）培养基		30℃，2~7 d
玫瑰屈挠杆菌（*Flexibacter roseolus*）	NA		25℃，2~7 d
红屈挠杆菌（*Flexibacter ruber*）	NA		25℃，2~7 d
高嗜盐菌（*Halomonas elongata*）		TSA+8%食盐	30℃，24~48 h
螺旋杆菌（*Helicobacter* spp.）	TSA+5%血液，BA，Brucella 琼脂，Skirrow 培养基（VPT）。取胃组织匀浆 1 mL 接种在含 5% 小牛血清的布鲁氏肉汤中（Difco）。取 100 μL 接种在平板，或在用 0.45 μm 或者 0.80 μm 滤膜过滤后接种到平板（Butzler 等，1973；Harper 等，2000）		37℃，N_2：H_2：CO_2 为 80：10：10 的微氧条件下培养 2~4 周。商业系统可得到准确的气体环境（如由三菱瓦斯化学公司生产的 MGC Anaero Pak™，Campylo）
乳酸杆菌（*Lactobacillus* spp.），乳球菌（*Lactococcus* spp.）	BA，TSA，BHIA		25~30℃，48~72 h
鳗利斯特氏菌（*Listonella anguillarum*）		TSA +1% NaCl，MSA-B，MA 2216，VAM	22℃，24~48 h
黏菌落莫里特氏菌（*Moritella viscosa*）		TSA +2% NaCl	15℃，4~9 d
脓肿分枝杆菌（*Mycobacterium abscessus*）	Middlebrook 7H10-ADC 培养基		25℃，7~28 d
龟分枝杆菌（*Mycobacterium chelonae*）	BHIA，TSA，AO	MSA-B	15~22℃，5 周（通常生长 7 d 内可见）
海洋分枝杆菌（*Mycobacterium marinum*），淋巴结分枝杆菌（*M. scrofulaceum*），胞内分枝杆菌（*M. intracellulare*），偶发分枝杆菌（*M. fortuitum*）	BA，Lowenstein-Jensen（BBL）		20~23℃，7~14 d。室温下在牛血清 BA 培养基上 5~7 d 能够生长出来
新金分枝杆菌（*Mycobacterium neoaurum*）	BA		25℃，3~4 d
外来分枝杆菌（*Mycobacterium peregrinum*）	BA，Middlebrook 7H11 琼脂（Difco）		37℃，在 CO_2 条件下，4~7 d
支原体（*Mycoplasma*）	支原体琼脂和支原体肉汤		37℃，在 CO_2 条件下，每 3~4 d 将肉汤继代培养至琼脂培养基，需 2 周。每隔 3~4 d 检查平板一次
香味类香味菌［*Myroides*（*Flavobacterium*）*odoratus*］	TSA		30℃，48~72 h

续表 2-3

细菌	淡水动物培养基	咸水动物培养基	温度，空气，时间
诺卡氏菌属（*Nocardia* spp.）——常见的星状诺卡菌（*N. asteroides*），巴西诺卡菌（*N. brasiliensis*），新星诺卡菌（*N. nova*），*N. pseudobrasiliensis*，*N. otitidiscaviarum*，黄尾脾脏诺卡菌（*N. seriolae*），*N. vaccinii*	BA		25~30℃，14 d。5 d 后菌落开始出现
粗形诺卡菌（*Nocardia crassostreae*）	BHIA	BHIA +1% NaCl	28℃，14 d
黄尾脾脏诺卡菌（*Nocardia seriolae*）	BA，BHIA，Lowenstein－Jensen 培养基		25~37℃ 需 7~30 d
斯凯巴斯德菌（*Pasteurella skyensis*）		TSA + 血液 +1.5% NaCl。MA 2216 + 血液（不加血液或 1.5% NaCl 不能生长）	22~30℃，在空气中，48 h
解肝磷脂土地杆菌（*Pedobacter heparinus*），鱼土地杆菌（*P. piscium*）	NA，PY		28℃，48 h
美人鱼发光杆菌美人鱼亚种（*Photobacterium damselae* ssp. *damselae*）	BA	MSA－B，TSA + 2% NaCl，MA 2216	22~25℃，24~48 h
美人鱼发光杆菌杀鱼亚种（*Photobacterium damselae* ssp. *piscicida*）		NB 添加 2%~3% NaCl，BHIA 添加 2% NaCl，MA 2216 或 MSA－B	22℃，24~48 h
假交替单胞菌（*Pseudoalteromonas* spp.）		MA 2216	15~30℃，1~5 d
南极洲假交替单胞菌（*Pseudoalteromonas antarctica*）	TSA，TSB	MA 2216，MSA－B	15℃，5 d
Pseudoalteromonas maricaloris	TSA	MA 2216	25~35℃，5 d
鳗败血假单胞菌（*Pseudomonas anguilliseptica*）	BA，NA，TSA，BHIA。在假单胞菌分离琼脂上不长		20~25℃，7 d
荧光假单胞杆菌（*Pseudomonas fluorescens*）	BA，假单胞菌选择琼脂（Becton，Dickinson Co）		10~25℃，2~5 d
鲑鱼肾杆菌（*Renibacterium salmoninarum*）	KDM2，KDMC，SKDM		15~18℃，20~30 d
玫瑰杆菌属（*Roseobacter*）菌株 CVSP		SWT，MA 2216	23℃，5~7 d
Salegentibacter salegens		MA 2216，NA，TSA，R2A	20℃，2~7 d
海底希氏菌（*Shewanella benthica*），科氏希瓦氏菌（*S. colwelliana*），羽田氏希瓦氏菌（*S. hanedai*），冰海希瓦氏菌（*S. gelidimarina*），武氏希瓦氏菌（*S. pealeana*，*S. woodyi*）		MA 2216，MSA－B	25℃，48~72 h
羽田氏希瓦氏菌［*Shewanella*（*Alteromonas*）*hanedai*］		TSA + 0.05 g/L 酵母膏，MA 2216	15℃，48~72 h
多食鞘氨醇杆菌［*Sphingobacterium*（*Flavobacterium*）*multivorum*］，食神鞘氨醇杆菌（*S. spiritivorum*）	NA，TSA，PY		28~30℃，48 h
水獭葡萄球菌（*Staphylococcus lutrae*）	BA		37℃，24 h

续表 2－3

细菌	淡水动物培养基	咸水动物培养基	温度，空气，时间
沃氏葡萄球菌（*Staphylococcus warneri*）	BA，TSA		22～25℃，48～72 h
类星形斯塔普氏菌（*Stappia stellulata*-like）菌株 M1		SWT，MA 2216	23～25℃，2～7 d
念珠状链杆菌（*Streptobacillus moniliformis*）	BA。生长要求添加20%血清在肉汤中		25～37℃，5～7 d
海豚链球菌（*Streptococcus iniae*）	BA		25℃，24～48 h
副乳房链球菌（*Streptococcus parauberis*）	BA，TSA		22～37℃，24 h
海洋屈挠杆菌［*Tenacibaculum*（*Flexibacter*）*maritimum*］		AO 培养基含有30%海水，AO 含有38 g/L人工海水（ASW）。仅有NaCl 的AO 不生长。NaCl 和 KCl 是生长需求的离子。Ca^{2+}、Mg^{2+}促进菌落生长。用人工海水稀释样品，并将稀释的样品培养在 AO＋ASW 培养基会提高细菌分离效果（Ostland 等，1999）。TYG－M，HSM	25℃，培养 2～5 d（温度范围为 15～34℃）
解卵屈挠杆菌［*Tenacibaculum*（*Flexibacter*）*ovolyticum*］		参照海洋屈挠杆菌（*T. maritimum*），MA 2216	19℃，2～5 d
沙氏漫游球菌（*Vagococcus salmoninarum*）	BA，TSA		22～25℃，48 h
Varracalbmi		MSA－B	4～22℃（最适温度为15℃），48 h
Vibrio agarivorans		MSA－B，MA 2216	25℃，48 h
溶珊瑚弧菌（*Vibrio coralliilyticus*）		MA 2216，TSA ＋2% NaCl	30℃，24～48 h
鲍鱼肠弧菌（*Vibrio halioticoli*）		MA 2216，添加或不添加0.5%海藻酸钠	25℃，24～48 h
霍利斯弧菌（*Vibrio hollisae*）		TSA＋1% NaCl，MSA－B，MA 2216	25℃，37℃，24～48 h
拟态弧菌（*Vibrio mimicus*）	BA，TSA	MSA－B	25℃，37℃，24～48 h
奥德弧菌（*Vibrio ordalii*），副溶血性弧菌（*Vibrio parahaemolyticus*）		TSA＋1% NaCl，MSA－B，MA 2216	22℃，24～48 h
杀鲑弧菌（*Vibrio salmonicida*）		NA＋5%血液，TSA＋1.5%NaCl，MSA－B	15℃，3～5 d
创伤弧菌（*Vibrio vulnificus*）	BA	纤维二糖－多黏菌素 B 黏菌素琼脂（CPC）选择琼脂，CCA，VVM，MA 2216，MSA－B，TSA 或 NA 添加0.5%（w/v）NaCl。创伤弧菌（*V. vulnificus*）特异探针可用	25℃，24 h
鲁氏耶尔森氏菌（*Yersinia ruckeri*）	TSA，BA，MCA，XLD［耶尔森氏菌（*Yersinia*）选择琼脂（YSA，Oxoid），不适合于鲁氏耶尔森氏菌（*Y. ruckeri*）］		25℃，24～48 h。注意：运动性和柠檬酸盐在37℃为阴性，但在25℃为阳性

表2－4　显微镜下（个体）和培养物（菌落）特征

细菌	革兰氏染色	形态学	βH 溶血性	TCBS	菌落特征	Cat	Ox	鉴定实验
不动杆菌属（*Acinetobacter* spp.）	阴性	主要是双球菌，大小为 1.0 μm×0.7 μm，在平板上生长	－		菌落圆形，光滑，不透明到稍微透明，黄油状和黏液状，无色素。在 30℃，24 h 后为 0.5～2.0 mm	＋		生化试剂盒
溶血不动杆菌（*Acinetobacter haemolyticus*）	阴性	主要是双球菌，大小为 1.0 μm×0.7 μm，在平板上生长	βH		在 TSA 上的菌落是圆形，表面凸起，光滑，稍微透明，可能是黏液黏合	＋	－	生化试剂盒
海豚放线杆菌（*Actinobacillus delphinicola*）	阴性	多形的杆状	－w	NG	在 10% CO_2 环境下，BA 上的菌落在 24 h 内为 0.75～1.00 mm，圆形，光滑灰白色。血或血清能促进生长。在 42℃生长而在 22℃不生长	－	＋	生化试剂盒，API 20E，API 20 NE，API－ZYM。使用时大量接种
苏格兰放线菌（*Actinobacillus scotiae*）	阴性	多形的杆状	－	NG	菌落 0.5 mm，圆形，灰白色。在 BA 培养 24 h，要求 10% CO_2。在绵羊血平板上出现可能轻微的溶血性	－	＋	生化试剂盒，API 20E
海洋哺乳放线菌（*Actinomyces marimaμmalium*）	阳性	直的或轻微弯曲的杆菌，有些分枝	－		在 BA 上，菌落为 0.5 mm，灰白，完整，表面凸起。培养 48 h。在 37℃生长，空气中含有 5% CO_2	－		API Coryne，API 快速 ID32 链球菌鉴定系统（API rapid ID 32 Strep）
碳酸噬胞菌（*Aequorivita* spp.）	阴性	杆状，大小为（0.5～20.0）μm×（0.2～0.3）μm			在 MA 2216 上，黄色或橘黄色菌落，紧密型，圆形，表面凸出，整个边缘光滑，非扩展性，黄油状黏液。在 NA＋2.5% NaCl 上生长			生化试剂盒，API 20E，API－ZYM（某些反应）
绿气球菌螯龙虾变种（*Aerococcus viridans* var. *homari*）	阳性	四联球菌	α	NG	在 BA 上为 α 溶血。用墨汁检测球菌荚膜	＋		生化试剂盒，API 快速 ID32 链球菌鉴定系统
蚊子气单胞菌（*Aeromonas culicicola*）	阴性	棒状			在 BA 上 24 h，菌落小，灰白，金属光泽和 β 溶血性	＋	＋	生化试剂盒，API 20E，API 50CH
鳗鱼气单胞菌（*Aeromonas encheleia*）	阴性	直杆菌	βH	NG	在 TSA 上 24 h 无色素菌落	＋	＋	生化试剂盒
嗜泉气单胞菌（*Aeromonas eucrenophila*）	阴性	直杆状		NG		＋	＋	生化试剂盒
嗜水气单胞菌（*Aeromonas hydrophila*）	阴性	小棒状	βH	弱	3～5 mm，有光泽，奶酪状，随菌龄的增长变为白棕色/绿色	＋	＋	生化试剂盒，API 50CH，API 20E，API 20NE，API－ZYM
中间气单胞菌（*Aeromonas media*）	阴性	棒状，大小为 1 μm×2 μm		NG	在 TSA 上，奶酪状，有光泽，光滑，圆形，凸出，在 22℃生长 2 d 菌落为 2 mm。有扩散的褐色素产生	＋	＋	生化试剂盒
气单胞菌属（*Aeromonas* spp.）	阴性	棒状，大小为 1～3 μm	βH	生长弱，黄色	2～3 mm，灰白色，奶酪状，金属光泽，在 BA 和 TSA 上为圆形	＋	＋	生化试剂盒或 API 20E

续表 2-4

细菌	革兰氏染色	形态学	βH 溶血性	TCBS	菌落特征	Cat	Ox	鉴定实验
杀鲑气单胞菌杀鲑亚种（*Aeromonas salmonicida* ssp. *salmonicida*）	阴性	小棒状到球杆状，1~2 μm	v	NG	在 FA 或 TSA 平板上有棕色色素扩散。圆形和光滑状态，菌落在 72 h 时为 0.5~3.0 mm。在 37℃下不生长。FA 是产生色素时的首选	+	+	生化试剂盒。API 20E 在 25℃时生长效果可变，在 30℃时提高生长效果。FAT 和黏合试验可用
气单胞菌新星亚种（*Aeromonas salmonicida* ssp. *nova*）	阴性	球杆状到小棒状	βH	NG	在 BA 培养基上缓慢生长，菌落 0.5 mm，易碎，8 d 可达到 4~8 mm，用接种环可将菌落在平板上划开。与链球菌 C 群相似，具有明显溶血。在 TSA 上25℃，8 d 可看到棕色水溶性色素，37℃不生长	+	+，v	生化试剂盒，API 20E，API - ZYM。FAT 可用，可能与温和气单胞菌（*Aeromonas sobria*）交叉反应
杀鲑气单胞菌解果胶亚种（*Aeromonas salmonicida* ssp. *pectinolytica*）	阴性	单独的直杆菌，成对或短链状	βH	ND	在 BA 和 TSA 上 35℃，24 h 形成菌落，产生棕色扩散色素	+	+	生化试剂盒
维隆气单胞菌（*Aeromonas veronii*）	阴性		βH	NG	菌落 2 mm，在 BA 上 24 h β 溶血	+	+	生化试剂盒，API 20E
肠奇异单胞菌（*Allomonas enterica*）	阴性	直杆菌或轻微弯曲棒状			在含有 3%~5% NaCl 的培养基上生长。在 25℃或 37℃下，2~5 d 出现淡棕色非扩散色素	+	+	生化试剂盒
交替单胞菌属（*Alteromonas* spp.）	阴性	棒状		NG	在 MA 2216 上有白黄色小菌落	+	+，v	生化试剂盒
海豹隐秘杆菌（*Arcanobacterium phocae*）	阳性	球杆状到短杆状，单独，成对和成簇。非抗酸性	βH		菌落在 BA 上 24 h 后，白色，微小，圆形 βH 溶血区很大	v		生化试剂盒，API 50CH，API - ZYM
动物隐秘杆菌（*Arcanobacterium pluranimalium*）	阳性	直的或轻微弯曲，非分枝，细杆状	αH		在 BA 上 α 溶血，小菌落	+		API Coryne，API 快速 ID32 链球菌鉴定系统
化脓隐秘杆菌（*Arcanobacterium pyogenes*）	阳性	球杆菌到短杆菌，单独，成对和由短类白喉棒状杆菌形成的栅栏状，大小为（0.2~0.9）μm×（0.3~2.5）μm	βH		极微小，在 24 h 菌落在 BA 上有溶血现象。在 48 h 菌落为 0.5 mm，圆形，不透明白色，菌落周围有菌落 2~3 倍大的溶血区域	−		生化试剂盒。Litmus 牛奶反应：利用大量接种物观察，48 h 时酸性，凝结和减少
活泼微球菌（*Arthrobacter agilis*）	阳性	成对和四联球菌，直径为0.8~1.2 μm	NH		菌落在琼脂上光滑，无光泽，全缘，产生不溶于水的玫瑰色红色素	+	+	生化试剂盒
海豹鼻节杆菌（*Arthrobacter nasiphocae*）	阳性	无规则状杆菌，无孢子形成。有些为球状	NH		严格需氧。在 BA 上生长是圆形，全缘，表面凸出，灰白色，在 37℃，24 h 为 1 mm	+		生化试剂盒，API CORYNE，API - ZYM
平鱼节杆菌（*Arthrobacter rhombi*）	阳性	单个棒状杆菌，短杆或者卵圆形			黄白色菌落，48 h 为 1 mm，BHIA 添加 1% NaCl	+	+	生化试剂盒，API Coryne

续表 2－4

细菌	革兰氏染色	形态学	βH 溶血性	TCBS	菌落特征	Cat	Ox	鉴定实验
Atopobacter phocae	阳性	不规则短杆菌	NH		在 BA 平板上 CO_2 环境下 24 h 时可见针状、灰白色、光滑菌落	－	－	生化试剂盒，API 快速 ID32 链球菌鉴定系统，API－ZYM
蜡状芽孢杆菌（*Bacillus cereus*）	阳性	棒状	βH		在 BA 上菌落灰白色，似毛玻璃状，24 h 时为 2 mm。随着菌龄增长变为浅黄色	+		生化试剂盒
蕈状芽孢杆菌（*Bacillus mycoides*）	阳性	链状杆菌			假根状的菌落，逆时针如丝一样盘旋在 BA 上	+		生化试剂盒
支气管败血特博德特氏菌（*Bordetella bronchiseptica*）	阴性	细长棒状锥形末端，单独和成对。可能如长丝状	NH		在 BA 和 CFPA 上，菌落在 48 h 为 1 mm，可能溶血或非溶血。根据生长阶段不同可产生粗糙或光滑的菌落，也可能是粗糙型，中央凸起半透明，边缘波浪形，或光滑，不透明，珍珠状	+	+	生化试剂盒
缺陷短波单胞菌（*Brevundimonas diminuta*）	阴性	短棒状，大小为（1.0～4.0）μm×0.5 μm	αH		在 BA，NA，TSA，30～37℃，生长 2 d。要求加入泛酸盐、维生素 H 和维生素 B_{12}作为生长因子	+	+	生化试剂盒，API 50CH，API 20NE，API－ZYM
泡囊短波单胞（*Brevundimonas vesicularis*）	阴性		αH		在 BA，TSA，NA 上为黄色菌落	+	+	生化试剂盒
流产布鲁氏杆菌（*Brucella abortus*）	阴性	小球状杆菌			生长 24 h 会减少，发生在接种量最大的地方	+	+	参见布鲁氏杆菌（*Brucella* ssp.）
布鲁氏杆菌（*Brucella* spp.）	阴性	球杆菌，可能有轻微污点			第一次培养生长需 7～14 d。有的菌株要求有 10% CO_2。在 TSA 或 FM 上生长。菌落凸起，全缘，表面有金属光泽，颜色似蜜色，有清晰的反射光芒	+		MAF 染色阳性。表型试验，血清分型最好由专业实验室完成。处理布鲁氏杆菌（*Brucella*）培养物或可疑组织，必须在生物安全橱中进行
水生布戴约维来菌（*Budvicia aquatica*）	阴性	直杆菌			在 NA 菌落很小，30℃，24 h 为 0.5 mm，全缘，半透明，光滑	+	－	生化试剂盒
类鼻疽伯克霍尔德氏菌（*Burkholderia pseudomallei*）	阴性	3～4 d 两极染色，细胞椭圆形到圆形，细胞仅外围着色可能被误认为是孢子			在 24 h 菌落为 0.5～1.0 mm，而 3～4 d 达 3～4 mm。白色，表面凸起，光滑，伴随白色光环，显示不平坦，有凹凸，皱褶。肉汤培养混浊，有皱褶膜	+	+	生化试剂盒，API 20E。在生物安全橱中操作
抑制肉杆菌（*Carnobacterium inhibens*）	阳性	杆菌，大小为 0.2 μm×（0.5～1.2）μm	αH		在 BA 上，1～2 mm，灰白色菌落	－	－	生化试剂盒
栖鱼肉杆菌［*Carnobacterium*（*Lactobacillus*）*piscicola*］	阳性	极小杆菌，大小为（1.1～1.4）μm×（0.5～0.6）μm。在组织中为类双球菌，肉汤培养基中是链状		NG	1.0～1.5 mm，灰色或白色，在 25℃培养 48 h 为链锁状球菌。在琼脂上显示非常轻微的绿色。在 BA，BHIA，TSA 上生长	－	－	生化试剂盒，API 20 Strep 链球菌，API 50CH

续表 2-4

细菌	革兰氏染色	形态学	βH 溶血性	TCBS	菌落特征	Cat	Ox	鉴定实验
青紫色素杆菌（*Chromobacterium violaceum*）	阴性		NH 或 βH		色素菌株为深紫色，圆形，在 BA 上轻微凸起。无色素菌株在 BA 培养基上显示 β 溶血性	+	+	生化试剂盒，API 20E，API 20NE
弗劳地柠檬酸杆菌（*Citrobacter freundii*）	阴性	杆状		NG	在 BA 上 24 h，2 mm，灰色菌落	+	−	生化试剂盒，API 20E
大比目鱼金黄杆菌（*Chryseobacterium balustinum*）	阴性	杆状，大小为 0.5 μm×(1.0～3.0) μm	−	NG	在 AO 上黏液状，黄色菌落	+	+	生化试剂盒，API－ZYM，API 20NE
黏金黄杆菌［*Chryseobacterium*（*Flavobacterium*）*gleum*］	阴性	非孢子杆状，末端钝圆	NH	NG	5 d，在 NA 上圆形，全缘，胶质状变成黏液状，半透明，亮黄色	+	+	生化试剂盒，API－ZYM，API 20NE
产吲哚金黄杆菌（*Chryseobacterium indologenes*）	阴性	直杆状，大小为 0.5 μm×(1.3～2.5) μm			菌落在心浸液琼脂上 30℃培养 24 h 大小为 1 mm。在 0.3% 琼脂上扩散生长，似花样	+	+	生化试剂盒，API 20NE，API－ZYM
脑膜脓毒性金黄杆菌（*Chryseobacterium meningosepticum*）	阴性		NH		在 BA 上 24 h，菌落直径约为 1 mm，周围环绕绿色变色区域	+	+	生化试剂盒，API－ZYM，API20NE
大菱鲆金黄杆菌（*Chryseobacterium scophthalmum*）	阴性	短杆状，大小为 2.0 μm×0.8 μm	NH	NG	MSA－B，MA 2216，TSA 上 25℃，生长 2～3 d 后为光滑，圆形，有光泽，橘红色菌落，2～3 mm。新分离的菌株在 Anacker-Ordal 培养基上显示滑行运动，滑行运动的能力保存后就会消失	+	+	生化试剂盒，API－ZYM，API20NE
肉毒杆菌（*Clostridium botulinum*）	阳性	(3.4～7.5) μm×0.7 μm。椭圆形，端生孢子	βH		半不透明到透明，黏性菌落，1～3 mm，不规则叶状边缘，中央凸起	−		API rapid 32A
海洋科尔韦尔氏菌（*Colwellia maris*）	阴性	弯曲杆状，大小为(0.6～1.0) μm×(2.0～4.0) μm			MA 2216 琼脂，最适生长温度为 15℃。生长温度范围为 0～22℃，但在 25℃不生长	+	+	生化试剂盒
水生棒杆菌（*Corynebacterium aquaticum*）	阳性	杆状，大小为(0.5～0.8) μm×(1.0～3.0) μm。轻微的多形性，某些细胞呈棒状，多角排列	βH		在 BA 和 TSA 上 25℃生长 48 h，菌落显示圆形，凸起，全缘，不透明，少许黏液，伴有黄色不扩散色素	+	−	生化试剂盒，API Coryne
海豹棒状杆菌（*Corynebacterium phocoae*）	阳性	棒状杆菌	NH		37℃，在 BA 上生长 24 h，菌落为 1 mm，有光泽，圆形	+		生化试剂盒，APICoryne，API 50CH，API－ZYM
龟嘴棒杆菌（*Corynebacterium testudinoris*）	阳性	类白喉菌杆菌			菌落在 BA 上具有黄色色素	+		API Coryne，API－ZYM

续表 2－4

细菌	革兰氏染色	形态学	βH 溶血性	TCBS	菌落特征	Cat	Ox	鉴定实验
新生隐球菌格特变种（*Cryptococcus neoformans* var. *gattii*）	阳性	子芽酵母菌	NH		缓慢生长。在 BA 上生长 3 d，菌落为 0.5～1.0 mm，奶酪样，菌落变化由奶酪样变为暗黄色，在 BA 生长 7 d 变为浅褐色			荚膜墨汁（India ink）染色，尿素酶阳性。生长在链球菌培养基（Oxoid）和 SAB 平板。在生物安全橱中操作
嗜皮菌属（*Dermatophilus*）	阳性	分枝状细丝由成排的球菌组成（游走孢子）。游走孢子是运动型的	βH		菌落在 BA 上，在 CO_2 环境下生长，从灰白色到灰黄色，附着和镶嵌在琼脂上。培养 48 h，菌落微小，圆形，有小粒状，凸起。进一步培养会形成 2～3 mm 菌落，凸起，锯齿形态并显黏液状	+		生化试剂盒。用新鲜的拭子制作涂片。用吉姆萨（Giemsa）染色。丝状物用吉姆萨染色比用革兰氏染色效果好
保科爱德华菌（*Edwardsiella hoshinae*）		直杆菌			在 NA，BA，MCA 上生长。在 30℃ 和 37℃ 培养 24～48 h，可见 1～2 mm 菌落，扁平或细长弯曲	+	－	生化试剂盒，API 20E
叉尾鮰爱德华菌（*Edwardsiella ictaluri*）	阴性	杆状到球杆状，大小为 0.75 μm×（1.50～2.50）μm	w	NG	生长缓慢，菌落 1～2 mm，圆形，无色素，灰白色，在 28～30℃ 培养 48 h 可能看到淡绿色和菌落下轻微的溶血（具有淡柠檬色环）。有发霉的味道	+	－	生化试剂盒，API 20E
迟钝爱德华菌（*Edwardsiella tarda*）	阴性	杆状，大小为 1 μm×（1～2）μm		NG	24～48 h 为 0.5 mm，圆形，灰色菌落（具有淡柠檬色环）。在 BA，MCA（NLF），SS 琼脂上能够生长。菌落形态在选择培养基上比沙门氏菌（*Salmonella*）的规格小	+	－	生化试剂盒，API 20E
短稳杆菌（*Empedobacter brevis*）	阴性	杆状			在 NA 和 BA 上是黄色菌落，在 30℃ 培养 24 h，菌落大小为 0.2～2.5 mm。稍微弯曲，全缘。在 BA 上 7 d 可看到清晰的 α 溶血	+	+	生化试剂盒
挪威肠弧菌（*Enterovibrio norvegicus*）	阴性	细胞大小为 0.8 μm×（1.0～1.2）μm		G	在 MA 2216 上 28℃ 培养 48 h 菌落是浅褐色，光滑，圆形，凸起，在菌落为 1 mm	+	+	生化试剂盒，API 20E，API－ZYM
猪红斑丹毒丝菌（*Erysipelothrix rhusiopathiae*）	阳性	革兰氏可变的杆菌，多形态，缠结在一起，大小为 2～5 μm	NH αH	ND	在 BA 上生长 24～48 h，菌落为 0.5 mm，灰绿色，有小的 α 溶血区域	－		生化试剂盒，API 快速 ID32 链球菌鉴定系统，API Coryne。提示：添加少量灭菌血清在培养基中可促进生化试剂盒中的反应
真杆菌（*Eubacterium* spp.）	阳性	长链状多形态杆菌。无孢子，培养时间长的菌落菌体呈卵圆形	βH		在 BA 培养基厌氧条件下，菌落具有溶血性，半透明，缓慢扩散，扁平，边缘呈细丝状。要求厌氧环境	－	－	生化试剂盒

续表 2-4

细菌	革兰氏染色	形态学	βH 溶血性	TCBS	菌落特征	Cat	Ox	鉴定实验
黏液真杆菌（*Eubacterium limosum*）	阳性	大小为（0.6～0.9）μm×（1.6～4.8）μm。杆状末端可能膨胀	NH		点状，圆形，表面凸起，全缘，菌落半透明到稍微不透明。培养48 h，菌落小于1 mm。厌氧性	–		生化试剂盒，API 快速 ID32 链球菌鉴定系统
舞蹈真杆菌（*Eubacterium tarantellae*）	阳性	非常长的细丝状，无分枝杆状（10 μm）	βH	NG	2～5 mm，不透明菌落，似假根和黏液状。厌氧性	–		生化试剂盒
Facklamia miroungae	阳性	成对或链状卵圆形细胞（0.8～0.9 μm）	NH	ND	在BA上，37℃培养24 h，菌落为0.5 mm。圆形，全缘，发光，表面凸出，灰色	–		API 快速 ID32 链球菌鉴定系统，API-ZYM
水生黄杆菌（*Flavobacterium aquatile*）	阴性				菌落在AO培养基上生长弱，表面凸出，圆形	+	+	生化试剂盒，API-ZYM
嗜鳃黄杆菌（*Flavobacterium branchiophilum*）	阴性	细长杆菌，大小为（0.5～8.0）μm×10.0 μm。菌落图片可以显示圆形，细长的“包囊”形态	NH	NG	在AO培养基上显示浅黄色，光滑，圆形，凸起，在18℃培养5 d，菌落为0.5～1.0 mm，无运动性。在稀释20倍TSA上生长，在“全浓度”TSA上不生长	v	+	生化试剂盒，API-ZYM，API 20E
柱状黄质菌［*Flavobacterium*（*Flexibacter*）*columnare*］	阴性	长的细杆菌（4～8 μm）。细丝状	NH	NG	亮黄色，扁平，干燥，假根状，在20～25℃培养5 d，缓慢扩散生长。牢固地附着在琼脂上	v	+	生化试剂盒，API-ZYM，API 20E，API 50CH。在3% NaOH中黄色色素变成紫色
内海黄杆菌（*Flavobacterium flevense*）	阴性				在AO培养基上生长，表面稍微凸出，圆形菌落陷入琼脂内	+	+	生化试剂盒，API-ZYM
冷水黄杆菌（*Flavobacterium frigidarium*）	阴性	杆状，大小为（0.8～2.0）μm×（0.5～0.7）μm，单独或成对			在AO生长，菌落扁平圆形，黄色，全缘。在NA、TSA和MA 2216上可生长	+	+	生化试剂盒，API-ZYM
杰里斯氏黄杆菌（*Flavobacterium gillisiae*）	阴性	杆状，大小为（2.0～5.0）μm×（0.4～0.5）μm			橘黄色菌落，黄油状，圆形，凸起，全缘。在MA 2216，NA，TSA，R2A上生长	+	–	生化试剂盒，API 20E
冬季黄杆菌（*Flavobacterium hibernum*）	阴性	杆状，大小为0.7 μm×（1.8～13.0）μm			在TSA生长。在25℃为黄色，黏液状菌落，在4℃为凝胶状	+	–	生化试剂盒，API 20E，API 20NE
水栖黄杆菌（*Flavobacterium hydatis*）［水生噬纤维菌（*Cytophaga aquatilis*）］	阴性	杆状，大小为8.0 μm×0.5 μm	NH	NG	黏液状，橘黄色，菌落边缘丝状，缓慢扩散生长。14℃培养14 d	+	–	生化试剂盒，API-ZYM，API 20E
约氏黄杆菌［*Flavobacterium*（*Cytophaga*）*johnsoniae*］	阴性	细长杆菌	NH	NG	在AO培养基上5 d，菌落暗黄色，5～10 mm，扁平，光滑，假根状扩散，边缘细丝状。在BA上2 d，黄色，圆形，光滑，1～2 mm	v	+	生化试剂盒，API-ZYM，API 20E

续表 2-4

细菌	革兰氏染色	形态学	βH 溶血性	TCBS	菌落特征	Cat	Ox	鉴定实验
蚀果胶黄杆菌（*Flavobacterium pectinovorum*）	阴性				在 AO 培养基上，菌落小圆形，全缘		+	生化试剂盒，API-ZYM
嗜冷黄杆菌［*Flavobacterium*（*Cytophaga*）*psychrophilum*］	阴性	细长的变形杆菌，大小为（1.0~7.0）μm×0.5 μm		NG	光滑，平坦，浅黄色菌落边缘扩散生长，5~25℃培养 5 d。不附着在琼脂上	v	+	生化试剂盒，API-ZYM，API 50CH
嗜糖黄杆菌（*Flavobacterium saccharophilum*）	阴性				在 AO 培养基上，菌落扁平，扩散，深陷琼脂中	+	−	生化试剂盒，API-ZYM
琥珀酸黄杆菌（*Flavobacterium succinicans*）	阴性				在 AO 培养基上，菌落扁平，扩散，细丝状边缘			生化试剂盒，API-ZYM
席黄杆菌（*Flavobacterium tegetincola*）	阴性	杆状，大小为（2.0~5.0）μm×（0.4~0.5）μm			黄色菌落，黄油状，圆形，表面凸出，全缘。在 MA 2216，NA，TSA，R2A 生长	+	−	生化试剂盒，API 20E
黄黄杆菌（*Flavobacterium xanthum*）	阴性				在 MA 2216，NA，TSA，R2A 生长	+	+	生化试剂盒，API 20E
多形屈挠杆菌（*Flexibacter polymorphus*）	阴性	细丝状多细胞。每个细胞末端是一个具有折射能力的油脂小颗粒			海洋琼脂，生长要求添加维生素 B。桃红色色素	−	+	生化试剂盒，API-ZYM，API 50CH
毗邻颗粒链菌（*Granulicatella adiacens*） 苛养颗粒链菌（*Granulicatella elegans*）	阳性	球菌，包括卵形细胞、球杆菌、棒杆状细胞等多种形态	α		菌株营养缺乏，围绕在其他菌株周围生长。在划线或含有吡哆醛纸片的 BA 上生长，或在 BA 中按 20 μg/mL 添加盐酸吡哆醛。对于苛养颗粒链菌（*G. elegans*）使用 L-半胱氨酸盐酸（0.01%）	−	−	生化试剂盒，API 20 Strep，API 快速 ID32 链球菌鉴定系统
小须鲸颗粒链菌（*Granulicatella balaenopterae*）	阳性	球菌，单个细胞和短链	α	NG	在 BA 上生长，在空气或者 CO_2 环境中，菌落 0.2 mm。在营养缺乏的情况下像同一个属的其他菌株	−		生化试剂盒，API-ZYM，API 20 Strep，API 快速 ID32 链球菌鉴定系统
蜂房哈夫尼菌（*Hafnia alvei*）	阴性	短杆菌			白色到黄色非黏液样菌落。在 BA，NA，MCA，DCA 上生长	+	−	生化试剂盒，API-ZYM，API 20E
中度嗜盐菌（*Halomonas aquamarina*）［曾被称为粪产碱菌龙虾亚种（*Alcaligenes faecalis homari*）］	阴性	直的或弯曲杆菌，1.5 μm，两极着色			在 MA 2216 上，在 18℃和 37℃生长 24 h，菌落灰白色，半透明，凸起光滑，2~3 mm。轻微扩散趋向	+	+	生化试剂盒
高嗜盐菌（*Halomonas elongata*）	阴性	杆状，单独或成对			培养 24 h 菌落为 2 mm，光滑，反光，不透明白色。24 h 后菌落因弯曲的丝状体发生扩散，但不到 4 mm。要求添加 8% NaCl 才生长			生化试剂盒。添加 8% 盐的培养基

续表 2-4

细菌	革兰氏染色	形态学	βH 溶血性	TCBS	菌落特征	Cat	Ox	鉴定实验
耐盐盐单胞菌（*Halomonas halodurans*）	阴性	杆状，单独、成对或链状			在 MA 2216 上，20℃或 30℃培养 24 h，菌落是光滑，反光，半透明白色，表面凸出，1~2 mm			生化试剂盒
美丽盐单胞菌（*Halomonas venusta*）	阴性	杆状			在 BA、MCA 48 h，菌落无色，黏液状	+	+	生化试剂盒，API 20NE
鲸螺杆菌（*Helicobacter cetorum*）	阴性	纺锤状到螺旋状			在 BA、Skirrow 培养基（VPT）或 TSA +血液，在 37℃下生长 5~14 d，菌落针状，可能像薄膜一样生长覆盖培养基	+	+	生化药剂，API Campy
类黄色氢噬胞菌［*Hydrogenophaga* (*Pseudomonas*) *pseudoflava*］	阴性	卵圆形细胞，培养物菌龄增加后呈 2.5 μm 杆状		NG	在 NB 琼脂上培养 3 d 是 2~4 mm 黄色菌落，轻微的不规则形状，具有波状边缘	w	+	生化试剂盒
河流色杆菌（*Iodobacter fluviatile*）	阴性	小杆菌，大小为 0.7 μm×(3.0~3.5) μm		NG	紫罗兰色菌落，在低营养琼脂上边缘薄膜扩散，如 1/4 浓度的 NA。在 NA 上非扩散生长	+	+	生化试剂盒
格氏乳球菌（*Lactococcus garvieae*）	阳性	球杆菌，大小为 0.7~1.4 μm，成对球状，短链状	αH	NG	菌落为 1 mm 灰色/白色，圆形，底部发绿。在 BA 上是条状。在 NA，TSA，BA 上生长	−	−	生化试剂盒，API 20 Strep，API 快速 ID32 链球菌鉴定系统，API 50CH。链球菌分组为 D 组阴性
鱼乳球菌（*Lactococcus piscium*）	阳性	球杆状				−	−	生化试剂盒
鳗利斯特氏菌［*Listonella* (*Vibrio*) *anguillarum*］	阴性	短杆状，弯曲或直的，末端圆形，可见单独或成对，多形性。大小为（0.5~0.7）μm×（1.0~2.0）μm。快速运动	βH	Y	培养 2 d，菌落为 2 mm，在 MSA-B 上菌落幼龄时发光奶酪色，随着菌龄增大变成发微绿的浅褐色。菌落下面有溶血。在 MSA-B 上霍乱弧菌（*V. cholerae*）和拟态弧菌（*V. mimicus*）外部特征很相似但生长更快点。在 NA 上菌落是白色到浅黄色，半透明或不透明，圆形，有光泽，1~2 mm	+	+	生化试剂盒，API-ZYM，API 20E，API 20NE
海利斯特氏菌（*Listonella pelagia*）	阴性		NH		在 MSA-B 上为灰色半透明菌落	+	+	生化试剂盒
溶血性曼氏杆菌（*Mannheimia haemolytica*）	阴性	多形性杆状，长的和短的	βH		在 BA 上培养 24 h，白色菌落，1~2 mm，可见 β 溶血	+	+	生化试剂盒，API-ZYM
鲑鱼肉色海滑菌（*Marinilabilia salmonicolor*）	阴性				滑行，黄色到暗紫色菌落	+	+	生化试剂盒，API-ZYM
海中嗜杆菌（*Mesophilobacter marinus*）	阴性	球杆菌，多形性	NH	NG	在 MA 2216 和 NA 上生长。菌落圆形，有时不规则，凸出，发光，不透明，浅黄褐色。海洋球杆菌外部形态的描述与不动杆菌属—莫拉克斯氏菌属组群相像	+	+	生化试剂盒

续表 2-4

细菌	革兰氏染色	形态学	βH 溶血性	TCBS	菌落特征	Cat	Ox	鉴定实验
海洋莫里特氏菌（*Moritella marina*）	阴性	弯曲或直的杆菌	βH	NG	菌落在 MSA－B 上，灰白－乳酪色，半透明，圆形，表面凸出	+	+	生化试剂盒，API－ZYM，API 20E
黏菌落莫里特氏菌（*Moritella viscosa*）	阴性	在液体培养基中生长细胞是长型。在固体培养基上生长为短的或拉长弯曲的杆菌	βH	NG	在 MSA－B 和 TSA＋NaCl 上是奶油黄色。15～22℃下生长 24 h 菌落为 0.5 mm。菌落具有黏性，黏附在培养基上。从培养基上移取会拉出长线状。菌落下面有亮的溶血现象	+	+	生化试剂盒，API－ZYM，API 20E，API 50CH
脓肿分枝杆菌（*Mycobacterium abscessus*）	AFB(抗酸杆菌)				在 Middle brook 7H10－ADC 培养基上生长 7 d。在 MCA 上可生长	+		生化试剂盒或送到专业实验室
龟分枝杆菌（*Mycobacterium chelonae*）	阳性和 AFB	多形性杆状，大小为（2.0～7.0）μm×（0.2～0.5）μm	NH	NG	在 MSA－B 上 15℃生长 7 d 菌落是圆形，光滑，暗奶酪色。在 MCA，TSA，BHIA 可生长	+	－	生化试剂盒或送专业实验室。PCR 引物可用
海洋分枝杆菌（*Mycobacterium marinum*）	阳性和 AFB	多形性杆状，大小为（2.0～7.0）μm×（0.2～0.5）μm	NH	NG	在 MSA－B 上 22℃培养 7 d 菌落是圆形，不透明，0.2 mm。在有光的地方生长，菌落为黄色			生化试剂盒或送专业实验室。PCR 引物可用
新金分枝杆菌（*Mycobacterium neoaurum*）	革兰氏染色为阴性，AFB	AFB，大小为（3.0～4.0）μm×0.6 μm	NH		在 BA 上 25℃培养 7 d 出现黄色菌落。在 37℃不生长。8 d 菌落为 0.4 mm，光滑，圆形，完整，淡黄色。在 MSA 上不生长	+		送专业实验室
外来分枝杆菌（*Mycobacterium peregrinum*）	AFB.	抗酸性杆菌			在 Middlebrook 7H11 培养基上 CO_2 条件下生长 4 d，浅黄色菌落			送专业实验室
多孔分枝杆菌（*Mycobacterium poriferae*）	AFB	抗酸性杆菌			在 Middlebrook 7H11 培养基上快速生长，光滑菌落			送专业实验室
分枝杆菌（*Mycobacterium* spp.）	弱阳性（非染色），抗酸性	在培养基上多形性到长型杆菌，无分枝，1.5～3.0 μm	NH	NG	生长 5～7 d，菌落 0.5 mm，灰白色，由小粒而成	+		生化试剂盒或送专业实验室。在生物安全柜中操作
类三重分枝杆菌（*Mycobacterium triplex*-like）	AFB	球状和杆状；珠状的 AFB	αH		25℃在 BA 上 12 周后为杆状，粗壮，中间凸出，边缘扁平干燥的菌落			套式 PCR
运动支原体（*Mycoplasma mobile*）					暗场照明可见细胞在培养基上滑行。细胞拉长。最适合温度为 25℃			支原体试剂盒
似香味类香味菌［*Myroides*（*Flavobacterium*）*odoratimimus*］	阴性	杆状，大小为 0.5 μm×（1.0～4.0）μm	NH		黄色色素菌落。在 MCA，NA，TSA 上生长。不滑行或者蜂拥样运动。水果香味	+	+	生化试剂盒，API－ZYM，API 20NE

续表 2-4

细菌	革兰氏染色	形态学	βH 溶血性	TCBS	菌落特征	Cat	Ox	鉴定实验
香味类香味菌［*Myroides*（*Flavobacterium*）*odoratus*］	阴性	杆状，大小为 0.5 μm ×（1.0~4.0）μm	NH		黄色色素菌落，在 MCA、NA 和 TSA 上 24 h，3~4 mm。没有滑行或者蜂拥式运动。水果香味	+	+	生化试剂盒，API - ZYM，API 20NE
粗形诺卡菌（*Nocardia crassostreae*）	阳性	分枝菌丝，成片段杆状和球菌			干皱，蜡样菌落，暗黄色。没有气生菌丝	+		生化试剂盒，抗酸
杀鲑诺卡菌（*Nocardia salmonicida*）	阳性				分枝，橘黄色，基内菌丝，白色到粉红色气生产物。菌落边缘丝状			生化试剂盒
黄尾脾脏诺卡菌（*Nocardia seriolae*）	阳性	分枝菌丝体破碎成非运动性杆状。球状和细长，多隔膜杆状			肉眼观察没有发现气生菌丝。干燥，蜡状，皱褶，菌落在酵母膏麦芽浸出液琼脂上是橘黄色的（ISP no2 Difco），在 BHIA 上出现白色菌落，在 LJM 上是黄色菌落			生化试剂盒，弱抗酸
诺卡氏菌属（*Nocardia* spp.）	阳性，弱抗酸性	球状到卵圆形细胞，细长，多隔膜杆状，分枝，5~50 μm	N	NG	在 BA 和 NA 上生长 3~7 d，<1 mm，白色，奶酪色，粗糙或非常短的高密度菌丝体	v，+		生化试剂盒
诺卡氏菌属（*Nocardia* spp.）（澳大利亚菌株）	GPR	分枝杆状			5 d 后出现菌落。干燥，粗糙，棕褐色/黄色，黏附，1~2 mm			生化试剂盒。改良抗酸性染料为阳性
成团泛菌［*Pantoea*（*Enterobacter*）*agglomerans*］	阴性	非囊膜，非孢子状，宽阔，直杆状，大小为（0.5~1.0）μm×（1.0~3.0）μm	NH	NG	在 NA 上菌落光滑，表面凸出，全缘，半透明并可能有黄色色素。在 BA、MSA-B 和 MA 2216 生长。在 37℃生长而在 44℃则不生长	+	−	生化试剂盒，API 20E，API 50CH
多杀巴斯德菌（*Pasteurella multocida*）	阴性	球杆菌	NH		在 BA 上生长，24~48 h 菌落为 1~2 mm。菌落的大小和形状随动物种类的不同而变化。菌落可能是光滑或黏液状，深灰色带有绿色。与众不同的是能闻到发霉的甜味	+	+	生化试剂盒，API-ZYM，API 20E
斯凯巴斯德菌（*Pasteurella skyensis*）	阴性		NH 或弱		在 TSA-B+1.5% NaCl，22℃，生长 48 h，菌落圆形，全缘，微弱，表面凸出，灰色，0.5 mm。无 1.5% NaCl 或血液不生长。在 37℃不生长		+ 弱	生化试剂盒，API - ZYM。添加 1.5%~2.0% NaCl 在鉴定管中，用高浓度接种生化试剂盒。4 d 后读结果
龟巴斯德菌（*Pasteurella testudinis*）	N	多形性杆状，大小为 0.2 μm×（1.5~2.0）μm	βH		24~48 h，20~37℃，BA，白色，黏液状，0.5~1.0 mm	+	+	生化试剂盒

续表 2-4

细菌	革兰氏染色	形态学	βH 溶血性	TCBS	菌落特征	Cat	Ox	鉴定实验
解肝磷脂土地杆菌（*Pedobacter heparinus*）	阴性	非孢子杆状，大小为（0.4～0.5）μm×（0.5～1.0）μm	βH 缓慢		在 NA 上生长，培养 48 h，1～3 mm，圆形，表面稍凸出，光滑，不透明。黄色或乳白色非荧光色素产生。在 PY 上菌落为乳白色	+	+	生化试剂盒，API－ZYM，API 50CH
鱼土地杆菌（*Pedobacter piscium*）	阴性	非孢子杆状，大小为（0.4～0.5）μm×（0.5～1.0）μm			菌落在 NA 上生长 2 d 是圆形，全缘，表面微凸。黄色或者乳白色，非荧光色素产生	+	+	生化试剂盒，API－ZYM，API50CH
子宫海豚杆菌（*Phocoenobacter uteri*）	阴性	多形性杆状	NH		菌落生长在 BA 和非 CO_2 环境。菌落 37℃生长 48 h，全缘，圆形，表面微凸，光滑，灰色，大小为 0.5 mm	−	+	生化试剂盒，API 20E，API 20NE，API－ZYM
狭小发光杆菌（*Photobacterium angustum*）	阴性	短杆状	NH		在 MA 2216、MSA－B 上为白色菌落	+	+	生化试剂盒，API 20E，API 50CH
美人鱼发光杆菌美人鱼亚种（*Photobacterium damselae* ssp. *damsela*）	阴性	杆状，相对多形性	βH	G	在 MSA－B 上，菌落 2～3 mm，全缘，光滑，灰白色，半透明	+	+	生化试剂盒，API－ZYM，API 20E，API 20NE，API50CH
美人鱼发光杆菌杀鱼亚种（*Photobacterium damselae* ssp. *piscicida*）	阴性	小杆状到球杆菌，1.0～1.5 μm，两极染色	βH	NG	在 BA 和 NA 添加 0.5% NaCl，MSA－B，MA 2216，培养 72 h，菌落 1～2 mm，灰色/黄色，有光泽	+	+	生化试剂盒，API－ZYM，API 20E，API 20NE，API 50CH
鱼肠发光杆菌（*Photobacterium iliopiscarium*）	阴性	多形性杆状，直的及弯曲的	NH	G	菌落小，无色到灰色，不透明，全缘。可能需要培养 14 d 菌落才会出现	+	+	生化试剂盒，API 20E，API 50CH
鲾发光杆菌（*Photobacterium leiognathi*）	阴性	短杆状或球杆菌，大小为（1.0～2.5）μm×（0.4～1.0）μm	NH	NG	菌落在 MSA－B 上，灰白色，半透明，圆形，光滑，具光泽。光照培养 3 d	+	−	生化试剂盒，API 20E，API 50CH
明亮发光杆菌（*Photobacterium phosphoreum*）	阴性	短杆状	NH		在 MSA－B 和 MA 2216 为白色菌落	+	−	生化试剂盒，API 20E
科氏动性球菌（*Planococcus kocurii*）	阳性	球形细胞，大小为（1.0～1.2）μm，单独，成对和四叠球。运动性			菌落在蛋白胨酵母膏琼脂上为圆形，光滑，表面凸起，橘黄色色素	+	−	生化试剂盒
海床动性微菌（*Planomicrobium okeanokoites*）	阴性，v	杆状，大小为（0.4～0.8）μm×（1.0～20.0）μm			细胞亮橙色到黄色。需 3% NaCl	+	w	生化试剂盒。添加 NaCl（3%）
类志贺毗邻单胞菌（*Plesiomonas shigelloides*）	阴性	直的，长度可变的杆状	NH	W，G	在 BA 和 MCA，25～37℃培养 24 h 为 1～2 mm。能够闻到辛辣味	+	+	生化试剂盒，API－ZYM，API 20E

续表 2－4

细菌	革兰氏染色	形态学	βH 溶血性	TCBS	菌落特征	Cat	Ox	鉴定实验
雷氏普罗威登斯菌（*Providencia rettgeri*）	阴性	杆状，大小为 0.6 μm ×（1.0～1.5）μm	NH		菌落在 BA，TSA 上 37℃培养 24 h 为圆形，离散，表面凸出，反光，乳白色	+	－	生化试剂盒，API 20E
斯氏普罗威登斯菌（*Providencia rustigianii*）	阴性	非孢子杆状，大小为 0.5 μm ×（1.0～3.0）μm	NH		在 BA 上，菌落生长 24 h 为 1～2 mm，有光泽，微透明，光滑。在 MCA 上为橘红色	+	－	生化试剂盒，API 20E
假交替单胞菌属（*Pseudoalteromonas*）	阴性	直的或弯曲，非孢子杆状，大小为（0.2～1.5）μm ×（1.8～3.0）μm。单一鞭毛			严格需氧，20℃在 MA 2216 生长。ADH 阴性。明胶和 DNase 均阳性	+，w，v	+	生化试剂盒
南极洲假交替单胞菌（*Pseudoalteromonas antarctica*）	阴性	杆状，大小为 0.9 μm ×（1.0～3.0）μm，随着菌龄增长变大，细丝状（10 μm）			4～30℃生长在 TSA、MSA－B 和 MA 2216 上。菌落圆形，光滑，浅褐色，表面凸出，黏液状，在 15℃生长 5 d 为 1～2 mm。对生长因子没有要求。需氧	+	+	生化试剂盒，API 20NE，API－ZYM
金色假交替单胞菌（*Pseudoalteromonas flavipulchra*）（*Pseudoalteromonas aurantia*））	阴性	直杆状，大小为（0.7～1.5）μm ×（1.5～4.0）μm			在 MA 2216 上，23℃培养 24 h，菌落 1 mm，发亮的浅黄色。培养 5 d，橘棕色到绿褐色，4 mm。在 MSA－B上，菌落发亮，黏液状，深褐色，2 d 后，培养基变黑并有溶血现象。在 TSA 和 NA 上即使添加 2% NaCl 生长仍弱	+	+	生化试剂盒
溶菌假交替单胞菌（*Pseudoalteromonas bacteriolytica*）	阴性	杆状，末端圆形，大小为（0.6～0.9）μm ×（1.9～2.5）μm			在 MA 2216 生长，红色素可能出现或不出现	+w	+	生化试剂盒，API 20NE
柠檬假交替单胞菌（*Pseudoalteromonas citrea*）	阴性	直杆状，大小为（0.7～1.5）μm ×（1.5～4.0）μm	βH 缓慢		在 MA 2216 上 23℃培养 24 h，菌落 0.5 mm，发亮，发白，到 4 d 后变成柠檬黄色，变为 4 mm。在 2～3 d后 MSA－B 上 6～7 mm 明亮发光，黏液状，发白菌落周围开始变黑。5 d 可见溶血环。添加 NaCl 也能在 NA 上生长	+	+	生化试剂盒，一些 API－ZYM 反应
反硝化假交替单胞菌（*Pseudoalteromonas denitrificans*）	阴性	杆状，大小为（2.0～4.0）μm ×（0.5～0.7）μm			在 MA 2216 上，菌落由粉红色到红色	－	+	生化试剂盒
艾氏假交替单胞菌（*Pseudoalteromonas elyakovii*）	阴性	杆状，末端圆形，大小为（0.5～0.8）μm ×（1.8～4.0）μm			在 MA 2216 上生长，菌落颜色为浅褐色，圆形，光滑，表面凸出	+	+	生化试剂盒
埃氏假交替单胞菌（*Pseudoalteromonas espejiana*）	阴性	直杆状，大小为（0.2～1.0）μm ×（2.0～3.5）μm			在 MA 2216 上生长	+	+	生化试剂盒

续表 2-4

细菌	革兰氏染色	形态学	βH 溶血性	TCBS	菌落特征	Cat	Ox	鉴定实验
金色假交替单胞菌（*Pseudoaltermonas flavipulchra*）	阴性	杆状，单细胞，大小为0.5～1.5 μm			生长在 MA 2216 上，橘黄色菌落	+	+	生化试剂盒
藤黄紫交替单胞菌（*Pseudoalteromonas luteoviolacea*）	阴性				生长在 MA 2216 上。25℃培养4 d 菌落3～5 mm，规则，表面凸出，不透明，紫罗兰色	−	+	生化试剂盒
Pseudoaltermonas maricaloris	阴性	杆状，单细胞，大小为（0.7～0.9）μm×（1.0～1.2）μm			生长在 MA 2216 上，培养 48 h 菌落 2～3 mm，圆形，规则，表面凸出，半透明，光滑，柠檬黄色，最适条件为 25～35℃，0.5%～10.0% NaCl	+	+	生化试剂盒
杀鱼假单孢菌（*Pseudoalteromonas piscicida*）	阴性	卵圆形，革兰氏阴性杆状			在 MA 2216 上，28℃培养 2 d，菌落为 3～6 mm。中央凸起，淡橘黄色到白色边缘变为暗橘黄色，水溶性色素扩散在琼脂中	+	+	生化试剂盒，糖类用 MOF，API 50CH
红色假交替单胞菌（*Pseudoalteromonas rubra*）	阴性	直的或轻微弯曲杆状，大小为（2.0～4.0）μm×（0.8～1.5）μm	βH		生长在 MA 2216 上，23℃培养24 h，发亮的带粉红色的白色。4 d 中间变红，有时变蓝，大小为6～7 mm 并伴有 2 个或 3 个同心圆。添加血液的 MA 2216，菌落发亮，黏液，红色，大多数黑色，β 溶血。菌落产生可扩散褐色色素，并带有氰化氢气味	+	+	生化试剂盒，API－ZYM
藻假交替单胞菌（*Pseudoalteromonas ulvae*）	阴性	杆状，大小为（1.75～2.50）μm×（1.0～1.5）μm			生长在含有 2% NaCl TSA 或 MSA－B 和 MA 2216。菌落在 TSA 是白色，然而在 MA 2216 23℃培养48 h，菌落是紫色的	+	+	生化试剂盒，API 20E
水蛹交替单胞菌（*Pseudoalteromonas undina*）	阴性	曲杆状，大小为（0.7～0.9）μm×（1.8～3.0）μm			生长在 MA 2216	+	+	生化试剂盒
鳗鱼败血假单胞菌（*Pseudomonas anguilliseptica*）	阴性	长杆状，轻微弯曲，大小为5～10 μm	NH	NG	在 BA、TSA、BHIA 和 NA 上 4～7 d 菌落小于 1 mm，圆形，有光泽，浅灰色。在假单胞菌分离琼脂（Difco）上不能生长	+	+	生化试剂盒
荧光假单胞菌（*Pseudomonas fluorescens*）	阴性	杆状			生长在 BA 上，25℃培养24 h，菌落为1.5 mm，浅灰色，48～72 h 菌落为 3～5 mm	+	+	生化试剂盒，API 20E
变形假单胞菌（*Pseudomonas plecoglossicida*）	阴性	杆状，大小为（0.5～1.0）μm×（2.5～4.5）μm	βH		25℃生长在 TSA、BA 和 MSA－B	+	+	生化试剂盒，API－ZYM，API 20NE

续表 2－4

细菌	革兰氏染色	形态学	βH 溶血性	TCBS	菌落特征	Cat	Ox	鉴定实验
类产碱假单胞菌（*Pseudomonas pseudoalcaligenes*）	阴性	短杆状			乳色菌落，“胶黏”结合在一起	+	+	生化试剂盒
施氏假单胞菌（*Pseudomonas stutzeri*）	阴性	直的和轻微弯曲杆状，有些两极染色	NH	NG	可能有粗糙的和光滑的菌落。菌落 0.5 mm，灰色，皱褶，干燥和浅黄色。颜色也可能有轻微的黄色	+	+	生化试剂盒
鲑鱼肾杆菌（*Renibacterium salmoninarum*）	阳性	小杆菌，单独和成对，大小为 0.3～1.5 μm	βH	NG	15～18℃培养 20 d 菌落为 2 mm，光滑，在 KDM2 培养基上奶酪状到小粒状组成。在半胱氨酸血清琼脂上菌落是圆形，表面凸出，白色到乳黄色，大小不一。在 Loeffler 凝结血清上可见奶油状无光表面生长。在 Dorset 鸡蛋培养基上可见生长出黄色有光泽表层	+	−	生化试剂盒，API－ZYM，抗鲑类 RBC 溶血性有报道。与链球菌兰氏分型 G 组抗血清不能交叉反应。生长要求半胱氨酸
缠绕红球菌［*Rhodococcus*（*luteus*）*fascians*］	阳性	直的或轻微弯曲杆状，大小为（0.6～1.0）μm×（3.0～6.0）μm，有角或者平行排列			在 NA 生长弱，菌落黄色，凸起，反光，光滑。在 Lowenstein－Jensen 培养基上生长茂盛，黄橘色菌落	+		生化试剂盒
海洋红球菌（*Rhodococcus maris*），海洋迪茨氏菌（*Dietzia maris*）	阳性	短卵圆形杆状，大小为（0.6～1.0）μm×（1.0～2.0）μm			在 NA 生长较弱，菌落黄色，凸出，反光，光滑	+		生化试剂盒
红球菌属（*Rhodococcus* spp.）	阳性	杆状，轻微棒状，大小为（2.0～3.0）μm×0.6 μm			在 BA 和 MSA－B 上 25℃培养 3～4 d。在 37℃不生长［马红球菌（*R. equi*）除外］。8 d 后菌落有轻微穹顶，圆形，光滑，干燥，深乳黄色	−	−	生化试剂盒
盖里西亚玫瑰杆菌（*Roseobacter gallaeciensis*）	阴性	卵形杆状，大小为（0.7～1.0）μm×（1.7～2.5）μm			25℃下在 MA 2216 上，菌落圆形，0.5 mm，光滑，表面凸出，呈褐色，边缘规则。7 d，菌落 2 mm，有可扩散褐色色素产生	+	+	生化试剂盒
玫瑰杆菌属（*Roseobacter* spp.）CVSP	阴性	杆状，大小为 0.25～1.00 μm			在 SWT 和 MA 2216 生长，培养 5 d，菌落 1 mm，圆形，非黏液状。7 d 出现粉红色素	w+	+	生化试剂盒
Salegentibacter salegens	阴性	杆状细胞，单独，成对，偶尔链状			生长在 MA 2216、NA 和 TSA 上	+	+	生化试剂盒
肋生弧菌（*Salinivibrio costicola*）	阴性	弯曲杆状，大小为 0.5μm×（1.5～3.0）μm	βH		37℃培养 2 d，菌落圆形，表面凸出，乳色，培养基添加 0.5%～20% NaCl，MA 2216 和 MSA－B	+	+	生化试剂盒，添加 NaCl
居泉沙雷氏菌（*Serratia fonticola*）	阴性	杆状，大小为 0.5 μm×3.0 μm			30℃和 37℃在 NA 生长	+	−	生化试剂盒，API 20E

续表 2-4

细菌	革兰氏染色	形态学	βH 溶血性	TCBS	菌落特征	Cat	Ox	鉴定实验
液化沙雷氏菌（*Serratia liquefaciens*）	阴性	杆状	NH	NG	21℃，48 h 内在 BA，TSA，MCA 生长。无色素	+	−	生化试剂盒，API 20E
普城沙雷氏菌（*Serratia plymuthica*）	阴性	杆状	NH		在 TSA 22℃培养 24～48 h 出现红色菌落	+	−	生化试剂盒，API 20E
海藻希瓦氏菌（*Shewanella algae*）	阴性	短的直杆状	βH	NG	37℃培养 2 d，菌落黄橘色或褐色。生长在 SS 琼脂，MA 2216	+	+	生化试剂盒，API 20E
科氏希瓦氏菌（*Shewanella colwelliana*）	阴性	杆状，长为 1～3 μm。在固体培养基和细胞生长后期变成螺旋状，细丝状（20 μm）	NH		菌落在 MA 2216 是圆形，1 mm，表面凸出，波形边缘。培养 7 d，5 mm，不规则形状。在肉汤（2216）中产生红棕色色素	+	+	生化试剂盒
冷海希瓦氏菌（*Shewanella frigidimarina*）	阴性	弯曲或直的杆状，大小为（1.0～2.5）μm ×（0.5～0.8）μm			在 MA 2216 生长，在 10℃培养 3～5 d，菌落为黄褐色。培养 10 d 为黏液样菌落。不需要添加 NaCl。最适温度为 20～22℃	+	+	生化试剂盒，API 20E
冰海希瓦氏菌（*Shewanella gelidimarina*）	阴性	弯曲或直的杆状，大小为 1.5～2.5 μm，单独和成对			在 MA 2216 生长，在 10℃培养 3～5 d，菌落为黄褐色。培养 10 d 为黏液样菌落。要求添加氯化钠。最适温度为 15～17℃	+	+	生化试剂盒，API 20E
日本希瓦氏菌（*Shewanella japonica*）	阴性	杆状，大小为（1.0～2.0）μm ×（0.6～0.8）μm	βH		在 MA 2216 和 MSA－B 25℃下生长，圆形，光滑，淡粉红色菌落。琼脂降解	+	+	生化试剂盒
奥奈达希瓦氏菌（*Shewanella oneidensis*）	阴性	杆状，大小为（2.0～3.0）μm ×（0.4～0.7）μm	NH		在 MA 2216 和 MSA－B 生长。浅粉红色到浅褐色菌落，1～4 mm，圆形，光滑，表面凸出	+	+	生化试剂盒
Shewanella pealeana	阴性	大小为（2.0～3.0）μm ×（0.4～0.6）μm	NH		在 MA 2216，25℃下生长 2 d，菌落不透明，橙红色，表面黏液状	+	+	生化试剂盒
腐败希瓦氏菌（*Shewanella putrefaciens*）	阴性	杆状	NH		产生红褐色或粉红色色素	+	+	生化试剂盒，API－ZYM，API 20E，API 20NE
武氏希瓦氏菌（*Shewanella woodyi*）	阴性	非孢子杆状，大小为（0.5～1.0）μm ×（1.4～2.0）μm		NG	20℃在 MA 2216 生长，粉橙色菌落	+	+	生化试剂盒，API 20E
多食鞘氨醇杆菌（*Sphingobacterium multivorum*）	阴性	非孢子杆状，1 μm，单独或成对			在 NA 上黄色菌落，圆形，菌落较薄，表面凸出	+	+	生化试剂盒，API－ZYM
食神鞘氨醇杆菌（*Sphingobacterium spiritivorum* ）	阴性	非孢子杆状，1 μm	NH		在 NA 上 30～37℃生长，菌落黄色，表面微凸出，光滑	+	+	生化试剂盒，API－ZYM

续表 2－4

细菌	革兰氏染色	形态学	βH 溶血性	TCBS	菌落特征	Cat	Ox	鉴定实验
少动鞘氨醇单胞菌［*Sphingomonas*（*Pseudomonas*）*paucimobilis*］	阴性	杆状，大小为 0.7 μm × 1.4 μm	NH		在 NA 和 BA 上生长，22℃生长 2 d，黄色菌落，圆形，菌落较薄，表面凸出	+	+	生化试剂盒
海豚葡萄球菌（*Staphylococcus delphini*）	阳性	球菌，大小为 0.8～1.0 μm，大部分簇状，也有单个和成对的	βH	NG	在 NA 上，菌落 5～7 mm，圆形，光滑，在培养过程中不透明到半透明	+	－	生化试剂盒。凝固酶素试验。API－ZYM
人葡萄球菌（*Staphylococcus hominis*）	阳性	四球叠菌，偶尔成对	NH		菌落 3～5 mm，光滑，阴暗，不透明，凸出，斜切状边缘。色素浅黄色到灰白色	+		生化试剂盒，凝固酶素试验，DNase 试验
水獭葡萄球菌（*Staphylococcus lutrae*）	阳性	球菌，单独，成对和成簇	βH		37℃培养 24 h，菌落为 1.5～2.0 mm，光滑，圆形	+	－	凝固酶素试验，DNase 试验，生化试剂盒
沃氏葡萄球菌（*Staphylococcus warneri*）	阳性	球菌，直径为 0.5～1.2 μm，成对和单独，偶尔四球叠状	NH		菌落在 37℃生长 24 h，3～5 mm，光滑，圆形，黏性。大多数菌株发亮的黄橘色或者菌落边缘有一黄圈。20% 菌株无色素	+		生化试剂盒，凝固酶素试验，DNase 试验
类星形斯塔普氏菌（*Stappia stellulata*-like）菌株 M1	阴性	运动性杆状			在 23℃生长在 MA 2216，SWT。3 d，菌落黏液样，浅褐色。在厌氧环境下能够微弱生长。在液体培养基中生长，星状聚集	+	+	生化试剂盒，API 20NE
念珠状链杆菌（*Streptobacillus moniliformis*）	阴性	多形性杆状，常见成链，细丝缠绕成球根状肿大	NH		清晰，非溶血菌落。在 BA 上，CO_2 和 37℃生长24 h，0.5 mm。在肉汤培养基中产生离散的绒球状菌落	－	－	生化试剂盒
类念珠状链杆菌（*Streptobacillus moniliformis*-like），鉴定并不确定（Maher 等，1995）	阴性	球杆菌，0.4～0.6 μm，在组织中。时间较长的培养物可见丝状细胞，可能分枝状，有些末端膨大	βH		生长在含有小牛血清和 NaCl 的 BHIA。4～8 d，菌落 0.1 mm，有氧条件 15～22℃培养。菌落白色，易碎，表面凸出，由小粒状组成，"面包碎屑"状。菌龄大的菌落凹陷，似"臼齿"状。7～14 d 之后 βH	－	－	生化试剂盒。弱酸性抗性
无乳链球菌（*Streptococcus agalactiae*）B 组	阳性	短链状球菌	βH		生长在 BA 上，培养 24 h，菌落 1 mm，浅灰色，β 溶血环			生化试剂盒，API 20 Strep，API 快速 ID32 链球菌鉴定系统，链球菌分组抗血清（组 B）
无乳链球菌（*Streptococcus agalactiae*）B 组，1b 型［难辨链球菌（*S. difficile*）］	阳性	短链状球菌，直径可变	NH		细胞牢固地黏附在琼脂上。培养 48 h，在 BHIA 上菌落 1 mm。最适生长温度为 30℃。试验必须在这个温度操作。37℃不生长，除非生长在微需氧环境下（5% O_2，10% CO_2，85% N_2）	－		链球菌分组（组 B），API 20 Strep，API 快速 ID32 链球菌鉴定系统，API 50CH，生化试剂盒

续表 2-4

细菌	革兰氏染色	形态学	βH 溶血性	TCBS	菌落特征	Cat	Ox	鉴定实验
停乳链球菌似马亚种（*Streptococcus dysgalactiae* ssp. *dysgalactiae*）血清变型 L	阳性	链状球菌	βH		在 BA 上培养 24 h，菌落 1 mm，浅灰色，有溶血环	–		API 快速 ID32 链球菌鉴定系统。链球菌 Sereptex A–G = 阴性。兰氏链球菌分型组 L 为阳性，杆菌肽敏感
链球菌（*Streptococcus*）种类（B 组）	阳性	链状球菌	βH	NG	0.5~1.0 mm，灰白色，在 BA 上有溶血环	+		生化试剂盒，API 快速 ID32 链球菌鉴定系统，Stereptex A–G
海豚链球菌（*Streptococcus iniae*）	阳性	球菌，0.3~0.5 μm。长链	βH		生长在 BA，NA，BHIA，TSA 上。菌落在 BA 上培养 24 h，1 mm，白色，凸形，不透明的中心斑点，β 溶血，被 α 溶血环扩散包围。溶血性可能是可变的	–		API 快速 ID32 链球菌鉴定系统，API 20 Strep，API 50CH，生化试剂盒。反应在 25℃比 37℃慢
副乳房链球菌（*Streptococcus parauberis*）	阳性	短杆状到球杆菌，成对或短链	αH		培养 24 h，菌落 1.5~2.0 mm，圆形，发白，轻微 α 溶血	–	–	生化试剂盒，API 50CH，API 快速 ID32 链球菌鉴定系统。37℃培养 24 h
海豹链球菌（*Streptococcus phocae*）	阳性	球菌，直径 1 μm，单个、成对或链状	βH		在 BA 上菌落为圆形，全缘，光滑，发光，无色素。37℃培养 24 h 菌落为 0.8 mm	–		生化试剂盒，API 20 Strep，API 50CH
豕链球菌（*Streptococcus porcinus*）	阳性	短链状，球形到卵圆形细胞	βH		在 BA 上菌落小，高起的，全缘，溶血	–		生化试剂盒，API 20 Strep，API 50CH
鲑色链霉菌（*Streptomyces salmonis*）	阳性	菌丝体		ND	砖红色到橘黄色基内菌丝体，白色到粉红色和黄色的气生菌丝体			生化试剂盒
海洋屈挠杆菌［*Tenacibaculum*（*Flexibacter*）*maritimum*］	阴性	细长、柔软的杆状，大小为 0.5 μm×（2.0~30.0）μm，偶尔达到 100 μm 长		NG	在 AO–M 培养基，浅黄色或橘黄色，扁平，细长，无规则菌落，边缘不平坦。缓慢扩散生长 5 d。菌落不超过 5 mm。菌落牢固地黏附在琼脂上。在 MA 2216 生长可变。在含有 0.5% 络氨酸的 AO–M 培养基上产生褐色色素	V	+	生化试剂盒，API–ZYM，API 20E，API 50CH
解卵屈挠杆菌［*Tenacibaculum*（*Flexibacter*）*ovolyticum*］	阴性	细长杆状，大小为 0.4 μm×（2.0~20.0）μm	NH	NG	浅黄色菌落，滑行运动。在 MA 2216 菌落为浅褐黄色，扁平，高起，边缘规则。快速失去生存能力，因此，在 5 d 的菌落上看到中间存在裂解区域，边缘有存活细胞	+	+	生化试剂盒，API–ZYM
Vagococcus fessus	阳性	细胞球状，顺着链的方向伸长，单独，成对，短链状	αH	ND	37℃，5% CO_2，在 BA 生长，小的 α 溶血菌落。细胞能运动	–		生化试剂盒，API 快速 ID32 链球菌鉴定系统，API–ZYM

续表 2－4

细菌	革兰氏染色	形态学	βH 溶血性	TCBS	菌落特征	Cat	Ox	鉴定实验
河流漫游球菌（*Vagococcus fluvialis*）	阳性	细胞球状，顺着链的方向伸长，单独，成对，短链状	αH	ND	在 BA 上，菌落稍微大于肠球菌（*Enterococcus*）种类，α 溶血性。CO_2 能促进生长	－		生化试剂盒，API 快速 ID32 链球菌鉴定系统，API－ZYM，链球菌兰氏分型 N 组为阳性
Vagococcus lutrae	阳性	球菌，单个和链状。细胞轻微拉长	αH		在 BA 上，37℃，5% CO_2 下培养 24 h，0.1～0.2 mm 小菌落，光滑。能运动	－		生化试剂盒，API 快速 ID32 链球菌鉴定系统，API－ZYM
沙氏漫游球菌（*Vagococcus salmoninarum*）	阳性	球杆菌。液体培养基中为链状	αH	NG	菌落 0.5～1.0 mm，白灰色，反光，链锁状球菌。培养 2～3 d 后琼脂稍微发绿	－	ND	生化试剂盒，API 20 链球菌，API 快速 ID32 链球菌鉴定系统，API 50CH，链球菌分组
Varracalbmi	阴性	细长，直杆状，大小为1.7～3.5 μm	阴性或 αH	NG	1 mm，不透明，灰色，表面凸出，黏附性菌落，在琼脂上留下印痕。1 周后可见 α 溶血性	－	＋	生化试剂盒
Vibrio aerogenes	阴性	直的到轻微弯曲的杆状，大小为（0.6～0.8）μm×（2.0～3.0）μm			在 PY 琼脂上培养 2 d，菌落扁平，圆形，灰白色	＋	－	生化试剂盒
河口弧菌（*Vibrio aestuarianus*）	阴性	直的或弯曲的杆状，大小为 0.5 μm×（1.5～2.0）μm	βH	Y	生长在含有 0.5% NaCl 的 MSA 和 TSA 上			生化试剂盒。可选择在系统中添加适量 NaCl
Vibrio agarivorans	阴性	杆状，大小为（2.0～4.0）μm×（0.4～0.6）μm		G	在 MSA－B 和 MA 2216 上为无色素菌落，产生浅浅的凹陷	＋	＋	生化试剂盒，API 20E，API－ZYM。在系统中添加 NaCl
溶藻弧菌（*Vibrio alginolyticus*）	阴性		NH	Y	灰色菌落。在 MSA－B 和 MA 2216 上，25℃ 培养，24 h 内蜂拥样生长	＋	＋	生化试剂盒，API 20E，API－ZYM，API 20NE。在系统中添加 NaCl
巴西弧菌（*Vibrio brasiliensis*）	阴性	杆状，大小为（2.5～3.0）μm×1.0 μm		Y	生长在 TSA＋2% NaCl。28℃培养 48 h 后，菌落浅褐色，半透明，表面凸出，圆形，光滑，2～3 mm	＋	＋	生化试剂盒，API 20E，API ZYM
加尔文弧菌（*Vibrio calviensis*）	阴性	稍弯曲的或直的杆状，大小为（0.25～1.00）μm×（0.75～2.50）μm		G	在 MA 2216 上生长。在 25～30℃，菌落呈褐色，半透明，圆形，光滑，表面凸出，全缘。在 37℃不生长	＋	＋	生化试剂盒，API－ZYM。在系统中添加 NaCl
霍乱弧菌（*Vibrio cholerae*）	阴性	稍弯曲的杆状	W，βH	Y	在 MSA－B 上，菌落圆形，光滑，2～3 mm，绿灰色	＋	＋	生化试剂盒，API 20E，API－ZYM，API 20NE

续表 2－4

细菌	革兰氏染色	形态学	βH 溶血性	TCBS	菌落特征	Cat	Ox	鉴定实验
霍乱弧菌（*Vibrio cholerae*）0139	阴性	弯曲的杆状	βH	Y	菌落灰色，不透明，中间更黑		+	生化试剂盒。弧菌抑制剂混合物 O/129 抗性
辛辛那提弧菌（*Vibrio cincinnatiensis*）	阴性	杆状，大小为 0.7～2.0 μm		Y	在 25℃和 35℃培养 24 h，菌落 1～2 mm，乳色，圆形，平滑，有光泽	+	+	生化试剂盒。在系统中添加 NaCl
溶珊瑚弧菌（*Vibrio coralliilyticus*）	阴性	杆状，大小为（1.2～1.5）μm×0.8 μm		Y	在 MA 2216，菌落培养 3 d 为 3 mm，乳褐色，圆形，全缘，光滑	+	+	生化试剂盒，API 20NE。在系统中添加 NaCl（3%）
环状热带弧菌（*Vibrio cyclitrophicus*）	阴性	杆状，大小为 0.6 μm×（1.5～2.5）μm			在 MA 2216 上，菌落 4 mm，乳色，圆形，扁平	+	+	生化试剂盒。在系统中添加 NaCl
魔鬼弧菌（*Vibrio diabolicus*）	阴性	直杆状，大小为 0.8 μm×2.0 μm		Y	无色素，在 MA 2216 上培养 3 d，菌落 2 mm，蜂拥样生长（添加葡萄糖菌落为 9 mm）	+	+	生化试剂盒，API20E，API 20NE，API50CH，API－ZYM。在系统中添加 NaCl
重氮养弧菌（*Vibrio diazotrophicus*）	阴性	短杆状，大小为 0.5 μm×（1.5～2.0）μm	NH	Y	菌落在 MA 2216 上是扁平，圆形，灰白色	+	+	生化试剂盒。可选择在系统中添加 NaCl
费希尔弧菌［*Vibrio*（*Photobacterium*）*fischeri*］	阴性	杆状，大小为 0.5 μm×（1.0～1.5）μm。单独或成对，末端圆形，直的或弯曲的	βH V	NG 或 G	在 MSA－B 上，灰色或灰白色，半透明菌落，1～2 mm 培养 3 d，变成浅黄色，并发光	+	+	生化试剂盒，API－ZYM，API 20E，API 50CH。在系统中添加适量 NaCl
河流弧菌（*Vibrio fluvialis*）	阴性	短杆状，直的或弯曲的，单独或成对，可能为多形性	V	Y	在 30℃培养 24 h，菌落在 BHIA 是不透明，有光泽，光滑，圆形，穹形，可能是黏液状，菌落为 2～3 mm。生长在 BHIA，MSA－B 上	+	+	生化试剂盒，API 20E。在系统中添加 NaCl
弗尼斯弧菌（*Vibrio furnissii*）	阴性	直的或稍弯曲的杆状	V	Y	在 30℃培养 24 h，菌落在 BHIA 是不透明，有光泽，光滑，圆形，穹形，可能是黏液状，菌落为 2～3 mm。生长在 BHIA，BA，MSA－B 上	+	+	生化试剂盒，API 20E，API－ZYM。在系统中添加 NaCl
鲍鱼肠弧菌（*Vibrio halioticoli*）	阴性	杆状，大小为（0.6～0.8）μm×（1.7～2.0）μm	ND	G	在 MA 2216 上，菌落浅褐色，圆形，光滑，表面凸出	+	+	生化试剂盒。在系统中添加 NaCl
哈维氏弧菌（*Vibrio harveyi*）	阴性	短杆状，直的或稍弯曲的，末端圆形，单独或成对	NH	Y	灰色，灰白色，凸出，具光泽，在 MSA－B 上缓慢扩散生长，可能黏液状培养 3 d 后发光	+	+	生化试剂盒，API－ZYM，API 20E，API 20NE，API 50CH。在系统中添加 NaCl

续表 2-4

细菌	革兰氏染色	形态学	βH 溶血性	TCBS	菌落特征	Cat	Ox	鉴定实验
霍利斯弧菌（*Vibrio hollisae*）	阴性	杆状，有些轻微弯曲	W βH	NG 或弱	在 BA 和 MSA-B，菌落 1~2 mm，不透明，7 d 后出现溶血现象		+	生化试剂盒。在系统中添加 NaCl
鱼肠道弧菌（*Vibrio ichthyoenteri*）	阴性	短杆状，大小为（1.6~2.5）μm×（0.6~0.8）μm		Y，w	无色素菌落	+	+	生化试剂盒。在系统中添加 NaCl
慢性弧菌（*Vibrio lentus*）	阴性	（1.5~3.0）μm×（0.8~1.0）μm		G	菌落在 MA 2216，22℃培养 24 h 为 0.3~0.5 mm，圆形，不透明，没有色素	+	+	生化试剂盒。在系统中添加 NaCl
火神弧菌［*Vibrio*（*Photobacterium*）*logei*］	阴性		NH		菌落在 MSA-B 上黄色，不透明	+	+	生化试剂盒，API-ZYM。可选择在系统中添加 NaCl
地中海利斯特氏菌（*Vibrio mediterranei*）	阴性	杆状，大小为（1.0~2.0）μm×0.5 μm	NH	Y	菌落在海洋琼脂上为圆形，半透明，无色素。在MSA-B，菌落培养 48 h 为 2~3 mm，乳色，黏液状	+	+	生化试剂盒。在系统中添加 NaCl
梅氏弧菌（*Vibrio metschnikovii*）	阴性	短杆状，弯曲的或直的，单独，成对或短链状，大小为 0.5 μm×（1.5~2.5）μm	βH	Y 或 NG		+	−	生化试剂盒。可选择在系统中添加 NaCl
拟态弧菌（*Vibrio mimicus*）	阴性	弯曲杆状	βH	G	菌落在 MSA-B 和 BA 上为圆形，光滑，2~3 mm，绿灰色	+	+	生化试剂盒，API 20E，API 20NE，API-ZYM。可选择在系统中添加 NaCl
贻贝弧菌（*Vibrio mytili*）	阴性	球杆菌		Y	24 h 内生长在 MA 2216 和 TSA。菌落圆形，没有色素	+	+	生化试剂盒，API-ZYM，API 20E，API 20NE，API 50CH。在系统中添加 NaCl
纳瓦拉弧菌（*Vibrio navarrensis*）	阴性	杆状，大小为（1.0~2.0）μm×（0.8~1.0）μm		Y	在含有 2% NaCl 的 NA 上培养 24 h，菌落为 2~3 mm，圆形，不透明，无色素	+	+	生化试剂盒，API 20NE，API 20E。在系统中添加 NaCl
海王弧菌（*Vibrio neptunius*）	阴性	轻微弯曲的杆状，大小为（2.3~3.0）μm×1.0 μm		Y	生长在 TSA+2% NaCl。28℃培养 48 h，菌落为 3 mm，光滑，圆形，浅褐色	+	+	生化试剂盒，API 20E，API ZYM。在系统中添加 NaCl
奥德弧菌（*Vibrio ordalii*）	阴性	大小为（2.5~3.0）μm×1.0 μm，弯曲	βH	NG	22℃培养 4~6 d，菌落为 1~2 mm，圆形，表面凸出，灰白色到灰色	+	+	生化试剂盒，API-ZYM，API 20E。在系统中添加 NaCl
东方弧菌（*Vibrio orientalis*）	阴性		NH	Y	在 MSA-B 生长，白色，不透明菌落	+	+	生化试剂盒，API-ZYM。在系统中添加 NaCl

续表 2-4

细菌	革兰氏染色	形态学	βH 溶血性	TCBS	菌落特征	Cat	Ox	鉴定实验
帕西尼弧菌（*Vibrio pacinii*）	阴性	杆状		Y	在 MA 2216，无色素，半透明菌落	+	+	生化试剂盒，API 20E
副溶血性弧菌（*Vibrio parahaemolyticus*）	阴性	多形性，有直的或弯曲的杆状	βH	G	在 BA、MSA-B 和 MA 2216 为灰色菌落，培养 24 h 为 1~2 mm，48 h 为 3~4 mm。蜂拥样生长在平板表面	+	+	生化试剂盒，API 20E。在系统中添加 NaCl
杀扇贝弧菌（*Vibrio pectenicida*）	阴性	弯曲的杆状		NG	在 MSA-B 和 MA 2216 培养 48 h 后，蜂拥样生长，光滑，无色素	+	+	生化试剂盒，API 20E。在系统中添加 NaCl
杀对虾弧菌（*Vibrio penaeicida*）	阴性	直的或轻微弯曲的短状，大小为（1.5~2.0）μm×（0.5~0.8）μm		G	在 MA 2216 和 MSA-B 上培养，圆形，较小，表面凸出，乳色	+	+	生化试剂盒，API 50CH，API 20NE，API 20E。在系统中添加 NaCl
解蛋白弧菌（*Vibrio proteolyticus*）	阴性			Y/G	扁平扩散菌落，24 h 内完全覆盖 MSA-B 平板。随菌龄的增长菌落颜色变深	+	+	生化试剂盒
轮虫弧菌（*Vibrio rotiferianus*）	阴性	弯曲的杆状，大小为（0.8~1.2）μm×（2.0~3.5）μm		Y	生长在 MA 2216，菌落半透明，无色素		+	生化试剂盒，API 20E，API ZYM
鲁莫弧菌（*Vibrio rumoiensis*）	阴性	杆状，大小为（0.5~0.9）μm×（0.7~2.1）μm。在电子显微镜下可见细胞表面有大疱			生长在 MA 2216 和 PYS-2 培养基上。30℃培养 48 h，菌落为圆形和无色的	+	+	生化试剂盒。在系统中添加 3% NaCl
杀鲑弧菌（*Vibrio salmonicida*）	阴性	弯曲的杆状，大小为 0.5 μm×（2.0~3.0）μm	NH	G	菌落在 MSA-B 是很小的，灰色，无色素	+	+	生化试剂盒，API 50CH，API 20E，API-ZYM。可选择在系统中添加 NaCl
大菱鲆弧菌（*Vibrio scophthalmi*）	阴性	短杆状	NH	Y	在含有 1.5% NaCl 的 TSA 以及 MSA-B 和 MA 2216 上，菌落圆形，无色素	+	+	生化试剂盒，API 20E。添加适量的 NaCl
Vibrio shilonii	阴性	杆状，大小为 2.4 μm×1.6 μm		Y	在 MA 2216 上，菌落为轻微锯齿状边缘	+	+	生化试剂盒，API 20NE。用含 3% NaCl 的接种物
灿烂弧菌（*Vibrio splendidus*）Ⅰ	阴性	杆状	βH	Y	菌落在 MSA-B 上为白色，不透明	+	+	生化试剂盒，API 20E，API 50CH，API-ZYM
灿烂弧菌（*Vibrio splendidus*）Ⅱ	阴性	杆状	βH	G	菌落在 MSA-B 上为白灰色，不透明	+	+	生化试剂盒，API-ZYM，API 50 CH，API 20E
蛤弧菌（*Vibrio tapetis*）	阴性	球杆菌，大小为（1.0~1.5）μm×0.5 μm		G	生长含有 2% NaCl 的 MSA-B，MA 2216，TSA 上。48 h，菌落圆形，半透明，无色素	+	+	生化试剂盒，API20E，API 20NE。在系统中添加 NaCl

续表 2－4

细菌	革兰氏染色	形态学	βH 溶血性	TCBS	菌落特征	Cat	Ox	鉴定实验
塔氏弧菌（*Vibrio tubiashii*）	阴性	短杆状，直的或弯曲的，大小为0.5 μm×1.5 μm	βH	Y	在 MSA－B 上，白灰色，不透明，菌落可能是黏性	+	+	Fish set，API 50CH，API 20NE，API 20E。在系统中添加 NaCl
创伤弧菌（*Vibrio vulnificus*）	阴性	弯曲的杆状，长为2～3 μm	βH	G	生长在 MSA－B 和 MA 2216 上。25℃培养48 h，菌落为2～4 mm，浅灰色，生长浓郁后变为浅绿色	+	+	生化试剂盒，API 20E。在系统中添加3% NaCl
沃丹弧菌（*Vibrio wodanis*）	阴性	短的或拉长的杆状	βH		在 MSA－B，培养2 d，菌落为2～3 mm，圆形，不透明，黄色，奶油状一致性。2 d后出现溶血	+	+	生化试剂盒，API－ZYM。在系统中添加 NaCl
许氏弧菌（*Vibrio xuii*）	阴性	大小为（2～3）μm×1 μm		Y	生长在 TSA＋2% NaCl。28℃培养48 h，菌落为3～4 mm，浅褐色，圆形，光滑，表面凸出	+	+	生化试剂盒，API 20E，APIZYM
克氏耶尔森氏菌（*Yersinia kristensenii*）	阴性	杆状			生长在 NA、BA 上，28℃培养24 h，菌落为1～2mm，培养物可能有强烈的发霉或类似卷心菜的气味或甘蔗香味	+	－	生化试剂盒，API 20E
鲁氏耶尔森氏菌（*Yersinia ruckeri*）	阴性	杆状，大小为1～3 μm	NH	NG	菌落为2～3 mm，灰白色，灰色，具光泽，凸出，全缘。典型肠杆菌样（*Enterobacteriaciae*-like）菌落。能闻到类似巴斯德菌（*Pasteurella*）的霉味，48 h菌落中央变黑色。生长在 MCA，XLD 上。澳大利亚菌株25℃培养48 h，菌落接近3～4 mm，边缘不规则	+	－	生化试剂盒，API－ZYM。API 20E 可能不能区分蜂房哈夫尼菌（*Hafnia alvei*）。运动性和尿素酶结果依赖于温度。25℃培育可获得最佳结果
食半乳糖邹贝尔氏菌（*Zobellia galactanovorans*）	阴性	杆状，大小为（0.3～0.4）μm×（3.0～8.0）μm，末端圆形			在30℃生长在 MA 2216 为黄色扩散菌落。水解琼脂	+	+	生化试剂盒，API 20E，API 20NE，API－ZYM。可选择在系统中添加 NaCl
潮气邹贝尔氏菌（*Zobellia uliginosa*）	阴性				在 MA 2216 琼脂，菌落是橘黄色，有黏液。扩散活力弱或者阴性。水解琼脂	+	+	生化试剂盒，API 20E，API 20NE，API－ZYM。可选择在系统中添加 NaCl

注：最佳生长需要添加 NaCl 的，在鉴定管中添加的终浓度若无其他说明，则为2%。

酶的初步实验结果。鉴定实验栏所列项目能够完成相应细菌的鉴定。

2.4 生化鉴定试验

细菌生化鉴定过程有一系列步骤。纯化的细菌继代培养物用于进行初步鉴定试验和接种在生化鉴定管中（第二步鉴定试验），这些鉴定管由配制的培养基或者商业化的鉴定管组成，如 API，能从 bioMérieux 买到。鉴定管接种在合适的温度下孵育，并保持合适的时间使之出现反应。实验结果记录在实验室实验记录本上或者商业鉴定试剂盒附带的记录单上（参见第 3 章中关于生化鉴定管的介绍）。生化鉴定所用的培养基和试剂，及其生长特征和试剂反应的信息在第 7 章有详细的介绍。

本章中所有试验的描述和表 3－1 组成了“生化鉴定组合”。

2.4.1 初步鉴定试验

初步试验包括涂片显微观察、革兰氏染色、过氧化氢酶、氧化酶、溶血性、运动性和能否在 MCA 培养基上生长的特性。这些试验的流程和它们的解释在第 3 章会有更多，培养基及试剂制备在第 7 章有详细介绍。

2.4.2 第二步鉴定试验：生化鉴定试验

第二步生化鉴定主要用来把细菌鉴定到种的水平。

2.4.2.1 培养鉴定管

糖发酵：L－阿拉伯糖、葡萄糖、纤维糖、乳糖、麦芽糖、甘露糖、甘露醇、水杨苷、山梨醇、蔗糖、海藻糖、木糖。碳水化合物通常叫糖。

脱羧酶：精氨酸双水解酶（ADH）、赖氨酸脱羧酶（LDC）、鸟氨酸脱羧酶（ODC），脱羧酶对照管。

其他生化试验：叶苷、运动性、MRVP、硝酸盐、氧化发酵管、ONPG、H_2S 指示（三糖铁，TSI）、吲哚、尿素。接种方法见下文。

不同温度生长情况：用 TSB 或葡萄糖管在 37℃、40℃培育或按要求的温度孵育。

在含 10% NaCl 培养基中的生长性：测定细菌在含 10% NaCl 培养基中的生长能力，分配等量细菌到 TSB 和含 20% NaCl 的无菌 McCartney 瓶或者最终 NaCl 浓度为 10% 的 bijou 瓶，细菌接种浊度与麦氏比浊管 1 号管（McFarland opacity tube 1）的浊度相等。在 25℃或者最适温度下孵育 24 h 后观察，通过肉汤混浊度来观察生长情况。

2.4.2.2 平板培养基

脱氧核糖核酸酶平板，凝胶/食盐平板，MCA，TCBS。用 MSA－B 或 BA 平板检查接种物纯度。

2.4.2.3 纸片扩散试验

氨苄青霉素 10 μg，弧菌纸片 O/129 10 μg 和 150 μg。纸片按细菌生长要求分别放置到接种的 BA 或者 MSA－B 平板的菌苔上。利斯特氏菌属（*Listonella*），莫里特氏菌属（*Moritella*），发光杆菌属（*Photobaderium*），弧菌属（*Vibrio*）、气单胞菌属（*Aeromonas*）等种类用作接种物时，应该达到麦氏比浊管 1 号管的浊度。弧菌纸片（vibrio static agent pteridine O/129）能够区分出弧菌属（*Vibrio*）与气单胞菌属（*Aeromonas*），气单胞菌属对两种浓度都有抗性。9 mm 的抑菌圈被界定为对 O/129 150 μg 纸片敏感的分界线（Bernardet 和 Grimont，1989）。本书第 7 章也有介绍。

2.5 生化鉴定管接种

检查纯化平板，如果为纯培养物，即可接种到生化鉴定管中。对于海洋样品，在鉴定管中需要加入最终浓度为 2% 的 NaCl。很多种弧菌的生化酶在低盐的情况下，没有活性或出现假阴性结果。这些会影响到吲哚、VP、ADH、ODC 和 LDC 反应。有些试验需要高浓度接种，包括脱羧酶、ADH、尿素和柠檬酸盐试验。鉴定管在适合的温度最少孵育 48 h。ODC、LDC、ADH、MR、VP 和吲哚项目即使在细菌鉴定管中生长得非常好，通常要求孵育 48 h 作为阳性结果记录的最短时间。

用灭菌的巴氏吸管（Pasteur Pipette）插入管中培养的 3/4 处，在撤出之前滴入 3 ~ 4 滴接种物。

所有试管接种后，应该滴一滴接种物在清洁的平板上并划线分离单菌落。适宜条件下培养，来检查菌株的纯度。

2.5.1 分离来源于淡水的细菌

分离来源于淡水的细菌，通常将细菌接种在装有无菌生理盐水或者无菌的蒸馏水（通常为 10 mL）中，达到麦氏比浊管 3 号管的浊度。每个试管滴 3 ~ 5 滴接种物，一些平板需要高密度接种（浊度接近麦氏比浊管 6 号管），包括七叶苷、ADH、LDC、ODC、脱羧酶对照、MRVP、柠檬酸盐和尿素。

2.5.2 分离来源于海洋的细菌和 NaCl 的添加

鱼类的器官有一定的生理盐度，因此，一定要明白一些细菌要调节适合的 NaCl 浓度。将接种细菌到 BA 和 MSA - B，或者培养在 0% ~ 3% 的加盐平板上，即可确定该菌对盐的需求量或偏好性。然而，通常加入最终浓度为 2% 的 NaCl 培养时，许多细菌的生化反应的结果更加准确。因此，可疑细菌的生长最适盐度范围应该从生化反应结果表格表 4 - 1 至表 4 - 22 中的“NaCl 1%”列查找。

对于从海洋环境中分离的细菌，培养基中盐的最佳终浓度是非常重要的。尽管它在管中生长很好，但 NaCl 的缺乏会导致假阴性的结果。副溶血性弧菌（*V. parahaemolyticus*）是个很好的例子，当用生理盐水接种时，吲哚实验的结果是阴性，但是当用最终浓度为 2% 的 NaCl 蛋白胨水（吲哚实验）培养基结果是阳性（参见“细菌培养物和微观形态照片”部分）。

在制备试管培养基时可添加或不加 NaCl，然而实验室可能想保持培养基准备的最小量，所有的培养基都不加 NaCl。在接种的时候，添加 500 μL 20% 的无菌 NaCl 溶液储备液到所有的液体培养基中（5 mL）（七叶苷，吲哚试验，ADH，ODC，LDC，硝酸盐，MRVP）。无菌的 20% 的 NaCl 储备液可在 Schott 瓶中制备，它带有一个 2 mL 的可高温高压灭菌的自动分液器，刻度调到 500 μL，就像 Socorex Calibrex 520 的可测量的分液器一样，最大刻度为 2 mL，最小刻度为 0.05 mL。

2.5.3 液体石蜡覆盖

ADH、LDC、ODC、对照和 OF 培养基中的 1 管要用无菌的石蜡覆盖，大约 5 mm 厚。

为了方便使用，石蜡放在加装有最大量程为2 mL分液器的Schott瓶中灭菌（Socorex，Calibrex 520，最大刻度为2 mL，每个刻度为0.05 mL）。

2.5.4 孵育

平板和试管培养基放在适合细菌生长的温度和时间进行孵育。通常是25℃，2～5 d。可参考表2－3中的细菌孵育指导。

2.6 API鉴定系统

2.6.1 组成

API 20E	bioMérieux，Marcy l'Etoile，France
API 20NE	bioMérieux，Marcy l'Etoile，France
API 50CH	bioMérieux，Marcy l'Etoile，France
API rapid A	bioMérieux，Marcy l'Etoile，France
API rapid ID 32 STREP	bioMérieux，Marcy l'Etoile，France
API 20 Strep	bioMérieux，Marcy l'Etoile，France
API Coryne	bioMérieux，Marcy l'Etoile，France
API ZYM	bioMérieux，Marcy l'Etoile，France

2.6.2 使用API 20E鉴定

在文献中有很多用API 20E系统鉴定气单胞菌属（*Aeromonas*）和弧菌属（*Vibrio*）细菌失败的报道（Santos等，1993）。也许这些细菌在API数据库中还缺少适合的信息。众所周知，API系统和传统的生化试验之间反应会有不同的结果，尤其是脱羧酶、柠檬酸盐、尿素、吲哚和VP试验。文献中报道有区别的项目已在常规鉴定相关的表格（生化鉴定组合）中列出。当用本书中生化鉴定表时，应该确定所参考的常规数据库的正确性，例如，常规数据库（表4－1至表4－22）或者API 20E数据库（表4－23至表4－25）。

MacDonell等（1982）推荐用含盐2%的稀释液。他们使用的是从美国俄亥俄州门托市Aquarium Systems公司购买的海洋盐类复合物（Instant Ocean®），把盐度调节为2%。Kent（1982）推荐用50%的人工海水制成无菌的细菌悬浮液接种API 20E纸条。人工海水的盐类也可以从Sigma购买（参见第7章）。还有选择就是，一般用NaCl含量为2%的培养基接种分离的弧菌属（*Vibrio*）、发光杆菌属（*Photobacterium*）和利斯特氏菌属（*Listonella*）细菌，效果较好。合适的NaCl浓度的培养基对于柠檬酸盐、尿素、MR、VP和吲哚试验都非常的重要。例如，副溶血性弧菌（*Vibrio parahaemolyticus*）接种在含0.85% NaCl的培养基中时，吲哚试验的结果为阴性；但是盐度为2%时，吲哚试验的结果为阳性。

将细菌悬浮液调节至麦氏比浊管1号管的浊度，并开始孵育。API 20E推荐在25℃孵育48 h。24 h读取糖发酵结果，其他的放至48 h读取。脱羧酶（LDC、ODC）和ADH反应到48 h可能还没有结果。根据厂家的推荐，阴性的硝酸盐反应，应该在反应器中添加一点锌粉以确定阴性的真实性（表3－1）。详见第4章API试剂盒的结果和解释。

第3章　生化鉴定反应及生化组合介绍

3.1　常规培养基：生化鉴定组合

糖发酵阳性结果可能在培养24 h后获得。所有液体培养基必须至少孵育48 h，有的需更长时间才会得到阳性结果，尤其是ADH、LDC、ODC、七叶苷、柠檬酸盐和MRVP。反应的相关解释参见表3－1。

3.2　鉴定试验及其介绍

本章的内容包含鉴定试验的介绍及可能出现的各种问题。每个试验的描述在第7章中也有介绍。

3.2.1　杀鲑气单胞菌（*Aeromonas salmonicida*）荧光抗体试验（FAT）

已知杀鲑气单胞菌澳大利亚菌株的FAT与温和气单胞菌（*A. sobria*）发生交叉反应。

3.2.2　七叶苷

应该在3 d后读取七叶苷试验结果，当试管颜色漆黑，试管的一半或更多变黑时，就可记为阳性结果（MacFaddin，1980），灰色阴影不能记作阳性结果。有些细菌即使培养基含浓度适宜的盐，在七叶苷培养基中也不能生长，这些细菌包括鳗利斯特氏菌（*Listonella anguillarum*），海利斯特氏菌（*L. pelagia*）和奥德弧菌（*Vibrio ordalii*）。它们的七叶苷结果均为阴性。

有些细菌被报告产生黑色素（Coyne和Al－Harthi，1992），在七叶苷试验中会导致培养基变成黑色（Choopun等，2002）。因此，推荐用波长为345 nm的紫外灯照射，以荧光的有无来判断变黑的培养基是否为七叶苷水解产物产生的结果。七叶苷可发荧光，因此，荧光若出现将显示七叶苷并没有水解（MacFaddin，1980）。

一些塑料管紫外线不能透过，因此，荧光试验的Wood紫外灯应放在打开的试管上方或者将培养基倒入培养皿中观察荧光是否出现。当用紫外灯时，注意戴不透紫外线的眼镜来保护眼睛。

3.2.3　精氨酸双水解酶（ADH）

当用Møller或Thornley培养基时，一些弧菌菌株精氨酸双水解结果正好相反。这些细菌是地中海弧菌（*Vibrio mediterranei*），贻贝弧菌（*V. mytili*），东方弧菌（*V. orientalis*），灿烂弧菌（*V. spleendidus*）Ⅰ的大部分菌株和塔氏弧菌（*V. tubiashii*）的一些菌株。根据Thornley的方法，它们的精氨酸双水解全是阳性，但用Møller的方法结果则全是阴性。

表 3-1 “生化鉴定组合”反应介绍

测试	添加试剂	结果
糖发酵	无	颜色从红色变黄色（如果使用酚红为 pH 指示剂），见照片部分
七叶苷	无	黑色，所有的阳性反应应该能检测到真实的水解，从一些细菌产生的黑色素可能导致颜色变化，如霍乱弧菌，用 UV 灯（如 Wood 灯）测试荧光性的消失（若荧光性消示表明为阳性结果）
精氨酸双水解酶（ADH）	无	颜色由绿棕色变为浅紫色（Møller 法）。Thornley 法的精氨酸被推荐在一些弧菌种类中使用，见照片部分
柠檬酸盐	无	颜色由绿色变为蓝色，见照片部分
DNase 平板	用 1 mol/L 的 HCl 冲洗平板，停留 1 ~ 2 min，倒掉	在黑色背景下检查菌落周围的透明环，见照片部分
ODC，LDC	无	颜色由绿棕色变紫色/灰色，见照片部分
白明胶/盐平板	无	记录在 0% 或 3% NaCl 平板上生长或者生长不好。把平板放在黑色背景下，用灯光照射，记录菌落周围是否有白明胶水解区域。在 0% NaCl 一半为透明的水解圈或在 3% NaCl 一半为混浊的水解圈。在 4℃ 下急剧冷却平板或者用硫酸铵冲洗平板会使水解圈看得更清楚。见照片部分
H_2S	无	培养基发黑，尤其是沿着接种线，见照片部分
吲哚	添加 3 ~ 7 滴 Kovács 试剂	试管上面形成粉红色膜，见照片部分，如果细菌为需盐细菌，这个测试溶液必须添加 NaCl（最终浓度为 2%）
运动性—试管法	无	具有运动性的细菌穿过半固体凝胶生长和扩散。扩散是指细菌从接种线向外弥散生长。没有运动性的细菌不会离开接种线生长
运动性—悬液法	无	悬浮液。滴一滴生理盐水在盖玻片上。从平板上取一些细菌混合物或者在对数期的肉汤培养液。颠倒盖玻片在载玻片上，其上面准备 3 ~ 4 mm 橡皮泥或者等同物，使含细菌的水滴悬浮在盖玻片上，盖玻片可以直接放在显微镜载玻片上，但载玻片必须干燥。小心操作，液体不要洒在显微镜的在载物台上，如果撒上将会污染显微镜，细菌细胞在盖玻片上被延伸出来会看到运动现象。在 ×40 或 ×100 目镜下观察，可见细菌细胞横穿载玻片精确的单个运动现象。不能被误解为布朗运动，此运动细胞只在很小的范围运动，一般为细胞的直径大小。见照片部分
甲基红（MR）	细菌培养 48 h 后，滴加 3 ~ 5 滴甲基红试剂［先测试福格斯 - 普里斯考尔（VP）反应］	红色持续，反应应该在培养不少于 48 h 后进行，3 d 更适宜，否则可能会得到假阴性反应。每天取等量测试。阴性反应应该培养 3 d。见照片部分

续表 3-1

测试	添加试剂	结果
福格斯-普里斯考尔（VP）	从 MRVP 管中取出 200 μL 培养基，放在 0.6 mL离心管中。分别添加一滴 VP Ⅰ 和 VP Ⅱ 试剂（可以用 API 20E 试剂盒的试剂）	10～20 min 后，颜色变为粉红色显示阳性反应。如果一管 24 h 还是阴性，培养 24 h 重新测试。对于 VP 培养，温度很重要，一些细菌在 37℃可能是阴性，但在 25℃为阳性
硝酸盐	滴硝酸盐 A 和硝酸盐 B 试剂各 5 滴。可用自配试剂或 API 20E 试剂盒	形成红色为阳性。阴性反应添加火柴头大小的锌粒，形成粉红色确定为阴性，反之，用锌粒后没有颜色变化表示阳性反应
OF 培养基（氧化性发酵）	无	记录试管中黄色的形成（葡萄糖发酵）。记录在一管中或者两管中的生长状况。没有石蜡封口的试管中（开管）生长表明为氧化性细菌。在开管和闭管中都生长表明细菌是兼性厌氧细菌，在有氧和无氧状况下能够生长
ONPG	无	黄色为阳性，清晰或无色记录为阴性
硫代硫酸盐-柠檬酸盐-胆盐-蔗糖琼脂（TCBS）	无	记录菌落的生长，黄色为“Y”，绿色为“G”，或记录为“不生长”。见照片部分
“弧菌纸片” O/129 10μg 和 150 μg	无	纸片周围出现空白区域记录为“敏感”，若无空白区域出现记录为“抗性”。9 mm 的抑菌区域被定义为对 O/129 150 μg 纸片敏感

注：① 一些细菌尽管盐的浓度为最佳，但在七叶苷培养基上不生长。这些细菌有鳗利斯特氏菌、海利斯特氏菌和奥德弧菌。这些细菌七叶苷结果都是阴性。

② 其他测试种类的描述，如马尿酸水解等，参见第 7 章培养基部分的介绍。

Møller 培养基中的葡萄糖显示抑制反应，可能是由于诱导精氨酸双水解系统的代谢产物被阻遏的缘故（Macián 等，1996）。发光杆菌在 Thornley 培养基中被发现产生碱性产物，当使用更敏感分析测试方法（Baumann 等，1971；West 和 Colwell，1984），没有人再关注精氨酸双水解系统的构成。其他弧菌如鳗利斯特氏菌［*Listonella*（*Vibrio*）*anguillarum*］，美人鱼发光杆菌美人鱼亚种［*Photobacterium*（*Vibrio*）*damselae* ssp. *damselae*］，河流弧菌（*V. fluvialis*）和弗尼斯弧菌（*V. furnissii*）用两种方法精氨酸双水解都显示阳性。弧菌测试推荐用 Thornley 的方法（Macián 等，1996）。

3.2.4 糖发酵

在一些文献报告中，糖利用和发酵被交替使用，已经很难确定试验报告的结果来自何种试验方法。发酵应该用来描述采用常规生化培养基和 API 20E 中碳水化合物或糖裂解反应的结果。培养基中的 pH 指示剂能够探测出产物裂解而导致酸变化。糖利用的试验参考意义仅在于确定细菌利用唯一碳源的能力。这通常不能通过培养基中的 pH 值指示，而是通过观察培养基不透明或者浊度的增大来判定。Simmons 柠檬酸盐培养基是个例外，可以利用 pH 值判断细菌利用柠檬酸盐作为唯一碳源的能力，这个培养基中没有其他的营养成分。另一方面，Christensen 的柠檬酸盐的方法含有其他营养成分，它不是以柠檬酸盐作为唯一碳源进行糖利用试验的方法（Cowan 和 Steel，1970；MacFaddin，1980）。

3.2.5 类胡萝卜素检测

滴一滴 0.01% 的刚果红水溶液在 AO 琼脂平板生长的单独菌落上。2 min 后用清水冲洗菌落。如果使菌落变红，试验结果为阳性，颜色会持续数小时。刚果红能检测胞外半乳糖多聚糖的出现（Johnson 和 Chilton，1966，引自 E. J. Ordal，私人交流）。

3.2.6 过氧化氢酶

从培养平板上取一环细菌生长物，涂在载玻片上。滴一滴 30% 的过氧化氢在细菌细胞上，如有气泡产生，试验结果为阳性。当从血琼脂上取菌时，必须小心，不得带有含血细胞的培养基，血细胞会使结果出现假阳性。

3.2.7 刚果红

用来检测类胡萝卜素。参见类胡萝卜素检测。

3.2.8 脱羧酶

ADH、ODC 和 LDC 应该高浓度接种细菌。最少孵育 2 d，最长为 14 d。海洋细菌应该在培养基中添加 2% 的盐，没有 NaCl 很多试验会出现假阴性。

3.2.9 Flexirubin 色素

Flexirubin 色素可能由黄杆菌科的一些细菌产生。它的检测方法就是从培养基（AO 培养基）平板上挑取培养物，涂在载玻片上，放在如白纸样的白色背景上观察。在菌落上滴 20% 的 KOH，然后观察颜色会立即变为淡紫色、紫色或者棕色。涂两块细菌载玻片可能会帮助更大，一片滴加 KOH，另一片作为不同颜色的对照。KOH 也可以直接滴在长有菌落的平板上试验，如果只有薄薄一层菌苔，观测到的颜色变化不明显（Bernardet 等，2002）。当细菌再放进酸性溶液中，细菌就会还原原始的颜色（Reichenbach 等，1989）。

3.2.10　运动性

噬纤维菌属—黄杆菌属—拟杆菌属细菌运动性的证实是很困难的事，不仅与培养技术的选择有关，而且与细菌滑行运动性的定义有关。细菌需要在低浓度培养基中生长，如 AO 培养基，其含琼脂为 1.5%（w/v）。平板表面的湿度、平板的新鲜度、培养环境的湿度都会影响细菌运动性测试的结果。在倾注比较薄的平板上接种后过夜就直接用显微镜观察到细菌向边缘游动。可使用高性能的干透镜观察。运动性的定义为“细胞连续和有规律地形成一个长轴，这些细胞在运动时形成一束”。扩散的菌落不是运动性的必要指示，有时可能是机械移动造成表面扩散的结果（Henrichsen，1972）。如果菌落在 AO 培养基上是根状的，运动性通常被质疑，然而如果琼脂表面太干燥运动性就不会见到。如果细菌在悬浮的盐溶液中生长，运动性也不会看到。液体培养物制备悬滴也能够观察到细菌的运动性（Bernardet 等，2002）。

3.2.11　溶血性

溶血性在 BA 培养基上能够观察到。菌落周围区域有一圈清楚的红细胞被溶解的印迹，即为 β 溶血性（βH）。一些菌落周围会出现淡绿色，如链球菌种类，即为 α 溶血性（αH）。海豚链球菌 β 溶血性在绵羊血的平板上能够完全显示。当平板用人血或者牛血替代时仅有部分溶血。

一些弧菌在不含盐的 BA 培养基上显示溶血，尽管它们在含 Na^+ 的培养基上生长更好，但是在含有盐的培养基上，如 MSA－B 培养基上没有溶血。这显示当细菌在胁迫下会产生溶血性。

3.2.12　吲哚

如果试验的培养基中 NaCl 的最终浓度不足，需盐细菌可能会有假阴性结果。在试验的培养基上虽然能够生长，然而，除非 NaCl 的浓度比较合适，否则这些细菌可能不会释放出酶。对于大部分海洋细菌而言，NaCl 的最终浓度为 2% 是最佳的浓度，即在 5 mL 试验培养基中加入 500 μL 20% 的 NaCl 储备液。也可参考第 2 章的 2.5（生化鉴定管接种）。

3.2.13　氢氧化钾

用作观察 flexirubin 色素，参见 flexirubin 色素部分。

3.2.14　发光性

细菌在适合的培养基上生长才能观察到发光性。如营养肉汤 No.2（Oxoid）（25 g），NaCl（17.5 g），KCl（1.0 g），$MgCl_2 \cdot 6H_2O$（4.0 g），琼脂（12.0 g），蒸馏水（1 000 mL）（Furniss 等，1978）。发光性的可信度需要谨慎对待，发光性的显示需要依赖很多因子，包括培养基；理想的测量是照度计而不是眼睛（J. Carson，澳大利亚初级产业、水利及环境部，塔斯马尼亚，2003，私人交流）。发光最适合在 25℃ 下培养 18～24 h。它也依靠有氧条件，在发光性能观察到之前，肉汤培养物需振荡培养，使其有氧。发光性的确定是把被观察的平板或培养肉汤放在黑暗的屋子中，眼睛在黑暗中适应5 min后进行观察。如果可能，发光性应该用测量仪器对肉汤培养物进行测定，如用Wallac Microbeta Plus微板液体闪烁计数器，对相对光单位进行测量（Manefield等，2000）。

发光阳性的细菌包括鲾发光杆菌（*Photobacterium leiognathi*），明亮发光杆菌（*P. phosphoreum*），费希尔弧菌（*Vibrio fischeri*），火神弧菌（*V. logei*），东方弧菌（*V. orientalis*），灿烂弧菌（*V. splendidus*）生物型I（Furniss等，1978；Lunder等，2000）。

发光阴性的细菌包括杀鲑气单胞菌（*Aeromonas salmonicida*），挪威肠弧菌（*Enterovibrio norvegicus*），鳗利斯特氏菌（*Listonella anguillarum*），海利斯特氏菌（*L. pelagia*），海洋莫里特氏弧菌（*Moritella marina*），黏菌落莫里特氏弧菌（*M. viscosa*），狭小发光杆菌（*Photobacterium angustum*），美人鱼发光杆菌美人鱼亚种（*Photobacterium damselae* ssp. *damselae*），类志贺毗邻单胞菌（*Plesiomonas shigelloides*），*Vibrio agarivorans*，溶藻弧菌（*V. alginolyticus*），巴西弧菌（*V. brasiliensis*），加尔文弧菌（*V. calviensis*），坎贝氏弧菌（*V. campbellii*），溶珊瑚弧菌（*V. coralliilyticus*），重氮养弧菌（*V. diazotrophicus*），河流弧菌（*V. fluvialis*），弗尼斯弧菌（*V. furnissii*），产气贝内克氏菌（*V. gazogenes*），鲍鱼肠弧菌（*V. halioticoli*），鱼肠道弧菌（*V. ichthyoenteri*），慢性弧菌（*V. lentus*），梅氏弧菌（*V. metschnikovii*），漂浮弧菌（*V. natriegens*），纳瓦拉弧菌（*V. navarrensis*），海王弧菌（*V. neptunius*），海蛹弧菌（*V. nereis*），黑美人弧菌（*V. nigripulchritudo*），奥德弧菌（*V. ordalii*），帕西尼氏弧菌（*V. pacinii*），副溶血性弧菌（*V. parahaemolyticus*），杀对虾弧菌（*V. penaeicida*），解蛋白弧菌（*V. proteolyticus*），轮虫弧菌（*V. rotiferianus*），杀鲑弧菌（*V. salmonicida*），灿烂弧菌（*V. splendidus*）生物型Ⅱ，蛤弧菌（*V. tapetis*），塔氏弧菌（*V. tubiashii*），创伤弧菌（*V. vulnificus*），沃丹弧菌（*V. wodanis*）和许氏弧菌（*V. xuii*）（Furniss等，1978；Lunder等，2000；Gomez-Gil等，2003a，b）。费希尔弧菌（*V. fischeri*）NCMB 1281^{T}被报告发光为阴性（Lunder等，2000）。

霍乱弧菌（*V. cholerae*）、火神弧菌（*V. logei*）、杀鲑弧菌（*V. salmonicida*）和哈维氏弧菌（*V. harveyi*）的菌株发光性是可变的（Furniss等，1978；Lunder等，2000）。

3.2.15 甲基红试验

MRVP培养基（Difco）应该高浓度接种。如果鉴定的细菌生长需盐，一定要添加，根据细菌生长所需温度为25℃或者37℃（参见表2-2至表2-4）培养48 h后，滴加3~5滴MR试剂检测乙酰甲基甲醇的存在。持续保持红色表明为阳性结果。MR试剂滴加在反应管中红色消失表明阴性结果。该试验阳性结果的成功鉴定主要依靠培养时间，而不是生长的数量，尽管细菌在反应管中能明显生长，但也只能说明细菌能在培养基中生长而已。如果期望在24 h得到结果，移取等量试样（200 μL）到微量离心管中，再加1滴MR试剂，进行MR测试。在阴性结果判定之前，必须再培养反应24 h以上并进行测试。MR试验确切的阳性结果3 d后才能得到。

3.2.16 氧化酶

氧化酶纸条的商品能够购买到，因为该试剂是标准化的，因此推荐使用。本书中氧化酶试验所用试剂为四甲基二苯胺。用蒸馏水稀释1%的溶液放在避光瓶中4℃保存。使用时，滴1滴试剂在滤纸上面，用木质火柴棍（如桔枝）或者铂金环，把细菌生长物涂在润湿的滤纸上，10~30 s之内变成紫色表示阳性。

镍铬合金的接种环不能使用，它能够导致假阳性结果。此试验不应在培养细菌的培养基上完成，因为培养基中含有蔗糖或者硝酸盐。因此，TCBS 培养基不宜用于氧化酶判定试验（Furniss 和 Donovan，1974；Jones，1981）。

3.2.17　TCBS

这种培养基用来鉴定一种细菌是否为弧菌。然而，有一些弧菌并不能在 TCBS 培养基上生长，这些包括莫里特氏菌属（*Moritella*）的种类，鰒发光杆菌（*Photobacterium leiognathi*），霍利斯弧菌（*Vibrio hollisae*）和奥德弧菌（*Vibrio ordalii*）。鳗利斯特氏菌［*Listonella*（*Vibrio*）*anguillarum*］在 TCBS 培养基上生长缓慢。费希尔弧菌（*Vibrio fischeri*）菌株生长非常的缓慢或者根本就不生长。

TCBS 不能严格选择，一些其他的细菌也能在其上生长，但是菌落较小。气单胞菌（*Aeromonas*）和肠球菌（*Enterococcus*）在 TCBS 培养基上生长小的（1 mm）黄色菌落。变形杆菌属（*Proteas*）种类在 TCBS 培养基上长出 1 mm 的黄色或者绿色菌落。邻单胞菌（*Plesiomonas*）在 TCBS 上不能很好地生长。弧菌的一些黄色菌落在生长几天后可能会变成绿色，这是因为它们利用了培养基中的蔗糖（Oxoid manual）。

3.2.18　福格斯-普里斯考尔试验（VP）

MRVP 培养基（Difco）应该高浓度接种细菌。如果细菌是需盐细菌，要添加盐类。根据细菌的需求，在25℃或者37℃培养（表2-3）。作为普遍规律，所有从水环境或者水生生物体分离的细菌都在 25℃培养。培养 48 h，用试剂检测乙酰甲基甲醇。如果生长物足够，24 h 就可以进行 VP 试验。然而，阴性结果需要培养48～72 h。取等量的200 μL 培养基放在0.6 mL 的微量离心管中，加入 VP 试剂 A 和 B 各 1 滴。商业化的 API 20E 试剂盒与 Difco 公司的 MRVP 培养基一起用效果不错。20 min 时检查是否变红色。尽管两个试验可在 1 个试管中完成，但在24 h、48 h 和72 h 获得的结果会更好。培育的时间影响乙酰甲基甲醇的产量。

3.2.19　弧菌抑制剂

弧菌抑制剂（O/129）的抗性应用以一些发展中国家为主。微生物学家建议继续用 O/129 作为一种手段来区分弧菌（*Vibrio*）和气单胞菌（*Aeromonas*）种类，但在一些国家谨慎使用是必要的（Huq 等，1992；Nair 和 Holmes，1999）。测试浓度为 500 μg 的 O/129 纸片 9 mm 抑菌圈可作为易感弧菌的分类标准（Bernardet 和 Grimont，1989），然而，当使用商业化的 10 μg 和 150 μg 浓度的纸片，任何抑菌圈都被认为是易感的弧菌；美人鱼发光杆菌美人鱼亚种（*Photobacterium damselae* ssp. *damselae*）抑菌圈为 22 mm 被认为敏感（Love 等，1981）。然而霍乱弧菌（*Vibrio cholerae*）菌株0139 对 150 μg 的 O/129 纸片有抗性（Albert 等，1993；Islam 等，1994）。

3.3　生化鉴定表的使用

下面深入介绍鉴定一株未知细菌所用的表型试验或者生化试验。不同菌株在文献记载中常有变化，因此，微生物学家鉴定一株特殊的细菌应该了解可能碰到哪些困难。希望该系统对使用本书的读者来说不会显得过于乏味。它力图给使用者提供更多给细菌命名的信心，并提醒使用者所具有的潜在困难。

有时，种类有相对新的描述，不同的研究者获得不同的生化反应结果。这里是将两个鉴定结果都列出，而不是将达成共识的结果单独列出。当两个不同的生化鉴定系统被运用时，获取一些表型试验结果的困难是可想而知的。不同的杂志刊登的文章提到的区别，可能在表中列出，或在3.4节所遇问题和解释的注释中被详细介绍。其他的注释来自作者对个别种类的经验。表型试验仍然是鉴定系统的第一步，因此，微生物学家必须明白对于特殊细菌一些试验所遇到的困难。一些种类被重新描述为仅有的一株菌株，随着这个种类更多的信息收集，作为证据证明典型菌株实际上不能代表该种类（Janda 和 Abbott，2002）。因此，以后分离和鉴定的此类菌株其生化试验结果可能会有些许不同，报道这些不同可能对使用本书进行鉴定者有所帮助。例如，慢性弧菌（*Vibrio lentus*）典型菌株的甘露醇发酵为阴性，然而，迄今为止该种内其他菌株报告都是阳性。同样杀对虾弧菌（*Vibrio penaeicid*）典型菌株吲哚反应结果为阴性，但其他50%的菌株是阳性。另一个例子是非典型杀鲑气单胞菌，在这个例子中，从不同鱼类分离的菌株被报道生化反应结果是不同的。在实验室鉴定一株未知的菌株时，确切地说它是一株非典型杀鲑气单胞菌菌株是很困难的。然而，从不同鱼类所分离的所有菌株的表型被详细地列出，有可能使鉴定结果更确定，至少增加做出准确鉴定的信心。

所有的表型（和基因型）鉴定系统都有局限性（Janda 和 Abbott，2002），通过描述生化变异，希望使本书的使用者进行鉴定时获得更多帮助。

3.4 属、种介绍及鉴定

在生化鉴定列表（表4－1至表4－31）中，作者记录到同一典型菌株有不同结果的，这些结果被分别列出。相对于仅将文献中达成共识的结果列出，将不同的结果列出是为给那些可能产生相反结果的细菌提供指示。然而，一些结果其反应是可变的，用“v”来记录。可变的结果可能已在文献中被报道或者细菌本身的生化发酵试验会变化。

下面提供了某些细菌在文献报道中的差异或其特殊鉴定的信息。

3.4.1 气单胞菌属（*Aeromonas* spp.）

3.4.1.1 气单胞菌属运动型菌株

运动型气单胞菌所有菌株的葡萄糖、麦芽糖发酵和ONPG都是阳性。所有菌株的尿素酶和纤维醇、木糖醇发酵以及O/129敏感试验为阴性。

3.4.1.2 嗜水气单胞菌嗜水亚种（*Aeromonas hydrophila* ssp. *hydrophila*）和嗜水气单胞菌达卡亚种（*A. hydrophila* ssp. *dhakensis*）

嗜水气单胞菌达卡亚种被描述成嗜水气单胞菌的1个亚种（Huys 等，2002b）。通过下面的试验将该亚种与嗜水气单胞菌嗜水亚种区分。嗜水气单胞菌达卡亚种的L－阿拉伯糖产酸为阴性，甲基－α－D甘露糖苷、L－海藻糖、L－阿拉伯糖利用为阴性，而嗜水气单胞菌嗜水亚种L－阿拉伯糖产酸为阳性，甲基－α－D甘露糖苷、L－海藻糖、L－阿拉伯糖利用为阳性（Huys 等，2002b）。

在很多文献的报告中 LDC 的结果是可变的。一些报告中阐述嗜水气单胞菌（*Aeromonas hydrophila*）（典型菌株 ATCC 7966）LDC 是阴性（Kaznowski，1998；Nielsen 等，2001）。然而，也有其他报道典型菌株 ATCC 7966 LDC 是阳性的（Abbott 等，1992；Huys 等，2002b）。报告中 LDC 结果变化的原因之一可能是由于试验失误造成的或者是利用不同的方法测定 LDC 的缘故。在常规的试管试验中，LDC 是淡紫色，尤其是与 ADH 试管形成明显的对照，培养 48 h 比 24 h 的结果更明显。

也有很多报告利用柠檬酸盐和 MR 反应的结果是可变的。嗜水气单胞菌（*Aeromonas hydrophila*）菌株 60% 的柠檬酸盐为阳性，53% 的菌株 MR 为阳性（Abbott 等，1992）。

3.4.1.3　波氏气单胞菌（*Aeromonas popoffii*）

典型菌株 LMG 17541 吲哚反应阴性，但其他菌株吲哚反应阳性（Huys 等，1997b）。

3.4.1.4　杀鲑气单胞菌（*Aeromonas salmonicida*）：非运动型气单胞菌——常规

依据革兰氏阴性杆菌，运动性阴性，过氧化氢酶阳性，氧化酶阳性，葡萄糖产酸，O/129抗性，37℃不生长可鉴定分离菌株为杀鲑气单胞菌（Shotts 等，1980）。最初界定杀鲑气单胞菌是依据其在胰蛋白培养基中产生水溶性褐色产物。然而，这些标准并非都可靠，有很多报告非典型菌株产生色素，并能在 37℃能够生长（Austin，1993）。

在需氧条件下产生色素，然而，在厌氧条件下没有色素产生（Donlon 等，1983）。在 D－葡萄糖存在时，也显示色素产生减少。从澳大利亚金鱼体分离的非典型杀鲑气单胞菌菌株，被认为应归于亚种 *nova*，在哥伦比亚琼脂上生长 3 d 后出现明显的色素，在 TSA 培养基上 6 d 后出现浅棕色色素。添加 0.10%（w/v）的葡萄糖延缓色素的产生，添加 0.15%（w/v）的葡萄糖可以完全抑制色素的产生（Altmann 等，1992）。

当杀鲑气单胞菌菌株在不同温度，如 11℃、18℃和 28℃下孵育时，生化反应有所不同。为获得一致性，22℃被 Koppang 等（2000）推荐为培养温度并用于研究最适浓度。

杀鲑气单胞菌杀鲑亚种（*A. salmonicida* ssp. *salmonicida*）的主要毒性因子 A－蛋白壳可用补充 CBBA 的 TSA 培养基进行检测，在该培养基中，包含 A－蛋白壳的菌落看起来是蓝色，不含有 A－蛋白壳的菌落显示白色（Evenberg 等，1985）。在蒸馏水中自动凝集也是 A－蛋白壳存在的指示。然而，这些测试对于杀鲑气单胞菌体内的毒性检测是不可靠的（Bernoth，1990；Olivier，1990）。

3.4.1.5　杀鲑气单胞菌（*Aeromonas salmonicida*）——非典型菌株

“非典型”这个词用来描述生长缓慢，色素产生慢或不产生，生化特征不同于杀鲑气单胞菌杀鲑亚种（*A. salmonicida* ssp. *salmonicida*）和无色亚种（*achromogenes*）、杀日本鲑亚种（*masoucida*）、杀鲑亚种（*salmonicida*）及史氏亚种（*smithia*）的分离菌株。非典型菌株代表一群不同的细菌，由于表型变化很难鉴定到种水平。最近研究强调了标准表型试验的必要性，以减少各实验室间的差异，同时提示“非典型”分离物应该被鉴定为不同于已有的杀鲑气单胞菌杀鲑亚种（*A. salmonicida* ssp. *salmonicida*）分类特征的任意菌株（Dalsgaard 等，1998）。因此，为了帮助微生物学家鉴定这些细菌，本书报告了大量从不同鱼类（尽管列表并不全面）获得的不同细菌的生化试验。表 4－1 所列的结果都是利用推荐的标准方法取得的。参见第 7 章的培养基组成部分。

色素产生能够变化可能依赖于所用的培养基。Hänninen 和 Hirvelä－Koski（1997）研究的非典型菌株，FA 检测产生色素菌株最高数量为 100%，其次是 BHIA，为 86%，TSA 为 74%。杀鲑气单胞菌无色亚种（*A. salmonicida* ssp. *achromogenes*）在 FA、TSA 和 BHIA

上产生色素，但在营养琼脂上不产生。在 TSA 或者 BHIA 添加 L-酪氨酸会提高色素产生的检出；然而，色素还是在 FA 上最早出现，20℃，3~7 d。初步分离时不推荐使用 BHIA 和 FA，它没有 BA 培养基检测到的细菌数量高，但它们适合继代培养（Bernoth 和 Artz，1989；Austin，1993）。

3.4.2 布鲁氏杆菌属（*Brucella* spp.）

从海洋哺乳动物体分离的布鲁氏杆菌是人兽共患疾病的细菌（Brew 等，1999），且这种细菌应该放在Ⅲ级生物安全柜中。

分离于海豹、水獭和某些鲸类的菌株必须要在含有 10% CO_2 的环境下培养。从鲸类分离的大多数菌株生长不需要 CO_2 环境（Foster 等，2002）。

从水生哺乳动物体分离的布鲁氏杆菌株在 API 20NE 里序列号为 1200004。商业数据库认为这对于 *Moraxella phenylpyruvica* 来说是很好的鉴别方法。

3.4.3 肉杆菌属（*Carnobacterium* spp.）

肉杆菌属以能够在 pH 值为 9.0 中生长，而不能在醋酸盐琼脂（pH 值为 5.4）或 pH 值为 4.5 的培养基上生长区别于乳杆菌属（*Lactobacillus*）。

当进行栖鱼肉杆菌（*Carnobacterium piscicola*）糖发酵试验时，在文献中报道某些糖的发酵结果有差异。尤其是采用酚红肉汤基础培养基测试为阳性的弱反应糖发酵，当用紫色肉汤基础培养基测试时却为阴性。山梨醇和乳糖用酚红肉汤培养基测试时，可能也为阳性，但用紫色肉汤基础培养基时，则为阴性（Toranzo 等，1993）。

肉杆菌属（*Carnobacterium* spp.）、乳酸杆菌属（*Lactobacillus*）、海豚链球菌（*Streptococcus iniae*）、漫球菌属（*Vagococus*）和肾杆菌属（*Renibacterium*）的区别

下面的表 3-2 和表 3-3 列出了这些属、种的特征，以便于区分。鲑鱼肾杆菌（*R. salmoninarum*）主要依据其生长缓慢及其特殊生长要求区别。用 KDM2 和 KDMC 培养基培养和分离细菌。平板在 15℃持续 2 个月，在 2~8 周可见针尖状的菌落。其他的属用常规的琼脂（如 BA）培养，在 1~3 d 内都能生长。

表 3-3 是 Jeremy Carson 博士（澳大利亚初级产业、水利及环境部，塔斯马尼亚州）友情提供。

3.4.4 弗劳地柠檬酸杆菌（*Citrobacter freundii*）

不同弗劳地柠檬酸杆菌菌株的 ADH、ODC 反应及蔗糖、蜜二糖、苦杏仁苷、水杨酸糖发酵反应结果上是可变的（API 20E），而与其来源或者地理分布无关（Toranzo 等，1994）。

3.4.5 隐球菌属（*Cryptococcus* spp.）（酵母菌）

隐球菌属所有种类尿素酶为阳性，然而念珠菌属（*Candida*）的种类为阴性。

表 3-2　肉杆菌属（*Carnobacterium*）、乳杆菌属（*Lactobacillus*）、漫游球菌属（*Vagococcus*）和肾杆菌属（*Renibacterium*）的区别

测试	乳杆菌属（*Lactobacillus* spp.）	栖鱼肉杆菌（*Carnobacterium piscicola*）	广布肉杆菌（*Carnobacterium divergens*）	格氏乳球菌（*Lactococcus garvieae*）	鱼乳球菌（*Lactococcus piscium*）	河流漫游球菌（*Vagococcus fluvialis*）	*Vagococcus lutrae*	沙氏漫游球菌（*Vagococcus salmoninarum*）	鲑鱼肾杆菌 *Renibacterium salmoninarum*
在醋酸盐琼脂生长（RAA）	+	–	–	–	–	–	–	–	
ADH	v	+	+	+	–	–	–	–	
甘露醇酸	v	+	–	+	+	+	–	–	–
H_2S	–	–	–	–	–	–	ND	+	
兰氏分型组 D 反应		阳性		阴性		弱，延迟反应	ND	弱，延迟反应	
兰氏分型组 N 反应				阳性①	阳性②	阳性	ND	阴性	
链球菌分组试剂盒组 A-G（Oxoid）		D		阴性	阴性	D 为弱反应	ND	D 为弱反应	阴性

注：① Eldar 等（1999）报道为阳性结果，Teixeira 等（1996）报道为阴性。

② Schmidtke 和 Carson（1994）报道为阴性结果。

表 3－3　一些不需要复杂营养的鱼类革兰氏阳性球菌和杆菌的鉴别测试

测试	格氏乳球菌 (*L. garvieae*)*	栖鱼肉杆菌 (*C. piscicola*)	沙氏漫游球菌 (*V. salmoninarum*)①	鱼乳球菌 (*L. piscium*)	海豚链球菌 (*S. iniae*)
革兰氏染色	+	+	+	+	+
细胞形状	ec	sr	sr/cb	c (sr/cb)②	c
溶血性	α	－	α	－	α③，β③,④
过氧化氢酶	－	－	－	－	－
VP（平板）	89% +	+	－#	+	－
H_2S	－	－	+	－	－
胆盐－七叶苷	+	+	62% +	－	－
PYR	+	+	+	－	95% +⑤
ADH	+	+	－	－	71% +⑤
七叶苷	+	+	+	+	+
葡萄糖	+	+	+	+	+
半乳糖	+	65% +	－	+	+
乳糖	－	35% ~ 60% +	－	+	－
麦芽糖	90% +	94% +	17% +	+	+
甘露醇	90% +	88% +	4% +	+	+
棉子糖	－	29% +	－	+	－
水杨苷	98% +	+	87% +	+	+
蔗糖	7% +	+	52% +	+	+
山梨醇	－	－	4% +	－	－
海藻糖	+	+	87% +	+	+
甘油	－	40% ~100% +	－	－	－
菊粉	－	0% ~100% +	－	－	－
L－阿拉伯糖	－	－	－	－（+）②	－
己六醇	－	－	－	－	－
果糖	+	+	+	+	+
淀粉	－	0% ~100% +	13% +	－	+
戊醛糖	－	－	－	－	－
戊五醇	－	－	－	－	－
蜜二糖	－	30% +	－	+（－）②	－

注：所有的反应在微量反应板（Schmidtke 和 Carson，1994）或者常规试管中进行。#表示典型菌株为阳性；括号中为原始反应结果；α 指在牛血上，β 指在羊血上。ec：拉长的球菌；sr：短杆菌；cb：球杆菌；c：球菌；PYR：L－吡咯烷酮－β－萘基酰胺；ADH：精氨酸水解酶。＊格氏乳球菌（*Lactococcus garvieae*）（syn. *Enterococcus seriolicida*）。

①Schmidtke 和 Carson，1994；②Eldar 等，1994；③Weinstein 等，1997；④Vuillaume 等，1987；⑤Dodson 等，1999。

3.4.6　爱德华菌属（*Edwardsiella* spp.）

保科爱德华菌（*E. hoshinae*）闻起来可能像类志贺毗邻单胞菌（*Plesiomonas shigelloide*），具有浓烈的辛辣味和甜味。哈维氏弧菌［*Vibrio*（*carchariae*）*harveyi*］ATCC35084 也有类似的辛辣味，但没有类志贺毗邻单胞菌浓烈。Grimont 等（1980）报告保科爱德华菌吲哚试验结果为阳性，而 Farmer 和 McWhorter（1984）报告为阴性或结果弱。同样，TSI 被 Farmer 和 McWhorter（1984）报告为阴性，然而 Grimont 等（1980）却记录为阳性结果。

叉尾鮰爱德华菌（*E. ictaluri*）在亮绿琼脂和沙门氏志贺氏菌属琼脂（SS 琼脂）上生长。MR 是阳性，VP 是阴性，尤其在 37℃和 20℃培养结果更明显。在 42℃不会生长。其在含 0% ~1.5% NaCl 的培养基上生长，而在含 NaCl 2.0% 的培养基上不生长。

3.4.7　肠球菌（*Enterococcus* spp.）

粪肠球菌（*E. faecalis*）和尿肠球菌（*E. faecium*）兰氏分型 D 群抗原阳性，能在 45℃和含 6.5% NaCl 的培养基中生长。区别这两个种的试验 L－阿拉伯糖产酸（粪肠球菌是阴性，尿肠球菌是阳性）和丙酮酸利用（粪肠球菌是阳性，尿肠球菌是阴性）是可靠的。

杀鱼肠球菌（*Enterococcus seriolicida*）现在被称为格氏乳球菌（*Lactococcus garvieae*）。

3.4.8　黄杆菌科（Family Flavobacteriaceae）

来自水环境的很多样品，无论它们来自淡水还是海洋，在培养时菌落能产生黄色色素。鉴定这些菌落是病原菌还是腐生菌十分重要。临床的信息对了解投入多少时间和精力进行鉴定非常有用。如果细菌细胞通常为长的或细的，看起来似乎黏附在水生动物体表和上皮细胞上，可怀疑为黄杆菌科下属的细菌。微生物学家了解这个科的复杂性是非常重要的，有助于开展鉴定工作。下面的信息在这一点上提供了很好的帮助。这方面的信息很多都来源于 Bernardet 等（2002）的文章，文中描述了黄杆菌科细菌的操作指导。

噬纤维菌属—黄杆菌属—拟杆菌属类群包含黄杆菌科，黄杆菌科由 19 个属和 2 种与之没有隶属关系的细菌，即砖红噬纤维菌（*Cytophaga latercula*）和海黄噬纤维菌（*C. marinoflava*）所组成，这 2 种细菌目前暂时保留了遗传分类的错误结果。在不同的时期，这一类群因为是产黄色的杆菌而著名，如类似黄杆菌的类群、嗜纤维菌类群或屈挠杆菌类群。这些类群所包含的属、种在近几年经历了多次重新分类和命名，模式属为黄杆菌属（*Flavobacterium*）。

黄杆菌科的属包含嗜盐微生物类群（耐盐环境），其中一些是嗜冷菌（耐低温）。它们为革兰氏阴性，长为 1 ~10 μm，宽为 0.3 ~0.6 μm，一些种类形成柔韧纤丝状的细胞，其他的细胞卷曲或者呈螺旋状。一些种类显示出滑行运动能力，其余的没有运动性。所有属适宜的生长温度为 25 ~35℃，有些种类嗜冷或耐寒，属中的大部分细菌是需氧生长；然而，有些要求微需氧或厌氧条件。

鞘脂类的缺失使黄杆菌科区别于鞘脂杆菌科（Family Sphingobacteriaceae）（表 3－4 和表 3－5）。当用滤纸做试验时，黄杆菌科内没有一个属能够消化纤维素结晶，这是它们区别于噬纤维菌属（*Cellulophaga*）的主要特征，后者有的种能够消化纤维素结晶。区别纤维素酶和其他消化纤维素衍生物的酶是很重要的，如消化甲基纤维素或者羟乙基纤维素的酶。黄杆菌科的一些细菌可能含有后两种酶，仅木质纤维素酶具有降解纤维素结晶的能力，需用滤纸做试验。

表 3－4 黄杆菌科内各属细菌特征区别

属	宿主	色素型	海水要求	运动性	环境	MCA 生长
碳酸噬胞菌属（*Aequorivita*）	海水，海冰	类胡萝卜素	可变	阴性	需氧性	无测试
伯杰氏菌属（*Bergeyella*）	人类	无	阴性	阴性	需氧性	不生长
二氧化碳噬纤维菌属（*Capnocytophaga*）	人类和狗	Flexirubin	阴性	阳性	微需氧	不生长
噬纤维菌属（*Cellulophaga*）	海藻和海滩泥	有	可变	阳性	需氧性	无测试
金黄杆菌属（*Chryseobacterium*）	鱼类，海泥，人类，牛奶，土壤	Flexirubin	阴性	阴性	需氧性	可变
Coenonia	北京鸭	未测试	阴性	阴性	微需氧	无生长
稳杆菌属（*Empedobacter*）	人类	Flexirubin	阴性	阴性	需氧性	阳性
黄杆菌属（*Flavobacterium*）	鱼类，水，海冰，土壤，泥浆，海洋湖泊，南极洲	有	阴性	11 种阳性	需氧性	无测试
冰冷杆菌属（*Gelidibacter*）	海冰	类胡萝卜素	阳性	阳性	需氧性	阴性
类香菌属（*Myroides*）	人类	Flexirubin	阴性	阴性	需氧性	阳性
鸟杆菌属（*Ornithobacterium*）	火鸡	无	阴性	阴性	微需氧	阴性
极地杆菌属（*Polaribacter*）	海水，海冰，海洋湖泊	类胡萝卜素	阳性	阴性	需氧性	无测试
冷湾菌属（*Psychroflexus*）	南极	类胡萝卜素	可变	可变	需氧性	阴性
嗜冷蛇菌属（*Psychroserpens*）	南极洲	类胡萝卜素	阳性	阴性	需氧性	阴性
立默氏菌属（*Riemerella*）	鸭子，鸽子	可变	阴性	阴性	微需氧	阴性
需盐杆菌属（*Salegentibacter*）	南极洲	类胡萝卜素	阴性	阴性	需氧性	没测试
屈挠杆菌属（*Tenacibaculum*）	海藻，海绵，鱼类	类胡萝卜素或弱反应	可变	阳性	需氧性	无测试
威克斯氏菌属（*Weeksella*）	人类	无	阴性	阴性	需氧性	阳性
邹贝尔氏菌属（*Zobellia*）	红海藻，海洋沉积物	Flexirubin	阳性	阳性	需氧性	未测试

注：一些属的细菌仅产生一种色素，其他细菌不产生色素；然而其他属的细菌可产生 Flexirubin 型色素、类胡萝卜素中的一种或两种色素都产生。“有”表示可产生两种或者其中一种类型的色素。MCA 为麦康凯（MacConkey）琼脂。

表 3－5 黄杆菌科内各属细菌深入特征区别

属	七叶苷	过氧化氢酶	DNase	白明胶	葡萄糖酸	吲哚	ONPG	柠檬酸盐	蔗糖	尿素酶
碳酸噬胞菌属（*Aequorivita*）	+	+	75% －	+	－	NT	NT	－	－	V
伯杰氏菌属（*Bergeyella*）	－	+	－	+	－	+	－	－	－	+
二氧化碳噬纤维菌属（*Capnocytophaga*）	V	V	NT	V	+	－	V	V	+	V
噬纤维菌属（*Cellulophaga*）	NT	+	V	V	V	NT	NT	V	V	V

续表 3－5

属	七叶苷	过氧化氢酶	DNase	白明胶	葡萄糖酸	吲哚	ONPG	柠檬酸盐	蔗糖	尿素酶
金黄杆菌属（*Chryseobacterium*）	+	+	+	+	+	+	V	V	V	V
Coenonia	+	+	NT	−	+	−	+	−	−	−
稳杆菌属（*Empedobacter*）	−	+	+	+	+	+	−	−	−	V
黄杆菌属（*Flavobacterium*）	10/14 = +	+或弱	V	11/14 = +	V	−	V	V	V	V
冰冷杆菌属（*Gelidibacter*）	+	+	+	V	+	−	−	−	−	−
类香菌属（*Myroides*）	−	+	+	+	−	−	−	−	−	+
鸟杆菌属（*Ornithobacterium*）	−	−	−	−	V	−	+	−	−	+
极地杆菌属（*Polaribacter*）	V	+或弱	NT	V	+	−	V	−	V	−
冷湾菌属（*Psychroflexus*）	V	+	+	V	V	−	−	−	−	V
嗜冷蛇菌属（*Psychroserpens*）	−	+	−	V	−	−	V	−	−	−
立默氏菌属（*Riemerella*）	V	+	NT	+	+	V	−	−	−	V
需盐杆菌属（*Salegentibacter*）	+	+	+	+	V	NT	+	+	V	V
屈挠杆菌属（*Tenacibaculum*）	−	+	+	+	−	NT	NT	V	NT	NT
威克斯氏菌属（*Weeksella*）	−	+	−	+	−	+	−	−	−	−
邹贝尔氏菌属（*Zobellia*）	+	+	+	+	+	+	+	+	+	−

注：V 表示可变；NT 表示未测试；－表示阴性；＋表示阳性；ONPG 表示邻硝基苯－β－D－硫代半乳糖苷。“10/14 = +” 表明此属内有 14 个种，其中 10 个种为阳性。

噬纤维菌属—黄杆菌属—拟杆菌属类群还包括很多其他的科。像黄杆菌科的属一样能够产生黄色素的这些其他属，可以从水环境样品中培养获得。这些种类包含海环杆菌（*Cyclobacterium marinum*），哈氏噬纤维菌（*Cytophaga hutchinsonii*），易挠屈挠杆菌（*Flexibacter flexilis*），鲑鱼肉色海滑菌（*Marinilabilia salmonicolor*），解肝磷脂土地杆菌（*Pedobacter heparinus*），食神鞘氨醇杆菌（*Sphingobacterium spiritivorum*）以及其他一些种类。

黄杆菌科成员中除嗜二氧化碳噬纤细菌属（*Capnocytophaga*），*Coenonia*，鸟杆菌属（*Ornithobacterium*）和立默氏菌属（*Riemerella*）之外，大多数都是需氧性细菌。适宜的分离技术是用 BA 培养基，在 5% ～10% 的 CO_2 环境或者商品化的含有 5% O_2、10% CO_2、85% N_2 混合气体的环境中培养。它们在厌氧的环境生长的很少或者不生长（Bernardet 等，2002）。

噬纤维菌属（*Cellulophaga*），邹贝尔氏菌属（*Zobellia*）降解琼脂结果为阳性，黄杆菌属（*Flavobacterium*）的结果是可变。黄杆菌科其他属中没有一种细菌能够降解琼脂糖。

Bernardet 等（2002）提供的黄杆菌科新种类的描述可用于指导描述和鉴定新的类型和种。

3.4.8.1　柱状黄杆菌（*Flavobacterium columnare*）

菌株之间被报道具有遗传多样性，但它们的表型是相似的。基因组Ⅰ包含模式菌株 IAM 14301^T，在硝酸盐试验中 50% 是阳性。硝酸盐还原酶试验在基因组Ⅱ是可变的，然而在基因组Ⅲ中的菌株硝酸盐是阴性的。基因组Ⅱ和基因组Ⅲ能够在 37℃生长，但是在15℃不能生长；然而，基因组Ⅰ的菌株生长温度具有可变性，85% 在 15℃能生长，仅有 75%

在37℃能生长。基因组变型可通过 PCR 来区分（Triyanto 和 Wakabayashi，1999）。参见 6.1，利用特异引物 PCR 进行分子鉴定。

3.4.8.2 海洋屈挠杆菌（*Tenacibaculum maritimum*）

海洋屈挠杆菌用 API ZYM 的反应结果与文献中报道的基本一致。API ZYM 应该在 22～25℃过夜培养。

3.4.9 蜂房哈夫尼菌（*Hafnia alvei*）

蜂房哈夫尼菌与鲁氏耶尔森氏菌（*Yersinia ruckeri*）有区别。蜂房哈夫尼菌木糖醇发酵结果是阳性的，而鲁氏耶尔森氏菌是阴性的。

3.4.10 乳球菌属（*Lactococcus* spp.）

乳球菌属的设定是为了与“乳酸”或者 N 组链球菌相适应。通常有 5 个种，即格氏乳球菌（*L. garvieae*），乳酸乳球菌（*L. lactis*），鱼乳球菌（*L. piscium*），植物乳球菌（*L. plantarum*）和棉子糖乳球菌（*L. raffinolactis*）。格氏乳球菌和鱼乳球菌 N 组的结果在文献中有所不同。

格氏乳球菌（*Lactococcus garvieae*）

依赖于所使用的鉴定系统，对于核糖的记录结果是不同的。当用 API 50CH 系统时，核糖结果是阳性的，但用 API 快速 ID32 链球菌鉴定系统（Vela 等，2000）则是阴性。利用生化的方法可能不能区分格氏乳球菌与副乳房链球菌（*Streptococcus parauberis*）（Doménech 等，1996）。格氏乳球菌［杀鱼肠球菌（*Enterococcus seriolicida*）］的表型和乳酸乳球菌是相似的，它们可通过克林霉素的敏感性区分，格氏乳球菌对其有抗性，而乳酸乳球菌是敏感的（Elliott 和 Facklam，1996）。乳酸乳球菌现在被认为是德氏乳杆菌乳酸亚种（*L. delbrueckii* ssp. *lactis*）。

格氏乳球菌能分出生物型（Vela 等，2000），然而这些区分具有争议，进一步研究表明，格氏乳球菌株都具有相对同质性，与地理分布和水生宿主无关。若用 API 快速 ID32 链球菌鉴定系统，从 BA 平板直接取得接种物的浓度保持统一标准，对于生化鉴定结果是非常重要的。要获得可靠的重复结果只能通过分光光度计在波长 580 nm，光学密度为 0.8 时对接种浓度进行测定才行。BA 平板上生长的培养物进行生化实验结果可靠，然而从 TSA（Oxoid）获得的细菌细胞所做的生化反应是可变的。尽管如此，在生化试验中，如 β-牛乳糖、马尿酸盐、β-甘露糖苷酶、松三糖产酸、N-乙酰氨基-β-葡萄糖苷酶、茁霉多糖产酸试验中仍可见到轻微的变化（Ravelo 等，2001）。

3.4.11 鳗利斯特氏菌（*Listonella anguillarum*）

一些菌株的柠檬酸盐测试，在常规管中和 API 20E 中的结果均为阴性。MR 测试管中可能显示微弱生长，孵育 48 h 后弱阳性结果，一些菌株可能是阴性。TCBS 上生长趋向缓慢，与 MSA-B 或者 BA 平板生长情况相比较，生长量明显少。从河口环境分离的菌株在含 0.85% NaCl 的培养基生长可能会更好，然而，来自海洋环境的菌株在含 2%～3% NaCl 的培养基中生长更适合，在明胶—盐琼脂上的生长情况能清楚地反应这一点。当准备做常规生化试验或者 API 20E 时，根据在明胶—盐琼脂平板或在 BA 上的生长情况，对比在

MSA-B 上的生长情况，作为细菌对盐环境适应性的参考，调整培养液的 NaCl 浓度。菌株 NCIMB 2129 的山梨醇和海藻糖发酵报告为阴性（Benediktsdóttir 等，1998）。NCIMB 2129 菌株、NCIMB 6 菌株和 ATCC 14181 菌株的柠檬酸盐、吲哚和 MR 报告有差异（Myhr 等，1991；Benediktsdóttir 等，1998；Lunder 等，2000）。血清型 01 菌株 L－阿拉伯糖趋向阳性（Toranzo 和 Barja，1990）。

3.4.12　海中嗜杆菌（*Mesophilobacter marinus*）

海中嗜杆菌被描述为海洋球杆菌，其形态与不动杆菌属（*Acinetobacter*）—莫拉莫斯氏菌属（*Moraxella*）类群很相似。

3.4.13　莫里特氏菌属（*Moritella* spp.）

黏菌落莫里特氏菌［*Moritella*（*Vibrio*）*viscosu*］在试验培养基中通常需要延长培养时间。很多菌株的最适生长要求 1% 的蛋白胨。对盐的需求量和生长受限温度在文献中不一致。有研究报道 1%～4% 的 NaCl 和 25℃ 能生长（Lunder 等，2000）。另外的研究则报道 2%～3% 的 NaCl 能生长，而 4% 不能生长，温度为 4～21℃ 能生长，25℃ 不能生长（Benediktsdóttir 等，2000）。

3.4.14　发光杆菌属（*Photobacterium* spp.）

3.4.14.1　美人鱼发光杆菌美人鱼亚种（*Photobacterium damselae* ssp. *damselae*）

该菌的一些生化结果依据采用生化实验方法和接种物中的含盐量的不同而区分。其尿素酶为阳性，然而 API 20E 中尿素酶结果似乎依赖接种物中盐的浓度。当所用接种物中 NaCl 的含量为 0.85% 时，尿素酶所示结果为阳性，但是当接种物中 NaCl 浓度为 2% 时，得到的尿素酶结果为阴性。孵育时间对尿素结果也是非常重要，在 24 h 结果弱或是阴性，但在 48 h 结果为强阳性。美人鱼发光杆菌美人鱼亚种（*P. damselae* ssp. *damselae*）被分组为不同生物型（Pedersen 等，1997），有很多被列在发光杆菌属的常规生化试验表中。表 3－6 列的是没有在常规生化鉴定表 4－20 中列出的其他生化试验。

表 3－6　区分美人鱼发光杆菌生物型的附加试验

测试	生物型								
	1	2	3	4	5	6	7	8	9
脂肪酶	+	－	+	+	+	+	+	+	+
纤维二糖	+	+	+	+	－	－	+	+	+

注：引自 Pedersen 等（1997）。

3.4.14.2　美人鱼发光杆菌杀鱼亚种（*Photobacterium damselae* ssp. *piscicida*）

发酵反应在厌氧状况下可能有所改善。最容易的方法是给培养基上覆盖一层无菌石蜡。在 API 20E 试剂盒中葡萄糖反应可能非常弱或者是阴性的。同样，VP 反应可能是可变的，用于研究生化特性的菌株来自法国、希腊、意大利和日本，这些被试验的菌株在 API 20E 系统中 VP 试验是阴性的（Bakopoulos 等，1995）。

3.4.15 假交替单胞属（*Pseudoalteromonas* spp.）

3.4.15.1 柠檬交替单胞菌（*Pseudoalteromonas citrea*）

柠檬假交替单胞菌由 Gauthier（1977）首次描述，模式菌株为 ATCC 29719。相同的菌株被 Ivanova 等（1998）描述。一些表型试验有轻微的不同，这可能是不同的生境所造成的。这些菌株的表型反应在本书中都有描述。

3.4.15.2 鳗败血假单胞菌（*Pseudomonas anguilliseptica*）

芬兰菌株和模式菌株白明胶是阳性，然而，日本分离的菌株白明胶却是阴性。只有当细菌在20℃下生长时，运动性才可见（Michel 等，1992）。根据热不稳定的表面 K 抗原，把鳗败血假单胞菌分成 3 类血清型。来自日本的鳗鲡血清型为 K－和 K＋；香鱼的血清型是 K＋，芬兰菌株也是 K＋（Wiklund 和 Bylund，1990）。鳗败血假单胞菌抗血清与恶臭假单胞菌（*Pseudomonas putida*）和鳗利斯特氏菌（*Listonella anguillarum*）可以显示交叉反应；然而，如果用的是 1∶5 到1∶10的稀释液，可能会避免交叉反应（Toranzo 等，1987）。

3.4.16 鲑鱼肾杆菌（*Renibacterium salmoninarum*）

该菌是细菌性肾脏疾病（BKD）的病原菌。这是一种营养需求复杂和生长缓慢的细菌，可用培养基 KDM2 分离培养，由于每个批次的蛋白胨都有变化，可能得出不一致的结果（Evelyn 和 Prosperi-Porta，1989）。运用保育培养技术或者不断补充生长消耗的培养基能够提高生长的稳定性。保育培养模式需要放置 25 μL 保育培养滴剂（由悬浮在生理盐水或者蛋白胨中的细胞制备）到加有实验样品的平板中央。一旦滴剂干了，倒转平板，密封防止变干，在 15℃培养 21 d。补充消耗肉汤培养基的方法是指用 1.5%（v/v）的已消耗营养的培养基重新制备的 KDM2 培养基。（Evelyn 等，1990）。

3.4.17 链球菌属（*Streptococcus* spp.）

3.4.17.1 无乳链球菌（*Streptococcus agalactiae*）

链球菌兰氏分型组 B。从人类、鱼类及陆生动物分离的无乳链球菌（*S. agalactiae*）报道有不同的反应。部分原因可能是酶反应的最适培育温度不同。例如，分离于鱼类的菌株马尿酸盐反应在 25℃培养时结果为阳性，但在 37℃培养则为阴性。常规的 VP 方法显示无乳链球菌结果为阴性，但用 API rapid ID 32 则为阳性（Vandamme 等，1997）。来源于哺乳动物的无乳链球菌菌株是 β 溶血性；然而，分离于鱼类的大多数菌株被报告为非溶血性，因此，起初被鉴定为难辨链球菌（*S. difficile*）。它们现在被鉴定为无乳链球菌组 B，荚膜型Ⅰb（Vandamme 等，1997）。这些菌株生长慢，牢牢地黏附在琼脂平板上，使细胞悬浮在接种的液体中很困难。常规生化反应可能需要培养 48 h 试管里才出现大量繁殖的现象。MR 和 VP 反应弱，蛋白胨水（吲哚试验）中可见轻微生长。用常规培养基进行 ADH 试验可能培养超过 3 d 才会出现轻微的颜色变化。

分离于暴发疾病的真鲷和科威特的野生胭脂鱼的无乳链球菌菌株，它们的生化反应与 ATCC 型菌株相比较有些不同（Evans 等，2002）。因此，分离于真鲷和野生胭脂鱼的无乳链球菌菌株的结果被分别列在 API rapid ID 32 测试结果中（表 4－30）。

3.4.17.2　海豚链球菌（*Streptococcus iniae*）

细菌在绵羊血平板（BA）上显示完全β溶血，但当培养基中添加人血清或者牛血清仅有部分溶血。溶血的可变性在菌株间都可见到。

分离于鱼类或者人体的菌株生化特性有轻微的不同。

分离于红海中养殖鱼类和野生鱼类的海豚链球菌菌株与其他来源的海豚链球菌菌株相比，除了前者大多数菌株的ADH阴性，检测API 50CH中的半乳糖和苦杏仁苷发酵（需培养72 h才记录结果）结果延迟外，其余生化特性相同（Colorni等，2002）。用API 20 Strep时，其生化特性与分离于鱼类的其他菌株的结果一致，30%的菌株ADH可能是阴性的，甘露醇的发酵结果可能是可变的（Dodson等，1999）。

3.4.17.3　副乳房链球菌（*Streptococcus parauberis*）

副乳房链球菌与格氏乳球菌没有生化方面的区别（Doménech等，1996）。

3.4.17.4　乳房链球菌（*Streptococcus uberis*）

PYR反应的结果有不同报道。*Bergey's Manual of Determinative Bacteriology*（1994）报道是阴性反应，而Collins等（1984）和Doménech等（1996）则报道为阳性。

3.4.18　海洋屈挠杆菌（*Tenacibaculum maritimum*）

参见黄杆菌科。

3.4.19　沙氏漫游球菌（*Vagococcus salmoninarum*）

漫游球菌属（*Vagococcu*）被描述为运动型，链球菌兰氏分型组N，革兰氏阳性球菌；然而Schmidtke和Carson（1994）把沙氏漫游球菌描述为N抗原阴性。

3.4.20　弧菌属（*Vibrio* spp.）

3.4.20.1　*Vibrio agarivorans*

这些菌株能够降解琼脂，25℃培养3 d后在琼脂平板上可见小的凹陷，这种现象随时间的增长变得明显，大约7 d，效果非常明显。分离于澳大利亚西部的鲍鱼体的菌株效果尤其明显。糖类发酵试验的结果很难判断，这一现象在所有菌株的试验中均被注意到。所有糖类发酵管应该与葡萄糖反应所产生的明亮黄色对照。阳性反应很容易判定，但是事实上，那些很弱的反应是阴性反应，这些弱反性在管中呈现淡黄色，继续培养48 h和72 h，这些反应会显示清晰的阴性。第一次分离于地中海的*V. agarivorans*，七叶苷显示阳性，明胶显示阴性（Macián等，2001b）。来自澳大利亚西部的菌株用常规试验管测试七叶苷都显示阴性，用平板法测试，明胶为阳性。然而，用API 20E在25℃培养48 h后，明胶结果为阴性。

3.4.20.2　溶藻弧菌（*Vibrio alginolyticus*）和哈维氏弧菌（*Vibrio harveyi*）

这两个种的区分可能是很困难的（表3-7）。VP试验可区分它们，D-葡萄糖醛酸发酵附加试验也可以区分（Baumann等，1984）。溶藻弧菌是游走的，在25℃培养24 h可完全覆盖MSA-B平板。然而哈维氏弧菌是生长缓慢或者扩散生长的类型。溶藻弧菌尿素酶为阴性，而哈维氏弧菌尿素酶通常是阳性（50%的报道为阳性）。

表 3－7 溶藻弧菌和哈维氏弧菌的区分

	VP	10% NaCl	42℃生长	尿素酶	D－葡萄糖醛酸
溶藻弧菌（*Vibrio alginolyticus*）	+	+	+	－	－
哈维氏弧菌（*Vibrio harveyi*）	－	－	－	v	+

3.4.20.3 霍乱弧菌（*Vibrio cholerae*）

霍乱弧菌菌株七叶苷是阴性。然而，一些菌株由于产生色素能使培养基变为黑色（Coyne 和 Al-Harthi，1992）。为了确定七叶苷水解产生的黑色素的真实性，需进行七叶苷试管荧光消失实验（Choopun 等，2002）。七叶苷溶液在波长为 354 nm 的 UV 灯光下将发出荧光，荧光的消失显示七叶苷水解试验结果阳性（MacFaddin，1980）。七叶苷培养基应该尽量保存在不透过紫外线的塑料管中，试验时培养基注入培养皿，并放置于悬挂 Wood UV 灯的暗室中。空白对照和阴性结果将在液体周边显示荧光环，而真正七叶苷阳性将不显示荧光。为了保护眼睛应该戴不透过紫外线的保护镜。

非 01 霍乱弧菌：分离于来自日本的香鱼的非－01 霍乱弧菌菌株，被发现 *ODC* 为阴性（*Kiiyukia* 等，1992）。通常，霍乱弧菌分离物 *ODC* 显示阳性。

3.4.20.4 溶珊瑚弧菌（Vibrio coralliilyticus）

最新的 6 株弧菌的特征被报道。菌株间的生化特性是可变的，在 API 20NE 检测中，其中 2 株 ADH 为阳性，4 株为阴性（Ben-Haim 等，2003）。

3.4.20.5 费希尔弧菌（*Vibrio fischeri*）

在 API 20E 测试中 VP 的结果为阳性，但是在 MRVP 培养基（Difco）中 VP 为阴性。

3.4.20.6 河流弧菌（*Vibrio fluvialis*）和弗尼斯弧菌（*Vibrio furnissii*）

当用含 1% NaCl 蛋白胨水进行吲哚产物试验时，两种细菌的结果是阴性，而用心脏组织浸出液肉汤时，14% 的弗尼斯弧菌和 4% 的河流弧菌菌株为阳性。两种弧菌在 API 20E 系统中吲哚均为阳性。API 20E 数据库可能将其鉴定为气单胞菌（*Aeromonas*）种类（Brenner 等，1983）。当大约 12 滴 Kovács 试剂（吲哚试剂）加入培养 48 h 的蛋白胨水中（5 mL）时，弗尼斯弧菌的吲哚反应可能显示浅的粉红色。之后颜色马上消失，变成有点脏的橙棕色。如果在试管中没有添加 NaCl，弗尼斯弧菌将会显示 ADH 阴性。当 NaCl 的最终浓度为 2% 时，ADH 为阳性（Buller，2003）。弗尼斯弧菌菌株葡萄糖产气，而河流弧菌菌株不产气。弗尼斯弧菌菌株（57%）可能是 L－鼠李糖阳性，而河流弧菌菌株为阴性。63% 的河流弧菌纤维二糖为阳性，而弗尼斯弧菌是阴性（Lee 等，1981；Brenner 等，1983）。

3.4.20.7 哈维氏弧菌［*Vibrio*（*carchariae*）*harveyi*］ATCC 35084

柠檬酸盐和明胶实验（平板法）在 24 h 是阴性，需要 48 h，甚至更长时间才能读取。培养物闻起来有辛辣味，和类志贺毗邻单胞菌（*Plesiomonas shigelloides*）的味道相似。

3.4.20.8 哈维氏弧菌（*Vibrio harveyi*）

菌株 ATCC 14126 发光阳性，尿素酶阴性。然而 ATCC 35084 菌株发光阴性，尿素酶阳性（Alcaide 等，2001）。菌株 NCIMB1280、ATCC 14126 和 ATCC 14129 被报道明胶阳性（Baumann 等，1984；Benediktsdóttir 等，1998）。ATCC14126 菌株和 ATCC 14129 菌株被报

道山梨醇发酵阴性，而 ATCC 35084 菌株2 d后阳性（Alcaide 等，2001；Buller，2003）。溶血性是可变的，对绵羊红血细胞为阳性（Alcaide 等，2001），详见表3－7。

3.4.20.9　海王弧菌（*Vibrio neptunius*）

模式菌株 ADH 阳性；然而，其他菌株被报道 ADH 为阴性（Thompson 等，2003）。

3.4.20.10　副溶血性弧菌（*Vibrio parahaemolyticus*）

在 API 20E 中，当菌株 ATCC 43996 在终浓度为2%的 NaCl 培养基中培养48 h后，阿拉伯糖显示更明显的阳性。然而，在含2% NaCl 的培养基中培养48 h，ADH 仅显示弱阳性。常规试验中，如果用一般的生理盐水作为接种物，吲哚将被记录为阴性。用含 NaCl 最终浓度为1.5%和2.0%的盐水作为接种物时，会显示阳性结果。

3.4.20.11　地中海弧菌（*Vibrio mediterranei*）

在 MSA－B 培养基上生长48 h形成大的、乳色的、黏性的菌落。用含2% NaCl 的接种物培养24 h后，在 API 20E 系统中 ADH 为阳性，培养48 h LDC 可能也显示阳性。然而，在常规的试管测试中，培养48 h仅 LDC 为阳性。

3.4.20.12　解蛋白弧菌（*Vibrio proteolyticus*）

在24 h内，菌落在琼脂表面蜂拥样快速生长，可能会被误认为是溶藻弧菌。在常规柠檬酸盐试管中，阳性结果可能直到48 h才可看到。在常规试管测试中可看到尿素阳性，但是在 API 20E 系统，添加2% NaCl 接种物，48 h显阴性。

3.4.20.13　大菱鲆弧菌（*Vibrio scophthalmi*）

模式菌株甲壳素水解阳性，而其他菌株为阴性（Farto 等，1999）。

由于大菱鲆弧菌和灿烂弧菌（*V. splendidus*）生物变型Ⅰ的各菌株之间表型试验结果变化比较复杂，以至于通过表型试验区别两者比较困难（Farto 等，1999）。吲哚、O－对硝基－β－D－半乳糖苷酶（ONPG）和甘露醇发酵是最好的表型区分试验。大菱鲆弧菌这3个试验测试中都是阴性的，然而，灿烂弧菌生物变型Ⅰ在这3个试验中都显示阳性。

3.4.20.14　灿烂弧菌（*Vibrio splendidus*）

表型试验的可变性在研究的不同组之间有所报道。显示 ADH 一致性的问题似乎是试验之一，尽管大多数报告表明 ADH 是阳性。当用 Thornley 的方法试验时，发现大多数灿烂弧菌Ⅰ型菌株 ADH 为阳性，然而，当用更加普遍的 Møller 的精氨酸方法时，菌株被发现 ADH 结果为阴性（Macián 等，1996）。灿烂弧菌Ⅰ型模式菌株（NCMB 1，ATCC 33125）被 Lunder 等（2000）和 Benediktsdóttir 等（1998）都报道 ADH 为阳性。然而，灿烂弧菌生物变型2模式菌株 NCMB 2251 的 ADH 结果是可变的。Lunder 报道是阴性，而 Benediktsdóttir 却报道阳性。两个论文都报道蔗糖阴性，然而相同的模式菌株被 Farto 等（1999）报道为阳性。此菌株的 ONPG 结果也可变。像这些可变性给诊断实验室鉴定未知的细菌带来很多困难。

它们分为两个生物变型，均与疾病相关。生物变型1菌株发光性和甘露糖、核糖、蜜二糖发酵结果都为阳性，然而生物变型2菌株的这些试验结果均为阴性。另外，生物变型1甘油发酵和甲壳素降解为阴性，而生物变型2为阳性（Benediktsdóttir 等，1998）。

灿烂弧菌菌株之间的毒性在报道中有所区别，如在 API ZYM 系统所测定的，缬氨酸氨肽酶为毒力因子，因为病原菌株产生此酶，而非病原菌株则不产生（Gatesoupe 等，

1999）。

3.4.20.15 创伤弧菌（*Vibrio vulnificus*）

把创伤弧菌分成两个主要的生物变型的观点还存在争论。最早由 Tison（1982）分类的生物变型 1 菌株的吲哚和 ODC 为阳性，菌株主要从人类临床分离获得。生物变型 2 菌株是主要分离于患病的鳗鱼，吲哚和鸟氨酸为阴性。然而，这两个分类有点重叠。因此，不同菌株的反应、不同地理位置和来源均包括在常规鉴定表和 API 20E 的表中。报告显示大概有 20% 的创伤弧菌菌株蔗糖为阳性（Arias 等，1998）。试验记录显示蔗糖培养基高压灭菌可能会使其产生假阳性。应优选过滤灭菌的蔗糖培养基以便得到更准确的糖发酵结果。

3.4.20.16 沃丹弧菌（*Vibrio wodanis*）

这些菌株在 NaCl 含量为 0.5% ~5.0% 都能生存（Lunder 等，2000）。研究发现 16 株菌中的 1 株能够在含 0.5% NaCl 的培养基中生长，23 株中的 16 株在含 4.0% NaCl 的培养基中生长（Benediktsdóttir 等，2000）。

3.4.21 耶尔森氏菌属（*Yersinia* spp.）

3.4.21.1 弗氏耶尔森氏菌（*Yersinia frederiksenii*）

这些菌株的鼠李糖为阳性，以前称为非典型结肠炎耶尔森菌（*Y. enterocolitica*）。中间耶尔森氏菌（*Y. intermedia*）包括鼠李糖阳性菌株、蜜二糖阳性菌株、蜜三糖阳性菌株，以前称为结肠炎耶尔森氏菌（*Y. enterocolitica*）或类结肠炎耶尔森氏菌（*Y. enterocolitica*-like）。克氏耶尔森氏菌（*Y. kristensenii*）涉及蔗糖阴性菌株。

3.4.21.2 鲁氏耶尔森氏菌（*Yersinia ruckeri*）

鲁氏耶尔森氏菌的菌株可能被分为运动型和非运动型，这一发现是以地理分布为基础。来自英国的菌株是非运动型的，加拿大和挪威偶尔也有非运动型菌株的报道。非运动型的菌株，当用吐温 20 和吐温 80 测试时，缺乏脂肪分解能力。因此，含有吐温 80 的 Shotts-Waltman 培养基不适宜用来区分非运动型鲁氏耶尔森氏菌菌株（Davies 和 Frerichs，1989）。这些学者建议非运动型、吐温 80 水解阴性的菌株应该被认为是鲁氏耶尔森氏菌生物型 2。常规试管的结果和 API 20E 系统的结果可能有变化，包括柠檬酸盐利用、明胶水解、VP 和硝酸盐试验。API 20E 系统鲁氏耶尔森氏菌硝酸盐试验结果是不可信的，推荐使用常规试管。25℃培养 24 h 后，柠檬酸盐和明胶可能显示假阴性，因此建议培养 48 h。运动性和柠檬酸盐在 37℃为阴性，但在 25℃却是阳性。API 20E 比常规的试管试验显示更多的 VP 阳性（Davies 和 Frerichs，1989）。

木糖发酵可能会区分鲁氏耶尔森氏菌和蜂房哈夫尼菌（*Hafnia alvei*）。鲁氏耶尔森氏菌木糖发酵是阴性的，而蜂房哈夫尼菌为阳性。

3.5 抗血清的获得与利用

下面是可利用的商业化抗血清商品。

杀鲑气单胞菌杀鲑亚种（*Aeromonas salmonicida* ssp. *salmonicida*）特异性单克隆抗体（BIONOR Mono AS，BIONOR Aqua，Skien，Norway）。

流产布鲁氏杆菌（*Brucella abortus*）抗血清（Difco）。

鳗利斯特氏菌（*Listonella anguillarum*）特异性单克隆抗体：血清型01、02、03和04、05及07环境血清型（BIONOR Mono-Va，BIONOR Aqua，Skien，Norway）。

美人鱼发光杆菌杀鱼亚种（*Photobacterium damselae* ssp. *piscicida*）特异性单克隆抗体（BIONOR Mono-Pp，BIONOR Aqua，Skien，Norway）。

鲑鱼肾杆菌（*Renibacterium salmoninarum*）特异性单克隆抗体（BIONOR Mono-Rs，BIONOR Aqua，Skien，Norway）。

沙门氏菌O型和沙门氏菌H型抗血清及种特异性抗血清（Difco）。

血浆凝固酶（Staphylase）试验，鉴定金黄色葡萄球菌（*Staphylococcus aureus*）（Oxoid）。

链球菌组A、B、C抗血清（Difco）。链球菌组A、B、C、D、F、G抗血清（Oxoid）。

霍乱弧菌（*Vibrio cholerae*）。01群霍乱弧菌抗血清（Denka Seiken）。Bacto-Vibrio-Cholerae抗血清，用于检测01群中3种血清型。这些血清型分别是Ogawa（AB抗原因子），Inaba（AC－O抗原因子）和Hikojima（ABC－O抗原因子）（Difco）。

鲁氏耶尔森氏菌（*Yersinia ruckeri*）特异性单克隆抗体（BIONOR Mono-Yr，BIONOR Aqua，Skien，Norway）。

The BIONOR Mono-Va试剂盒，检测鳗利斯特氏菌（*Listonella anguillarum*）血清型01、02和03和环境血清型04、05、07。然而，可出现抗灿烂弧菌（*V. splendidus*）菌株和运动型气单胞菌种类的非特异性凝集。阳性凝集反应建议细胞浓度为10^8cell/mL（Romalde等，1995）。

美人鱼发光杆菌杀鱼亚种的菌株用BIONOR Mono-Pp试剂盒检测。检测杀鲑气单胞菌（*Aeromonas salmonicida*）没有交叉反应。然而，非特异黏合性在大叶性肺炎放线杆菌（*Actinobacillus pleuropneumoniae*），副猪嗜血菌（*Haemophilus parasuis*），曼氏溶血杆菌（*Mannheimia haemolytica*）和多杀巴斯德菌（*Pasteurella multocida*）菌株中会出现（Romalde等，1995）。

BIONOR Mono-Rs试剂盒能够成功检测鲑鱼肾杆菌。然而，缺少p57表面蛋白不能被检测到（Romalde等，1995）。用其他革兰氏阴性菌，如水生棒杆菌（*Corynebacterium aquaticum*）、栖鱼肉杆菌（*Carnobacterium piscicola*）、粪肠球菌（*Enterococcus faecalis*）和格氏乳球菌（*Lactococcus garvieae*）检测没有交叉反应（Romalde等，1995）。

用BIONOR Mono-Yr试剂盒检测鲁氏耶尔森氏菌的经典血清型01和03。检测02血清型，试验需要48 h进行或者使用继代培养物才能进行。试剂盒不能检测鲁氏耶尔森氏菌血清型05和06，因为血清型的成分包含在此试剂盒中了。阳性凝集要求细胞的浓度为10^8cell/mL。与其他病原细菌没有交叉反应（Romalde等，1995）。

第4章　生化鉴定表

4.1　常规生化试验结果（试验设计）

以下列表（表4－1至表4－22）是解释在室内或常规生化培养基获得的结果。这些表按测试细菌学名的字母顺序排列。表中细菌按照水产动物病原菌或环境细菌和腐生细菌进行分组。腐生菌、环境细菌和其他细菌种类都包括在“环境的”中，这有助于从相近种类中区分出病原细菌并对未知的细菌作出更准确的鉴定。

有很多这样的例子：对同一菌株，不同实验室的文献报道出不同的或者可变的生化试验结果。同样，不同菌株的生化试验差别也有记载。在此列出这些结果，以便读者了解有些结果并不完全可信，并且不同的结果可能由不同的实验室提供。本书所列的情况中，出现可变结果的试验要求采用同一种试验方法进行。众所周知，同一细菌用不同的方法可能显示不同的结果。因此，考虑所用方法的一致性是非常重要的。表中报告了常规生化试验与API 20E结果的差别，目的是让读者明白不同的实验方法对于特定的细菌来说结果是可变的。列表中的阳性百分数是依据文献中报道的很多菌株试验获得的结果。“温度”和“NaCl”栏分别显示菌株适宜生长的温度和NaCl浓度的范围。

列表中除了弧菌外（表4－21和表4－22），其他表中所有列出的“病原的”或者“环境的”细菌均以其学名的字母顺序排列。

弧菌种类表中是依据它们的ODC－LDC－ADH反应结果分组。因此，所有的种类以ODC＋、LDC＋、ADH－的结果聚类在一起。同样，其他的ODC－LDC－ADH反应组合也按这种方法聚类。用这种聚类作为未知种类鉴定的起点。

使用本列表需结合相关章节对试验结果的说明及一些属和种的特定反应进行说明（参见第3章）。

记录试验结果的实验室工作表的例子见“实验室工作表”（表4－22之后）。

当鉴定一株未知的菌株时可以利用下面的示意图（图4－1，常规培养基，生化鉴定组合）作为指导。以革兰氏染色作为开始，然后进行细菌形态观察，对于革兰氏阴性菌，再依据氧化酶的结果来进一步鉴定。

4.2　API试剂盒结果

4.2.1　API 20E概况说明

制造商提供的说明仅作为参考。Kent（1982）不推荐使用试剂盒的说明，容易导致判断错误，尤其是在试图鉴定商业数据库中未包括的细菌时。即使鉴定可信度为99%，用API 20E系统仍会错误识别细菌。例如，Dalsgaard（1996）研究发现API 20E对创伤弧菌（*Vibrio. vulnificus*）识别错误，系统会给出可信度高于98%的结果是嗜水气单胞菌

(*Aeromonas hydrophila*)，脑膜脓毒性黄杆菌（*Flavobacterium meningosepticum*），洋葱伯克霍尔德氏菌（*Burkholderia cepacia*）；90% 到 95% 的可信度是溶藻弧菌（*V. alginolyticus*）和副溶血性弧菌（*V. parahaemolyticus*）。然而，用种特异性 DNA 探针测试证明所有这些分离的菌株事实上都是创伤弧菌（*V. vulnificus*）。

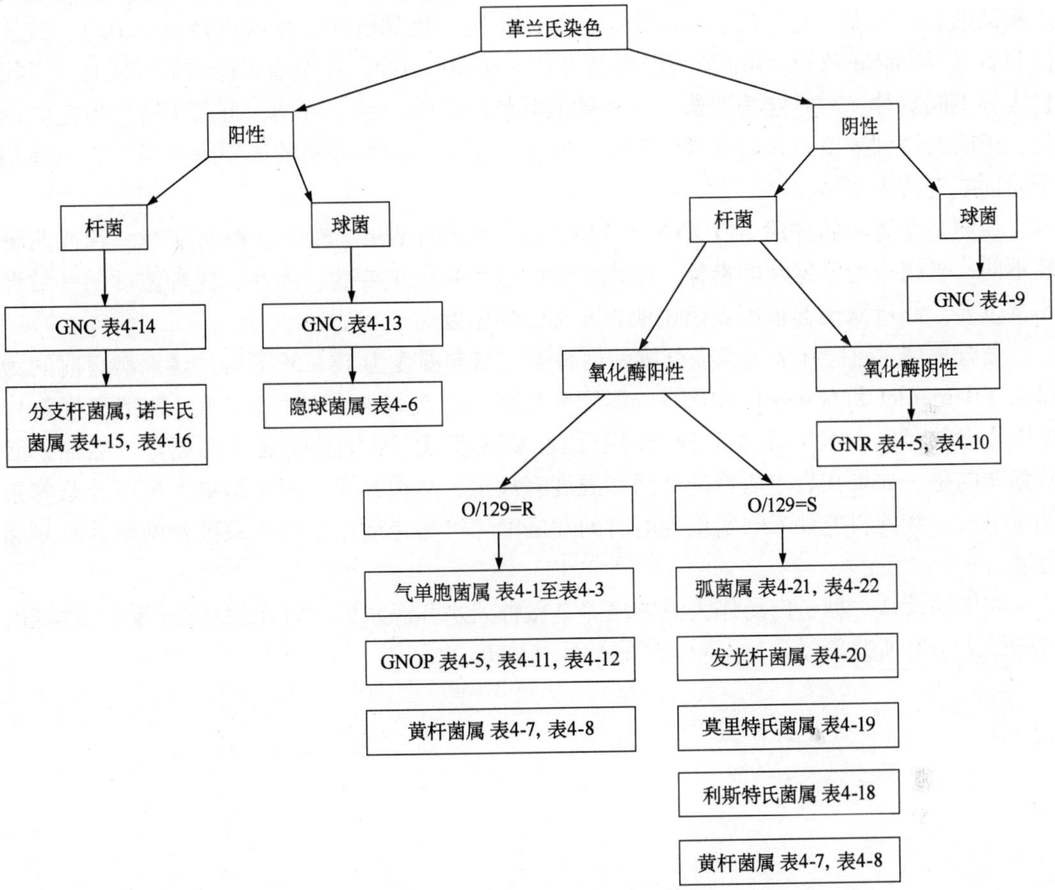

图 4－1　生化鉴定表使用示意

建议在用 API 20E 系统时谨慎，可能需要一些附加的试验给出确定的答案。以将气单胞菌从属鉴定到种为例，增加常规七叶苷试验，甲基红试验（MR）和水杨苷试验，以提高 API 20E 系统鉴定的准确度。

本书所列 API 20E 的资料是从文献中收集获得。对于一些细菌，如创伤弧菌（*Vibrio vulnificus*），获得的许多资料，提示该菌在种内表型有可变性。

API 20E 的反应以三种不同的形式列出（表 4－23 至表 4－25）。表 4－23 为第一种形式，显示不同试验获得的反应结果，与 API 20E 试纸顺序相同，细菌以字母顺序排列。表 4－24 为第二种形式，所有的细菌以字母顺序列出，然后对应 API 20E 的流水号。表 4－25 为第三种形式，API 20E 的流水号以数字顺序列出，当鉴定未知细菌时首先采用此表，然后用表 4－23 查询反应的阴性或阳性。表 4－24 和表 4－25 应该被查询，以评估 API 20E 的流水号相邻菌株的相近性，并决定是否添加试验确定最初的鉴定结果。有一些项目，API 20E 序列号为 9 位数的菌株在杂志上未见报道，因为在 MCA 上生长和 OF 试验没有报道。在这种情况下，API 20E 的流水号在本书中被记录为 7 位数或 8 位数。

表格中的数字是指这些试验结果中阳性菌株所占的百分比。

4.2.2 使用 API ZYM 鉴定

API ZYM 表被包括是因为许多新描述种的酶产物试验用此试剂盒测定，它不是常规的诊断试剂盒。然而，它有助于兽医来源的细菌鉴定，比如巴斯德菌属（*Pasteurella*），放线杆菌属（*Actinobacillus*）和绵羊嗜组织菌（*Histophilus ovis*）。若表型实验结果可疑时，可用它区分不同的种。对于这些细菌，一个种的颜色反应强度是一致的，可用于种的鉴定。因此，正确的接种浓度就显得非常的重要。在鉴定从水生动物分离的未知细菌时，它也被用于验证或支持表型试验。

在同一个属内的种用 API ZYM 会得到非常相似的结果。然而，种间常有一种或两种酶不同，可以作为鉴定种的指标。颜色反应的强度是很重要的，因此，接种浓度的一致性非常重要。制造商推荐采用麦氏比浊管 6 号管的密度。

黄杆菌属、屈挠杆菌属和噬纤维菌属种类，培养温度为 18～30℃时，建议孵育时间为 12 h（Bernardet 和 Grimont，1989）。温度为 37℃时，建议孵育时间为 4 h（制造商推荐）。根据作者的经验，水生环境中分离的细菌在 25℃孵育 24 h 反应的结果更好。然而，必须强调的是，如果在表中培养的时间和温度有规定，必须参照，因为结果是按照此培养条件所得。一些资料上并未限定培养的时间和温度，可参考使用生产厂家推荐的培养时间和温度。

如果用铵盐—糖—肉汤作为液体培养基接种淡水和海水的黄杆菌属/噬纤维菌属类群，试验结果会有所改善（Bernardet 和 Grimont，1989）。

表 4-1　杀鲑气单胞菌（非运动型气单胞菌）

试验	Gm	Ox	cat	βH	mot	pig	ODC	LDC	ADH	Nit	Ind	Cit	urea	mr	vp	aes	G	onpg	OF	arab	glu	inos	lac	malt	man	mano	sal	sor	suc	tre	Xyl	H_2S	MCA	TCBS	DNase	温度/℃	NaCl/%	O129/10	Kf	Amp	参考文献
细菌																																									
病原的																																									
典型																																									
杀鲑气单胞菌杀鲑亚种（*Aeromonas salmonicida* ssp. *salmonicida*）NCMB 1102 HG3	−	+	+	+	−	+	−	+	+	+	−	−	−	+	−	+	+	+	F	+	$+_{g+}$	−	−	+	+	+	+	−	−	+	−	−	+	−	+	4~30	0~3	R	S	S	322，450
	37℃不能生长，API 20E 检测 LDC 可能是阴性																																								200，475
杀鲑气单胞菌杀鲑亚种（*A. salmonicida* ssp. *salmonicida*）ATCC 14174	−	+			−	+	−	+		+	−	−			−		+		F	−	+		−	+	+	−	−		−	−		−									186
杀鲑气单胞菌杀鲑亚种（*A. salmonicida* ssp. *salmonicida*）	−r	+	+	+	−	−*	−	−	+	+	−	−			−	+	+	−	F	+	$+_{g+}$		−	+	+		+	−	−	+	−	−	+	−	+	4~30	0.5~3.0	R			450
	无色素菌株																																								
“非典型”																																									
杀鲑气单胞菌无色亚种（*A. salmonicida* ssp. *achromogenes*）NCMB 1110^T	−r	+	+	+	−	$+^{ft}$	−	−	+	+	+	−	−	−	+	−	+	+	F	−	$+_{g-}$	−	−	+	+	+	−	−	+	−	−	v	+	−	+	4~30	0~4	R	R	R	450，534
	37℃不生长，API 检测 Ind 可能是阴性																																								200，322
杀鲑气单胞菌杀日本鲑亚种（*A. salmonicida* ssp. *masoucida*）	−	+	+	+	−	−	−	+	+	+	+	−	−	+	+	+	+	+	F	+	$+_{g+}$		−	+	+	+	−	−	+	+	−	+	+	−	+	30	0~2	R		R	322，450
	37℃不生长，API 20E 检测 LDC、VP 及 H_2S 可能是阴性																																								
杀鲑气单胞菌新星亚种（*A. salmonicida* ssp. *nova*）	−	+	+	+	−	−	−	−	−	+	+	v	−		−	−	−	−	F	−	$+_{g-}$	−	−	+	+	v	−	−	+	−	−	−				18~25		R		R	695
	需求氯化血红素																																								

试验	Gm	Ox	cat	βH	mot	pig	ODC	LDC	ADH	Nit	Ind	Cit	urea	mr	vp	aes	G	onpg	OF	arab	glu	inos	lac	malt	man	mano	sal	sor	suc	tre	Xyl	H_2S	MCA	TCBS	DNase	温度 /℃	NaCl /%	O129 /10	Kf	Amp	参考文献
杀鲑气单胞菌史氏亚种（*A. salmonicida* ssp. *smithia*）	－	+	+	25	－	－	－	－	－		－	v	－	－	－	－	+	+	F		+		－	－	－v			－	v	－		+	－	－	+	5～20	0～2	R		R	47，450
	37℃不生长																																								
美洲鳗鲡（American eel）	－	+	－			$-^{b}$	－	－	v	+		－	－		－		+	v	F	－	+	－		+		－		－	v			－	－								548
澳大利亚金鱼（Australian goldfish）	－r	+	+	－	－	$+^{b}$		－	v	+	+	－	－	－	－	－	－	v	F	－	$+_{g-}$	－	－	+	+	+	－	－	+	－	－	－					0.5～3.0	R			144，825
澳大利亚金鱼（Australian goldfish）	－	+	+	－	－	$+^{bt}$																																			135
波罗的海大菱鲆（Baltic sea turbot）	－r	－	+	+	－	$-^{b}$	－	－	v	－	－	－			v	v	+	－	F		$+_{g-}$				－		－		－						+			R	R	S	200，832
波罗的海比目鱼（Baltic sea flounder）	－r	－	+	+	－	$-^{b}$	－	－	v	v	－	－			+	+	+	v	F		$+_{g-}$				+		+v		+						+			R	S	S	200，832
波罗的海（芬兰）比目鱼［Balticsea（Finnish）flounder］	－	－	+	+		$-^{h}$	－	－	+	v	－	－			－	+	+	+	F	+	$+_{g-}$	－	－	+				－			－	－	+	－	+			R	S	S	831
波罗的海泥鲽（Baltic sea dab）	－r	+	+	－	－	$-^{b}$	－	－	－	－	+	－			+	+	+	－	F		$+_{g-}$				－		+		+						+w			R	S	S	832
波罗的海绵鳚（Baltic sea blenny）	－r	+	+	－	－	$+^{b}$	－	－	+	+	+	－			+	－	+	－	F		$+_{g-}$				+		－		+						+			R	R	R	832
加拿大大西洋鳕（Canadian Atlantic cod）	－	+			－	+s				+	+	－			－				F	－	+		－	+	+				+												
加拿大大西洋鲑（Canadian Atlantic salmon）Keij 菌株	－	+			－	$-^{b}$				－	+	－			－				F	－	+		－	+	+				+												186*

续表 4－1

试验	Gm	Ox	cat	βH	mot	pig	ODC	LDC	ADH	Nit	Ind	Cit	urea	mr	vp	aes	G	onpg	OF	arab	glu	inos	lac	malt	man	mano	sal	sor	suc	tre	Xyl	H_2S	MCA	TCBS	DNase	温度/℃	NaCl/%	O129/10	Kf	Amp	参考文献
加拿大黑鱼（Canadian sable-fish）AS_2	－	＋			－	$+^{b}$				＋	＋	－			－				F	－	＋		－	＋	－				＋												186＊
丹麦鳕（Danish cod）	－	＋			－	＋	－	v	＋		－				－	＋			F		$+_{gv}$				＋				－							20	0～2				197
丹麦裸玉筋鱼（Danish sand eel）	－	＋			－	$+^{b}$	－	－	－		＋				＋	－			F		$+_{g-}$				＋				＋							20	0～2				197
丹麦大菱鲆（Danish turbot）	－	－	＋	－	－	－	－	－	＋		－				＋	＋	＋		F	－	$+_{g-}$				－		＋		－	－								R	R		617
英国非鲑鱼类（English non-salmonid）	－	＋	＋	＋	－	$+^{t}$	－	－	＋		－	v		－	－	－	v	＋	F		＋	－	v	v	＋			＋	＋	－		＋	＋		＋	4～37	0～3			R	40
Norway minnow	－	＋			－	$-^{b}$				＋			－	＋		－			F	－		－	－	＋w	＋	＋w	－	－	＋	－	－	－						R		S	331
南非虹鳟（South African rainbow trout）	－r	＋	＋	－		$+^{b}$				＋	－					＋	＋		F	＋	＋	－		＋	＋				＋	－			＋			22					107
色素阳性		＋																		－	＋	－			＋				＋		－								6	3	323
色素阴性																																							56	72	323
环境的																																									
杀鲑气单胞菌解果胶亚种（*A. salmonicida pectinolytica*）	－	＋	＋	＋	－	＋	－	－	－v	＋	＋	＋	－		＋	－	＋	＋	F	＋	$+_{g+}$	－	＋		＋		－	＋	＋	＋	－	－			＋	35	0	R	R		615
	VP 在 25℃测试。棕色色素																																								

注：①疖病琼脂（FA）色素产生比 TSA 和 TSA＋t 更敏感。

②pig 表示色素，b 表示在 BA 上进行色素测试，f 表示在 FA 上进行色素测试，h 表示在 BHIA 上进行色素测试，s 表示色素产生缓慢，t 表示在 TSA 进行色素测试，＊表示色素测定在含有 L－酪氨酸的 TSA（TSA＋t）上进行。

③下面的方法是为了标准化测试，消除不同实验室之间的差异而被推荐。糖发酵在含有 1% 的糖的酚红肉汤（Difco）中进行。溶血性用含有马血的 BA 测试，其他的方法参照 Cowan 和 Steel（1970）的方法（本书有介绍）进行。来自海洋的菌株"液体管"测试，如 MRVP、七叶苷、硝酸盐、ADH、LDC、ODC 需添加最终浓度为 1.5% 的 NaCl，这样会提高结果的稳定性。抑菌圈为 20 mm 甚至更大时可认为菌株对 Amp 和 Kf 敏感。在 20℃，培养 7～14 d 读取结果（Dalsgaard 等，1998）（参考文献 200）。参考文献 197、450、831 和 832 也用此方法。

表 4-2　气单胞菌属依据 DNA 杂交分组的表型试验

试验	Gm	Ox	cat	βH	mot	pig	ODC	LDC	ADH	Nit	Ind	Cit	urea	vp	aes	G	OF	arab	glu	inos	lac	malt	man	mano	sal	sor	suc	tre	Xyl	DNase	40℃	O129/10	O129/150	Amp
DNA 杂交组																																		
HG1	−	+	+	+	+	−	−	96	+	+	+	−	−	91	96	+	F	87	$+_{g+}$	−	−	+	96	+	+	−	+	+	−	+	+	R	R	R
HG2	−	+	+	+	+	−	−	59	94	+	+	+	−	83	+	+	F	+	$+_{g+}$	−	67	+	+	+	+	+	+	+	−	+	−	R	R	R
HG3	−	+	+	92	+	−	−	55	90	+	+	46	−	90	+	+	F	+	$+_{g+}$	−	54	67	+	+	+	+	+	+	−	+	−	R	R	R
HG4	−	+	+	10	+	−	−	−	+	+	97	70	−	−	97	+	F	+	+	−	87	+	+	31	+	7	+	+	−	+	87	R	R	R
HG5	−	+	+	−	−	50	−	−	92	+	+	+	−	−	92	+	F	+	+	−	+	+	+	+	+	−	+	+	−	+	−	R	R	R
HG6	−	+	+	−	+	−	−	−	87	+	+	+	−	−	+	+	F	87	+	−	+	+	+	+	+	−	+	+	−	+	−	R	R	R
HG8/10	−	+	+	90	+	−	−	57	+	+	+	91	−	90	10	+	F	14	$+_{g+}$	−	10	+	+	+	−	−	+	+	−	+	+	R	R	R

注：Gm 表示革兰氏反应，Ox 表示氧化酶，cat 表示过氧化氢酶，βH 表示 β 溶血，mot 表示运动性，pig 表示棕色色素，ODC 表示鸟氨酸脱羧酶，LDC 表示赖氨酸脱羧酶，ADH 表示精氨酸双水解酶，Nit 表示硝酸盐产生，Ind 表示吲哚，Cit 表示柠檬酸盐，urea 表示尿素水解，vp 表示福格斯－普里斯考尔，aes 表示七叶苷水解，G 表示白明胶水解，OF 表示氧化性发酵，arab 表示 L－阿拉伯糖发酵，glu 表示葡萄糖发酵，inos 表示纤维糖发酵，lac 表示乳糖发酵，malt 表示麦芽糖发酵，man 表示甘露醇发酵，mano 表示甘露糖发酵，sal 表示水杨苷发酵，sor 表示山梨醇发酵，suc 表示蔗糖发酵，tre 表示海藻糖发酵，Xyl 表示木糖醛发酵，DNase 表示 DNA 水解，40℃表示 40℃生长，O129/10 表示对弧菌抑制剂 10 μg 浓度纸片的敏感性，O129/150 表示对弧菌抑制剂 150 μg 浓度纸片的敏感性，Amp 表示对氨苄青霉素的敏感性。数字为阳性菌株所占百分数，－表示阴性反应，+表示阳性反应。HG 表示杂交组。资料来源：Abbott 等（1992），Kaznowski（1998）。

表 4-3　运动型气单胞菌

试验	Gm	Ox	cat	βH	mot	SW	ODC	LDC	ADH	Nit	Ind	Cit	urea	mr	vp	aes	G	onpg	OF	arab	glu	inos	lac	malt	man	mano	sal	sor	suc	tre	Xyl	H_2S	MCA	TCBS	DNase	温度/℃	NaCl/%	O129/10	O129/150	Amp	参考文献
细菌																																									
病原的																																									
异嗜糖气单胞菌（*Aeromonas allosaccharophila*）HG15	−	+	+	+	+	−	−	+	+	+	+	+	−		−	+	+	+	F	+	$+_{g+}$	−	−	+	+	+	−	−	+	+	−	−	+		+	4～4	0～3	R	R	R	527
兽气单胞菌（*A. bestiarum*）HG2	−	+	+	+	+	−	−	+	+	+	+	+	−	+	+	+	+	+	F	+	$+_{gv}$	−	+	+	+	+	+	−	+	+	−	+			+	4～42		R	R		427
豚鼠气单胞菌（*A. caviae*）HG4	−	+	+	10	+	−	30	−	+	+	+	+	−	+	−	+	+	+	F	+	$+_{g-}$	−	87	+	+	31	+	−	+	+	−	−	+		+	4～37		R	R	R	21，142
嗜水气单胞菌达卡亚种（*A. hydrophila dhakensi*）	−	+	+	+	+	−	−	+	+	+	+	+	−	−	+	+	+	+	F	−	$+_{g+}$	−	−	+	+	+	+	−	+	+	−	−	+	−w		25～42		R	R	R	383

续表 4－3

试验	Gm	Ox	cat	βH	mot	SW	ODC	LDC	ADH	Nit	Ind	Cit	urea	mr	vp	aes	G	onpg	OF	arab	glu	inos	lac	malt	man	mano	sal	sor	suc	tre	Xyl	H_2S	MCA	TCBS	DNase	温度/℃	NaCl/%	O129/10	O129/150	Amp	参考文献
嗜水气单胞菌（*Aeromonas hydrophila*）LMG 2844^T HG1	－	＋	＋	＋	＋	－	－	＋	＋	＋	＋	60	－	53	＋	＋	＋	＋	F	＋	$+_{g+}$	－	－	＋	＋	＋	＋	－	＋	＋	－	－	＋	－w	＋	4～42	0～2	R	R	R	1，383，427
简氏气单胞菌（*A. jandae*）HG9	－	＋	＋	＋	＋	－	－	＋	＋	＋	＋	75	－	＋	＋	－	＋	＋	F	－	$+_{g+}$	－	－	＋	＋	＋	－	－	－	＋	－	－	＋	－w	＋	4～42	0～3	R	R	R	135，142，143
维隆气单胞胞菌维隆亚种（*A. veronii* ssp. *veronii*）HG10	－	＋	＋	＋	＋	－	＋	＋	－	＋	＋	＋	－	＋	＋	＋	＋	＋	F	－	$+_{g+}$	－	－	＋	＋	＋	＋	－	＋	＋	－	－	＋	－	＋	4～42	0～5	R	R	R	142，347
环境的																																									
蚊子气单胞菌（*A. culicicola*）	－	＋	＋	＋	＋	－	－	＋	＋	＋	＋	＋	－		＋	－	＋	＋	F	－	$+_{g+}$	－	－	＋	＋	＋	－	－	＋		－				＋	4～37		R	R	R	624
鳗鱼气单胞菌（*A. encheleia*）HG16	－	＋	＋	21	＋	－	－	－	＋	＋	＋	－	－	v	－	＋	＋	＋	F	－	$+_{g+}$	－	－	＋	＋	＋	＋	－	75	＋	－	－	＋	－	＋	4～37	0～3	R	R	R	241，379
嗜泉气单胞菌（*A. eucrenophila*）HG6	－	＋	＋	50	＋	－	－	－	＋	＋	＋	v	－	＋	－	＋	＋	＋	F	＋	$+_{g+}$	－	＋	＋	＋	＋	＋	－	＋	＋	－	－			＋	25～37	0～2	R	R	R	1，379，420，427
中间气单胞菌（*A. media*）HG5A/5B	－	＋	＋	25	－	－	－	－	＋	＋	＋	55	－	＋	－	－	＋	＋	F	＋	$+_{g-}$	－	＋	＋	＋	＋	94	－	＋	＋	－	－	＋	－	＋	4～37	0～3	R	R	R	15，294
波氏气单胞菌（*A. popoffii*）	－	＋	＋	－w	＋	－	－	－	＋	＋	－	70	－		＋	－	＋	＋	F	50	$+_{g+}$	－	－	＋	＋	＋	－	－	－	＋	－	50		－	＋	28～37	0～2	R	R	R	380
	模式菌株吲哚反应阴性，其他菌株则为阳性																																								
温和气单胞菌（*A. sobria*）HG7	－	＋	＋	＋	＋	－	－	＋	＋	＋	＋	＋	－	45	－	－	＋	＋	F	－	$+_{gv}$	－	＋	＋	＋	＋	v	－	＋	＋	－	＋	＋	－		30～42	0～5	R	R	R	21，420
	88% 菌株在 API 20E 中 VP 是阳性																																								
维隆气单胞菌温和亚种（*A. veronii* ssp. *sobria*）HG8	－	＋	＋	＋	＋	－	－	＋	＋	＋	＋	50	－	＋	＋	－	＋	＋	F	－	$+_{g+}$	－	5	＋	＋	＋	－	35	＋	＋	－	＋	＋		＋	4～42		R	R	R	21，142，427，456

续表 4-3

试验	Gm	Ox	cat	βH	mot	SW	ODC	LDC	ADH	Nit	Ind	Cit	urea	mr	vp	aes	G	onpg	OF	arab	glu	inos	lac	malt	man	mano	sal	sor	suc	tre	Xyl	H_2S	MCA	TCBS	DNase	温度/℃	NaCl/%	O129/10	O129/150	Amp	参考文献
舒伯特气单胞菌（*A. schubertii*）HG12	-	+	+	+	+	-	-	+	+	+	-	+	-	+	+	-	+	+	F	-	$+_{g-}$	-	-	+	-	+	-	-	-	+	-	-		-	+	4~42	0~3	R	R	R	142，348
	凝胶放置在22℃，绵羊血非溶血性																																								
脆弱气单胞菌（*A. trota*）HG14	-	+	+	+	+	-	-	+	+	+	+	+	-	+	-	-	+	+	F	-	$+_{g+}$	-	-	+	+	+	-	-	-	+	-	-	+	-		4~42		R	R	R	142
气单胞菌（*Aeromonas*）组501 HG13	-	+	+		+		-	+	+	+					-	-		+	F	-	$+_{g+}$	-			+				23	+	-		+				0~3	R	R	R	

表 4-4　厌氧菌

试验	Gm	Ox	cat	βH	mot	SW	ODC	LDC	ADH	Nit	Ind	Cit	urea	mr	vp	aes	G	onpg	OF	arab	glu	inos	lac	malt	man	mano	sal	sor	suc	tre	Xyl	H_2S	MCA	TCBS	DNase	温度/℃	NaCl/%	O129/10	O129/150	Amp	参考文献
细菌																																									
病原的																																									
肉毒梭菌（*Clostridium botulinum*）E	+r		-	+	+	-				-	-		-		-	-	-				+				-		-		-		-	-									141
	杆状，末端卵圆形，内形成附枝和膜																																								
产气荚膜梭菌（*Clostridium perfringens*）	+r				-					v	-					v				-		v	+	+	-	+	-	v	+	v	-										
叉尾鮰爱德华菌（*Edwardsiella ictaluri*）厌氧菌株	-	-	+		-	-	+	+	-	+	-	-	-	-	-	-	-	-	F	-	$+_{g-}$	-	+	+	-	+	-	-	-	-	-	-	+			25~37					547
	37℃没有运动性																																								
真杆菌属（*Eubacterium* spp.）841	+r	-	-		-	-				-							+				$+_{g+}$		+	+			-		-		-	+				20	0~1				343
真杆菌属（*Eubacterium* spp.）1065	+r	-	-		-	-				+							+				$+_{g+}$		+	+			-		-		-	-				20	0~1				343
舞蹈病真杆菌（*Eubacterium tarantellae*）	+r		-	+	-	-				-	-					-	-			-	+		+	-	-	-	-		-	-	-	-		+		25~37	0~1				764
	长的无支链的丝状杆菌																																								

表 4-5 布鲁氏杆菌属

试验	Gm	Ox	cat	βH	mot	CO_2	Nit	Cit	Ind	MR	VP	H_2S	urea	BF	SO	TH	Ala	Asp	Glut	Arg	Orn	Lys	Gal	Rib	Xyl	Ery	Uro	A	M	R	参考文献	宿主
细菌																												表面抗体				
病原的																																
流产布鲁氏菌（*Brucella abortus*）	−		+	v	−		+	−	−	−	−	v	+	+			+	+	+	−	−	−	++	+++	++	+++	+	+			185，404	牛
犬种布鲁氏菌（*Brucella canis*）	−		+				+	−	−	−	−	−	+	−			−	−	+	+	++	++	−	+++	−	−	−				185，404	狗
鲸种布氏杆菌（*Brucella cetaceae*）	−		+		−	−						−	+	+	+	+	−v	−	+	−	−	−	+	+	+	+	−	+	+	−	267，404	英国海豚，鼠海豚
马耳他布氏杆菌（*Brucella melitensis*）	−		+				+	−	−	−	−	−	+	+			++	++	+++	−	−	−	+	+	+	+++	+		+		185，404	绵羊，山羊
沙林鼠种布鲁氏杆菌（*Brucella neotomae*）	−	−	+				+	−	−	−	−	+	+	−			−	+	++	−	−	+	++	−	+	+++	+				185，404	沙漠鼯鼠
绵羊附睾种布鲁氏杆菌（*Brucella ovis*）	−	−	+				−	−	−	−	−	+	+	+			−	+	+	−	−	−	−	−	+	−	+				185，404	绵羊
鳍脚类布鲁氏杆菌（*Brucella pinnipediae*）	−		+		−	+						−	+	+	+	+	−v	−	+	−	−	−	−	+	+	+	−	+	−	−	267，404	海豹，水獭
布鲁氏杆菌属（*Brucella* spp.）	−		+			+						−	+	+	+	+										+		+	−	−	261	环海豹，竖琴海豹
布鲁氏杆菌属（*Brucella* spp.）	−	+	+			−						−	+	+	−	+												+			171	小须鲸
猪布鲁氏杆菌（*Brucella suis*）1	−		+					−	−	−	−	+	+	−			−	−	−	++	++	++	++	+++	+++	+++	++	+	+		185，404	猪
猪布鲁氏杆菌（*Brucella suis*）2	−		+					−	−	−	−	−	+	−			−	−	++	+	+	+	++	+++	+++	++	+++	+	+		185，404	猪，兔子
猪布鲁氏杆菌（*Brucella suis*）3	−		+					−	−	−	−	−	+	+			−	−	++	++	++	++	−	+++	+	+++	++	+	+		185，404	猪
猪布鲁氏杆菌（*Brucella suis*）4	−		+					−	−	−	−	−	+	+			−	−	++	++	++	++	−	+++	−	+++	−	+	+		185，404	驯鹿
猪布鲁氏杆菌（*Brucella suis*）5	−		+					−	−	−	−		+				−	+	++	−	−	+	−	+++	−	+++	+	+	+		404	

注：Ala 表示 L-丙氨酸，Arg 表示 L-精氨酸，Asp 表示 L-天冬氨酸，BF 表示生长的培养基中含有基础品红 20μg/mL（1/50 000），βH 表示 β 溶血性，CO_2 表示需求二氧化碳，cat 表示过氧化氢酶，Cit 表示柠檬酸盐，Ery 表示内赤藓醇，Gal 表示 D-半乳糖，Glut 表示 L-谷氨酸，Gm 表示革兰氏反应，H_2S 表示硫化氢，Ind 表示吲哚，Lys 表示 L-赖氨酸，MR 表示甲基红，Nit 表示硝酸盐降解，Orn 表示 DL-鸟氨酸，Ox 表示氧化酶，Rib 表示 D-核糖，SO 表示生长的培养基中含有番红 O 100 μg/mL（1/10 000），TH 表示生长的培养基中含有劳氏紫硫堇 20 μg/mL（1/50 000），Uro 表示尿刊酸，VP 表示福格斯-普里斯考尔反应，Xyl 表示 D-木醛糖，表面抗原 A、M、R 表示与单特异抗血清凝集。

表 4-6 隐球菌属

试验	Gm	Ox	cat	βH	mot	Cap	ODC	LDC	ADH	Nit	Ind	Cit	urea	mr	vp	aes	G	onpg	OF	arab	glu	inos	lac	malt	man	mano	sal	sor	suc	tre	Xyl	GT	温度/℃	NaCl/%
细菌																																		
病原的																																		
新生隐球菌格特变种（*Cryptococcus neoformans* var. *gattii*）	+			−	−	+	+	−	−	+			+					+			+	−	−	−					+	−		−	20~42	
环境的																																		
狼隐球菌（*C. lupi*）	+											+	−				−			+	+	−		+	+		+	+		+	+		4~25	0~2
	没有发酵，仅有同化作用；南极生境；生长在葡萄糖蛋白胨酵母膏培养基上																																	
念珠菌属（*Candida* spp.）	+					−							−																					

注：Cap 表示荚膜；GT 表示细菌管。

表 4-7 噬纤维菌属—黄杆菌科—拟杆菌属类群——病原的

试验	Gm	Ox	cat	βH	mot	Glid	ODC	LDC	ADH	Nit	Ind	Cit	urea	mr	vp	aes	G	onpg	OF	arab	glu	inos	lac	malt	man	mano	sal	sor	suc	tre	Xyl	H_2S	MCA	CR	KOH	DNase	温度/℃	NaCl/%	O129/150	NA	TSA	参考文献
细菌																																										
病原的																																										
大比目鱼金黄杆菌（*Chryseobacterium balustinum*）	−	+	+	−	−v	−	−	−	−	+v	+	−	−v			+	+	−v	O	−	+	−	−	−	−		−	−	−v	−v	−	−	+	−	+	+v	15~35	0~2		+	+	89，802
	曾为大比目鱼黄杆菌（*Flavobacterium balustinum*）；黄色色素																																									
大菱鲆金黄杆菌（*C. scophthalmum*）	−	+	+	+	−	v	−	−	−	−	−	−	+	−	−	+	+		F	−	+	−	−	+	−		−	−	−		−	−	−		+	+	15~25	0~4			+	556，557
	曾为大菱鲆黄杆菌（*Flavobacterium scophthalmum*）；橘黄色色素																																									
嗜鳃黄杆菌（*Flavobacterium branchiophilum*）ATCC 35035	−	+	+		−	−				−	−					−	+	+	O	−w	+g−	−	−	+	−	−v	+v	−	+	+	−w	−	−	−	−	−	10~25	0~0.2	S	−	−	92，802
	黄色色素，不水解琼脂。在 1/20 TSA 生长																																									603
柱状黄杆菌（*F. columnare*）IAM 14301[T]	−	+	+	−	−	+	−	−	−	80	−	−	−	−	−	−	+	−	O	−	−	−	−	−	−	−	−		−	−	v	+		+	+	+	10~37	0~0.5	S	−	−	145，603
	牢固附着在琼脂上；用含醋酸铅的培养基测试 H_2S　（其他参考文献 111，139，298，299）																																									135，759

续表 4-7

试验	Gm	Ox	cat	βH	mot	Glid	ODC	LDC	ADH	Nit	Ind	Cit	urea	mr	vp	aes	G	onpg	OF	arab	glu	inos	lac	malt	man	mano	sal	sor	suc	tre	Xyl	H_2S	MCA	CR	KOH	DNase	温度/℃	NaCl/%	O129/150	NA	TSA	参考文献
水栖黄杆菌（*F. hydatis*）	–	–v	+	+	–	+	–	–	–	+	–	–	–	–	–	+	+	+	F	+	+	–	+	+	+	+	–	–	+	–	+	–	–	–	+	+	20~30	0~1	R	+	+	92, 720
	曾为水生噬纤维菌（*Cytophaga aquatilis*）；黏液样，橘黄色菌落																																									89
约氏黄杆菌（*F. johnsoniae*）AHLDA 1714	–	+	+	–		+	–	–	–	+	–	+	+s	–	–	+	+	+	F	–	w	–	–	–	–	–	–	–	–	–	–	–	–		+	–			S	+	+	135
约氏黄杆菌（*F. johnsoniae*）ATCC 17061	–	+	+	–		+	–	–	–	+	–		+			+	+	+	O	+	+		+	+	–	+	+		–	+	+w	–		+	+	+	5~30	0~1	S	+	+	145, 603
约氏黄杆菌（*F. johnsoniae*）DSM 2064	–	+	+			+	–	–	–	–	–		+				+	+	O		+											–		–	–	+	10~30	0~2	S		+	89
约氏黄杆菌（*F. johnsoniae*）DSM 29585 *	–	+	+			+	–	–	–	+	–		+				+	+	O		+											–		–	+	+	10~30	0~1	S	+	+	89
嗜冷黄杆菌（*F. psychrophilum*）	–	+v	+	70	–	w	–	–	2	–	–	–	–		–	–	+	–	O	–	–	–	–	–	–	–	–	–	–v	–	–	–	–	–	+	+w	4~20	0~0.8	S	–	–	89, 92
	黄色菌落；在含0.5%胰蛋白胨的AO培养基上生长增强																																									90, 168
海洋曲挠杆菌［*Tenacibaculum*（*Flexibacter*）*maritimus*］	–	+	+		–	+				+	–		–	–	–	–	+	–	I	–	–	–	–	–	–	–	–	–	–	–	–	–		+	–	+w	14~34	2+	S		–	89, 801
	浅黄色。无琼脂水解。以人工海水（ASW）为基础制备培养基																																									90
解卵曲挠杆菌［*T.*（*Flexibacter*）*ovolyticus*］	–	+	+	–		+	–	–	–	+	–	–	–				+	–	O	–	–		–		–		–		–		–	–		–	–	+	4~25	3+			–	324
	浅黄色菌落。在TCBS不生长（NG）																																									

注：* 表示这种细菌已经不再收录在DSMZ数据库。表中数字是阳性菌株所占的比例。1/20 TSA表示TSA以1∶20稀释，+s表示缓慢反应，–w表示阴性或反应弱，Ov表示氧化结果可变，v表示可变反应，NG表示不生长。

表 4-8　噬纤维菌属—黄杆菌科—拟杆菌属类群——环境的

试验	Gm	Ox	cat	βH	mot	Glid	ODC	LDC	ADH	Nit	Ind	Cit	urea	mr	vp	aes	G	onpg	OF	arab	glu	inos	lac	malt	man	mano	sal	sor	suc	tre	Xyl	H_2S	MCA	CR	KOH	Dase	温度/℃	NaCl/%	O129/150	NA	TSA	参考文献
细菌																																										
南极栖海面菌（*Aequorivita antarctica*）	−		+		−	−	−	−	−	−			−v			+	+		O	−	−	−	−	−	−	−		−	−	−		−			−	−	0~25	0.5~6.0				113
	橙色菌落																																									
黄色海面菌（*Aequorivita crocea*）	−		+		−	−	−	−	−	−			−			+	+		O	−	−	−	−	−	−	−		−	−	−		−			−	+v	0~25	0.5~6.0				113
	黄色菌落																																									
解脂海面菌（*Aequorivita lipolytica*）	−		+		−	−	−	−	−	−			+v			+	+		O	−	−	−	−	−	−	−		−	−	−		−			−	−	0~25	0.5~6.0				113
	黄色菌落																																									
石下海面菌（*Aequorivita sublit-hincola*）	−		+		−	−	−	−	−	−			+			−	+		O	−	−	−	−	−	−	−		−	−	−		−			−	−	0~25	1~6				113
	橙色菌落																																									
溶解噬纤维菌（*Cellulophaga lytica*）	−	+	+		−	+	−	−	−	−							−	+	O		−								+			−		−	−		15~37	1~2				89
黏金黄杆菌［*Chryseobacterium*（*Flavobacterium*）*gleum*］	−	+	+	−	−	−	−	−	−	v	−	−	v			+		+	|		+	−	−		−		−	−	−			−	+		+	+	25~37			+		366
	吲哚用 Ehrlichs 法是阳性，而用 Kovács 法是阴性																																									
产吲哚金黄杆菌（*Chryseobacterium indologenes*）	−	+	+		−	+	−	−	−	v	+		−			+	+	v	O		+		−	+	+		−		−	+	−		+		+	+	36					557
吲哚金黄杆菌（*Chryseobacterium indoltheticum*）	−									−	+		−			+	+	−			+												+				36					557
脑膜脓毒性金黄杆菌（*Chryseobacterium meningosepticum*）	−	+	+	−	−	−	−	−	−	−	+	v	v	−	−	+	+	+	O	−	+	−	+	+	v	+	−	−	−	v	−v	−	w	−	−	+	37~42	0~2		+	+	89, 802
	曾为脑膜脓毒性黄杆菌（*Flavobacterium meningosepticum*）																																									
变态噬纤维菌（*Flavobacterium meningosepticum*）	−	+	+		−		−	−	−	−							+	+	O													−		−	+		15~25	0~1			+	89
地生噬纤维菌（*Cytophaga arvensicola*）	−	+	+		−	−	−	−	−	+							+	+	O													−		−	+		15~37	0~2			+	89
发酵噬纤维菌（*Cytophaga fermentans*）	−	+	v		−	−	−	−	−	−							+	+	F		+								+			−		−	−		15~25	1~2				89, 162

续表 4-8

试验	Gm	Ox	cat	βH	mot	Glid	ODC	LDC	ADH	Nit	Ind	Cit	urea	mr	vp	aes	G	onpg	OF	arab	glu	inos	lac	malt	man	mano	sal	sor	suc	tre	Xyl	H_2S	MCA	CR	KOH	DNase	温度/℃	NaCl/%	O129/150	NA	TSA	参考文献
哈氏噬纤维菌（*Cytophaga hutchinsonii*）	−	+	+		−	+	−	−	−	−	−		+				v	−	O		+											−		−	+	−	15~25	0~1				89
	菌落有色素，能降解纤维素																																									
砖红噬纤维菌（*Cytophaga latercula*）	−	+	−		−		−	−	−	+							+	−	O		+								+			+			+		15~30	1~2				89，494
	鲜红色色素																																									
类噬纤维菌属（*Cytophaga*-like）	−	+	+	+		+	−	−	−	−	−	26	+	−	−	+	+		O		+				−			−	−			−	−			+	15~25	0~4				556
	橘黄色菌落，琼脂不降解																																									
海黄噬纤维菌（*Cytophaga marinoflava*）	−		+							+							+		F		+								+			−										162
短稳杆菌[*Empedobacter*（*Flavobacterium*）*brevis*]	−	+	+	−	−	−	−	−	−	−	+	−	−			−	+	−	O	−	−v	−	−	+	−	−	−	−	−	−	−	−	+	−	+	+	28~37	0~2		+	+	89，363
	菌落有色素，有水果香味																																									802
水生黄杆菌（*Flavobacterium aquatile*）	−	+	+		−	+	−	−	−	+v	−	−	−			+v	+v	+v	O	−	+	−	+	+	−		−	−	+	−	−	−	−	−	−	−	5~30	0~0.5	R	−v	+	92，802
																																										89，603
内海黄杆菌（*Flavobacterium flevense*）	−	+	+		−	+	−	−	−	−v						+	−	+	O		+											−		−	−	−	15~22	0~2	S	+	+	89，533
	水解琼脂																																									92
冷水黄杆菌（*Flavobacterium frigidarium*）	−	+	+		−	−			−	−	−	−	−		−	+	+	−	O		−			−	−						−	−	−	+	−	−	15~28	0~5		+	+	376
杰里斯氏黄杆菌（*Flavobacterium gillisiae*）	−	−	+			−	−	−	+	−	−	−	−		−	+	−	−	O	−	+	−	−	+	+	+		−	+	+	−	−		−	−	−	0~27	0~5	R	+	+	533
冬季黄杆菌（*Flavobacterium hibernum*）	−	−	+			+	−	−	−	+	−	−	−		−	+	+	+	F	+	+	−				−		−	+			−		−	+	+	0~30	0~2		+	+	532，533
三田氏黄杆菌（*Flavobacterium mizutaii*）	−	+	+			−				−v	−	+v	−			+	−		O		+		+	+	−	+	+		+						−	−	30~37			+	+	844

续表 4-8

试验	Gm	Ox	cat	βH	mot	Glid	ODC	LDC	ADH	Nit	Ind	Cit	urea	mr	vp	aes	G	onpg	OF	arab	glu	inos	lac	malt	man	mano	sal	sor	suc	tre	Xyl	H_2S	MCA	CR	KOH	DNase	温度/℃	NaCl/%	O129/150	NA	TSA	参考文献
蚀果胶黄杆菌 (*Flavobacterium pectinovorum*)	–	+				+				+						+	+	+			+											v		–	+	+	25	0~1	S	+	+	92, 533
嗜糖黄杆菌 (*Flavobacterium saccharophilum*)	–	–	+			+				+						+	+	+			–											+		–	+	–	4~30	0~2	S	+	+	92
	琼脂水解																																									
琥珀酸黄杆菌 (*Flavobacterium succinicans*)	–	+	+			+				v						+	+	+	F		+								w			–		–	–	+	25	0	S	+	+	92, 162, 533
栖黄杆菌 (*Flavobacterium tegetincola*)	–	–	+			+	–	–	–	–	–	–	–		–	–	–	–	O	–	+	–		–	+			–	–	–	–	–		–	–	–	0~27	1~5	R	+	+	533
黄黄杆菌 (*Flavobacterium xanthum*)	–	+	+			–	–	–	–	+	–	–	–		–	+	+	–	O	–	+	–	–	+	+	+		–	+	+	–	+		–	–	–	0~20	2	R	+	+	533
聚集屈挠杆菌 (*Flexibacter aggregans*)	–	+	–		–	+	–	–	–	–							–	+	O		+								+			+		–	–		22~37	1~2				89
	琼脂水解																																									
加拿大屈挠杆菌 (*Flexibacter canadensis*)	–	+	+	–	–	+	–	–	–	+	–	–		–	–		+	+	F		+		+		–				–			–v	–	–	–	+	10~40	0~1			+	89
华美屈挠杆菌 (*Flexibacter elegans*)	–	+	–		–					–							+		O		–								–			–					22~25	0~2				162
易挠屈挠杆菌 (*Flexibacter flexilis*)	–	+	–		–	+	–	–	–	–	–						+	–	O	–	+		–	+			–	–	+	–	–	–		–	–		5~30	0~0.2		–	–	89, 603
	细胞为 15~20 μm，橘黄色菌落																																									
海滨屈挠杆菌 (*Flexibacter litoralis*)	–	+	–		–		–	–	–	–							+	–	O		–								–			+		–	–		15~25	2~5				89, 162
	粉红色色素																																									

续表 4-8

试验	Gm	Ox	cat	βH	mot	Glid	ODC	LDC	ADH	Nit	Ind	Cit	urea	mr	vp	aes	G	onpg	OF	arab	glu	inos	lac	malt	man	mano	sal	sor	suc	tre	Xyl	H_2S	MCA	CR	KOH	DNase	温度/℃	NaCl/%	O129/150	NA	TSA	参考文献
多形屈挠杆菌（*Flexibacter polymorphus*）	−	+	−		−	+	−	−	−	+							v	+	O													−		−	−		22~32	2				89
	细胞大于 100 μm，水解琼脂，桃红色色素																																									
玫瑰屈挠杆菌（*Flexibacter roseolus*）	−	+	−		−		−	−	−	−							+	−	O		−								−			−		−	−		22~37	0~2		+	+	89，162
	细胞为 50~100 μm，鲜艳的橘红色色素																																									
红屈挠杆菌（*Flexibacter rubber*）	−	+	−		−		−	−	−	−							+	−	O		+								+			−		−	−		22~37	0~2		+	+	89，162
	细胞 50~100 μm，鲜艳的橘红色色素																																									
神圣屈挠杆菌（*Flexibacter sancti*）	−	+	+		−	−				−							+	+	O													−		+	+		15~37	0~1			+	89
聚团屈挠杆菌（*Flexibacter tractuosus*）	−	+	+		−		−	−	−	−							+	−	O													−/+		−	−		22~37	0~2				89，162
	橙色色素																																									
鲑鱼肉色海滑菌（*Marinilabilia salmonicolor*）	−	+	+		−		−	−	−	−							+	+	F		+								+			+		−	−		15~37	1~2				89，162
	鲑鱼——粉红色																																									
除烃海杆菌（*Marinobacter hydrocarbonoclasticus*）	−	+			+				−	+		+					−				−																40~45	2				69
	曾为航海假单胞菌（*Pseudomonas nautica*）																																									
拟香味类香味菌（*Myroides odoratimimus*）	−	+	+	−	−	−			−	−	−	−	+			−	+	−	O		−												+				18~37					89，362
																	+																									
香味类香味菌（*Myroides odoratus*）	−	+	+	−	−	−	−	−	−	−	−	−	+			−	+	−	alk	−	−	−	−	−	−		−	−	−	−	−	−	+	−	−	+	18~37	0~2		+	+	89，362
	曾为 *Flavobacterium odoratum*，水果香味																																									802
解肝磷脂土地杆菌（*Pedobacter heparinus*）	−	+	+	+s	−	−	−	−	−	v	−	−	v	−	−	+	−	+	O	−	+s		+	+	−		−	+	+	−	+	−	−	−	−	+	5~37	0~3		+	+	89，163，728

续表 4－8

试验	Gm	Ox	cat	βH	mot	Glid	ODC	LDC	ADH	Nit	Ind	Cit	urea	mr	vp	aes	G	onpg	OF	arab	glu	inos	lac	malt	man	mano	sal	sor	suc	tre	Xyl	H_2S	MCA	CR	KOH	DNase	温度 /℃	NaCl /%	O129 /150	NA	TSA	参考文献
鱼土地杆菌（*Pedobacter piscium*）	−	+	+		−	−				−	−		−			+	−		O	−	−			−			+	−	−	+	−					+	5～28			+	+	728
Salegentibacter salegens	−	+	+		−	−													O	−		−						−			−			−	−		0～30	0～20	R			533
多食鞘氨醇杆菌（*Sphingobacterium multivorum*）	−	+	+		−	−	−	−	−	−	−	−	+			+	14	+	O	+	+v	−	+	+	−	+	+	−	+	+	+	−	+	−	−	60	15～37	0～2		+	+	89，802
食神鞘氨醇杆菌（*Sphingobacterium spiritivorum*）	−	+	+	−	−	−	−	−	−	−	−	−	+			+	+	+	O	27	+v	−	+v	+	+	+	+	−	+	+	+	−	+	−	−	+	15～37	0～2		+	+	89，365，802
食半乳糖邹贝尔氏菌（*Zobellia galactanivorans*）	−	+	+		−	+			−	+	−	−	−		−	+	+	+	O	+	+			+	+	+		−	+			−			+	+	13～45	0.5～6.0				61
潮气邹贝尔氏菌（*Zobellia uliginosa*）	−	+	+		−	+			−	+	−		−			+	+	+	O		+			+	−				+						+	+	13～30	0.5～2.0				61

注：alk 表示碱性反应，CR 表示刚果红，Glid 表示滑行运动，KOH 表示氢氧化钾，NA 表示营养琼脂生长，TSA 表示胰蛋白胨大豆琼脂生长。

表 4－9　革兰氏阴性球杆菌和球菌

试验	Gm	Ox	cat	βH	mot	SW	ODC	LDC	ADH	Nit	Ind	Cit	urea	mr	vp	aes	G	onpg	OF	arab	glu	inos	lac	malt	man	mano	sal	sor	suc	tre	Xyl	H_2S	MCA	TCBS	DNase	温度 /℃	NaCl /%	O129 /10	O129 /150	Amp	参考文献
细菌																																									
病原的																																									
不动杆菌属（*Acinetobacter* spp.）	−cr	+	+	+	−		−	−	−	−	−		−	−	−		−	−	F	−	−	−	−	+	−	+	−	−			−	−									41
	提示：不动杆菌属通常不产生过氧化酶																																								
莫拉克斯氏菌属（*Moraxella* spp.）	cb	+	+	+			−	−	−	−	−	−	−		−		−	−		−	−	−	−	−	−	+w	−	−	−			−									72
	溶血性在羊血平板进行测试																																								
	这两类细菌的分类地位都存疑																																								
环境的																																									

试验	Gm	Ox	cat	βH	mot	SW	ODC	LDC	ADH	Nit	Ind	Cit	urea	mr	vp	aes	G	onpg	OF	arab	glu	inos	lac	malt	man	mano	sal	sor	suc	tre	Xyl	H_2S	MCA	TCBS	DNase	温度/℃	NaCl/%	O129/10	O129/150	Amp	参考文献
鲍氏不动杆菌（*Acinetobacter baumannii*）	－	－	+	－		－				－	－	v				－	－	－	O		+											－			－	15～37					110
乙酸钙不动杆菌（*Acinetobacter calcoaceticus*）	－	－	+	－		－				－	－	+				－	－	－	O		+											－			－	15～37					110
溶血不动杆菌（*Acinetobacter haemolyticus*）	－	－	+	+		－				－	－	+				－	+	－	O		52											－			－	15～37					110
海中嗜杆菌（*Mesophilobacter marinus*）	－cb	+	+	－	－	－				+	v	+	v	+	－		v		O		+				+							－				5～37	1～6				583
	在 NA 和 MA 2216 能生长																																								

表 4－10　革兰氏阴性、氧化酶阴性杆菌

试验	Gm	Ox	cat	βH	mot	SW	ODC	LDC	ADH	Nit	Ind	Cit	urea	mr	vp	aes	G	onpg	OF	arab	glu	inos	lac	malt	man	mano	sal	sor	suc	tre	Xyl	H_2S	MCA	TCBS	DNase	温度/℃	NaCl/%	O129/10	O129/150	Amp	参考文献
细菌																																									
病原的																																									
弗劳地柠檬酸杆菌（*Citrobacter freundii*）	－	－	+		+	－	12	－	v	+	－	+	－	+	－	－	－	+	F	+	$+_{g+}$	－	+	+	+		－	+	10	+	+	+	+		－	20～37	0～2				414，425
保科爱德华菌（*Edwardsiella hoshinae*）	－	－	+	－	+	－	+	+	－	+	w+	－	－	+	－	－	－	－	F	30	$+_{gv}$	－	－	+	+	+	75	－	+	+	－	+	+		－	25～40	0～1.5	S			317
	在 25℃和 35℃具有运动性																																								
叉尾鮰爱德华菌（*Edwardsiella ictaluri*）	－	－	+	－	+	－	+	+	－	+	－	－	－	+	－	－	－	－	F	－	$+_{g+}$	－	－	+	－	+	－	－	－	－	－	－	+		－	20～37	0～1.5				334，374
	在 25℃具有弱运动性，35℃没有运动性。48 h 读取 MR																																								808
叉尾鮰爱德华菌（*Edwardsiella ictaluri*）厌氧性菌株	－	－	+		－	－	+	+	－	+	－	－	－	－	－	－	－	－	F	－	$+_{g-}$	－	+	+	－	+	－	－	－	－	－	－	+			25～37					547
	厌氧培养。在 37℃没有运动性																																								

试验	Gm	Ox	cat	βH	mot	SW	ODC	LDC	ADH	Nit	Ind	Cit	urea	mr	vp	aes	G	onpg	OF	arab	glu	inos	lac	malt	man	mano	sal	sor	suc	tre	Xyl	H_2S	MCA	TCBS	DNase	温度/℃	NaCl/%	O129/10	O129/150	Amp	参考文献
迟钝爱德华菌（*Edwardsiella tarda*）	－	－	＋	－	＋	－	＋	＋	－	＋	＋	－	－	＋	－	－	－	－	F	－	$+_{g+}$	－	－	＋	－	＋	－	－	v	－	－	＋	＋		－	42	0～2				374，640
	在25℃和35℃具有运动性																																								
伤口埃希氏菌（*Escherichia vulneris*）	－	－	＋	＋	＋		－	＋	＋	＋	－	－	－	＋	－	＋	－		F	＋	$+_{g+}$	－	＋	＋	＋		＋	－	－	＋	＋	－	＋	－	－	20～37		R	R		51
蜂房哈夫尼菌（*Hafnia alvei*）	－sr	－	＋	－	＋	－	＋	＋	－	＋	－	－	－	21	87	－	－	＋	F	＋	$+_{g+}$	－	－	＋	＋	＋	－	－	－	＋	＋	－	＋	－	－	4～40	0～4	R	PS		313，652
渴望盐单胞菌（*Halomonas cupida*）	－	－	＋	－	＋		＋	＋	＋	＋	－			－	－				I				＋	＋	＋		＋	＋	＋w	＋		－				10～25		S			
臭鼻肺炎克雷伯氏菌（*Klebsiella pneumonia*）	－	－	＋	－	－	－	－	＋v	－	＋	－	＋	＋	60	40	＋	－	＋	F	＋	$+_{g+}$	＋	＋	＋	＋		＋	＋	＋	＋	＋	－	＋		－	35	0～5	R	R		414
	黏液样																																								
成团泛菌（*Pantoea agglomerans*）	－	－	＋	－	＋	－	－	－	－	＋	－	＋	－	－	＋	＋	＋	＋	F	＋	$+_{g-}$	－	－	＋	＋	＋	＋	－	＋	＋	＋	－	＋	－	－	4～37	0～6				249，325
	条件致病，黄色色素，MR在含2% NaCl条件下为＋ve																																								
雷氏普罗威登斯菌［*Providencia*（*Proteus*）*rettgeri*］	－	－	＋		＋	－	－	－	－	＋	＋	＋	＋	＋	－	＋	－	－	F	－	＋	＋	－	－	＋	＋	v	－	－	－	－	－	＋		＋	18～37	0～3				79
亚利桑那沙门氏菌（*Salmonella arizonae*）	－	－	＋	－	＋	－		＋		＋	－	＋	－	＋	－	－	－	－	F	－	$+_{g+}$		＋	＋	＋		－	＋	＋	＋	＋	＋	＋			15～41	0～6	R	R		447
液化沙雷氏菌（*Serratia liquefaciens*）	－	－	＋	＋	＋	－	＋	＋	－	－	－	＋	－	－	＋	＋	＋	＋	F	＋	$+_{g+}$	＋	－	＋	＋	＋	＋	＋	＋	＋	＋	－	＋	－	＋	4～37	0～5	R	R		250，290
	参考文献290是在37℃ MR为86%，在30℃为17%																																								
液化沙雷氏菌（*Serratia liquefaciens*）	－	－	＋	＋	＋	－	＋	＋	－	－	－	＋	－	－	＋	＋	＋	＋	F	＋	$+_{g+}$	－	－	＋	＋	＋	＋	＋	＋	＋	＋	－	＋	－	＋	4～37	0～5	R	R		715
	北极圈分离的菌株吲哚和inos都是阴性																																								
黏质沙雷氏菌（*Serratia marcescens*）	－	－	＋	v	＋	－	＋	＋	－	＋	－	＋	－	－	＋	＋	v	＋	F	－	$+_{g+}$	＋	－	＋	＋	＋	＋	＋	＋	＋	－	－	＋			4～45	0～8	R	R	R	76
	红色色素																																								

续表 4－10

试验	Gm	Ox	cat	βH	mot	SW	ODC	LDC	ADH	Nit	Ind	Cit	urea	mr	vp	aes	G	onpg	OF	arab	glu	inos	lac	malt	man	mano	sal	sor	suc	tre	Xyl	H_2S	MCA	TCBS	DNase	温度/℃	NaCl/%	O129/10	O129/150	Amp	参考文献
普城沙雷氏菌 (*Serratia plymuthica*)	－	－	＋	－	－	－	31	－	－	＋	－	＋	－	－	＋		＋	＋	F	＋	$+_{g-}$	＋	－	＋	＋	＋	＋	v	＋	＋	＋	－	－		＋	4～37	0～8	R	R	R	76，579
	红色色素。MR 仅在 37℃ ＋ve																																								
念珠状链杆菌 (*Streptobacillus moniliformis*)	－	－	－		－	－	－	－	＋	－	v	－	－		－	－	－	－	F		＋		－	＋	－	－			－		－	v				10～25	1～4				519，611
	细菌的身份没有确定																																								
念珠状链杆菌 (*Streptobacillus moniliformis*)	－	－	－	－	－	－	－	－	－	－	－	－	－			－	－		F	－	w		－	w	－			－	－		－	－	－			25～35					169
	模式菌株的反应。要求加入 20% 血清才能生长																																								
中间耶尔森氏菌 (*Yersinia intermedia*)	－	－	＋		＋		＋	－	－	＋	＋	＋	＋	＋	＋w	＋	－	＋	F	＋	＋	＋	－	＋	＋	＋	＋	＋	＋	＋	50	－			－						402
	在 25℃具有运动性但在 35℃无运动性。MR，VP，Cit 在 35℃为＋ve，在 25℃为－ve																																								
鲁氏耶尔森氏菌 (*Yersinia ruckeri*)	－	－	＋	＋	＋	－	＋	＋	－	85	－	＋	－	＋	－	－	52	＋	F	－	$+_{g-}$	－	－	＋	＋	97	－	－	－	97	－	－	＋		－	37	0～3				137，250
	在 25℃具有运动性但在 35℃无运动性。Cit 在 25℃为＋ve，但在 37℃为－ve																																								
鲁氏耶尔森氏菌 (*Y. ruckeri*)	－	－	＋	－	＋	－	＋	＋	－	＋	＋	＋	－		＋	－	＋	＋	F	－	＋	－	－	＋	＋	＋	－	＋	－	＋	－		＋		－		0～5				500
	澳大利亚菌株由 Llewellyn（1980）报道																																								
鲁氏耶尔森氏菌 (*Y. ruckeri*) 血清变型Ⅰ																												－													
鲁氏耶尔森氏菌 (*Y. ruckeri*) 血清变型Ⅱ																												＋													
鲁氏耶尔森氏菌 (*Y. ruckeri*) 血清变型Ⅲ																												－													
鲁氏耶尔森氏菌 (*Y. ruckeri*) 血清变型Ⅳ	这些不是鲁氏耶尔森氏菌（*Y. ruckeri*）的菌株																			＋											＋										
鲁氏耶尔森氏菌 (*Y. ruckeri*) 血清变型Ⅴ																												＋													

续表 4－10

试验	Gm	Ox	cat	βH	mot	SW	ODC	LDC	ADH	Nit	Ind	Cit	urea	mr	vp	aes	G	onpg	OF	arab	glu	inos	lac	malt	man	mano	sal	sor	suc	tre	Xyl	H_2S	MCA	TCBS	DNase	温度/℃	NaCl/%	O129/10	O129/150	Amp	参考文献
鲁氏耶尔森氏菌（*Y. ruckeri*）血清变型Ⅵ	鱼类分离的菌株发酵阿拉伯糖和鼠李糖不是鲁氏耶尔森氏菌，可能是蜂房哈夫尼菌																																								
环境的																																									
水生布戴约维来菌（*Budvicia aquatica*）	－	－	＋		＋	－	－	－	－	＋	－	－	＋	v	－	－	－w		F	＋	＋	－		－	＋s	－	－	－	－	－	＋	＋	＋		－	4～37	0～4				
异型枸橼酸杆菌（*Citrobacter diversus*）	－	－	＋		＋	－	＋	－	60	＋	＋	＋	＋	＋	－	－	－	＋	F	＋	$+_{g+}$	－	33	＋	＋		10	＋	17	＋	＋	－						R	R		248
产气肠杆菌（*Enterobacter aerogenes*）	－	－	＋		＋	－	＋	＋	－		－		－	－	＋	＋	－			＋	$+_{g+}$	＋	＋	＋			40	＋	＋	＋	＋	－			－		0～5				414
阴沟肠杆菌（*Enterobacte rcloacae*）	－	－	＋	－	＋	－	＋	－	＋	＋	－	＋	－	－	＋	＋	＋	＋	F		$+_{g+}$	70	＋	＋	＋		＋	＋	＋	＋	＋	－	＋	－	－		0～5	R	R		414
液化肠杆菌（*Enterobacter liquefaciens*）	－	－	＋		＋	－	＋	65	－		－		－	25	＋	＋	＋			＋	$+_{g+}$	＋	60	＋			＋	＋	＋	＋	＋	－			＋		0～5				414
大肠杆菌（*Escherichia coli*）	－	－	＋	v	50	－	60	50	－	＋	＋	－	－	＋	－	40	－			＋	$+_{gv}$	－	55	＋			30	＋	55	＋	＋	－			－	25～44	0～5				414
高嗜盐菌（*Halomonas elongate*）	－	＋v	＋		＋	－	＋	＋		＋	22		66	11	11	56	44	33	F		＋		67			＋			＋			－				30	0.1～20.0		R		795
耐盐盐单胞菌（*Halomonas halodurans*）	－	－	＋			－	＋	＋		－	－		＋		－	＋		－	F	＋	＋		－			－					＋	－				22～37	0.1～20.0				336
海洋盐单胞菌（*Halomonas marina*）						－																																			
解鸟氨酸克雷伯氏菌（*Klebsiella ornithinolytica*）	－	－	＋			－	＋				＋				v				F																	10～37					228

续表 4 – 10

试验	Gm	Ox	cat	βH	mot	SW	ODC	LDC	ADH	Nit	Ind	Cit	urea	mr	vp	aes	G	onpg	OF	arab	glu	inos	lac	malt	man	mano	sal	sor	suc	tre	Xyl	H_2S	MCA	TCBS	DNase	温度/℃	NaCl/%	O129/10	O129/150	Amp	参考文献
产酸克雷伯氏菌(*Klebsiella oxytoca*)	–	–	+			–	–				+		+		+			+	F																	10 ~ 41					228
肺炎克雷伯氏菌臭鼻亚种(*Klebsiella pneumoniae ozaenae*)	–	–	+		–	–	–	–	–	+	–	+	–	+	–	+	–			+	$+_{g-}$	–	+	+			+	+	–	+	+	–	+		–	25 ~ 37	0 ~ 5				414
鼻硬结雷伯氏(*Klebsiella rhinoscleromatis*)	–	–	+	–	–	–	–	–	–	+	–	+	–	+	–	–	–		F	+	$+_{g-}$	+	–	+			+	+	+	+	+	–	+		–	25 ~ 37	0 ~ 5				414
抗坏血酸克吕沃尔氏菌(*Kluyvera ascorbata*)	–	–	+		+	–	+	+	–	+	+	+	–	+	–		–	+	F		$+_{g+}$				+			41	+v			–				5 –					
栖冷克吕沃尔氏菌(*Kluyvera cryocrescens*)	–	–	+		+	–	+	+	–	+	+	+	–	+	–		–	+	F		$+_{g+}$				+			41	+v			–				5 +					
分散泛菌(*Pantoea dispersa*)	–	–			+	–	10	–	–	+	–	+	–		+	–	+s	+	F	+	$+_{g-}$	+	–	+	+	+	–	–	+	+	+	–			–	30 ~ 41	0	R	R		291
	黄色色素。模式菌株 ODC 为 + ve																																								
弗氏普罗威登斯菌(*Providencia friedericiana*)	–	–	+	–	+rt	–	–	–	–	+	+	w	–	+	–	–	–	–	F	–	$+_{g+}$	–	–	–	–	+	–	–	+s	–	–	–	+		–	10 ~ 40	0				559
	在 25℃运动，而在 35℃则为阴性																																								
水生拉恩氏菌(*Rahnella aquatilis*)	–	–			+	–	–	–	–	+	–	+	–	89	+	+	–	+	F	+	$+_{g+}$	–	+	+	+	+	+	+	+	+	+	–	+	–	–	4 ~ 37	0	R	R		124
	在 25℃运动，而在 35℃不能运动；在 API 20E 中 man 为 – ve																																								
水生拉恩氏菌(*R. aquatilis*)基因型群 2	–	–			31	–	–	–	–	+	–	79	–	+	+	+	34	+	F	+	$+_{g+}$	–	+	+	+	+	+	+	+	+	+	–	+	–	–						124
水生拉恩氏菌(*R. aquatilis*)基因型群 3	–	–			–	–	–	–	–	+	–	–	–	52	72	+	–	+	F	+	$+_{g+}$	–	+	+	+	+	+	+	+	+	+	–	+	–	–						124
植生拉乌尔菌(*Raoultella planticola*)	–	–	+	–	–	–	–	+	–	+	+	+	+	+	+	+	–	+	F	+	$+_{g+}$	+	+	+	+	+	+	+	+	+	+	–	+	–	–	4 ~ 41	0				228

续表 4－10

试验	Gm	Ox	cat	βH	mot	SW	ODC	LDC	ADH	Nit	Ind	Cit	urea	mr	vp	aes	G	onpg	OF	arab	glu	inos	lac	malt	man	mano	sal	sor	suc	tre	Xyl	H_2S	MCA	TCBS	DNase	温度/℃	NaCl/%	O129/10	O129/150	Amp	参考文献
土生拉乌尔菌（*Raoultella terrigena*）	－	－	＋	－	－	－	－	＋	－	＋	－	＋	＋	＋	＋	＋	－	＋	F	＋	$+_{g+}$	＋	＋	＋	＋	＋	＋	＋	＋	＋	＋	－	＋		－	4～35	0	R	R		228，402
	形态学与臭鼻肺炎克雷伯氏菌（*K. pneumoniae*）相似																																								
居泉沙雷氏菌（*Serratia fonticola*）	－	－	＋		＋	－	＋	＋	－	＋	－	＋	－	＋	－	＋	－	＋	F	＋	$+_{g+}$	＋	＋	＋	＋	＋	＋	＋	＋s	＋	70	－	＋		－	4～37					290，558
液化沙雷氏菌（*Serratia liquefaciens*）	－	－	＋	－	＋	－	－v	＋	－	＋	－	＋	v	37	＋	＋	＋		F	＋	$+_{g+}$	64	16	＋	＋	＋	＋	＋	＋	＋	＋	－	＋	－	＋						500
黏质沙雷氏菌（*Serratia marcescens*）	－	－	＋	－	＋	－	＋	＋				＋	40	18	＋	73	70		F	27	－	77	17				＋	＋	＋		－				＋						290
深红沙雷氏菌（*Serratia rubidaea*）	－	－	＋		＋	－	－	＋	－			＋		24	＋	＋	＋		F	＋	－	35	＋				＋	－	＋		＋				＋						250，290
阿氏耶尔森氏菌（*Yersinia aldovae*）	－	－	＋	－	＋v	－	＋	－	－	＋	－	＋	＋	＋	＋	＋	－	＋	F	＋	＋	＋		－v	＋	＋		＋	－	＋	＋	＋	＋		－						85
伯氏耶尔森氏菌（*Yersinia bercovieri*）	－	－	＋	－	＋	－	＋	－	－	＋	－	－	＋	＋	－	＋s	－	＋	F	＋	＋	－	－	＋	＋	＋	＋s	＋	＋	＋	＋	－	＋		－						812
小肠结肠炎耶尔森氏菌（*Yersinia enterocolitica*）	－	－	＋	－	－	－	v	－		＋	v	－	＋	＋	＋	15	－	＋	F	＋		－					－	＋	＋	＋	36										250
弗氏耶尔森氏菌（*Yersinia frederiksenii*）	－	－	＋	－	＋	－	＋	－	－	＋	＋	－v	＋	＋	＋	＋	－	＋	F	＋	＋	44	22	＋	＋	＋	＋	＋	＋	＋	20	－			－	25～37	0				423
	运动性和 vp 在 25℃是阳性，而在 37℃阴性																																								
克氏耶尔森氏菌（*Yersinia kristensenii*）	－	－	＋	－	＋	－	＋	－	－	＋	43	－	＋	＋	－	－	－	＋	F	＋	$+_{g-}$	27	60	＋	＋	＋	－	＋	－	＋	＋	－			－	4～41	0				383，402
	在 25℃有运动性，但在 35℃却没有；在 25℃ VP－ve																																								
莫氏耶尔森氏菌（*Yersinia mollaretii*）	－	－	＋	－	＋	－	＋	－	－	＋	－	－	＋	＋	－	＋s	－		F	＋	＋	＋s	－	＋	＋	＋	＋s	＋	＋	＋	＋	－	＋		－						812
假结核巴斯德氏菌（*Yersinia pseudotuberculosis*）	－	－	＋		＋	－	－	－	－	＋	－	－	＋	＋	－	＋	－		F	＋	＋	－	－	＋	＋	＋	＋	－	－	＋	＋	－			v						121
罗氏耶尔森氏菌（*Yersinia rohdei*）	－	－	＋	－	＋	－	＋s	－	－	＋	－	＋	＋s	＋	－	－	－		F	＋	＋	－	＋	＋	＋	＋	－	＋	＋	＋	＋	－	＋	－	－	25	0	R	R		12
	所有耶尔森氏菌和哈夫尼菌（*Hafnia*）种类应该在 25～28℃培养																																								

表 4-11 革兰氏阴性、氧化酶阳性杆菌

试验	Gm	Ox	cat	βH	mot	SW	ODC	LDC	ADH	Nit	Ind	Cit	urea	mr	vp	aes	G	onpg	OF	arab	glu	inos	lac	malt	man	mano	sal	sor	suc	tre	Xyl	H_2S	MCA	TCBS	DNase	温度/℃	NaCl/%	O129/10	O129/150	Amp	参考文献
细菌																																									
病原的																																									
贝尔克氏菌 (*Beneckea chitinovora*)	−			+	+	−		+		+	+	+	−				+		F		$+_{g+}$								+			+				20~25	1~4				806
支气管败血性博德特氏菌 (*Bordetella bronchiseptica*)	−	+	+	+	+	−	−	−	−	+	−	+	+	−		−	−	−	O	−	−		−	−	−		−	−	−	−	−	−	+			25~37	0~4				199, 642
流产布鲁氏杆菌 (*Brucella abortus*)	−	+	+	v	−					+	−	−	+s			−	−		O		v		−	−	−				−		+	−	v			35	0				169
类鼻疽伯克霍尔德氏菌 (*Burkholderia pseudomallei*)	−	+	+	v	+	−	−	−	+	+	−	v	−	−	−	+	v	−	O	+	+	+	+	+	+	+	−	+	−	+	+	−	+			20~42					38, 623
	API 反应中 urea 和 Nit 可能是阴性，18% 的 Cit 是阳性																																								
海水德莱氏菌 (*Deleya aquamarines*)	−	+	+	−	+	−	+		−	+	−	−	+	−	−	−	−	−	O						+							+s			−	4~42	1~10			S	8, 45
	曾为 *Alcaligenes faecalis homari*																																								
蓝黑紫色杆菌 (*Janthinobacterium lividum*)	−	+	+		+	−			+	+	−	+	−		+	+	+	−	O	+s	−	+	−	+	+	+	+	+	+	−	+s					4~30	0~2				496
	紫色色素																																								
多杀巴斯德菌 (*Pasteurella multocida*)	−	+	+	−	−	−	+	−	−	+	+	−	−	−	−	−	−	−	F	v	+		−	v	+		−	v	+	v	v	−	−			25~37	0				169, 562
斯凯巴斯德菌 (*Pasteurella skyensis*)	−	+w	−	−w	−	−	+	+	−	−	+		−		−			−	F		+	−	+	+	+	+	−	−	−	+	−			−		14~32	1.5~2.0				100
龟巴斯德氏菌 (*Pasteurella testudinis*)	−	+	+	+	−	−	−	−	−	+	+	−	−			+		+	F	v	$+_{g-}$	+s	−	85	+	−	−	v	+	v	+		v								709
类志贺邻单胞菌 (*Plesiomonas shigelloides*)	−	+	+	90	+	−	+	+	95	+	50	−c	−	v	−	−	−	+	F	−	$+_{gv}$	50	+	+	50	+	−	50	−	+	−	−	+	−G	50	10~42	0~3	R	S	S	169

续表 4-11

试验	Gm	Ox	cat	βH	mot	SW	ODC	LDC	ADH	Nit	Ind	Cit	urea	mr	vp	aes	G	onpg	OF	arab	glu	inos	lac	malt	man	mano	sal	sor	suc	tre	Xyl	H_2S	MCA	TCBS	DNase	温度/℃	NaCl/%	O129/10	O129/150	Amp	参考文献
溶菌假交替单胞菌（*Pseudoalteromonas bacteriolytica*）	−	+	+w		+	−				−		−					+		O		+															15~35	3				677
	红色色素																																								
杀鱼假单孢菌（*Pseudoalteromonas piscicida*）	−	+	+		+	−			−	+		−					+		O		+		−	+	−				+		−				+	25~40	5~10				134 572
鳗鱼假单胞菌（*Pseudomonas anguilliseptica*）	−	+	+	−	+	−	−	−	−	−	−	+	−			−	v	−	I	−	−	−	−	−	−	−	−		−		−	−	+	−	v	5~30	0~3	S	R	Pen=R	96 541
	芬兰分离的菌株为阳性，日本分离的菌株为阴性																																								828
绿针假单胞菌（*Pseudomonas chlororaphis*）	−	+	+		+	−	v	v	+	+		+					+		O		+		−		+			−	+	+						4~35					
	生长 5 d，绿色菌落																																								
荧光假单胞菌（*Ps. fluorescens*）生物型Ⅰ	−	+	+		+	−		−	+	−		+					+	−	O	+	+		−	+	+	+	−	+	+		+		+			4~37					
荧光假单胞菌（*Ps. fluorescens*）生物型Ⅱ	−	+	+		+	−		−	+	+		+					+	−	O	+	+		−	+	+	+	−	+	+		+		+			4~37					
荧光假单胞菌（*Ps. fluorescens*）生物型Ⅲ	−	+	+		+	−		−	+	+		+					+	−	O	+	+		−	+	v	+	−	v	−		+		+			4~37					
荧光假单胞菌（*Ps. fluorescens*）生物型Ⅳ	−	+	+		+	−		−	+	+		+					+	−	O	+	+		−	+	+	+	−	+	+		+		+			4~37					
荧光假单胞菌（*Ps. fluorescens*）生物型Ⅴ	−	+	+		+	−		−	+	−		+					+	−	O	+	+		−	+	v	+	−	v	v		+		+			4~37					
荧光假单胞菌（*Pseudomonas fluorescens*）	−	+	+	+	+	−		−	+	v	−	+	v	−	−	−	+	−	O	+	+	v	−	+	+	+	−	v	v	v	+	−	+			4~30		R	R		623

试验	Gm	Ox	cat	βH	mot	SW	ODC	LDC	ADH	Nit	Ind	Cit	urea	mr	vp	aes	G	onpg	OF	arab	glu	inos	lac	malt	man	mano	sal	sor	suc	tre	Xyl	H_2S	MCA	TCBS	DNase	温度/℃	NaCl/%	O129/10	O129/150	Amp	参考文献
变形假单胞菌（*Pseudomonas plecoglossicida*）	–	+	+	+	+	–	–	–	+	+	–	+	–			–	–		O		–															10~30	0~5	R	R		582
	与恶臭假单胞菌（*Pseudomonas putida*）有很近的关系																																								
类产碱假单胞菌（*Pseudomonas pseudoalcaligenes*）	–	+	+	–	+	–	v	–	+	v	–	+	–		–	–	v	–	OA	+	+	–	–	14	–	–		–	–		11	–	+		–	15~41	0				297
恶臭假单胞菌（*Pseudomonas putida*）	–	+	+	v	+	–	–	–	+	–	–	+	44			–	–	–	O	+	+	–	–	21	19	+	–	–v	9	–	+	–	+			4~35	0~5				297, 623
施氏假单胞菌（*Pseudomonas stutzeri*）	–	+	+	–	+	–	–	–	–	+	–	+	14			–	v	–	O	v	+	–v	–	+	68	+	–	–	v	–	+	–v	+		–	25~41	0~6				297, 359
	菌落褶皱，淡黄色																																								623
玫瑰杆菌属（*Roseobacter*）CVSP 菌株	–	+	w		+	–													I																	23	2				104
腐败希瓦氏菌（*Shewanella putrefaciens*）	–	+	+	–	+	–	+	–	–	+	–	+	–	–	–	–	+	–	O	50	+s	–	–	70	–	9	–	–	35	–	–	+	+	–	+	4~37	0~3				433
Varracalbimi	–	+	–	–α	–	–	–	–	+	–	–		–			–	–		F	–	$+_{g-}$		+	+	+	+		+								4~22	2	S	S		771
环境的																																									
海豚放线杆菌（*Actinobacillus delphinicola*）	–	+	–	–w	–	–	+	+	–	+	–		–	–	+		–	–	F		+	–	–	–	–	+	–	–	–	–	–		–			30~42					263
	Mesoploden bidens 菌株；需求 10% CO_2 才能生长																																								
海豚放线杆菌（*Actinobacillus delphinicola*）	–	+	–	–w	–	–	70	+	21	+	–		–	–	+		–	–	F		+	–	–	–	–	+	–	–	–	–	–		–			30~42					263
	鼠海豚（*Phocoena phocoena*）菌株；需求 10% CO_2 才能生长																																								
海豚放线杆菌（*Actinobacillus delphinicola*）	–	+	–	–w	–	–	–	–	+	+	–		–	–	+		–	–	F		+	–	–	–	–	+	–	–	–	–	–		–			30~42					263
	蓝白海豚（*Stenella coeruleoalba*）菌株；需求 CO_2 才生长																																								
苏格兰放线菌（*Actinobacillus scotiae*）	–	+	–	–w	–	–	70	–	–	+	–	–	+		+		–	+	F	–	+	–	+	–	–	+	–	–	–	–	–		–	–		25~37	0				265
	需求 10% CO_2 才生长；利用 Rosco tablets 法 Nit 为阴性																																								

续表 4 – 11

试验	Gm	Ox	cat	βH	mot	SW	ODC	LDC	ADH	Nit	Ind	Cit	urea	mr	vp	aes	G	onpg	OF	arab	glu	inos	lac	malt	man	mano	sal	sor	suc	tre	Xyl	H_2S	MCA	TCBS	DNase	温度 /℃	NaCl /%	O129 /10	O129 /150	Amp	参考文献
木糖氧化无色杆菌木糖氧化亚种（*Achromobacter xylosoxidans* ssp. *denitrificans*）	–	+	+	v	+	–	–	–	–	+	–	+	–	–		–	–	–	O	–	–		–	–	–				–		–	–	+		–	10 ~ 37	0 ~ 4				297
	曾为反硝化产碱菌（*Alcaligenes denitrificans*）																																								
肠奇异单胞菌（*Allomonas enterica*）	–	+	+	+	+v		70	–	80		+	+	–	+	–		+		F	+	+g–		–	+	+		–	+	+			–				20 ~ 37	3 ~ 5				
麦氏交替单胞菌（*Alteromonas macleodii*）	–	+	+		+	–			–	–		–					+		O		+		+	+	–	–	+	–	+	+	20					35 ~ 40	2	R	R		286，815
水生螺菌属（*Aquaspirillum* spp.）	–	+	+		+		–	–	–	+	–	–	+		–	–	–		I	–	–		–	+	–	–			+	–	–	–				25	0 ~ 2	R	R		497
缺陷短波单胞菌（*Brevundimonas diminuta*）	–	+	+	α	+	–	–	–	–	–	–	–	–			–	–	–	O	–	–v	–	–	–	–	–	–	–	–	–	–	–	+		+14	30 ~ 37	0 ~ 5				
泡囊短波单胞菌［*Brevundimonas*（*Pseudomonas*）*vesicularis*］	–	+	+	α	+	–	–	–	–	–	–	–	–			+	58	52	O		+		–	46	–	–	–	–	–	–	16	–	20		–	25	0 ~ 5				297
	黄色菌落																																								
洋葱伯克霍尔德氏菌［*Burkholderia*（*Pseudomonas*）*cepacia*］	–	v+	+	–	+	–	66	+	–	–	–	+	42			28	73	79	O		+v		+	+	+	+	–		81		+	–	+		–	25 ~ 40	0	R	R		297
	淡水，黄色色素																																								
青紫色素杆菌（*Chromobacterium violaceum*）	–	+	+	+v	+	–	–	–	+	+	20	+	–	37	–	–	86	–	F	–	+g–		–	–	–				–	+	–	–	+	–	–	25 ~ 37	0	R	R		482
	紫色色素，有的菌株没有色素																																								
海洋科尔威尔氏菌（*Colwellia maris*）	–	+	+		+	–				+	–			–	–		+		O	–	+			–		–			–						+	0 ~ 22	3 ~ 4	S	S		
中度嗜盐菌（*Halomonas aquamarina*）	–	+	+	–	+	–	–	–	–	–	–	+	–	–	–	–	–	–	O		–		–	–	–				–		–	–	+		–	25 ~ 37	0 ~ 4				169，297
	曾为粪产碱菌（*Alcaligenes faecalis*）																																								

续表 4-11

试验	Gm	Ox	cat	βH	mot	SW	ODC	LDC	ADH	Nit	Ind	Cit	urea	mr	vp	aes	G	onpg	OF	arab	glu	inos	lac	malt	man	mano	sal	sor	suc	tre	Xyl	H_2S	MCA	TCBS	DNase	温度/℃	NaCl/%	O129/10	O129/150	Amp	参考文献
美丽盐单胞菌(*Halomonas venusta*)	−	+	+	−	+	−	−	−	−	+	−	+	+			+	−		O	−	+	+	−	v		−	−	v	v	v	−		+	−		4~37	0~6.5		R	S	66, 310
黄色氢噬胞菌[*Hydrogenophaga*(*Pseudomonas*) *flava*]	−	+	w							−	−	−	−			−	−		O	+	$+_{g-}$			+	+	+		+	+	+	−	−									39
苍白产氢噬胞菌[*Hydrogenophaga*(*Pseudomonas*) *palleronii*]	−	+	w		+		−	−	−	−	−	+	−				−		O	−	−		−	−	−	−	−	−	−	−	−	+				30					39, 834
	黄色色素																																								
类黄色氢噬胞菌(*Hydrogenophaga pseudoflava*)	−	+	w		+		+	+		−	−	+	−			−	−		O	+	$+_{g-}$		−	+	+	+	−		+	+	+	+				35~41					39, 834
	黄色色素；用酵母膏，硝酸盐为阳性																																								
河流色杆菌(*Iodobacter fluviatilis*)	−	+	+	+w	+		−	−	−	+		85	−			−	+		F	−	$+_{g-}$	−	−	+	−	+	−	−	−	+	−	−	+			4~25	0~1	R	R	R	502
	在 MCA 菌落为紫色；在 1/4 NA 上菌落扩散生长																																								
曼氏溶血杆菌(*Mannheimia haemolytica*)	−	+	+	+	−	−	−	−	−	+	−v	−	−		−	−		+	F	−	+			+	+	−		+		−	+		+w	−		20~37					
常见海单胞菌(*Marinomonas communis*)	−	+							−			+					−		O		+		−	+	+	+	−	+	−	25	+					35~40					286
漫游海单胞菌(*Marinomonas vaga*)	−	−							−	−		+					−				+		−	40	+	+	−	+	−	20	60					35					286
鲍氏海单胞菌(*Oceanimonas baumannii*)	−	+			+	−			−	+	−	+	−			−	−	−	O		−															10~41	1~7				130
杜氏海洋单胞菌(*Oceanimonas doudoroffii*)	−	+			+	−			−	+	−	+	−			−	−	−	O		−															10~41	2				69, 130
	用试管测试硝酸盐可能是阴性，用 API 20NE 测试则是阳性																																								

续表 4-11

试验	Gm	Ox	cat	βH	mot	SW	ODC	LDC	ADH	Nit	Ind	Cit	urea	mr	vp	aes	G	onpg	OF	arab	glu	inos	lac	malt	man	mano	sal	sor	suc	tre	Xyl	H_2S	MCA	TCBS	DNase	温度/℃	NaCl/%	O129/10	O129/150	Amp	参考文献
子宫海豚杆菌（*Phocoenobacter uteri*）	-	+	-	-	-	-	-	-	-	+	-	-	-		+		-	+	F	-	+	-	-	-	-	-	-	-	-	-	-		-			22~37					266
南极洲假交替单胞菌（*Pseudoalteromonas antarctica*）	-	+	+		+	-			-	-	-	-	-		+	-	+	-	I	-	+	-		+	+	+	-	-	-			-	+		-	4~30	0.1~9.0				115
柠檬假交替单胞菌（*Pseudoalteromonas citrea*）	-	+	+	+	+	-	-	-	-	-		-	-	-	-	-	+	-	O		+		-	-	-	+	-	-	-	+		-			+	10~30	1~10	R	R		285
反硝化假交替单胞菌（*Pseudoalteromonas denitrificans*）	-	+	-		+				-	+		-					+		O																+	4~22	1.5~5.0	R	R		239
	红色色素																																								
明显假交替单胞菌（*Pseudoalteromonas distincta*）	-	+	+																																						
艾氏假交替单胞菌（*Pseudoalteromonas elyakovii*）	-	+	+		+	-				-		+					+		O		+															10~37	2				679
埃氏假交替单胞菌（*Pseudoalteromonas espejiana*）	-	+	+							-		-					+																			35	2				150
金色假交替单胞菌（*Pseudoalteromonas flavipulchra*）	-	+	+	+	+	-	-	-	-	-		-	-	-	-	-	+	-	O		+		-		-	+	-	-	-	+		-			+	10~44	0.5~10.0	R	R		286，398
游海假交替单胞菌（*Pseudoalteromonas haloplanktis*）	-	+	+w		+	-			-	-		+	+				+		O		+		-	+	50	+	-	-	+	+	-				+	4~15	2				285
游海假交替单胞菌河豚毒素亚种（*Pseudoalteromonas haloplanktis tetraodonis*）	-	+	+		+					-			-				+		O																	4~15	2				285

续表 4－11

试验	Gm	Ox	cat	βH	mot	SW	ODC	LDC	ADH	Nit	Ind	Cit	urea	mr	vp	aes	G	onpg	OF	arab	glu	inos	lac	malt	man	mano	sal	sor	suc	tre	Xyl	H_2S	MCA	TCBS	DNase	温度/℃	NaCl/%	O129/10	O129/150	Amp	参考文献
藤黄紫交替单胞菌（*Pseudoalteromonas luteoviolacea*）	–	+	–					–	–	–	–	–	–			+	+	–	O		+v		–	+	–	–			–	+	–	–			+	10～30	2～24	R	R		287
	产生紫色色素																																								
Pseudoaltermonas maricaloris	–	+	+		+	–			–	–							+		O																	10～37	0.5～10.0	R	R		398
产黑假交替单胞菌（*Pseudoalteromonas nigrifaciens*）	–	+			+	–			–	–		+					+		O																	4～28	2				395
	产生黑色色素																																								
红色假交替单胞菌（*Pseudoalteromonas rubra*）	–	+	+	+	+	–	–	–	–	–		–	–			+	+		O		+		–	–	–	+	–	–	–	+					+	25～35	2	R	R		283
	红色色素																																								
藻假交替单胞菌（*Pseudoalteromonas ulvae*）	–	+	+		+	–	–	–	–			+	–				+	–	I		–															4～25	1～2	S	S	S	231
水蛹交替单胞菌（*Pseudoalteromonas undina*）	–	+								–		–					+		O				–		–	–	–	–	+							25～35	2				150
食酸假单胞菌（*Pseudomonas acidovorans*）	–	+	+	–v	+	–	–	–	–	+	–	+	–			–	–v	–	I		–		–	–	+w	–			–		–	v	+		–	25～35	0				297
铜绿假单胞菌（*Pseudomonas aeruginosa*）	–	+	+	–	+	–	–	–	+	+	–	+	+v			–	+	–	O	+	+v	–	–	–	+	80	–	–	–	v	83	–	+		–	25～41	0～5	R	R		623
	绿色色素，也可能是砖红色																																								
产碱假单胞菌（*Pseudomonas alcaligenes*）	–	+	+	14	+	–	–	–	+	+	–	v	–			–	–		O	–	–		–	–	–	–	–	–	–	–	–	–	+		–	25～41	0～5				169
	杆状或者丝状																																								
Pseudomonas aureofaciens	–	+	+		+	–			+	–		+					+				v		–		+			–	v	v						4～37					
	橙色色素																																								
门多萨假单胞菌（*Pseudomonas mendocina*）	–	+	+	+	+	–	–	–	+	+	–	+	50			–	–	–	O		+		–	–	–	+	–	–	–	–	+	+	+		–	20～41	0～6				297
	黄色色素																																								

试验	Gm	Ox	cat	βH	mot	SW	ODC	LDC	ADH	Nit	Ind	Cit	urea	mr	vp	aes	G	onpg	OF	arab	glu	inos	lac	malt	man	mano	sal	sor	suc	tre	Xyl	H_2S	MCA	TCBS	DNase	温度/℃	NaCl/%	O129/10	O129/150	Amp	参考文献
嗜中温假单胞菌（*Pseudomonas mesophilica*）	–	+	+	–	+	–				v	–	–	v			–	–		O		+w		–	–	–				–		–	–	v			25～35	0				
	扁平细胞，多形性，有液泡。珊瑚样粉红色色素																																								
金海假单胞菌（*Pseudomonas perfectomarina*）	–	+			–				–	+		+					–				+															40	2				
斯塔氏假单胞菌（*Pseudomonas stanieri*）	–	+			+				–	–		+					–				–															40	2				
盖里西亚玫瑰杆菌（*Roseobacter gallaeciensis*）	–	+	+		+		–	–	–	–		–	–				–	–	O		+				+			+	+	+						15～37	2				662
	卵圆形杆菌，棕褐色可扩散色素																																								
Salinivibrio costicola ssp. *costicola*	–cv	+	+	+	+	–	–	–	+	12	–	20	–	53	+	+	+	–	F	–	$+_{g-}$	–	–	+	+	50	20	–	+	+	–	80			+	5～45	0.5～20.0	R	S	S	279
	曾为 *Vibrio costicola*。在高盐生境发现																																								371
肋生盐弧菌（*Salinivibrio costicola*）NCMB 701^T	–cv	+	+	+	+	–	+	–		–	–	–	–	+	+	–	–	–	F	–	$+_{g-}$	–	–	+	+			–	+	+	–	–			+	5～45	0.5～20.0	R	S	S	279，371
海藻希瓦氏菌（*Shewanella algae*）	–	+	+	75	+	–	+	–	–	+	–	–	–v	–	–	–	+	–	I	–	–	–	–	–	–	–			–	–	–	+	+	–	+	25～42	0～10				433，588，851
Shewanella amazonensis	–	+	+	+	+	–	–	–	–	+	–	+			–		+		O		–											+				4～30	0～3				
	南极海洋细菌																																								
波罗的海希瓦氏菌（*Shewanella baltica*）	–	+	+	–	+	–	+	–	–	+	–	+	–	–	–	–	–	–	O										+			+	+		+	4～30					851
海底希瓦菌（*Shewanella benthica*）	–	+	+		+	–	–	–	–	+	–				–		–		O		+															4～15	0～2				
科氏希瓦氏菌（*Shewanella colwelliana*）	–	+	+	–	+	–	–	–	–	+	+		–		–		+	–	O	–	–	–		–	–	–	–	–	–	–		–			+	8～30	1～5	R	R		112，814
	黏附在表面。糖发酵碱性。肉汤培养菌龄大的显示红褐色色素																																								815

续表 4-11

试验	Gm	Ox	cat	βH	mot	SW	ODC	LDC	ADH	Nit	Ind	Cit	urea	mr	vp	aes	G	onpg	OF	arab	glu	inos	lac	malt	man	mano	sal	sor	suc	tre	Xyl	H_2S	MCA	TCBS	DNase	温度/℃	NaCl/%	O129/10	O129/150	Amp	参考文献
冷海希瓦氏菌（*Shewanella frigidimarina*）	−	+	+		+	−	−v	−	−v	+	−	+v	−		−	v	+	−v	O	−	+	−	−	+	+	−v		−	+	+v	−v	+v			+	0~28	0~8				112
	南极海洋细菌																																								
冰海希瓦氏菌（*Shewanella gelidimarina*）	−	+	+		+	−	−	−	−	+	−	−	−		−	−	+	−	O	−	−	−	−	−	−	−		−	−	−	−	+			+v	4~15	1~6				112
	南极海洋细菌																																								
羽田氏希瓦氏菌（*Shewanella hanedai*）	−	+	+		+	−	−	−	−	+	−	−			−		+		O	−	−	−	−	−	−	−	−		−	−	−	+				4~25	2				409
日本希瓦氏菌（*Shewanella japonica*）	−	+	+	+	+	−											+		F		+														+	10~37	0~3				397
	琼脂降解																																								
奥奈达希瓦氏菌（*Shewanella oneidensis*）	−	+	+	−	+	−	−	−	−	+	−	−			−		+		F		+											+				15~40	0~3				782
Shewanella pealeana	−	+	+	−	+	−				+	−	+			−		−		O	−	+			−	−	−		−	−	−	−	+				4~30	0.1~0.7				492
武氏希瓦氏菌（*Shewanella woodyi*）	−	+	+		+	−	−	−	−	+	−	−			−		+		O	−	−				−			−	−		−	+				4~25	2				112
少动鞘氨醇单胞菌（*Sphingomonas paucimobilis*）	−	+	+	−	+	−	−	−	−	−	−	−	−			+	−	+	O		−		+	+	−	+			+		+	−	−		+	30~37					297
	黄色色素																																								
类星形斯塔普氏菌（*Stappia stellulata* like）M1	−	+	+		+	−			−	+		+	+					+	F																	25	1.5				105
嗜麦芽糖寡养单胞菌[*Stenotrophomonas*（*Pseudomonas*）*maltophilia*]	−	+	+	α	+	−	−	+	−	−	−	+	−v			v	+	+	O	−	+w	−	+v	+	−	+	+	−	+v	+	54	+	+		+	35	0~5				623
	黄色菌落																																								

注：①布鲁氏杆菌属（*Brucella*）种类也可参见表 4-5。②-c 表示 Chistensen 柠檬酸盐法阴性；OA 表示氧化性；I 表示反应缓慢，可能显示碱性反应；-α 表示阴性或 α 溶血；数字为阳性菌株所占的百分数；“温度/℃”和“NaCl/%”栏的数字表示细菌可生长的范围。

表 4－12　螺杆菌属

试验	Gm	Ox	cat	mot	Nal	Kf	Gly	IA	1.5 NaCl	25℃	37℃	42℃	urea	Nit	hip	GGT	AP	H_2S	参考文献
细菌																			
Helicobacter acinonychis	－		+		R	S	－	－				－	+	－		+	+		327
猎豹螺杆菌（*H. acinonyx*）	－		+		R	S		－				－	+	－		+	+		540
胆型螺旋杆菌（*H. bilis*）	－	+	+		R	R	+	－	－	－	+	+	+	+				+	540
犬螺杆菌（*H. canis*）	－		－		S	I		+				+	－	－			+		540
鲸螺杆菌（*H. cetorum*）	－	+	+	+	I	S	－	－		－	+	+	+	－		+	－		327，328，329
胆囊螺杆菌（*H cholecystus*）	－	+	+		I	R	+	－	－	－	+	+	－	+	－	－	+	－	540
同性恋螺杆菌（*H. cinnaedi*）	－		+		S	I	+	－	－	－	+	－	－	+	－	－	－	－	540
猫螺杆菌（*H. felis*）	－	+	+	+	R	S	－	－	－	－	+	+	+	+	－	+	+	－	327，540
菲氏螺杆菌（*H. fenneliae*）	－		+		S	S	+	+				－	－	－		－	+		540
肝螺杆菌（*H. hepaticus*）	－	+	+		R	R	+	+	+	－	+	－	+	+	－			+	540
鼷鼠螺杆菌（*H muridarum*）	－	+	+		R	R	－	+	－	－	+	－	+	－	－	+	+	+	540
雪貂螺杆菌（*H. mustelae*）	－	+	+		S	R	－	+	－	－	+	+	+	+	－	+	+	－	327，540
猕猴螺杆菌（*H. nemestrinae*）	－		+		R	S	－	－				+	+	－			+		327，540
帕美特螺杆菌（*H pametensis*）	－	+	+		S	S	+	－	－		+	+	－	+	－	－	+	－	540
肠胃炎螺杆菌（*H. pullorum*）	－		+		S	R		－				+	－	+			－		540
幽门螺杆菌（*H. pylori*）	－	+	+		R	S	－	－	－	－	+	－	+	－	－	+	+	－	327，540
啮齿螺杆菌（*H. trogontum*）	－	+	+	+	R	R						+	+	+	－	+	－	+	540

注：AP 表示碱性磷酸酶水解；cat 表示过氧化氢酶；GGT 表示谷氨酰转肽酶活性；Gly 表示在 1% 氨基乙酸中生长；Gm 表示革兰氏染色；hip 表示马尿酸水解；H_2S 表示硫化氢产物；I 表示中度敏感；IA 表示醋酸吲哚酚水解；Kf 表示头孢菌素敏感 30 mg；mot 表示运动性；Nal 表示萘啶酸 30 mg 敏感；1.5 NaCl 表示在 1.5 NaCl 生长；Nit 表示硝酸盐还原性；Ox 表示氧化酶；S 表示敏感；R 表示抗性；urea 表示尿素酶活性；25℃、37℃、42℃表示生长温度。

测试碱性磷酸酶和醋酸吲哚酚水解使用 bioMerieux 公司生产的 ANI－Ident 纸片。GGT、AP、hip、Nit、H_2S 使用 API 公司鉴定系统（bioMérieux）。尿素水解使用 Remel 生产的快速尿素试验进行测试。在 1% 氨基乙酸中的生长可以在生长培养基，如血琼脂（BA）中测试，其中含有 1% 的氨基乙酸。Na 和 Kf 敏感性在 BA 上使用标准抗生素敏感性试验测试。

表 4－13　革兰氏阳性球菌

试验	Gm	Ox	cat	βH	mot	SW	ODC	LDC	ADH	Nit	Ind	Cit	urea	mr	vp	aes	G	onpg	OF	arab	glu	inos	lac	malt	man	mano	sal	sor	suc	tre	Xyl	H_2S	MCA	Coag	DNase	温度/℃	NaCl/%	Man An	RAA	Hip	参考文献
细菌																																									
病原的																																									

试验	Gm	Ox	cat	βH	mot	SW	ODC	LDC	ADH	Nit	Ind	Cit	urea	mr	vp	aes	G	onpg	OF	arab	glu	inos	lac	malt	man	mano	sal	sor	suc	tre	Xyl	H_2S	MCA	Coag	DNase	温度/℃	NaCl/%	Man An	RAA	Hip	参考文献
龙虾加夫基氏菌（*Aerococcus viridans*）	+		−	α	−	−				−					−						+																				755
绿气球菌螯龙虾变种（*Aerococcus viridans* var. *homari*）	+	−	w	α	−	−			−	−					−	+	−		F	50	+		+	+	50	+	60	50	+	+				−		10～37	0～10			+	299，827
粪肠球菌液化亚种（*Enterococcus faecalis* var. *liquefaciens*）	+c	−	−			−				+	−	+		−	−		+															−			+						
小须鲸颗粒链菌（*Granulicatella balaenopterae*）	+c		−	−	−	−			+	−			w+		−	+	−	−	F	−	+		−	+	−			−	−	+	−									−	179，478
格氏乳球菌（*Lactococcus garvieae*）	+	−	−	α	−	−	−	−	+	−	−	−	−	+	+	+	−	−	F	−	+	−	−	+	+	+	+	−	v	+	−	−	v			10～45	0～6.5		−	−	464，731
	能在含6.5% NaCl的培养基上生长；最适宜的生长条件是37℃，不含NaCl的培养基；对氯林可霉素有抗性。																																								638，780
生物型1，2，12	+	−		α	−				+						+	+				−			+	+	+			−	+	+			−			10～45	0～6.5				780
生物型3，4，5，6，7，10，11，13	+	−		α	−				+						+	+				−			+	+	+			−	−	+			−			10～45	0～6.5				780
生物型8，9	+	−		α	−				+						+	+				−			+	+	−			−	−	+			−			10～45	0～6.5				780
鱼乳球菌（*Lactococcus piscium*）	+c	−	−	−	−	−			−	−			−		+	+			F	+	+	−	+	+	+	+	+	−	+	+	+	−	+			5～30			−	−	835
藤黄微球菌（*Micrococcus luteus*）	+	+	+		−	−	−	−	v	−	−	−	v		−		+	−	O	−	−	−			v			−	v			−				10～45	0～10				43
动性球菌属（*Planococcus* species）	+	−	+		+	−	−	−	−	+	−		−		+		−	+	O	−	+	−			−			−	−			−				37	2				43
金黄色葡萄球菌（*Staphylococcus aureus*）	+	−	+	+	−	−			+	+			+		+				F	−	+		+	+	+	+			+	+	−			+	+			+			296

试验	Gm	Ox	cat	βH	mot	SW	ODC	LDC	ADH	Nit	Ind	Cit	urea	mr	vp	aes	G	onpg	OF	arab	glu	inos	lac	malt	man	mano	sal	sor	suc	tre	Xyl	H_2S	MCA	Coag	DNase	温度/℃	NaCl/%	Man An	RAA	Hip	参考文献
海豚葡萄球菌(*Staphylococcus delphini*)	+	−	+	+	−	−			+	+			+		−		−		F	−	+		+	+	+s	+			+	−	−			+	+w	37~45	0~15	−			264，778
表皮葡萄球菌(*Staphylococcus epidermidis*)	+	−	+	−	−	−			+	80			+		+				F	−	+	−	+	+	−	+	−	−	+	−	−			−	−w	25~45	0~7				296
水獭葡萄球菌(*Staphylococcus lutrae*)	+c	−	+	+	−	−			−	+			+		−			+	F		+	+	+	+	v	+		+		+	+			+	+w	25~42	0~10				264
沃氏葡萄球菌(*Staphylococcus warneri*)	+	−	+	−w	−	−			+	−			+		+				F	−	+	−	−	+s	63	−	−	−	+	+	−			−	−	25~40	0~10				296
无乳链球菌(*Streptococcus agalactiae*)	+c	−	−	−	−	−	−	−	+	−	−	−		+	+	−	−	−	Fw	−	+	−	v	+	−	+	−	−	+	+	−		−		+	25~37	0~3			+	71，242
	B 组，在 10℃或 45℃不生长；VP 可能是阴性																																								
无乳链球菌(*Streptococcus agalactiae*)［难辨链球菌(*S. difficile*)］	+	−	−	−	−	−	−	−	−	−	−	−	−	+	+	−	−	−	F	−	+	−	−	+	−	+	−	−	v	−	−		−			30	0~1			+	135，776
	B 组，Ib 型；在 30℃时 Hip 为 +ve，而在 37℃为 −ve																																								
停乳链球菌停乳亚种(*Streptococcus dysgalactiae* ssp. *dysgalactiae*)	+	−	−	+	−	−			+				−		−	v			F	−	+		+		−		v	−		+							0~4			−	727，790
	在兰氏链球菌分型 L 组抗血清阳性。杆菌肽为 S																																								
停乳链球菌停乳亚种(*Streptococcus dysgalactiae* ssp. *dysgalactiae*)	+	−	−	v	−	−			+						−	−			F		+		+		−		−	−		+			−				0~4			−	135，776
	C 组																																								
海豚链球菌(*Streptococcus iniae*) ATCC29177	+	−	−	+	−	−	−	−	+	−	−		−	+	−	−	−		F	−	+	−	+	+	+	+	−	−	+	+	−	−	−w		+	10~35	2~4			−	574
	在 10℃或 45℃及含 6.5% NaCl 的培养基中不生长，分离于鱼类体表																																								

续表 4-13

试验	Gm	Ox	cat	βH	mot	SW	ODC	LDC	ADH	Nit	Ind	Cit	urea	mr	vp	aes	G	onpg	OF	arab	glu	inos	lac	malt	man	mano	sal	sor	suc	tre	Xyl	H_2S	MCA	Coag	DNase	温度/℃	NaCl/%	Man An	RAA	Hip	参考文献
海豚链球菌（*Streptococcus iniae*）ATCC29178	+	−	−	+	−	−			+	−				−	−	+	−	−	F	−	+	−	−	+	+	+	+	−	+	+	−		−w			10~37	2~4			−	223，625
	在10℃或45℃及含6.5% NaCl的培养基中不生长，分离于鱼类体表																																								
海豚链球菌（*Streptococcus iniae*）	+	−	−	+	−	−			−	−					−	+	−	−	F	−	+	−	−	+	+	+	+	−	+	+	−					37	2~4			−	223
	人类菌株																																								
米氏链球菌（*Streptococcus miller*）	+	−	−	+	−	−			+	−	−	+	−	−		+	−	+		−	+	+	−	+	−	+	+	−	+	+	+	−	+		−						87
副乳房链球菌（*Streptococcus parauberis*）	+c	−	−	α	−	−			+		−				+	+		−	F	−	+	−	+	+	+	+	+	+	+	+	−		v			10~37	0~4			v	175，224
	在4℃或45℃及含6.5% NaCl的培养基中不生长，链球菌D组为阴性																																								
海豹链球菌（*Streptococcus phocae*）	+	−	−	+	−				−						−	−			F	−	+	−	−	+	−	+	−	−	−	−	−					25~37	0			−	700
	细菌纸片敏感，一些菌株与链球菌C组抗血清反应																																								
Vagococcus fessus	+cr		−	α	+	−			−	−			−		−				F	−	+g_		−	−	−			−	−	−	−									−	369
Vagococcus lutrae	+cr		−	α	+	−			−	−			−		−	+	−	+	F	−	+			+	−			+	+	+	−					37	0			−	477
沙氏漫游球菌（*Vagococcus salmoninarum*）	+cb	−	−	α	−	−			−	−	−	−	−		−	+	−	−	F	−	+g_	−	−	+	−	+	+	−	+	+	−w	+	v		−	5~30	0~6.5		−	−	542，682
	能在TCBS上生长，与链球菌D组抗血清反应缓慢；利用API 20链球菌测试Hip和VP都表现为阳性																																								732，807
	漫游球菌（*Vagococcus*）。描述为运动型，兰氏分型N组。沙氏漫游球菌（*V. salmoninarum*）被报告为兰氏分型N组阴性																																								
环境的																																									
缺陷乏养菌（*Abiotrophia defective*）	+	−	−	α	−	−			−				−		−			+	F				+						+	+						20~42				−	421
毗邻乏养球菌（*Abiotrophia para-adiacens*）	+	−	−	α	−	−			−									−	F										+	−											421
粪肠球菌（*Enterococcus faecalis*）	+	−	−	α	−	−	−	−	+		−	−	−		+	+	v	−	F	−	+	−	+	+	+	+	+	v	+	+	−		+			10~45	0~6.5			+	638

试验	Gm	Ox	cat	βH	mot	SW	ODC	LDC	ADH	Nit	Ind	Cit	urea	mr	vp	aes	G	onpg	OF	arab	glu	inos	lac	malt	man	mano	sal	sor	suc	tre	Xyl	H_2S	MCA	Coag	DNase	温度/℃	NaCl/%	Man An	RAA	Hip	参考文献
屎肠球菌（*Enterococcus faecium*）	+		−	α	v	−			+			−			+	+	−	+	F	+	+	−	+	+	+	+	+	−	+	+	−					10～50	0～6.5			+	
Facklamia miroungae	+		−	α	−	−			+	−			+		−	−	−		F	−			−	−	−			−	−	+						25～42	0～5			−	368
毗邻颗粒链菌（*Granulicatella adiacens*）	+	−	−	α	−	−			−				−		−			−	F				−						+	−						20～42				−	421
苛养颗粒链菌（*Granulicatella elegans*）	+	−	−	α	−	−			+				v		−			−	F				−						+	−						37～37				+	653
乳酸乳球菌（*Lactococcus lactis*）血清群 N	+	−	−		−				+						+	+			F	−			+	+	−			−	−	+						10～45	0～2			−	731
	表型与黄尾杀手肠球菌（*E. seriolicida*）相似；对氯林可霉素敏感																																								
柠檬色动性球菌（*Planococcus citreus*）	+	−	+		+	−	−	−	−	−	−	v	−	−	−	−	+			−	+	−	−	−	−	−	−	−	−	−	−	−			+	5～30	0～15			v	326
科氏动性球菌（*Planococcus kocurii*）	+	−	+		+	−	−	−	−	−	−	v	−	−	−	−	v			−	v	−	−	−	−	−	−	−	−	−	−	−			+	5～30	0～10			v	326
海床动性微球菌（*Planomicrobium okeanokoites*）	−v	w	+		+	−	+	+	+	−	−		−	−	−	−	+		O	−	−		−	−	−				−		−					20～37	3～5				566
厌氧金黄色葡萄球菌（*Staphylococcus aureus anaerobius*）				+											−									+						−	−			+	+						264
	仅在厌氧条件下生长																																								
头状葡萄球菌（*Staphylococcus capitis*）	+		+w	−w	−					+					v				F	−	+	−	−	−	+	+	−	−	+s	−	−			−	w	30～45	0～10				
肉葡萄球菌（*Staphylococcus carnosus*）	+	−		−	−					+					+				F		+		v	−	+	+			−	v	−			−		15～45	0～15				

续表 4-13

试验	Gm	Ox	cat	βH	mot	SW	ODC	LDC	ADH	Nit	Ind	Cit	urea	mr	vp	aes	G	onpg	OF	arab	glu	inos	lac	malt	man	mano	sal	sor	suc	tre	Xyl	H_2S	MCA	Coag	DNase	温度/℃	NaCl/%	Man An	RAA	Hip	参考文献
产色葡萄球菌（*Staphylococcus chromogenes*）									+				v		−				F					v						+				−	−			−			
科氏葡萄球菌（*Staphylococcus cohnii*）	+		+	−w	−					−					+w				F	−	+	−	+	80	80	80	−	−	−	+	−			−	20	15~45	0~10				
科氏葡萄球菌解尿亚种（*Staphylococcus cohnii urealyticum*）	+	−	+		−		−		28	15			+		25	28		+	F	−	+		−	22	+	+	−		−	+	−			−				−			
溶血葡萄球菌（*Staphylococcus haemolyticus*）	+		+	+w	−					+					+				F	−	+	−	50	+	50	−	−	−	+	+	−			−	−	20~45	0~10				
人葡萄球菌（*Staphylococcus hominus*）	+		+	−	−					+					w				F	−	+	−	60	+	−	−	−	−	+	+	−			−	w	20~45	0~7				
猪葡萄球菌（*Staphylococcus hyicus*）	+		+	−					+	−									F					−		+				+	−			v	+			−			264
中间葡萄球菌（*Staphylococcus intermedius*）	+		+	+						+					−				F					−w		+				+	−			+	+			−			264
腐生葡萄球菌（*Staphylococcus saprophyticus*）	+		+	−	−					−					+				F	−	+	−	+	+	+	−	−	−	+	+	−			−	−	15~40	0~15				
施氏葡萄球菌凝聚亚种（*Staphylococcus schleiferi coagulans*）	+			+											+				F					−						−	−			+	+						264
施氏葡萄球菌施氏亚种（*Staphylococcus schleiferi schleiferi*）	+			+											+				F					−						v	−			−	+						264

续表 4-13

试验	Gm	Ox	cat	βH	mot	SW	ODC	LDC	ADH	Nit	Ind	Cit	urea	mr	vp	aes	G	onpg	OF	arab	glu	inos	lac	malt	man	mano	sal	sor	suc	tre	Xyl	H_2S	MCA	Coag	DNase	温度/℃	NaCl/%	Man An	RAA	Hip	参考文献
模仿葡萄球菌(*Staphylococcus simulans*)	+		+	-w	-					+					-				F	-	+	-	+	-	+	77	-	-	+	77	-			-	v	15~45	0~10	+			
沃氏葡萄球菌(*Staphylococcus warneri*)	+		+w	-	-					-					+				F	-	+	-	-	+s	+	-	-	-	+	+	-			-	-w	25~40	0~10				
木糖葡萄球菌(*Staphylococcus xylosus*)	+		+	-	-					80					-				F	80	+	-	80	+	+	+	-	-	80	80	+			-	-	15~40	0~10				
停乳链球菌似马亚种(*Streptococcus dysgalactiae equisimilis*)	+		-	+	-	-			+						-				F	-								-		+										-	790
猪链球菌(*Streptococcus porcinus*)	+			+					+						+	+		-	F	-	+	-	+	+	+	+	+	+	+	+	-					10~37	0~6.5			-	175, 625
乳房链球菌(*Streptococcus uberis*)	+		-	-	-	-			+						+	+		-	F	-	+	-	+	+	+	+	+	+	+	+	-					10~37	0~6.5			+	175, 625
河流漫游球菌(*Vagococcus fluvialis*)	+cr		-	α	+	-			-	+			-		-	+	-	v	F	-	+g-	-	-	+	+	+	+	-	-	+	-	-				5~40	0~6.5		-	-	177, 732
ATCC 49515	链球菌 D 组抗血清反应弱且延迟																																								629

注：列表中链球菌和葡萄球菌不是很全面，如果链球菌种类与此处列表中的种类不符合，推荐使用如《伯杰氏系统细菌学手册》之类的书。
Coag 表示凝集反应；Hip 表示马尿酸盐水解；Man An 表示厌氧条件发酵甘露醇；RAA 表示 Rogosa 醋酸琼脂生长。

表 4-14 革兰氏阳性杆菌

试验	Gm	Ox	cat	βH	mot	SW	ODC	LDC	ADH	Nit	Ind	Cit	urea	mr	vp	aes	G	onpg	OF	arab	glu	inos	lac	malt	man	mano	sal	sor	suc	tre	Xyl	H_2S	MCA	DNase	温度/℃	NaCl/%	ZN	MAF	RAA	Hip	参考文献
细菌																																									
病原的																																									

续表 4 – 14

试验	Gm	Ox	cat	βH	mot	SW	ODC	LDC	ADH	Nit	Ind	Cit	urea	mr	vp	aes	G	onpg	OF	arab	glu	inos	lac	malt	man	mano	sal	sor	suc	tre	Xyl	H_2S	MCA	DNase	温度/℃	NaCl/%	ZN	MAF	RAA	Hip	参考文献
海豹隐秘杆菌（*Arcanobacterium phocae*）	+		10	+	−	−				−			−			−	−		F	−	+g−	+	+	+	40	60	−	−	+	+	10						−	−			636
蜡状芽孢杆菌（*Bacillus cereus*）	+		+	+	+						−				+		+		O		+														25～45		−	−			74，307
蕈状芽孢杆菌（*Bacillus mycoides*）	+		+	+	−						−				+		+		O		+														25～37						307
栖鱼肉杆菌（*Carnobacterium piscicola*）	+sr	−	−	−α	−	−	−	−	+	−	−	−	−	+	+	+	−	+	F	−	+g−	−	40*	+	+	+	+	−*	+	+	−	−	−	−	0～37	0～6	−	−	−	−	73，176
	* 苯酚红培养基反应弱，紫色基础培养基阴性																																								752
肉杆菌属（*Carnobacterium* spp.）	+r	−	−	−	−	−	−	−	+	−	−	−	−	+	+	+	−	v	F		+g−		+v	+	+	+	+	v	+	+		−	−	−	10～37	0～6	−	−	−		73
水生棒杆菌（*Corynebacterium aquaticum*）	+	−	+	+	+	−	−	−	−	+	−	−	−		+	+	v	+	I		−		−	−	−				−		−	−	−		4～42	0～5					75
龟嘴棒杆菌（*Corynebacterium testudinoris*）	+		+		−	−				+			−			+	−		F		+		−	+	−				+		−				37	0					180
海龟嗜皮菌（*Dermatophilus chelonae*）	+		+	+	+	−				+	−		−	−	−		+		F		+		−	v	−		−	−	−	−	−				25		−				529
刚果嗜皮菌（*Dermatophilus congolensis*）	+		+	+	+	−				−	−		+	−	−		+		F		+		−	+v	−		−	−	−	−	−				37		−				308
猪红斑丹毒丝（*Erysipelothrix rhusiopathiae*）	+r	−	−	α	−	−					−		−		−	−	−		F	+	+	−	+	+	−	−w	−	−	−	−	−w	+			5～37						292
鲑鱼肾杆菌（*Renibacterium salmoninarum*）	+	−	+	+	−	−				−					−	−	−	−	I		−		−		−		−	−	−	−				−	15～18	0	−				671

续表 4-14

试验	Gm	Ox	cat	βH	mot	SW	ODC	LDC	ADH	Nit	Ind	Cit	urea	mr	vp	aes	G	onpg	OF	arab	glu	inos	lac	malt	man	mano	sal	sor	suc	tre	Xyl	H_2S	MCA	DNase	温度/℃	NaCl/%	ZN	MAF	RAA	Hip	参考文献
红球菌属（*Rhodococcus* spp.）	+r	−	−			−							+						F		−	+	−	−	−			−	−		+				25	0~5	−				53
	37℃不生长，在含5% NaCl的培养基中生长																																								
鲑色链霉菌（*Streptomyces salmonaris*）	+																+		O	−	+	+			−				w	+	−	−		+	12~37						41
	含砖红色到橘黄色色素的菌丝体																																								
环境的																																									
海洋哺乳放线菌（*Actinomyces marimammalium*）	+		−						−	−			−		−	−	−		F	−	+		+	+	−			−	−	−	−						−			−	370
伯纳德隐秘杆菌（*Arcanobacterium bernardiae*）	+		−	v	−					−			−			−			F		+			+	−				−		−										636
溶血隐秘杆菌（*Arcanobacterium haemolyticum*）	+																																								
动物隐秘杆菌（*Arcanobacterium pluranimalium*）	+		+	α	−	−			−	−			−		−	+w	+		F	−	+		−	v	−			−	−	−	−									+	
化脓隐秘杆菌（*Arcanobacterium pyogenes*）	+		−	+	−	−	−	−	−	−	−		−			−	+	+	F	−	+g−	+	+	+	v−	+	−	v+	v−	+	+				20~40		−	−		+，−	636
	酸性，凝集，石蕊牛奶减少																																								
活泼微球菌（*Arthrobacter agilis*）	+c	+	+	−	+v	−	−	−	−	−	−	−		−	−	+	+	+	O		−		−			−						−			v	20~30	0~1				
海豹鼻节杆菌（*Arthrobacter nasiphocae*）	+		+	−						−			−		−	−	+		O		−		−	−	−				−		−				25~40	5				+	8
平鱼节杆菌（*Arthrobacter rhombi*）	+c	+	+		−	−				−			−			+	−	+	O	−	+	−	+	+	+	+	+	−	+	+	−				4~30	1~10					600
Atopobacter phocae	+		−	−					+	−			−		−	−	−		F	−	+		v	+	−			−	v	v	−				25					−	479
类湖底肉杆菌（*Carnobacterium alterfunditum*）	+r	−	−	−	+	−				−			nt			−	−		F	−	+	−	−	w	−	w	nt	−	w	−	−	nt			0~20	1~6	−	−		−	412

试验	Gm	Ox	cat	βH	mot	SW	ODC	LDC	ADH	Nit	Ind	Cit	urea	mr	vp	aes	G	onpg	OF	arab	glu	inos	lac	malt	man	mano	sal	sor	suc	tre	Xyl	H_2S	MCA	DNase	温度 /℃	NaCl /%	ZN	MAF	RAA	Hip	参考文献
广布肉杆菌 (*Carnobacterium divergens*)	+r	－	－		－	－	－	－	+	－	－		－		+	+		+	F	－	+	－	－	+	－	+	+	－	+	+	－	－			0～40	0～7	－	－	－		176
广布肉杆菌 (*Carnobacterium divergens*) 6251	+r	－	－		－	－				－	－		－				－		F													－			0～35	0～6			－		649
湖底肉杆菌 (*Carnobacterium funditum*)	+r	－	－	－	+	－				－			nt			－	－		F	－	+	－	－	+	+	+	+	－	+	+	－	nt			0～20	1～6	－	－		－	412
鸡肉杆菌 (*Carnobacterium gallinarum*)	+r	－	－	－	－	－	－	－	+	－	－		－		+	+		+	F	－	$+_{g-}$	－	+	+	－	+	+	－	+	+	+	－			0～35				－		176
抑制肉杆菌 (*Carnobacterium inhibens*)	+r	－	－		+	－			－	－	－	－	－		－	+	－	－	F	+	$+_{g-}$	－	w	+	+	+	+	－	+	+	－	－			0～30	1～6	－	－	－	+	412
活动肉杆菌 (*Carnobacterium mobile*)	+r	－	－		+	－	－	－	+	－	－		－		－	+		+	F	－	$+_{g}$	－	－	+	－	+	+	－	+	+		－			0～35				－		176
海豚棒杆菌 (*Corynebacterium phocae*)	+r		+	－	－	－				－			v			－	－		F	－	+	－		+	－	+	－	－	v	－	－										613
霍夫曼氏棒状杆菌 (*Corynebacterium pseudodiphtheriticum*)	+r	－	+	+	－					+	－	－	+		－	－	－	－	I		－		－	－	－				－		－	－			20～42	0～5					133
假结核棒杆菌 (*Corynebacterium pseudotuberculosis*)	+r	－	+	+	－		－	－	－	－	－	－	+		－	－	－	+	F		$+_{g-}$		－	－	－				－		－	－			20～42	0～3					133
犬干燥棒杆菌 (*Corynebacterium xerosis*)	+r	－	+	+	－		－	－	－	+	－	－	－		－	－	－	－	F		$+_{g-}$		－	－	－				－		－	－			20～35	0～3	－	－			133
海洋迪茨氏菌 (*Dietzia maris*)	+		+		－	－				+	－	－	30	－	－		－		O	－	+	－	－	－	－	－	－	－	－		－	－			25	0～7	－	－			573

续表 4－14

试验	Gm	Ox	cat	βH	mot	SW	ODC	LDC	ADH	Nit	Ind	Cit	urea	mr	vp	aes	G	onpg	OF	arab	glu	inos	lac	malt	man	mano	sal	sor	suc	tre	Xyl	H_2S	MCA	DNase	温度/℃	NaCl/%	ZN	MAF	RAA	Hip	参考文献
马红球菌（*Rhodococcus equi*）	+									+		−	+				−			−		−			−	+	+	−	+		−	−				0～7	−	−			573
缠绕红球菌（*Rhodococcus fascians*）	+		+		−	−				15	−	+	+	−	−		36		O	+	+	−	−	−	+	+	−	+	+		+	40			25	0～5	−	−			573
魏斯氏菌（*Weissella*）DS-12 菌株	+cr																																								

注：肉食杆菌属种类与乳酸杆菌属非常相似。漫游球菌属被描述为运动型链球菌兰氏分型 N 组菌株。
+c 表示革兰氏阳性球菌；+cb 表示革兰氏阳性球杆菌；+cr 表示革兰氏阳性球形杆菌；+r 表示革兰氏阳性杆菌；Hip 表示马尿酸水解；MAF 表示改良耐酸性染色实验；nt 表示未测得；RAA 表示 Rogosa 醋酸琼脂；v 表示报告结果可变；w 表示弱反应；ZN 表示 Ziehl-Neelson。也可参考诺卡氏菌属和分枝杆菌属列表。

表 4－15　分枝杆菌属和诺卡氏菌属

试验	Gm	Ox	cat	βH	mot	ODC	LDC	ADH	Nit	Ind	Cit	urea	mr	vp	aes	G	onpg	arab	glu	inos	lac	malt	man	mano	sal	sor	suc	tre	Xyl	H_2S	温度/℃	NaCl/%	NaCl 4%	50℃	Hip	参考文献
细菌																																				
脓肿分枝杆菌（*Mycobacterium abscessus*）	AFB		+						−			+																				6.5	+			736
鸟分枝杆菌（*Mycobacterium avium*）	AFB		+		−				+			−																			37～45	5－				737
龟分枝杆菌（*Mycobacterium chelonae*）	AFB	−	+		−				−		−	+						−	+	−			−	+		−	−	−	−		15～25	0～3	−		−	133
偶发分枝杆菌（*Mycobacterium fortuitum*）	AFB		+		−				+			+																			28～37	0～5	+			569
海洋分枝杆菌（*Mycobacterium marinum*）	AFB		+		−				−			+																			28～30	0				111
	粗糙及光滑菌落；细胞可能是长形和横条状																																			

续表 4 – 15

试验	Gm	Ox	cat	βH	mot	ODC	LDC	ADH	Nit	Ind	Cit	urea	mr	vp	aes	G	onpg	arab	glu	inos	lac	malt	man	mano	sal	sor	suc	tre	Xyl	H_2S	温度/℃	NaCl/%	NaCl 4%	50℃	Hip	参考文献
新金色分枝杆菌(*Mycobacterium neoaurum*)	AFB																														25	5 –				53
外来分枝杆菌(*Mycobacterium peregrinum*)	AFB		+								–													+				+	+		25 ~ 37	5				551
多孔分枝杆菌(*Mycobacterium poriferae*)	AFB								–			+																			25 ~ 37	5	+			756
淋巴结分枝杆菌(*Mycobacterium scrofulaceum*)	AFB								–			+																								569
猿猴分枝杆菌(*Mycobacterium simiae*)	AFB								–			+																								569
分枝杆菌种类(*Mycobacterium* species)	AFB		–		–				–			+																			28					337
类三重分枝杆菌(*Mycobacterium triplex*like)	AFB																														25 ~ 30					345
星形诺卡氏菌(*Nocardia asteroides*)	+	–	+		–				+	–	+	+w	–	–	+	–	+	–	+	–	–	–	–	–	–	–	–	+	–	–	20 ~ 37	0 ~ 4	+	+	v	270, 455, 457
巴西诺卡氏菌(*Nocardia brasiliensis*)	+		+						+	–	+	+	–	–	+	+	+	–	+	+	–	–	+	–		–	–	–	–		30 ~ 45	0 ~ 2	+	–	–	270, 457
短链诺卡氏菌(*Nocardia brevicatena*)	+								–		–	–			+			–	–	–			–			–		+								165
肉色诺卡氏菌(*Nocardia carnea*)	+								+		–	–			+			–	+	v			+			+		+								165

试验	Gm	Ox	cat	βH	mot	ODC	LDC	ADH	Nit	Ind	Cit	urea	mr	vp	aes	G	onpg	arab	glu	inos	lac	malt	man	mano	sal	sor	suc	tre	Xyl	H_2S	温度/℃	NaCl/%	NaCl 4%	50℃	Hip	参考文献
豚鼠耳炎诺卡氏菌（*Nocardia caviae*）	+	−	+		−				+	−	v	+w	−	−	+	−	+	−	+	+	−	−	+	−	−	−	−	v	−			0～4		+	v	457
粗形诺卡氏菌（*Nocardia crassostreae*）	+	−	+		−						−	+			+	−		−	+		−	−	−		−		+	+	−		22～30	0～2		−		270
皮疽诺卡氏菌（*Nocardia farcinica*）	+	−	+						+		−	+			+	−		−	+	−	−	v	−	−		−		v	−		20～45	0～4		+		455
黄玫瑰诺卡氏菌（*Nocardia flavorosea*）	+				−				−		−	−			−	−		−	−	−	−	−	−	−	−	−	−	−	−					+	−	165
新星诺卡氏菌（*Nocardia nova*）	+								+		−	+			+			−	+	−	−	−	−	−		−	−	−	−		20～40	0～4	−	+		455，805
豚鼠耳炎诺卡氏菌（*Nocardia otitidiscaviarum*）	+								+		−	+			+			v	+	+			v			−		v								165
假巴西诺卡氏菌（*Nocardia pseudo-brasiliensis*）	+		+		−				−		+	+			+			−	+	+	−	−	+	+				+	−		20～37					165，661
杀鲑诺卡氏菌（*Nocardia salmo-nicida*）	+	−	+						+		+	+			+	−		−	+	−	−	−	−	−		−		−	−		10～30	0～4	−	+		455，391
黄尾脾脏诺卡氏菌（*Nocardia seriolae*）	+	−	+		−				+	−	+	−			+	−		−	+	−	−	−	−	v	−	−		−	−	+	20～30	0～2	+	−		455
南非诺卡氏菌（*Nocardia transvalensis*）									+			+			+			−	+	v			v			−		v								165
越桔诺卡氏菌（*Nocardia vacci-nii*）									+		−	+			+			+	+	v			+			−		v								165
诺卡氏菌属（*Nocardia* spp.）（Aust）	+									−	+							−	+	+		−	−													117

注："NaCl/%"一列中的数字表示生长所需的 NaCl 浓度。5－ 表示在含 5% NaCl 的培养基中不生长。

表 4－16　分枝杆菌属（附加实验）

试验	niacin	Nitrate	Tween80	cat	aryl	urease	pyr	Fe	thio	5% NaCl	MCA	参考文献
细菌												
脓肿分枝杆菌（*Mycobacterium abscessus*）	−	−	+	+	+	+	+	−	+	+	+	736
鸟分枝杆菌（*Mycobacterium avium*）	−	−	−	v	−	−	+		+	−		737
龟分枝杆菌脓肿亚种（*Mycobacterium chelonae*）	v	−	−	+	+	+				−	+	133，737
偶发分枝杆菌（*Mycobacterium fortuitum*）	−	+	v	+	+	+				+	+	116，737
海洋分枝杆菌（*Mycobacterium marinum*）	−	−	+	−	−	+	+		+	−	−	737，111
新金分枝杆菌（*Mycobacterium neoaurum*）		+			+						−	53
外来分枝杆菌（*Mycobacterium peregrinum*）	−	+	−	+	+	+				+	+	551
多孔分枝杆菌（*Mycobacterium poriferae*）	−	−	+	+	−	+	+		+	+	−	756
淋巴结分枝杆菌（*Mycobacterium scrofulaceum*）	−	−	−	+	−	+	+		+	−		737
猿猴分枝杆菌（*Mycobacterium simiae*）	v	−	−	+	+	+	+		+	−		737
分枝杆菌属未定种（新）（*Mycobacterium* spp.）		−	−	−	−	+	+			−		337

注：aryl 表示芳基硫酸酯酶；pyr 表示吡嗪酰胺酶；thio 表示 2-噻吩甲酸肼。

表 4－17　支原体

试验	Gm	Ox	cat	βH	mot	PO_4	ODC	LDC	ADH	Nit	Ind	Cit	urea	mr	vp	aes	G	TTC	OF	arab	glu	inos	lac	malt	man	mano	sal	C	S	tre	Xyl	F&S	温度/℃	NaCl/%	Pen	参考文献
细菌																																				
病原的																																				
Mycoplasma alligatoris						+			−				−			−					+		+			+						−	30～34			128
鳄鱼支原体（*Mycoplasma crocodyli*）				+		+			−				−			−		+			+			+		+		+	+			−	25～42		R	441
运动支原体（*Mycoplasma mobile*）		+	+	+	+	+v			−				−				−	+		+	+		+	+		+			+			+	4～30		R	440
	细胞牢固的黏附在玻璃或者塑料上，细胞能滑走运动。在 BA 培养基上生长弱。F&S 利用马血清而不利用小牛血清																																			
海豹脑支原体（*Mycoplasma phocicerebrale*）				+		+			+				−					−			−							+	+			−	37			295

续表 4－17

试验	Gm	Ox	cat	βH	mot	PO_4	ODC	LDC	ADH	Nit	Ind	Cit	urea	mr	vp	aes	G	TTC	OF	arab	glu	inos	lac	malt	man	mano	sal	C	S	tre	Xyl	F&S	温度/℃	NaCl/%	Pen	参考文献
海豹支原体（*Mycoplasma phocidae*）				α					+				−								−															660
Mycoplasma phocirhinis				+		+			−				−					−			−							+	+			+	37			295
乌龟支原体（*Mycoplasma testudinis*）				+		−			−				−			−		−		−	+	−	−	+	+	+	−			−	−	F				350

注：F&S 表示成膜和斑点；C 表示生长需求胆固醇；S 表示生长需求血清；Pen 表示 10 国际单位青霉素敏感。参见第 7 章支原体的特异生化试验。

表 4－18　利斯特氏菌属

试验	Gm	Ox	cat	βH	mot	SW	ODC	LDC	ADH	Nit	Ind	Cit	urea	mr	vp	aes	G	onpg	OF	arab	glu	inos	lac	malt	man	mano	sal	sor	suc	tre	Xyl	H_2S	MCA	TCBS	DNase	温度/℃	NaCl/%	O129/10	O129/150	Amp	参考文献
细菌																																									
病原的																																									
鳗弧菌（*Listonella anguillarum*）ATCC 14181	−	+	+	+	+	−	−	−	+	+	−	+	−	−	+	−	+	+	F	−	$+_{g-}$	−	−	+	+	+	−	+	+	+	−	−	−	γ	+	10～37	0.5～7	S	S	R	506
	曾称为 *Vibrio anguillarum*																																								
鳗利斯特氏菌（*Listonella anguillarum*）NCIMB6	−	+	+	+	+	−	−	−	+	+	+	−	−	+	+	−	+	+	F	+	$+_{g-}$	−	−	+	+	+	−	+	+	+	−	−	−	wG	+	4～30	0.5～8	S	S		81，563
	MR 可能为阴性或弱反应；柠檬酸盐是阳性或者阴性																																								
	血清型 01 菌株阿拉伯糖趋向阳性																																								
海利斯特氏菌（*Listonella pelagia*）NCMB 2253	−	+	+	v	+	−	−	−	−	+	+	+	−	+	−	−	+	+	F	−	$+_{g-}$	−	−	+	+	+	−	−	+	+	−	−		v	−	10～37	0.5～7	S	S	S	506，563
	曾称为海利斯顿氏弧菌（*Vibrio pelagius*）Ⅱ																																								

注：wG 表示绿色菌落，生长比较弱；v 表示可变反应。也可查看表 4－19 莫里特氏菌属，表 4－20 发光杆菌属，表 4－21 弧菌——致病种类和表 4－22 弧菌——环境种类。

表 4－19 莫里特氏菌属

试验	Gm	Ox	cat	βH	mot	SW	ODC	LDC	ADH	Nit	ind	cit	urea	mr	vp	aes	G	onpg	OF	arab	glu	inos	lac	malt	man	mano	sal	sor	suc	tre	Xyl	H_2S	MCA	TCBS	DNase	温度/℃	NaCl/%	O129/10	O129/150	Amp	参考文献
细菌																																									
病原的																																									
海洋莫里特氏菌（*Moritella marina*）ATCC 15381，NCMB 1144^T	－	＋	＋	＋	＋	－	－	－	－	＋	－	－	＋	－	－	＋	＋		F	－	$+_{g-}$	－	－	－	－	－	－	－	－	－	－	－		－	＋	0～20	3～5	R	S	S	506，766
	Mano 为阳性，DNase 为阴性（参考文献 506）																																								
海洋莫里特氏菌（*Moritella marina*）ATCC 15381，NCMB 1144^T	－	＋					－	＋	－	＋	－	－		＋	－		＋		F	－	$+_{g-}$	－	－	－	－	－	－	－	－	－					＋	4～20	3	S	S		81，82
黏菌落莫里特氏菌（*Moritella viscosa*）NCIMB 13584	－	＋	＋	＋	＋	－	－	＋	－	＋	－	－	＋	5	－	－	＋	－	|	－	$+_{g-}$	－	－	－	－	－	－	－	－	－	－			－	＋	4～21	1～4	R	S	S	506
	苏格兰和挪威的菌株，可能需要添加 1% 蛋白胨在培养基中才生长；在 25℃不生长																																								
黏菌落莫里特氏菌（*Moritella viscosa*）	－	＋	＋				－	＋	－								＋		|	－	＋	－	－	＋	－	＋	－	－	－	－				－		4～21	2～3	R	S		82
	分离于冰岛的西南部；在 25℃不生长																																								
黏菌落莫里特氏菌（*Moritella viscosa*）	－	＋	＋				－	－	－								＋		|	－	＋	－	－	－	－	－	－	－	－	－				－		4～21	2～3	R	S		82
	分离于冰岛北部																																								
环境																																									
日本莫里特氏菌（*Moritella japonica*）	－	＋	＋																																				R	R	585

注：也可查看表 4－18 利斯特氏菌属，表 4－20 发光杆菌属，表 4－21 弧菌——致病种类和表 4－22 弧菌——环境种类。

表 4－20 发光杆菌属

试验	Gm	Ox	cat	βH	mot	SW	ODC	LDC	ADH	Nit	Ind	Cit	urea	mr	vp	aes	G	onpg	OF	arab	glu	inos	lac	malt	man	mano	sal	sor	suc	tre	Xyl	H_2S	MCA	TCBS	DNase	温度/℃	NaCl/%	O129/10	O129/150	Amp	参考文献
细菌																																									
病原的																																									
美人鱼发光杆菌美人鱼亚种（*P. damselae* ssp. *damselae*）ATCC NCIMB2184^T	－	＋	w	＋	＋w	－	－	－	＋	＋	－	－	＋	＋	＋	－	－	－	F	－	$+_{g+}$	－	－	＋	－	＋	－	－	－	－	－	－	＋	G	＋	10～37	0.5～5	S	S	S	268，506，618
	80% 的美人鱼发光杆菌（*P. damselae*）菌株可能为海藻糖阳性（参考文献 745）																																								81，289，705

续表 4-20

试验	Gm	Ox	cat	βH	mot	SW	ODC	LDC	ADH	Nit	Ind	Cit	urea	mr	vp	aes	G	onpg	OF	arab	glu	inos	lac	malt	man	mano	sal	sor	suc	tre	Xyl	H_2S	MCA	TCBS	DNase	温度/℃	NaCl/%	O129/10	O129/150	Amp	参考文献
美人鱼发光杆菌美人鱼亚种（*P. damselae* ssp. *damselae*）生物型																																									
生物型 1	–	+	+	+	+	–	–	–	+	+	–		+	+	+	–	–	–	F	–	$+_{g+}$	–		+			–	–				–		G			0.5~7	S	S		618
生物型 2	–	+	+	+	+	–	–	–	+	+	–		+	+	+	–	–	–	F	–	$+_{g+}$	–		+			–	–				–		G			0.5~7	S	S		618
生物型 3	–	+	+	+	+	–	–	–	+	+	–		+	+	+	–	–	–	F	–	$+_{g+}$	–		+			–	–				–		G			0.5~7	S	S		618
生物型 4	–	+	+	+	+	–	–	–	+	+	–		+	+	–	–	–	–	F	–	$+_{g+}$	–		+			–	–				–		G			0.5~7	S	S		618
生物型 5	–	+	+	+	+	–	–	+	+	+	–		+	+	+	–	–	–	F	–	$+_{g+}$	–		+			–	–				–		G			0.5~7	S	S		618
生物型 6	–	+	+	+	+	–	–	–	+	+	–		+	+	+	–	–	–	F	–	$+_{g+}$	–		+			–	–				–		G			0.5~7	S	S		618
生物型 7	–	+	+	+	+	–	–	+	+	+	–		+	+	+	–	+	–	F	–	$+_{g+}$	–		+			–	–				–		G			0.5~7	R	R		618
生物型 8	–	+	+	+	+	–	–	–	+	+	–		+	+	+	–	+	–	F	–	$+_{g+}$	–		+			–	–				–		G			0.5~7	R	R		618
生物型 9	–	+	+	+	+	–	–	–	+	+	–		+	+	+	–	+	–	F	–	$+_{g+}$	–		+			–	–				–		G			0.5~7	S	S		618
	在 BA 培养基上溶血比在 MSA – B 培养基上更明显																																								
美人鱼发光杆菌杀鱼亚种（*P. damselae* ssp. *piscicida*）生物型 ATCC 17911	–cb	+	+	–	–	–	–	–	+	–	–	–	–	w	+	–	–	–	F	–	$+_{g-}$	–	–	–	–	+	–	–	+w	–	–	–	–	–	73	15~35	0.5~3	S	S	S	518, 745
	短杆状，两极着色；利用 API 20E 测试 VP 结果可变或阴性																																								289, 459
环境的																																									
狭小发光杆菌（*P. angustum*）NCIMB 1895	–	+	+	–	–	–	–	–	+	+	–	–	–	+	+	+	+	+	F	–	$+_{g-}$	–	v	+	–	+	–	–	+	v	+	–	–	–	+	4~37	0.5~6	S	S	S	745
P. liopiscarium ATCC 51760	–	+	+	–	+		–	+	+	+	–	–	–	+	+		–		F	–	$+_{g+}$	–	–	+	–	+		–	–	v		–		G	+	4~25	0.5~2	S	S		81
鲾发光杆菌（*P. leiognathi*）ATCC 25521	–	–	+		+		–	+	–	v	–			+	+		+s		F	–	$+_{g-}$	–	–	–		+	–		–		–					20~30	0.5~5				340, 745
鲾发光杆菌（*P. leiognathi*）LMG 4228	–	–	–	–	–	–	–	–	+	–	–	–	–	–	+	–	–	+	F	–	$+_{g-}$	––	v	–	–	+	–	–	–	–	–	–	+	–	–	20~35	0.5~6	S	S	S	745

续表 4-20

试验	Gm	Ox	cat	βH	mot	SW	ODC	LDC	ADH	Nit	Ind	Cit	urea	mr	vp	aes	G	onpg	OF	arab	glu	inos	lac	malt	man	mano	sal	sor	suc	tre	Xyl	H_2S	MCA	TCBS	DNase	温度/℃	NaCl/%	O129/10	O129/150	Amp	参考文献
明亮发光杆菌（*P. phosphoreum*）NCIMB 844	−	−	+	−	v	−	−	+	+	+	−	−	−	+	+	v	−	+	F	−	$+_{g+}$	−	−	+	+	+	−	−	−	−	−	−			+	4～30	0.5～8	R	S		81
明亮发光杆菌（*P. phosphoreum*）NCIMB 1282	−	−	+	−	v	−	−	−	+	+	−	−	−	+	+	v	−	+	F	−	$+_{g+}$	−	−	+	−	+	−	−	−	−	−	−			−	4～21	1～8	S	S		81
深海发光细菌（*P. profundum*）	−	−					−	+	+		−				+		−		F		$+_{g+}$			+	−	+	−	−	−	−						5～20					586

注：也可查看表 4-18 利斯特氏菌属，表 4-19 莫里特氏菌属，表 4-21 弧菌——致病种类和表 4-22 弧菌——环境种类。

表 4-21 弧菌——致病种类

试验	Gm	Ox	cat	βH	mot	SW	ODC	LDC	ADH	Nit	Ind	Cit	urea	mr	vp	aes	G	onpg	OF	arab	glu	inos	lac	malt	man	mano	sal	sor	suc	tre	Xyl	H_2S	MCA	TCBS	DNase	温度/℃	NaCl/%	O129/10	O129/150	Amp	参考文献
细菌																																									
溶藻弧菌（*V. alginolyticus*）	−	+	+	+v	+	+	53	+	−	+	+	60	−	+	83	−	+	−	F	−	$+_{g-}$	−	−	+	+	+	33	−	+	+	−	−	+	Y	+	15～42	1～10	R	S	R	552，821
溶藻弧菌（*V. alginolyticus*）NCIMB 1903	−	+					−	+	−	+				+	+		+		F	−	$+_{g-}$	−	−	+	+	−	−	−	+	−					+	15～42	1～10	S	S		81
霍乱弧菌（*V. cholerae*）01	−	+	+	+	+	−	+	+	−	+	+	+v	−	−	−	$-^{α}$	+	+	F	−	$+_{g-}$	−	−	+	+	80	+v	−	+	+	−	−	+	γ	+	4～42	0～6v	S	S	R	507，821
霍乱弧菌（*V. cholerae*）非 01	−	+	+	+	+	−	+	+	−	+	+	+	−	−	+	$-^{α}$	+	+	F	−	$+_{g-}$	−	−	+	+	70	−	−	+	+	−	−	+	γ	+	10～42	0～3	S	S	Sv	570
霍乱弧菌（*V. cholerae*）0139	−	+		+	+	−	+	+	−		+		−		75		+		F	−	$+_{g-}$	−	−	+		+			+			−		γ			0～3	R	R	S	9，392
拟态弧菌（*V. mimicus*）	−	+	+	+	+	−	+	+	−	+	+	95	−	−	−	−	+	+	F	−	$+_{g-}$	−	−	+	+	+	−	−	−	+	−	−	+	G	+	4～42	0～6	S	S	R	210，230，507

续表 4－21

试验	Gm	Ox	cat	βH	mot	SW	ODC	LDC	ADH	Nit	Ind	Cit	urea	mr	vp	aes	G	onpg	OF	arab	glu	inos	lac	malt	man	mano	sal	sor	suc	tre	Xyl	H_2S	MCA	TCBS	DNase	温度/℃	NaCl/%	O129/10	O129/150	Amp	参考文献
副溶血性弧菌（*V. parahaemolyticus*）	−	+	+	+	+	+	+	+	−	62	+	63	−	+	−	−	+	−	F	80	$+_{g-}$	−	−	+	+	+	53	−	−	+	−	−	+	G	+	20～40	3～8	R	S	V	272，552
副溶血性弧菌（*V. parahaemolyticus*）ATCC 43996	−	+	+	+	+	+	+	+	−	+	+	−	+s	+	−	−	+	−	F	+	$+_{g-}$	−	−	+	+	+	−	−	−	+	−	−	+	G	w	20～40	0～3	R	PS		135
副溶血性弧菌（*V. parahaemolyticus*）ATCC 27969	−	+	+		+	+	+	+	−	+	−	+	−		−		+	−	F	−	$+_{g-}$	−		+	+			−	−					G					S		499
哈维氏弧菌［*V.*（*carchariae*）*harveyi*］ATCC 35084	−	+	+	−	+	+s	+	+	−	+	+	+s	+	+	−	−	v	−	F	−	$+_{g-}$	−	−	+	+	+	−	+s	+	+	−	−	+	γ/G	+	10～40	0.5～8	R	S		11，135，847
	哈维氏弧菌（*V. harveyi*）的菌落在平板上缓慢扩散。Cit 可能需 3～5 d 后有结果																																								70，81
哈维氏弧菌（*V. harveyi*）AATCC 14126，ATCC 14129	−	+	+	w	+	−	+	+	−	+	+	+w	−		−		+	−	F	−	$+_{g-}$	−			+	+	−	−	+			−		γ		12～40	3～6	R	S		11
	溶血作用抗绵羊 RBC																																								
创伤弧菌（*V. vulnificus*）ATCC 27562 生物型 1，血清变型非－E	−	+	+	+	+	−	+	+	−	+	+	+	−	+	−	−	+	+	F	−	$+_{g-}$	−	+	+	−	−	−	−	−v	+	−	−	+	G	−	12～42	3～6	S	S		98
	人类菌株，美国——对鳗鲡无毒性。Cit 用 API 20E 为阴性，但 Simmons 柠檬酸盐试管却是阳性																																								
创伤弧菌（*V. vulnificus*）ATCC 27562 生物型 1	−	+	+	+	+	−	89	+	−	+	+	+	−	+	−		+	+	F	−	$+_{g-}$	−	+	+	44	+	+	44	−	+	−	−		G		37	0.5～7	S	S		746
	Tison 等（1982）最初描述使用常规培养基																																								
创伤弧菌（*V. vulnificus*）ATCC 33184 生物型 1，血清变型非－E	−	+	+	+	+	−	+	+	−	+	+	+	−	+	−	−	+	+	F	−	$+_{g-}$	−	+	+	+	+		−	−	+	−	−	+	G		37	0.5～6	S	S	S	98
	人类菌株——美国																																								
创伤弧菌（*V. vulnificus*）生物型 1，血清变型非－E	−						+				+														v																201
	从患病鳗鲡体分离；比利时（man 为阴性），瑞典（man 为阳性）																																								

试验	Gm	Ox	cat	βH	mot	SW	ODC	LDC	ADH	Nit	Ind	Cit	urea	mr	vp	aes	G	onpg	OF	arab	glu	inos	lac	malt	man	mano	sal	sor	suc	tre	Xyl	H_2S	MCA	TCBS	DNase	温度/℃	NaCl/%	O129/10	O129/150	Amp	参考文献
创伤弧菌（*V. vulnificus*）ATCC 33187 生物型 2，血清变型 E	－	＋	＋	＋	＋	－	＋	＋	－	＋	－	＋	－	＋	－	－	＋	＋	F	－	$+_{g-}$	－	＋	＋	－	－	－	－	－	＋	－	－	＋	G	＋	20～35	3～6	S	S		98
	人类菌株，美国——对鳗鲡无毒																																								
创伤弧菌（*V. vulnificus*）ATCC 33149 生物型 2，血清变型 E，04	－	＋	＋	＋	＋	－	－	＋	－	＋	－	＋	－	＋	－	－	＋	＋	F	－	$+_{g-}$	－	＋	＋	－	－	－	－	－	＋	－	－	＋	G	＋	20～35	3～6	S	S		98
	对鳗鲡无毒——日本菌株																																								
创伤弧菌（*V. vulnificus*）生物型 2，血清变型 E	－	＋	＋	＋	＋	－	20	＋	－	＋	－	＋	－	＋	－	－	＋	＋	F	－	$+_{g-}$	－	＋	＋	＋	－	－	－	－	＋	－	－	＋	G	＋	20～35	3～6	S	S		26
	中国台湾菌株——对鳗鲡无毒性																																								
创伤弧菌（*V. vulnificus*）ATCC 33148 生物型 2	－	＋	＋	＋	＋	－	－	＋	－	＋	－	＋	－	＋	－		＋	＋	F	－	$+_{g-}$	－	＋	＋	－	＋	＋	－	－	＋	－	－		G		37	0.5～7	S	S		746
	Tison 等（1982）最初描述利用普通培养基																																								
创伤弧菌（*V. vulnificus*）生物组 3	－	＋	＋	＋	＋	－	＋	＋	－	＋	＋	－	－	＋	－	－	＋	－s	F	－	$+_{g-}$	－	－	＋	－		－	－	－	＋	－	－	－	G				S	S		101，565
	人类菌株——以色列																																								
日本竹筴鱼弧菌（*V. trachuri*）	－	＋			＋		－	＋	－	＋	＋		－		－			－	F	－	＋	－	＋	＋				＋	＋			－		γ		30	3～7	S	S		400
V. shilonii	－	＋	＋		＋	＋	－	＋	－	＋	＋		－				＋	＋	F		$+_{g+}$								＋					γ		16～37	2～4	S	S		59，458
费氏弧菌（*V. fischeri*）ATCC 7744	－	＋	＋	－v	＋	－	－	＋	－	＋	－	v	＋	＋	－	－	－	20	F	－	$+_{g-}$	－	－	＋	＋	－	60	－	40	－	－			－，G	＋	10～30	0.5～6	S	S	S	
	橘黄色色素；West 描述 mano 为＋ve																																								
费氏弧菌（*V. fischeri*）NCMB 1281，ATCC 7744	－	＋	＋		＋		－	＋	－	＋	－			＋	－		＋		F	－	$+_{g-}$	－	－	v	＋v	＋	＋v	－	－	＋v	－			v	＋		0.5～5	S	S		81，342
费氏弧菌（*V. fischeri*）ATCC 25918	－	＋	＋	－	＋	－	－	＋	－	＋	－	－	－	－	－	－	－	－	F	－	＋	－	－	＋	－	－	＋	－	－	－	－	－	－	－	＋	10～30	1～6	R	S	R	745
	在 API 20E 中 VP 为＋ve，在 MRVP 培养基中为－ve																																								

试验	Gm	Ox	cat	βH	mot	SW	ODC	LDC	ADH	Nit	Ind	Cit	urea	mr	vp	aes	G	onpg	OF	arab	glu	inos	lac	malt	man	mano	sal	sor	suc	tre	Xyl	H_2S	MCA	TCBS	DNase	温度/℃	NaCl/%	O129/10	O129/150	Amp	参考文献
费氏弧菌（*V. fischeri*）NCMB 1281	−	+	+	+	+	−	−	+	−		−		−	−	+	+	−		F	−	$+_{g-}$	−	−		+	−	+	−	+	−	−			v	+	10~30	0.5~7	S	S	S	506
	灰色菌落																																								
火神弧菌（*V. logei*）ATCC 29985^T	−	+	+	−	+	−	−	+	−		−		−	+	−	+	−		F	−	$+_{g-}$	−	−		+	+	−	−	−	+	−				+	4~22	0.5~5	S	S	S	506
火神弧菌（*V. logei*）ATCC 15382	−	+	+	−	+	−	−	−	−		−		+	+	−	+	−		F	−	$+_{g-}$	−	+		−	+	−	−	+	+	−				+	4~22	0.5~5	S	S	S	506
火神弧菌（*V. logei*）NCMB 1143	−	+	+	−	+	−	−	+	−	+	−		+	v	−	+	−		F	−	$+_{g-}$	−	v	+	−	+	+	−	+	+	−				+	4~30	0.5~5	S	S	S	81，745
火神弧菌（*V. logei*）NCIMB 2252	−	+				−	+	+	−	+	−			+	−		+		F	−	$+_{g-}$		−	+	−	+		−	−	−					+	4~22	0.5~5	S			81
火神弧菌(*V. logei*)	橙黄色色素；菌株柠檬酸为阴性																																								
解蛋白弧菌（*V. proteolyticus*）	−	+	+	+	+	+	−	+	+	+	+	+	33	+	+	−	+	−	F	−	$+_{g-}$	−	−	+	+	−	−	50	76	+	−			Y/G	+	20~40	1~10	R	S	S	67，788
解蛋白弧菌（*V. proteolyticus*）AHLDA 1735	−	+	+	+	+	+	−	+	+	+	+	+	+	+	+	−	+	−	F	−	$+_{g-}$	−	−	+	+	w	−	+	−	+	−	−	w	G	−	42 −	1~10	PS	S		135
河流弧菌（*V. fluvialis*）ATCC 33809	−	+	+	v	+	−	−	−	+	+	+	+	−	+	−	72	+	+	F	+	$+_{g-}$	−	−	+	+	+	−	−	+	+	−	−	+	γ	+	10~35	1~6	R	S	V	81，620
河流弧菌（*V. fluvialis*）NCTC 11327	−	+	+	v	+	−	−	−	+	+	−	+	−	+	−	−	+	+s	F	+	$+_{g-}$	−	−	+	+	+	−	−	+	+	−	−	+	γ	+	10~35	1~6	R	S	V	123，485
	API 20 E 中 VP 和吲哚是阳性																																								
弗尼斯弧菌（*V. furnissii*）ATCC 35016^T	−	+	+	v	+	−	−	−	+	+	−	+	−	+	−	−	+	−	F	+	$+_{g+}$	−	−	+	+	+	−	−	+	+	−	−	+	γ	+	20~37	1~8	R	S		123，485
	API 20 E 中 VP 和吲哚是阳性																																								
弗尼斯弧菌（*V. furnissii*）ATCC 11218	−	+	+	+	+	−	−	−	+	+	−	+	−	+	−	−	+	+	F	+	$+_{g+}$	−	−	+	+	+	−	−	+	+	−	−	+	γ	w	20~37	1~8	R	S		135
	在含 0% NaCl 的条件下精氨酸双水解为阴性，而在含 2% NaCl 的条件下精氨酸双水解为阳性																																								

试验	Gm	Ox	cat	βH	mot	SW	ODC	LDC	ADH	Nit	Ind	Cit	urea	mr	vp	aes	G	onpg	OF	arab	glu	inos	lac	malt	man	mano	sal	sor	suc	tre	Xyl	H_2S	MCA	TCBS	DNase	温度/℃	NaCl/%	O129/10	O129/150	Amp	参考文献
灿烂弧菌（*V. splendidus*）Ⅰ ATCC 33125	−	+	+	v	+	−	−	−	90	+	+	43	−	+	−	+	+	+	F	−	+g−	−	−	+	+	+	−	−	−v	+	−	−	−	G	−	4~37	1~6	S	S	S	281，506，620
	典型菌株柠檬酸盐阴性																																								81，254
灿烂弧菌（*V. splendidus*）Ⅱ NCMB 2251	−	+	+	+	+	−	−	−	v	+	+	+	−	+	−	−	+	+	F	−	+g−	−	−	+	+	−	−	−	−	+	−			G	+	4~30	0.5~7	S	S	R	81，506，819
塔式弧菌（*V. tubiashii*）ATCC 19109	−	+	+	−	+	−	−	−	83	+	+	v	30	+	−	−	+	+	F	−	+g−	−	−		+	+	−	−	+	+	−	−		γ	+	10~37	0.5~6	S	S	S	108，321
塔式弧菌（*V. tubiashii*）NCMB 1340^T	−	+	+	w	+	−	−	−	+s	+	+	−	−	+	−	−	+	+	F	−	+g−	−	−	+	+	+	−	−	+	+	−	−	−	Yw	+	10~30	0.5~7	S	S	S	135，506
鱼肠道弧菌（*V. ichthyoenteri*）	−	+	+		+	−	−	−	−	+	−	−			−		−	−	F	−	+g−	−	−	+	−	+	−	−	+	+	−	−		Yw		15~30	1~6	S	S		389
蛤弧菌（*V. tapetis*）	−cb	+	+		+	−	−	−	−	+	+	−	−		−	−	+	+	F	−	+g−	−	−	+	−	+		−	−	+	−	−		G		4~22	1~5	S	S	S	108，146
	七叶苷是阳性（参考文献 610）																																								587
奥德弧菌（*V. ordalii*）ATCC 33934	−cv	+	+	+	+	−	−	−	−	−	−	−v	−	−	−	−	+	−	F	−	+g−	−	−	+	+	−	−	−	+	−	−	−		−	+	4~22	0.5~7	S	S	RV	506，680，819
奥德弧菌（*V. ordalii*）DF-3K	−cv	+	+	+	+	−	−	−	−	−	−	−	−	−	−	−	+	−	F	−	+g−	−	−	+	−	−	−	−	+	−	−	−		−	+	4~30	0.5~7	S	S	RV	198，680
奥德弧菌（*V. ordalii*）NCIMB 2167	−	+				−	−	−	−	−	−			−	−		−		F	−	+g−	−	−	+	+	−	−	−	+	+					+	21~37	0.5~5	S	S		81
杀扇贝弧菌（*V. pectenicida*）	−	+	+		+	+	−	−	−	+	−	+			−		+	−	F	−	+g−	−		+		−		−	−		−			−	+	4~30	1~6	S	S		470
杀对虾弧菌（*V. penaeicida*）	−	+	+		+	−	−	−	−	+	50	67	−	+	−		+	+	F	−	+g−	−	50	+	−	+	−	−	−	+	−	−		G		20~30	1~3	S	S		187，388
	典型菌株吲哚为阴性																																								

续表 4-21

试验	Gm	Ox	cat	βH	mot	SW	ODC	LDC	ADH	Nit	Ind	Cit	urea	mr	vp	aes	G	onpg	OF	arab	glu	inos	lac	malt	man	mano	sal	sor	suc	tre	Xyl	H_2S	MCA	TCBS	DNase	温度/℃	NaCl/%	O129/10	O129/150	Amp	参考文献
杀鲑弧菌（*V. salmonicida*）	−	+	+	−	+	−	−	−	−	−	−	−	−	−	−	−	−	−	F	−	$+_{gv}$	−	−	−	+	+	−	−	−	+	−	−		G	+	1~22	0.5~4.0	S	S	S	198, 232, 506
杀鲑弧菌（*V. salmonicida*）NCIMB 2262	−	+					−	−	−	−	−			−	−		+		F	−	$+_{g-}$	−	−	+	−	−	−	−		−					+	1~22	1~4	S	S		81
溶珊瑚弧菌（*V. coralliilyticus*）YB1[T]	−	+	+		+				+	+	+	+	−				+	+	F		+								+					Y		25~30	1~7	S		R	83, 84
	6 个菌株中 4 株 ADH 显示阴性																																								

注：−α 指霍乱弧菌的七叶苷是阴性，但有些菌株由于产生黑色素使培养基变黑。为了确定阴性的真实性，在 354 nm 下测试荧光消失。参见“七叶苷”测试中的阐述。在此表中，弧菌组是根据它们的 ODC、LDC、ADH 反应而分，用此作为鉴定的起始点。42−表示 42℃不生长。也可查看表 4-18 利斯特氏菌属，表 4-19 莫里特氏菌属，表 4-20 发光杆菌属和表 4-22 弧菌——环境种类。

表 4-22 弧菌——环境种类

试验	Gm	Ox	cat	βH	mot	SW	ODC	LDC	ADH	Nit	Ind	Cit	urea	mr	vp	aes	G	onpg	OF	arab	glu	inos	lac	malt	man	mano	sal	sor	suc	tre	Xyl	H_2S	MCA	TCBS	DNase	温度/℃	NaCl/%	O129/10	O129/150	Amp	参考文献
细菌																																									
环境的																																									
魔鬼弧菌（*V. diabolicus*）	−	+	+		+	+	+	+	−	+	+	−	−		−	−	+	−	F	−	+	−		+	+	+	−	−	+	+	−	−				20~45	2~5	S	S		635
轮虫弧菌（*V. rotiferianus*）	−	+			+	−	+	+	−		+	−	v		−		+	+	F	+	$+_{g-}$	−			+			−	+			−		Y		28~40	2~6	S	S		305
辛辛那提弧菌（*V. cincinnatiensis*）	−	+	+		+	−	−	+	−	+	−	+	−		+		−	+	F	+	$+_{g-}$	+	−		−	+	+	−	+	+		−		Y	+	22~37	1~6	R	S	S	120
地中海弧菌（*V. mediterranei*）	−	+	+	−	+	−	−	+	−	+	+	−	−	+	−	75	−	+	F	−	$+_{g-}$	−	−	+	+	+	25	+	+	+	−	−	−	Y	+	20~30	3~6	S	S	S	631
梅氏弧菌（*V. metschnikovii*）	−cr	−	+	+	+	−	−	+	+	−	20	30	−	+	+	40	+	+	F	−	$+_{g-}$	−, v	59	+	+	+	−	30	+	+	−	−	v	Y, −	+	4~40	0.5~7	S	S	V	483, 819
巴西弧菌（*V. brasiliensis*）LMG 20546[T]	−cr	+	+		+	−	−	−	+	+	+		−	+	+		+	+	F	−	+	−			+			−	+			−		Y		20~40	2~6	S	S		740

续表 4-22

试验	Gm	Ox	cat	βH	mot	SW	ODC	LDC	ADH	Nit	Ind	Cit	urea	mr	vp	aes	G	onpg	OF	arab	glu	inos	lac	malt	man	mano	sal	sor	suc	tre	Xyl	H_2S	MCA	TCBS	DNase	温度 /℃	NaCl /%	O129 /10	O129 /150	Amp	参考文献
海王弧菌 (*V. neptunius*) LMG 20536^{T}	−cr	+	+		+	−	−	−	+	+	+	+	−	+	+		+	−	F		+	−			−			−	+			−		Y		20~35	2~6	S	S		740
帕西尼氏弧菌 (*V. pacinii*) LMG 19999^{T}	−	+	+		+	−	−	−	+	+	−	w	−	+	66		v		F		+		+		−				+			−		Y		4~35	1.5~6	S	S		147
许氏弧菌 (*V. xuii*) LMG 21346^{T}	−cr	+	+		+	−	−	−	+	+	+		−	+	+		−	−	F	+	+	−			+			−	+			−		Y		20~40	2~8	S	S		740
东方弧菌 (*V. orientalis*) NCMB 2195^{T}	−	+	+	−	+	−	−	−	+	+	+	+	−	+	−	−	+		F	−	$+_{g-}$	−	−		+	+	−	−	+	+	−			Y	+	4~35	0.5~8	S	S	S	506
	有些菌株 LDC 阳性																																								
V. aerogenes	−	−	+		+	−	−	−	+	+	+	+			−		+		F	−	$+_{g+}$	+	−		+	+		−	+	−	+				+	20~35	1~7	R	R	S	692
河口弧菌（*V. aestuarianus*）	−	+	+	+	+	−	−	−	+	+	+	+	−		−	+	+	+	F	−	$+_{g-}$	−	+		+	+	−	v+	+	+	−	−	+	Y	+	4~37	0.5~6	S	S	S	747
重氮养弧菌（*V. diazotrophicus*）	−	+	+	−	+	−	−	−	+	+	+	+	16	+	−	+	−	+	F	+	$+_{g-}$	−	+	+	+	−	50	−	+	+	+	−		Y	−	10~35	0.5~6	R	S	S	319, 819, 820
慢性弧菌 (*V. lentus*)	−	+	+		+	−	−	−	+	+	+	+			−		+		F	−	$+_{g-}$	−		+	+	+	−	−	−	+	−			G	+	4~30	2~6	R	R		513
	Thornley 法 ADH 为阳性，Møller 法 ADH 为阴性；模式菌株 man 为阴性																																								
贻贝弧菌 (*V. mytili*)	−	+	+		+	−	−	−	+	+	−	+v	−		−	+	−		F	+	$+_{g+}$	−		+	+	−	+	−	+	+	+	−	−	Y	−	10~37	1~10	R	S		632
海蛹弧菌 (*V. nereis*)	−	+	−	+	+	−	−	−	+	+	+	+	−	+	−	−	+	−	F	−	$+_{g-}$	−	−	+	−	+	−	−	+	+	−	−		Y	+	25~35	3~6	R	S	S	819
挪威肠弧菌 (*Enterovibrio norvegicus*)	−	+	+		+	−	−	−	+	−	+	−	−	−	−		−	+	F	−	+	−	−	+	−			−	−	+		−		G	−	20~28	1.5~6	R	R		741
大菱鲆弧菌 (*V. scophthalmi*)	−	+	+	−	+	−	−	−	90	+	−	−	−	+	−	+	−	−	F	−	$+_{g-}$	−	−	+	−	+	−	−	+	−	−	−	−	Y	−	22~35	0.5~3	S	S		149, 254
环状热带弧菌 (*V. cyclitrophicus*)	−	+	+		+		−	−	+w	−	−		−		−		+	−	F	−	$+_{g-}$	−			+	−	−	−	+	+	+	−				4~37	2~10			S	338

试验	Gm	Ox	cat	βH	mot	SW	ODC	LDC	ADH	Nit	Ind	Cit	urea	mr	vp	aes	G	onpg	OF	arab	glu	inos	lac	malt	man	mano	sal	sor	suc	tre	Xyl	H_2S	MCA	TCBS	DNase	温度/℃	NaCl/%	O129/10	O129/150	Amp	参考文献
V. agarivorans	−	+	+	−	+	−	−	−	−	+	−	−	−	+	−	−	+	+	F	−	$+_{g-}$	−	−	+	w	−	−	−	−	−	+	−	−	G	−	20 ~ 37	1 ~ 6	S	S		135, 514
	水解琼脂；API 20E 白明胶阴性																																								
坎贝氏弧菌 (*V. campbellii*)	−	+	+	−	+	−	−	−	−	+	+	58	−	50	−	50	+	−	F	−	$+_{g-}$	−	−	+	48	50	82	−	−	+	−	−		G	+	20 ~ 35	3 ~ 6	R	S	R	820
产气贝内克氏菌 (*V. gazogenes*)	−cr	−			+	−	−	−	−	−	−	+	−		−		+		F	+	$+_{g+}$	−	−	+	+	+	+	+	+		+			Y		20 ~ 42	3 ~ 6	S	S		67
	由红色变为橘红色菌落																																								
鲍鱼肠弧菌 (*V. halioticoli*)	−	+	+	−	−	−	−	−	−	+	+v	−	−	+	−	−	−	+v	F	−	$+_{g-}$	−	−	+	+	+v	−	−	−v	−	−	−	−	G	−	15 ~ 30	2 ~ 3	S	S		678
霍利斯弧菌 (*V. hollisae*)	−cv	+		w	+w	−	−	−	−	+	+	−	−	−	−	−	−	−	F	+	$+_{g-}$	−	−	−	−	+	−	−	−	−	−	−	−	−	−						
	24 h 后显示轻微溶血，7 d 后显示阳性																																								
漂浮弧菌 (*V. natriegens*)	−	+	+	−	+	−	−	−	−	+	−	+	62		−	+	+	67	F	+	$+_{g-}$	60	−	+	+	30	+	−	+	+	−	−		−Y		10 ~ 40	3 ~ 6	R	S	S	44, 820
漂浮弧菌 (*V. natriegens*) NCMB 1900	−	+	+	−	+	−	−	−	−	+	−	+	−	−	−	+	−	+	F	+	$+_{g-}$	−	−	+	+	+	+	−	+	+	−	−		Y	+	4 ~ 37	0.5 ~ 7	S	S	S	506, 563
纳瓦拉弧菌 (*V. navarrensis*)	−	+	+		+	−	−	−	−	+	+	+	−		−	+	+		F	−	$+_{g-}$		−	+	+	+		−	+			−		Y		10 ~ 40	0.5 ~ 7	S	S		767
黑美人弧菌 (*V. nigripulchritudo*)	−	+				−	−	−	−	+	+	+	−		−	50	+	+	F	−	$+_{g-}$	+	+	+	+	−	−	v+	−	+	−			G	+	20 ~ 30	3 ~ 5	R	S	S	277
	菌落蓝黑色																																								
沃丹弧菌 (*V. wodanis*) NCIMB 13582	−	+	+	+	+	−	−	−	−		89		20	+	−	−	+		F	−	$+_{g-}$	−	−	+	43	+	−	−	83	+	−			30	+	4 ~ 25	1 ~ 4	S	S	S	506
	菌落蓝黑色																																								
鲁莫尼弧菌 (*V. rumoiensis*)	−	+	+						−	+	−	+		+	−		−		F	+	+	−		+	+	+			+		+	−			+	2 ~ 34	3 ~ 6	S	S		850
加尔文弧菌 (*V. calviensis*)	−	+	+		+				−	+	−	+	+	+	−		+	+	F		$+_{g-}$				+									G		4 ~ 30	1.5 ~ 12	S	S	S	216

注：漂浮弧菌（*V. natriegens*）菌株 NCMB 1900 是最初被记录为海利斯特氏菌（*Listonella pelagia*）I的模式菌株（Macián 等，2000）。在此表中，弧菌组是根据它们的 ODC、LDC、ADH 反应而分，用此作为鉴定的起始点。42 - 表示 42℃不生长。也可查看表 4 - 18 利斯特氏菌属，表 4 - 19 莫里特氏菌属，表 4 - 20 发光杆菌属和表 4 - 21 弧菌——致病种类。

实验室工作表

样本序号：

试验	Gm	Ox	cat	βH	mot	SW	ODC	LDC	ADH	Nit	Ind	Cit	urea	mr	vp	aes	G	onpg	OF	arab	glu	inos	lac	malt	man	mano	sal	sor	suc	tre	Xyl	H_2S	MCA	TCBS	DNase	温度/℃	NaCl 0/3	O129/10	O129/150	Amp	鉴定结果
分离来源编号																																									

注：Gm 表示革兰氏反应，Ox 表示氧化酶，cat 表示过氧化氢酶，βH 表示 β 溶血，mot 表示运动性，SW 表示蜂拥性，ODC 表示鸟氨酸脱羧酶，LDC 表示赖氨酸脱羧酶，ADH 表示精氨酸双水解酪，Nit 表示硝酸盐，Ind 表示吲哚，Cit 表示柠檬酸盐，urea 表示尿素，vp 表示福格斯－普里斯考尔，aes 表示七叶苷，G 表示白明胶，onpg 表示邻硝基苯－β－D－硫代半乳糖苷，OF 表示氧化性发酵，arab 表示阿拉伯糖，glu 表示葡萄糖，inos 表示纤维糖，lac 表示乳糖，malt 表示麦芽糖，man 表示甘露醇，mano 表示甘露糖，sal 表示水杨苷，sor 表示山梨醇，suc 表示蔗糖，tre 表示海藻糖，Xyl 表示木糖醛，H_2S 表示硫化氢，MCA 表示 MacConkey 琼脂；TCBS 表示硫代硫酸盐－枸橼酸盐－胆汁－蔗糖琼脂，Dnase 表示脱氧核糖核酸酶琼脂，温度指培养温度，NaCl 0/3 表示生长在 0% 和 3% 的 NaCl 上，O129/10 表示对弧菌抑制剂 10 μg 浓度纸片的敏感性，O129/150 表示对弧菌抑制剂 150μg 浓度纸片的敏感性，Amp 表示对 10μg 氨苄青霉素的敏感性。

表 4－23　API 20E 数据库生化试验结果

试验	onpg	ADH	LDC	ODC	Cit	H_2S	ure	TDA	Ind	vp	G	glu	man	inos	sor	rha	suc	mel	amy	arab	ox	NO_2	N_2	mot	MCA	O	F	温度/℃	时间	Inoc	参考文献	Strain
细菌																														NaCl/%		
不动杆菌属/莫拉克斯氏菌属（*Acinetobacter*/*Moraxella*）	–	–	–	–	–	–	–	–	–	–	–	–	–	–	–	–	–	–	–	–	+										41	
海豚放线杆菌（*Actinobacillus delphinicola*）	–	+	–	–	–	–	–	–	–	+	–	+	–	–	–	–	–	–	–	–	+	+		–	–	+	+	37	48 h	0.85	263	海豚

续表 4-23

试验	onpg	ADH	LDC	ODC	Cit	H_2S	ure	TDA	Ind	vp	G	glu	man	inos	sor	rha	suc	mel	amy	arab	ox	No_2	N_2	mot	MCA	O	F	温度/℃	时间	Inoc	参考文献	Strain
海豚放线杆菌 (*Actinobacillus delphinicola*)	−	21	+	70	−	−	−	−	−	+	−	+	−	−	−	−	−	−	−	−	+	+		−	−	+	+	37	48 h	0.85	263	鼠海豚
海豚放线杆菌 (*Actinobacillus delphinicola*)	−	+	−	−	−	−	−	−	−	+	−	+	−	−	−	−	−	−	−	−	+	+		−	−	+	+	37	48 h	0.85	263	鲸
苏格兰放线菌 (*Actinobacillus scotiae*)	+	−	−	+	−	−	+	−	−	+	−	+	−	−	−	−	−	−	−	−	+	+		−	−	+	+	37	48 h	0.85	265	
异嗜糖气单胞菌 (*Aeromonas allosaccharophila*)	+	v	+	v	v	−	−	−	+	−	+	+	+	−	−	v	+	v	−	v	+	+		+	+	+	+				41	
兽气单胞菌 (*Aeromonas bestiarum*)	+	+	+	−	−	−	−	−	+	+	+	+	+	−	−	+	+	−	+	+	+	+		+	+	+	+	27	24 h	0.85	452	螃蟹
豚鼠气单胞菌 (*Aeromonas caviae*)	+	+	−	−	10	−	−	−	+	8	80	+	+	−	−	−	+	−	−	+	+	+		+	+	+	+				21	
豚鼠气单胞菌 (*Aeromonas caviae*)	+	+	−	−	+	−	−	−	+	−	+	+	+	−	−	−	+	−	−	+	+	+		+	+	+	+	25	48 h	0.85	240	ATCC 15468^T
蚊子气单胞菌 (*Aeromonas culicicola*)	+	+	+	−	+		−	−	+	+	+	+	+	−	−	−	+	+	−	−	+	+		+		+	+	30	24 h	0.85	624	NCIM 5147^T
鳗鱼气单胞菌 (*Aeromonas encheleia*)	+	+	−	−	−	−	−	−	+	−	+	+	+	−	−	75	75	−	+	−	+	+		+	+	+	+	27	24 h	0.85	241, 452	
嗜泉气单胞菌 (*Aeromonas eucrenophila*)	+	+	−	−	−	−	−	−	+	−	+	+	+	−	−		−				+	+		+	+	+	+					
嗜水气单胞菌 (*Aeromonas hydrophila*)	+	+	+	−	−	−	−	−	+	+	+	+	+	−	−	−	+	−	−	+	+	+		+	+	+	+	25	48 h	0.85	240	ATCC 7966^T
嗜水气单胞菌 (*Aeromonas hydrophila*)	+	+	−	−	−	−	−	−	+	+	−	+	+	−	−	−	+	−	−	+	+	+		+	+	+	+				674b	ATCC 7966^T
嗜水气单胞菌 (*Aeromonas hydrophila*)	+	+	−	−	v	−	−	−	+	+	+	+	+	−	−	+	+	−	+	+	+	+		+	+	+	+				322	ATCC 14715
嗜水气单胞菌 (*Aeromonas hydrophila*)	+	+	−	−	+	−	−	−	+	−	+	+	+	−	−	−	+	−	+	+	+	+		+	+	+	+			2	509	WFM 504

续表4-23

试验	onpg	ADH	LDC	ODC	Cit	H_2S	ure	TDA	Ind	vp	G	glu	man	inos	sor	rha	suc	mel	amy	arab	ox	No_2	N_2	mot	MCA	O	F	温度/℃	时间	Inoc	参考文献	Strain
嗜水气单胞菌（*Aeromonas hydrophila*）	+	+	−	−	−	−	−	−	+	+	+	+	+	−	+	−	+	−		+	+	+		+	+	+	+	23	48 h	2	227a	
简氏气单胞菌（*Aeromonas janadaei*）	+	+	+	−	+	−	−	−	+	+	+	+	+	−	−	−	−	50	−	−	+	+		+	+	+	+				143	
简氏气单胞菌（*Aeromonas janadaei*）	+	+	+	−	+	−	−	−	+	+	+	+	w	−	−	−	−	+	−	−	+	+		+	+	+	+	25	48 h	0.85	135	AHLDA 1718
波氏气单胞菌（*Aeromonas popoffii*）	+	+	−	−	+	50	−	−	+	+	+	+	+	−	−		−					+		+	+	+	+					
杀鲑气单胞菌（*Aeromonas salmonicida*）	−	+	−	−	−	−	−	−	−	−	+	+	+	−	−	−	−	−	−	−	+	+		−	+	+	+				450	
杀鲑杀鲑气单胞菌（*A. salmonicida salmonicida*）	+	+	+	−	−	−	−	−	−	−	+	+	+	−	−	−	−	−	+	−	+	+		−	+	+	+				468	NCIMB 1102
气单胞菌无色亚种（*A. salmonicida achromogenes*）	−	−	−	−	−	−	−	−	−v	−	−	+	+	−	−	−	+	−	−	−	+	+		−	+	+	+				322	
气单胞菌无色亚种（*A. salmonicida achromogenes*）	−	−	−	−	−	−	−	−	+	+	−	+	+	−	−	−	+	−	−	−	+	+		−	+	+	+				468	NCIMB 1110
杀鲑气单胞菌杀日本鲑亚种（*A. salmonicida masoucida*）	+	+	−	−	−	−	−	−	+	+v	−	+	+	−	−	−	+	−	+	−	+	+		−	+	+	+				322	
杀鲑亚种气单胞菌（*A. salmonicida salmonicida*）	+	+	−	−	−	−	−	−	−	−	+	+	+	−	−	−	−	−	+	−	+	+		−	+	+	+				322	
杀鲑亚种气单胞菌（*A. salmonicida salmonicida*）	−	+	−	−	−	−	−	−	−	−	+	+	+	−	−	−	−	−	−	−	+	+		−	+	+	+				674	
杀鲑亚种气单胞菌（*A. salmonicida salmonicida*）	−	+	+	−	−	−	−	−	−	−	+	+	+	−	−	−	−	−	−	−	+	+		−	+	+	+				674	
杀鲑气单胞菌非典型（*A. salmonicida*）									+w		−		−							−											761	澳大利亚菌株
杀鲑气单胞菌非典型（*A. salmonicida*）	−	+w	−	−	−	−	−	−	+	−	−	+	−	−	−	−	w	−	−	−	+	+		−		w	w	25	72 h	0.85	135	AHLDA 1334

续表 4-23

试验	onpg	ADH	LDC	ODC	Cit	H_2S	ure	TDA	Ind	vp	G	glu	man	inos	sor	rha	suc	mel	amy	arab	ox	No_2	N_2	mot	MCA	O	F	温度/℃	时间	Inoc	参考文献	Strain
温和气单胞菌 (*Aeromonas sobria*)	+	+	+	−	−	−	−	−	+	+	+	+	+	−	−	−	+	−	−	−	+	+		+	+	+	+	25	48 h	0.85	240	CIP 74.33^T
温和气单胞菌 (*Aeromonas sobria*)	+	+	+	−	50	−	−	−	+	+	+	+	+	−	−	−	+	−	−	28	+	+		+	+	+	+				21	
脆弱气单胞菌 (*Aeromonas trota*)	+	+	+	−	+	−	−	−	+	−	+	+	+	−	−	−	−	−	+	−	+	+		+	+	+	+	37	24 h	0.85	142	ATCC 49657^T
维隆气单胞菌维隆亚种 (*Aeromonas veronii veronii*)	+	−	+	+	+	−	−	−	+	+	+	+	+	−	−	−	+	−	+	−	+	+		+	+	+	+	27	24 h	0.85	347, 2	
异单胞菌属 (*Allomonas* spp.)	+	+	−	−	−	−	−	−	+	−	+	+	+	−	−	−	+	−	+	−										2	509	WFM 401
类鼻疽伯克霍尔德氏菌 (*Burkholderia pseudomallei*)	−	+	−	−	63	−	−	−	−	−	+	+	+	+	+	−	43	−	60	+	+	+		+	+	+	−	37	48 h	0.85	38	
广布肉杆菌 (*Carnobacterium divergens*)	+	+	−	−		−	−	−	−	+			−																			
弗劳地柠檬酸杆菌 (*Citrobacter freundii*)	+	v	−	−	−	+	−	−	−	−	−	−	−	−	+	+	+	+	−	+	−										41	
叉尾鮰爱德华菌 (*Edwardsiella ictaluri*)	−	−	+	+	−	−	−	−	−	−	−	+	−	−	−	−	−	−	−	−	−	+		+		+	+				334, 41	
迟钝爱德华菌 (*Edwardsiella tarda*)	−	−	+	w	+	+	−	−	+	−	−	+	−	−	−	−	−	−	−	−	−	+			+	+	+	25	48 h	0.85	135	AHLDA 135
迟钝爱德华菌 (*Edwardsiella tarda*)	−	−	+	+	−	+	−	−	+	−	−	+	−	−	−	−	−	−	−	−	−										41	
迟钝爱德华菌 (*Edwardsiella tarda*) ——非典型菌株	−	−	+	−	+	+	−	−	+	−	−	+	+	−	−	−	−	−	−	−	−							25	48 h	0.85	845	
挪威肠弧菌 (*Enterovibrio norvegicus*)	+	+	−	−	−	−	−	−	+	−	−	+	−	−	−	−	−	−	−	−	+	−		+		+	+	28	48 h	2	741	LMG 19839^T

续表 4－23

试验	onpg	ADH	LDC	ODC	Cit	H_2S	ure	TDA	Ind	vp	G	glu	man	inos	sor	rha	suc	mel	amy	arab	ox	No_2	N_2	mot	MCA	O	F	温度/℃	时间	Inoc	参考文献	Strain
嗜鳃黄杆菌（*Flavobacterium branchiophilum*）	−	−	−	−	−	−	−	−	−	−	+	+	−	−	−	−	+	+	−	−	−										41	
柱状黄杆菌（*Flavobacterium columnare*）	−	−	−	−	−	+	−	−	−	−	+	−	−	−	−	−	−	−	−	−	+										41	
柱状黄杆菌（*Flavobacterium columnare*）	+	−	−	−		+	−	−	−	−	+	−	−	−	−	−	−	−	−	−	+	+		−	−	−	−	25	48 h	0.5	689	
杰里斯氏黄杆菌（*Flavobacterium gillisiae*）	−	+	−	−	−	−	−	−	−	−	−	+	+	−	−	−	+	−		−	−	−						20	48 h	1.5	533	
冬季莫杆菌（*Flavobacterium hibernum*）	+	−	−	−	−	−	−	−	−	−	+	+	−	−	−	+	+	−	−	+	−	+						25	48 h	1.5	532	
水栖黄杆菌（*Flavobacterium hydatis*）	−	−	−	−	−	−	−	−	−	−	+	+	+	−	−	−	+	−	−	+	−										41	
约氏黄杆菌（*Flavobacterium johnsoniae*）	+	−	−	−	+	−	−	−	−	+	+	−	−	−	−	−	−	−	−	−	+	+						25	72 h	0.85	135	AHLDA 1714
嗜冷黄杆菌（*Flavobacterium psychrophilum*）	−	−	−	−	−	−	−	−	−	−	+	−	−	−	−	−	−	−	−	−	+										41	
席黄杆菌（*Flavobacterium tegetincola*）	−	−	−	−	−	−	−	−	−	−	−	+	+	−	−	−	−	−	−	−	−	−						20	48 h	1.5	533	
黄黄杆菌（*Flavobacterium xantham*）	−	−	−	−	−	+	−		−	−	+	+	+	−	−	−	+	−	−	−	+	+						20	48 h	1.5	533	
蜂房哈夫尼菌（*Hafnia alvei*）	−	−	+	+	+	−	−	−	−	−	−	+	+	−	−	−	−	−	−	+	−	+									41	
蜂房哈夫尼菌（*Hafnia alvei*）	+	−	+	+	−	−	−	−	−	−	−	+	+	−	−	+	−	−	−	+	−	+		+	+	+	+				652	
蜂房哈夫尼菌（*Hafnia alvei*）	+	−	+	+	+	−	−	−	−	+	−	+	+	−	−	+	−	−	+	+	−	+		+	+	+	+	25	48 h	0.85	135	AHLDA 1729
蜂房哈夫尼菌（*Hafnia alvei*）	+	−	+	+	+	−	−	−	−	−	−	+	+	−	−	+	−	−	−	+	−	+		+	+	+	+	25	48 h	0.85	203	ATCC 51873
渴望盐单胞菌（*Halomonas cupida*）	−	+	+	+	−	−	−	−	−	−	−	−	+	−	+	+	+	−	−	−	−										41	
蓝黑紫色杆菌（*Janthinobacterium lividum*）	−	+	−	−	+	−	−	−	−	+	+	+	+	−	−	−	−	−	−	−	+										41	

续表 4－23

试验	onpg	ADH	LDC	ODC	Cit	H_2S	ure	TDA	Ind	vp	G	glu	man	inos	sor	rha	suc	mel	amy	arab	ox	No_2	N_2	mot	MCA	O	F	温度/℃	时间	Inoc	参考文献	Strain
臭鼻肺炎克雷伯氏菌 (*Klebsiella pneumoniae*)	+	−	v	−	+	−	v	−	−	+	−	+	+	+	+	+	+	+	+	+	−	+		+	+	+	+				41	
鳗利斯特氏菌 (*Listonella anguillarum*)	+	+	−	−	+	−	−	−	+	+	+	+	+	−	+	−	+	−	−	−	+	+		+	v	+	+	25	48 h	0. 85	240	NCMB 6
鳗利斯特氏菌 (*Listonella anguillarum*)	+	+ v	−	−	+	−	−	−	+	+	+	+	+	−	+	−	+	−	+	+ v	+	+				+	+				428, 41	
鳗利斯特氏菌 (*Listonella anguillarum*)	+	+	−	−	−	−	−	−	+	+	+	+	w	−	+	−	w	−	−	−	+	+			−	+	+	25	48 h	2		
鳗利斯特氏菌 (*Listonella anguillarum*)	+	+	−	−	+	−	−	−	+	+	+	+	+	−	+	−	+	−	−	+	+	+			−	+	+	25	48 h	2	135	AHLDA 1730
海洋莫里特氏菌 (*Moritella marina*)	−	−	−	−	−	−	−	−	−	−	+	+	−	−	−	−	−	−	−	−	+	+		+	−	+	+				766	
黏菌落莫里特氏菌 (*Moritella viscosa*)	−	−	+	−	−	−	−	−	−	−	v	+	−	−	−	−	−	−	−	−	+	+		+		+	+				132	
成团泛菌 (*Pantoea agglomerans*)	+	−	−	−	+	−	−	−	−	+	+ s	+	+	−	−	+	+	−	−	+	−	+		+		+	+				291	
成团泛菌 (*Pantoea agglomerans*)	+	−	−	−	+	−	−	−	−	+	+	+	+	−	−	−	+	−	−	−	−										41	
分散泛菌 (*Pantoea dispersa*)	+	−	−	−	+	−	−	−	−	+	+ s	+	+	−	−	+	+	v	+	+	−	+		+		+	+				291	
多杀巴斯德菌 (*Pasteurella multocida*)	−	−	−	− v	−	−	−	−	+	−	−	+	+	−	+	−	+	−	−	−	+	+			−	+	+				428	
龟巴斯德菌 (*Pasteurella testudinis*)	+	−	−	−	−	−	−	−	+	−	−	+	+	70	−	60	+	30	−	30	+	+		−	+	+	+				709	
子宫海豚杆菌 (*Phocoenobacter uteri*)	−	−	−	−	−	−	−	−	−	+	−	+ w	−	−	−	−	−	−	−	−	+	+		−	−	+	+				266	
狭小发光杆菌 (*Photobacterium angustum*)	−	+	−	−	−	−	−	−	−	+	+	+	−	−	−	−	+	−	−	−	+	−		−	−	+	+	26	72 h	1. 5	745	NCIMB 1895
美人鱼发光杆菌美人鱼亚种 (*P. damselae* ssp. *damselae*)	−	+	−	−	−	−	+	−	−	+	−	+	−	−	−	−	−	−	−	−	+	+		+	+	+	+	26	72 h	1. 5	745	ATCC 33539^T

续表 4-23

试验	onpg	ADH	LDC	ODC	Cit	H_2S	ure	TDA	Ind	vp	G	glu	man	inos	sor	rha	suc	mel	amy	arab	ox	No_2	N_2	mot	MCA	O	F	温度/℃	时间	Inoc	参考文献	Strain
美人鱼发光杆菌美人鱼亚种（*P. damselae* ssp. *damselae*）	−	+	+	−	−	−	−	−	−	−	−	+	−	−	−	−	−	−	−	−	+	+		+	+	+	+	25	48 h	0.85	240	ATCC 33539^T
美人鱼发光杆菌美人鱼亚种（*P. damselae* ssp. *damselae*）	−	+	−	−	+	−	−	−	−	−	−	+	−	−	−	−	−	−	+	−	−	+		+	+	+	+	26	72 h	1.5	745	NCIMB 2184
美人鱼发光杆菌美人鱼亚种（*P. damselae* ssp. *damselae*）	−	+	55	−	15	−	85	−	−	+	20	+	−	−	−	−	−	−	15	−	75	+		+	+	+	+	26	72 h	1.5	745	
美人鱼发光杆菌杀鱼亚种（*P. damselae* ssp. *piscicida*）	−	+	−	−	20	−	−	−	−	+	−	+	−	−	−	−	−	−	−	−	+	−		−	46	+	+	26	72 h	1.5	745	ATCC 17911
美人鱼发光杆菌杀鱼亚种（*P. damselae* ssp. *piscicida*）	−	−	−	−	−	−	+	−	−	+	−	−	−	−	−	−	−	−	−	−	+	−		−	+	+	+	26	72 h	1.5	745	畸变菌株
美人鱼发光杆菌杀鱼亚种（*P. damselae* ssp. *piscicida*）	+	−	−	−	−	−	−	−	−	−	+w	−	−	−	−	−	−	−	−	+	−		−		+	+				428	ATCC 17911，29687	
美人鱼发光杆菌杀鱼亚种（*P. damselae* ssp. *piscicida*）	−	+	−	−	−	−	−	−	−	+	−	+	−	−	−	−	−	−	−	−	+	−		−		+	+	22	48 h	15	#	ATCC 29690，17911
鱼肠发光杆菌（*Photobacterium iliopiscarium*）	−	+	+	−	−	−	−	−	−	−	−	+	−	−	−	−	−	−	−	−	+	+		+		+	+				599	
鳆发光杆菌（*Photobacterium leiognathi*）	−	+	−	−	−	−	−	−	−	+	−	+	−	−	−	−	−	−	−	−	−	+		−	+	+	+	26	72 h	1.5	745	LMG 4228
明亮发光杆菌（*Photobacterium phosphoreum*）	−	+	w	−	−	−	−	−	+	−	+	+	−	−	−	−	+	−	+	−										2	509	IB39
类志贺毗邻单胞菌（*Plesiomonas shigelloides*）	+	+	+	+	−	−	−	−	+	−	−	+	−	+	−	−	−	−	−	−	+										41	
雷氏普罗威登斯菌［*Providencia*（*Proteus*）*rettgeri*］	−	−	−	−	−	−	+	+	+	−	−	+	+	+	−	+	−	−	−	−	−										41	
斯氏普罗威登斯菌（*Providencia rustigianii*）	−	−	−	−	+w	−	−	+	+	−	−	+	−	−	−	−	+w	−		−	−	+		+	+	+	+				559	

续表 4-23

试验	onpg	ADH	LDC	ODC	Cit	H_2S	ure	TDA	Ind	vp	G	glu	man	inos	sor	rha	suc	mel	amy	arab	ox	No_2	N_2	mot	MCA	O	F	温度/℃	时间	Inoc	参考文献	Strain
藻假交替单胞菌（*Pseudoalteromonas ulvae*）	–	–	–	–	+	–	–	+			+	–									+			+		–	–	23	48 h	1.5	231	
鳗败血假单胞菌（*Pseudomonas anguilliseptica*）	–	–	–	–	–	–	–	–	–	–	+	–	–	–	–	–	–	–	–	–	+										41	
荧光假单胞杆菌（*Pseudomonas fluorescens*）	–	+	–	–	+	–	–	–	–	–	+	+	+	+	+	–	+	–	–	+	+										41	
荧光假单胞杆菌（*Ps. fluorescens/putida*）	–	75	–	–	75	–	–	–	–	10	27	25	–	–	–	–	–	25	1	20	+	26	–	+	+	+	–				*	
变形假单胞菌（*Pseudomonas plecoglossicida*）		–	–	–					–	–	–	+	–				+	–		–	+	–									428	
恶臭假单胞菌（*Pseudomonas putida*）							–					–v																				
水生拉恩氏菌（*Rahnella aquatilis*）	+	–	–	–	+	–	–	–	–	+	–	+	–	–	+	+	+	+		+	–	+		+	+	+	+				151	
Salegentibacter salegens																								–				20	48 h	1.5	533	
猪霍乱沙门氏菌亚利桑那亚种（*Salmonella cholerasuis arizonae*）	+	–	+	–	+	+	–	–	–	–	+	+	–	+	–	+	–	–	–	–	–										41	
居泉沙雷氏菌（*Serratia fonticola*）	+	–	+	+	+	–	–	–	–	+	–	+	+	–	+	+	–	+		+	–	+		+	+	+	+				558	
居泉沙雷氏菌（*Serratia fonticola*）	+	–	+	+	+	–	–	–	–	–	–	+	+	+	+	+	20	+		+	–	+		+	+	+	+				290	
液化沙雷氏菌（*Serratia liquefaciens*）	+	–	+	+	+	–	v	–	–	v	+	+	+	v	+	–	+	v	+	–	–	+									41	
普城沙雷氏菌（*Serratia plymuthica*）	+	–	–	–	+	–	–	–	–	+	+	+	+	+	–	–	+	–	–	+	–	+									41	
海藻希瓦氏菌（*Shewanella algae*）	–	–	–	+	–	+	–	–	–	–	+	–	–	–	–	–	–	–	–	–	+	+		+	+	+	–				433	

续表 4 − 23

试验	onpg	ADH	LDC	ODC	Cit	H_2S	ure	TDA	Ind	vp	G	glu	man	inos	sor	rha	suc	mel	amy	arab	ox	No_2	N_2	mot	MCA	O	F	温度/℃	时间	Inoc	参考文献	Strain
冷海希瓦氏菌（*Shewanella frigidimarina*）	−	− v	−	−	+ v	+	−	−	−	−	+	+	+	−	−	−	+	−	−	−	+	+		+		+	+				112	
冰海希瓦氏菌（*Shewanella gelidimarina*）	−	−	−	−	−	+	−	−	−	−	+	−	−	−	−	−	−	−	−	−	+	+		+							112	
腐败希瓦氏菌（*Shewanella putrefaciens*）	−	−	−	+	+	+	−	−	−	−	+	−	−	−	−	−	35	−	−	49	+	+		+	+	+	−				433	
武氏希瓦氏菌（*Shewanella woodyi*）	−	−	−	−	−	−	−	−	−	−	+	−	−	−	−	−	−	−	−	−	+	+		+		+	−				112	
海洋屈挠杆菌（*Tenacibaculum maritimum*）	−	−	−	−	−	−	−	−	−	−	+	−	−	−	−	−	−	−	−	−	+										41	
河口弧菌（*Vibrio aestuarianus*）	+	+	v	−	+				+		+	+	+				+		+													
Vibrio agarivorans	+	−	−	−	−	−	−	−	−	−	−	+	+	−	−	−	−	−	+	−	+	+			−	+	+	25	48 h	2	135	AHLDA 1732
溶藻弧菌（*Vibrio alginolyticus*）	−	−	+	53	v	−	−	−	+	83	v	+	+	−	−	−	+	−	67	−	+	+		+		+	+				552	
溶藻弧菌（*Vibrio alginolyticus*）	−	−	+	−	−	−	−	−	+	w	+	+	+	−	−	−	+	−	−	−	+	+		+	−	+	+				135	
溶藻弧菌（*Vibrio alginolyticus*）	−	−	+	+	−	−	−	−	+	+	+	+	+	−	−	−	+	v	v	−	+	+		+		+	+				650	
巴西弧菌（*Vibrio brasiliensis*）	+	+	−	−	+	−	−	−	+	+	+	+	+	−	−	−	+	−	+	−	+	+		+	nt	+	+	25	48 h	2	740	LMG 20546^T
霍乱弧菌（*Vibrio cholerae*）非 01	+	−	+	+	v	−	−	−	+	+	+	+	+	−	−	−	+	−	−	−	+			+	+	+	+					
霍乱弧菌（*Vibrio cholerae*）01	+	−	+	+	v	−	−	−	+	−	+	+	+	−	−	−	+	−	−	−	+			+	+	+	+					
霍乱弧菌（*Vibrio cholerae*）	+	−	+	+	w	−	−	−	+	+	w	+	+	−	−	−	+	−	+	−	+	+		+	+	+	+			2	509, 552	WF 110r
魔鬼弧菌（*Vibrio diabolicus*）	−	−	+	+	−	−	−	+	+	−	+	+	+	−	−	−	+	−	+	−	+	+		+		+	+				635	
费希尔弧菌（*Vibrio fischeri*）	−	−	+	−	−	−	−	−	−	+	−	+	−	−	−	−	−	−	+	−	+	+		+	−	+	+	26	72 h	1.5	745	ATCC 25918
河流弧菌（*Vibrio fluvialis*）	+	+	−	−	+	−	−	−	+	−	+	+	+	−	−	−	+	−	−	+	+	+		+	+	+	+	25	48 h	0.85	240	MEJ 311

续表 4-23

试验	onpg	ADH	LDC	ODC	Cit	H_2S	ure	TDA	Ind	vp	G	glu	man	inos	sor	rha	suc	mel	amy	arab	ox	No_2	N_2	mot	MCA	O	F	温度/℃	时间	Inoc	参考文献	Strain
河流弧菌 (*Vibrio fluvialis*)	+	+	−	−	81	−	−	−	+	56	+	+	+	−	−	−	+	−	−	+	+	+		+	+	+	+	37	48 h	0.85	485, 687	
弗尼斯弧菌 (*Vibrio furnissii*)	+	+	−	−	63	−	−	−	88	75	+	+	+	−	−	−	+	−	−	+	+	+		+	+	+	+	37	48 h	0.85	687	
弗尼斯弧菌 (*Vibrio furnissii*)	+	+	−	−	w	−	−	−	+	w	−	+	+	−	−	−	+	−	−	+	+	+		+	+	+	+	25	48 h	0.85	135	ATCC 11218
弗尼斯弧菌 (*Vibrio furnissii*)	+	+	−	−	+	−	−	−	+	−	+	+	+	−	−	−	+	−	−	+	+	+		+	+	+	+	25	48 h	0.85	240	ATCC 35016^T
鲍鱼肠弧菌 (*Vibrio halioticoli*)	−	−	−	−	−	−	−	−	−	−	−	w	+	−	−	−	−	−	−	−	+	+			−	w	w	25	48 h	2	135	AHLDA 1734
哈维氏弧菌 (*Vibrio harveyi*)	−	−	+	+	+w	−	−	−	+	−	+	+	+	−	−	−	+	−	+	−	+	+		+		+	+	25	48 h	2	581	ATCC 14129
哈维氏弧菌 [*Vibrio* (*carchariae*) *harveyi*]	−	−	+	+	+	−	+	−	+	−	+	+	+	−	−	−	+	−	+	−	+	+		+	+	+	+	25	48 h	2	135, 581, 847	ATCC 35084
鱼肠道弧菌 (*Vibrio ichthyoenteri*)	−	−	−	−	−	−	−	−	−	−	−	+	−	−	−	−	+w	−	−	−	+	+		+							389	
地中海弧菌 (*Vibrio mediterranei*)	+	+	+	−	−	−	−	−	+	−	+	+	+	+	+	−	+	−	+	−	+	+		+	−	+	+	25	48 h	2	135	AHLDA 1733
拟态弧菌 (*Vibrio mimicus*)	+	−	+	+	+	−	−	−	+	−	+	+	+	−	−	−	−	−	−	−	+	+		+	+	+	+				161, 210	
拟态弧菌 (*Vibrio mimicus*)	+	−	+	+	−	−	−	−	+	−	+	+	+	−	−	−	−	−	−	−	+	+		+	+	+	+				161	
贻贝弧菌 (*Vibrio mytili*)	+	−	−	−	−	−	−	+	+	−	−	+	+	−	−	−	+	−	+	−		+				+	+				635	
纳瓦拉弧菌 (*Vibrio navarrensis*)		−	−	−	−	−	−	−	+	−	+	+	+	−	−	−	+	−		−	+	+		+		+	+				768	
海王弧菌 (*Vibrio neptunius*)	−	+	−	−	+	−	−	+	+	+	+	+	−	−	−	−	+	−	−	−	+	+		+	nt	+	+	25	48	2	740	LMG 20536^T
沙蚕弧菌 (*Vibrio neresis*)	−	−	−	−	−	−	−	+	+	−	−	+	−	−	−	−	+	−	−	−		+				+	+				635	
奥德弧菌 (*Vibrio ordalii*)	−	−	−	−	−	−	−	−	−	−	+	+	+	−	−	−	+	−	−	−	+	−									428	DF3K

续表 4-23

试验	onpg	ADH	LDC	ODC	Cit	H_2S	ure	TDA	Ind	vp	G	glu	man	inos	sor	rha	suc	mel	amy	arab	ox	No_2	N_2	mot	MCA	O	F	温度/℃	时间	Inoc	参考文献	Strain
帕西尼氏弧菌（*Vibrio pacinii*）	v	+	−	−	w	−	−	+	−	66	v	+	−	−	−	−	+	66	+	−	+	+		+		+	+	28	48 h	1.5	306	LMG 1999^T
副溶血性弧菌（*Vibrio parahaemolyticus*）	21	−	+	+		−	−	−	−	−	+	+	+	−	−	−	−		+	77	+	+				+	+				*，552	
副溶血性弧菌（*Vibrio parahaemolyticus*）	−	−	+	+	−	−	−	−	+	−	+	+	+	−	−	−	−	−	−	w	+	+		+	+w	+	+		48 h	1.5	135	ATCC 43996
副溶血性弧菌（*Vibrio parahaemolyticus*）	−	−	+	+	+	−	−	−	+	−	+	+	+	−	−	−	−	−	−	+	+	+			+w	+	+				428	
副溶血性弧菌（*Vibrio parahaemolyticus*）	−	−	+	+	−	−	+	−	+	−	+	+	+	−	−	−	−	−	−	+	+	+		+	+	+	+				10	ATCC 17802
杀扇贝弧菌（*Vibrio pectenicida*）	−	−	−	−	+	−	−	−	−	−	+	+	−	−	−	−	−	−	−	−	+	+		+	nt	+	+			2	470	
杀对虾弧菌（*Vibrio penaeicida*）	+	−	−	−	+	−	nt	−	50	−	+	+	−	−	−	−	−	+	+	−	+	+		+	nt	+	+	25			388	
解蛋白弧菌（*Vibrio proteolyticus*）	−	+	+	−	+	−	−	−	+	+	+	+	+	−	+	−	−	−	−	−	+	+			w	+	+	25	48 h	2	135	AHLDA 1735
轮虫弧菌（*Vibrio rotiferianus*）	+	−	+	+	−	−	83	+	+	−	+	+	+	−	−	−	+	+	+	+	+	nr		+		+	+	25	48 h	2	305	LMG 21460^T
杀鲑弧菌（*Vibrio salmonicida*）	−	−	−	−	−	−	−	−	−	−	−	+	−	−	−	−	−	−	−	−	+										41	
大菱鲆弧菌（*Vibrio scophthalmi*）	−	90	−	−	−	−	−	−	−	−	−	+	−	−	−	−	+	−	−	−	+	+		+	nt	+	+	25	48 h	1.5	149，254	CECT 4638
灿烂弧菌（*Vibrio splendidus*）生物型 1	+	+	−	−	−v	−	−	−	+	−	+	+	+	−	−	−	+	−	−	−	+	+		+		+	+	22	48 h	0.85	254	
灿烂弧菌（*Vibrio splendidus*）	+	+	−	−	−	−	−	−	+	−	+	+	+	−	−	−	v	+	+	−	+	+				+	+	25		2	281	
灿烂弧菌（*Vibrio splendidus*）	−	−	−	−	−	−	−	−	+	−	−	+	+	−	−	−	+	+	+	−	+	+	−	−		+	+	25	48 h	2	466	
蛤弧菌（*Vibrio tapetis*）	+	−	−	−	−	−	−	−	+	−	+	+	−	−	−	−	−	−	+	−	+	+		+		+	+	25		2	108，146	

续表 4－23

试验	onpg	ADH	LDC	ODC	Cit	H_2S	ure	TDA	Ind	vp	G	glu	man	inos	sor	rha	suc	mel	amy	arab	ox	No_2	N_2	mot	MCA	O	F	温度/℃	时间	Inoc	参考文献	Strain
塔氏弧菌（*Vibrio tubiashii*）	+	−	−	−	−	−	−	+	+	−	+	+	+	−	−	−	+	−	+	−	+	+		+		+	+				321，635	
塔氏弧菌（*Vibrio tubiashii*）	+	+s	−	−	−	−	−	−	+	−	−	+	+	−	−	−	+	−	+	−	+	+		+		+	+	25	48 h	2	135	
创伤弧菌（*Vibrio vulnificus*）生物型 1	+	−	+	+	−	−	−	−	+	−	+	+	+	−	−	−	−	−	+	−	+	+									26	f
创伤弧菌（*V. vulnificus*）生物型 2	+	−	+	−	+	−	−	−	−	−	+	+	−	−	−	−	−	−	+	−	+										26	
创伤弧菌（*V. vulnificus*）生物型 2	+	−	+	+	+	−	−	−	−	−	+	+	−	−	−	−	−	−	+	−	+										26	
创伤弧菌（*V. vulnificus*）生物型 2 血清型 E	+	−	+	+	+	−	−	−	−	−	+	+	+	−	−	−	−	−	+	−	+	+						25	48 h		26	g
创伤弧菌（*V. vulnificus*）生物型 2 血清型 E	+	−	+	+	+	−	−	−	−	−	+	+	−	−	−	−	−	−	+	−	+	+									98	ATCC 33187a
创伤弧菌（*V. vulnificus*）生物型 2 血清型 E	+	−	+	−	−	−	−	−	−	−	+	+	−	−	−	−	−	−	−	−	+	+									98	ATCC 33149b
创伤弧菌（*V. vulnificus*）生物型 2 血清型 E	+	−	+	−	+	−	−	−	−	−	+	+	−	−	−	−	−	−	+	−	+	+									98	C
创伤弧菌（*V. vulnificus*）生物型 2 血清型 E	+	−	+	−	−	−	−	−	−	−	+	+	−	−	−	−	−	−	−	−	+	+									98	d
创伤弧菌（*V. vulnificus*）生物型 2 血清型 E	−	−	+	−	−	−	−	−	−	−	+	+	−	−	−	−	−	−	+	−	+	+									98	e
创伤弧菌（*V. vulnificus*）	+	−	+	+	+	−	−	−	+	−	+	+	+	−	−	−	−	−	w	+									48 h		509	WF8A 1110
许氏弧菌（*V. xuii*）	−	+	−	−	−	−	−	+	+	+	−	+	+	−	−	−	+	−	+	+	+	+		+	nt	+	+	25	48 h	2	740	LMG 21346^T
中间耶尔森氏菌（*Yersinia intermedia*）	+	−	−	+	−	−	+	−	+	−	−	+	+	v	+	+	+	+	+	v	−										41	

续表 4－23

试验	onpg	ADH	LDC	ODC	Cit	H_2S	ure	TDA	Ind	vp	G	glu	man	inos	sor	rha	suc	mel	amy	arab	ox	No_2	N_2	mot	MCA	O	F	温度/℃	时间	Inoc	参考文献	Strain
鲁氏耶尔森氏菌 (*Yersinia ruckeri*)	+	－	+	+	+	－	－	－	－	－	+	+	+	－	－	－	－	－	－	－	－										41	
鲁氏耶尔森氏菌 (*Yersinia ruckeri*)	+	－	－	+	－	－	－	－	－	－	－	+	+	－	－	－	－	－	－	－	－										674，717	
鲁氏耶尔森氏菌 (*Yersinia ruckeri*)	+	－	－	+	－	－	－	－	－	－	－	+	+	－	+	－	－	－	－	－	－										717	
鲁氏耶尔森氏菌 (*Yersinia ruckeri*)	+	－	－	+	－	－	－	－	－	+	－	+	+	－	+	－	－	－	－	－	－										717	
鲁氏耶尔森氏菌 (*Yersinia ruckeri*)	+	－	+	+	－	－	－	－	－	+	－	+	+	－	－	－	－	－	－	－	－	+		+	+	+	+	25	48 h	0.85	135，203	AHLDA 1313
鲁氏耶尔森氏菌 (*Yersinia ruckeri*)	+	－	+	+	－	－	－	－	－	－	－	+	+	－	－	－	－	－	－	－	－	+		+	+	+	+				674	
鲁氏耶尔森氏菌 (*Yersinia ruckeri*)	+	－	+	+	－	－	－	－	－	+	－	+	+	－	+	－	－	－	－	－	－	+		+	+	+	+	25	48 h	0.85	184	
鲁氏耶尔森氏菌 (*Yersinia ruckeri*)	+	－	+	+	－	－	－	－	－	+	+	+	+	－	+	－	－	－	－	－	－	+		+	+	+	+	25	48 h	0.85	184	
鲁氏耶尔森氏菌 (*Yersinia ruckeri*)	+	－	+	+	－	－	－	－	－	－	－	+	+	－	－	－	－	－	－	－	－	+		+	+	+	+	25	48 h	0.85	184	
食半乳糖邹贝尔氏菌 (*Zobellia galactanivorans*)	+	－	－	－	－	－	－	－	－	－	+	+	+	－	－	+	+	－	－	+	+	+		－		+	－	30	7 d	1.5	61	
潮气邹贝尔氏菌 (*Zobellia uliginosa*)	+	－	－	－	－	－	－	－	－		+	+	－	－	－		+				+	+		－		+	－	30	7 d	1.5	61	

注：#指参考文献 149，289，518，674，751，855。

onpg 表示 β－半乳糖苷酶；ADH 表示精氨酸双水解酶；LDC 表示赖氨酸脱羧酶；ODC 表示鸟氨酸脱羧酶；Cit 表示柠檬酸盐；H_2S 表示硫化氢产物；ure 表示尿素酶；TDA 表示色氨酸脱氨酶；Ind 表示吲哚；vp 表示福格斯－普里斯考尔；G 表示白明胶；glu 表示葡萄糖；man 表示甘露醇；inos 表示纤维醇；sor 表示山梨醇；rha 表示鼠李糖；suc 表示蔗糖；mel 表示乙糖；amy 表示苦杏苷；arab 表示阿拉伯糖；ox 表示氧化酶；NO_2 表示硝酸盐还原；N_2 表示对亚硝酸气体的还原；mot 表示运动性；MCA 表示在 MacConkey 琼脂的生长；O 表示氧化性发酵；F 表示发酵；温度（℃）指培养温度；时间指培养时间，h 表示小时；d 表示天；Inoc 表示接种物；NaCl/% 表示接种物氯化钠最终浓度；w 表示弱；+表示阳性反应；－表示阴性反应；s 表示反应缓慢；数字表示阳性菌株所占百分数。a 表示嗜水气单胞菌（*A. hydrophila*）菌株被认为山梨醇为阴性。b 表示这一结果的培养时间没有交代，为了得到正确的 LDC 测试结果，培育 48 h 是非常重要的，s 表示反应缓慢；v 表示反应结果可变；＊表示来自 API 数据库；参考文献栏所列为本书参考文献列表中的文献序号。

表 4－24 API 20E 数据库中细菌序号（细菌按字母顺序排列）

细菌	菌株	API 20E 号	菌株数	注释	参考文献
不动杆菌属/莫拉克斯氏菌属 (*Acinetobacter/Moraxella*)		0000004	1		41
海豚放线杆菌（*Actinobacillus delphinicola*）		200500416	2	海豚和鲸	263
苏格兰放线菌（*Actinobacillus scotiae*）	NCTC 12922	111500416	1		265
嗜糖气单胞菌（*Aeromonas allosaccharophila*）		724613657	1		41
嗜糖气单胞菌（*Aeromonas allosaccharophila*）		724616657	1		41
异嗜糖气单胞菌（*Aeromonas allosaccharophila*）		724617657	1		41
兽气单胞菌（*Aeromonas bestiarum*）		704713757	5	蟹	452
豚鼠气单胞菌（*Aeromonas caviae*）	ATCC 15468^T	324612657			21，240
鳗鱼气单胞菌（*Aeromonas encheleia*）		304613457			241
嗜水气单胞菌（*Aeromonas hydrophila*）	ATCC 7966^T	704712657	1		240
嗜水气单胞菌（*Aeromonas hydrophila*）	ATCC 7966^T	304512657	1	培养 48 h 对于获得正确的结果来说很重要	674
嗜水气单胞菌（*Aeromonas hydrophila*）	ATCC 14715	324713757	1		322
简氏气单胞菌（*Aeromonas janadaei*）		724714457	2		135，143
杀鲑气单胞菌（*Aeromonas salmonicida*）		200610417			450
杀鲑气单胞菌（*Aeromonas salmonicida*）	AHLDA 1334	204402417	1	"非典型" 菌株，引进的金鱼（澳大利亚西部）	135
杀鲑气单胞菌无色亚种 (*Aeromonas salmonicida achromogenes*)		004412417			322
杀鲑气单胞菌无色亚种 (*Aeromonas salmonicida achromogenes*)	NCIMB 1110	004512417			468
杀鲑气单胞菌杀日本鲑亚种 (*Aeromonas salmonicida masoucida*)		304512517			322
杀鲑气单胞菌杀鲑亚种 (*Aeromonas salmonicida salmonicida*)		200610417			674
杀鲑气单胞菌杀鲑亚种 (*Aeromonas salmonicida salmonicida*)		300610517			322
杀鲑气单胞菌杀鲑亚种 (*Aeromonas salmonicida salmonicida*)		600610417			674
杀鲑气单胞菌杀鲑亚种 (*Aeromonas salmonicida salmonicida*)	NCIMB1102	700610517			468
温和气单胞菌（*Aeromonas sobria*）	CIP 74．33^T	704712457			240
温和气单胞菌（*Aeromonas sobria*）		724712457			21
脆弱气单胞菌（*Aeromonas trota*）	ATCC 49657^T	724610557			142，560
维隆气单胞菌维隆亚种 (*Aeromonas veronii veronii*)	ATCC 35623	114612557	1		347
维隆气单胞菌维隆亚种 (*Aeromonas veronii veronii*)	ATCC 35604	114712457	1	人类，美国	347
维隆气单胞菌维隆亚种 (*Aeromonas veronii veronii*)	ATCC 35606	134612557	1		347
维隆气单胞菌维隆亚种 (*Aeromonas veronii veronii*)	ATCC 35605	134712557	1	分离于伤口，人类，美国	347
维隆气单胞菌维隆亚种 (*Aeromonas veronii veronii*)	ATCC 35622	514712557	1		347

续表 4-24

细菌	菌株	API 20E 号	菌株数	注释	参考文献
维隆气单胞菌维隆亚种 (*Aeromonas veronii veronii*)		534712557	12	不同菌株	2，347，452
洋葱伯克霍尔德氏菌（*Burkholderia cepacia*）		0004004	3/10		38
洋葱伯克霍尔德氏菌（*Burkholderia cepacia*）		0206006	1/10		38
洋葱伯克霍尔德氏菌（*Burkholderia cepacia*）		4304004	4/10		38
洋葱伯克霍尔德氏菌（*Burkholderia cepacia*）		5304004	1/10		38
类鼻疽伯克霍尔德氏菌 (*Burkholderia pseudomallei*)		0006727	1/91		38
类鼻疽伯克霍尔德氏菌 (*Burkholderia pseudomallei*)		0206706	1/91		38
类鼻疽伯克霍尔德氏菌 (*Burkholderia pseudomallei*)		2006704	1/91		38
类鼻疽伯克霍尔德氏菌 (*Burkholderia pseudomallei*)		2006706	4/91		38
类鼻疽伯克霍尔德氏菌 (*Burkholderia pseudomallei*)	NCTC8016	2206707	1/91		38
类鼻疽伯克霍尔德氏菌 (*Burkholderia pseudomallei*)		2006707	5/91		38
类鼻疽伯克霍尔德氏菌 (*Burkholderia pseudomallei*)		2006726	1/91		38
类鼻疽伯克霍尔德氏菌 (*Burkholderia pseudomallei*)		2006727	22/91		38
类鼻疽伯克霍尔德氏菌 (*Burkholderia pseudomallei*)		2202704	1/91		38
类鼻疽伯克霍尔德氏菌 (*Burkholderia pseudomallei*)		2202706	3/91		38
类鼻疽伯克霍尔德氏菌 (*Burkholderia pseudomallei*)		2206704	4/91		38
类鼻疽伯克霍尔德氏菌 (*Burkholderia pseudomallei*)		2206706	21/91		38
类鼻疽伯克霍尔德氏菌 (*Burkholderia pseudomallei*)		2206707	12/91		38
类鼻疽伯克霍尔德氏菌 (*Burkholderia pseudomallei*)		2206727	15/91		38
保科爱德华氏菌（*Edwardsiella hoshinae*）		454412057			*
保科爱德华氏菌（*Edwardsiella hoshinae*）		474412057			*
叉尾鮰爱德华菌（*Edwardsiella ictaluri*）		410400057			41，334
迟钝爱德华菌（*Edwardsiella tarda*）		454400057			41
迟钝爱德华菌（*Edwardsiella tarda*）	AHLDA 135	474400057			135
迟钝爱德华菌（*Edwardsiella tarda*）-非典型		4644100..	4	非典型菌株来自红海鲷，日本	845
成团肠杆菌（*Enterobacter agglomerans*）		120712057			41
挪威肠弧菌（*Enterovibrio norvegicus*）		30440044.			741
嗜鳃黄杆菌（*Flavobacterium branchiophilum*）		0006060..			41
柱状黄杆菌（*Flavobacterium columnare*）		0402004..			41
柱状黄杆菌（*Flavobacterium columnare*）		140200410			689

续表 4－24

细菌	菌株	API 20E 号	菌株数	注释	参考文献
杰里斯氏黄杆菌（*Flavobacterium gillisiae*）		200412000			533
冬季黄杆菌（*Flavobacterium hibernum*）		100603210			532
水栖黄杆菌（*Flavobacterium hydatis*）		000612210			41
嗜冷黄杆菌（*Flavobacterium psychrophilum*）		0002004..			41
席黄杆菌（*Flavobacterium tegetincola*）		00041000.			533
黄黄杆菌（*Flavobacterium xantham*）		04061241.			533
蜂房哈夫尼菌（*Hafnia alvei*）		430410257			41
蜂房哈夫尼菌（*Hafnia alvei*）		510411257			652
蜂房哈夫尼菌（*Hafnia alvei*）		530511357			135
蜂房哈夫尼菌（*Hafnia alvei*）	ATCC 51873	5304112..	1		203
渴望盐单胞菌（*Halomonas cupida*）		6100530..			41
蓝黑紫色杆菌（*Janthinobacterium lividum*）		2207104..			41
臭鼻肺炎克雷伯氏菌（*Klebsiella pneumoniae*）		521577357			41
鳗利斯特氏菌（*Listonella anguillarum*）	V10	304452456	1	日本	49
鳗利斯特氏菌（*Listonella anguillarum*）	V239	304572557	1	日本	49
鳗利斯特氏菌（*Listonella anguillarum*）	PT－87050	304652456	2	日本	49
鳗利斯特氏菌（*Listonella anguillarum*）		304752456	1		
鳗利斯特氏菌（*Listonella anguillarum*）	V244～V246	304752476	5	日本	49
鳗利斯特氏菌（*Listonella anguillarum*）	HT－77003	304752657	1	日本	49
鳗利斯特氏菌（*Listonella anguillarum*）	V240	324472757	1	日本	49
鳗利斯特氏菌（*Listonella anguillarum*）	V241	324562757	1	日本	49
鳗利斯特氏菌（*Listonella anguillarum*）	ET－78063	324632657	1	日本	49
鳗利斯特氏菌（*Listonella anguillarum*）	UB 4346，434	324712677	2	西班牙	49
鳗利斯特氏菌（*Listonella anguillarum*）	NCMB 6	3247524..	1	日本	240
鳗利斯特氏菌（*Listonella anguillarum*）	UB（ET－1）	324752557	1	日本	49
鳗利斯特氏菌（*Listonella anguillarum*）	V318，AHLDA 1730	324752656	2	日本，澳大利亚	49，135
鳗利斯特氏菌（*Listonella anguillarum*）	RH－8101，AVL	324752657	6	法国，日本	49
鳗利斯特氏菌（*Listonella anguillarum*）		3247527..			41
鳗利斯特氏菌（*Listonella anguillarum*）		324752756			428
鳗利斯特氏菌（*Listonella anguillarum*）		324752756			49
鳗利斯特氏菌（*Listonella anguillarum*）	LMG 3347	324752757	4	日本，挪威，西班牙	49
鳗利斯特氏菌（*Listonella anguillarum*）	UB A078	324752777	1	西班牙	49
鳗利斯特氏菌（*Listonella anguillarum*）	V320	324772656	1	西班牙	49
鳗利斯特氏菌（*Listonella anguillarum*）	UB A054－56	324772657	4	日本，西班牙	49
海利斯特氏菌（*Listonella pelagia*）		100412456			
海利斯特氏菌（*Listonella pelagia*）		104612456			
海利斯特氏菌（*Listonella pelagia*）		124612456			
海洋莫里特氏菌（*Moritella marina*）		000600456			766

续表 4-24

细菌	菌株	API 20E 号	菌株数	注释	参考文献
黏菌落莫里特氏菌（*Moritella viscosa*）		400400456			132
黏菌落莫里特氏菌（*Moritella viscosa*）		400600456			132
成团泛菌（*Pantoea agglomerans*）	CDC1429-71	100577357			291
成团泛菌（*Pantoea agglomerans*）	ATCC 14589	120516357			291
成团泛菌（*Pantoea agglomerans*）	NCPPB 2285	120517257			291
成团泛菌（*Pantoea agglomerans*）	DNA HG 14589	120517357			291
成团泛菌（*Pantoea agglomerans*）		120713257			291
分散泛菌（*Pantoea dispersa*）		120713357			291
分散泛菌（*Pantoea dispersa*）		120717357			291
多杀巴斯德菌（*Pasteurella multocida*）		014452456			428
子宫海豚杆菌（*Phocoenobacter uteri*）		000100416			266
子宫海豚杆菌（*Phocoenobacter uteri*）		000500416			266
狭小发光杆菌（*Photobacterium angustum*）	NCIMB 1895	200702406			745
美人鱼发光杆菌美人鱼亚种（*Photobacterium damselae damselae*）	LMG 7892	200500457			49
美人鱼发光杆菌美人鱼亚种（*Photobacterium damselae damselae*）		201500457			41
美人鱼发光杆菌美人鱼亚种（*Photobacterium damselae damselae*）	ATCC 33539^T	201500457			745
美人鱼发光杆菌美人鱼亚种（*Photobacterium damselae damselae*）	NCIMB 2184	220400157			745
美人鱼发光杆菌美人鱼亚种（*Photobacterium damselae damselae*）	ATCC33539^T	600400457			240
美人鱼发光杆菌美人鱼亚种（*Photobacterium damselae damselae*）	LMG 13639	600500457	6	弧菌来源	49
美人鱼发光杆菌杀鱼亚种（*Photobacterium damselae piscicida*）	P90029	001100407	1	非典型菌株	745
美人鱼发光杆菌杀鱼亚种（*Photobacterium damselae piscicida*）	ATCC 17911	200400406		ATCC 29687	428
美人鱼发光杆菌杀鱼亚种（*Photobacterium damselae piscicida*）	ATCC 17911	200500406		ATCC 29690 和其他菌株，参考文献：149，518，855，751	289，674，745
美人鱼发光杆菌杀鱼亚种（*Photobacterium damselae piscicida*）	ATCC 17911	200500407	大多数	NCIMB 2058	745
美人鱼发光杆菌杀鱼亚种（*Photobacterium damselae piscicida*）		220500407			745
鱼肠发光杆菌（*Photobacterium iliopiscarium*）		600400457	1		599
鲾发光杆菌（*Photobacterium leiognathi*）	LMG 4228	200500017			745
明亮发光杆菌（*Photobacterium phosporeum*）	IB39	6046021..			509
类志贺毗邻单胞菌（*Plesiomonas shigelloides*）		714420457			41
雷氏普罗威登斯菌（*Providencia rettgeri*）		007431057			41
斯氏普罗威登斯菌（*Providencia rustigianii*）		026402057			559
铜绿假单胞菌（*Pseudomonas aeruginosa*）		0206006	1/18		38
铜绿假单胞菌（*Pseudomonas aeruginosa*）		2002004	1/18		38

续表 4-24

细菌	菌株	API 20E 号	菌株数	注释	参考文献
铜绿假单胞菌（*Pseudomonas aeruginosa*）		2006004	5/18		38
铜绿假单胞菌（*Pseudomonas aeruginosa*）		2206004	9/18		38
铜绿假单胞菌（*Pseudomonas aeruginosa*）		2206006	1/18		38
鳗败血假单胞菌（*Pseudomonas anguilliseptica*）		000200440			41
鳗败血假单胞菌（*Pseudomonas anguilliseptica*）		020000440			96，541，828
鳗败血假单胞菌（*Pseudomonas anguilliseptica*）		020200440			96，541，828
荧光假单胞杆菌（*Pseudomonas fluorescens*）		0204004..	2/8		38
荧光假单胞杆菌（*Pseudomonas fluorescens*）		2000004..	5/8		38
荧光假单胞杆菌（*Pseudomonas fluorescens*）		220000443	1/8		38
荧光假单胞杆菌（*Pseudomonas fluorescens*）		220000453			
施氏假单胞（*Pseudomonas stutzeri*）		0000004..	1/9		38
施氏假单胞（*Pseudomonas stutzeri*）		0004004..	5/9		38
施氏假单胞（*Pseudomonas stutzeri*）		0004104..	3/9		38
水生拉恩氏菌（*Rahnella aquatilis*）		100557317			*
水生拉恩氏菌（*Rahnella aquatilis*）		120547257			151
水生拉恩氏菌（*Rahnella aquatilis*）		120557317			*
猪霍乱沙门氏菌亚利桑那亚种（*Salmonella cholerasuis arizonae*）		560621057			41
居泉沙雷氏菌（*Serratia fonticola*）		530475257			290
居泉沙雷氏菌（*Serratia fonticola*）		530477257			290
居泉沙雷氏菌（*Serratia fonticola*）		530555257			558
普城沙雷氏菌（*Serratia plymuthica*）		120732257			41
海藻希瓦氏菌（*Shewanella algae*）		050200453			433
冷海希瓦氏菌（*Shewanella frigidimarina*）		06061245.			112
冷海希瓦氏菌（*Shewanella frigidimarina*）		26061245.			112
冰海希瓦氏菌（*Shewanella gelidimarina*）		04020045.			112
腐败希瓦氏菌（*Shewanella putrefaciens*）		070200453			433
腐败希瓦氏菌（*Shewanella putrefaciens*）		070200653			433
腐败希瓦氏菌（*Shewanella putrefaciens*）		070202653			433
武氏希瓦氏菌（*Shewanella woodyi*）		000200452			112
海洋屈挠杆菌（*Tenacibaculum maritimum*）		000200410			41
Vibrio agarivorans	AHLDA 1732	100410556	2	来自鲍，病原性未知	135
溶藻弧菌（*Vibrio alginolyticus*）		404712456			135
溶藻弧菌（*Vibrio alginolyticus*）		404712457			135
溶藻弧菌（*Vibrio alginolyticus*）		414712457			650
溶藻弧菌（*Vibrio alginolyticus*）		414712557			552

续表 4 - 24

细菌	菌株	API 20E 号	菌株数	注释	参考文献
溶藻弧菌（*Vibrio alginolyticus*）		414716557			650
溶藻弧菌（*Vibrio alginolyticus*）		434712457			552
巴西弧菌（*Vibrio brasiliensis*）	LMG20546^T	32471255.			740
霍乱弧菌（*Vibrio cholerae*）	LMG 16741	204612457	1	对虾，泰国	49
霍乱弧菌（*Vibrio cholerae*）	LMG 16742	324602557	1	中国对虾（*Pe. orientalis*）中国，泰国	49
霍乱弧菌（*Vibrio cholerae*）01		514612457			
霍乱弧菌（*Vibrio cholerae*）非 01		514712457			
霍乱弧菌（*Vibrio cholerae*）	PS－7701	524712457	1	香鱼（*Pl. altivelis*），日本	49
霍乱弧菌（*Vibrio cholerae*）	PS－7705	524712476	1	香鱼（*Pl. altivelis*），日本	49
霍乱弧菌（*Vibrio cholerae*）	91/1198	534612457	1	鲫（*Carassius auratus*），澳大利亚	49
霍乱弧菌（*Vibrio cholerae*）01		534612457			
霍乱弧菌（*Vibrio cholerae*）非 01	LMG 16743	534712457	1		49
霍乱弧菌（*Vibrio cholerae*）	WF 110r	534712557			509，552
魔鬼弧菌（*Vibrio diabolicus*）		416612557			635
费希尔弧菌（*Vibrio fischeri*）	ATCC 25918	400500556			745
河流弧菌（*Vibrio fluvialis*）		304612657			485，687
河流弧菌（*Vibrio fluvialis*）		304712657			485，687
河流弧菌（*Vibrio fluvialis*）		324412757			485，687
河流弧菌（*Vibrio fluvialis*）	MEJ 311	324612657	2		240，485，687
河流弧菌（*Vibrio fluvialis*）		324712657			485，687
弗尼斯弧菌（*Vibrio furnissii*）	ATCC 35016^T	324612657			240
弗尼斯弧菌（*Vibrio furnissii*）		304712657			687
弗尼斯弧菌（*Vibrio furnissii*）		324712657			687
弗尼斯弧菌（*Vibrio furnissii*）	ATCC 11218	324512657		柠檬酸，吲哚，VP，弱反应	135
哈维氏弧菌［*Vibrio*（*carchariae*）*harveyi*］		415412557			135，581，847
哈维氏弧菌［*Vibrio*（*carchariae*）*harveyi*］		415612557			135，581，847
哈维氏弧菌（*Vibrio harveyi*）	ATCC 14129	434612557			581
哈维氏弧菌［*Vibrio*（*carchariae*）*harveyi*］		435412557			135，581，847
哈维氏弧菌［*Vibrio*（*carchariae*）*harveyi*］	ATCC 35084	435612557			135，581，847
鲍鱼肠弧菌（*Vibrio halioticoli*）	AHLDA 1734	000410456	1	鲍	135
鱼肠道弧菌（*Vibrio ichthyoenteri*）		00040245.			389
地中海弧菌（*Vibrio mediterranei*）	AHLDA 1733	704672556	1	鲍	135
拟态弧菌（*Vibrio mimicus*）		514610457	1		161
拟态弧菌（*Vibrio mimicus*）		534610457	1		161，210
贻贝弧菌（*Vibrio mytili*）		106412556			635
海王弧菌（*Vibrio neptunius*）	LMG 20536^T	22670245.			740

续表 4－24

细菌	菌株	API 20E 号	菌株数	注释	参考文献
海蛹弧菌（*Vibrio nereis*）		00640245.			635
奥德弧菌（*Vibrio ordalii*）	LMG 13544	000402446	1		49
奥德弧菌（*Vibrio ordalii*）	LMG 10951	000402476	3	鲑鱼	49
奥德弧菌（*Vibrio ordalii*）	V－306	000402556	1	Amago trout，日本	49
奥德弧菌（*Vibrio ordalii*）	RF－2，PT－81025	000402576	8	虹鳟（*O. mykiss*），香鱼（*Pl. altivelis*），日本	49
奥德弧菌（*Vibrio ordalii*）	V－11	000412446	1	虹鳟（*O. mykiss*），日本	49
奥德弧菌（*Vibrio ordalii*）	F378，F380，V－250	000602546	4	鲑鱼，澳大利亚；虹鳟（*O. mykiss*），日本	49
奥德弧菌（*Vibrio ordalii*）	F379，F381	000612446	2	鲑鱼，澳大利亚	49
奥德弧菌（*Vibrio ordalii*）	DF 3K	000612446	1	丹麦	428
奥德弧菌（*Vibrio ordalii*）	V－302	304752476	4	虹鳟（*O. mykiss*），日本	49
副溶血性弧菌（*Vibrio parahaemolyticus*）		410610657			552
副溶血性弧菌（*Vibrio parahaemolyticus*）		410610757			552
副溶血性弧菌（*Vibrio parahaemolyticus*）	ATCC 43996	414610657	1		135
副溶血性弧菌（*Vibrio parahaemolyticus*）		430610657			552
副溶血性弧菌（*Vibrio parahaemolyticus*）		434610657			428
副溶血性弧菌（*Vibrio parahaemolyticus*）	ATCC 17802	434610657			10
杀扇贝弧菌（*Vibrio pectenicida*）		020600456			470
杀扇贝弧菌（*Vibrio pectenicida*）		12060455.			388
杀扇贝弧菌（*Vibrio pectenicida*）		12460455.			388
解蛋白弧菌（*Vibrio proteolyticus*）	AHLDA 1735	624750456	1	卤虫卵	135
轮虫弧菌（*Vibrio rotiferianus*）	LMG 21460^T	5176167..			305
杀鲑弧菌（*Vibrio salmonicida*）	RVAU 890206－1/12	000410040	1	大西洋鲑，法罗群岛	49
杀鲑弧菌（*Vibrio salmonicida*）	RVAU 881129－1/2	000410440	5	大西洋鲑，法罗群岛	49
杀鲑弧菌（*Vibrio salmonicida*）	RVAU 881129－1/1	000410446	1	大西洋鲑，法罗群岛	49
杀鲑弧菌（*Vibrio salmonicida*）	RVAU 890206－1/10	000412640	1	大西洋鲑，法罗群岛	49
杀鲑弧菌（*Vibrio salmonicida*）	RVAU 890206－1/7	520600556	1	大西洋鲑，法罗群岛	49
大菱鲆弧菌（*Vibrio scophthalmi*）		20040245.			149
灿烂弧菌（*Vibrio splendidus*）		004416516			466
灿烂弧菌（*Vibrio splendidus*）	UB S292	204610456	1	海水，瑞典	49
灿烂弧菌（*Vibrio splendidus*）	90－0652	224614446	1	六带牙鲷（striped trumpeter），澳大利亚	49
灿烂弧菌（*Vibrio splendidus*）	RVAU 88－12－686	304610456	3	大西洋鲑（*Sa. salar*），挪威	49
灿烂弧菌（*Vibrio splendidus*）	UB S236	304610556	3	海水，瑞典	49
灿烂弧菌（*Vibrio splendidus*）	RVAU 88－12－711	304612456	1	金头鲷（*Sp. auratus*），挪威	49
灿烂弧菌（*Vibrio splendidus*）	89－1638	304612556	1	虹鳟（*O. mykiss*），澳大利亚	49

续表 4 - 24

细菌	菌株	API 20E 号	菌株数	注释	参考文献
灿烂弧菌（*Vibrio splendidus*）		304614556			281
灿烂弧菌（*Vibrio splendidus*）		304616556			281
灿烂弧菌（*Vibrio splendidus*）	RVAU 88 - 12 - 717	324410556	1	大菱鲆（*Sc. maximus*），挪威	49
灿烂弧菌（*Vibrio splendidus*）	LMG 16752	324414557	1	牡蛎，西班牙	49
灿烂弧菌（*Vibrio splendidus*）	RVAU88 - 12 - 712	324610456	1	欧洲鳎（*Solea solea*），挪威	49
灿烂弧菌（*Vibrio splendidus*）	UB S308 LMG 16747	324610556	2	海水，瑞士；牡蛎，西班牙	49
灿烂弧菌（*Vibrio splendidus*）	LMG 16745	324610557	1	金头鲷（*Sp. auratus*），希腊	49
灿烂弧菌（*Vibrio splendidus*）	LMG 16744，16750	324612557	2	金头鲷（*Sp. auratus*），希腊；牡蛎，西班牙	49
灿烂弧菌（*Vibrio splendidus*）	LMG 16748	324614556	1	牡蛎，西班牙	49
灿烂弧菌（*Vibrio splendidus*）	LMG 16749	324616556	1	牡蛎，西班牙	49
灿烂弧菌（*Vibrio splendidus*）	LMG 16746	324712556	1	牡蛎，西班牙	49
蛤弧菌（*Vibrio tapetis*）		10460055.			108，146
塔氏弧菌（*Vibrio tubiashii*）		106612556			321，635
塔氏弧菌（*Vibrio tubiashii*）		304412556			321，635
创伤弧菌（*V. vulnificus*）生物型 1 非血清变型 E	M06 - 24	434610557	1	人类血液，美国	98
创伤弧菌（*V. vulnificus*）生物型 1 非血清变型 E	532	504600557	2	患病鳗鱼，比利时，对鳗鱼有毒性	33，98
创伤弧菌（*V. vulnificus*）生物型 1 非血清变型 E	628	514412757	1	paguara fish，委内瑞拉	98
创伤弧菌（*V. vulnificus*）生物型 1 非血清变型 E	530	514602557	7	患病鳗鱼，比利时，对鳗鱼有毒性	33，98
创伤弧菌（*V. vulnificus*）生物型 1 非血清变型 E	ATCC 27562	514610557	1	人类菌株，美国	26，98
创伤弧菌（*V. vulnificus*）生物型 1 非血清变型 E		514610557	23	人类（美国），鳗鱼（西班牙，瑞士），虾（泰国）	33，98
创伤弧菌（*V. vulnificus*）生物型 1 非血清变型 E	B9629，C7184	514610557		人类伤口感染，美国	33，98
创伤弧菌（*V. vulnificus*）生物型 1 非血清变型 E	UMH1，374	514610557		人类伤口感染，美国	33，98
创伤弧菌（*V. vulnificus*）生物型 1 非血清变型 E	ATCC 27562	534600557		人类菌株，美国	33
创伤弧菌（*V. vulnificus*）生物型 1 非血清变型 E	E109	534600557		健康鳗鱼，西班牙，对鳗鱼有毒性	98
创伤弧菌（*V. vulnificus*）生物型 1 非血清变型 E	C7184	534610557	1	人类血液，美国，对鳗鱼有毒性	98
创伤弧菌（*V. vulnificus*）生物型 1 非血清变型 E	534	514410557	2	患病鳗鱼，瑞士，对鳗鱼有毒性	33，98

续表 4－24

细菌	菌株	API 20E 号	菌株数	注释	参考文献
创伤弧菌（*V. vulnificus*）生物型 1 非血清变型 E	ATCC 33186	514610557		人类血液，美国，对鳗鱼有毒性	98
创伤弧菌（*V. vulnificus*）生物型 1 非血清变型 E	521	534600557		未知，澳大利亚，对鳗鱼有毒性	98
创伤弧菌（*V. vulnificus*）生物型 1	LMG 12092	104602557	1	鳗鱼，比利时	33
创伤弧菌（*V. vulnificus*）生物型 1	169	104610557	1	鳗鱼，比利时	33
创伤弧菌（*V. vulnificus*）生物型 1	E109	114000557	1	鳗鱼，西班牙	33
创伤弧菌（*V. vulnificus*）生物型 1	160	114610557	1	鳗鱼，比利时	33
创伤弧菌（*V. vulnificus*）生物型 1	M626	410610457	1	鳗鱼，西班牙	33
创伤弧菌（*V. vulnificus*）生物型 1	Vv1	504600557		人类伤口感染，美国	33
创伤弧菌（*V. vulnificus*）生物型 1	UMH1	504610557	1	人类伤口感染，美国	33
创伤弧菌（*V. vulnificus*）生物型 1	M631	510610557	1	鳗鲡，西班牙	33
创伤弧菌（*V. vulnificus*）生物型 1	167	514650557	1	鳗鱼，比利时	33
创伤弧菌（*V. vulnificus*）生物型 1	VIB 521	516600557	1	未知	33
创伤弧菌（*V. vulnificus*）生物型 1		524610557			97
创伤弧菌（*V. vulnificus*）生物型 2 血清变型 E	171	100600557	1	患病鳗鱼，瑞典	98
创伤弧菌（*V. vulnificus*）生物型 2	171	104600557	1	鳗鱼，比利时	33
创伤弧菌（*V. vulnificus*）生物型 2 血清变型 E	NCIMB 2136	400600557	1	患病鳗鱼，日本	98
创伤弧菌（*V. vulnificus*）生物型 2		420600557			97
创伤弧菌（*V. vulnificus*）生物型 2 血清变型 E	520	500400557	1	虾，中国台湾省，对鳗鱼有毒	98
创伤弧菌（*V. vulnificus*）生物型 2 血清变型 E	NCIMB 2137	500600457	1	患病鳗鱼，日本	33，98
创伤弧菌（*V. vulnificus*）生物型 2 血清变型 E	ATCC 33149	500600557	1	患病鳗鱼，日本	33，98，356
创伤弧菌（*V. vulnificus*）生物型 2	NCIMB 2138	500600557	1	患病鳗鱼，日本	98
创伤弧菌（*V. vulnificus*）生物型 2 血清变型 E	121	510200457	1	患病鳗鱼，瑞典	98
创伤弧菌（*V. vulnificus*）生物型 2 血清变型 E	526	510200557	1	患病鳗鱼，瑞典	98
创伤弧菌（*V. vulnificus*）生物型 2 血清变型 E	524	510600557		患病鳗鱼，挪威	98
创伤弧菌（*V. vulnificus*）生物型 2	NCIMB 2136	510600557	1	患病鳗鱼，日本	33
创伤弧菌（*V. vulnificus*）生物型 2		510600557	14	鳗鲡（日本，挪威——血清变型 E，西班牙，瑞典），对虾，人类	33，98
创伤弧菌（*V. vulnificus*）生物型 2 血清变型 E	523	514600557	5	鳗鲡（比利时——血清变型 E，西班牙，瑞典），海鲷（西班牙）	33，98
创伤弧菌（*V. vulnificus*）生物型 2 血清变型 E	NCIMB 2138	520600557	1	患病鳗鱼，日本	98

续表 4－24

细菌	菌株	API 20E 号	菌株数	注释	参考文献
创伤弧菌（*V. vulnificus*）生物型 2 血清变型 E	E86	520600557	2	患病鳗鱼（日本，西班牙）	26，98
创伤弧菌（*V. vulnificus*）生物型 2 血清变型 E	525	530600457	1	患病鳗鱼，瑞典	98
创伤弧菌（*V. vulnificus*）生物型 2 血清变型 E	ATCC 33187	530600557	1	人类菌株，美国	98
创伤弧菌（*V. vulnificus*）生物型 2 血清变型 E	E105	530600557		患病鳗鱼，西班牙	26，98
创伤弧菌（*V. vulnificus*）生物型 2 血清变型 E		530600557	2	人类（美国），鳗鱼（西班牙）	26，98
创伤弧菌（*V. vulnificus*）生物型 2 血清变型 E		530610557	1	中国台湾省菌株，对鳗鱼有毒性	26
创伤弧菌（*V. vulnificus*）	818	414412557	1	未知，法国	98
创伤弧菌（*V. vulnificus*）	822	504410557	1	虾，塞内加尔共和国	98
创伤弧菌（*V. vulnificus*）	WF8A1110	534610357			509
许氏弧菌（*Vibrio xuii*）	LMG 21346^T	20651275.			740
中间耶尔森氏菌（*Yersinia intermedia*）		115457157			41
中间耶尔森氏菌（*Yersinia intermedia*）		115457357			41
中间耶尔森氏菌（*Yersinia intermedia*）		115477357			41
中间耶尔森氏菌（*Yersinia intermedia*）		115477357			41
鲁氏耶尔森氏菌（*Yersinia ruckeri*）		110410057			674，717
鲁氏耶尔森氏菌（*Yersinia ruckeri*）		110450057			717
鲁氏耶尔森氏菌（*Yersinia ruckeri*）		110550057			717
鲁氏耶尔森氏菌（*Yersinia ruckeri*）	ATCC 29473	510410057	2		184，674
鲁氏耶尔森氏菌（*Yersinia ruckeri*）	AHLDA 1313	510510057	1		135
鲁氏耶尔森氏菌（*Yersinia ruckeri*）		5105500	20	环境菌株	184
鲁氏耶尔森氏菌（*Yersinia ruckeri*）		5107500	1	环境菌株	184
鲁氏耶尔森氏菌（*Yersinia ruckeri*）		530610057			41
食半乳糖邹贝尔氏菌（*Zobellia galactanovorans*）		10061361.			61
潮气邹贝尔氏菌（*Zobellia uliginosa*）		100. 0. . 5.			61

注：* 表示来自于 API 数据库；结合 bioMérieux 提供的 API 数据库一起使用。

表 4－25　API 20E 数据库中细菌序号（按序号大小升序排列）

API 20E 号	细菌	菌株	菌株数	注释	参考文献
0000004. .	不动杆菌属/莫拉克斯氏菌属（*Acinetobacter/Moraxella*）		1		41
0000004. .	施氏假单胞菌（*Pseudomonas stutzeri*）		1/9		38
000100416	子宫海豚杆菌（*Phocoenobacter uteri*）				266
0002004. .	嗜冷黄杆菌（*Flavobacterium psychrophilum*）				41
000200410	海洋屈挠杆菌（*Tenacibaculum maritimum*）				41
000200440	鳗败血假单胞菌（*Pseudomonas anguilliseptica*）				41
000200452	武氏希瓦氏菌（*Shewanella woodyi*）				112

续表 4－25

API 20E 号	细菌	菌株	菌株数	注释	参考文献
0004004..	施氏假单胞（*Pseudomonas stutzeri*）		5/9		38
0004004..	洋葱伯克霍尔德氏菌（*Burkholderia cepacia*）		3/10		38
000410456	鲍鱼肠弧菌（*Vibrio halioticoli*）	AHLDA 1734	1	鲍	135
000402446	奥德弧菌（*Vibrio ordalii*）	LMG 13544			49
00040245.	鱼肠道弧菌（*Vibrio ichthyoenteri*）				389
000402476	奥德弧菌（*Vibrio ordalii*）	LMG 10951		鲑鱼	49
000402576	奥德弧菌（*Vibrio ordalii*）	RF－2，PT－81025		虹鳟（*O. mykiss*），香鱼（*Pl. altivelis*），日本	49
00041000.	席黄杆菌（*Flavobacterium tegetincola*）				533
000410040	杀鲑弧菌（*Vibrio salmonicida*）	RVAU890206－1/12		大西洋鲑，法罗群岛	49
0004104..	施氏假单胞（*Pseudomonas stutzeri*）		3/9		38
000410440	杀鲑弧菌（*Vibrio salmonicida*）	RVAU 881129－1/2		大西洋鲑，法罗群岛	49
000410446	杀鲑弧菌（*Vibrio salmonicida*）	RVAU 881129－1/1		大西洋鲑，法罗群岛	49
000412640	杀鲑弧菌（*Vibrio salmonicida*）	RVAU890206－1/10		大西洋鲑，法罗群岛	49
000500416	子宫海豚杆菌（*Phocoenobacter uteri*）				266
000600456	海洋莫里特氏菌（*Moritella marina*）				766
000602546	奥德弧菌（*Vibrio ordalii*）	F378，F380		鲑鱼，澳大利亚	49
0006060..	嗜鳃黄杆菌（*Flavobacterium branchiophilum*）				41
000612210	水栖黄杆菌（*Flavobacterium hydatis*）				41
000612446	奥德弧菌（*Vibrio ordalii*）	F379，F381		鲑鱼，澳大利亚	49
000612446	奥德弧菌（*Vibrio ordalii*）	DF 3K			428
0006727..	类鼻疽伯克霍尔德氏菌（*Burkholderia pseudomallei*）		1/91		38
001100407	美人鱼发光杆菌杀鱼亚种（*Photobacterium damselae piscicida*）	P90029	1	非典型菌株	745
004412417	气单胞菌无色亚种（*Aeromonas salmonicida achromogenes*）				322
004416516	灿烂弧菌（*Vibrio splendidus*）				466
004512417	气单胞菌无色亚种（*Aeromonas salmonicida achromogenes*）	NCIMB 1110			468
00640245.	海蛹弧菌（*Vibrio nereis*）				635
007431057	雷氏普罗威登斯菌［*Providencia*（*Proteus*）*rettgeri*］				41
014452456	多杀巴斯德菌（*Pasteurella multocida*）				428
020000440	鳗败血假单胞菌（*Pseudomonas anguilliseptica*）				96，541，828
020200440	鳗败血假单胞菌（*Pseudomonas anguilliseptica*）				96，541，828
0204004..	荧光假单胞杆菌（*Pseudomonas fluorescens*）		2/8		38
020600456	杀扇贝弧菌（*Vibrio pectenicida*）				470
0206006..	洋葱伯克霍尔德氏菌（*Burkholderia cepacia*）		1/10		38
0206006..	铜绿假单胞菌（*Pseudomonas aeruginosa*）		1/18		38

续表 4-25

API 20E 号	细菌	菌株	菌株数	注释	参考文献
0206706..	类鼻疽伯克霍尔德氏菌（*Burkholderia pseudomallei*）		1/91		38
026402057	斯氏普罗威登斯菌（*Providencia rustigianii*）				559
0402004..	柱状黄杆菌（*Flavobacterium columnare*）				41
04020045.	冰海希瓦氏菌（*Shewanella gelidimarina*）				112
04061241.	黄黄杆菌（*Flavobacterium xantham*）				533
050200453	海藻希瓦氏菌（*Shewanella algae*）				433
06061245.	冷海希瓦氏菌（*Shewanella frigidimarina*）				112
070200453	腐败希瓦氏菌（*Shewanella putrefaciens*）				433
070200653	腐败希瓦氏菌（*Shewanella putrefaciens*）				433
070202653	腐败希瓦氏菌（*Shewanella putrefaciens*）				433
100.0..5.	潮气邹贝尔氏菌（*Zobellia uliginosa*）				61
100410556	*Vibrio agarivorans*	AHLDA 1732	2	来自鲍，致病性未知	135
100412456	海利斯特氏菌（*Listonella pelagia*）				
100577357	成团泛菌（*Pantoea agglomerans*）	CDC 1429-71			291
100600557	创伤弧菌（*Vibrio vulnificus*）生物型 2 血清变型 E	171		患病鳗鱼，瑞典	98
100603210	冬季黄杆菌（*Flavobacterium hibernum*）				532
10061361.	食半乳糖邹贝尔氏菌（*Zobellia galactanovorans*）				61
10460055.	蛤弧菌（*Vibrio tapetis*）				108，146
104600557	创伤弧菌（*Vibrio vulnificus*）生物型 2	171		鳗鱼，比利时	33
104602557	创伤弧菌（*Vibrio vulnificus*）生物型 1	LMG 12092		鳗鱼，比利时	33
104610557	创伤弧菌（*Vibrio vulnificus*）生物型 1	169		鳗鱼，比利时	33
104612456	海利斯特氏菌（*Listonella pelagia*）				
106412556	贻贝弧菌（*Vibrio mytili*）				635
106612556	塔氏弧菌（*Vibrio tubiashii*）				321，635
110410057	鲁氏耶尔森氏菌（*Yersinia ruckeri*）				674，717
110450057	鲁氏耶尔森氏菌（*Yersinia ruckeri*）				717
110550057	鲁氏耶尔森氏菌（*Yersinia ruckeri*）				717
111500416	苏格兰放线菌（*Actinobacillus scotiae*）	NCTC 12922	1		265
114000557	创伤弧菌（*Vibrio vulnificus*）生物型 1	E109		鳗鱼，西班牙	33
114610557	创伤弧菌（*Vibrio vulnificus*）生物型 1	160		鳗鱼，比利时	33
114612557	维隆气单胞菌维隆亚种（*Aeromonas veronii veronii*）	ATCC 35623	1		347
114712457	维隆气单胞菌维隆亚种（*Aeromonas veronii veronii*）	ATCC 35604	1	人类，美国	347
115457157	中间耶尔森氏菌（*Yersinia intermedia*）				41
115457357	中间耶尔森氏菌（*Yersinia intermedia*）				41
115477357	中间耶尔森氏菌（*Yersinia intermedia*）				41
120516357	成团泛菌（*Pantoea agglomerans*）	ATCC 14589			291
120517257	成团泛菌（*Pantoea agglomerans*）	NCPPB 2285			291

续表 4-25

API 20E 号	细菌	菌株	菌株数	注释	参考文献
120517357	成团泛菌（*Pantoea agglomerans*）	DNA HG 14589			291
120547257	水生拉恩氏菌（*Rahnella aquatilis*）				151
12060455.	杀对虾弧菌（*Vibrio penaeicida*）				388
120712057	成团肠杆菌（*Enterobacter agglomerans*）				41
120713257	成团泛菌（*Pantoea agglomerans*）				291
120713357	分散泛菌（*Pantoea dispersa*）				291
120717357	分散泛菌（*Pantoea dispersa*）				291
120732257	普城沙雷氏菌（*Serratia plymuthica*）				41
12460455.	杀对虾弧菌（*Vibrio penaeicida*）				388
124612456	海利斯特氏菌（*Listonella pelagia*）				
134612557	维隆气单胞菌维隆亚种（*Aeromonas veronii veronii*）	ATCC 35606	1		347
134712557	维隆气单胞菌维隆亚种（*Aeromonas veronii veronii*）	ATCC 35605	1	伤口感染，人类，美国	347
140200410	柱状黄杆菌（*Flavobacterium columnare*）				689
2000004..	荧光假单胞杆菌（*Pseudomonas fluorescens*）		5/8		38
2002004..	铜绿假单胞菌（*Pseudomonas aeruginosa*）		1/18		38
200400406	美人鱼发光杆菌杀鱼亚种（*Photobacterium damselae piscicida*）	ATCC 17911		ATCC 29687	428
20040245.	大菱鲆弧菌（*Vibrio scophthalmi*）				149
200412000	杰里斯氏黄杆菌 *Flavobacterium gillisiae*				533
200500017	鲾发光杆菌（*Photobacterium leiognathi*）	LMG 4228			745
200500406	美人鱼发光杆菌杀鱼亚种（*Photobacterium damselae piscicida*）				149，289，751，855
200500406	美人鱼发光杆菌杀鱼亚种（*Photobacterium damselae piscicida*）	ATCC 17911		ATCC29690	674，745
200500407	美人鱼发光杆菌杀鱼亚种（*Photobacterium damselae piscicida*）	ATCC 17911	大多数	NCIMB2058	745
200500416	海豚放线杆菌（*Actinobacillus delphinicola*）		2	海豚，鲸	263
200500457	美人鱼发光杆菌美人鱼亚种（*Photobacterium damselae damselae*）	LMG 7892			49
2006004..	铜绿假单胞菌（*Pseudomonas aeruginosa*）		5/18		38
200610417	杀鲑气单胞菌（*Aeromonas salmonicida*）				450
200610417	杀鲑气单胞菌杀鲑亚种（*Aeromonas salmonicida salmonicida*）				674
2006704..	类鼻疽伯克霍尔德氏菌（*Burkholderia pseudomallei*）		1/91		38
2006706..	类鼻疽伯克霍尔德氏菌（*Burkholderia pseudomallei*）		4/91		38
2006707..	类鼻疽伯克霍尔德氏菌（*Burkholderia pseudomallei*）		5/91		38
2006726..	类鼻疽伯克霍尔德氏菌（*Burkholderia pseudomallei*）		1/91		38
2006727..	类鼻疽伯克霍尔德氏菌（*Burkholderia pseudomallei*）		22/91		38
200702406	狭小发光杆菌（*Photobacterium angustum*）	NCIMB 1895			745

续表 4-25

API 20E 号	细菌	菌株	菌株数	注释	参考文献
201500457	美人鱼发光杆菌美人鱼亚种（*Photobacterium damselae damselae*）				41
201500457	美人鱼发光杆菌美人鱼亚种（*Photobacterium damselae damselae*）	ATCC 33539			745
204402417	杀鲑气单胞菌（*Aeromonas salmonicida*）	AHLDA1334	1	“非典型”菌株，金鱼	135
204610456	灿烂弧菌（*Vibrio splendidus*）	UB S292		海水，瑞典	49
204612457	霍乱弧菌（*Vibrio cholerae*）	LMG16741		对虾，泰国	49
20651275.	许氏弧菌（*Vibrio xuii*）	LMG21346^T			740
2200004..	荧光假单胞杆菌（*Pseudomonas fluorescens*）		1/8		38
2202704..	类鼻疽伯克霍尔德氏菌（*Burkholderia pseudomallei*）		1/91		38
2202706..	类鼻疽伯克霍尔德氏菌（*Burkholderia pseudomallei*）		3/91		38
220400157	美人鱼发光杆菌美人鱼亚种（*Photobacterium damselae damselae*）	NCIMB 2184			745
220500406	美人鱼发光杆菌杀鱼亚种（*Photobacterium damselae piscicida*）				745
2206004..	铜绿假单胞菌（*Pseudomonas aeruginosa*）		9/18		38
2206006..	铜绿假单胞菌（*Pseudomonas aeruginosa*）		1/18		38
2206704..	类鼻疽伯克霍尔德氏菌（*Burkholderia pseudomallei*）		4/91		38
2206706	类鼻疽伯克霍尔德氏菌（*Burkholderia pseudomallei*）		21/91		38
2206707..	类鼻疽伯克霍尔德氏菌（*Burkholderia pseudomallei*）	NCTC8016	1/91		38
2206707..	类鼻疽伯克霍尔德氏菌（*Burkholderia pseudomallei*）		12/91		38
2206727..	类鼻疽伯克霍尔德氏菌（*Burkholderia pseudomallei*）		15/91		38
2207104..	蓝黑紫色杆菌（*Janthinobacterium lividum*）				41
224614446	灿烂弧菌（*Vibrio splendidus*）	90-0652		六带牙鲷（striped trumpeter），澳大利亚	49
22670245.	海王弧菌（*Vibrio neptunius*）	LMG 20536^T		轮虫，双壳贝类	740
26061245.	冷海希瓦氏菌（*Shewanella frigidimarina*）				112
300610517	杀鲑气单胞菌杀鲑亚种（*Aeromonas salmonicida salmonicida*）				322
324612657	豚鼠气单胞菌（*Aeromonas caviae*）	ATCC 15468^T			240
30440044.	挪威肠弧菌（*Enterovibrio norvegicus*）	LMG19839^T			741
304412556	塔氏弧菌（*Vibrio tubiashii*）				321，635
304452456	鳗利斯特氏菌（*Listonella anguillarum*）				49
304512517	杀鲑气单胞菌日本鲑亚种（*Aeromonas salmonicida masoucida*）				322
304512657	嗜水气单胞菌（*Aeromonas hydrophila*）	ATCC 7966	1		674
304512657	弗尼斯弧菌（*Vibrio furnissii*）	ATCC11218	1	柠檬酸盐，吲哚，VP 弱反应	135

续表 4－25

API 20E 号	细菌	菌株	菌株数	注释	参考文献
304572557	鳗利斯特氏菌（*Listonella anguillarum*）				49
304610456	灿烂弧菌（*Vibrio splendidus*）	RVAU 88－12－686		大西洋鲑（*Sa. Salar*），挪威	49
304610556	灿烂弧菌（*Vibrio splendidus*）	UB S236		海水，瑞典	49
304612456	灿烂弧菌（*Vibrio splendidus*）	RVAU 88－12－711		金头鲷（*Sp. auratus*），挪威	49
304612556	灿烂弧菌（*Vibrio splendidus*）	89－1638		虹鳟（*O. mykiss*），澳大利亚	49
304612657	河流弧菌（*Vibrio fluvialis*）				485，687
304613457	鳗鱼气单胞菌（*Aeromonas encheleia*）				241
304614556	灿烂弧菌（*Vibrio splendidus*）				281
304616556	灿烂弧菌（*Vibrio splendidus*）				281
304652456	鳗利斯特氏菌（*Listonella anguillarum*）				49
304712657	河流弧菌（*Vibrio fluvialis*）				485，687
304712657	弗尼斯弧菌（*Vibrio furnissii*）				687
304752476	鳗利斯特氏菌（*Listonella anguillarum*）				
304752476	鳗利斯特氏菌（*Listonella anguillarum*）				49
304752657	鳗利斯特氏菌（*Listonella anguillarum*）				49
324410556	灿烂弧菌（*Vibrio splendidus*）	RVAU 88－12－717		大菱鲆（*Sc. maximus*），挪威	49
324412757	河流弧菌（*Vibrio fluvialis*）				485，687
324414557	灿烂弧菌（*Vibrio splendidus*）	LMG 16752		牡蛎，西班牙	49
324472757	鳗利斯特氏菌（*Listonella anguillarum*）				49
324512657	弗尼斯弧菌（*Vibrio furnissii*）	ATCC 11218	1	柠檬酸，吲哚，VP 弱反应	135
324562757	鳗利斯特氏菌（*Listonella anguillarum*）				49
324632657	鳗利斯特氏菌（*Listonella anguillarum*）				49
324602557	霍乱弧菌（*Vibrio cholerae*）	LMG 16742		中国对虾（*Pe. orientalis*），中国	49
324610456	灿烂弧菌（*Vibrio splendidus*）	RVAU 88－12－712		欧洲鳎（*Solea solea*），挪威	49
324610556	灿烂弧菌（*Vibrio splendidus*）	UB S308		海水，瑞典	49
324610557	灿烂弧菌（*Vibrio splendidus*）	LMG 16745		金头鲷（*Sp. auratus*），希腊	49
324612557	灿烂弧菌（*Vibrio splendidus*）	LMG 16744		金头鲷（*Sp. auratus*），希腊	49
324612657	豚鼠气单胞菌（*Aeromonas caviae*）				21
324612657	河流弧菌（*Vibrio fluvialis*）	and MEJ 311	3		485，687，240
324612657	弗尼斯弧菌（*Vibrio furnissii*）	ATCC 35016^{T}			240
324614556	灿烂弧菌（*Vibrio splendidus*）	LMG 16748		牡蛎，西班牙	49
324616556	灿烂弧菌（*Vibrio splendidus*）	LMG 16749		牡蛎，西班牙	49
32471255.	巴西弧菌（*Vibrio brasiliensis*）	LMG 20546^{T}		双壳贝类幼虫	740
324712556	灿烂弧菌（*Vibrio splendidus*）	LMG 16746		牡蛎，西班牙	49
324712657	河流弧菌（*Vibrio fluvialis*）				485，687
324712657	弗尼斯弧菌（*Vibrio furnissii*）	ATCC 11218			135，687

续表 4－25

API 20E 号	细菌	菌株	菌株数	注释	参考文献
324712677	鳗利斯特氏菌（*Listonella anguillarum*）				49
324713757	嗜水气单胞菌（*Aeromonas hydrophila*）	ATCC 14715	1		322
324752557	鳗利斯特氏菌（*Listonella anguillarum*）				49
324752656	鳗利斯特氏菌（*Listonella anguillarum*）	AHLDA 1730	2	日本，澳大利亚（淡水鱼）	49，135
324752756	鳗利斯特氏菌（*Listonella anguillarum*）				41，49，428
324752757	鳗利斯特氏菌（*Listonella anguillarum*）				49
324752777	鳗利斯特氏菌（*Listonella anguillarum*）				49
324772656	鳗利斯特氏菌（*Listonella anguillarum*）				49
324772657	鳗利斯特氏菌（*Listonella anguillarum*）				49
400400456	黏菌落莫里特氏菌（*Moritella viscosa*）				132
400500556	费希尔弧菌（*Vibrio fischeri*）	ATCC 25918			745
400600456	黏菌落莫里特氏菌（*Moritella viscosa*）				132
400600557	创伤弧菌（*V. vulnificus*）生物型 2 血清变型 E	NCIMB 2136		患病鳗鱼，日本	98
404712456	溶藻弧菌（*Vibrio alginolyticus*）				135
404712457	溶藻弧菌（*Vibrio alginolyticus*）				135
410400057	叉尾鮰爱德华菌（*Edwardsiella ictaluri*）				41，334
410610457	创伤弧菌（*V. vulnificus*）生物型 1	M626		鳗鱼，西班牙	33
410610657	副溶血性弧菌（*Vibrio parahaemolyticus*）				552
410610757	副溶血性弧菌（*Vibrio parahaemolyticus*）				552
414412557	创伤弧菌（*V. vulnificus*）	818		未知，法国	98
414610657	副溶血性弧菌（*Vibrio parahaemolyticus*）	ATCC 43996			135
414712457	溶藻弧菌（*Vibrio alginolyticus*）				650
414712557	溶藻弧菌（*Vibrio alginolyticus*）				552
414716557	溶藻弧菌（*Vibrio alginolyticus*）				650
415412557	哈维氏弧菌［*Vibrio*（*carchariae*）*harveyi*］				135，581，847
415612557	哈维氏弧菌［*Vibrio*（*carchariae*）*harveyi*］				135，581，847
416612557	魔鬼弧菌（*Vibrio diabolicus*）				635
420600557	创伤弧菌（*V. vulnificus*）生物型 2				97
4304004..	洋葱伯克霍尔德氏菌（*Burkholderia cepacia*）		4/10		38
430410257	蜂房哈夫尼菌（*Hafnia alvei*）				41
430610657	副溶血性弧菌（*Vibrio parahaemolyticus*）				552
434610557	创伤弧菌（*V. vulnificus*）生物型 1 非血清变型 E	M06－24		人类血液，美国	98
434610657	副溶血性弧菌（*Vibrio parahaemolyticus*）				428
434610657	副溶血性弧菌（*Vibrio parahaemolyticus*）	ATCC 17802			10
434612557	哈维氏弧菌（*Vibrio harveyi*）	ATCC 14129			581
434712457	溶藻弧菌（*Vibrio alginolyticus*）				552
435412557	哈维氏弧菌［*Vibrio*（*carchariae*）*harveyi*］				135，581，847
435612557	哈维氏弧菌［*Vibrio*（*carchariae*）*harveyi*］	ATCC 35084			135，581，847
454400057	迟钝爱德华菌（*Edwardsiella tarda*）				41
4644100..	非典型迟钝爱德华菌（Atypical *Edwardsiella tarda*）		4	非典型菌株来自红鲷，日本	845

续表 4－25

API 20E 号	细菌	菌株	菌株数	注释	参考文献
474400057	迟钝爱德华菌（*Edwardsiella tarda*）	AHLDA 135		ATCC 15947^T	135，845
500400557	创伤弧菌（*V. vulnificus*）生物型2 血清变型 E	520		对虾，中国台湾省，对鳗鱼有毒性	98
500600457	创伤弧菌（*V. vulnificus*）生物型2 血清变型 E	NCIMB2137		患病鳗鱼，日本	33，98
500600557	创伤弧菌（*V. vulnificus*）生物型2 血清变型 E	ATCC 33149		患病鳗鱼，日本	33，98，356
500600557	创伤弧菌（*V. vulnificus*）生物型2	NCIMB 2138		患病鳗鱼，日本	98
504410557	创伤弧菌（*V. vulnificus*）	822		对虾，塞内加尔	98
504600557	创伤弧菌（*V. vulnificus*）生物型1 非血清变型 E	532		患病鳗鱼，比利时，对鳗鱼无毒性	98
504600557	创伤弧菌（*V. vulnificus*）生物型1	Vv1		人类伤口感染，美国	33
504610557	创伤弧菌（*V. vulnificus*）生物型1	UMH1		人类伤口感染，美国	33
510200457	创伤弧菌（*V. vulnificus*）生物型2 血清变型 E	121		患病鳗鱼，瑞典	98
510200557	创伤弧菌（*V. vulnificus*）生物型2 血清变型 E	526		患病鳗鱼，瑞典	98
510410057	鲁氏耶尔森氏菌（*Yersinia ruckeri*）	ATCC 29473			184，674
510411257	蜂房哈夫尼菌（*Hafnia alvei*）				652
510510057	鲁氏耶尔森氏菌（*Yersinia ruckeri*）	AHLDA 1313	2	斑点叉尾鮰	135，203
510550057	鲁氏耶尔森氏菌（*Yersinia ruckeri*）		20	环境分菌株	184
510600557	创伤弧菌（*V. vulnificus*）生物型2	NCIMB2136		患病鳗鱼，日本	33
510600557	创伤弧菌（*V. vulnificus*）生物型2 血清变型 E	524		患病鳗鱼，挪威	98
510610557	创伤弧菌（*V. vulnificus*）生物型1	M631		鳗鱼，西班牙	33
510710057	鲁氏耶尔森氏菌（*Yersinia ruckeri*）	YR55，YR80	2	环境菌株	184
510750057	鲁氏耶尔森氏菌（*Yersinia ruckeri*）		1	环境菌株	184
514410557	创伤弧菌（*V. vulnificus*）生物型1 血清变型 E	534		患病鳗鱼，瑞典，对鳗鱼无毒性	98
514412757	创伤弧菌（*V. vulnificus*）生物型1 非血清变型 E	628		paguara fish，委内瑞拉	98
514600557	创伤弧菌（*V. vulnificus*）生物型2 血清变型 E	523		患病鳗鱼	98
514602557	创伤弧菌（*V. vulnificus*）生物型1 非血清变型 E	530		患病鳗鱼，比利时，有毒性	98
514610457	拟态弧菌（*Vibrio mimicus*）				161
514610557	创伤弧菌（*V. vulnificus*）生物型1 非血清变型 E	ATCC 27562		人类菌株，美国	26，98
514610557	创伤弧菌（*V. vulnificus*）生物型1 非血清变型 E	B9629，C7184		人类伤口感染，美国	33，98
514610557	创伤弧菌（*V. vulnificus*）生物型1 非血清变型 E	UMH1，374		人类伤口感染，美国	33，98
514610557	创伤弧菌（*V. vulnificus*）生物型1 血清变型 E	ATCC 33186		人类血液，美国，对鳗鱼无毒性	98
514612457	01 霍乱弧菌（*Vibrio cholerae* 01）				
514650557	创伤弧菌（*V. vulnificus*）生物型1	167		鳗鱼，比利时	33
514712457	非01 霍乱弧菌（*Vibrio cholerae* non 01）				
514712557	维隆气单胞菌维隆亚种（*Aeromonas veronii veronii*）	ATCC 35622	1		347

续表 4－25

API 20E 号	细菌	菌株	菌株数	注释	参考文献
516600557	创伤弧菌（*V. vulnificus*）生物型 1	VIB 521		未知	33
5176167..	轮虫弧菌（*Vibrio rotiferianus*）	LMG 21460^T		轮虫	305
520600556	杀鲑弧菌（*Vibrio salmonicida*）	RVAU 890206－1/7		大西洋鲑，法罗群岛	49
520600557	创伤弧菌（*V. vulnificus*）生物型 2 血清变型 E	NCIMB 2138		患病鳗鱼，日本	98
520600557	创伤弧菌（*V. vulnificus*）生物型 2 血清变型 E	E86		患病鳗鱼，日本	26，98
521577357	臭鼻肺炎克雷伯氏菌（*Klebsiella pneumoniae*）				41
524610557	创伤弧菌（*V. vulnificus*）生物型 1				97
524712457	霍乱弧菌（*Vibrio cholerae*）	PS－7701		香鱼（*Pl. altivelis*），日本	49
524712476	霍乱弧菌（*Vibrio cholerae*）	PS－7705		香鱼（*Pl. altivelis*），日本	49
5304004..	洋葱伯克霍尔德氏菌（*Burkholderia cepacia*）		1/10		38
5304112..	蜂房哈夫尼菌（*Hafnia alvei*）	ATCC 51873	1		203
530475257	居泉沙雷氏菌（*Serratia fonticola*）				290
530477257	居泉沙雷氏菌（*Serratia fonticola*）				290
530510057	鲁氏耶尔森氏菌（*Yersinia ruckeri*）	AHLDA 1313			135
530511357	蜂房哈夫尼菌（*Hafnia alvei*）	AHLDA 1729			135
530555257	居泉沙雷氏菌（*Serratia fonticola*）				558
530600457	创伤弧菌（*V. vulnificus*）生物型 2 血清变型 E	525		患病鳗鱼，瑞典	98
530600557	创伤弧菌（*V. vulnificus*）生物型 2 血清变型 E	ATCC 33187		人类菌株，美国	98
530600557	创伤弧菌（*V. vulnificus*）生物型 2 血清变型 E	E105		患病鳗鱼，西班牙	26，98
530610057	鲁氏耶尔森氏菌（*Yersinia ruckeri*）				41
530610557	创伤弧菌（*V. vulnificus*）生物型 2 血清变型 E			中国台湾省菌株，对鳗鱼无毒性	26
534600557	创伤弧菌（*V. vulnificus*）生物型 1 非血清变型 E	ATCC 27562		人类菌株，美国	33
534600557	创伤弧菌（*V. vulnificus*）生物型 1 非血清变型 E	E109		健康鳗鱼，西班牙，对鳗鱼无毒性	98
534600557	创伤弧菌（*V. vulnificus*）生物型 1 血清变型 E	521		未知，澳大利亚，对鳗鱼无毒性	
534610357	创伤弧菌（*V. vulnificus*）	WF8A1110			509
534610457	拟态弧菌（*Vibrio mimicus*）				161，210
534610557	创伤弧菌（*V. vulnificus*）生物型 1 非血清变型 E	C7184		人类血液，美国，对鳗鱼无毒性	98
534612457	霍乱弧菌（*Vibrio cholerae*）	91/1198		鲫（*Carassius auratus*），澳大利亚	49
534612457	01 霍乱弧菌（*Vibrio cholerae* 01）				
534712457	非 01 霍乱弧菌（*Vibrio cholerae* non 01）				
534712557	维隆气单胞菌维隆亚种（*Aeromonas veronii veronii*）				2，347
534712557	霍乱弧菌（*Vibrio cholerae*）	WF 110r			509，552
560621057	猪霍乱沙门氏菌亚利桑那亚种（*Salmonella cholerasuis arizonae*）				41
600400457	鱼肠发光杆鱼（*Photobacterium iliopiscarium*）				599

续表 4－25

API 20E 号	细菌	菌株	菌株数	注释	参考文献
600400457	美人鱼发光杆菌美人鱼亚种（*Photobacterium damselae damselae*）	ATCC 33539^T		通常 VP 为阳性	240
600500457	美人鱼发光杆菌美人鱼亚种（*Photobacterium damselae damselae*）	LMG 13639	6	多种来源	49
600610417	杀鲑气单胞菌杀鲑亚种（*Aeromonas salmonicida salmonicida*）				674
6046021..	明亮发光杆菌（*Photobacterium phosphoreum*）	IB39			509
6100530..	渴望盐单胞菌（*Halomonas cupida*）				41
624750456	解蛋白弧菌（*Vibrio proteolyticus*）	AHLDA 1735	1	卤虫（*Artemia*）	135
700610517	杀鲑气单胞菌杀鲑亚种（*Aeromonas salmonicida salmonicida*）	NCIMB 1102			468
704672556	地中海弧菌（*Vibrio mediterranei*）	AHLDA 1733	1	鲍	135
704712457	温和气单胞菌（*Aeromonas sobria*）	CIP 74. 33^T			240
704712657	嗜水气单胞菌（*Aeromonas hydrophila*）	ATCC 7966^T	1		240
704713757	兽气单胞菌（*Aeromonas bestiarum*）		5	蟹	452
714420457	类志贺毗邻单胞菌（*Plesiomonas shigelloides*）				41
724610557	脆弱气单胞菌（*Aeromonas trota*）	ATCC 49657^T	1		142，560
724613657	异嗜糖气单胞菌（*Aeromonas allosaccharophila*）		1		41
724616657	异嗜糖气单胞菌（*Aeromonas allosaccharophila*）		1		41
724617657	异嗜糖气单胞菌（*Aeromonas allosaccharophila*）		1		41
724712457	温和气单胞菌（*Aeromonas sobria*）				21
724714457	简氏气单胞菌（*Aeromonas janadaei*）		2		135，143

注：并不是所有的文献报道的都是 9 位数序号，因此，有些种类序号只有 7 位或 8 位数，缺少在 MCA 或 OF 上的结果。

表 4-26 API 20NE 数据库生化试验结果

	NO_3	TRP	Glu	ADH	Ure	Esc	Gel	Png	Glu	Ara	Mne	Man	Nag	Mal	Gnt	Cap	Adi	Mlt	Cit	Pac	Ox	温度/℃	时间	Inoc	参考文献	菌株
细菌																										
乙酸钙不动杆菌（*Acinetobacter calcoaceticus*）	−	−	−	−	−	−	−	−	−	−	−	−	−	−	−	+	−	−	+	+	−		24 h		41	
海豚放线杆菌（*Actinobacillus delphinicola*）	+	−	−	−	−	−	−	−	−	−	−	−	−	−	−	−	−	−	−	−	+				263	海豚
海豚放线杆菌（*Actinobacillus delphinicola*）	+	−	−	+	−	−	−	−	−	−	−	−	−	−	−	−	−	−	−	−	+				263	鼠海豚
海豚放线杆菌（*Actinobacillus delphinicola*）	+	−	−	−	−	−	−	−	−	−	−	−	−	−	−	−	−	−	−	−	+				263	鲸
嗜水气单胞菌（*Aeromonas hydrophila*）	+	v	+	+	−	+	+	+	+	v	+	+	+	+	+	+	−	+	v	−	+				41	
气单胞菌无色亚种（*A. salmonicida achromogenes/masoucida*）	+	v	−	−	−	v	v	−	v	−	v	v	−	−	−	−	−	−	−	−	+				41	
杀鲑气单胞菌杀鲑亚种（*A. salmonicida salmonicida*）	+	v	v	v	−	+	+	−	+	−	v	+	+	+	+	−	−	+	−	−	+				41	
温和气单胞菌（*Aeromonas sobria*）	+	v	+	+	−	−	+	+	+	−	+	+	+	+	+	+	−	+	+	−	+				41	
产黑假交替单胞菌（*Alteromonas nigrifaciens*）	−			−			+		+		+	−		+	+	+			+	+	+				395	
支气管败血性博德特氏菌（*Bordetella bronchiseptica*）	−	−	−	−	+	−	−	−	−	−	−	−	−	−	−	−	+	−	+	+	+	37		0.85	102	典型菌株
支气管败血性博德特氏菌（*Bordetella bronchiseptica*）	+	−	−	−	+	−	−	−	−	−	−	−	−	−	−	−	+	−	+	+	+	37		0.85	102	典型菌株
支气管败血性博德特氏菌（*Bordetella bronchiseptica*）	+	−	−	−	+	−	−	−	−	−	−	−	−	−	−	−	+	−	+	−	+	37		0.85	102	典型菌株
缺陷短波单胞菌（*Brevundimonas diminuta*）	−	−	−	−	−	−	−	−	−	−	−	−	−	−	−	−	−	−	−	−	+				685	
布鲁氏杆菌属（*Brucella* spp.）	+	−	−	−	+	−	−	−	−	−	−	−	−	−	−	−	−	−	−	−	+	37		0.85	262	
青紫色素杆菌（*Chromobacterium violaceum*）	−	−	+	+	−	−	+	−	+	−	−	−	+	−	+	+	−	+	+	−	+				482	色素
青紫色素杆菌（*Chromobacterium violaceum*）	+	−	+	+	−	−	+	−	+	−	−	−	+	−	+	+	−	+	+	−	+				482	无色素
大比目鱼金黄杆菌（*Chryseobacterium balustinum*）	+	+	−	−	+	+	−		−	−	w	−	−	w	−	−	−	−	w	−	+	37	48 h	0.85	773	
黏华丽杆菌（*Chryseobacterium gleum*）	+	v	−	−	+	+	+		+	+	w	−	−	+	−	−	−	−	+	−	+	37	48 h	0.85	773	
产吲哚丽杆菌（*Chryseobacterium indologenes*）	−	+	−	−	+	+	+		w	−	w	−	−	w	−	−	−	−	w	−	+	37	48 h	0.85	773	
吲哚丽杆菌（*Chryseobacterium indoltheticum*）	−	+	−	−	−	+	+		w	−	w	−	−	w	−	−	−	−	−	w	+	37	48 h	0.85	773	
脑膜脓毒性金黄杆菌（*Chryseobacterium meningosepticum*）	−	+	+	−	18	+	+		+	−	+	+	+	−	−	−	−	w	27	−	+	37	48 h	0.85	773	
大菱鲆金黄杆菌（*Chryseobacterium scophthalmum*）	−	−	w	−	+	+	+		+	−		−		+					−		+				557	

续表 4-26

	NO_3	TRP	Glu	ADH	Ure	Esc	Gel	Png	Glu	Ara	Mne	Man	Nag	Mal	Gnt	Cap	Adi	Mlt	Cit	Pac	Ox	温度/℃	时间	Inoc	参考文献	菌株
冬季黄杆菌（*Flavobacterium hibernum*）	+	−	+	−	−	+	+		+	+	+	−	+	+	−	−	−	−	−	−	−				532	
渴望盐单胞菌（*Halomonas cupida*）	+									+	+		+	+	+	+					−				69	
美丽盐单胞菌（*Halmonas venusta*）	+	−	−	−	+	+	−	+	+	−	−	−	+	+	+	+	−	+	+	+	+				310	
蓝黑紫色杆菌（*Janthinobacterium lividum*）	+	−	−	−	−	+	−	−	+	+	+	+	v	+	−	v	v	+	+	+	+				496	
鳗利斯特氏菌（*Listonella anguillarum*）	+	+	+	+	−	−	+		+	+	+	+	+	+	+			+	+		+				108	
拟香味类香味菌（*Myroides odoratimimus*）	−	−	−	−	+	−	+		−	−	−	−	−	−	−	−	−	+w	−	−	+				774	
香味类香味菌（*Myroides odoratus*）	−	−	−	−	+	−	+		−	−	−	−	−	−	−	−	−	+w	−	−	+		24 h		774	
鲍曼氏海洋单胞菌（*Oceanomonas baumannii*）	+	−	−	−	−	−	−	−	−	−	−	−	−	−	−	+	−	+	+	−	+	25	48 h	1.5	130	
杜氏海洋单胞菌（*Oceanomonas doudoroffii*）	+	−	−	−	−	−	−	−	−	−	−	−	−	−	−	+	−	+	+	−	+	25	48 h	1.5	130	
子宫海豚杆菌（*Phocoenobacter uteri*）	+	−	+w	−	−	−	−	−	−	−	−	−	−	−	−	−	−	−	−	−	+				266	
美人鱼发光杆菌（*Photobacterium damselae*）	+	−	+	+	+	−	−	−	−	−	−	−	−	−	−	−	−	v	−	−	+				41	
美人鱼发光杆菌美人鱼亚种（*P. damselae damselae*）	+	−	+	+	+	v	−	−	+	−	+	−	+	+	−	−	+	−	−	+	+				289	
美人鱼发光杆菌杀鱼亚种（*P. damselae piscicida*）	−	−	+	+	−	−	−	−	+	−	+	−	+	−	−	−	+	−	−	−	+				289	
类志贺毗邻单胞菌（*Plesiomonas shigelloides*）	+	+	+	+	−	−	−	+	v	−	−	−	v	v	v	v	−	v	−	−	+				41	
南极洲假交替单胞菌（*Pseudoalteromonas antarctica*）	−	−	+	−	−	−	+	−	+	−	+	+	+	+	+	−	−	−	+	−	+	5	5d		115	
溶菌假交替单胞菌（*Pseudoalteromonas bacteriolytica*）	−		+				+		+		+	−	−	−	−			−	−	+	+				677	
游海假交替单胞菌（*Pseudoalteromonas haloplanktis*）					+		+		+				−		−			−							288	
鳗败血假单胞菌（*Pseudomonas anguilliseptica*）	−w	−	−	−	−	−	+	−	−	−	−	−	v	+	−	−	+	−	−	−	+				541	
绿针假单胞菌（*Pseudomonas chlororaphis*）	−	−	−	−	−	v	−	−	+	+	+	+	−	−	+	v	−	+	+	−	v				41	
荧光假单胞杆菌（*Pseudomonas fluorescens*）	v	−	−	v	−	−	v	−	+	v	+	+	v	−	+	+	−	+	+	−	+				41	
变形假单胞菌（*Pseudomonas plecoglossicida*）	+	−	−	+	−	−	−	−	+	−	−	−	−	−	+	+	−	+	+	+	+	25	48 h		582	
恶臭假单胞菌（*Pseudomonas putida*）	+			+			−			v	v	v						v		+					582	
海藻希瓦氏菌（*Shewanella algae*）LMG 2265	+	−	−	−	−	−	+	−	−	−	−	−	+	−	−	+	−	+	−	−	+				851	
波罗的海希瓦氏菌（*Shewanella baltica*）NCTC 10735	+	−	+	−	−	−	+	−	+	−	−	−	+	+	+	−	−	+	+	−	+				851	
Shewanella pealeana		−						−	+	−									+		+				492	
腐败希瓦氏菌（*Shewanella putrefaciens*）	+	−	+	−	−	−	+	−	−	+	−	−	+	+	−	+	−	+	+	−	+				433	

续表 4-26

	NO_3	TRP	Glu	ADH	Ure	Esc	Gel	Png	Glu	Ara	Mne	Man	Nag	Mal	Gnt	Cap	Adi	Mlt	Cit	Pac	Ox	温度/℃	时间	Inoc	参考文献	菌株
亚北极鞘氨醇单胞菌（*Sphingomonas subarctica*）	−	−	−	−	−	+	−	+	+	+	−	−	+	+	−	−	−	+	+	−						
类星形斯塔普氏菌（*Stappia stellulata*-like）菌株 M1	+			−	+	+	−		+	+	+	+	+	+	+	−	+	+	+	−	+	25	48 h	1.5	105	
沙氏漫游球菌（*Vagococcus salmoninarum*）	−	−	+	−	−	+	−	+													−				542	
溶藻弧菌（*Vibrio alginolyticus*）	+	+	+	−	−	v	+	−	v	−	v	v	v	v	v	−	−	+	−	−	+				41	
溶藻弧菌（*Vibrio alginolyticus*）	+	+	+	−	−	−	+		+	−	+	+	+	+	+	nt	nt	+	+	nt	+				108	
溶藻弧菌（*Vibrio alginolyticus*）	+	+	+	−	−	−	+	+	+	+	+	+	+	+	+	−	−	+	−	−	+					
溶藻弧菌（*Vibrio alginolyticus*）	+	−	+	−	+		+		+	−	+	83	+	+	+				83		+	30	48 h	3	83，84	YB
哈维氏弧菌［*Vibrio*（*carchariae*）*harveyi*］	+	+	+	−	+	+	+	+	+	−	+	+	−	+	+	−	−	+	+	−	+				11	ATCC35084
霍乱弧菌（*Vibrio cholerae*）	+	+	+	−	−	−	+	+	+	−	v	v	v	+	+	−	−	+	+	−	+				41	
魔鬼弧菌（*Vibrio diabolicus*）	+	+	+	−	−	−	+	+	−	−	−	−	−	+	−	+	−	+	+	−	+				635	
哈维氏弧菌（*Vibrio harveyi*）	+	+	+	−	−	+	+	+	+	+	+	+	+	+	+	−	−	+	+	−	+				11	ATCC14126
哈维氏弧菌（*Vibrio harveyi*）	+	+	+	−	−	+	+	+	+	−	−	+	−	−	+	−	−	+	+	−	+				11	
鱼肠道弧菌（*Vibrio ichthyoenteri*）	+	−	+	−			−					33			50				−		+				389	
拟态弧菌（*Vibrio mimicus*）	+	+	+	−	−		+		+	−	+	+		+	+			−			+				230	
贻贝弧菌（*Vibrio mytili*）	+	+	+	+	−			+						+		−	−	+	+	−					635	
纳瓦拉弧菌（*Vibrio navarrensis*）	+	+	+	−	−	+	+		+	−		+	+	+	+	−		+	60	−	+				768	
海蛹弧菌（*Vibrio nereis*）	+	+	+	−	−			−						+		−	−	+	+	−					635	
杀对虾弧菌（*Vibrio penaeicida*）	+	−	+	−			+					+			+			+	+		+				388	
Vibrio shilonii	+	+	+	−	−		+				+	+	+								+				458	
蛤弧菌（*Vibrio tapetis*）	+	+		−	−	−	+		+	−	+	−	+	−	−			−	−						108	
塔氏弧菌（*Vibrio tubiashii*）	+	+	+	+	−			+						+		−	−	+	−	−					635	
食半乳糖邹贝尔氏菌（*Zobellia galactanivorans*）	+	−	+	−	−	+	+	+	+	w	+	+	+	+	−	−	−	−	−	−	+	30	7 d	2.5	61	
潮气邹贝尔氏菌（*Zobellia uliginosa*）	+	−	+	−	−	+	+	+	+	+	+	+	+	+	w	−	−	−	−	−	+	30	7 d	2.5	61	

注：NO_3 表示硝酸盐；TRP 表示吲哚；Glu 表示葡萄糖发酵；ADH 表示精氨酸双水解酶；Ure 表示尿素酶；Esc 表示七叶苷；Gel 表示明胶水解；Png 表示对硝苯基-β-D-吡喃半乳糖苷；Glu 表示葡萄糖同化；Ara 表示 L-阿拉伯糖同化；Mne 表示甘露糖同化；Man 表示甘露醇同化；Nag 表示 N-乙酰氨基葡萄糖；Mal 表示麦芽糖同化；Gnt 表示葡萄糖酸同化；Cap 表示癸酸酯同化；Adi 表示乙二酸酯同化；Mlt 表示苹果酸盐同化；Cit 表示柠檬酸盐同化；Pac 表示乙酸苯酯；Ox 表示氧化酶；* 表示来自 API 数据库。

表 4-27 API 50CH 数据库生化试验结果

	1	2	3	4	5	6	7	8	9	10	11	12	13	14	15	16	17	18	19	20	21	22	23	24	25	26	27	28	29
试验	Gly	Ery	Dara	Lara	rib	dXyl	lXyl	ado	mdx	gal	glu	fru	mne	Lsor	rha	dul	ino	man	sor	mdm	mdg	nag	amy	arb	esc	sal	cel	mal	lac
细菌																													
绿气球菌螯龙虾变种（*Aerococcus viridans* var. *homari*）					w					+	+	+	+					+	v		v	+	+	+	+		+	+	+
兽气单胞菌（*Aeromonas bestiarum*）HG2	+	−	−	+	+	−	−	−	−	+	+	+	+	−	−	−	−	+	+	−	+	+	−	+	+	+	67	67	67
豚鼠气单胞菌（*Aeromonas caviae*）HG4	+	−	−	+	+	−	−	−	−	+	+	+	31	−	−	−	−	+	7	−	−	+	−	+	+	+	90	+	87
蚊子气单胞菌（*Aeromonas culicicola*）	+	−	−	−	+	−	−	−	−	+	+	+	+	−	−	−	−	+	−	−	−	+	−	−	−	−	−	+	−
鳗鱼气单胞菌（*Aeromonas encheleia*）	+	−				−		−		+	+		+			−	−	+	−		−					+	−	+	−
嗜泉气单胞菌（*Aeromonas eucrenophila*）HG6	+	−	−	+	+	−	−	−	−	+	+	+	+	−	−	−	−	+	−	−	−	+	−	+	+	+	+	+	+
嗜水气单胞菌（*Aeromonas hydrophila*）HG1	+	−	−	+	+	−	−	−	−	+	+	+	+	−	−	−	−	+	−	−	−	+	−	+	+	+	−	+	−
嗜水气单胞菌（*Aeromonas hydrophila*）HG3	+	−	−	+	+	−	−	−	−	+	+	+	+	−	−	−	−	+	+	−	+	+	−	+	+	+	62	+	54
中间气单胞菌（*Aeromonas media*）HG5	+	−	−	+	+	−	−	−	−	+	+	+	+	−	−	−	−	+	−	−	−	+	−	+	+	+	+	+	+
波氏气单胞菌（*Aeromonas popoffii*）	+	−				−		−		+	+		+		−	−	−	+	−							−	−	+	−
"非典型"杀鲑气单胞菌（*A. salmonicida* "atypical"）																													
气单胞菌无色亚种（*A. salmonicida achromogenes*）	+			−	+					+	+		+					+			−	−		−		−	−		
波罗的海大菱鲆（Baltic sea turbot）	−	−	−	−	−	−	−	−	−	−	+	+	−	−	−	−	−	−	−	−	−	−	−	−	v	−	−	−	−
波罗的海比目鱼（Baltic sea flounder）	−	−	−	−	v	−	−	−	−	−	+	+	v	−	−	−	−	v	−	−	−	−	−	−	+	v	−	+	−
波罗的海泥鲽（Baltic sea dab）	+	−	−	−	−	−	−	−	−	v	+	+	v	−	−	−	−	−	−	−	−	+ w	−	−	+	+	−	−	−
波罗的海鳚（Baltic sea blenny）	+	−	−	−	+	−	−	−	−	+	+	+	+	−	−	−	−	+	−	−	−	+	−	−	−	−	−	+	−
"非典型" 色素阳性	+	−	−	−	+	−	−	−	−	+	+	+		−	−	−	−	+		−	−	17	−						
"非典型" 色素阴性	44	−	−	−	+	−	−	−	−	44	+	+		−	−	−	−	+		−	−	88	−						
"非典型" 色素阴性	44	−	−	−	+	−	−	−	−	44	+	+		−	−	−	−	−		−	−	88	−						
澳大利亚菌株	−			−						−								−			−	−		−	−	−			
典型杀鲑气单胞菌（*A. salmonicida* typical）	+			+	+					+		+	+					+	−		+	+		+	+	+	−	+	
杀鲑气单胞菌杀鲑亚种（*A. salmonicida salmonicida*）	+			+	+					+	+		−					+			+	+		+		+	−		

续表 4-27

	30	31	32	33	34	35	36	37	38	39	40	41	42	43	44	45	46	47	48	49						
试验	mel	suc	tre	Inu	mlz	raf	amd	glyg	xylt	gen	tur	lyx	tag	Dfuc	Lfuc	Darl	Larl	gnt	2ket	5ket	温度/℃	时间	Inoc	参考文献	菌株	菌株
细菌																										
绿气球菌螯龙虾变种（*Aerococcus viridans* var. *homari*）	v	+	+	+		+				+	v							+		v				827		
兽气单胞菌（*Aeromonas bestiarum*）HG2	−	+	+	−	−	−	+	+	−	−		−	−	−	−	−	−		−	−	30	48 h	0.85	427	CDC 9533−76	
豚鼠气单胞菌（*Aeromonas caviae*）HG4	−	+	+	−	−	−	+	+	−	36	−	−	−	−	−	−	−	+	−	−	30	48 h	0.85	427，21	ATCC 15468^T	
蚊子气单胞菌（*Aeromonas culicicola*）	+	+		−	−	−	−	+	−	−	−	−	−	−	−	−	−		−	−	30	24 h	0.85	624	NCIMB 5147^T	
鳗鱼单胞菌（*Aeromonas encheleia*）			+			−										−										
嗜泉气单胞菌（*Aeromonas eucrenophila*）HG6	−	+	+	−	−	−	+	+	−	−		−	−	−	−	−	−		−	−	30	48 h	0.85	427	ATCC 23309^T	
嗜水气单胞菌（*Aeromonas hydrophila*）HG1	−	+	+	−	−	−	+	+	−	−	−	−	−	−	−	−	−	+	−	−	30	48 h	0.85	427	ATCC 7966^T	
嗜水气单胞菌（*Aeromonas hydrophila*）HG3	−	+	+	−	−	−	+	+	−	−		−	−	−	−	−	−		−	−	30	48 h	0.85	427	CDC 0434−84	
中间气单胞菌（*Aeromonas media*）HG5	−	+	+	−	−	−	+	+	−	−		−	−	−	−	−	−		−	−	30	48 h	0.85	427	CDC 0862−83	CDC 0862−83
波氏气单胞菌（*Aeromonas popoffii*）	−	−	+			−										−										
"非典型" 杀鲑气单胞菌（*A. salmonicida* "atypical"）																										
无色气单胞菌（*A. salmonicida achromogenes*）		+	+		−		+	+			−							−		+s	20	7 d	0.5	831		
波罗的海大菱鲆（Baltic sea turbot）	−	−	−	−	−	−	−	−	−	−	−	−	−	−	−	−	−	−	−	+	20	14 d		832		
波罗的海比目鱼（Baltic sea flounder）	−	v	+	−	−	−	v	+	−	−	−	−	−	−	−	−	−	−	−	+	20	14 d		832		
波罗的海泥鲽（Baltic sea dab）	−	+	−	−	−	−	−	−	−	−	−	−	−	−	−	−	−	−	−	+	20	14 d		832		
波罗的海鳚（Baltic sea blenny）	−	+	+	−	−	−	+	+	−	−	−	−	−	−	−	−	−	−	−	+w	20	14 d		832		
"非典型" 色素阳性		+	68	−	−		100	3		−		−	−	−		−			−		20	7 d		323，352		
"非典型" 色素阴性		+	27	−	−		63	75		−		−	−	−		−			−		20	7 d		323		
"非典型" 色素阴性		+		−	−		63	75		−		−	−	−		−			−		20	7 d		323		
澳大利亚菌株		+	−															−						761		
典型杀鲑气单胞菌（*A. salmonicida* typical）		−	−			−	+	+				−						+		−	20~22	7 d		352		
杀鲑气单胞菌杀鲑亚种（*A. salmonicida salmonicida*）		−	−		−		+	+			−							+		+s	20	7 d	0.5	831		

续表 4-27

试验	1	2	3	4	5	6	7	8	9	10	11	12	13	14	15	16	17	18	19	20	21	22	23	24	25	26	27	28	29
	Gly	Ery	Dara	Lara	rib	dXyl	lXyl	ado	mdx	gal	glu	fru	mne	Lsor	rha	dul	ino	man	sor	mdm	mdg	nag	amy	arb	esc	sal	cel	mal	lac
温和气单胞菌（*Aeromonas sobria*）	+	−	−	28	+	−	−	−	−	+	+	+	+	−	−	−	−	+	−	−	24	+	−	−	16	−	52	+	16
脆弱气单胞菌（*Aeromonas trota*）	+	−	−	−	+	−	−	−	−	+	+	+	+	−	−	−	−	+	−	−	−	+	+	−	−	−	+	+	−
维隆气单胞菌温种亚种（*Aeromonas veronii sobria*）HG8/10	+	−	−	14	+	−	−	−	−	+	+	+	+	−	−	−	−	+	−	−	29	+	−	−	10	−	57	+	10
维隆气单胞菌维隆亚种（*Aeromonas veronii veronii*）	−	−		−		−		−		+	+		+		−	−		+	−		+				+	+	+	+	−
伯纳德隐秘杆菌（*Arcanobacterium bernardiae*）	+	v			v	−		+			+	+						−		−			−	−	−			+	
海豹隐秘杆菌（*Arcanobacterium phocae*）	+	−	−	−	+	−	−	−	−	+	+	+	70	−	−	−	+	30	−	−	−	+	−	−	−	−	−	+	+
海豹隐秘杆菌（*Arcanobacterium phocae*）	−	−	−	−	−	−	−	−	−	v	+	−	+	−	−	−	−	−	−	−	−	+	−	−	−	−	−	+	v
化脓隐秘杆菌（*Arcanobacterium pyogenes*）	−	+		−	+	+		+		+	+	+	+		−		+	−	+				−		−	−	+	+	+
平鱼节杆菌（*Arthrobacter rhombi*）	+	−	−	−	−	−	−	−	−	+	+	+	+	−	v	−	−	+	−	−	−	−	+	+	+	+	+	+	+
缺陷短波单胞菌（*Brevundimonas diminuta*）	−	−	−	−	−	−	−	−	−	−	−	−	−	−	−	−	−	−	−	−	−	−	−	−	−	−	−	−	−
泡囊短波单胞菌（*Brevundimonas vesicularis*）	−	−	−	−	−	+	−	−	−	−	+	−	−	−	−	−	−	−	−	−	−	−	−	−	−	−	−	+	−
广布肉杆菌（*Carnobacterium divergens*）		−	−	−	+	−	−	−	−	−	+	+	+	−	−	−	−	−	−	−	−	+	+			+	+	+	−
鸡肉杆菌（*Carnobacterium gallinarum*）		−	−	−	+	+	−	−	−		+	+	+	−	−	−	−	−	−	−	+	+	+			+	+	+	
活动肉杆菌（*Carnobacterium mobile*）		−	−	−	+	−	−	−	−		+	+	+	−	−	−	−	−	−	−	−	+	−			+	+	+	
栖鱼肉杆菌（*Carnobacterium piscicola*）	+	−	−	−	+	−	−	−	−	+w	+	+	+	−	−	−	−	+	v	+	+	+	+	+	+	+	+	+	+w
大菱鲆金黄杆菌（*Chryseobacterium scophthalmum*）				−							−							−								−	−		−
尿肠球菌（*Enterococcus faecium*）	v			+		−									−			+	−	−	−								
柱状黄杆菌（*Flavobacterium columnare*）	−	−	−	−	−	−	−	−	−	−	−	−	−	−	−	−	−	−	−	−	−	−	−	−	−	−	−	−	−
嗜冷黄杆菌（*Flavobacterium psychrophilum*）	−	−	−	−	−	−	−	−	−	−	−	−	−	−	−	−	−	−	−	−	−	−	−	−	−	−	−	−	−
海滨屈挠杆菌（*Flexibacter litoralis*）	−	−	−	−	−	−	−	−	−	−	−	−	−	−	−	−	−	−	−	−	−	−	−	−	−	−	−	−	−
多形屈挠杆菌（*Flexibacter polymorphus*）	−	−	−	−	−	−	−	−	−	−	−	−	−	−	−	−	−	−	−	−	−	−	−	−	−	−	−	−	−
玫瑰屈挠杆菌（*Flexibacter roseolus*）	−	−	−	−	−	−	−	−	−	−	−	−	−	−	−	−	−	−	−	−	−	−	−	−	−	−	−	−	−
红屈挠杆菌（*Flexibacter ruber*）	−	−	−	−	−	−	−	−	−	−	−	−	−	−	−	−	−	−	−	−	−	−	−	−	−	−	−	−	−
蓝黑紫色杆菌（*Janthinobacterium lividum*）	+	−	+	+	+	+	−	−	−	+	+	+	+	−	v	−	+	+	+	−	−	v	−	+	−	+	+	+	−
植生克雷伯氏菌（*Klebsiella planticola*）	+	−		+	+	+		+		+	+	+	+	+	+	−	+	+	+		+				+	+	+	+	+

续表 4-27

	30	31	32	33	34	35	36	37	38	39	40	41	42	43	44	45	46	47	48	49						
试验	mel	suc	tre	Inu	mlz	raf	amd	glyg	xylt	gen	tur	lyx	tag	Dfuc	Lfuc	Darl	Larl	gnt	2ket	5ket	温度/℃	时间	Inoc	参考文献	菌株	菌株
温和气单胞菌（*Aeromonas sobria*）	12	+	+	–	–	–	+	+	–	–	–	–	–	–	–	–	–	+	–	–	29	48 h		21		
脆弱气单胞菌（*Aeromonas trota*）	–	–	+	–	–	–	+	+	–	–	–	–	–	–	–	–	–	–	–	–	37	24 h	0.85	20	ATCC 49657^T	
维隆气单胞菌温种亚种（*Aeromonas veronii sobria*）HG8/10	–	+	+	–	–	–	+	+	–	–		–	–	–	–	–	–		–	–	30	48 h	0.85	427	CDC0 437-84	
维隆气单胞菌维隆亚种（*Aeromonas veronii veronii*）	–	+	+			–										–										
伯纳德隐秘杆菌（*Arcanobacterium bernardiae*）		–					+	v	+							+	v		–	+	37	48 h		274		
海豹隐秘杆菌（*Arcanobacterium phocae*）	–	+	+	–	70	–	+	+	–	–	+	–	30	–	–	–	–	–	–	+	37	24 h		636		
海豹隐秘杆菌（*Arcanobacterium phocae*）	–	v	–	–	–	v	–	–	–	–	–	–	–	–	–	–	–	–	–	–	37	48 h		613		
化脓隐秘杆菌（*Arcanobacterium pyogenes*）	–	–	+	–	+	–	+	+													37	48 h		641		
平鱼节杆菌（*Arthrobacter rhombi*）	+	+	+	–	–	–	–	–	–	+	+	–	–	–	–	+	–	+	–	–	25	48 h		600		
缺陷短波单胞菌（*Brevundimonas diminuta*）	–	–	–	–	–	–	–	–	–	–	–	–	–	–	–	–	–	–	–	–	28	4 h		685		
泡囊短波单胞菌（*Brevundimonas vesicularis*）	–	–	–	–	–	–	–	–	–	–	–	–	–	–	–	–	–	–	–	–	28	4 h		685		
广布肉杆菌（*Carnobacterium divergens*）	–	+	+	–	+	–	–	–	–	+	–	–	–	–	–	–	–	+	–	–	25	7 d		176		
鸡肉杆菌（*Carnobacterium gallinarum*）		+	+	–	+	–		–	–		+	–	+	–	–	–	–	+		–				176		
活动肉杆菌（*Carnobacterium mobile*）		+	+	+	–	–		–	–		–	–	–v	–	–	–	–	–		–				176		
栖鱼肉杆菌（*Carnobacterium piscicola*）	+	+	+	+	+	v	–	–	–	+	+w	–	–	–	–	–	–	+	–	–	25	72 h		176，73		
大菱鲆金黄杆菌（*Chryseobacterium scophthalmum*）		–				–																				
尿肠球菌（*Enterococcus faecium*）	v	v		–		–	–	–			–		–					v								
柱状黄杆菌（*Flavobacterium columnare*）	–	–	–	–	–	–	–	–	–	–	–	–	–	–	–	–	–	–	–	–	22	12 h		88，89，211		
嗜冷黄杆菌（*Flavobacterium psychrophilum*）	–	–	–	–	–	–	–	–	–	–	–	–	–	–	–	–	–	–	–	–	22	12 h		88，89，211		
海滨屈挠杆菌（*Flexibacter litoralis*）	–	–	–	–	–	–	–	–	–	–	–	–	–	–	–	–	–	–	–	–				89		
多形屈挠杆菌（*Flexibacter polymorphus*）	–	–	–	–	–	–	–	–	–	–	–	–	–	–	–	–	–	–	–	–				89		
玫瑰屈挠杆菌（*Flexibacter roseolus*）	–	–	–	–	–	–	–	–	–	–	–	–	–	–	–	–	–	–	–	–				89		
红屈挠杆菌（*Flexibacter ruber*）	–	–	–	–	–	–	–	–	–	–	–	–	–	–	–	–	–	–	–	–				89		
蓝黑紫色杆菌（*Janthinobacterium lividum*）	–	+	–	v	–	v	–	–	+	–	–	+	–	–	+	+	–	–	+	–				496		

续表 4-27

试验	1 Gly	2 Ery	3 Dara	4 Lara	5 rib	6 dXyl	7 lXyl	8 ado	9 mdx	10 gal	11 glu	12 fru	13 mne	14 Lsor	15 rha	16 dul	17 ino	18 man	19 sor	20 mdm	21 mdg	22 nag	23 amy	24 arb	25 esc	26 sal	27 cel	28 mal	29 lac
植生克雷伯氏菌（*Klebsiella planticola*）	+	+	+		−	+	−	−																					
格氏乳球菌（*Lactococcus garvieae*）	−	−	−	−	−	−	−	−	−	+	+	+	+	−	−	−	−	+	−	+	+	+	+	+	+	+	+	+	−
格氏乳球菌（*Lactococcus garvieae*）	−	−	−	−	+	−	−	−	−	+	+	+	+	−	−	−	−	+	−	−	−	+	+	+	+	+	+	+	−
生物型 1，2，12																		+											
生物型 3，7，11，13																		+											
生物型 4，5，6，10																		+											
生物型 8，9																		−											
鱼乳球菌（*Lactococcus piscium*）	−	−	−	+	+	+	−	−	−	+	+	+	+	−	−	−	−	+	−	−	−	+	+	+	+	+	+	+	+
黏菌落莫里特氏菌（*Moritella viscosa*）	−	−	−	−	+	−	−	−	−	−	+	+	−	−	−	−	−	−	−	−	−	+	−	−	−	−	−	+	−
解肝磷脂土地杆菌（*Pedobacter heparinus*）	−	−	−	+	−	+	−	−	−	+	+	+	+	−	−	−	−	−	+	−	−	−	−	−	+	−	+	+	+
鱼土地杆菌（*Pedobacter piscium*）	−	−	−	−		v	−	−		+	+	+	+		−	−	−		−	+	+		+	+	+	+	+	+	+
狭小发光杆菌（*Photobacterium angustum*）	−	−	−	−	+	−	−	−	−	+	+	+	+	−	−	−	−	−	−	−	−	+	−	−	−	−	−	+	−
美人鱼发光杆菌美人鱼亚种（*P. damselae damselae*）	+	−	−	−	+	−	−	−	−	+	+	+	+	−	−	−	−	−	−	−	−	+	−	−	−	−	+	+	−
美人鱼发光杆菌杀鱼亚种（*P. damselae piscicida*）	−	−	−	−	+	−	−	−	−	+ w	+	+	+	−	−	−	−	−	−	−	−	+	−	−	−	−	−	−	−
美人鱼发光杆菌杀鱼亚种（*P. damselae piscicida*）	−	−	−	−	+	−	−	−	−	+	+	+	+	−	−	−	−	−	−	−	−	+	−	−	−	−	−	+	+
鱼肠发光杆菌（*Photobacterium iliopiscarium*）	v	−	−	−	+	−	−	−	−	+	+	+	+	−	−	−	−	−	−	−	−	+	−	−	−	−	−	+	−
鳆发光杆菌（*Photobacterium leiognathi*）	+	−	−	−	+	−	−	−	−	+	+	+	+	−	−	−	−	−	−	−	−	+	−	−	−	−	−	−	−
无乳链球菌［*Streptococcus*（*difficile*）*agalactiae*］	−	−	−	−	+	−	−	−	−	−	+	+	+	−	−	−	−	−	−	−	−	+	−	−	−	−	−	+	−
无乳链球菌［*Streptococcus*（*difficile*）*agalactiae*］	−	−	−	−	+	−	−	−	−	−	+	+	+	−	−	−	−	−	−	−	+	+	−	−	−	−	−	+	−
无乳链球菌［*Streptococcus*（*difficile*）*agalactiae*］	−	−	−	−	+	−	−	−	−	−	+	+	+	−	−	−	−	−	−	−	+	+	−	−	−	−	−	+	−
海豚链球菌（*Streptococcus iniae*）	−	−	−	−	+	−	−	−	−		+	+	+	−	−	−	−	+	−	+	−	+	−	+	+	+	+	+	−
海豚链球菌（*Streptococcus iniae*）	−	−	−	−	+	−	−	−	−	−	+	+	+	−	−	−	−	+	−	−	+	+	−	+	+	+	+	+	−

试验	30 mel	31 suc	32 tre	33 inu	34 mlz	35 raf	36 amd	37 glyg	38 xylt	39 gen	40 tur	41 lyx	42 tag	43 Dfuc	44 Lfuc	45 Darl	46 Larl	47 gnt	48 2ket	49 5ket	温度/℃	时间	Inoc	参考文献	菌株	菌株
格氏乳球菌（*Lactococcus garvieae*）	–	–	+	–	–	–	–	–	–	+	–	–	–	–	–	–	–	–	–	–	28	24 ~ 96 h		174,236	ATCC 49156	
格氏乳球菌（*Lactococcus garvieae*）	–	–	+	–	–	–	–	–	–	+	–	–	–	–	–	–	–	–	–	–	28	24 ~ 96 h		174,211,236,237,780	ATCC 49156	
生物型 1，2，12		+											+											780		
生物型 3，7，11，13		–											+											780		
生物型 4，5，6，10，		–											–											780		
生物型 8，9		–											–											780		
鱼乳球菌（*Lactococcus piscium*）	+	+	+	–	+	+	+ w	–	–	+	+	–	–	–	–	–	–	+	–	–	25	48 h	0.85	835	NCFB 2778	
黏菌落莫里特氏菌（*Moritella viscosa*）	–	–	–	–	–	–	+	+	–	–	–	–	–	–	–	–	–	–	+	–	15	72 h		132	NCIMB 13484	
解肝磷脂土地杆菌（*Pedobacter heparinus*）	–	+	–	–	–	–	+	–	–	–	+	–	–		+	–	–	–	–	+	28	48 h	0.5	728		
鱼土地杆菌（*Pedobacter piscium*）		+	+		–	+			–	+	+	–	–	–	–	+	–	–	–	–	28	48 h	0.5	728		
狭小发光杆菌（*Photobacterium angustum*）	–	–	–	–	–	–	–	–	–	–	–	–	–	–	–	–	–	–	–	–	26	72 h	1.5	745	NCIMB 1895	
美人鱼发光杆菌美人鱼亚种（*P. damselae damselae*）	–	–	+	–	–	–		–	–	–	–	–	–	–	–	–	–	–	–	–	26	72 h	1.5	745	ATCC 35083	ATCC 33539
美人鱼发光杆菌杀鱼亚种（*P. damselae piscicida*）	–	+ w	–	–	–	+ w	v	–	–	–	–	–	–	–	–	–	–	–	–	–	26	72 h	1.5	288,745	NCIMB 2058	NCIMB 25918，ATCC 17911
美人鱼发光杆菌杀鱼亚种（*P. damselae piscicida*）	–	–	–	–	–	–		–	–	–	–	–	–	–	–	–	–	–	–	–	26	72 h	1.5	745	P90029	典型菌株
鱼肠发光杆菌（*Photobacterium iliopiscarium*）	–	–	v	–	–	–	–	–	–	–	–	–	–	–	–	–	–	v	–	–	22		2	599		
鲾发光杆菌（*Photobacterium leiognathi*）	–	–	–	–	–	–	–	–	–	–	–	–	–	–	–	–	–	+	–	–	26	72 h	1.5	745	LMG 4228	
无乳链球菌［*Streptococcus*（*difficile*）*agalactiae*］	–	+	–	–	–	–	–	–	–	–	–	–	–	–	–	–	–	–	–	–	30					
无乳链球菌［*Streptococcus*（*difficile*）*agalactiae*］	–	+	–	–	–	–	–	–	–	–	–	–	–	–	–	–	–	–	–	–	30	72 h		233	ND 2-22	
无乳链球菌［*Streptococcus*（*difficile*）*agalactiae*］	–	+	–	–	–	–	–	–	–	–	–	–	–	–	–	–	–	–	–	–	30	72 h		233	ND 2-22	
海豚链球菌（*Streptococcus iniae*）		+	+	–	+	–	+	+	–	+	–	–	–	–	–	–	–	–	–	–						
海豚链球菌（*Streptococcus iniae*）	–	+	+	–	+	–	+	+	–	+	–	–	–	–	–	–	–	–	–	–	30	72 h		233	ND 2-16	

试验	1 Gly	2 Ery	3 Dara	4 Lara	5 rib	6 dXyl	7 lXyl	8 ado	9 mdx	10 gal	11 glu	12 fru	13 mne	14 Lsor	15 rha	16 dul	17 ino	18 man	19 sor	20 mdm	21 mdg	22 nag	23 amy	24 arb	25 esc	26 sal	27 cel	28 mal	29 lac
海豚链球菌（*Streptococcus iniae*）	–	–	–	–	+	–	–	–	–		+	+	+	–	–	–	–	+	–	–	–	+	–	+	+	+	+	+	–
海豚链球菌（*Streptococcus iniae*）	–	–	–	–	+	–	–	–	–	+	+	+	+	–	–	–	–	+	–	–	–	+	+	+	+	+	+	+	–
副乳房链球菌（*Streptococcus parauberis*）	–	–	–	–	+	–	–	–	–	+	+	+	+	–	–	v	–	+	+	–	–	+	+	+	+	+	+	+	+
海豹链球菌（*Streptococcus phocae*）	–	–	–	–	+	–	–	–	–	–	+	+	+	–	–	–	–	–	–	–	–	+	–	–	–	–	–	+	–
猪链球菌（*Streptococcus porcinus*）	+	–	–	–	+	–	–	–	–	+	+	+	+	–	–	–	–	+	+	–	–	+	v		+	+	+	+	v
乳房链球菌（*Streptococcus uberis*）	–	–	–	–	+	–	–	–	–	+	+	+	+	–	–	v	–	+	+	–	–	+	+	+	+	+	+	+	+
海洋屈挠杆菌（*Tenacibaculum maritimum*）	–	–	–	–	–	–	–	–	–	–	–	–	–	–	–	–	–	–	–	–	–	–	–	–	–	–	–	–	–
河流漫游球菌（*Vagococcus fluvialis*）	–	–	–	–	+	–	–	–	–	–	+	+	+	–	–	–	–	+	+	–	+	+	+	+	+	+	+	+	–
河流漫游球菌（*Vagococcus fluvialis*）	–	–	–	–	+	–	–	–	–	–	+	+	+	–	–	–	–	+	–	–	+	–	+	+	+	+	+	+	–
沙氏漫游球菌（*Vagococcus salmoninarum*）	–	–	–	–	60	+ w	–	–	–	–	+	+	+	90	–	–	–	–	70	–	–	+	+	+	+	+	60	70	–
鲨鱼弧菌（*Vibrio carchariae*） ATCC 35084	–	–	–	–	+	–	–	–	–	+	+	+	+	–	–	–	–	+	–	–	–	+	–	–	+ w	–	+	+	–
魔鬼弧菌（*Vibrio diabolicus*）	+	–	–	–	+	–	–	–	–	+	+	+	+	–	–	–	–	+	–	–	–	+	+	–	–	–	–	+	–
费希尔弧菌（*Vibrio fischeri*）	–	–	–	–	+	–	–	–	–	+	+	+	+	–	–	–	–	–	–	–	–	+	–	–	–	+	+	+	–
哈维氏弧菌（*Vibrio harveyi*） ATCC 14129	–	–	–	–	+	–	–	–	–	+	+	+	+	–	–	–	–	+	–	–	–	+	–	–	+ w	–	+	+	–
贻贝弧菌（*Vibrio mytili*）	+	–	–	+	+	+	–	–	–	+	+	+	+	–	–	–	–	+	–	–	–	+	+	+	+	+	+	+	–
海蛹弧菌（*Vibrio nereis*）	–	–	–	–	+	–	–	–	–	–	+	+	+	–	–	–	–	–	–	–	–	+	–	–	–	–	–	+	–
杀对虾弧菌（*Vibrio penaeicida*）	–			–		–		–		–	+	+	+		–	–	–	–	–							–	+	+	–
杀鲑弧菌（*Vibrio salmonicida*）	+ sl	–	–	–	+	–	–	–	–	+	+	+	–	–	–	–	–	+	–	–	–	+	–	–	–	–	–	+	–
灿烂弧菌（*Vibrio splendidus*）	v	–	–	–	+	–	–	–	–	+	+	+	+	–	–	–	–	+	–	–	–	+	–	–	+	–	+	+	v
塔氏弧菌（*Vibrio tubiashii*）	–	–	–	–	+	–	–	–	–	+	+	+	+	–	–	–	–	+	–	–	–	+	+	–	–	–	+	+	–
克氏耶尔森氏菌（*Yersinia kristensenii*）	+	–	–	+	+	+	–	–	–	+	+	+	+	+	–	–	–	+	+	–	–	+	v	+	–	–	+	+	+
食半乳糖邹贝尔氏菌（*Zobellia galactanovorans*）	–			+						+	+	+	+		+			+	–				+		+			+	
潮气邹贝尔氏菌（*Zobellia uliginosa*）	–										+				–			–							+			+	

	30	31	32	33	34	35	36	37	38	39	40	41	42	43	44	45	46	47	48	49						
试验	mel	suc	tre	inu	mlz	raf	amd	glyg	xylt	gen	tur	lyx	tag	Dfuc	Lfuc	Darl	Larl	gnt	2ket	5ket	温度/℃	时间	Inoc	参考文献	菌株	菌株
海豚链球菌（*Streptococcus iniae*）	–	+	+	–	+	–	+	+	–	+	–	–	–	–	–	–	–	–	–	–	30	72 h		233，235	ND 2–16	
海豚链球菌（*Streptococcus iniae*）	–	+	+	–	+	–	+	+	–	+	–	–	–	–	–	–	–	–	–	–	24	72 h	0.85	183		
副乳房链球菌（*Streptococcus parauberis*）	–	+	+	v	–	v	–v	–	–	+	–	–	+	–	–	–	–	–	–	–	37	24 h		224		
海豹链球菌（*Streptococcus phocae*）	–	–	–	–	–	–	–	–	–	–	–	–	–	–	–	–	–	–	–	–	37	24 h		700		
猪链球菌（*Streptococcus porcinus*）	–	+	+	–		–	v	–	–		–	–	–	–	–	–	–	–	–	–	37	24～48 h	0.5	175		
乳房链球菌（*Streptococcus uberis*）	–	+	+	+	–	–	–	–	–	+	–	–	+	–	–	–	–	–	–	–	37	24 h		224		
海洋屈挠杆菌（*Tenacibaculum maritimum*）	–	–	–	–	–	–	–	–	–	–	–	–	–	–	–	–	–	–	–	–	22	12 h	ASW	88，89，211		
河流漫游球菌（*Vagococcus fluvialis*）	–	+	+	–			–	–	–	+	+	–	–	–	–	–	–		–	–				177	不同物种（species）	
河流漫游球菌（*Vagococcus fluvialis*）	–	–	+	–	–	–	–	–	–	+	v	–	–	–	–	–	–	–	–	–				177，498	NCDO 2497	
沙氏漫游球菌（*Vagococcus salmoninarum*）	–	+	+	–	–	–	–	–	–	50	–	–	+	–	60	–	–	–	+w	–	25	2~7 d		542，807	NCFB 2777	
鲨鱼弧菌（*Vibrio carchariae*）ATCC 35084	–	+	+	–	–	–	+	+	–	–	–	–	–	–	–	–	–	+	–	–				581		
魔鬼弧菌（*Vibrio diabolicus*）	–	+	+	–	–	–	+	+	–	–	–	–	–	–	–	–	–	+	–	–	25	48 h	2	635		
费希尔弧菌（*Vibrio fischeri*）	–	–	–	–	–	–	+	–	–	–	–	–	–	–	–	–	–	–	–	–	26	72 h	1.5	745	ATCC 25918	
哈维氏弧菌（*Vibrio harveyi*）ATCC 14129	–	+	+	–	–	–	+	+	–	–	–	–	–	–	–	–	–	+	–	–	25	24 h	2	581		
贻贝弧菌（*Vibrio mytili*）	–	+	+	–	+	–	+	+	–	+	v	–	–	–	–	–	–	+	–	–	25	48 h	2	635		
海蛹弧菌（*Vibrio nereis*）	–	+	+	–	–	–	+	–	–	–	v	–	–	–	–	–	–	+	–	–	25	48 h	2	635		
杀对虾弧菌（*Vibrio penaeicida*）	–	–	+			–		+													25	7 d		388	JMC 9123	
杀鲑弧菌（*Vibrio salmonicida*）	–	–	+	–	–	–	–	–	–	–	–	–	–	–	–	–	–	+	–	–				232		
灿烂弧菌（*Vibrio splendidus*）	+	–	+	–	–	–	+	+	–	–	–	–	–	–	10	–	–	+	–	–	25		2	281		
塔氏弧菌（*Vibrio tubiashii*）	–	+	+	–	–	–	+	+	–	–	–	–	–	–	–	–	–	+	–	–	25	48 h	2	635		
克氏耶尔森氏菌（*Yersinia kristensenii*）	–	–	+	–	–	–	+	–													28	48 h				
食半乳糖邹贝尔氏菌（*Zobellia galactanovorans*）		+										–	–						–		30	7 d	2.5	23	DSM 12802^T	
潮气邹贝尔氏菌（*Zobellia uliginosa*）		+										w	+						+		30	7 d	2.5	60	DSM 2061^T	

注：Gly 表示甘油；Ery 表示赤丁四醇；Dara 表示 D–阿拉伯糖；Lara 表示 L–阿拉伯糖；rib 表示核糖；dXyl 表示 D–木糖；ado 表示侧金盏花醇；mdx 表示 β–甲基–D–木糖苷；gal 表示半乳糖；glu 表示葡萄糖；fru 表示果糖；mne 表示甘露糖；Lsor 表示 L–山梨糖；rha 表示鼠李糖；dul 表示半乳糖醇；ino 表示纤维糖；man 表示甘露醇；sor 表示山梨醇；mdm 表示 α–甲基–D–甘露糖苷；mdg 表示 α–甲基–D–葡萄糖胺；nag 表示 N–乙酰葡糖胺；amy 表示苦杏苷；arb 表示熊果苷；esc 表示七叶苷；sal 表示水杨苷；cel 表示纤维二糖；mal 表示麦芽糖；lac 表示乳糖；mel 表示蜜二糖；suc 表示蔗糖；tre 表示海藻糖；inu 表示菊粉；mlz 表示松三糖；raf 表示蜜三糖；amd 表示淀粉；glyg 表示肝糖；xylt 表示木糖醇；gen 表示龙胆二糖；tur 表示 D–松二糖；lyx 表示 D–来苏糖；tag 表示 D–塔格糖；Dfuc 表示 D–海藻糖；Lfuc 表示 L–海藻糖；Darl 表示 D–阿拉伯糖醇；Larl 表示 L–阿糖醇；gnt 表示葡萄糖酸盐；2ket 表示 2–酮葡糖酸；5ket 表示 5–酮葡糖酸。数字表示菌株中阳性结果所占百分数。

表 4－28　API Coryne 数据库生化试验结果

	Nit	Pyz	Pyra	Pal	βgur	βgal	αglu	βNAG	esc	ure	gel	glu	rib	xyl	man	mal	lac	sac	gly	cat	参考文献
海洋哺乳放线菌（*Actinomyces marimammalium*）	–	–	–	v	–	+		+	–	–	–					+					370
伯纳德隐秘杆菌（*Arcanobacterium bernardiae*）					–	–			–		–		+	–			–		+	–	480
溶血隐秘杆菌（*Arcanobacterium haemolyticum*）									–		–		–	–			+		–	v	480
海豹隐秘杆菌（*Arcanobacterium phocae*）	–	–	+	+	–	+	+	–	–	–	–		+	v	30	+	v	+	+	v	480，636
海豹隐秘杆菌（*Arcanobacterium phocae*）	–	–	+	+	–	–	+	–	–	v	–		–	–	–	+	v	v	–	+	613
动物隐秘杆菌（*Arcanobacterium pluranimalium*）	–	–	v	–	+	–	–	–	w＋	–	+		+	–	–	+	–	–	–	+	480
海豹鼻节杆菌（*Arthrobacter nasiphocae*）	–	–	+	+	–	–	+	–	–	–	+	–	–	–	–	–	–	–	–	+	182
平鱼节杆菌（*Arthrobacter rhombi*）	–	–	–	–	–	+	–	–	+	–	–		–	–	+	+	+	+	–		600
水生棒杆菌（*Corynebacterium aquaticum*）	–	+	+	+	–	+	+	–	+	–	＋v					–					133
假白喉棒杆菌（*Corynebacterium pseudodiphtheriticum*）	+	+	+	+	–	–	–	–	–	+	–					–					133
伪结核棒状杆菌（*Corynebacterium pseudotuberculosis*）	–	–	–	+	–	+	–	–	–	+	–					–					133
龟嘴棒杆菌（*Corynebacterium testudinoris*）	+	–	–	–	–	–	v	–	+	–	–		+	–	–	+	–	+	–	+	180
结膜干燥棒状杆菌（*Corynebacterium xerosis*）	+	–	+	+	–	–	–	–	–	–	–					–					133

注：Nit 表示硝酸盐；Pyz 表示吡咯烷酮芳香基酰胺酶；Pyra 表示吡嗪酰胺酶；Pal 表示碱性磷酸酶；β gur 表示 β－葡萄糖苷酸酶；βgal 表示 β－半乳糖苷酶；αglu 表示 α 葡萄糖苷酶；βNAG 表示 N－乙酰氨基－β－葡萄糖苷酶；esc 表示七叶苷；ure 表示尿素酶；gel 表示明胶；glu 表示葡萄糖；rib 表示核酸糖；xyl 表示木糖；man 表示甘露醇；mal 表示麦芽糖；lac 表示乳糖；sac 表示蔗糖；gly 表示肝糖；cat 表示过氧化氢酶。＋表示阳性反应；－表示阴性反应；数字表示阳性菌株的百分数；w 表示弱反应。

表 4－29　API 20 Strep 数据库生化试验结果

	vp	hip	aes	pyra	α－gal	β－gur	β－gal	Pal	Lap	ADH	rib	ara	man	sor	lac	tre	inu	raf	amd	glyg	Hem	参考文献
缺陷乏养球菌（*Abiotrophia defectiva*）	–	–	–	+	+	–	+	–	+	–	–	–	–	–	+	+	–	+	+	–		
抑制肉杆菌（*Carnobacterium inhibens*）	–	+	+	–	–	–	–	–	–	–	+	–	+	–	＋w	+	＋w	–	–	–		412
栖鱼肉杆菌（*Carnobacterium piscicola*）	+	–	+	+				nt		+	+	–	+	+	v	+	+	v	–	+		542
鸟肠球菌（*Enterococcus avium*）	+	–	+	+	–	–	–	–	–	–	+	+	+	+	+	+	+	+	+	–	α	156
坚强肠球菌（*Enterococcus durans*）	+	–	+	+	+	–	+	–	–	+	+	–	–	–	+	–	–	–	+	–	α	156
粪肠球菌（*Enterococcus faecalis*）	+	–	+	+	–	–	+	–	+	+	+	–	+	+	+	+	–	–	+	–	γ	156
尿肠球菌（*Enterococcus faecium*）		+			–	–	+			+		+	+	–			–	–	–	v		
毗邻颗粒链菌（*Granulicatella adiacens*）	–	–	–	+	–	+	–	–	+	–	–	–	–	–	–	–	+	–	–	–		
小须鲸颗粒链菌（*Granulicatella balaenopterae*）	–	–	+	–	–	–	–	–	+	–	–	–	–	–	–	+	–	–	–	–		478，773
苛养颗粒链菌（*Granulicatella elegans*）	–	+	–	+	–	–	–	–	+	+					–	–	–	+	–	–	α	653

续表 4－29

	vp	hip	aes	pyra	α－gal	β－gur	β－gal	Pal	Lap	ADH	rib	ara	man	sor	lac	tre	inu	raf	amd	glyg	Hem	参考文献
格氏乳球菌（*Lactococcus garvieae*）	+	−	+	+	−	−	−	−	+	−	+	−	+	+	−	+	−	−	−	−	α	156
格氏乳球菌（*Lactococcus garvieae*）	+	−	+	+	−	−	−	−	+	+	+	−	+	−	−	+	−	−	−	−	α	237
乳酸乳球菌乳脂亚种（*Lactococcus lactis* ssp. *cremoris*）	+	−	+	−	−	−	+	−	+	+	+	−	−	−	−	+	−	−	−	−	γ	156
乳酸乳球菌乳酸亚种（*Lactococcus lactis* ssp. *lactis*）	+	−	+	+	−	−	−	−	+	+	+	−	−	−	−	+	−	−	+	−	γ	156
棉子糖乳球菌（*Lactococcus raffinolactis*）	+	−	+	−	+	−	−	−	+	−	−	−	−	−	+	+	−	+	+	−	γ	156
鱼类菌株海豚链球菌（*Streptococcus iniae* Fish strains）	−	−	+	+	−	+	−	+	+	70	+	−	46	−	−	+	−	−	+	+	αβ	183，223
人类菌株海豚链球菌（*Streptococcus iniae Human strains*）	−	−	+	−	−	−	−	+	+	−	−	−	+	−	−	+	−	−	+	−	αβ	223
海豚链球菌（*Streptococcus iniae*）	−	−	+	+	−	+	−	+	+	+	+	−	+	−	−	+	−	−	+	+	β	258，848
无乳（难辨）链球菌［*Streptococcus*（*difficile*）*agalactiae*］	+	−	−	−	−	−	−	+	+	+	+	−	−	−	−	−	−	−	−	+		233
无乳（难辨）链球菌［*Streptococcus*（*difficile*）*agalactiae*］	+	+	−	−	−	+	−	+	+	−	+s	−	−	−	−	−	−	−	−	+		776
海豹链球菌（*Streptococcus phocae*）	−	−	−	−	−	−	−	+	−	−	+	−	−	−	−	−	−	−	−	−		700
猪链球菌（*Streptococcus porcinus*）	+	−	+	−	−	+	−	+	+	+	+	−	+	+		+	−	−	v	−	β	175
河流漫游球菌（*Vagococcus fluvialis*）	+v	−	+	+	−	−	−	−v	+v	−	+	−	+	+	−	+	−	+	+	+	α	629
沙氏漫游球菌（*Vagococcus salmoninarum*）	+	+	+	+	−	−	−	+	+	−	70	−	−	70	−	+	−	−	−	−	α	542

注：VP 表示福格斯－普里斯考尔；hip 表示马尿酸盐；aes 表示七叶苷；pyra 表示吡嗪酰胺酶；α－gal 表示 α－半乳糖苷酶；βgur 表示 β－葡萄糖苷酸酶；β－gal 表示 β－半乳糖苷酶；Pal 表示碱性磷酸酶；Lap 表示亮氨酸氨基转移酶；ADH 表示精氨酸水解酶；rib 表示核酸糖；ara 表示阿拉伯糖；man 表示甘露醇；sor 表示山梨醇；lac 表示乳糖；tre 表示海藻糖；inu 表示菊粉；raf 表示蜜三糖；amd 表示苦杏仁苷；glyg 表示肝糖；Hem 表示溶血作用；nt 表示没有测试。数字表示阳性菌株的百分数。+表示阳性结果；−表示阴性结果；w 表示弱反应；s 表示慢反应。α 表示 α 溶血作用；β 表示 β 溶血作用；γ 表示没有溶血作用。

表 4－30　API Rapid ID 32 Strep 数据库生化试验结果

								[illegible]文献
细菌								
缺陷乏养球菌（*Abiotrophia defectiva*）								*，421
毗邻乏养菌（*Abiotrophia paraadiacens*）								[illegible]
海洋哺乳放线菌（*Actinomyces marimammalium*）								[illegible]
绿色气球菌（*Aerococcus viridians*）	−	70	3	30	60	[illegible]	[illegible]	

续表 4-30

	1	1.1	1.2	1.3	1.4	1.5	1.6	1.7	1.8	1.9	1A	1B	0	0.1	0.2	0.3	[illegible]	[illegible]	0.6	0.7	0.8	0.9	OA	OB	1C	1D	1E	OC	OD	OE	1F	OF	参考文献
	ADH	βglu	βgar	βgur	agal	pal	rib	man	sor	lac	tre	raf	vp	appa	βgal	pyrA	[illegible]	[illegible]	[illegible]ip	glyg	pul	mal	mel	mlz	suc	lara	darl	mbdg	tag	βman	cdex	ure	
伯纳德隐秘杆菌（*Arcanobacterium bernardiae*）			−	−	−		+			−					−	−	[illegible]	[illegible]	−	+													480
溶血隐秘杆菌（*Arcanobacterium haemolyticum*）			−	v	−		−			+					−	v	[illegible]	[illegible]	−	−													480
海豹隐秘杆菌（*Arcanobacterium phocae*）			+	−	+w		+			v					+	−	[illegible]	[illegible]	−	+													480
动物隐秘杆菌（*Arcanobacterium pluranimalium*）	−	−	−	+	−	−	+	−	−	−	−	−	−	+	−	+	−	v	+	−	−	−	−	−	−	−	−	−	−	−	−	−	480
化脓隐秘杆菌（*Arcanobacterium pyogenes*）			+	+	−		+			+					+	−			v	v													480
Atopobacter phocae	+	−	−	−	−	+	+	−	−	v	v	−	−	w −	−	w	−	−	−	+	+	+	−	−	v	−	−	−	−	−	+	−	479
类湖底肉杆菌（*Carnobacterium alterfundium*）	−						−	−					−			−	−	−				+			+								181
广布肉杆菌（*Carnobacterium divergens*）	+						+	−					+			+	+	+				+			+								181
湖底肉杆菌（*Carnobacterium funditum*）	−						−	−					−			−	−	+				+			+								181
鸡肉杆菌（*Carnobacterium gallinarum*）	+						+	−					+			+	+	+				+			+								181
抑制肉杆菌（*Carnobacterium inhibens*）	−	+	−	+	−	−	+	+	−	+w	+	−	−	−	−	−	−	−	+	−	−	+	−	−	+	+	+	+	−	−	−	−	412
活动肉杆菌（*Carnobacterium mobile*）	+						−	−					−			+	−	−				−			+								181
栖鱼肉杆菌（*Carnobacterium piscicola*）	+	−	−	+		−	+	+	v	−	+	w	+			+	+	+	−	−	−	+	w	w	+	−		w			+	−	479
粪肠球菌（*Enterococcus faecalis*）	+	+	−	−	−	−	+	+	−	+	+	−	+	+	−	+	+	−	−	−	−	+	−	−	+	−	−		+	−	+	−	638
猪红斑丹毒丝菌（*Erysipelothrix rhusiopathiae*）	42	−	+	−	−	28	−	−	−	75	−	−	−	64	−	+	80	85	−	−	−	−	−	−	−	−	−	−	−	−	−	−	*

续表 4-30

	1	1.1	1.2	1.3	1.4	1.5	1.6	1.7	1.8	1.9	1A	1B	0	0.1	0.2	0.3	0.4	0.5	0.6	0.7	0.8	0.9	OA	OB	1C	1D	1E	OC	OD	OE	1F	OF	参考文献
	ADH	βglu	βgar	βgur	agal	pal	rib	man	sor	lac	tre	raf	vp	appa	βgal	pyrA	βnag	gta	hip	glyg	pul	mal	mel	mlz	suc	lara	darl	mbdg	tag	βman	cdex	ure	
Facklamia miroungae	+	−	−	−	−	−w	nr	−	−	−	+	−	−	+	−	+	−w	w	−	−	−	−	−	−	−	−	−	−	−	−	−	+	368
毗邻颗粒链菌（*Granulicatella adiacens*）	−	+	−	30	−	−	−	−	−	−	−	−	−	+	−	70	25	−	−	−	−	+	−	−	+	−	−	−	+	−	−	−	*，421
小须鲸颗粒链菌（*Granulicatella balaenopterae*）	+	−	−	−	−	−	−	−	−	−	+	−	−	−	−	+w	+	−	−	−	+	+	−	−	−	−	−	−	−	−	−	+w	478，479
苛养颗粒链菌（*Granulicatella elegans*）	+	−	−	−	−	−				−	−	+	−				−		+	−	−				+				−			−v	421
格氏乳球菌（*Lactococcus garvieae*）	+	+	−	−	−	−	+	+	−	−	+	−	+	+	−	+	+	−	−	−	−	+	−	−	+	−	−		+	−	+	−	638
格氏乳球菌（*Lactococcus garvieae*）	+	+	−	−	−	−	35	75	−	50	+	−	+	+	−	74	10	−	−	−	−	75	−	−	50	−	−	85	50	−	50	−	*
生物型 1								+								+	−								+				+		−		*，780
生物型 2								+								+	−								+				+		+		*，780
生物型 3								+								+	−								−				+		−		*，780
生物型 4								+								−	−								−				−		−		*，780
生物型 5								+								−	+								−				+		−		*，780
生物型 6								+								−	+								−				−		+		*，780
生物型 7								+								+	−								−				+		−		*，780
生物型 8								−								+	−								−				−		−		*，780
生物型 9								−								+	+								−				−		−		*，780
生物型 10								+								−	−								−				−		+		*，780
生物型 11								+								+	−								−				+		+		*，780
生物型 12								+								−	−								+				+		−		*，780
生物型 13								+								−	−								−				+		−		*，780
乳酸乳球菌乳酸亚种（*Lactococcus lactis lactis*）	+	+	5	−	−	−	95	26	−	50	75	−	74	+	26	−	50	−	26	−	−	+	−	−	26	−	−	85	3	50	95	−	*
无乳链球菌（*Streptococcus agalactiae*）	+	−	−	50	10	+	85	−	−	30	74	−	90	+	−	−	−	−	+	4	+	+	−	−	+	−	−	90	26	−	−	−	*
无乳链球菌（*Streptococcus agalactiae*）	+	−	−	+	31	+	+	−	−	−	+		+	+	−	−	−	−	+	−	+	+	−	−	+	−	−	+	−	−	−	−	242γ

续表 4-30

	1	1.1	1.2	1.3	1.4	1.5	1.6	1.7	1.8	1.9	1A	1B	0	0.1	0.2	0.3	0.4	0.5	0.6	0.7	0.8	0.9	OA	OB	1C	1D	1E	OC	OD	OE	1F	OF	参考文献
	ADH	βglu	βgar	βgur	agal	pal	rib	man	sor	lac	tre	raf	vp	appa	βgal	pyrA	βnag	gta	hip	glyg	pul	mal	mel	mlz	suc	lara	darl	mbdg	tag	βman	cdex	ure	
无乳链球菌［*Streptococcus agalactiae*（*difficile*）］	+	−	−	−	−	−	−	−	−	−	−	−	+	−	−	−	−	−	−	−	−	+	−	−	−	−	−	−	−	−	−	−	135
停乳链球菌停乳亚种（*Streptococcus dysgalactiae* ssp. *dysgalactiae*）	+	−	−	+	−	+	+	−	−	+	+	−	−	+	−	−	−	−	−	+	+	+	−	−	+	−	−	−	−	−	40	−	727
	链球菌兰氏分型组 L 为阳性；Streptex 组 A－G 为阴性																																
海豚链球菌（*Streptococcus iniae*）－鱼型	67			+	−		83	+	−	−	+	−	−			+			−	+						−							
海豚链球菌（*Streptococcus iniae*）－人型	−			−	−		−		−	−	+	−	−			−			−	−						−							
海豚链球菌（*Streptococcus iniae*）－鱼型	+s	+	−	+	−	w	−	+	−	−	+	−	−	+	−	+	−	−	−	−	−	−	−	−	−	−	−	−	−	−	−	−	135σ
海豚链球菌（*Streptococcus iniae*）－鱼型	+	+	−	+	−	−	+	+	−	−	+	−	−	+	−	+	−	−	−	+	−	+	−	−	+	−	−	−	−	−	−	−	135#a
海豚链球菌（*Streptococcus iniae*）－鱼型	+	+	−	−	−	−	−	+	−	−	+	−	−	+	−	+	−	−	−	−	−	+	−	−	+	−	−	−	−	−	−	−	135#b
副乳房链球菌（*Streptococcus parauberis*）	+	+	−	−	15	−	+	+	+	+	+	10	+	+	−	10	−	−	50	−	−	+	−	10	+	−	−	+	30	30	−	−	*，224，745
乳房链球菌（*Streptococcus uberis*）	+	+	30	+	15	5	+	+	+	+	+	20	+	+	−	30	−	−	90	5	−	+	−	−	+	−	−	+	5	−	−	−	*
Vagococcus fessus	−	v	v	−	−	−	−	−	−	−	−	−	−	−	−	+	−	v	−	−	−	−	−	−	−	−	−	−	−	−	v	−	369
河流漫游球菌（*Vagococcus fluvialis*）	−	+	−	−	−	−	+	+	+	−	+	−	−	−	−	+	+	+	−	−	−	+	−	−	+	−	−	−	−	v+	+	−	177，369，629
Vagococcus lutrae	−	+	−w	−	+	−w	+	−	+	−	+	−	−	−	−w	+	+	+	−	−	−	+	−	−	+	−	−	+	−	+	+	−	477
沙氏漫游球菌（*Vagococcus salmoninarum*）	−						+	+	+	−	+	−	−						−			+	−	−	+	−	−				+	−	682，732
沙氏漫游球菌（*Vagococcus salmoninarum*）	−						+	+	+	−	+	−	−			+			−			+	−	−	+	−	−				+	−	682，732

注：ADH 表示精氨酸双水解酶；βglu 表示 β－葡萄糖苷酶；βgar 表示 β－半乳糖苷酶；βgur 表示 β－葡萄糖苷酸酶；αgal 表示 α－半乳糖苷酶；pal 表示碱性磷酸酶；rib 表示核糖；man 表示甘露醇；sor 表示山梨醇；lac 表示乳糖；tre 表示海藻糖；raf 表示蜜三糖；vp 表示乙酰甲基甲醇产物（福格斯－普里斯考尔）；appa 表示丙氨酸－苯丙氨酸－脯氨酸芳香基酰胺酶；βgal 表示 β－半乳糖苷酶；pyrA 表示焦谷氨酸芳香基酰胺酶；βnag 表示 N－乙酰氨基－β－葡萄糖苷酶；gta 表示甘氨酰（基）－色氨酸芳香基酰胺酶；hip 表示马尿酸盐；glyg 表示肝糖；pul 表示支链淀粉；mal 表示麦芽糖；mel 表示蜜二糖酶；mlz 表示松三糖酶；suc 表示蔗糖；lara 表示 L－阿拉伯糖；darl 表示 D－阿拉伯糖；mbdg 表示甲基－β－D－葡萄糖苷；tag 表示塔格糖；βman 表示 β 甘露糖苷酶；cdex 表示环式糊精；ure 表示尿素酶。w 表示弱反应；+表示阳性反应；−表示阴性反应；s 表示慢反应。数字表示阳性菌株所占百分数。*表示来自 API 数据库；#表示 AHLDA 1722 菌株来自进口水族馆鱼类（a 表示在 37 ℃培养的结果；b 表示在 25 ℃培养的结果）；σ 表示菌株来自昆士兰州；γ 表示菌株来自科威特的鲻鱼和鲷。

表 4 – 31　API Zym 数据库结果

反应管	1	2	3	4	5	6	7	8	9	10	11	12	13	14	15	16	17	18	19	20	温度/℃	时间	Inoc	菌株	参考文献
酶	con	alk	C4	C8	C14	aryl	val	cys	try	chr	acp	np	α – gal	β – gal	β – glucr	α – glu	β – glu	N – αβglu	man	fuc			NaCl/%		
细菌			est	Est lip	lip																				
海豚放线杆菌（*Actinobacillus delphinicola*）	–	5	1	3	–	3	–	–	–	–	5	0 ~ 2	–	–	–	–	–	–	–	–					263
黏放线菌（*Actinomyces viscosus*）	–	–	–	+	–	+	+	–	–	–	+	+	+	+	–	–	+	–	–	+					41
南极栖海面菌（*Aequorivita antarctica*）	–	+	+																	–	20				113
绿气球菌螯龙虾变种（*Aerococcus viridans* var. *homari*）	–	+	+	+	–	+	–	–	–	–	–	+	–	–	–	–	–	–	–	–					41
嗜水气单胞菌（*Aeromonas hydrophila*）	–	5	–	4	2	4	1	–	3	–	5	1	–	3	–	1	–	4	–	–	25	4 h	0. 85	NCTC 7810	135
简达气单胞菌（*Aeromonas janadaei*）	–	1	2	3	–	2	w	–	–	–	2	2	–	2	–	w	–	2	–	–	25	4 h	0. 85	AHLDA 1718	135
杀鲑气单胞菌（*Aeromonas salmonicida*）	–	3	–	1	–	2	w	–	1	–	5	1	–	–	–	–	–	2	–	–	25	20 h	0. 85	AHLDA 1334	135
维隆气单胞菌（*Aeromonas veronii sobria*）	–	5	–	4	1	3	w	–	3	–	5	1	1	4	–	1	–	5	–	–	25	4 h	0. 85	AHLDA 1684	135
麦氏交替单胞菌（*Alteromonas macleodii*）	–	4	–	2	–	2	2	–	4	–	4	1	–	–	–	–	–	–	–	–					283
海豹隐秘杆菌（*Arcanobacterium phocae*）	–	4	2	2	–	3	–	1	v	–	5	–	3	1	–	5	–	–	–	–					636
金黄节杆菌（*Arthrobacter aurescens*）	–	–	–	+	–	+	–	+	+	–	+	+	–	+	+	+	+	–	+	–					41
海豹鼻节杆菌（*Arthrobacter nasiphocae*）	–	+	1	–	–	+	–	–	–	–	+		–	–	–	+	–	–	–	–	MI	MI	MI	CCUG 42953	182
Atopobacter phocae	–	+	1	1	–	– w	–	–	–	–	+	–	–	v	–	–	–	–	–	–					479
支气管败血性博德特氏菌（*Bordetella bronchiseptica*）	–	w – 1	1	1	–	3 ~ 4	w	–	–	–	2	w – 2	–	–	–	–	–	–	–	–	7	4 h	0. 85	不同菌株	135
缺陷短波单胞菌（*Brevundimonas diminuta*）	–	+		+	–	+	–	–	+	+	+		–	–		–	–	–	–	–					685

续表 4-31

反应管	1	2	3	4	5	6	7	8	9	10	11	12	13	14	15	16	17	18	19	20	温度/℃	时间	Inoc	菌株	参考文献
酶	con	alk	C4	C8	C14	aryl	val	cys	try	chr	acp	np	α-gal	β-gal	β-glucr	α-glu	β-glu	N-αβglu	man	fuc			NaCl/%		
细菌			est	Est lip	lip																				
泡囊短波单胞菌（*Brevundimonas vesicularis*）	-	+		+	-	+	v	-	+	-	+		-	-		+	-	-	-	-					685
类湖底肉杆菌（*Carnobacterium alterfunditum*）	-	+	+	-	-	-	-	-	-	-	+	+	-	-	-	-	+	-	-	-	25		0.85	CCUG 34643	649
广布肉杆菌（*Carnobacterium divergens*）	-	+	+	-	-	-	-	-	-	-	w	+	-	-	-	-	-	-	-	-	25		0.85	CCUG 30094	649
广布肉杆菌（*Carnobacterium divergens*）6251	-	-	+	w	-	-	-	-	-	-	-	w	-	-	+	-	-	-	-	-	25		0.85	6251	649
湖底肉杆菌（*Carnobacterium funditum*）	-	+	+	-	-	-	-	-	-	-	+	+	-	-	-	-	+	-	-	-	25		0.85	CCUG 34644	649
鸡肉杆菌（*Carnobacterium gallinarum*）	-	+	+	-	-	-	-	-	-	-	-	w	-	-	-	-	-	-	-	-	25		0.85	CCUG 30095	649
抑制肉杆菌（*Carnobacterium inhibens*）	-	-	-	-	-	-	-	-	-	-	-	-	-	-	-	-	+	-	-	-					412
抑制肉杆菌（*Carnobacterium inhibens*）	-	-	-	-	-	-	-	-	-	-	-	+	-	-	-	-	+	-	-	-	25		0.85	CCUG 31728	649
活动肉杆菌（*Carnobacterium mobile*）	-	+	+	-	-	-	-	-	-	-	-	w	-	-	-	-	-	-	-	-	25		0.85	CCUG 30096	649
栖鱼肉杆菌（*Carnobacterium piscicola*）	-	-												-	+		-								479
溶解噬纤维菌（*Cellulophaga lytica*）	-	5	3	4	1	5	4	2	3	1	5	5	1	1	-	3	2	5	2	-	22	12 h	ASS		89
大比目鱼金黄杆菌（*Chryseobacterium balustinum*）	-	5	1	2	2	5	5	3	2	1	5	5	-	-	-	3	3	2	-	-	25	12 h	ASS		89，557
黏金黄杆菌（*Chryseobacterium gleum*）	-	5	2	3	1	5	5	2	2	2	5	5	-	-	-	4	5	4	-	-	22	12 h			557
产吲哚金黄杆菌（*Chryseobacterium indologenes*）	-	5	2	3	1	5	4	2	2	2	5	5	-	-	-	5	-	4	-	-	22	12 h			557
吲哚金黄杆菌（*Chryseobacterium indoltheticum*）	-	5	2	3	1	5	4	1	-	-	4	4	-	-	-	4	-	3	-	-	22	12 h			557

续表 4－31

反应管	1	2	3	4	5	6	7	8	9	10	11	12	13	14	15	16	17	18	19	20	温度/℃	时间	Inoc	菌株	参考文献
酶	con	alk	C4	C8	C14	aryl	val	cys	try	chr	acp	np	α－gal	β－gal	β－glucr	α－glu	β－glu	N－αβglu	man	fuc			NaCl/%		
细菌			est	Est lip	lip																				
脑膜脓毒性金黄杆菌（*Chryseobacterium meningosepticum*）	－	5	4	4	3	5	5	5	3	4	4	5	3	－	－	4	2	5	2	2	37	4 h	ASS		89
大菱鲆金黄杆菌（*Chryseobacterium scophthalmum*）	－	5	3	4	1	5	4	2	4	1	5	5	－	－	－	3	1	2	－	－					557
海豹棒杆菌（*Corynebacterium phocae*）	－	+	－	+	－	v	－	－	－	－	+	－	－	－	－	+	－	－	－	－					613
龟嘴棒杆菌（*Corynebacterium testudinoris*）	－	－	w	w	－	+	－	－	－	－	+w	－	－	－	－	v	+	－	－	－					180
变态噬纤维菌（*Cytophaga allerginae*）	－	5	2	4	1	5	5	2	1	3	5	5	3	3	2	5	5	4	－	－	22	12 h	ASS		89
地生噬纤维菌（*Cytophaga arvensicola*）	－	5	2	3	1	5	5	2	4	1	4	4	3	4	－	4	3	5	2	3	22	12 h	ASS		89
发酵噬纤维菌（*Cytophaga fermentans*）	－	5	1	3	－	5	2	－	2	－	5	5	－	5	1	2	5	5	－	－	22	12 h	ASS		89
哈氏噬纤维菌（*Cytophaga hutchinsonii*）	－	4	2	4	1	4	4	3	－	－	3	2	－	－	－	－	－	－	－	－	22	12 h	ASS		89
砖红噬纤维菌（*Cytophaga latercula*）	－	5	2	4	1	5	5	3	5	5	4	4	－	－	－	－	－	－	－	－	22	12 h	ASS		89
迟钝爱德华菌（*Edwardsiella tarda*）	－	5	－	－	w	5	1	－	－	－	4	2	－	－	－	－	－	3	－	－	25	20 h	0.85	AHLDA 135	135
短稳杆菌（*Empedobacter brevis*）	－	5	3	4	－	5	5	3	3	2	5	5	－	－	－	4	－	－	－	－	22	12 h	ASS		89
挪威肠弧菌（*Enterovibrio norvegicus*）	－	+	+	+	+	+	－	－	－	－	+	+	－	nr	－	nr	nr	nr	nr	nr	28	48 h	2	LMG 19839^T	741
Facklamia miroungae	－	－w	－	－	－	+	w	w	－	w	w	w	－	－	－	－	－	－w	－	－					368
水生黄杆菌（*Flavobacterium aquatile*）	－	4	2	4	1	5	5	2	－	－	1	2	－	－	－	5	－	－	－	－	22	12 h	ASS		89，92
水生黄杆菌（*Flavobacterium aquatile*）	－	+	+	+	－	+	+	+	+	－	+	+	－	－	－	+	－	+	－	－	18	48 h		ATCC 11947	603

续表 4－31

反应管	1	2	3	4	5	6	7	8	9	10	11	12	13	14	15	16	17	18	19	20	温度/℃	时间	Inoc	菌株	参考文献
酶	con	alk	C4	C8	C14	aryl	val	cys	try	chr	acp	np	α－gal	β－gal	β－glucr	α－glu	β－glu	N－αβglu	man	fuc			NaCl/%		
细菌			est	Est lip	lip																				
嗜鳃黄杆菌（*Flavobacterium branchiophilum*）	－	5	2	3	－	5	4	2	2	－	4	4	－	－	－	1	－	－	－	－	25	12 h	ASS		92
嗜鳃黄杆菌（*Flavobacterium branchiophilum*）	－	+	+	+	－	+	+	+	+v	－	+	+	v	－	－	+	+	－	－	－	18	48 h	0.85		603
嗜鳃黄杆菌（*Flavobacterium branchiophilum*）	－	+	+	+	－	+	+	+	－	－	+	+	－	－	－	－	－	－	－	－					802
柱状黄杆菌（*Flavobacterium columnare*）	－	5	2	3	－	4	4	1	3	1	3	3	－	－	－	－	－	－	－	－	25	12 h	ASS		88，92
柱状黄杆菌（*Flavobacterium columnare*）	－	5	－	2	－	5	5	3	－	－	5	4	－	－	－	3	－	1	－	－					376
柱状黄杆菌（*Flavobacterium columnare*）	－	+	+	+	－	+	+	+	－	－	+	+	－	－	－	－	－	－	－	－	18	48 h		NCMB 2248	603
柱状黄杆菌（*Flavobacterium columnare*）	－	5	－	2	－	5	2	2	－	－	1	1	－	－	－	－	－	－	－	－	25	4 h	0.85	AHLDA 1468	135
内海黄杆菌（*Flavobacterium flevense*）	－	5	1	2	1	5	1	1	－	－	3	3	1	5	－	3	－	4	－	－	22	12 h	ASS		89，92
冷水黄杆菌（*Flavobacterium frigidarium*）	－	5	－	2	－	5	5	1	－	1	5	5	－	－	－	－	－	－	－	－					376
水栖黄杆菌（*Flavobacterium hydatis*）	－	5	2	4	1	4	5	2	－	－	4	5	－	－	－	4	－	2	－	－	22	12 h	ASS		89，92
水栖黄杆菌（*Flavobacterium hydatis*）	－	5	－	1	－	5	5	3	－	－	5	5	－	－	－	5	－	5	－	－					376
约氏黄杆菌（*Flavobacterium johnsoniae*）	－	5	1	3	1	5	5	2	1	1	4	5	－	3	－	4	1	4	－	－	25	12 h	ASS		89，92
约氏黄杆菌（*Flavobacterium johnsoniae*）	－	5	3	4	1	4	5	3	1	2	5	4	5	5	1	5	2	5	－	－	25	12 h	ASS		89
约氏黄杆菌（*Flavobacterium johnsoniae*）	－	5	2	3	1	5	5	3	1	2	5	4	3	3	1	5	2	5	－	－	25	12 h	ASS		89
约氏黄杆菌（*Flavobacterium johnsoniae*）	－	5	－	1	－	3	1	1	－	－	4	3	2	1	－	3	3	2	－	－	25				376

续表 4－31

反应管	1	2	3	4	5	6	7	8	9	10	11	12	13	14	15	16	17	18	19	20	温度/℃	时间	Inoc	菌株	参考文献
酶	con	alk	C4	C8	C14	aryl	val	cys	try	chr	acp	np	α－gal	β－gal	β－glucr	α－glu	β－glu	N－αβglu	man	fuc			NaCl/%		
细菌			est	Est lip	lip																				
约氏黄杆菌（*Flavobacterium johnsoniae*）	－	+	+	+	+	+	+	+	+	+	+	+	+	+	－	+	+	+	－	－	18	48 h		ATCC 17061	603
噬果胶黄杆菌（*Flavobacterium pectinovorum*）	－	5	3	3	－	4	4	2	－	－	4	4	－	2	1	4	5	3	－	－	22	12 h		NCIMB 9059	92
嗜冷黄杆菌（*Flavobacterium psychrophilum*）	－	5	2	3	1	5	1	－	－	－	3	3	－	－	－	－	－	－	－	－	20	12 h		NCIMB 1947	89，92
嗜冷黄杆菌（*Flavobacterium psychrophilum*）	－	+	－	+	－	+	+	－	－	－	+	+	－	－	－	－	－	－	－	－	18	48 h		NCMB 1947	603
嗜糖黄杆菌（*Flavobacterium saccharophilum*）	－	5	3	4	－	4	4	2	－	－	5	3	2	4	－	5	－	4	－	－	22	12 h	ASS	NCIMB 2072	92
嗜糖黄杆菌（*Flavobacterium saccharophilum*）	－	5	－	1	－	2	1	－	－	－	5	2	－	1	－	1	－	1	－	－				NCIMB 2072	376
琥珀酸黄杆菌（*Flavobacterium succinicans*）	－	5	3	3	－	4	4	2	1	－	5	5	－	－	－	4	2	4	－	－	22	12 h	ASS	NCIMB 2277	92
聚集屈挠杆菌（*Flexibacter aggregans*）	－	5	3	4	1	5	4	3	3	－	5	5	1	3	－	4	2	5	3	3	22	12 h	ASS	NCMB 1443	89
橙色屈挠杆菌（*Flexibacter aurantiacus* *）	－	5	2	4	1	5	5	3	－	－	5	3	－	1	－	5	3	3	－	－	22	12 h	ASS	NCMB 1382	89
橙色屈挠杆菌（*Flexibacter aurantiacus* *）	－	5	2	4	1	5	5	3	－	－	5	4	－	－	－	5	3	4	－	－	22	12 h	ASS	NCMB 1455	89
加拿大屈挠杆菌（*Flexibacter canadensis*）	－	5	2	3	1	5	5	3	4	1	5	5	4	1	－	5	3	4	－	3	22	12 h	ASS	ATCC 29591	89
易挠屈挠杆菌（*Flexibacter flexilis*）	－	5	3	4	－	5	4	3	1	2	3	1	－	－	－	3	－	－	－	－	22	12 h	ASS	NCMB 1377	89
易挠屈挠杆菌（*Flexibacter flexilis*）	－	+	－	+	－	+	+	+	－	+	+	+	－	－	－	+	+	－	－	－				ATCC 23079	603
海滨屈挠杆菌（*Flexibacter litoralis*）	－	5	2	4	1	5	5	3	5	1	5	5	－	－	－	－	－	－	－	－	22	12 h	ASS	NCMB 1366	89
多形屈挠杆菌（*Flexibacter polymorphus*）	－	5	2	3	1	5	5	3	4	1	2	2	－	－	－	2	－	－	－	－	30	12 h	ASS	ATCC 27820	89

续表 4－31

反应管	1	2	3	4	5	6	7	8	9	10	11	12	13	14	15	16	17	18	19	20	温度/℃	时间	Inoc	菌株	参考文献
酶	con	alk	C4	C8	C14	aryl	val	cys	try	chr	acp	np	α－gal	β－gal	β－glucr	α－glu	β－glu	N－αβglu	man	fuc			NaCl/%		
细菌			est	Est lip	lip																				
玫瑰屈挠杆菌（*Flexibacter roseolus*）	－	4	2	3	1	3	3	2	1	3	2	2	－	－	－	－	－	－	－	－	25	12 h	ASS	NCMB 1433	89
红屈挠杆菌（*Flexibacter ruber*）	－	5	3	4	2	3	3	2	1	3	3	3	－	－	－	－	－	－	－	－	25	12 h	ASS	NCMB 1436	89
神圣屈挠杆菌（*Flexibacter sancti*）	－	5	－	2	－	4	1	－	4	－	4	5	4	4	－	4	3	4	－	2	22	12 h	ASS	NCMB 1379	89
聚团屈挠杆菌（*Flexibacter tractuosus*）	－	5	2	3	1	5	4	3	1	4	5	4	－	－	－	5	1	－	－	－	22	12 h	ASS	NCMB 1408	89
小须鲸颗粒链菌（*Granulicatella balaenopterae*）	－	－	－	+	－	+	－	－	－	－	－	－	－	－	－	－	－	+	－	－					478
蜂房哈夫尼菌（*Hafnia alvei*）	－	5	－	w	1	3	2	－	w	－	4	1	－	2	－	2	1	w	－	－	25	4 h	0. 85	AHLDA 1729	135
鳗利斯特氏菌（*Listonella anguillarum*）	－	+	+	+	－	+	+	+	－	－	+	+	－	－	－	－	－	+	－	－	22	24 h		ATCC 14181	506
鳗利斯特氏菌（*Listonella anguillarum*）	－	4	－	2	－w	1	－	－	－	－	－	－	－	－	－	－	－	－	－	－	25	24 h	2	NCMB 6	81
鳗利斯特氏菌（*Listonella anguillarum*）	－	3	1	2	2	2	1	1	－	－	－	w	－	w	－	－	2	－	－	－	25	24 h	2	AHLDA 1730	135
海利斯特氏菌（*Listonella pelagia*）Ⅱ	－	+	+	+	－	+	－	－	+	－	+	+	－	－	－	－	－	－	－	－	22	24 h		NCMB 2253	506
曼氏溶血杆菌（*Listonella pelagia*）Ⅱ	－	5	1	1－w	－	1～3	0～1	－	－	－	5	1～2	－	1～2	－	－	－	－	－	0～2	37	4 h	0. 85	多样性	135
鲑鱼肉色海滑菌（*Marinilabilia salmonicolor*）	－	5	1	2	－	－	－	－	－	4	2	1	3	－	1	5	5	5	－	－	25	12 h	ASS	NCMB 2216	89
海洋莫里特氏菌（*Moritella marina*）	－	+	+	+	－	+	－	－	－	－	+	+	－	－	－	－	－	－	－	－	22	24 h		NCMB 1144	506
黏菌落莫里特氏菌（*Moritella viscosa*）	－	+	+	+	+	+	－	－	－	－	+	+	－	－	－	－	－	－	－	－	22	24 h		NCMB 13584	506
拟香味类香味菌（*Myroides odoratimimus*）	－	+	+	+	－w	3	－w	－w	－	－w	+	+	－	－	－	－	－	－	－	－				NCTC 11180	774

续表 4－31

反应管	1	2	3	4	5	6	7	8	9	10	11	12	13	14	15	16	17	18	19	20	温度/℃	时间	Inoc	菌株	参考文献
酶	con	alk	C4	C8	C14	aryl	val	cys	try	chr	acp	np	α－gal	β－gal	β－glucr	α－glu	β－glu	N－αβglu	man	fuc			NaCl/%		
细菌			est	Est lip	lip																				
香味类香味菌（*Myroides odoratus*）	－	＋	＋	＋	－w	1	－w	－w	－	－w	＋	＋	－	－	－	－	－	－	－	－				NCTC 11036	774
香味类香味菌（*Myroides odoratus*）	－	5	2	3	－	2	－	－	1	－	5	5	－	－	－	－	－	－	－	－	30	12 h		NCTC 11036	89
多杀巴斯德菌（*Pasteurella multocida*）	－	5	1－w	1～2	－	2	0－w	－	－	－	5	1	－	－	－	－	－	－	－	－	37	4 h	0.85	多样性	135
斯凯巴斯德菌（*Pasteurella skyensis*）	－	5	1	2	－	2	－	－	－	－	5	5	－	－	－	－	－	－	－	－	25	4 d	1.5	NCTC 13204	100
解肝磷脂土地杆菌（*Pedobacter heparinus*）	－	＋	＋	＋	－	＋	－	－	－	－	＋	＋	＋	＋	－	＋	＋	＋	＋	－	28	4 h	0.85	NCIB 9290	728
解肝磷脂土地杆菌（*Pedobacter heparinus*）	－	5	2	4	－	4	2	1	－	－	4	2	－	－	－	1	－	4	1	－	22	12 h		NCIB 9290	89
鱼土地杆菌（*Pedobacter piscium*）	－	＋	＋	＋		＋	＋	＋	＋	＋	＋	＋	－	＋	－	＋	＋	＋	＋	－	28	4 h			728
子宫海豚杆菌（*Phocoenobacter uteri*）	－	5	1	5	－	1	－	－	－	－	5	5	－	－	－	－	－	－	－	－					266
美人鱼发光杆菌（*Photobacterium damselae*）	－	＋	＋	＋	－	＋	－	－	－	－	＋	＋	－	－	－	－	－	＋	－	－	22	24 h		NCMB 2184	506
美人鱼发光杆菌（*Photobacterium damselae*）	－	5	－	2	－	4	1	1	－	w	5	1	－	1	－	－	－	4	－	－	25	20 h	2	AHLDA 1683	135
杀鱼发光杆菌（*Photobacterium piscicida*）	－	＋	＋	＋	－	＋	－	－	－	－	＋	＋	－	－	－	－	－	＋	－	－					855
类志贺毗邻单胞菌（*Plesiomonas shigelloides*）	－	4	－	1	w	4	1	－	－	－	5	1	－	w	－	2	－	5	－	－	25	4 h		AHLDA 192	135
南极洲假交替单胞菌（*Pseudoalteromonas antarctica*）	－	＋	＋	＋	－	＋	＋	＋	＋	＋	＋	＋	－	－	－	＋	－	＋	＋	－					115
柠檬假交替单胞菌（*Pseudoalteromonas citrea*）	－								＋	＋	＋			－	－		－	w	－	－					285
红色假交替单胞菌（*Pseudoalteromonas rubra*）	－	4	－	2	1	2	1	－	4	1	4	2	－	－	－	－	－	2	－	－					283
鳗败血假单胞菌（*Pseudomonas anguilliseptica*）	－	＋	－	＋	＋	＋	－	－	－	－	＋	＋	－	－	－	－	－	－	－	－				NCIMB 1949^T	96

续表 4－31

反应管	1	2	3	4	5	6	7	8	9	10	11	12	13	14	15	16	17	18	19	20	温度/℃	时间	Inoc	菌株	参考文献
酶	con	alk	C4	C8	C14	aryl	val	cys	try	chr	acp	np	α－gal	β－gal	β－glucr	α－glu	β－glu	N－αβglu	man	fuc			NaCl/%		
细菌			est	Est lip	lip																				
变形假单胞菌（*Pseudomonas plecoglossicida*）	－	+	－	+	－	+	+	－	+	－	+	+	－	－	－	－	－	－	－	－					582
鲑鱼肾杆菌（*Renibacterium salmoninarum*）	－	+	－	+	－	+	－	－	+	－	+	+	－	－	－	+	－	－	+	－					41
海藻希瓦氏菌（*Shewanella algae*）	－	+	－	+	－	+	13	－	+	+	+	+	－	－	－	－	－	+	－	－					433
波罗的海希瓦氏菌（*Shewanella baltica*）	－	－	－	－	－	－	－	－	－	w	－	－	－	－	－	－	－	+	－	－					851
腐败希瓦氏菌（*Shewanella putrefaciens*）	－	+	－	+	－	+	67	－	78	89	+	+	－	－	－	－	－	+	－	－					433
多食鞘氨醇杆菌（*Sphingobacterium multivorum*）	－	+	－	+	－	+	+	－	－	－	+	－	－	+	－	+	－	+	－	－					364
多食鞘氨醇杆菌（*Sphingobacterium multivorum*）	－	5	4	4	1	5	1	1	－	－	5	5	2	4	－	4	3	5	3	－	37	4 h	ASS	NCTC 11343	89
食神鞘氨醇杆菌（*Sphingobacterium spiritivorum*）	－	+	－	－	－	－	－	－	+	－	+	1	－	1	－	+	－	+	－	－				NCTC 11386	365
食神鞘氨醇杆菌（*Sphingobacterium spiritivorum*）	－	5	2	4	－	5	1	1	5	2	5	5	2	4	1	3	2	5	3	4	30	12 h	ASS	NCTC 11386	89
水獭葡萄球菌（*Staphylococcus lutrae*）	－	5	5	5	－	－	－	－	－	－	5	5	－	1	－	－	－	－	－	1					264
海洋屈挠杆菌（*Tenacibaculum maritimum*）	－	5	1	3～4	2～5	5	5	5	5	5	5	5	－	－	－	0～1	－	－	－	－	18	7 d	2		605
海洋屈挠杆菌（*Tenacibaculum maritimum*）	－	5	3	4	1	5	5	3	1	2	5	5	－	－	－	－	－	－	－	－	25	12 h	2		89
海洋屈挠杆菌（*Tenacibaculum maritimum*）	－	5	2	3	1	4	5	2	3	1	5	5	－	－	－	－	－	－	－	－	22	12 h	0.85	ATCC 43398	743
解卵屈挠杆菌（*Tenacibaculum ovolyticum*）	－	+	+	+	－	+	+	－	－	－	+	+	－	－	－	－	－	－	－	－					324
Vagococcus fessus	－	v	+w	+w	－	+	－	v	－	+	－	－	－	v	－	－	v	－	－	－					369

续表 4－31

反应管	1	2	3	4	5	6	7	8	9	10	11	12	13	14	15	16	17	18	19	20	温度/℃	时间	Inoc	菌株	参考文献
酶	con	alk	C4	C8	C14	aryl	val	cys	try	chr	acp	np	α－gal	β－gal	β－glucr	α－glu	β－glu	N－αβglu	man	fuc			NaCl/%		
细菌			est	Est lip	lip																				
Vagococcus lutrae	–	–w	–	+	–	+	–	–	–	+	+	–	+	–w	–	+	+	+	–	–					477
Vibrio agarivorans	–	1	w	1	–	1	–	–	–	–	–	w	–	2	–	–	–	–	–	–	25	24 h	2	AHLDA 1732	135
溶藻弧菌（*Vibrio alginolyticus*）	–	5	–	2	w	4	1	–	2	–	5	1	–	–	–	–	–	1	–	–	25	4 h			135
巴西弧菌（*Vibrio brasiliensis*）	–	+	+	+	+	+	+	–	–	–	–	–	–	+	–	–	–	–		–	25	24 h	1.5	LMG 20546T	740
加尔文弧菌（*Vibrio calviensis*）	–	+	+	+	+	+	–	–	–	–	+	+	–	+		–			–					DSM 14347T	216
非01霍乱弧菌（*Vibrio cholera* non 01）	–	3	–	3	1	2	1	w	–	–	1	1	–	2	–	1	–	4	–	–	25	24 h	0.85	AHLDA 996	135
魔鬼弧菌（*Vibrio diabolicus*）	–	3	2	3	1	3	–	–	2	2	3	–	–	–	–	–	–	–	–	–					635
费希尔弧菌（*Vibrio fischeri*）	–	+	–	+	–	+	–	–	–	–	+	+	–	–	–	–	–	+	–	–	22	24 h		NCMB 1281	506
弗尼斯弧菌（*Vibrio furnissii*）	–	3	–	2	1	4	2	2	–	–	1	1	–	1	–	w	–	4	–	–	25	24 h	0.85	ATCC 11218	135
鲍鱼肠弧菌（*Vibrio halioticoli*）	–	1	w	1	–	1	w	–	–	–	–	1	–	–	–	–	–	3	–	–	25	24 h	2	AHLDA 1734	135
哈维氏弧菌（*Vibrio harveyi*）	–	3	2	2	–	1	w	–	–	1	5	1	–	–	–	–	–	1	–	–	25	4 h	0.85	ATCC 35084	135
哈维氏弧菌（*Vibrio harveyi*）	–	4	2	2	–	1	w	–	–	2	3	1	–	–	–	–	–	2	–	–	25	4 h	2	ATCC 35084	135
哈维氏弧菌（*Vibrio harveyi*）	–	+	+	+	–	–	–	–	–	–	+	+	–	–	–	–	–	–	–	–				ATCC 35084	847
火神弧菌（*Vibrio logei*）	–	+	+	+	–	+	–	–	–	–	+	+	–	–	–	–	–	–	–	–	22	24 h		ATCC 15382	506
火神弧菌（*Vibrio logei*）	–	+	+	+	–	+	–	–	–	–	+	+	+	+	–	–	–	–	–	–	22	24 h		NCMB 1143	506

续表 4-31

反应管	1	2	3	4	5	6	7	8	9	10	11	12	13	14	15	16	17	18	19	20	温度/℃	时间	Inoc	菌株	参考文献
酶	con	alk	C4	C8	C14	aryl	val	cys	try	chr	acp	np	α - gal	β - gal	β - glucr	α - glu	β - glu	N - αβglu	man	fuc			NaCl/%		
细菌			est	Est lip	lip																				
火神弧菌（*Vibrio logei*）	–	+	+	+	–	+	–	–	–	–	+	+	–	–	–	–	–	–	–	–	22	24 h		ATCC 29985	506
地中海弧菌（*Vibrio mediterranei*）	–	5	2	2	2	1	–	–	–	–	4	2	–	–	–	–	–	2	–	–	25	24 h	2	AHLDA 1733	135
拟态弧菌（*Vibrio mimicus*）	–	5	–	2	–	4	1	–	–	w	5	1	–	1	–	–	–	3	–	–	25	24 h	2	AHLDA 1654	135
贻贝弧菌（*Vibrio mytili*）	–	–	2	3	1	3	–	–	1	–	2	–	–	–	–	–	–	2	–	–				CECT 632	635
漂浮弧菌（*Vibrio natriegens*）	–	+	+	+	–	–	–	–	–	–	+	+	–	–	–	–	–	–	–	–	22	24 h		NCMB 1900	506
海王弧菌（*Vibrio neptunius*）	–	+	+	+	+	+	+	–	+	–	–	–	–	–	–	–	–	+		–	22	24 h	1.5	LMG 20536^T	740
海蛹弧菌（*Vibrio nereis*）	–	–	1	1	–	2	–	–	–	–	–	–	–	–	–	–	–	–	–	–				LMG 3895	635
奥德弧菌（*Vibrio ordalii*）	–	+	+	+	–	+	–	–	–	–	+	+	–	–	–	–	–	+	–	–	22	24 h		NCMB 2167	506
奥德弧菌（*Vibrio ordalii*）	–	5	–	w	–	4	w	–	–	–	w	w	–	–	–	–	–	–	–	–	25	4 h	2	DF 3K	428
东方弧菌（*Vibrio orientalis*）	–	+	+	+	+	+	+	–	–	–	+	+	–	–	–	–	–	+	–	–	22	24 h		NCMB 2195	506
帕西尼弧菌（*Vibrio pacinii*）	–	+	+	+	–	+	+	v	–	w	+	+	–	66	–	+	–	–	–	–	28	4 h	1.5	LMG 1999^T	306
副溶血性弧菌（*Vibrio parahaemolyticus*）	–	5	–	3	w	5	3	–	1	–	5	1	–	–	–	–	–	–	–	–	25	20 h	2	ATCC 43996	135
副溶血性弧菌（*Vibrio parahaemolyticus*）	–	+	–	–	–	–	–	–	+	–	+	+	–	–	–	–	–	+	–	–				ATCC 17802	499
副溶血性弧菌（*Vibrio parahaemolyticus*）	–	+	–	+	–	–	–	–	+	–	+	+	–	–	–	–	–	+	–	–				ATCC 27969	499
解蛋白弧菌（*Vibrio proteolyticus*）	–	2	1	2	–	2	–	–	–	–	–	w	–	–	–	–	–	w	–	–	25	24 h	2	AHLDA 1735	135
轮虫弧菌（*Vibrio rotiferianus*）	–	+	+	+	–	+	+	–	+	+	+	+	–	–	–	–	–	–	–	–	25	24 h	2	LMG 21460^T	305

续表 4-31

反应管	1	2	3	4	5	6	7	8	9	10	11	12	13	14	15	16	17	18	19	20	温度/℃	时间	Inoc	菌株	参考文献
酶	con	alk	C4	C8	C14	aryl	val	cys	try	chr	acp	np	α-gal	β-gal	β-glucr	α-glu	β-glu	N-αβglu	man	fuc			NaCl/%		
细菌			est	Est lip	lip																				
杀鲑弧菌（*Vibrio salmonicida*）	–	+	+v	+	–	–	–	–	–	–	+	+	–	–	–	–	–	–	–	–	22	24 h		NCMB 2262	506
灿烂弧菌（*Vibrio splendidus*）Ⅰ	–	+	+	+	+	+	–	–	+	–	+	+	–	–	–	–	–	+	–	–	22	24 h		NCMB 1^T	506
灿烂弧菌（*Vibrio splendidus*）Ⅰ	–	+	+	+	+	+	–v	–	+	–	+	v	–	+v	–	+	–	+	–	–					281
灿烂弧菌（*Vibrio splendidus*）Ⅱ	–	+	+	+	–	+	+	–	+	–	+	+	–	–	–	–	–	–	–	–	22	24 h		NCMB 2251	506
蛤弧菌（*Vibrio tapetis*）	–	+	+	+	–	+	+	–	–	–	+	–	–	–	–	–	–	+	–	–	22	18 h	2	B1090^T	587
塔氏弧菌（*Vibrio tubiashii*）	–	2	1	3	1	2	–	–	–	–	–	–	–	–	–	–	–	–	–	–				LMG 10936	635
塔氏弧菌（*Vibrio tubiashii*）	–	+	+	+	–	+	+	+	–	–	–	+	–	–	–	–	–	+	–	–	22	24 h		NCMB 1340^T	506
塔氏弧菌（*Vibrio tubiashii*）	–	+	+	+	–	+	+	+	–	–	–	+	–	–	–	–	–	+	–	–	22	24 h		NCMB 1340	506
创伤弧菌型（*Vibrio vulnificus*）Ⅰ	–	5	w	1	–	1	w	–	–	–	w	1	–	–	–	–	–	–	–	–	25	4 h	0.85	AHLDA 1716	135
创伤弧菌型（*Vibrio vulnificus*）Ⅰ	–	5	1	1	–	1	w	w	–	–	–	w	–	–	–	–	–	–	–	–	25	4 h	2	AHLDA 1716	135
沃丹弧菌（*Vibrio wodanis*）	–	+	83	+	–	+	96	–	–	–	69	+	–	–	–	–	–	77	–	–	22	24 h		NCIMB 13582	506
许氏弧菌（*Vibrio xuii*）	–	+	+	+	+	+	–	–	–	–	+	+	–	–	–	–	–	–		–	25	24 h	1.5	LMG 21346^T	740
鲁氏耶尔森氏菌（*Yersinia ruckeri*）	–	1	–	w	w	4	1	–	–	–	2	1	–	2	–	1	–	3	–	–	25	20 h		AHLDA 1313	135
食半乳糖邹贝尔氏菌（*Zobellia galactanivorans*）	–											3	3	1						3	30	7 d	2.5		61
潮气邹贝尔氏菌（*Zobellia uliginosa*）	–											1	1	3						1	30	7 d	2.5		61

注：＊指菌株 NCMB 1382 和 NCMB 1455 以前鉴定为橙色屈挠杆菌（*Flexibacter aurantiacus*），而现在认为是约氏黄杆菌（*Flavobacterium johnsoniae*）。
1 表示对照管；2 表示 2-萘磷酸钠；3 表示 2-萘基-丁酸盐；4 表示 2-萘基-辛酸盐；5 表示 2-萘基-豆蔻酸盐；6 表示 L-亮氨酰-2-萘酰胺；7 表示 L-缬氨酰-2-萘酰胺；8 表示 L-胱氨酰-2-萘酰胺；9 表示 N-苯甲酰-DL-精氨酸-2-萘酰胺；10 表示 N-戊二酰-苯丙氨酸-2-萘酰胺；11 表示 2-萘基-磷酸盐；12 表示萘酚-AS-BI-磷酸盐；13 表示 6-溴-2-萘基-α-D-半乳糖皮蒽；14 表示 2-萘基-β-D-半乳糖皮蒽；15 表示萘基-AS-BI-β-D-葡（萄）糖苷酸；16 表示 2-萘基-α-D-吡喃葡萄糖苷；17 表示 6-溴-2-萘基-β-D-吡喃葡萄糖苷；18 表示 1-萘基-N-乙酰基-β-D-氨基葡萄糖苷；19 表示 6-溴-2-萘基-α-D-吡喃甘露糖苷；20 表示 2-萘基-α-L-岩藻糖苷。
温度指培养温度；时间指培养时间；h 表示小时；d 表示天；Inoc 表示接种物；NaCl/% 指氯化钠在接种物中的终浓度。MI 表示制造商说明书；nr 表示没有报告；参考文献栏为文献在本书参考文献列表中的序中。参考文献 603 将分类反应不超过 2 个的定义为阴性。

表 4－32 参考文献援引菌株

细菌	菌株号	参考文献
苏格兰放线菌（*Actinobacillus scotiae*）	NCTC 12922	265
海洋哺乳放线菌（*Actinomyces marimammalium*）	CCUG 41710^T = CIP 106509^T	370
南极栖海面菌（*Aequorivita antarctica*）	ACAM 640^T，DSM 14231^T	113
黄色海面菌（*Aequorivita crocea*）	ACAM 642^T，DSM 14239^T	113
解脂海面菌（*Aequorivita lipolytica*）	ACAM 641^T，DSM 14236^T	113
石下海表菌（*Aequorivita sublithincola*）	ACAM 643^T，DSM 14238^T	113
异嗜糖气单胞菌（*Aeromonas allosaccharophil*）HG15	CECT 4199	427
兽气单胞菌（*Aeromonas bestiarum*）HG2	CDC 9533－76	1，21，427
豚鼠气单胞菌（*Aeromonas caviae*）HG4	ATCC 15468	427，21
鳗鱼气单胞菌（*Aeromonas encheleia*）HG16	CECT 4342 = LMG 16330	241，379，427
嗜泉气单胞菌（*Aeromonas eucrenophila*）HG6	ATCC 23309，CDC 0859－83	427，21
嗜泉气单胞菌（*Aeromonas eucrenophila*）	LMG 3774 = NCMB 74	379
嗜泉气单胞菌（*Aeromonas eucrenophila*）	LMG 13057	379
嗜水气单胞菌（*Aeromonas hydrophila dhakensis*）	P21^T = LMG19562^T = CCUG 45377^T	383
嗜水气单胞菌（*Aeromonas hydrophila hydrophila*）	ATCC 7966^T = LMG 2844^T	383
嗜水气单胞菌（*Aeromonas hydrophila*）HG1	ATCC 7966^T，CDC 9079－79	21，427，818
嗜水气单胞菌（*Aeromonas hydrophila*）HG3	CDC 0434－84	427
豚鼠气单胞菌（*A. hydrophila anaerogenes = A. caviae*）	ATCC 15468	818
嗜水气单胞菌无气亚种（*A. hydrophila anaerogenes*）	ATCC 15467	Taxonomy 2000
简氏气单胞菌（*Aeromonas janadaei*）HG9	CDC 0787－80，ATCC 49568	143，427
中间气单胞菌（*Aeromonas media*）HG 5B	CDC 9072－83，CDC 0435－84	427，21
中间气单胞菌（*Aeromonas media*）HG 5A	CDC 9072－83，CDC 0862－83	427，21
波氏气单胞菌（*Aeromonas popoffii*）	LMG 17541^T	380
杀鲑气单胞菌无色亚种（*Aeromonas salmonicida achromogenes*）	NCMB 1110	450，475
杀鲑气单胞菌解果胶亚种（*Aeromonas salmonicida pectinolytica*）	DSM 12609^T = 34 mel	615
杀鲑气单胞菌杀鲑亚种（*A. salmonicida salmonicida*）	ATCC 14174	450，818
杀鲑气单胞菌杀鲑亚种（*A. salmonicida salmonicida*）	SVLT －1，－2，－5，－6，无色素菌株	450
杀鲑气单胞菌杀鲑亚种（*A. salmonicida salmonicida*）	NCMB 1102	475
杀鲑气单胞菌（*Aeromonas salmonicida*）HG3	CDC 0434－84	21
舒伯特气单胞菌（*Aeromonas schubertii*）HG12	CDC2446－81，ATCC43700，以前为肠组 501	348，427
温和气单胞菌（*Aeromonas sobria*）HG7	CIP 7433，CDC 9538－76	21，427，818
维隆气单胞菌温和亚种（*Aeromonas veronii sobria*）HG8/10	CDC 0437－84	427
气单胞菌属（*Aeromonas* spp.）HG11	CDC 1306－83	427
脆弱气单胞菌（*Aeromonas trota*）	ATCC 49657^T = LMG 12223^{T}HG 14	142，427
维隆气单胞菌（*Aeromonas veronii*）	ATCC 35604^T = CDC 1169－83	21，347
维隆气单胞菌（*Aeromonas veronii*）	HG 8，CDC－0437－84	21
橙色交替单胞菌（*Alteromonas aurantia*）	ATCC 33046，NCMB 2052	286
柠檬交替单胞菌（*Alteromonas citrea*）	NCMB 1889	285
红色交替单胞菌（*Alteromonas rubra*）	NCMB 1890	283
海豹隐秘杆菌（*Arcanobacterium phocae*）	DSM 10002^T，M1590/94/3^T	636
动物隐秘杆菌（*Arcanobacterium pluranimalium*）	CCUG 42575^T = CIP 106442	480

续表 4 - 32

细菌	菌株号	参考文献
平鱼节杆菌（*Arthrobacter rhombi*）	CCUG 38813^T	600
Atopobacter phocae	CCUG 42358^T = CIP 106392	479
支气管败血性博德特氏菌（*Bordetella bronchiseptica*）	ATCC19395，ATCC 4617，NCTC 8344	102
缺陷短波单胞菌（*Brevundimonas diminuta*）	ATCC11568，LMG2089 = CCUG 1427	685
泡囊短波单胞菌（*Brevundimonas vesicularis*）	ATCC11426 = CCUG2032 = LMG 2350	685
海洋种布鲁氏杆菌（*Brucella maris*）生物型 I	NCTC 12890，2/94	404
海洋种布鲁氏杆菌（*Brucella maris*）生物型 Ⅱ	NCTC 12891，1/94	404
海洋种布鲁氏杆菌（*Brucella maris*）生物型 Ⅲ		247，404
抑制肉杆菌（*Carnobacterium inhibens*）	CCUG 31728^T，菌株 K1	411，412
栖鱼肉杆菌（*Carnobacterium piscicola*）	ATCC 35586	73，353，682
青紫色素杆菌（*Chromobacterium violaceum*）		482
水生棒杆菌（*Corynebacterium aquaticum*）	RB 968 BA	73，133
叉尾鮰爱德华菌（*Edwardsiella ictaluri*）	CDC 1976 - 78，ACC 33202	334
迟钝爱德华菌（*Edwardsiella tarda*）	ATCC 15947^T	374，640
粪肠球菌（*Enterococcus faecalis*）	ATCC 19433	638
挪威肠弧菌（*Enterovibrio norvegicus*）	LMG 19839^T，CAIM 430^T	741
水生黄杆菌（*Flavobacterium aquatile*）	NCIB 8694^T，LMG 4008^T	89，92
嗜鳃黄杆菌（*Flavobacterium branchiophilum*）	ATCC 35035，BGD - 7721	802
冷水黄杆菌（*Flavobacterium frigidarium*）	ATCC 700810 = NCIMB 13737	376
杰里斯氏黄杆菌（*Flavobacterium gillisiae*）	ACAM 601^T	533
冬季黄杆菌（*Flavobacterium hibernum*）	ATCC 51468 = ACAM 376^T	532
水栖黄杆菌（*Flavobacterium hydatis*） ［水生噬纤维菌（*C. aquatilis*）］	ATCC 29551	720
席黄杆菌（*Flavobacterium tegetincola*）	ACAM 602^T	533
多形屈挠杆菌（*Flexibacter polymorphus*）	ATCC 27820	494
小须鲸颗粒链菌（*Granulicatella balaenopterae*）	CCUG 37380^T，M1975/96/1	478
河流色杆菌（*Iodobacter fluviatilis*）	NCTC 11159^T	502
蓝黑紫色杆菌（*Janthinobacterium lividum*）	NCIMB9230，NCIMB9414，DSM 1522	496
格氏乳球菌（*Lactococcus garvieae*）	NCDO 2155	224，638
格氏乳球菌（*Lactococcus garvieae*）	ATCC 49156^T	236，464，682
乳酸乳球菌（*Lactococcus lactis*）	ATCC 19435	731
鱼乳球菌（*Lactococcus piscium*）	NCFB 2778	835
鳗利斯特氏菌（*Listonella anguillarum*）	ATCC 14181	506
鳗利斯特氏菌（*Listonella anguillarum*）	NCMB6 = ATCC19264（Bagge，Bagge 菌株）	341
鳗利斯特氏菌（*Listonella anguillarum*）	NCMB 407 = PL 1	341
鳗利斯特氏菌（*Listonella anguillarum*）	NCMB 571（Hoshina）	341
鳗利斯特氏菌（*Listonella anguillarum*）	NCMB828 = ATCC14181（菌株 4063，Smith）	341
海利斯特氏菌（*Listonella pelagia*）I ［漂浮弧菌（*V. natriegens*）］	NCMB 1900^T	506
海利斯特氏菌（*Listonella pelagia*）Ⅱ	NCMB 2253	506
海中嗜杆菌（*Mesophilobacter marinus*）	IAM 13185	583
海洋莫里特氏菌（*Moritella marina*）	NCMB 1144^T = ATCC 15381	82，506，766

续表 4－32

细菌	菌株号	参考文献
黏菌落莫里特氏菌（*Moritella viscosa*）	NCIMB 13584^{T} = NVI 88/478^{T}	82，506
鳄鱼支原体（*Mycoplasma crocodyli*）	ATCC 51981	441
运动支原体（*Mycoplasma mobile*）	163K	439
拟香味类香味菌（*Myroides odoratimimus*）	NCTC 11180，LMG 4029	565
香味类香味菌（*Myroides odoratus*）	NCTC 11036，LMG 1233	565
黄尾脾脏诺卡氏菌（*Nocardia seriolae*）	JCM 3360	455
诺卡氏菌属（*Nocardia* spp.），澳大利亚	98/1655	117
成团泛菌（*Pantoea agglomerans*）	ATCC 27155^{T}，NCTC 9381	249，291
成团泛菌（*Pantoea agglomerans*）	ATCC 27155^{T}，ATCC 12287	325
分散泛菌（*Pantoea dispersa*）	ATCC 14589^{T}	291
斯凯巴斯德菌（*Pasteurella skyensis*）	NCTC 13204^{T}，NCIMB 13593^{T}	100
子宫海豚杆菌（*Phocoenobacter uteri*）	NCTC 12872	266
狭小发光杆菌（*Photobacterium angustum*）	NCIMB 1895	745
美人鱼发光杆菌美人鱼亚种（*Photobacterium damselae* ssp. *damselae*）	ATCC 33539 = NCIMB 2184^{T}	289，504，506，705，745
美人鱼发光杆菌美人鱼亚种（*Photobacterium damselae* ssp. *damselae*）	ATCC 35083	268，745
美人鱼发光杆菌杀鱼亚种（*Photobacterium damselae* ssp. *piscicida*）	ATCC 17911 & NCIMB 2058	289，745
美人鱼发光杆菌杀鱼亚种（*Photobacterium damselae* ssp. *piscicida*）		751
美人鱼发光杆菌杀鱼亚种（*Photobacterium damselae* ssp. *piscicida*）	ATCC 29690，ATCC 17911	518
费氏发光杆菌（*Photobacterium fischeri*）	NCMB 1281^{T} = ATCC 7744	506
费氏发光杆菌（*Photobacterium fischeri*）	ATCC 25918	745
费氏发光杆菌（*Photobacterium fischeri*）	ATCC 7744	340，818
鱼肠发光杆菌（*Photobacterium iliopiscarium*）	ATCC 51760	599，767
鲾发光杆菌（*Photobacterium leiognathi*）	LMG 4228，NCIMB 1895	745
火神发光杆菌（*Photobacterium logei*）	ATCC15382 = NCMB 1143 = PS 207	506
火神发光杆菌（*Photobacterium logei*）	NCMB 1143	506
火神发光杆菌（*Photobacterium logei*）	ATCC 29985^{T}	506
火神发光杆菌（*Photobacterium logei*）	ATCC 15382	82
火神发光杆菌（*Photobacterium logei*）	NCIMB 2252，ATCC 29985	506
弗氏普罗威登斯菌（*Providencia friedericiana*）	DSM 2620	559
南极洲假交替单胞菌（*Pseudoalteromonas antarctica*）	CECT 4664^{T}，NF3	115
柠檬假交替单胞菌（*Pseudoalteromonas citrea*）	ATCC 29719^{T}，NCMB 1889	285
艾氏假交替单胞菌（*Pseudoalteromonas elyakovii*）	ATCC 700519^{T}，KMM 162^{T}	679
植生拉乌尔菌（*Raoultella planticola*）	ATCC 33531	228
土生拉乌尔菌（*Raoultella terrigena*）	ATCC 33257	228
鲑鱼肾杆菌（*Renibacterium salmoninarum*）	ATCC 33209	671
居泉沙雷氏菌（*Serratia fonticola*）	ATCC 29844	290
海藻希瓦氏菌（*Shewanella algae*）	LMG 2265，IAM 14159	433，792，851
波罗的海希瓦氏菌（*Shewanella baltica*）	NCTC10735，DSM9439，CECT323，IAM1477，LMG 2250	851

续表 4-32

细菌	菌株号	参考文献
科氏希瓦氏菌（*Shewanella colwelliana*）	ATCC 39565	815
冷海希瓦氏菌（*Shewanella frigidimarina*）	ACAM 591^T	112
冰海希瓦氏菌（*Shewanella gelidimarina*）	ACAM 456^T	112
羽田氏希瓦氏菌［*Shewanella*（*Alteromonas*）*hanedai*］	ATCC 33224	409
日本希瓦氏菌（*Shewanella japonica*）	KMM3299，LMG19691 = CIP 106860	397
奥奈达希瓦氏菌（*Shewanella oneidensis*）	ATCC 700550^T	782
Shewanella pealeana	ANG - $SQ1^T$	492
腐败希瓦氏菌（*Shewanella putrefaciens*）	ATCC 8071	433，792
武氏希瓦氏菌（*Shewanella woodyi*）	ATCC 51908^T，MS32	112
食神鞘氨醇杆菌（*Sphingobacterium spiritivorum*）	NCTC 11386	365
海豚葡萄球菌（*Staphylococcus delphini*）	DSM 20771^T	778
水獭葡萄球菌（*Staphylococcus lutrae*）	DSM 10244，M340/94/1	264
无乳（难辨）链球菌［*Streptococcus*（*difficile*）*agalactiae*］	ND 2 - 22，CIP 103768	233
无乳（难辨）链球菌［*Streptococcus*（*difficile*）*agalactiae*］	LMG 15977	776
海豚链球菌（*Streptococcus iniae*）	ND 2 - 16，CIP 103769	233
海豚链球菌（*Streptococcus iniae*）	ATCC 29177	626
副乳房链球菌（*Streptococcus parauberis*）	NCDO 2020	224
海豹链球菌（*Streptococcus phocae*）	NCTC 12719，8399 HI	700
乳房链球菌（*Streptococcus uberis*）	NCDO 2038	224
海洋屈挠杆菌［*Tenacibaculum*（*Flexibacter*）*maritimum*］	NCMB 2154^T	801
解卵屈挠杆菌［*Tenacibaculum*（*Flexibacter*）*ovolyticum*］	NCIMB 13127 = EKD002	324
Vagococcus fessus	CCUG 41755	369
河流漫游球菌（*Vagococcus fluvialis*）	NCDO 2497，NCFB 2497	177，629
Vagococcus lutrae	CCUG 39187	477
沙氏漫游球菌（*Vagococcus salmoninarum*）	NCFB 2777	682，807
Vibrio aerogenes	ATCC 700797 = CCRC 17041，FG1	692
河口弧菌（*Vibrio aestuarianus*）	ATCC 35048，LMG 7909	149，747
Vibrio agarivorans	CECT5084，$CECT5085^T$ = DSM 13756	514
Vibrio agarivorans	AHLDA 1732	135
巴西弧菌（*Vibrio brasiliensis*）	LMG 20546^T	740
加尔文弧菌（*Vibrio calviensis*）	RE35/$F12^T$ = $CIP107077^T$ = $DSM14347^T$	216
哈维氏弧菌［*Vibrio*（*carchariae*）*harveyi*］	ATCC 35084^T	11，135
辛辛那提弧菌（*Vibrio cincinnatiensis*）	ATCC 35912	120
魔鬼弧菌（*Vibrio diabolicus*）	CNCM I - 1629 = HE800	635
重氮养弧菌（*Vibrio diazotrophicus*）	ATCC 33466	319
河流弧菌（*Vibrio fluvialis*）	ATCC49515，NCDO2497 = NCFB2497	177，732
河流弧菌（*Vibrio fluvialis*）	NCTC 11327	123，485
弗尼斯弧菌（*Vibrio furnissii*）	ATCC 35016 = CDC B3215	123
弗尼斯弧菌（*Vibrio furnissii*）	ATCC 11218	135
弗尼斯弧菌（*Vibrio furnissii*）	组 F	687
产气贝内克氏菌（*Vibrio gazogenes*）	ATCC 29988	818

续表 4－32

细菌	菌株号	参考文献
鲍鱼肠弧菌（*Vibrio halioticoli*）	IAM 14596^T	678
哈维氏弧菌（*Vibrio harveyi*）	ATCC 14126^T	11，818
霍利斯弧菌（*Vibrio hollisae*）	KUMA871，ATCC 33564^T	346，580
慢性弧菌（*Vibrio lentus*）	CECT 5110^T = DSM 13757 = 40MA	513
地中海弧菌（*Vibrio mediterranei*）	CECT 621^T，LMG11258	149，631
梅氏弧菌（*Vibrio metschnikovii*）	NCTC 8563	819
梅氏弧菌（*Vibrio metschnikovii*）	NCTC 8443	818
拟态弧菌（*Vibrio mimicus*）	ATCC 33653^T	210，507，818
贻贝弧菌（*Vibrio mytili*）	CECT 632^T	635
漂浮弧菌（*Vibrio natriegens*）	ATCC 14048	44
纳瓦拉弧菌（*Vibrio navarrensis*）	CIP 1397－6	767，768
海王弧菌（*Vibrio neptunius*）	LMG 20536^T	740
海蛹弧菌（*Vibrio nereis*）	LMG 3895^T	635
奥德弧菌（*Vibrio ordalii*）	NCMB 2167^T，ATCC33509 = DF_3K = Dom F_3	506，680
东方弧菌（*Vibrio orientalis*）	NCMB 2195^T	506
帕西尼弧菌（*Vibrio pacinii*）	LMG 1999^T	306
杀扇贝弧菌（*Vibrio pectenicida*）	CIP 105190^T，A365	470
杀对虾弧菌（*Vibrio penaeicida*）	JCM 9123，KH－1，IFO 15640	388
解蛋白弧菌（*Vibrio proteolyticus*）	AHLDA 1735	135
解蛋白弧菌（*Vibrio proteolyticus*）	CW8T2	788
轮虫弧菌（*Vibrio rotiferianus*）	LMG 21460^T	305
杀鲑弧菌（*Vibrio salmonicida*）	NCMB 2262^T	232，506
杀鲑弧菌（*Vibrio salmonicida*）	NCMB 2245	506
杀鲑弧菌（*Vibrio salmonicida*）	90/1667－10c	506
大菱鲆弧菌（*Vibrio scophthalmi*）	A089，CECT 4638^T	254，149
Vibrio shilonii，可能是地中海弧菌（*Vibrio mediterranei*）	ATCC BAA－91^T = DSM 13774 = AK－1	59，458
灿烂弧菌（*Vibrio splendidus*）Ⅰ	NCMB 1^T（= ATCC 33125^T）	149，506
灿烂弧菌（*Vibrio splendidus*）Ⅰ	ATCC 33125	281，620
灿烂弧菌（*Vibrio splendidus*）Ⅱ	NCMB 2251	149，506
蛤弧菌（*Vibrio tapetis*）	$B1090^T$，CECT 4600	108，587
塔氏弧菌（*Vibrio tubiashii*）	NCMB 1340^T	506
塔氏弧菌（*Vibrio tubiashii*）	ATCC 19109^T	321
塔氏弧菌（*Vibrio tubiashii*）	LMG 10936^T	635
创伤弧菌（*Vibrio vulnificus*）		149
创伤弧菌（*V. vulnificus*）生物型 1，非血清变型 E f	ATCC 27562	26，746
创伤弧菌（*V. vulnificus*）生物型 2，血清变型 E a	ATCC 33187	98
创伤弧菌（*V. vulnificus*）生物型 2，血清变型 E b	ATCC 33149	98
创伤弧菌（*V. vulnificus*）生物型 2，血清变型 04 b	ATCC 33149	356
创伤弧菌（*V. vulnificus*）生物型 2，血清变型 E c	NCIMB 2138	98
创伤弧菌（*V. vulnificus*）生物型 2，血清变型 E d	NCIMB 2137	98

续表 4 – 32

细菌	菌株号	参考文献
创伤弧菌（*V. vulnificus*）生物型 2，血清变型 E e	NCIMB 2136	98
创伤弧菌（*V. vulnificus*）生物型 2，血清变型 E g	中国台湾省菌株	26
创伤弧菌（*V. vulnificus*）生物型 2	ATCC 33148	746
沃丹弧菌（*Vibrio wodanis*）	NCIMB 13582 = NVI 88/441^{T}	506
许氏弧菌（*Vibrio xuii*）	LMG 21346^{T}	
罗氏耶尔森氏菌（*Yersinia rohdei*）	ATCC 43380，CDC 3022 – 85	12
阿氏耶尔森氏菌（*Yersinia aldovae*）	ATCC 35236，CDC 669 – 83	85

第 5 章　技术方法

5.1　总细菌数（TBC）

诊断、研究或企业的实验室经常监控池塘或者养殖箱水中的细菌数量作为水质指标，也作为疾病发生的指示，所需测定的指标即为总细菌数。

细菌总数的研究方法很多，在很多微生物书中都能查到，在此提供一种最基本的细菌总数的测定方法。

测定总细菌数，通常使用良好通用培养基，能够满足大多数细菌生长。弧菌总数测定采用选择性培养基 TCBS。然而，这种培养基生长的细菌数量比等量样品接种于 MSA - B（或淡水样品接种用的 BA）平板上的细菌数量有偏低的趋势，甚至当培养的大部分细菌为弧菌时也是如此。因此，这不是最好的初始培养基。

水样采集和测试之间的时间也非常重要。水样中的细菌在室温下很短的时间内会大量繁殖。因而，如果采样和测试之间延误超过 1 ~ 2 h，可能会得到与原水样中细菌数不符合的结果。在运输或者实验室中等待测试时水样必须放在 4℃ 保存。收集样品容器大小不影响测试的细菌数量（Simon 和 Oppenheimer，1968）。

池塘和水族箱中设有预定的最适细菌数量，它随着水中鱼的数目（养殖密度）不同可能发生变化。建议实验室有规律地监控一个特定水族箱或者其他养殖容器，持续记录它们中细菌载量的变化结果。细菌载量或者细菌总数与鱼的健康直接相关。如果用日志或者曲线持续记录总细菌数对鱼的健康的影响，实验室最终就能够确定适宜鱼类健康生长的细菌载量，与鱼类发生疾病时观察到的载量相对照。

建议监控细菌载量的采样点应该为进水口、过滤处理水、鱼箱及提供的饵料。养殖容器的底层沉积物中的细菌数量比水体中的细菌高很多倍。尤其是有死亡或患病的幼虫或鱼时。

研究显示牡蛎育苗场分离的细菌中有 4 个主要的属，分别为弧菌属（*Vibrio*），交替单胞菌属（*Alteromonas*），假单胞菌属（*Pseudomonas*）和黄杆菌属（*Flavobacterium*）。弧菌是优势种类，毒性测试表明三分之一的弧菌，包括鳗利斯特氏菌（*Listonella anguillarum*）和 10 种交替单胞菌中的 2 种为病原菌。分离出的细菌并没有鉴定到种的水平。当幼体被非病原细菌侵染时，未发生感染。然而，当病原细菌含量达到 1×10^7 ~ 5×10^7 cell/mL 时，会发生致命的感染。最低数量为 1×10^5 ~ 5×10^5 cell/mL 时，疾病也会发生，但要持续 2 ~ 3 d 之后才会出现临床症状。因此，感染率与病原细菌含量有很大的关系（Garland 等，1983）可作为临床诊断的指示信号。

细菌是部分海洋滤食性动物的食物。在另一项关于长牡蛎（*Crassostrea gigas*）和偏顶蛤（*Modiolus modiolus*）健康的研究中，发现在血淋巴和软体部组织中正常菌群总的细菌含量分别为 2.6×10^4 cfu/mL 和 2.9×10^4 cfu/g。优势菌群占总菌群百分比是：在血淋巴细胞中假单胞菌属为 61.3%，弧菌为 27.0%，气单胞菌属为 11.7%；在软体部组织中弧菌为 38.5%，假单胞菌属为 33.0%，气单胞菌为 28.5%。当用杀鲑弧菌（*Vibrio salmonicida*）感染长牡蛎和偏顶蛤时发现，血淋巴中细菌总数增至 10^5 cfu/mL，软体部组织中细菌总数达 6×10^7 cfu/g（Olafsen 等，1993）。

表 5－1 所示为在两个研究中所得到的细菌数量。

健康的日本竹筴鱼（*Trachurus japonicus*）肠道中的菌群数量为 4.6×10^6 cfu/g，由弧菌属的种类组成。胃中总的细菌含量为 2.6×10^5 cfu/g，主要优势菌为弧菌属（*Vibrio* spp.）、无色杆菌属（*Achromobacter* spp.）和数量较少的假单胞菌属（*Pseudomonas*）、黄杆菌属（*Flavobacterium*）、棒状杆菌属（*Corynebalterium*）、杆菌属（*Bacillus* spp.）和八叠球菌属（*Sarcina* spp.）种类（Aiso 等，1968）。

表 5－1　牡蛎育苗场细菌总数：健康和疾病状态指示

样品地点	总细菌数
海水（过滤，没有幼虫）[a]	$10^3\sim10^3$cells/mL[a]
水族箱水[a]	$10^4\sim10^5$cells/mL[a]
沉积物[a]	$10^7\sim10^8$ cells/g[a]
健康牡蛎血淋巴[b]	2.6×10^4cells/mL[b]
健康牡蛎软体部组织[b]	2.9×10^4cells/mL[b]
带病原菌有死亡出现，快速感染[a]	$1\times10^7\sim5\times10^7$cells/mL[a]
带病原菌有死亡出现，缓慢感染[a]	$1\times10^5\sim5\times10^5$cells/mL[a]
患病牡蛎血淋巴[b]	10^5cells/mL[b]
患病牡蛎软体部组织[b]	6×10^7cells/mL[b]

注：[a] 表示数据来自 Garland 等（1983）；[b] 表示数据来自 Olafsen 等（1993）。

5.1.1　设备

1 支或多支量程为 100～1 000 mL 的移液器和 1.5 mL 的离心管。

适合目标细菌生长的琼脂培养基，如淡水用的 BA，咸水使用的 MSA－B 或MA 2216。接种环，酒精灯，25℃培养箱。

5.1.2　水

收集一定体积的水，准备原液以及 10^{-1}、10^{-2}、10^{-3}梯度的稀释液。

5.1.3　稀释

原液＝100 μL 接种到平板上或者涂布在平板上（均匀地在平板上扩散）。

10^{-1}＝900 μL 的无菌蒸馏水＋100 μL 的样品。

10^{-2}＝900 μL 的无菌蒸馏水＋100 μL 的稀释 10^{-1}的样品。

10^{-3}＝900 μL 的无菌蒸馏水＋100 μL 的稀释 10^{-2}的样品。

5.1.4　方法

取 100 μL（或 10 μL）每个稀释梯度的样品滴于琼脂平板中央。

每个稀释梯度一个平板，用无菌的涂布棒进行涂布，或者用火焰灭菌接种环。确保接种体均匀地覆盖在平板上是很重要的，这样才能保证单个菌落计数。菌落的丛生会导致计数结果的误差。

5.1.5 培养

将平板放置在封闭的容器中，在室温下或者25℃的环境培养。

5.1.6 细菌菌落的计数

在24 h和48 h分别检测平板上细菌菌落的数量，用水彩笔（毡头笔）在平板的底部标记每个菌落协助计数，其数量用N表示。

5.1.7 计算所得菌落数（cfu/mL）

如果把100 μL样品放置在平板上然后涂布培养，这是10^{-1}稀释平板，如果10 μL放置于平板上涂布培养，这就是10^{-2}稀释平板。

cfu/mL = N × 样品稀释倍数 × 稀释平板倍数。

因此，如果稀释梯度为10^{-2}的样品，取100 μL涂布在平板上，数到268个菌落，那么，菌落数 = $268 \times 10^2 \times 10 = 2.68 \times 10^5$ cfu/mL。

5.2 显微镜使用方法

大多数实验室的人员都能非常熟悉地运用光学显微镜。然而，对于新的使用者，在此介绍一些基础知识。使用显微镜之前应该设置好柯勒照明（Koehler illumination）。这样确保进入显微镜的光线能够聚焦，以产生均匀的照明视野。

（1）将染色涂片放置在载物台上，用×10的物镜聚焦。

（2）关闭视场光阑，位于光学显微镜的底部。

（3）关闭可变光阑孔径，位于放置载玻片的载物台下。

（4）出现很小的光斑，用聚光旋钮移动光圈至视野中央。

（5）然后调节聚光器的高度使光圈边缘锐聚焦。

（6）到此可打开视场光阑，使之刚好从视野消失。

（7）打开孔径光阑，以满足所需要的对比度。

新使用显微镜的人员应该记住：检测革兰氏染色涂片上细菌细胞最好用油镜观察，加上10倍的目镜，使被观察的物品放大1 000倍。显微镜台下的光源开关应该开至一半，这种设置使光线强度适合眼睛。检测水浸片时，光阑孔径需要大部分关闭，以获得好的对比度，使细胞的结构能清晰地观察。

只能用擦镜纸清理物镜镜头，通常使用后一定将油从镜头上擦去，因为油可能损害物镜内部的结构。如果油黏在任何镜头上，可用汽油浸湿的擦镜纸轻轻地擦拭镜头，将其除去。

5.3 细菌保存

分离的细菌接种在含10%甘油的Lab Lemco肉汤培养基中，-80℃保存。海洋分离的细菌接种在含30%甘油的海生菌肉汤2216（海洋肉汤2216）培养基中（Bowman和

Nichols，2002）。

这里有很多不同细菌冻干培养基，一种方法是用1 mL纤维醇马血清在Wheaton血清瓶中或者根据冻干设备选择合适的容器悬浮细菌。放在液氮中快速冷冻然后按照冻干设备的说明书进行冻干（参见第7章）。

通过对柱状黄杆菌（*Flavobacterium columnare*），嗜冷黄杆菌（*F. psychrophilum*）和海洋屈挠杆菌（*Tenacibaculum maritimum*）进行不同的冷冻保护剂测试分析，推荐使用的培养基是：含有2/3的Brucella肉汤培养基（Difco）和1/3的马血清或者胎牛血清（Desolme和Bernardet，1996）。

第6章　细菌分子鉴定技术

聚合酶链式反应（PCR）（Saiki 等，1985；Mullis 和 Faloona，1987）在实验室诊断和研究工作中有着广泛应用。它已作为常规方法被用来诊断和鉴定细菌种类。同样，测定 16*S* rDNA 序列应用也很广泛，尤其是那些使用生化方法难以鉴定的细菌，分子鉴定方法是非常有效的工具，本章包含了这两种技术的基本原理。

6.1　利用特异引物通过 PCR 进行分子鉴定

有很多用来检测水生细菌的 PCR 特异性引物被报道。然而，在它们作为诊断实验室常规手段之前，这些引物中大多数需要很长一段时间来验证（Bader 等，2003）。建议它们与常规生化鉴定方法联用。

已经报道的水生细菌的 PCR 引物汇总见表 6－1，每组正向引物和反向引物及推荐的退火温度、循环数和预期产物的碱基对长度，一起列在表中。反应试剂的浓度在这里没有给出，因为在不同的 PCR 反应中变化很大。建议读者参照参考文献中的条件或根据自身实验室的情况和设备对特殊的 PCR 反应条件进行优化。

本章包含 DNA 提取的技术，基本的 PCR 操作流程和试剂的制备。

6.1.1　气单胞菌属（*Aeromonas* spp.）PCR

嗜水气单胞菌（*A. hydrophila*）（Nielsen 等，2001）使用的引物也能使澳大利亚杀鲑气单胞菌（*A. salmonicida*）非典型菌株（AHLDA 1334）扩增出 685 bp 条带。利用这些引物出现阳性条带的嗜水气单胞菌菌株，其 LDC 表型实验和纤维二糖发酵为阴性。PCR 能够帮助确定嗜水气单胞菌菌株，表型实验并不总是可靠的（Nielsen 等，2001）。然而在区分非典型杀鲑气单胞菌时，表型实验还需要进行。LDC 阳性的嗜水气单胞菌 ATCC 7810 菌株，利用此 PCR 没有扩增产物出现。

利用 PCR 技术能够从所有嗜水气单胞菌溶血菌株的 DNA 中扩增出气单胞菌溶素基因，这些菌株对 Vero 细胞（非洲绿猴肾细胞）和 CHO 细胞（中国仓鼠卵巢细胞）具有细胞毒性，并且经乳鼠毒性试验证实产生肠毒素。在非溶血性嗜水气单胞菌菌株和非溶血性豚鼠气单胞菌（*A. caviae*）菌株，或温和气单胞菌（*A. sobria*）菌株中都没有检测出气单胞菌溶素基因。在一些豚鼠气单胞菌和类志贺毗邻单胞菌（*Plesiomonas shigelloides*）菌株发现不相关的条带，分子量不正确（Pollard，1990）。气单胞菌溶素基因被认为是检测强致病性气单胞菌毒力的有效分子标记（Kong 等，2002）。进行 PCR 时可使用 Nielsen 等（2001）和 Pollard 等（1990）的引物，这对于鉴定嗜水气单胞菌毒力菌株可能有用。

表 6－1　水生细菌 PCR 检测可用的特异引物

细菌	正向引物 5′—3′	反向引物 5′—3′	AT	C	Bp	参考文献
豚鼠气单胞菌（*Aeromonas caviae*）	AER8：CTGCTGGCTGTGACGTTACTCGCAG *Alu* I 酶消化，37 ℃温育 1 h，产物片断 180 bp 和 80 bp	AER9：TTCGCCACCGGTATTCCTCCAGATC	62	30	260	Khan 和 Cerniglia，1997
豚鼠气单胞菌（*Aeromonas caviae*），仅是其溶血菌株的特异引物	CAV1a：GAGCCAGTCCTGGGCTCAG	CAV1b：GCATTCTTCATGGTGTCGGC	65	30	381	Wang 等，1996
豚鼠气单胞菌（*Aeromonas caviae*）和脆弱气单胞菌（*A. trota*）	AER1：AGTTGGAAACGACTGCTAATA *Alu* I 酶消化，37 ℃温育 1 h；不消化	AER2：ACGCAGCAGATATTAGCTTCAG	68	30	316	Khan 和 Cerniglia，1997
嗜水气单胞菌（*Aeromonas hydrophila*），与鳗气单胞菌（*A. encheleia*）不能区分	AH－F：GAAAGGTTGATGCCTAATACGTA	AH－R：CGTGCTGGCAACAAAGGACAG	60	28	685	Nielsen 等，2001
嗜水气单胞菌（*Aeromonas hydrophila*），气单胞菌溶素基因	Aero1a CCAAGGGGTCTGTGGCGACA	Aero1b TTTCACCGGTAACAGGATTG	55	60	209	Pollard 等，1990
嗜水气单胞菌（*Aeromonas hydrophila*）（对 HG1 特异），以电泳为基础获得引物二聚体条带	7e5－F6：GCTCTCATTGCAGAGGCCGTTACTAGG	7e5－R78：TCTGCACGAAACTTCAAGCAGCTTTG	55	35	242	Oakey 等，1999
杀鲑气单胞菌杀鲑亚种（*Aeromonas salmonicida* ssp. *salmonicida*）	ASS－F：AGCCTCCACGCGCTCACAGC	ASS－R：AAGAGGCCCCATAGTGTGGG	60	30	512	Miyata 等，1996
杀鲑气单胞菌杀鲑亚种（*Aeromonas salmonicida* ssp. *salmonicida*），巢式 PCR，用 16*S* rDNA 通用引物	AS1：GGCCTTTCGCGATTGGATGA	AS2：TCACAGTTGACACGTATTAGGCGC	55	30	271	Høie 等，1997 Taylor 和 Winton，2002
温和气单胞菌（*Aeromonas sobria*）检测毒素基因	SOBF：GCG ACC AAC TAC ACC GAC CTG	SOBB：GGACTTGTAGAGGGCAAC CCG				Filler 等，2000
脆弱气单胞菌（*Aeromonas trota*）	AL1：TTGCCGCCCAGGCCGGTGCTG	AL2：ACCACTGTGTGGACCAGGGTA	66	30	622	Khan 等，1999
爱德华菌属（*Edwardsiella* spp.），从所有爱德华菌属种类扩增 *sod*B 基因	E1F：ATGTCRTTCGAATTACCTGC	497R：TCGATGTARTARGCGTGTTCCCA	42	35	454	Yamada 和 Wakabayashi，1999
黄杆菌（*Flavobacterium*）种类特异性，基于 16*S* rDNA	Col－72F：GAAGGAGCTTGTTCCTTT	Col－1260R：GCCTACTTGCGTAGTG	60	30		Triyanto 等，1999
柱状黄杆菌（*Flavobacterium columnare*），16*S* rDNA 内序列	FvpF：GCCCAGAGAAATTTGGAT	FvpR1：TGCGATTACTAGCGAATCC	59	25	1 192	Bader 等，2003

续表 6－1

细菌	正向引物 5′—3′	反向引物 5′—3′	AT	C	Bp	参考文献
柱状黄杆菌（*Flavobacterium columnare*）基因组型 1，16*S* rDNA 内序列	Col－Ta：TTCAGATGGCTTCATTTG	Col－Tb：CCGTTTACGGGCGTTGGAATACAG	54	30		Triyanto 等，1999
柱状黄杆菌（*Flavobacterium columnare*）基因组型 2，16*S* rDNA 内序列	Col－T1：ATTAAATGGCATCATTTA	Col－T2：TCGTTTACGGCGTGGACTACCA	52	30	621	Triyanto 等，1999
柱状黄杆菌（*Flavobacterium columnare*）基因组型 3，16*S* rDNA 内序列	Col－T11：GATGTGGCCTCACATTGTG	Col－Tb：CCGTTTACGGGCGTTGGAATACAG	56	30		Triyanto 等，1999
嗜冷黄杆菌（*Flavobacterium psychrophilum*）16*S* rRNA	PSY1：GTTGGCATCAACACACT	PSY2：CGATCCTACTTGCGTAG	57	30	1089	Wiklund 等，2000
嗜冷黄杆菌（*Flavobacterium psychrophilum*）16*S* rRNA	FP1：GTTAGTTGGCATCAACAC	FP2：TCGATCCTACTTGCGTAG	54	35	1088	Urdaci 等，1998
嗜冷黄杆菌（*Flavobacterium psychrophilum*）16*S* rRNA	Psy1：CGATCCTACTTGCGTAG	Psy2：GTTGGCATCAACACACT	45 50	30 39	 1100	Toyama 等，1994
格氏乳球菌（*Lactococcus garvieae*），基于二氢嘌呤合成酶基因	SA1B10－1－F：CATTTTACGATGGCGCAG	SA1B10－1－R：CGTCGTGTTGCTGCAACA	58	30	709	Aoki 等，2000
格氏乳球菌（*Lactococcus garvieae*），基于 16*S* rDNA	pLG－1：CATAACAATGAGAATCGC	pLG－2：GCACCCTCGCGGGTTG	55	35	1100	Zlotkin 等，1998a
格氏乳球菌（*Lactococcus garvieae*）	IRL：TTTGAGAGTTTGATCCTGG	LgR：AAGTAATTTTCCACTCTACTT	45	35	482	Pu 等，2002
鱼乳球菌（*Lactococcus piscium*），与植物乳球菌（*L. plantarum*）、棉子糖乳球菌（*L. raffinolactis*）不能区分	IRL：TTTGAGAGTTTGATCCTGG	PiplraR：CGTCACTGAGGGCTGGAT	45	35	863	Pu 等，2002
鳗利斯特氏菌（*Listonella anguillarum*），溶血基因	VAH－P1：ACCGATGCCATCGCTCAAGA	VAH1－P2：GGATATTGACCGAAGAGTCA	55	30	603	Hirono 等，1996
鳗利斯特氏菌（*Listonella anguillarum*），*toxR* 基因	VA－U2：CACTTCGCAACCCGAAGAGACA	VA－D1：CTGCTTAGGTGCCAGTTCTCCA	62	20	307	Okuda 等，2001
分枝杆菌属（*Mycobacterium* genus）	T39：GCGAACGGGTGAGTAACACG	T13：TGCACACAGGCCACAAGGGA	50	30	924	Talaat 等，1997
龟分枝杆菌（*Mycobacterium chelonae*）	限制性 *Apa*I 酶切位点，分成片段为 812 bp 和 112 bp	限制性 *Ban* I 酶切位点，分成片段为 562 bp 和 362 bp				Talaat 等，1997

续表 6－1

细菌	正向引物 5′—3′	反向引物 5′—3′	AT	C	Bp	参考文献
偶发分枝杆菌（*Mycobacterium fortuitum*）	限制性 *Apa* I 酶切位点，分成片段为 677 bp，132 bp，115 bp	限制性 *Ban* I 酶切位点，分成片段为 562 bp 和 362 bp				Talaat 等，1997
海洋分枝杆菌（*Mycobacterium marinum*）	限制性 *Apa* I 酶切位点，分成片段为 677 bp，132 bp，115 bp	非限制性 *Ban* I				Talaat 等，1997
类三重分枝杆菌（*Mycobacterium triplex* – like）巢式 PCR	For1：CGAAAGCGTGGGAGCGAACA For2：GGTGTGGGTTTCCTTCCTT	Rev1：AGACCCCGATCCGAACTGAGACC Rev2：ACGGGCCATTGTAGCAT	55 55	38 55	 409	Herbst 等，2001
诺卡氏菌属（*Nocardia* genus）	NG1：ACCGACCACAAGGGG	NG2：GGTTGTAACCTCTTCGA	55	30	596	Laurent 等，1999
美人鱼发光杆菌美人鱼亚种和杀鱼亚种（*Photobacterium damselae* ssp. *damselae* and *piscicida*），利用尿素酶基因的存在或缺失	Ure－5：TCCGGAATAGGTAAAGCGGG Car1：GCTTGAAGAGATTCGAGT	Ure－3：CTTGAATATCCATCTCATCTGC Car2：CACCTCGCGGTCTTGCTG	60 60	30 30	448 267	Osorio 等，2000
鳗败血假单胞菌（*Pseudomonas anguilliseptica*）	PAF：GACCTCGCGCCATTA	PAR：CTCAGCAGTTTTGAAAG	46	35	439	Blanco 等，2002
变形假单胞菌（*Pseudomonas plecoglossicida*），基于 *gyr*B 编码区，利用 TaqMan 实时 PCR（TaqMan real time PCR）	GBPA－F：CCTGCTGAAGGACGAGCGTTCG	GBPA－R：AACCAGGTGAGTACCACCGTCG	68	50		Sukenda 和 Wakabayashi，2000
鲑鱼肾杆菌（*Renibacterium salmoninarum*），检测 *p*57 基因	CAAGGTGAAGGGAATTCTTCCACT	GACGGCAATGTCCGTTCCCGGTTT				Brown 等，1994
鲑鱼肾杆菌（*Renibacterium salmoninarum*），检测 *p*57 基因，内部探针	FL7：CGCAGGAGGACCAGTTGCAG FL10：GGTGTAACGATAATGCGCCA	RL11：GGAGACTTGCGATGCGCCGA RL11	60 60	35 35	349 149	Miriam 等，1997
鲑鱼肾杆菌（*Renibacterium salmoninarum*）	F：GATCGTGAAATACATCAAGG	R：GGATCGTGTTTTATCCACCC	60	30	149	Leon 等，1994
Salinivibrio（*Vibrio*）*costicola*，IGS^{Glu}（cosB）的特异引物	VCOS－F：CTGACGCTATTCTTGCGA	VCOS－R：GTAATCACATTCGTAAATGC	55	35	186	Lee 等，2002
无乳链球菌（*Streptococcus agalactiae*）（β 溶血，组 B），半巢式 PCR，与豕链球菌（*S. porcinus*）交叉反应	DSF1：TGCTAGGTGTTAGGCCCTTT DSF2：GGCCTAGAGATAGGCTTTCT	DSR1：CTTGCGACTCGTTGTACCAA DSR1	67 67	30 30	450 265	Ahmet 等，1999
海豚链球菌（*Streptococcus iniae*），16*S* rRNA	Sin－1：［CTAGAGTACACATGTACT（AGCT）AAG］	Sin－2：GGATTTTCCACTCCCATTAC	55	35	300	Zlotkin 等，1998b
海洋屈挠杆菌［*Tenacibaculum*（*Flexibacter*）*maritime*］，16*S* rRNA	Mar1：TGTAGCTTGCTACAGATGA	Mar2：AAATACCTACTCGTAGGTACG	58	39	400	Bader 和 Shotts，1998 Cepeda 等，2003

续表 6-1

细菌	正向引物 5′—3′	反向引物 5′—3′	AT	C	Bp	参考文献
海洋屈挠杆菌［*Tenacibaculum*（*Flexibacter*）*maritimum*］，16*S* rDNA	MAR1：AATGGCATCGTTTTAAA	MAR2：CGCTCTCTGTTGCCAGA	45	30		Toyama 等，1996
01 霍乱弧菌（*Vibrio cholerae* 01），*ctx*A 基因	CTX2：CGGGCAGATTCTAGACCTCCTG	CTX3：CGATGATCTTGGAGCATTCCCAC	60	25	564	Fields 等，1992
01 霍乱弧菌（*Vibrio cholerae* 01）El Tor，*rtx*A 基因，*rtx*C 基因，*ctx*B 基因阳性	RtxA－F：CTGAATATGAGTGGGTGACTTACG	RtxA－R：GTGTATTGTTCGATATCCGCTACG	55	30	417	Chow 等，2001
非 01 霍乱弧菌（*Vibrio cholerae* non－01），*rtx*A 基因和 *rtx*C 基因阳性	RtxC－F：CGACGAAGATCATTGACGAC	rtxC－R：CATCGTCGTTATGTGGTTGC	55	30	263	Chow 等，2001
01 霍乱弧菌（*Vibrio cholerae* 01）古典生物型，仅 *ctx*B 基因阳性（*rtx*A 基因和 *rtx*C 基因阴性）	ctxB2：GATACACATAATAGAATTAAGGAT	ctxB3：GGTTGCTTCTCATCATCGAACCAC	55	30	460	Chow 等，2001
重氮养弧菌（*Vibrio diazotrophicus*），IGS^{Glu}（diaA）的特异引物	VDIA－F：AGATTCTCTTGATGAGTGCC	VDIA－R：TACCTACATCTCTAAGAGACATAG	55	35	300	Lee 等，2002
费希尔弧菌（*Vibrio fischeri*），*Lux*A 基因	LuxA－F：GTTCTTAGTTGGATTATTGG	LuxA－R：TCAGTTCCATTAGCTTCAAATCC	40	40	428	Lee 和 Ruby，1995
河流弧菌（*Vibrio fluvialis*）IGS^{Glu}（fluA）的特异引物	VFLU－F：ATAAAGTGAAGAGATTCGTACC	VFLU－R：GTATTCCTGAATGGAATACAC	55	35	278	Lee 等，2002
霍利斯弧菌（*Vibrio hollisae*），*gyr*B 基因	HG－F1：GCTCTGTCGGAAAAACTTGA	HG－R2：ATGCTCAAAATGGAACACAG	55	30	363	Vuddhakul 等，2000
霍利斯弧菌（*Vibrio hollisae*），*tox*R 基因	HT－F3：CTGCCCAGACACTCCCTCTTC	HT－R2：CTCTTTCCTTACCATAGAAACCG	62	24	306	Vuddhakul 等，2000
黑美人弧菌（*Vibrio nigripulchritudo*），IGS^{Glu}（nigA）的特异引物	VNIG－F：CATTTCTTTGAAACAGAAAGT	VNIG－R：TAGATAAGGGGATTGTTGCTA	55	35	114	Lee 等，2002
副溶血性弧菌（*Vibrio parahaemolyticus*）*gyr*B 基因，它也可能存在于溶藻弧菌（*V. alginolyticus*）	VP1：CGGCGTGGGTGTTTCGGTAGT	VP2r：TCCGCTTCGCGCTCATCAATA	60	30	285	Venkateswaran 等，1998 Kim 等，1999
副溶血性弧菌（*Vibrio parahaemolyticus*）*tl* 基因，它也可能存在于溶藻弧菌（*V. alginolyticus*）	L－tl：AAAGCGGATTATGCAGAAGCACTG	R－tl：GCTACTTTCTAGCATTTTCTCTGC	58.6	30	450	Bej 等，1999

续表 6-1

细菌	正向引物 5′—3′	反向引物 5′—3′	AT	C	Bp	参考文献
副溶血性弧菌（*Vibrio parahaemolyticus*）*tox*R 基因，可得到微弱的溶藻弧菌（*V. alginolyticus*）、创伤弧菌（*V. vulnificus*）非特异条带	ToxR1：GTCTTCTGACGCAATCGTTG	ToxR2：ATACGAGTGGTTGCTGTCATG	63	20	368	Kim 等，1999
副溶血性弧菌（*Vibrio parahaemolyticus*），克隆的 pR72H 长段为该物种特异性	VP33：TGCGAATTCGATAGGGTGTTAACC	VP32：CGAATCCTTGAACATACGCAGC	60	35	387 或 320	Lee 等，1995 Robert-Pillot 等，2002
杀对虾弧菌（*Vibrio penaeicida*），16*S* rDNA	VpF：GTGTGAAGTTAATAGCTTCATATC	VR：CGCATCTGAGTGTCAGTATCT	62	35	310	Saulnier 等，2000
解蛋白弧菌（*Vibrio proteolyticus*）IGS^{IA}（proC）的特异引物	VPRO－C：GCATTCTTACGAGTGTG	VPRO－R：ATTAGTTGTATTCAAATA	55	35	133	Lee 等，2002
杀鲑弧菌（*Vibrio salmonicida*）IGS^{0}（salA）的特异引物	VSAM－F：TGCGATTTATGAGTGTTCA	VSAM－R：ACTCTTCATTGAGAGTTCTG	55	35	275	Lee 等，2002
灿烂弧菌（*Vibrio splendidus*）IGS^{0}（spnA；spnD）的特异引物	VSPN－F：GATTTAGTTAAAGCCAGAGC	VSPN－R：CCTGATAACTGTTTGCCG	55	35	240，294	Lee 等，2002
日本竹筴鱼弧菌（*Vibrio trachuri*）［哈维氏弧菌（*V. harveyi*）的次同物异名］	*Pstl*－1a：TGCGCTGACGTGTCTGAATT	*Pstl*－1b：AAGCAGCGATGACAAGCAGT	60	35	417	Iwamoto 等，1995b
塔氏弧菌（*Vibrio tubiashii*）IGS^{IA}（tubA）的特异引物	VTUB－F：TGGGTCTTTCAGGCCCG	VTUB－R：CGACGAATGACCGTTGTC	55	35	394	Lee 等，2002
创伤弧菌（*Vibrio vulnificus*）巢式 PCR	P1：GACTATCGCATCAACAACCG P3：GCTATTTCACCGCCGCTCAC	P2：AGGTAGCGAGTATTACTGCC P4：CCGCAGAGCCGTAAACCGAA	57 59	50 50	704 222	Lee 等，1998
创伤弧菌（*Vibrio vulnificus*）溶细胞素——溶血素基因	F CGCCGCTCACTGGGGCAGTGGCTG	R GCGGGTGGTTCGGTTAACGGCTGG	64.5	30～50		Coleman 等，1996
鲁氏耶尔森氏菌（*Yersinia ruckeri*）	YER 8：GCGAGGAGGAAGGGTTAAGTG	YER 10：GAAGGCACCAAGGCATCTCTG	60	25	575	Gibello 等，1999
鲁氏耶尔森氏菌（*Yersinia ruckeri*），16*S* rDNA	Ruck1：CAGCGGAAAGTAGCTTG	Ruck2：TGTTCAGTGCTATTAACACTTAA	55	30	409	LeJeune 和 Rurangirwa，2000
鲁氏耶尔森氏菌（*Yersinia ruckeri*），*yru*R/*yru*I 群体效应基因	IF2：GAGCGCTACGACAGTCCCAGATAT	IR2：CATACCTTTAACGCTCAGTTCGAC	65	40	1000	Temprano 等，2001

续表 6-1

细菌	正向引物 5′—3′	反向引物 5′—3′	AT	C	Bp	参考文献
多重 PCR						
毒性气单胞菌（Virulent *Aeromonas species*），霍乱弧菌（*Vibrio cholerae*），副溶血性弧菌（*Vibrio parahaemolyticus*）	*Aero*-F：TGTCGGSGATGACATGGAYGTG Esp-F：GAATTATTGGCTCCTGTGCAGG V*para*-F：GCTGACAAAACAACAATTTATTGTT	*Aero*-R：CCAGTTCCAGTCCCACCACTTCA Esp-R：ATCGCTTGGCGCATCACTGCCC V*para*-R：GGAGTTTCGAGTTGATGAAC	62	35	720	Kong 等，2002
在多重反应中，引物 *Aero* 0.2 μmol/L，引物 Esp 0.1 μmol/L，引物 V*para* 1.0 μmol/L。引物 *Aero* 用于检测嗜水气单胞菌（*Aeromonas hydrophila*），嗜泉气单胞菌（*A. eucrenophila*），波氏气单胞菌（*A. popoffii*），温和单胞菌（*A. sobria*）和脆弱气单胞菌（*A. trota*）等有毒种类						Kong 等，2002
大肠杆菌（*E. coli*）（*uid*A 基因），霍乱弧菌（*Vibrio cholerae*）（*ctx* 基因），副溶血性弧菌（*Vibrio parahaemolyticus*）（*tl* 基因）（可能扩增溶藻弧菌），创伤弧菌（*Vibrio vulnificus*）（*cth* 基因），鼠伤寒沙门氏菌（*Salmonella typhimurium*）（*inv*A）	L-UIDA：TGGTAATTACCGACGAAAACGGC L-CTX：CTCAGACGGGATTTGTTAGGCACG L-TL：AAAGCGGATTATGCAGAAGCACTG L-CTH：TTCCAACTTCAAACCGAACTATGAC L-INVA：CTCTACTTAACAGTGCTCGTTTAC	R-UIDA：ACGCGTGGTTACAGTCTTGCG R-CTX：TCTATCTCTGTAGCCGGTATTACG R-TL：GCTACTTTCTAGCATTTTCTCTGC R-CTH：GCTACTTTCTAGCATTTTCTCTGC R-INVA：TTGATAAACTTCATCGCACCGTCA	55~60	30	147 302 450 205 273	Brasher 等，1998
通用步骤						
霍乱弧菌（*Vibrio cholerae*）（毒性基因）	VC-1：GGCAGATTCTAGACCTCCT	VC-2：TCGATGATCTTGGAGCATTC			563	Wang 等，1997（引用 Fields 等，1992）
创伤弧菌（*Vibrio vulnificus*）（溶细胞素基因）	VV-1：CTCACTGGGGCAGTGGCT	VV-2：CCAGCCGTTAACCGAACCA			383	Wang 等，1997（引用 Brauns 等，1991）
副溶血性弧菌（*Vibrio parahaemolyticus*）（基因组 DNA）	VIP-1：GAATTCGATAGGGTGTTAACC	VIP-2：ATCCTTGAACATACGCAGC			381	Wang 等，1997（引用 Lee 等，1995）

注：AT 表示退火温度；C 表示循环数；Bp 表示产物碱基对大小；IGS 表示基因间区。

6.1.2 爱德华氏菌属（*Edwardsiella* spp.）PCR

爱德华氏菌属（*Edwardsiella* spp.）的 *sod*B 基因（编码铁超氧化物歧化酶）被扩增（片段长为454 bp）并测序。根据核苷酸序列的不同将爱德华氏菌分成致病性和非致病性类群。类群Ⅰ包括的病原性菌株有从日本鳗鲡、牙鲆（*Paralichthys olivaceus*）、尼罗罗非鱼（*Oreochromis niloticus*）、香鱼（*Plecoglossus altivelis*）分离到的迟钝爱德华菌（*E. tarda*），从真鲷分离到的非典型迟钝爱德华菌，从日本鳗鲡分离到的爱德华菌未定种和叉尾鮰爱德华菌（*E. ictaluri*）。非病原性的迟钝爱德华菌（*E. tarda*）和保科爱德华菌（*E. hoshinae*）发现于族群Ⅱ（Yamada 和 Wakabayashi，1999）。

6.1.3 柱状黄杆菌（*Flavobacterium columnare*）PCR

引物 FvpF 和 FvpR2 定位在柱状黄杆菌（*F. columnare*）的16*S* rDNA 的特异区内（Bader 等，2003）。三条引物的组合也位于16*S* rDNA 基因内，能区分柱状黄杆菌中的三个基因组型。三条独立的正向引物是可用的，其中基因组型1和基因组型3有相同的反向引物（表6－1）。扩增基因组型2的引物扩增的产物条带为621bp，但在所有黄杆菌（*Flavobacterium*）的种类中也能扩增出800 bp 和1 000 bp 的条带（Triyanto 等，1999）。来自组织样品的 PCR 可使用通用引物提高敏感性（Bader 等，2003）或者在使用通用引物后再用黄杆菌种类的特异性引物组合 Col－72F 和 Col－1260F（表6－1）（Triyanto 等，1999）。

6.1.4 假单胞菌（*Pseudomonas plecoglossicida*）PCR

该 PCR 通过利用 Taqman 方法使用实时定量 PCR 实施。内参对照和目标 DNA 探针分别为：TGT－P 5′－(FAM) AGATGGCGTGGGCGTTGAAGTAGCGC（TAMRA）－3′, ISD－P 5′－(VIC) CCTTCACCACCACGGCCGAGCGTGAG(TAMRA)－3′(Sukenda 和 Wakabayashi，2000)。

6.1.5 海洋屈挠杆菌［*Tenacibaculum*（*Flexibacter*）*maritimum*］PCR

巢式 PCR 第一次反应利用通用引物20F 和1 500R，接下来的一个巢式 PCR 利用海洋屈挠杆菌特异引物 Mar1 和 Mar2，巢式反应可以直接从鱼组织中检测这种微生物（Cepeda 等，2003）。Ready-to-Go PCR 反应珠（Amersham Pharmacia Biotech）被使用，在25 μL 的反应体系中每种引物用量为1 pmol。第一次 PCR 反应预热95℃，5 min；95℃，30 s，30个循环；57℃，30 s；最后1个循环72℃，60 s；72℃延伸5 min。第二次反应94℃，2 min；接下来94℃，2 s，40个循环；54℃，2 s；72℃，10 s；最后延伸4 min。

6.1.6 弧菌属（*Vibrio* spp.）PCR

这些 PCR 中很多将经历一段时间的验证，需要收集很多信息和摸索研究后，这些 PCR 的特异性才会得到确定。这种情况已在某些弧菌种类的 PCR 中发现。某些副溶血性弧菌（*Vibrio parahaemolyticus*）和溶藻弧菌（*Vibrio alginolyticus*）引物的特异性就有疑问。*gyr*B 基因表明能够区分出副溶血性弧菌和溶藻弧菌（Venkateswaran 等，1998）；然而，当退火温度设定为58℃时也能够检测溶藻弧菌中的基因，退火温度为60℃时，副溶血性弧菌特异性提高（Kim 等，1999）。用 PCR 检测副溶血性弧菌中编码热不稳定性溶血素的 *tl* 基因（Bej 等，1999）时发现，不但能够在副溶血性弧菌中检出，而且能够在溶藻弧菌中检出（Robert-Pillot 等，2002）。参与很多基因调控的 *tox*R 基因在弧菌中是保守的，但是用于选择种间特异性引物时，其同源性程度较低。以副溶血性弧菌 *tox*R 基因为目标的 PCR 反应能够从溶藻弧菌和创伤弧菌中扩增到非特异性片段（Kim 等，1999）。研究表明，检测副溶血性弧菌最具特异性的 PCR 是检测其中 R72H 片段的 PCR 反应。这个 DNA 片段包括非编码区域和一个磷脂酰丝氨酸合成酶基因，引物扩增产生的扩增子为 387 bp 或 320 bp，这两个片断在副溶血性弧菌中被认为都是特异的（Lee 等，1995；Robert-Pillot 等，2002）。

6.1.7 多重 PCR

多重 PCR 能够同时检测贝类样品中的人类病原大肠杆菌（*Escherichia coli*），鼠伤寒沙门氏菌（*Salmonella typhimurium*），霍乱弧菌（*V. cholerae*），副溶血性弧菌（*V. parahaemolyticus*）和创伤弧菌（*V. vulnificu*）。优化的 PCR 条件为 $MgCl_2$ 2.5 m mol/L 和退火温度为 55℃（Brasher 等，1998）。

6.1.8 巢式 PCR

表6－1 中的任何一条在 16*S* rRNA 区域内设计的引物，都可用于巢式 PCR 反应，可提高检测灵敏性。第一次反应用真细菌引物，能够扩增整个 16*S* rDNA 区域，然后用特异引物进行巢式 PCR 反应。在真细菌通用引物的巢式 PCR 反应中使用特异引物，提高了组织样品中柱状黄杆菌（*Flavobacterium columnare*）检测的敏感性（Triyanto 等，1999；Bader 等，2003），详细的通用引物参见本书“6.3”。

杀鲑气单胞菌（*Aeromonas salmonicida*），嗜冷黄杆菌（*Flavobacterium psychrophilum*）和鲁氏耶尔森氏菌（*Yersinia ruckeri*）都有优化的巢式 PCR 的报道。第一次反应用通用引物扩增 16*S* rDNA基因，第二次用种内特异引物检测这三种细菌。PCR 反应条件优化的目的是使所有引物在同样条件下都可以使用（Taylor 和 Winton，2002）。Weisburg 等（1991）报道的通用引物，正向引物 fD2 5′－AGAGTTTGATCATGGCTCAG－3′和反向引物 rP2 5′－GTTTACCTTGTTACGACTT－3′用来扩增 1 500 bp 16*S* rDNA 基因片段。然后以此为模板用杀鲑气单胞菌用 AS1 和 AS2（Høie 等，1997）引物，嗜冷黄杆菌用 PSY1 和 PSY2（Toyama 等，1994）引物，鲁氏耶尔森氏菌引物用 YER8 和 YER10 引物（Gibello 等，1999）进行第二次 PCR 反应。在 PCR 反应混合物中，$MgCl_2$ 的最终浓度是 2.0 mmol/L，dNTP 是 200 mmol/L，每条引物最终浓度为 100 pmol，Taq 酶为 1.25 U/50 μL。热循环条件也用标准的：开始在95℃变性 4 min，接下来 95℃、45 s、30 个循环，通用引物退火温度为 45℃，特异引物为 55℃，72℃延伸 90 s，最后一个循环 72℃延伸 4 min，最后 4℃保存（Taylor 和 Winton，2002）。

6.1.9 特异引物 PCR 步骤概要

1. 方法步骤

①从菌落中提取 DNA；②用特异引物扩增 DNA；③琼脂糖凝胶电泳检测 DNA。

2. 从细菌细胞中提取 DNA

从细菌细胞中提取 DNA 有很多种方法，包括手工方法和商业试剂盒方法。试剂盒有

Instagene（Bio-Rad）、AquaPure™ genomic DNA kits（Bio-Rad）、Chelex-based resin（Bio-Rad）、Puregene（Gentra Systems）、PrepMan™（Applied Biosystems）、MasterPure（Astral Scientific-Epicentre）、Wizard® Genomic（Promega）以及Qiagen公司的Dneasy Tissue system和QiAamp system。

（1）人工方法1：在100 μL含1 mmol/L EDTA和0.5% Triton-X-100的溶液中悬浮细菌细胞。在微波炉的高火设置下煮沸5 min（Lee等，1998）。

（2）人工方法2：制备0.5号麦氏比浊管密度的细菌细胞悬液，13 000转离心5 min。将细胞沉淀颗粒在含50 mmol/L Tris-HCl（pH值为8.5），1 mmol/L EDTA，0.5% SDS和200 μg/mL蛋白酶K的消化缓冲液中悬浮。在55℃振荡孵育3 h。95℃持续10 min热灭活蛋白酶K。4℃冷却，然后13 000转离心10 min。取上清液用作PCR反应。然而，PCR主要混合物最终必须加入吐温20来消除SDS对结果的影响。SDS浓度低至0.01%时也能抑制Taq酶的活力（Goldenberger等，1995）。

此方法也适合于在消化缓冲液中孵育过夜后再用超声波处理的组织样品（Goldenberger等，1995）。

（3）人工方法2——革兰氏阳性细菌：革兰氏阳性细菌要用溶菌酶处理（1 mg溶菌酶/mL TE，pH值为8.0）。

3. 从组织中提取DNA

就像从细菌培养物中提取细菌DNA一样，也能从组织样品中提取细菌DNA。有很多方法可以使用，包括手工的和商业化的方法。下面提供一些参考。

（1）人工方法1：取100 μL均质化的组织，加入100 μL Chelex-100树脂（Bio-Rad Laboratories或Sigma-Aldrich），在56℃持续加热10 min。加入200 μL 0.1% Triton-X-100煮沸10 min。冰上冷却。然后12 000转离心3 min，取5 μL参加PCR反应（Khan和Cerniglia，1997）。

（2）人工方法2：取10 g组织放入90 mL的TSBYE培养基［30 g用葡萄糖强化的大豆胰蛋白酶肉汤（Difco）；6 g酵母膏；1 L蒸馏水］中培养。25℃振荡培养过夜，取0.5 mL上相样品，与1 mL磷酸盐缓冲液（PBS，0.05 mol/L，pH值为7.4）混合，9 000 g离心3 min。用PBS洗三次，最后一次用无菌水洗。在50 μL水中重悬，然后用1% Triton-X-100按1∶10稀释，放在沸水浴中煮5 min，然后拿出立即放冰上。取2 μL加入PCR混合物中进行扩增（Wang等，1997）。

6.2　PCR操作步骤

任何引入实验室的PCR均需要对本实验室所用Taq酶和所制备的引物条件进行优化。不同批次的引物和dNTPs的浓度之间会发生差别。例如，一对引物的最适dNTP在PCR反应中终浓度可能为100 μmol/L，当重新订购一批引物时，其最适浓度可能为200 μ mol/L。

6.2.1　方法1——标准的操作

表6-2建议的标准PCR流程可以用来扩增大部分目标序列，同时也是基本的反应条件优化起点。进行PCR混合物浓度优化时，建议的实验范围是：dNTP浓度为100～200

μmol/L，引物浓度为0.1～1.0 μmol/L，$MgCl_2$ 浓度为1～4 mmol/L，Taq 酶为1.0～2.5 U。任何一种试剂太多或太少都会导致出现非特异性条带、错配或产物量不足的情况。尤其是高浓度的 dNTP、引物或者 $MgCl_2$ 将导致非特异产物产生（Saiki，1989；Innis 和 Gelfand，1990）。在每个 PCR 运行中均应该设定阴性对照和阳性对照。

有时添加牛血清白蛋白、明胶、吐温 20 或者二甲基亚砜（DMSO）到 PCR 反应体系中，有助于 Taq 酶的稳定性。二甲基亚砜能够帮助防止 Taq 酶功能被来自组织成分的抑制因子和琼脂污染或含有琼脂的培养基（例如 Stuarts 运输培养基）抑制。然而，其所使用的浓度不能超过2%，如果超过这个浓度会抑制 Taq 酶的功效。

建议把 PCR 反应总体系中各种试剂的体积，在 Excel 电子表格的每个单元用合适的公式进行设置。当不同数量的样品测试时，预混合液的计算就变得非常容易。

整份 PCR 预混合液分装为20 μL。如果 PCR 仪设有热盖，PCR 管中需加入30 μL 灭菌液体石蜡。PCR 管可以放在 -20℃保存用。

加入5 μL 模板（DNA），然后将 PCR 管放入 PCR 仪中。

表 6-2 标准 PCR 流程

试剂(初始浓度)	×1 μL	×10 μL	最终浓度
水	34.8	347.50	
PCR 缓冲液（×10）	5.0	50.0	×1
dNTP 混合物（每种 20 mmol/L）	1.0	10.0	200 μ mol/L each
$MgCl_2$(25 mmol/L)	3.0	30.0	1.5 mmol/L
正向引物（50 μmol/L）	0.5	5.0	0.5 μmol/L
反向引物(50 μmol/L)	0.5	5.0	0.5 μmol/L
Taq 酶(5 U/μL)	0.25	2.5	1.25 U/(50 μL 反应)
总体积(包括添加的 DNA 的体积)	50 μL		

6.2.2 方法2——商品化 PCR 反应混合液

很多公司提供的商品化 PCR 反应混合液包括缓冲液、$MgCl_2$、dNTPs。使用时添加 DNA 模板、引物和水即可，比如 Amersham Pharmacia Biotech 公司的 Ready-To-Go® PCR 反应珠。这是25 μL 的反应混合液，加入引物和5 μL 的模板就可以。还有 Astral Scientific（Bioline）公司的 BIOMIX ready-to-go 及 PCR Master Mix（Promega）和 IQ supermix（Bio-Rad laboratories）都是可用的商品化 PCR 预混合液。

6.2.3 热循环条件

循环条件取决于 PCR 仪的类型、引物的退火温度和所用 Taq 酶的类型，而不管 Taq 酶是否为热启动酶。

一个标准的循环条件为：95℃持续1～5 min 作为第一个循环。然后，95℃、30 s 变性，55～68℃、30 s 退火，72℃、30 s 延伸，25～35 个循环。其中最后一个循环的延伸时间为10 min。PCR 仪设置4℃保温。

引物的退火温度取决于引物的长度、GC 的含量和浓度。推荐的退火温度比引物真正的 Tm 低5℃。Tm 通常由随引物发送的数据单提供。Tm 可根据在引物序列中 T 或 A 算作

2℃和G或C算作4℃然后相加来估算。退火温度影响反应的特异性。低于最适退火温度可能导致非目标序列的错误启动或者引物3′端不正确的核酸错误延长。延伸温度低时，高浓度的dNTPs也容易导致错误启动和非特异性扩增（Saiki，1989；Innis和Gelfand，1990）。

适当的循环数在25～35之间。提高循环数会导致PCR出现问题，如出现一个平台效应，即产物不再扩增并出现非特异产物优先扩增的结果。依据样品中目标片断拷贝初始存在的数目和DNA合成数目来判断是否达到平台状态。另外，扩增循环数过多时会导致试剂耗尽。不同数量的起始反应物推荐循环圈数为25～30（3×10^5个目标分子），30～35（1.5×10^4个分子），35～40（1×10^3个分子），40～45（50个分子）（Saiki，1989；Innis和Gelfand，1990）。

6.2.4　凝胶电泳

凝胶检测扩增产物的标准步骤如下：用染色体级的琼脂糖（Bio－Rad）制备2%的琼脂糖凝胶。对于宽口的小型电泳槽（Bio－Rad），可将1.8 g琼脂糖加入90 mL 0.5×TBE缓冲中，然后用微波炉溶解（中火，3 min）。用移液枪吸取5～10 μL扩增产物和5～10 μL 2×loading缓冲液，分别注入泳道。用5 V/cm的功率电泳2 h。利用Bio－Rad PowerPac 300电泳仪，80 V、90 min能够将产物条带完全分开。每次跑胶都要使用分子量标记（如100 bp的marker）同步进行。

利用荧光染料如SYBR® Safe（Invitrogen）或者溴化乙锭，通过其嵌入DNA双链对扩增产物进行染色。SYBR® Safe是比溴化乙锭更安全的选择，实验表明，目前还未检测到SYBR® Safe的诱变活性（SYBR® Safe datasheet），而溴化乙锭则是一种致癌物质，具有诱变活性。SYBR® Safe可以直接添加在熔融的琼脂糖中（每30 mL琼脂糖溶液中添加3 μL），电泳结束后，扩增产物即可被检测到，这样比较节省时间。此外，也可通过将凝胶浸泡在含有SYBR® Safe的TAE或者TBE缓冲液中来观察染色结果。缓冲液应该放置在塑料容器中而不是玻璃容器中，后者会吸附染料。容器应盖上或者将其放在黑暗处以减少荧光的散失。

若使用溴化乙锭对凝胶染色，可在1 L蒸馏水中加入50 μL溴化乙锭，染色30 min至1 h。溴化乙锭是致癌物质，因此，需要做些必要的防范，如穿实验服、戴手套，并保持溴化乙锭容器在固定的位置。不能将含溴化乙锭的废液倒进水池中。应利用溴化乙锭脱色袋来中和乙锭，这种脱色袋也被称为溴化乙锭“绿色袋”处理试剂盒，可通过Mo－Bio，Bio 100 Inc，Qbiogene，Amresco等公司购得。

染色后的凝胶可利用紫外透射仪来观察，如标准的300 nm紫外光源透视仪，254 nm反射紫外光源透射仪或者蓝光透射仪。数码成像系统可通过市场获得。检测通过溴化乙锭或者SYBR® Safe染色的扩增产物，成像系统需安装合适的荧光过滤器。用于溴化乙锭染色的过滤器不适合用于检测SYBR® Safe染色的扩增产物。

6.2.5　储液和工作液的制备

1. PCR扩增的dNTP浓度

通常供应的dNTPs浓度为100 mmol/L。根据优化实验结果，在PCR实验中要求最终浓度为100 μmol/L或200 μmol/L。

dNTPs可作为单独成分添加到反应预混合液，也可以混合后作为储备液。商业化的

dNTPs是dATP、dCTP、dGTP和dTTP等摩尔的混合液。如果每种核苷酸的浓度为10 mmol/L，则混合物的浓度为40 mmol/L。若要求每种核苷酸的最终浓度为200 μmol/L（0.2 mmol/L），则一个50 μL的反应体系要添加每种核苷酸浓度为10 mmol/L的dNTPs混合储备液1 μL（或者添加0.5 μL使其终浓度为100 μmol/L）。

2. 引物准备

每个引物的详细参数都被列在单子上随引物一起送来，包括浓度、溶解温度等。要制备100 μmol/L（100 pmol/μL）引物，（寡聚核苷酸）储备液，可将冻干引物加入10倍（纳摩尔数）于其数量的溶解液（TE缓冲液或无菌超纯水）中溶解。例如，如果引物订单上显示引物为31.2 nmol，则加入312 μL溶解液到冻干引物中即可得到100 μmol/L的储备液。

用灭菌蒸馏水或超纯水制备浓度为10～50 μmol/L（10～50 pmol/μL）的工作液。

3. 分光光度法定量引物

分光光度法能够准确地量化引物，以1∶20的比例稀释引物储液（例如，50 μL储液+950 μL蒸馏水）。

在260 nm测定紫外吸光值。引物或低聚核苷酸的浓度（μg/mL）=吸光值×稀释倍数×（重量/OD）。

单链DNA（ssDNA）的浓度为33 μg/mL时，吸光度值为1。因此，33 μg ssDNA为1 OD单位。

因此，在上面的例子中，ssDNA的浓度（μg /mL）=吸光值×20×33。

双连DNA（dsDNA）：$A_{260} = OD_{260} = 1$，表示50 μg/mL的溶液。

4. 寡聚体定量

20-mer，储液$A_{206} = 1$时，含有5 nmol寡聚体，即5 nmol = 33 μg/(20×325)。

40-mer，储液$A_{206} = 1$时，含有2.5 nmol寡聚体，即2.5 nmol = 33 μg/(40×325)。

5. 寡聚体——引物从pmol到μg的转换

引物pmol数×（寡聚体长度×325）/1 000 000。

例如：20-mer引物，物质的量为51 809.88 pmol（来自引物数据单），引物质量为(51 809.88×20×325)/1 000 000 = 336.7 μg。

6. 引物从μg到pmol的转换

引物μg数×1 000 000/(寡聚体长度×325)。

例如：20-mer引物，质量为365.73 μg（来自引物数据单），引物物质的量为（365.73×1 000 000)/(20×325) = 56 266.15 pmol。

7. PCR扩增的引物浓度

引物分子浓度μmol/L = pmol/μL。

即在100 μL PCR混合液中，20 pmol/μL的引物浓度等同于20 μmol/L (20 micromolar)。

8. 根据储液浓度估算所需储液体积

从储液估算所需体积的基本公式如下：初始浓度×所需体积 = 最终浓度×反应体系体积。因此，如果有5 μmol/L的引物储液，在25 μL的反应体系，要求引物的最终浓度为

0.1 μmol/L，估算公式为：5 μmol/L × x = 0.1 μmol/L × 25 μL；x = (0.1 μmol/L × 25 μL) / 5 μmol/L；x = 0.5 μL。因此，在 25 μL 的反应体系中，添加 0.5 μL 的 5 μmol/L 的储液（或工作液）。

9. 寡核苷酸的储存

寡核苷酸应该储存在 -20℃。分成小份储存以避免寡核苷酸多次冻融。

6.3　通过 16*S* rDNA 测序进行分子鉴定

测定 16*S* rRNA 序列已经被广泛运用于研究细菌的进化和系统发育。从美国国家生物技术信息中心（National Center for Biotechnology Information，NCBI）和核糖体数据库计划（the Ribosomal Database Project，RDP）中能够得到大量的 16*S* rRNA 的序列，测定 16*S* rDNA序列是研究细菌系统分类和鉴定新种类必要的工具。它也是对通过生化试验鉴定细菌的诊断实验室非常有用的一种手段。核糖体 RNA 包含可变区域和高度保守区域，保守区进化非常缓慢，因此具有种属特异性。

16*S* rRNA 在核糖体中被发现，包含蛋白质和 RNA。原核生物的核糖体为 70*S*，由50*S* 和 30*S* 两个亚基组成。*S* 在离心分离时表示沉降系数或者称为 Svedberg 单位。在 30*S* 亚基里发现 16*S* rRNA，而 50*S* 亚基包含 5*S* 和 23*S* rRNA 分子。16*S* 约有 1 600 个核苷酸，23*S* 有 3 000 个核苷酸，5*S* 约有 120 个核苷酸。

在编码 16*S* rRNA 的基因内，是不同属的保守区域，正是这些区域被用来设计真细菌的通用引物。并非所有的引物都能与感兴趣的细菌 DNA 结合；然而，如果一个引物组合被使用，随之会有一段 DNA 被扩增，该扩增序列将被测序并用于鉴定。

6.3.1　测序的步骤

步骤方法：①从细菌菌落提取 DNA；②用真细菌通用引物扩增 16*S* rDNA；③用琼脂糖凝胶电泳检测 DNA；④纯化扩增产物；⑤DNA 浓度定量；⑥进行 PCR 测序反应；⑦测序（送样品去测序）；⑧用 BIOEDIT 软件分析序列信息；⑨在 BLAST 上搜索，鉴定序列。

6.3.2　DNA 提取

按照前面提到的方法，从细菌菌落提取 DNA。

6.3.3　使用真细菌通用引物扩增 16*S* rDNA

rDNA 包含有大量属的保守位点，因此，有许多引物能够用于扩增很多属的部分或全部 16*S* rDNA。最初 Lane 等（1985）提出，通用引物 A、B 和 C 扩增的区域在原核生物和真核生物间普遍保守。此后，有很多不同意见提出。有一些引物仅对于细菌通用，有的能够扩增整个 16*S* rDNA，而其他的则扩增不同的区域。识别引物的惯例是将其按照 3′端与大肠杆菌（*E. coli*）退火的位点编号来命名。

能够扩增整个或者部分 16*S* rDNA 的一些引物被详细列在表 6 - 3 中。并不是所有的引物组合适合所有的细菌，表 6 - 4 显示的引物被证实是可用的。引物可以在 Qiagen 或者 Invitrogen等生物公司订购。

表 6-3 真细菌 16*S* rDNA 测序通用引物

引物(大肠杆菌位点编号)	5′-3′引物序列	目标	参考文献
27f (EUBB) (7-26)	AGAGTTTGATCMTGGCTCAG	大多数真细菌	Lane, 1991; Weisburg 等, 1991; Suzuki 和 Giovannoni, 1996
20F	AGAGTTTGATCATGGCTCAG	真细菌	Weisburg 等, 1991
POmod(8-22),从 27f 改良	AGAGTTTGATCMTGG	仅真细菌界	Wilson 等, 1990
63f (43-63)	CAGGCCTAACACATGCAAGTC		Marchesi 等, 1998
357r (339-357)	CTCCTACGGGAGGCAGCAG	大多数真细菌	Lane, 1991; Weisburg 等, 1991
530f (515-530)	GTGCCAGCMGCCGCGG	大多数真细菌,真核生物,古细菌	Lane, 1991
P3mod f (787-806)	ATTAGATACCCTDTAGTCC	仅真细菌界	Wilson 等, 1990
519r (519-536)	GWATTACCGCGGCKGCTG	引物 A,所有界通用	Lane 等, 1985; Lane, 1991
PC3mod r (787-806)	GGACTAHAGGGTATCTAAT	仅真细菌界	Wilson 等, 1990
685r3	TCTRCGCATTYCACCGCTAC	多数革兰氏阳性菌, 蓝细菌	Lane, 1991
907r (907-926)	CCGTCAATTCMTTTRAGTTT	引物 B,所有界通用	Lane 等, 1985; Lane, 1991
926f	AAACTYAAAKGAATTGACGG	大多数真细菌,真核生物,古细菌	Lane, 1991
1100r (1100-1114)	GGGTTGCGCTCGTTG	大多数真细菌	Lane, 1991; Weisburg 等, 1991
1114f	GCAACGAGCGCAACCC	大多数真细菌	Lane, 1991
1387r (1387-1404)	GGGCGGWGTGTACAAGGC		Marchesi 等, 1998
1392r (1392-1406)	ACGGGCGGTGTGTRC	引物 C,所有界通用	Lane 等, 1985; Lane, 1991
1406f	TGYACACACCGCCCGT	大多数真细菌,真核生物,古细菌	Lane, 1991
PC5r (1492-1507),从 1492r 改良	TACCTTGTTACGACTT	仅真细菌界	Wilson 等, 1990; Lane, 1991
1492r (1492-1512)	TACGGYTACCTTGTTACGACTT	大多数真细菌,古细菌	Lane, 1991
1500R	GGTTACCTTGTTACGACTT	真细菌	Weisburg 等, 1991
1525r (1525-1541)	AAGGAGGTGWTCCARCC	所有界通用	Lane, 1991; Weisburg 等, 1991
1525r EUBA,从 1525r 改良	AAGGAGGTGATCCANCCRCA	仅真细菌界	Suzuki 和 Giovannoni, 1996

注:M 表示 C:A; R 表示 A:G; K 表示 G:T;W 表示 A:T (Lane 等, 1985)。其他核苷酸混合物(以简并性和摇摆性出名)包括:S 表示 C:G; Y 表示 C:T;V 表示 A:G:C; H 表示 A:C:T; D 表示 A:G:T; B 表示 C:G:T; N 表示 A:G:C:T。F 表示与 rRNA 序列相同。R 表示 rRNA 互补序列。引物位点对应大肠杆菌 16*S* rRNA(如 9-27)的核苷酸编号系统。Wilson (1990)提到的引物中的 C 指的是互补序列。

引物 A、B、C 对于三元界分类系统的生物古细菌、真细菌和真核生物是通用引物(Lane 等, 1985)。Suzuki 和 Giovannoni (1996)的引物 EUBB (7-26)除了进行简并(M)可能使引物更加通用外,和 Lane (1991)的引物 27f 是相同的。

引物 27f 进行了改动,这是因为 3′端互补导致引物自我聚合从而引起引物的消耗。引物改动参考 Wilson 等(1990)提出的 POmod 进行。在引物内互补和引物间互补均可导致引物二聚体形成,它比 DNA 模板中预期的序列更容易被扩增(Watson, 1989)。

推荐的引物对 63f 和 1387r(表 6-4)是在引物 27f 和 1392r(表 6-3)的基础上改进而来(Lane 等, 1991),尤其适用于有难度的 DNA 模板 (Marchesi 等, 1998)。

整个 rDNA 能够用两组引物对扩增。引物对 POmod 和 PC3mod 扩增 rDNA 789 bp 的碱基对,引物对 P3mod 和 PC5 扩增 rDNA 剩余的 721 bp 的碱基对(Wilson 等, 1990)。也可以选择用 27f 或 EUBB 作为正向引物,1525 或 EUBA 作为反向引物,来扩增整个 16*S* rRNA。

通用引物对 16/23*S*-F 和 16/23*S*-R 被用来扩增弧菌(*Vibrio*)的 16*S* rRNA 和 23*S* rRNA 的基因间区(IGS),这个区域随后用于设计特异引物以鉴定 8 种弧菌。使用标准的

PCR 反应体系，热循环时退火温度为 55℃（Lee 等，2002）。特异引物见表 6－1。

表 6－4　推荐引物对

正向引物 5′－3′	反向引物 5′－3′	参考文献
27f GAGTTTGATCCTGGCTCAG	1392R ACGGGCGGTGTGTRC	Lane，1991
63f CAGGCCTAACACATGCAAGTC	1387R GGGCGGWGTGTACAAGGC	Marchesi 等，1998
530F GTGCCAGCMGCCGCGG	1100R GGGTTGCGCTCGTTG	Lane，1991
POmod. AGAGTTTGATCMTGG	PC3mod. GGACTAHAGGGTATCTAAT	Wilson 等，1990
P3mod. ATTAGATACCCTDTAGTCC	PC5. TACCTTGTTACGACTT	Wilson 等，1990
16/23S－F.（1390－1407） TTGTACACACCGCCCGTC	16/23S－R.（474－456） CCTTTCCCTCACGGTACTG	Lee 等，2002

1. 用于鉴定弧菌属的 16*S* rDNA 基因测序引物

在所有弧菌种类的 16*S* rRNA 中有高度的同源序列，当企图鉴定到种的水平时，测定 16*S* rDNA 的部分序列没有多大用处。为了鉴定到种的水平需要测定整个 16*S* rDNA 的序列。可用表 6－5 的通用引物扩增整个 16*S* rDNA，然后用扩增产物作为 8 种测序引物的模板，可达到目的（表 6－6）（Thompson 等，2001a）。

表 6－5　弧菌属（*Vibrio* spp.）16*S* rDNA 扩增通用引物

正向引物 5′－3′	反向引物 5′－3′	参考文献
EUBB（7－26） AGAGTTTGATCMTGGCTCAG	EUB－A AAGGAGGTGATCCANCCRCA	Weisburg 等，1991；Suzuki 和 Giovannoni，1996；Thompson 等，2001a
MH1 AGTTTGATCMTGGCTCAG	MH2 TACCTTGTTACGACTFCACCCCA	Thompson 等，2001a

表 6－6　弧菌属（*Vibrio* spp.）16*S* rDNA 测序引物

引物名称	大肠杆菌位点	5′－3′序列	参考文献
16F358	339－358	CTCCTACGGGAGGCAGT	从 357r 改良来，Lane，1991
16F536	519－536	CAGCAGCCGCGGTAATAC	Thompson 等，2001a
16F926	908－926	AACTCAAAGGAATTGACGG	从 926f 改良来，Lane，1991
16F1112	1093－1112	AGTCCCGCAACGAGCGCAAC	Thompson 等，2001a
16F1241	1222－1241	GCTACACACGTGCTACAATG	Thompson 等，2001a
16R339	358－339	ACTGCTGCCTCCCGTAGGAG	从 342r 改良来，Lane，1991
16R519	536－519	GTATTACCGCGGCTGCTG	从 519r 改良来，Lane，1991
16R1093	1112－1093	GTTGCGCTCGTTGCGGGACT	Thompson 等，2001a；与 1100 r 相似，Lane，1991

注：Thompson 等，2001a。

通用 PCR 采用标准的预混合液，退火温度为 55℃，使用标准的循环参数。约为 1.5 kbp 碱基的产物被扩增。

一旦整个 16*S* rDNA 被扩增和纯化，测序引物便被使用在各自的测序 PCR 反应中，对 1.5 kbp 的产物进行测序。扩增产物的纯化和 DNA 定量见下文。测序反应预混合液见表 6－7。

2. 通用引物 PCR 预混合液

使用标准 PCR 流程作为指导。添加最终浓度不超过 2% 的二甲基亚砜能够提高引物在反应时的特异性（Wilson 等，1990）。将 PCR 预混合液装入一个单独的管中，根据 PCR 仪的要求从中取 20 μL 放于 0.6 mL 或 0.2 mL 微量离心管中，每管中添加 20 ~ 30 μL 液体石蜡（如果 PCR 仪中没有热盖）。可标记后储存在 -20℃备用。

PCR 扩增时加 5 μL DNA 模板到 20 μL 的反应预混合液管中，放在 PCR 仪中反应。

3. 通用引物的热循环条件

通用 PCR 热循环条件除退火温度放宽外，其他条件大多数都是一样的。因此，热循环条件开始第一个循环是 95℃、1 ~ 5 min，然后 95℃持续 30 s 变性，退火温度 45 ~ 55℃持续 30 s，72℃延伸 30 s，25 ~ 35 个循环。建议最后一个循环延伸 10 min，PCR 仪设置在 4℃保存。退火温度可在 45 ~ 55℃之间。

6.3.4 琼脂糖凝胶电泳检测 DNA

用 2% 的琼脂糖凝胶检测被扩增的 DNA 产物。

6.3.5 扩增产物纯化

测序前，扩增产物需要从 PCR 反应的其他成分中纯化出来。PCR 后期的纯化可以使用商业试剂盒，如 QIA quick PCR 产物纯化试剂盒（QIAquick PCR kit）和 QIAprep 柱式离心纯化试剂盒（QIAprep Spin kit）（Qiagen）、PCR Kleen™离心纯化柱（PCR Kleen™ Spin columns）（Bio-Rad）、Wizard® PCR 产物纯化系统（Wizard® PCR Preps DNA Purification System）（Promega）。

6.3.6 DNA 浓度定量

DNA 从 PCR 反应体系中纯化出来后，为了进行 PCR 测序反应，需要量化。可用分光光度计，在 260 nm 处读取吸光值求得。双链 DNA（dsDNA）的浓度（μg/mL）= 吸光值 × 稀释倍数 ×（含量/ OD）。双链 DNA 每 OD 的含量是 50 μg/mL。

也可以利用 2% 的琼脂糖凝胶电泳和定量的 DNA 分子量标准（Marker）来估算，DNA 分子量标准每条带所含的 DNA 分子的质量（ng）是已知的。例如 Bioline 公司的 HyperLadder IV、MBI Fermentas 公司的 GeneRuler™。

对于 PCR 测序反应，体积为 10 μL 的反应体系，DNA 的需求量在 10 ~ 30 ng 之间。

6.3.7 DNA 浓缩，乙醇沉淀

如果 DNA 需要浓缩才能得到测序所需的浓度，可以用乙醇沉淀。如果进行 PCR 时用油作为覆盖物，在 PCR 后期纯化或者乙醇沉淀前要尽可能多地除去。Sambrook 等（1989）提供的方法如下。

①添加 1/10 体积的 3 mol/L 的醋酸钠（pH 值为 4.6）；②添加等体积的 95% 的乙醇（非变性乙醇）；③室温 13 000 转/min 离心 15 min；④小心移掉上清；⑤用 70% 的乙醇洗两次；⑥用 95% 的乙醇洗一次；⑦空气干燥或真空干燥；⑧在干燥的 DNA 颗粒中添加所

需体积的超纯水或者TE缓冲液。

3 mol/L醋酸钠的制备：把24.6 g醋酸钠（分子量为82.03）加入100 mL蒸馏水中。

6.3.8 进行PCR测序反应

PCR测序反应是用Applied Biosystems公司的BigDye™ Terminator v3.0试剂盒完成的。

每个测序反应仅用一条引物，因此，PCR扩增用的正向通用引物用在测序的一个管中，反向引物用在第二个管中。建议每条引物重复测试两次或者三次以检查错配导致的错误。

PCR测序预混合物（表6-7）来自Applied Biosystems公司为使用其测序操作系统试剂盒（BigDye V3.0 Cycle Sequencing kit）而推荐的流程。

表6-7 PCR测序反应预混合物

试剂	半反应/μL	全反应/μL
超纯水	0	0
终止剂预备混合物	4	8
引物F	0.5	1
DNA（10～30 ng/μL）	5.5	11
体积/μL(包括DNA模板)	10	20

供应商推荐使用全反应体积。用水的体积来调节DNA的浓度。如果DNA浓度太稀，将得不到测序结果。如果是没有热盖的PCR仪，PCR管需用30 μL矿物油封口。

1. PCR测序反应热循环条件

程序第一循环96℃持续运行2 min。按以下条件运行25个循环：96℃持续30 s，50℃退火30 s，60℃持续4 min。在4℃保存。依据所使用PCR仪的情况，循环次数可能缩短。

2. 测序前产物的纯化

PCR测序反应产物需要纯化，以除去盐和未结合的染色终止剂，否则序列的前100 bp不能被读取。纯化可以用Applied Biosystems公司的Centrisep columns、Bio-Rad公司的Micro Bio-Spin™30 columns或Qiagen公司的DyeEx Dye-Terminator Removal system处理。

人工操作也能得到好的效果，利用乙醇沉淀为基础，步骤如下。

①在0.6 mL的离心管中加入25 μL 95%的乙醇（非变性，无水酒精）；②添加1 μL 3 mol/L的醋酸钠，pH值为4.6；③添加全部的PCR产物（如果使用半反应体积则为10 μL）；④放在冰上10～20 min，一些方法推荐为严格的仅为10 min；⑤室温下用台式离心机，13 000转/min离心30 min，使离心管与盖子的连接朝外（水平离心）以便DNA更容易沉淀；⑥小心移取上清液，防止搅动可能看不见的DNA颗粒；⑦立即加125 μL 70%的乙醇，轻轻地转动离心管；⑧13 000转/min离心5 min；⑨小心移取上清液，防止搅动DNA颗粒；⑩空气干燥或者真空干燥DNA颗粒；⑪把干燥的产物送去测序。

6.3.9 测序

测序反应在本书没有介绍。该反应通常由专业的实验室来做。

6.3.10　利用 BIOEDIT 软件分析序列信息

序列的信息能够用多种不同的程序进行分析。Applied Biosystems 公司拥有的付费软件可从该公司购买。

然而，有很多可免费获得并广泛使用的程序，其中之一是 BIOEDIT。它可以从 http：//www. mbio. ncsu. edu/Bioedit/bioedit 下载。

（1）引自文献：Hall，T. A.（1999）. BioEdit：a user-friendly biological sequence alignment editor and analysis program for windows 95/98/NT. NucleicAcids Sympositiveium Series 41，95 -98.

（2）BIOEDIT 使用：这里就 BIOEDIT 分析序列数据库的用法做个大概的介绍，但是读者还需参考包含在程序中的“BIOEDIT 使用规则”（“General use of BIOEDIT”）里的帮助信息。

序列信息通常以电子邮件发给客户实验室。打开电子邮件将附件保存在硬盘的文件夹中。

打开 BIOEDIT 程序。选择“OPEN SEQUENCE SET”，弹出“open file”窗口。序列的文件以“. ab1”结尾。双击选择进行检测的序列。序列的名称位于 BIOEDIT 窗口左侧，DNA 序列位于窗口右侧。还能够看到一个色谱图窗口，平铺这两个窗口，以便同时观看并检测序列的误差。在很多例子中，有的位置没有碱基，称为“N”，检查色谱仪能够解释出正确的碱基。用重复序列再进行一次，一旦两条重复序列都被查到，即可获得一段共有序列。

通过点击左侧窗口的序列名称使序列变亮，首先选择重复序列，进入菜单栏“EDIT”（编辑），“COPY SEQUENCE”（复制序列），然后选中包含第一条序列的窗口，点击菜单栏“EDIT”（编辑），“PASTE SEQUENCE”（粘贴序列）。这样，原始序列和重复序列将出现在一个窗口中。

当按下 Shift 键时，点击左侧窗口两个序列的名字使序列变亮。进入菜单栏“SEQUENCE”，“ PAIRWISE ALIGNMENT”，“ALIGN TWO SEQUENCES”（最佳全局比对）会出现一个新的窗口显示两条序列的比对结果，从这个窗口进入菜单栏，选择“ALIGNMENT”，“CREATE CONSENSUS SEQUENCE”，即出现一个含有共有序列的窗口，保存共有序列，可通过在左侧窗口选中使其变亮，然后点击菜单栏“EDIT”，“COPY SEQUENCE”，打开一个新的 Word 文档粘贴其中。共有序列将显示：

>Consensus

GGTACTGACC …

给序列重新命名合适的名字。文件格式被称为“fasta”格式，是 BLAST 搜索所需要的格式。

（3）用 CLUSTAL W 比对两条序列：BIOEDIT 也包含 CLUSTAL 程序。用 BIOEDIT 中的 CLUSTAL 进行两条序列比较，选择“NEW ALIGNMENT”按钮，进入要比对序列的文档。确定序列是“fasta”格式。返回“BIOEDIT NEW ALIGNMENT”窗口，在“FILE”菜单中选择“IMPORT FROM CLIPBOARD”。序列的名字和序列将会出现在窗口中。照此选择第二个序列。进入“ACCESSORY APPLICATION”，选择“ CLUSTAL”，运行“CLUSTAL”。当显示完成，关闭“CLUSTAL”窗口，到“BIOEDIT”窗口查看比对。

如果需要反向互补序列，在 "SEQUENCE" 菜单里点击 "NUCLEIC ACID"，然后选择 "REVERSE COMPLEMENT"。

(4) CLUSTAL W 引自文献：Thompson, J. D., Higgins, D. G. and Gibson, T. J. (1994). Clustal W: improving the sensitivity of progressive multiple sequence alignment through sequence weighting, position-specific gap penalties and weight matrix choice. Nucleic Acids Research 22, 4673 - 4680.

(5) 多重比对软件网站：http://dot. imgen. bcm. tmc. edu:9331/multi-align/multialign. html

http://www. ebi. ac. uk/clustalw/ Clustal，比对程序

http://www. ncbi. nlm. nih. gov/blast/bl2seq/bl2. html，两个序列的 Blast 比对

http://www. mbio. ncsu. edu/Bioedit/bioedit，BioEdit 序列分析程序

http://www. technelysium. com. au/chromas. html 或 http://bioinfo. weizmann. ac. il/pub/software/chromas (Chromas 是序列编辑器)

6.3.11　BLAST 搜索以鉴定序列

美国生物技术信息中心 (NCBI) 的网址是 http://www. ncbi. nlm. nih. gov，选择 "BLAST" 按钮。网站有使用指南，然而，BLAST 操作很简单。选择 "NUCLEOTIDE BLAST"，在窗口粘贴 "fasta" 格式的搜寻序列，按 "NOW BLAST IT"，按 "FORMAT" 就得到结果。排好顺序的结果可能需要 1 ~ 2 min 就能下载到桌面。

BLAST 引自文献：Altschul, S. F., Madden, T. L., Schäffer, A. A., Zhang, J., Zhang, Z., Miller, W. and Lipman, D. J. (1997). Gapped BLAST and PSI-BLAST: a new generation of proteindatabase search programs. Nucleic AcidsResearch 25, 3389 - 3402.

核糖体数据库计划 (ROP) 包含有核糖体序列信息，网址是 http://rdp. cme. msu. edu/html/。

6.4　荧光原位杂交 (FISH)

FISH 越来越多地被用于诊断实验室临床样品中细菌的鉴定 (DeLong 等, 1989; Hogardt 等, 2000; Jansen 等, 2000)。

用相同的原理，实验通过 BLAST 搜索显示具有种间特异性的寡核苷酸或引物，可用于建立对水生细菌敏感的 FISH 检测。表 6 - 1 列出引物是开发特异性 FISH 检测的良好前提，可用于琼脂平板菌落涂片。尽管这些引物还没有经过检验作为合适的特异性探针，但仍建议对肋生盐弧菌 (*V. costicola*)、重氮营养弧菌 (*V. diazotrophicus*)、河流弧菌 (*V. fluvialis*)、黑美人弧菌 (*V. nigripulchritudo*)、解蛋白弧菌 (*V. proteolyticus*)、杀鲑弧菌 (*V. salmonicida*)、灿烂弧菌 (*V. splendidus*) 和塔式弧菌 (*V. Tubiashii*) 具有种间特异性的 8 组引物作为适合的特异性探针 (Lee 等, 2002)。

6.4.1　FISH 步骤提纲

步骤方法：①准备细菌菌落涂片；②杂交；③清洗；④显微镜检测。

6.4.2 寡核苷酸探针

引物应该在表6－1中选择并且经BLAST搜索确定其种间特异性。合成单链寡核苷酸，在5’端用异硫氰酸荧光素共价链接。

用引物EUB 5′－GCTGCCTCCCGTAGGAGT－3′制备通用阳性探针。这个序列相当于编号系统338－355的位点。用引物non-EUB 5′－ACTCCTACGGGAGGCAGC－3′制备通用阴性探针（Amann等，1990；Jansen等，2000）。用异硫氰酸荧光素在每个引物的5′标记。

使用前，探针要用杂交缓冲液稀释成浓度为10 ng/mL。

6.4.3 涂片准备

用1滴（10～15 μL）无菌生理盐水或者无菌蒸馏水将菌落涂布于载玻片上的标记范围内。悬液不应太浓，保证在显微镜下能看到单个的细胞。准备一滴阳性探针分别滴加在标记的样品位置和阴性对照上。在空气中干燥。

干燥后，用固定液（4%甲醛于96%乙醇中）固定细胞。革兰氏阳性细菌在用杂交缓冲液之前，细胞需进行透化。固定后的片子放进含有1 mg/mL溶菌酶的细胞透化缓冲液中处理5 min。革兰氏阴性细菌不需要细胞透化步骤（Jansen等，2000）。

6.4.4 杂交

固定的片子放在杂交缓冲液（20 mmol/L Tris-HCl，0.9 mol/L NaCl，0.1%十二烷基磺酸钠，pH值为7.2，其中含有浓度为10 ng/mL的探针）中杂交。杂交缓冲液（10～15 μL）置于固定的细胞上面。在50℃下，革兰氏阴性细菌杂交45 min，革兰氏阳性细菌杂交2 h（Jansen等，2000）。

有一种杂交法是预先处理载玻片，依次把它们放在浓度梯度上升的乙醇中：50%，80%，96%，每步3 min。然后放在含有30%～40%甲酰胺的杂交缓冲中（其中含有50 ng探针）。这个浓度的甲酰胺能提高探针的特异性（Hogardt等，2000）。然而，甲酰胺的浓度（v/v）为20%不能显示探针的特异性提高（Jansen等，2000）。

6.4.5 清洗

载玻片用含20 mmol/L Tris-HCl，0.9 mol/L NaCl，pH值为7.2的清洗缓冲液在50℃下清洗10 min（Jansen等，2000）。

6.4.6 检测涂片

载玻片用VectaShield（Vector Laboratories，Burlingame，California）或者Citifluor（Citifluor Ltd，London，UK）覆盖好。

用带有检测荧光的滤光器的荧光显微镜检测显示荧光的细胞（阳性），阳性对照应该看到荧光，而阴性对照没有荧光出现。

第7章　培养和鉴定培养基的制备

7.1　常规分离与选择培养基

7.1.1　醋酸盐琼脂

参见“生化测试培养基”中的Rogosa琼脂培养基。

7.1.2　碱性蛋白胨水（APW）

可以用作富集培养基培养弧菌（Furniss等，1978）。

试剂	数量	培养基制备	生长特征描述
蛋白胨	10.0 g	用蒸馏水溶解试剂并调节pH值为8.6。10 mL 1份装入McCartney瓶中，高压121℃灭菌20 min	可以用富集培养基来分离污染样品中的弧菌，如粪便和污染水；为了提高效率，APW培养物若在37℃孵育，应在6 h进行继代培养，若在18～20℃孵育，应过夜
NaCl	10.0 g		
蒸馏水	1000 mL		

7.1.3　Amies运输培养基（Oxoid）

此运输培养基能够买到现成商品，如拭子培养基管，或者用粉状培养基制备（Oxoid可买到）。

成分：10.0 g木炭（药用），3.0 g NaCl，1.15 g磷酸二氢钠，0.2 g磷酸二氢钾，0.2 g氯化钾，1.0 g巯基乙酸钠，0.1 g氯化钙，0.1 g氯化镁，4.0 g琼脂，1 000 mL蒸馏水，pH值为7.2。

7.1.4　Anacker－Ordal琼脂（AO）

用作淡水和海洋噬纤维菌属（*Cytophaga*）、黄杆菌属（*Flavobacterium*）和屈挠杆菌属（*Flexibacter*）的生长培养（Anacker和Ordal，1955，1959）。

试剂	数量	培养基制备	生长特征描述
细菌用胰蛋白胨（Difco）	0.5 g	把所有的试剂添加在1 000 mL蒸馏水中，调节pH值到7.2～7.4；121℃高压灭菌15 min（15 lb/ 20 min）；冷却到50℃把培养基倒入培养皿，放入塑料袋，4℃保存	用棉拭子收集鱼鳃和溃烂病灶样品，接种到平板上；柱状黄杆菌（*F. columnare*）菌落2～5 d就会出现，黄色，似有根状扩散生长（参见“细菌培养物和微观形态照片”部分）；早期菌落可在立体显微镜的协助下看到，可从平板上切取带菌落的琼脂块，倒置在一个新的平板上进行继代培养；可以用一个形状似“曲棍球球棍”、末端不密封的巴氏吸管来插取琼脂块
酵母膏（Difco）	0.5 g		
醋酸钠	0.2 g		
牛肉膏(Difco)或者Lab-Lemco浸粉(Oxoid)	0.2 g		
琼脂(Difco或者Oxoid琼脂No. 1)	9 g/L		
蒸馏水	1 000 mL		

7.1.5　Anacker－Ordal琼脂——海洋（AO-M）

用于海洋噬细胞细菌（*Cytophaga*）、黄杆菌属（*Flavobacterium*）、屈挠杆菌属（*Flexi-*

bacter spp.）和沿海屈挠杆菌［*Tenacibaculum*（*Flexibacter*）*maritimum*］的生长（Anacker 和 Ordal，1955，1959）。

添加人工海水盐类（Sigma），浓度为 38 g/L；如果用海水，要灭菌，使用最终浓度为 50% ~100%（Ostland 等，1999b）。

7.1.6 厌氧平板（ANA）

用来培养厌氧革兰氏阳性和阴性细菌（Oxoid 手册）。

试剂	数量	培养基制备	生长特征描述
Wilkins-Chalgren 厌氧性琼脂（Oxoid）	21.50 g	使粉末悬浮在 1 000 mL 带磁珠的 Schott 瓶中，在 121℃高压灭菌 20 min，然后水浴冷却至 50℃，无菌状态下加入马血，然后倒平板	接种平板放在适合温度下培养，环境要求厌氧
蒸馏水	500 mL		
灭菌的马血	30 mL		

7.1.7 革兰氏阴性细菌厌氧平板（ANA－GN）（Oxoid 手册）

试剂	数量	培养基制备	生长特征描述
Wilkins-Chalgren 厌氧性琼脂（Oxoid）	21.50 g	在水中溶解琼脂，在 121℃高压灭菌 20 min，然后水浴冷却至 50℃，用 10 mL 无菌蒸馏水重新溶解一小瓶补充剂，加到培养基基础中，无菌状态下加入马血，然后倒平板	接种平板放在适合温度下培养，环境要求厌氧
蒸馏水	500 mL		
灭菌的马血	15 mL		
G－N 选择补充剂（Oxoid）	10 mL		

7.1.8 人工海水（ASW）：海盐（Sigma 公司产品编号 S 9883）

试剂	数量	培养基制备	生长特征描述
海盐（Sigma）	38 g	添加海盐到蒸馏水中，pH 值调到 7.6，121℃高压灭菌 15 min	可添加到海洋细菌生长的培养基中；也可添加到 AO 培养基用于分离黄杆菌属（*Flavobacterium*）和屈挠杆菌属（*Tenacibaculum*）的种类
蒸馏水	1 000 mL		

注：添加 18.7 g/L，制成浓度为 50% 的海水，其盐度为 17.5。

7.1.9 人工海水培养基

用来分离海洋屈挠杆菌属（*Tenacibaculum*）/黄杆菌属（*Flavobacterium*）类群（Lewin，1974）。Baumann 等（1971）引自 MacLeod（1968）的培养基与此是同一种培养基，但是没有微量元素，用于分离海洋弧菌种类。

试剂	数量	培养基制备	生长特征描述
NaCl	20.0 g	在蒸馏水中溶解试剂，添加 1.0 mL 微量元素溶液，调节 pH 值到 7.5，121℃高压灭菌 20 min	可用作生化鉴定试验的接种培养基或者作为海洋细菌首次分离肉汤；如果要求为固体，加入 15 g/L 琼脂，倒平板。 Lewin 用此培养基培养海洋黄杆菌和屈挠杆菌种类；MacLeod 和 Baumann 使用此种培养基不加微量元素溶液
$MgSO_4 \cdot 7H_2O$	5.0 g		
KCl	1.0 g		
$CaCl_2 \cdot 2H_2O$	1.0 g		
蒸馏水	1 000 mL		
B（可溶性盐元素）	0.5 mg/mL	预备微量元素储备液，使每种元素最终浓度为 0.5 mg/L 或者 0.01 mg/L	
Fe（可溶性盐元素）	0.5 mg/mL		
Mn（可溶性盐元素）	0.5 mg/mL		
Co（可溶性盐元素）	0.01 mg/mL		
Cu（可溶性盐元素）	0.01 mg/mL		
Mo（可溶性盐元素）	0.01 mg/mL		
Zn（可溶性盐元素）	0.01 mg/mL		

7.1.10　血琼脂——BA

试剂	数量	培养基制备	生长特征描述
哥伦比亚 BA 基础琼脂（Oxoid）	19.5 g	在蒸馏水中悬浮基础琼脂，121℃高压灭菌 15 min；水浴冷却至 50℃，添加马血至冷却琼脂，混合均匀后，倒平板，大约 3 mm 厚；密封入塑料袋，4℃保存（放在桌子上过夜，第二天密封入塑料袋，这样防止放在塑料袋中湿度太大）	样品拭子接种在培养基中，在适宜的温度和湿度下培养，每天检查其生长和溶血性
蒸馏水	500 mL		
灭菌的马血	15 mL		

7.1.11　支气管败血性博德特氏菌（*Bordetella bronchiseptica*）选择性琼脂——CFPA 培养基（Smith 和 Baskerville，1979；Rutter，1981；Hommez 等，1983）

试剂	数量	培养基制备	生长特征描述
哥伦比亚基础 琼脂（Oxoid）	19.5 g	添加琼脂到蒸馏水中，121℃高压灭菌 15 min，冷却到 50℃，添加灭菌马血到冷却琼脂中混合；重新找一小瓶博德特氏菌百日咳补充剂，放入 2 mL 的蒸馏水中混合均匀，加入 5 mL 抗生素储备液，倒平板，4℃保存	菌落在 48 h 可达到 1 mm，可能溶血或者不溶血，在不同生长阶段，菌落呈不透明，光滑，似珍珠状或者粗糙，半透明，中央凸起，边缘波浪状
Agar technical No. 3（Oxoid）	10.0 g		
蒸馏水	500 mL		
博德特氏菌百日咳补充剂（Bordetella Pertussis Supplement）（Oxoid，编码 SR082E）	2 mL		
灭菌的马血	15 mL		
青霉素	20 mg	抗生素储备液：每种抗生素添加 20 mg 到 10 mL 生理盐水中，在冰箱中储存，拿呋喃它酮时要小心，戴面具和手套	
呋喃它酮	20 mg		
标准生理盐水	10 mL		

7.1.12　布鲁氏杆菌琼脂（Brucella agar）（可从 Difco 或 Oxoid 买到，也可参见 Farrell 培养基）

7.1.13　类鼻疽伯克霍尔德氏菌（*Burkholderia pseudomallei*）选择性培养基——甘油培养基（Thomas 等，1979）

试剂	数量	培养基制备	生长特征描述
琼脂 No. 3（Oxoid）	2.4 g	所有的试剂加入蒸馏水中（甘油可以加热用移液管移取），121℃高温灭菌 15 min，冷却至 50℃倒平板，在 4℃保存	平板为紫红色，24 h 出现菌落，光滑，紫色，伴有轻微的金属光泽，随着培养时间的增加菌落变得具褶皱和凸起。培养 4 d
甘油	6.0 mL		
结晶紫储备液	0.5 mL		
蒸馏水	194 mL		
结晶紫——原液（1/5 000 稀释）	0.5 g	加 0.5 g 结晶紫到蒸馏水中搅拌直到溶解，室温保存	
蒸馏水	100 mL		

7.1.14　类鼻疽伯克霍尔德氏菌（*Burkholderia pseudomallei*）选择肉汤（改良自 Thomas 等，1979）

试剂	数量	培养基制备	生长特征描述
麦康凯肉汤（紫色）（Oxoid）	100 mL	准备麦康凯肉汤，加入除抗生素之外的试剂，121℃高压灭菌 15 min，冷却至 50℃，添加过滤除菌的抗生素，无菌状态下加入至灭菌的 McCartney 瓶中	在肉汤中孵化材料 24 h 到 48 h 可提高伯克霍尔德氏菌（*Burkholderia*）的检测，接着可以用此培养基继代培养至平板上
结晶紫	0.001 g		
庆大霉素	0.8 mg		
硫酸链霉素	5 000 单位		

7.1.15 类鼻疽伯克霍尔德氏菌（*Burkholderia pseudomallei*）选择培养基——Ashdown 培养基（Ashdown，1979a）

试剂	数量	培养基制备	生长特征描述
胰蛋白胨大豆琼脂	40 g	除庆大霉素外，所有成分都加入蒸馏水中，121℃高压灭菌 15 min，冷却至 50℃，加入过滤除菌的庆大霉素，混合均匀，倒入平板	3 d 后菌落扁平，粗糙，表面褶皱，类鼻疽伯克霍尔德氏菌（*Burkholderia pseudomallei*）菌落 3 d 后吸收中性红被染色，而假单胞菌（*Pseudomonas*）种类 3 d 时未被染色
甘油	40 mL		
结晶紫	5 mg		
中性红	50 mg		
庆大霉素	4 mg		
蒸馏水	1 000 mL		

7.1.16 二氧化碳环境

参见“生化测试培养基”。

7.1.17 纤维二糖——多黏菌素琼脂

用于创伤弧菌（*Vibrio vulnificus*）的选择分离（Massad 和 Oliver，1987；Høi 等，1998a）。

试剂	数量	培养基制备	生长特征描述
溶液 1		调节 pH 值至 7.6，121℃高压灭菌 15 min，冷却至 55℃	培养基是橄榄绿色到淡棕色，40℃培养 24～48 h；创伤弧菌（*V. vulnificus*）出现黄色菌落，由于纤维二糖发酵，使菌落周围出现黄色区域；霍乱弧菌（*V. cholerae*）为紫色菌落，周围有蓝色区域
细菌用蛋白胨（Difco）	10.0 g		
牛肉膏（Difco）	5.0 g		
NaCl	20.0 g		
溴百里酚蓝	40 mg		
甲酚红	40 mg		
琼脂	15 g		
蒸馏水	900 mL		
溶液 2		过滤除菌，添加到冷却的溶液 1 中混合后倒平板	
纤维二糖	15 g		
多黏菌素	0.03 mg/mL（4×10^5U/L）		
蒸馏水	100 mL		

7.1.18 CFPA 培养基

参见支气管败血性博德特氏菌（*Bordetella bronchiseptica*）培养基。

7.1.19 嗜皮菌属（*Dermatophilus*）选择性培养基——多黏菌素平板（Abu-Samra 和 Walton，1977）

试剂	数量	培养基制备	生长特征描述
哥伦比亚琼脂基础（Oxoid）	19.5 g	把琼脂基础加入蒸馏水中，121℃高压灭菌 15 min，冷却到 50℃；无菌状态下加入马血和多黏菌素。多黏菌素 B 预先溶解在生理盐水中	用灭菌的研钵研磨材料，转移研磨好的材料到 bijou 瓶中，添加 2 倍体积的蒸馏水，摇晃均匀，然后沉淀 15 min，取少量上清接种于 BA 平板和多黏菌素平板，根据被感染动物的生态习性，在 25℃或 37℃培养 24～48 h 观察是否出现黏附的带凹痕的干燥或黏液性的菌落；此培养基不能完全选择，一些污染的杂菌可能生长
蒸馏水	500 mL		
灭菌的马血	50 mL		
多黏菌素 B（在培养基中比率为 1 000 IU/mL）	62.5 mg		

7.1.20　Dubos 培养基

用于分离哈氏噬纤维菌（*Cytophaga hutchinsonii*）（Bernardet 和 Grimont，1989）。

试剂	数量	培养基制备	生长特征描述
$NaNO_3$	0.5 g	添加除纤维二糖外的所有试剂到蒸馏水中，调 pH 值至 7.2，121℃高压灭菌 15min，冷却至 50℃，加入过滤除菌的纤维二糖溶液，混合均匀后倒平板	
K_2HPO_4	1.0 g		
$MgSO_4 \cdot 7H_2O$	0.5 g		
KCl	0.5 g		
$FeSO_4 \cdot 7H_2O$	0.01 g		
蒸馏水	1 000 mL		
琼脂	15.0 g		
D-纤维二糖	30%（w/v）	准备纤维二糖溶液并过滤除菌	

注：分离纤维单胞菌属（*Cellulomonas*）种类需添加 0.5 g 酵母膏。

7.1.21　叉尾鮰爱德华菌（*Edwardsiella ictaluri*）培养基（EIM）

用于分离叉尾鮰爱德华菌（*Edwardsiella ictaluri*）（Shotts 和 Waltman，1990）

试剂	数量	培养基制备	生长特征描述
细菌用胰蛋白胨（Difco）	10.0 g	在蒸馏水中溶解所有的试剂，并调节 pH 值为7.0～7.2，121℃高压灭菌 15 min，冷却至 50℃，加入 10 mL 过滤灭菌的溶液 1，包含甘露醇、黏菌素、胆碱和两性霉素 B；混合均匀，倒成平板	这种培养基用来分离叉尾鮰爱德华菌（*Edwardsiella ictaluri*）。除变形杆菌属（*Proteus* spp.），黏质沙雷氏菌（*Serratia marcescens*），嗜水气单胞菌（*Aeromonas hydrophila*）和鲁氏耶尔森氏菌（*Yersinia ruckeri*）外，大多数革兰氏阴性细菌被抑制；除肠球菌（*Enterococci*）外，革兰氏阳性细菌被抑制；90% 的迟钝爱德华菌（*E. tarda*）分离菌株可在此培养基上生长。叉尾鮰爱德华菌培养 48 h 后为 0.5～1.0 mm，绿色，半透明菌落；迟钝爱德华菌菌落大小和外部与其特征相似；变形杆菌（*Proteus*）2～3 mm，褐绿色，并可能密集生长；黏质沙雷氏菌菌落 2～3 mm，红棕色；鲁氏耶尔森氏菌 1～2 mm，黄绿色；嗜水气单胞菌 2～3 mm，黄绿色；不透明，肠球菌的菌落 0.5 mm，微黄色
酵母膏（Difco）	10.0 g		
苯基丙氨酸	1.25 g		
柠檬酸铁铵	1.2 g		
氯化钠	5.0 g		
溴百里酚蓝	0.03 g		
琼脂（Difco）	17.0 g		
蒸馏水	990 mL		
溶液 1			
甘露醇	3.5 g	添加所有的试剂到 10 mL 蒸馏水中并过滤除菌	
黏菌素	10 mg		
胆盐	1 g		
两性霉素	0.5 mg		
蒸馏水	10 mL		

7.1.22　电解液补充剂

当单独的 Na^+ 不足时，将其添加到生化测试培养基中促进细菌生长（Lee 等，1979）。

试剂	数量	培养基制备	生长特征描述
NaCl	100.0 g	所有试剂放入蒸馏水中，并 121℃高压灭菌 15 min	如果单独添加 NaCl 到生化测试培养基中不能提高细菌的生长，添加这种电解液补充剂可提高其生长，每 1.0 mL 培养基中添加 0.1 mL 补充剂即可
$MgCl_2 \cdot 6H_2O$	40.0 g		
KCl	10.0 g		
蒸馏水	1 000 mL		

7.1.23　丹毒丝菌（*Erysipelothrix*）选择培养基

参见“Wood 肉汤”和“Packer 平板”。

7.1.24 Farrell 培养基

用于培养布鲁氏菌属（*Brucella* spp.）种类（Farrell，1974）。

试剂	数量	培养基制备	生长特征描述
基础血琼脂（Oxoid）	20.0 g	在蒸馏水中添加琼脂，121℃高压灭菌 15 min，冷却至 50℃，并保存在此温度下；准备其他试剂	在 37℃，10% CO_2 中培养 14 d，从海生哺乳动物分离的细菌培养 4 d 会出现菌落，然而从海豹体分离的直到 10 d 还未见菌落出现或者不生长；平板应该持续放 14 d；建议降低培养基中杆菌肽和（或）萘啶酮酸的浓度或者不加，可能会改善从海豹分离细菌的生长（Foster 等，2002）；始终用非选择性培养基接种，如血琼脂或者血清葡萄糖培养基；培养 5 d，菌落直径为 1 ~ 2 mm，淡黄色，半透明，表面凸起，圆形，全缘
蒸馏水	500 mL		
标准马血清	25 mL	使马血清在 50℃失活 35 min	
25% D－葡萄糖	20 mL	添加 125 g D－葡萄糖到 375 mL 蒸馏水中，微加热溶解，装入 20 mL 的 McCartney 瓶中，并使盖子略松，121℃高压灭菌 15 min，4℃保存	
布鲁氏杆菌选择补充剂（Oxoid）	10 mL	在 5 mL 无菌蒸馏水和 5 mL 甲醇中溶解布鲁氏杆菌补充剂，37℃孵育 10 ~ 15 min，摇晃使其完全溶解。完全 Farrell 培养基需在无菌操作下搅拌、混合所有的试剂；混合均匀倒平板，大约 3 mm 厚	
最终培养基制备		结合所有的试剂（血清、D－葡萄糖、补充剂）到琼脂中，混合均匀后倒平板，大约 3 mm 厚	

注：初始培养基用下列浓度的抗生素：杆菌肽（25 U/mL），万古霉素（20 mg/mL），多黏菌素 B（5 U/mL），萘啶酮酸（5 mg/mL），制霉素（100 U/mL）和放线菌酮（100 mg/mL）（Farrell，1974）。

Farrell 培养基是从 Oxoid 购买的布鲁氏杆菌基础培养基，添加布鲁氏杆菌选择性补充剂（Oxoid 编号为 SR83）而成。选择性补充剂取决于 Farrell 的配方。

7.1.25 *Flavobacterium maritimus*[①] 培养基（FMM）

可提高海洋屈挠杆菌（*Tenacibaculum maritimum*）的初次分离（Pazos 等，1996）。

试剂	数量	培养基制备	生长特征描述
蛋白胨	5.0 g	添加所有的试剂和粉末到无菌海水中，调节 pH 值为 7.2 ~ 7.4，121℃高压灭菌 20 min	菌落为浅黄色，扁平，不规则，边缘不整齐。在 MSA－B 或 MA 2216 上生长超过嗜纤维菌（*Flexibacter*）的弧菌（*Vibrio*）和气单胞菌（*Aeromonas*），在此培养基上生长较差
酵母膏	0.5 g		
醋酸钠	0.01 g		
琼脂	15 g		
无菌海水	1 000 mL		

7.1.26 嗜冷黄杆菌（*Flavobacterium psychrophilum*）培养基（FPM）

可提高嗜冷黄杆菌（*F. psychrophilum*）的分离率和菌落的大小（Daskalov 等，1999）。

试剂	数量	培养基制备	生长特征描述
胰蛋白胨 T（Oxoid）	0.5 g	添加所有的试剂（除糖类和脱脂乳外）到蒸馏水中，121℃高压灭菌 15 min，水浴中冷却至50℃；准备悬浮液（半乳糖、葡萄糖、鼠李糖和脱脂乳），并用 0.22 μm 孔径的微孔滤膜过滤除菌，然后将过滤除菌的溶液加入到冷却的琼脂培养基中，倒平板，4℃保存	3 ~ 6 d 后菌落会生长出来，是浓烈的黄色，呈现扩展或不规则形状
酵母膏（Oxoid）	0.5 g		
牛肉膏（Oxoid）	0.2 g		
三水醋酸钠（Sigma）	0.2 g		
D（+）半乳糖（Sigma）	0.5 g		
D（+）葡萄糖（BDH）	0.5 g		
L－鼠李糖（Oxoid）	0.5 g		
脱脂乳（Oxoid）	0.5 g		
蒸馏水	1 000 mL		
琼脂——细菌学琼脂 No. 1（Oxoid）	9.0 g		

注：此培养基是以 Anacker Ordal（AO）琼脂［也称为噬细胞细菌（*Cytophaga*）琼脂］为基础，补充半乳糖、葡萄糖、鼠李糖、脱脂牛奶而成。分离嗜冷黄杆菌的菌落大小和数量与 AO 培养基比较有所提高。不加琼脂即为肉汤。

① 译者注：怀疑应为沿海屈挠杆菌（*Flexibacter maritimus*）。

7.1.27　多形屈挠杆菌（*Flexibacter polymorphus*）培养基（Lewin，1974）

试剂	数量	培养基制备	生长特征描述
NaCl	20.0 g	溶解所有的试剂在蒸馏水中，调节 pH 值为 7.5，121℃高压灭菌 20 min	细菌保存在 5 mL 的肉汤中，每周传代 2 次。可产生长为几百微米，宽为 1.5 μm 的细丝。它们顶端圆形，不分枝，柱状波浪形。生长的菌丝为桃红色。生长后期菌丝顶端可见折光性强的颗粒，细胞破裂后更易看到。生长必需添加维生素 B_{12}。添加琼脂可制备平板。 用海水和酵母膏（10 mg/mL）制备的培养基细菌也能生长，菌落可能显示桃红色，边缘细丝状
$MgSO_4 \cdot 7H_2O$	5.0 g		
KCl	1.0 g		
$CaCl_2 \cdot 2H_2O$	1.0 g		
Fe（可溶性盐）	0.5 mg		
B（可溶性盐）	0.5 mg		
Mn（可溶性盐）	0.01 mg		
Co（可溶性盐）	0.01 mg		
Cu（可溶性盐）	0.01 mg		
Mo（可溶性盐）	0.01 mg		
Zn（可溶性盐）	0.01 mg		
蒸馏水	1 000 mL		

7.1.28　屈挠杆菌（*Flexibacter*）保种培养基（Lewin 和 Lounsbery，1969；Lewin，1974）

试剂	数量	培养基制备	生长特征描述
胰蛋白胨（Difco）	1.0 g	所有的试剂放入过滤海水中，调节 pH 值为 7.5，培养基分装于试管中，121℃高压灭菌 20 min，最佳维生素 B_{12} 含量为 0.3 μg/L	细菌保存在 5 mL 的肉汤培养基中，在 22～32℃培养，每周传代 2 次；屈挠细菌可看到菌丝着色为粉红色、橙色或者黄色。固体培养基上可产生缘毛，培养基中加入琼脂可制成平板。 半固体培养基用 0.3% 的琼脂。细菌在室温下的此培养基中生长，其存活菌丝可保持 1 个月以上
酪蛋白水解物	1.0 g		
谷氨酸单钠	5.0 g		
甘油磷酸钠	0.1 g		
维生素 B_{12}	1.0 μg		
Fe（可溶性盐）	0.5 mg		
B（可溶性盐）	0.5 mg		
Mn（可溶性盐）	0.5 mg		
Co（可溶性盐）	0.01 mg		
Cu（可溶性盐）	0.01 mg		
Mo（可溶性盐）	0.01 mg		
Zn（可溶性盐）	0.01 mg		
蒸馏水	1 000 mL		

7.1.29　甘油 Lab Lemco 肉汤（Glycerol Lab Lemco broth）

菌株保存在 -80℃。

试剂	数量	培养基制备	生长特征描述
Lab Lemco 肉汤（Oxoid）	0.64 g	所有的试剂加在一起，甘油可以预热一下，用移液管量取，分装 2 mL 到 bijou 瓶中。121℃高压灭菌 15 min，4℃保存	在 -80℃保存培养基，用无菌棉签拭子刮取琼脂上生长的细菌，接种到含有 1 mL 甘油 Lab Lemco 肉汤培养基的 Nunc 试管中，接种物约为麦氏比浊管 5 号管的浓度，把试管放在冻存盒（cryobox）中，-80℃冰箱保存。这种培养基也适合液氮保存
甘油	20 mL		
蒸馏水	80 mL		

7.1.30 螺旋杆菌（*Helicobacter*）选择性培养基

用 Skirrow 培养基，也称为 VPT 培养基（Skirrow，1977）。

试剂	数量	培养基制备	生长特征描述
血琼脂基础 No. 2（Oxoid）	20.0 g	琼脂溶解在水中，121℃高压灭菌 15 min，冷却到 50℃，添加 15 mL 无菌马血，用 2 mL 无菌蒸馏水重置 1 小瓶补充剂，并添加到冷却的琼脂中，完全混合均匀，倒平板，大约 3 mm 厚，在 4℃保存	其他基础培养基，如哥伦比亚琼脂基础（Oxoid），或者布鲁氏杆菌基础培养基，或者胰蛋白胨大豆琼脂都可以用来制备此培养基。然而，血琼脂基础 No. 2 更有营养，甲氧苄氨嘧啶在此基础上活性更强。为了降低其他细菌的污染，样品需通过 0.65 μm 的滤膜过滤，过滤物在平板上培养（Butzler 等，1973）。平板应该放在 37℃，在微量 N_2、H_2、CO_2（80：10：10）环境中培养 2～4 周，提供气体环境的装置有商业化供应，如 MGC Anaero Pak™ Campylo，由三菱瓦斯化学公司生产。螺旋杆菌（*Helicobacter*）种类将生长成针尖状菌落，在平板表面扩散成薄薄的一层膜
蒸馏水	500 mL		
无菌的马血	15 mL		
弯曲杆菌补充剂（Oxoid）（Skirrow）	2 mL		

注：此培养基由 M. B. Skirrow（1977）开发，用于分离弯曲杆菌（*Campylobacter*）种类。它也适用于分离螺旋杆菌（*Helicobacter*）种类，在很多资料中被引用。也能从培养基生产商那里得到它的半成品。抗生素通常用作补充剂，并根据这种培养基的创始人给补充剂命名。例如，Oxoid 公司的产品弯曲杆菌选择补充剂（Skirrow）添加万古霉素、多黏菌素和三甲氧苄二氨嘧啶，而弯曲杆菌选择补充剂（Blaser-Wang）添加万古霉素、多黏菌素、三甲氧苄二氨嘧啶、两性霉素 B 和头孢霉毒。当真菌易感时推荐添加两性霉素 B。Skirrow（1977）描述的初始浓度为万古霉素（10 mg/L）、多黏菌素 B（2.5 IU/mL）和三甲氧苄二氨嘧啶（5 mg/L）。描述从海豚和鲸上分离和鉴定的幽门螺旋杆菌（*Helicobacter cetorum*）的一系列文章介绍了 Remel 生产的 TVP 培养基和 CVA 培养基的用法，本质上，它们分别是 Skirrow 培养基和 Blaser-Wang 培养基。

7.1.31 Hsu－Shotts 琼脂——HS

用于柱状黄杆菌（*Flavobacterium columnare*）、嗜冷黄杆菌（*F. psychrophilum*）（Bullock 等，1986）。

试剂	数量	培养基制备	生长特征描述
胰蛋白胨	2.0 g	除硫酸新霉素外，其他的所有试剂都放在蒸馏水中，121℃高压灭菌15 min，冷却到 50℃，添加过滤除菌的硫酸新霉素，混合均匀倒平板	这是半选择性培养基，用来分离柱状黄杆菌（*Flavobacterium columnare*），培养 48 h 的特征是黄色、扩散生长的菌落
酵母膏	0.5 g		
白明胶	3 g		
琼脂	15 g		
蒸馏水	1 000 mL		
硫酸新霉素	4.0 μg/mL	准备溶液并过滤除菌	

注：HSM。添加 18.7 g/L 海盐（Sigma）制成 50% 浓度的海水（盐度为 17.5）和 200 IU/mL 的多黏菌素 B 适合分离海洋屈挠杆菌［*Tenacibaculum*（*Flexibacter*）*maritimum*］（Chen 等，1995）。

7.1.32 纤维醇马血清（冻干细菌悬浮液培养基）

试剂	数量	培养基制备	生长特征描述
纤维醇	5.0 g	把纤维醇溶解在马血清中，用 0.45 μm 的滤膜过滤后，再用 0.22 μm 过滤除菌，分装在 McCartney 瓶中，4℃保存	放 1 mL 无菌纤维醇马血清到冻干的小瓶中（Wheaton 血清瓶），用无菌的棉拭子或者接种环取大量的细菌悬浮液于培养基中，在液氮中快速冷冻（snap freeze），然后按冷冻干燥仪说明书进行冻干
马血清	100 mL		

7.1.33　KDM2

用于分离和培养鲑鱼肾杆菌（*Renibacterium salmoninarum*）（Evelyn，1977）。

试剂	数量	培养基制备	生长特征描述
胰蛋白胨	1.0 g	把加所有的试剂加入蒸馏水中，并用NaOH调节pH值至6.5～6.8，分装入试管，121℃高压灭菌20 min，4℃保存1个月	放在15℃培养2个月。2～8周可见其生长。菌落针尖状，2 mm大小，菌龄长的菌落可能有小粒或者结晶出现，为了防止快速生长的菌落过度生长，隔几天检查培养皿，并在无菌操作下移出这些菌落
酵母膏	0.05 g		
L－半胱氨酸（盐酸盐）	0.1 g		
琼脂	1.5 g		
蒸馏水	100 mL		
胎牛血清	5%～10%	使用时，加热融化培养基试管，冷却到50℃加入胎牛血清，倒平板	

7.1.34　KDMC

用于分离鲑鱼肾杆菌（*Renibacterium salmoninarum*）（Daly和Stevenson，1985）。

试剂	数量	培养基制备	生长特征描述
KDM2培养基		参照7.1.33的表中所述	添加活性炭作为解毒试剂
活性炭（Difco）	0.1%	使用时，加热融化培养基试管，冷却到50℃并加入活性炭，倒平板	

7.1.35　海洋盐血琼脂（MSA－B）

作为分离海洋环境细菌的通用培养基。

试剂	数量	培养基制备	生长特征描述
胰蛋白胨大豆琼脂（Oxoid）	20.0 g	在水中溶解TSA和NaCl，121℃高压灭菌15 min，水浴中冷却到50℃，无菌加入15 mL血到冷却的琼脂中，混合均匀，倒平板，大约3 mm，4℃保存	TSA中加入血为区分弧菌（*Vibrio* spp.）的溶血性和非溶血提供有利条件。一些弧菌种类在血琼脂平板中显示溶血，但在MSA－B培养基上显示非溶血性，尽管大多数海洋细菌在MSA－B上生长良好
NaCl	7.5 g［终浓度（*w/v*）为2%］		
蒸馏水	500 mL		
灭菌的马血	15.0 mL		

7.1.36　海洋琼脂2216（MA 2216，Difco）（ZoBell，1941）

试剂	数量	培养基制备	生长特征描述
细菌用海洋琼脂2216（Difco，完全培养基）	55.1 g	把所有的药品加入蒸馏水并煮沸溶解，121℃灭菌15 min，调节pH值为（7.6 ± 0.2）	菌落在平板是淡淡的琥珀色，发轻微的乳光
蒸馏水	1 000 mL		

注：MA 2216肉汤或琼脂能够从Difco购买到，MA 2216成分：5.0 g细菌用蛋白胨；1.0 g细菌用酵母膏；0.1 g柠檬酸铁（Ⅲ）；19.45 g NaCl；5.9 g $MgCl_2$（干燥）；3.24 g Na_2SO_4；1.80 g $CaCl_2$；0.55 g KCl；0.16 g Na_2CO_3；0.08 g KBr；34.0 mg $SrCl_2$；22.0 mg H_3BO_3；4.0 mg硅酸钠；2.4 mg NaF；1.6 mg NH_4NO_3；8.0 mg Na_2HPO_4；15.0 g琼脂；1 000 mL蒸馏水。

7.1.37 培养基 K

用于分离大菱鲆金黄杆菌［*Chryseobacterium*（*Flavobacterium*）*scophthalmum*］（Mudarris 等，1994）。

试剂	数量	培养基制备	生长特征描述
酵母膏（Oxoid）	1.0 g	添加所有的成分到海水中，调节 pH 值为 7.2，121℃高压灭菌 15 min	培养 48 h，25℃，橘黄色菌落，有光泽，光滑，圆形，隆起，全缘，5～6 mm 大小。初步培养，分离可显示轻微的滑走运动，但保存一段时间就失去运动能力
牛肉膏（Oxoid）	5.0 g		
酪蛋白（Oxoid）	6.0 g		
胰蛋白胨（Oxoid）	2.0 g		
无水氯化钙	1.0 g		
琼脂（Oxoid No. 1）	15.0 g		
750 mL 海水（存放 30 d）			

7.1.38 Middlebrook 7H10－ADC 培养基

用于分离脓肿分枝杆菌（*Mycobacterium abscessus*）（Teska 等，1997）。

试剂	数量	培养基制备	生长特征描述
NH_4SO_4	0.05 g	添加化学试剂到蒸馏水中，121℃高压灭菌 15 min，冷却至 50℃，无菌条件下加入灭菌的牛血清蛋白、萘啶酮酸、放线菌酮，维生素 B_6，维生素 H；培养基可做成液体培养基肉汤或者加入 1.5 g 琼脂做成平板	25℃培养 14～28 d，7 d 就会出现菌落，菌龄小的菌落显示蓝绿色，随着时间的增长，菌落为灰白色到褐色
KH_2PO_4	0.15 g		
Na_2HPO_4	0.15 g		
柠檬酸钠	0.04 g		
$MgSO_4$	0.002 5 g		
$CaCl_2$	0.000 05 g		
$ZnSO_4$	0.000 1 g		
$CuSO_4$	0.000 1 g		
L－谷氨酸	0.05 g		
柠檬酸铁铵	0.004 g		
维生素 B_6	0.000 1 g		
维生素 H	0.000 05 g		
孔雀石绿	0.025 g		
甘油	0.5 mL		
萘啶酮酸（35 μg/mL）	0.003 5 g		
放线菌酮（400 μg/mL）	0.04 g		
牛血清白蛋白 V	0.5 mL		
D－葡萄糖	0.2 g		
过氧化氢酶	0.000 3%		
蒸馏水	100 mL		

注：此培养基由 Middlebrook 培养基（Middlebrook 等，1960）添加 ADC（白蛋白、过氧化氢酶和右旋葡萄糖）改良而来。

7.1.39 支原体培养基——通用培养基

细菌用胸膜肺炎类微生物（PPLO）琼脂和肉汤培养基，添有补充剂（Difco），用于分离支原体（*Mycoplasmas*）。这种商品化培养基是在Hayflick培养基的基础上添加补充剂改良而来。

试剂	数量	培养基制备	生长特征描述
PPLO琼脂	35.0 g	琼脂平板：加脱水培养基到蒸馏水中，121℃高压灭菌15 min，冷却至50～60℃，无菌条件加入300 mL支原体补充剂或者300 mL支原体补充剂S，混合均匀，分装在培养皿（5 cm），放在塑料袋中，4℃保存	剪碎或者研磨组织，并取几环加在3 mL肉汤中，25℃和37℃培养；由于pH值改变，培养基的颜色也由红色变成黄色，可视为支原体（*Mycoplasma*）的生长，细菌污染也改变培养基的pH值；污染的细菌可以用0.22 μm滤膜过滤，放几滴过滤肉汤到新鲜的肉汤和平板中。 每3 d或4 d从肉汤中取2滴培养物进行继代培养，接种在PPLO琼脂平板上，接种平板放置在含5%～10% CO_2的气体中，25～37℃培养；在星期二和星期五进行继代培养可以说是一个方便的时间（对于有规定的实验室）。 在立体显微镜下检查平板，模式菌落是"煎蛋状"，为了区分支原体菌落和来自污染的细菌菌落，用Dienes染色法（Dienes stain）进行染色，支原体菌落染成蓝色，中心显示清晰的蓝色和外围轻微的蓝色，支原体菌落可保持染色24 h，然而杂菌菌落30 min后会脱色。Dienes染色可参见"鉴定试验及其介绍"部分
蒸馏水	700 mL		
PPLO肉汤	21.0 g	肉汤：添加脱水培养基到蒸馏水中，121℃高压灭菌15 min，冷却至50～60℃，添加琼脂中所用补充剂中的任何一种	
蒸馏水	700 mL		
酚红			
支原体补充剂	1小瓶	补充剂：用蒸馏水稀释，在旋涡器上使其溶解，无菌操作下，每70 mL PPLO琼脂或者肉汤中添加1小瓶补充剂	
无菌蒸馏水	30 mL		
支原体补充剂S	1小瓶	补充剂S：用蒸馏水稀释，在旋涡器上使其溶解，无菌操作下，每70 mL PPLO琼脂或者肉汤中添加1小瓶补充剂	
无菌蒸馏水	30 mL		
DNA（选择性）		DNA溶液：用0.2 g DNA溶解在100 mL蒸馏水中，配制成0.2%的溶液，121℃高压灭菌15 min，添加10 mL到1 000 mL上述培养基，使其终浓度为1%	
DNA（选择性）(Calbiochem聚合小牛胸腺DNA）0.2%溶液	1%		
蒸馏水	100 mL		

各种试剂配方如下。

（1）PPLO琼脂：细菌用牛心浸出液50 g/L，细菌用蛋白胨10 g /L，NaCl 5 g /L，细菌用琼脂14 g/L。肉汤不含琼脂。

（2）支原体补充剂：每30 mL小瓶含有细菌用酵母膏0.01 g，粉状马血清1.6 g。

（3）支原体补充剂S：每30 mL小瓶含有细菌用酵母膏0.01 g，粉状马血清1.6 g，青霉素55 000单位，醋酸铊50 mg。

（4）细菌用心浸出液肉汤（Difco）含牛心浸出液500 g，细菌用胰蛋白胨10 g，NaCl 5 g。

（5）可添加0.2% DNA到上述培养基中。推荐为初次分离牛生殖道支原体（*M. bovigenitalium*）时使用，由于能够刺激其他支原体菌很好生长，因此，它作为可选择的培养基成分被推荐（Freundt，1983）。

7.1.40 支原体培养基——改良的 Hayflick 培养基（Chanock 等，1962）

被改良用于分离运动支原体（*Mycoplasma mobile*）（Kirchhoff 和 Rosengarten，1984）。也用于分离很多动物的支原体种类。

试剂	数量	培养基制备	生长特征描述
细菌用 PPLO 肉汤（Difco）	16.8 g	在蒸馏水中溶解 PPLO，121℃高压灭菌 15 min。含有琼脂的培养基冷却到 50℃，肉汤冷却至室温，无菌状态下添加其他过滤除菌成分。 分装 3 mL 肉汤到 bijou 试管中，或者做成 5 mL 的小的琼脂平板	参见“支原体培养基——通用培养基”中的描述
马血清或者牛血清	200 mL		
酵母膏（50%，w/v）	10 mL		
DNA	0.02 g		
青霉素	2 000 IU/mL		
醋酸铊（1.25%，w/v）	10 mL		
蒸馏水	800 mL		

注：制作平板添加 1.0%（w/v）纯琼脂（Oxoid）或用 PPLO 琼脂。

提示：拿醋酸铊必须小心，要戴手套和面罩。

7.1.41 支原体培养基

用于分离来自鳄鱼的支原体（*Mycoplasma*）（Kirchhoff 等，1997）。

试剂	数量	培养基制备	生长特征描述
脑心浸液肉汤（Oxoid）	37.0 g	溶解脑心浸液、酵母膏和甘油于蒸馏水中，甘油先微热便于移液，121℃高压灭菌15 min，准备其他成分过滤除菌，添加每种成分到冷却的灭菌培养基中，分装成 5 cm 的平板，放在塑料袋中，4℃保存	平板放置在烛罐或者类似的产生 CO_2 的气体环境中，37℃培养
酵母膏（Oxoid）	2.0 g		
甘油	8 mL		
醋酸铊（10%，w/v）	2.5 mL		
氨苄青霉素（5%，w/v）	2 mL		
NAD（1%，w/v）	10		
蒸馏水	700 mL		

注：NAD 为烟酰胺腺嘌呤二核苷酸；TTC 为四氮唑。Kirchhoff 等（1997）也把此培养基作为基础培养基，用于研究葡萄糖代谢、精氨酸水解以及 TCC 和磷酸酯酶活性。

7.1.42 营养琼脂

用作通用的分离培养基。

试剂	数量	培养基制备	生长特征描述
营养琼脂（Oxoid）	14.0 g	添加琼脂粉到蒸馏水中，121℃高压灭菌 15 min，冷却至 50℃，分装于培养皿，4℃保存	
蒸馏水	500 mL		

7.1.43 细菌生长要求

弧菌的一些菌株，例如，奥德弧菌（*Vibrio ordalii*）[曾称为鳗弧菌（*V. anguillarum*）Ⅱ型]、海洋莫里特氏菌[*Moritella*（*Vibrio*）*marina*]和一些火神弧菌[*Vibro*（*Photobacterium*）*logei*]菌株生长需要 0.05% 酵母膏（Baumann 等，1980）。可预先准备 10 × 酵母膏储备液，然后每 5 mL 肉汤培养基添加 250 μL 即可。

7.1.44 Packer 平板

丹毒丝菌（*Erysipelothrix*）选择培养基（Packer，1943）。

试剂	数量	培养基制备	生长特征描述
哥伦比亚血琼脂基础（Oxoid）	20.0 g	添加琼脂基础到蒸馏水中，121℃高压灭菌 15 min，冷却至 50℃，并在无菌条件下加入叠氮化钠、结晶紫和血，混合均匀，倒平板	培养 24～48 h 菌落为 0.5～1.0 mm，推荐此培养基和 Wood 肉汤联合使用。把大约 1 g 切碎或绞碎的组织或者样品材料放在 10 mL 的 Wood 肉汤中，在 25℃培养，在 24 h 和 48 h 从肉汤中传代到 BA 和 Packer 平板上。在 24 h 和 48 h 检查模式菌落。猪红斑丹毒丝菌（*E. rhusiopathiae*）的菌落为 0.5～1.0 mm，灰绿色，在菌落周围有轻微的 α 溶血，它们类似链球菌（*Streptococci*）的 α 溶血。参见"细菌培养物和微生物形态照片"部分
蒸馏水	500 mL		
灭菌的马血	25 mL		
结晶紫（储备液：0.25 g 放在 100 mL 蒸馏水中）	2 mL	准备结晶紫和叠氮化钠的储备液，并 121℃高压灭菌 15 min	
叠氮化钠（NaH_3）（储备液：1 g 加入 100 mL 蒸馏水中）	12.5 mL		

7.1.45 多杀巴斯德菌（*Pasteurella multocida*）选择培养基

NB 平板（Rutter 等，1984）。

试剂	数量	培养基制备	生长特征描述
哥伦比亚琼脂基础（Oxoid）	7.8 g	添加琼脂到蒸馏水中，121℃高压灭菌 15 min，冷却至 50℃，并在无菌条件下添加血和 1 mL 抗生素储备液，混合均匀后倒平板	这是半选择培养基，多杀巴斯德菌（*P. multocida*）的菌落为灰色，非溶血，大小为 1～2 mm，可能轻微发黏
蒸馏水	200 mL		
灭菌的马血	12 mL		
硫酸新霉素（2.0 μg/mL）	4.0 mg	添加新霉素和杆菌肽到生理盐水中制成抗生素储备液，添加 1 mL 到上述冷却的琼脂和血混合液中	
杆菌肽（3.5 μg/mL）	7.0 mg		
生理盐水	10 mL		

7.1.46 蛋白胨酵母培养基（PY）

用于培养嗜纤维菌属（*Cytophaga*）、黄杆菌属（*Flavobacterium*）和食鞘氨醇杆菌属（*Sphingobacterium*）种类（Takeuchi 和 Yokota，1992）。

试剂	数量	培养基制备	生长特征描述
蛋白胨	1.0 g	添加所有的成分到蒸馏水中，调节 pH 值为 7.0，121℃高压灭菌 15 min，冷却至 50℃，无菌状态下分装倒平板。若制备肉汤，则不加琼脂即可	在 28℃培养 2 d。用于培养解肝磷脂土地杆菌（*Pedobacter heparinus*）、食神鞘氨醇杆菌（*S. spiritivorum*）、多食鞘氨醇杆菌（*S. multivorum*）和黄杆菌属（*Flavobacterium*）种类
酵母膏	0.2 g		
葡萄糖	0.2 g		
NaCl	0.2 g		
琼脂	1.5 g		
蒸馏水	100 mL		

7.1.47 Poly 平板

参见嗜皮菌属（*Dermatophilus*）选择性培养基。

7.1.48 PYS－2 培养基

用于培养鲁莫尼弧菌（*Vibrio rumoiensis*）（Yumoto 等，1999）。

试剂	数量	培养基制备	生长特征描述
多聚蛋白胨	8.0 g	添加所有试剂，调节 pH 值为 7.5，121℃高压灭菌 15 min，冷却到50℃，无菌状态下分装平板	鲁莫尼弧菌（*Vibrio rumoiensis*）的菌落为圆形，无色，生长温度范围为 2～34℃，最适温度为 27～30℃
酵母膏	3.0 g		
NaCl	5.0 g		
琼脂	15.0 g		
蒸馏水	1 000 mL		

7.1.49 R2A 琼脂（Oxoid CM 906 或者 Difco）

用于分离南极的黄杆菌属（*Flavobacterium* spp.）种类（McCammon 和 Bowman，2000）。

试剂	数量	培养基制备	生长特征描述
琼脂 CM 906	18.1 g	添加琼脂粉到蒸馏水中，调节 pH 值为7.2，煮沸溶解，121℃灭菌 15 min，冷却到 50℃，倒平板	这是一种贫营养培养基，可提高处理水中异养细菌的恢复，并有助于受胁迫细菌或耐氯细菌的复原。丙酮酸钠能够提高胁迫细胞的恢复
蒸馏水	1 000 mL		

注：Oxoid CM 906 的成分：酵母膏 0.5 g/L，胰蛋白胨 0.25 g/L，蛋白胨 0.75 g/L，右旋葡萄糖 0.5 g/L，淀粉 0.50 g/L，磷酸氢二钾 0.3 g/L，硫酸镁 0.024 g/L，丙酮酸钠 0.3 g/L，琼脂 15.0 g/L。

7.1.50 Rogosa 醋酸盐琼脂（Oxoid）

参见“鉴定试验及其介绍”部分。

7.1.51 氯化锶 B 富集肉汤

用于分离沙门氏菌（*Salmonella* spp.）和迟钝爱德华菌（*Edwardsiella tarda*）（Iveson，1971）。

试剂	数量	培养基制备	生长特征描述
细菌用胰蛋白胨（Difco）	0.5 g	添加所有的试剂到蒸馏水中，分装在 10 mL 的 McCartney 瓶中，121℃高压灭菌 20 min，氯化锶的最终浓度是 3.4%，pH 值为 5.0～5.5	把浸软或切碎的样品（0.5 mL）或者样品拭子接种于肉汤中，在 37℃培养 24 h 和 48 h，传代到 MCA 或者 DCA 选择培养基上。迟钝爱德华菌（*E. tarda*）和沙门氏菌（*Salmonella* spp.）在 MCA 平板上出现非乳糖发酵菌落；在 DCA 平板上出现的菌落为浅粉红色到透明，中间有或没有黑色斑点（H_2S）。迟钝爱德华菌的菌落比沙门氏菌稍小，中心的黑色需较长时间才能出现
氯化钠	0.8 g		
磷酸二氢钾	0.1 g		
氯化锶	6.0 mL		
蒸馏水	100 mL		

7.1.52 海水——人工

参见“人工海水”部分。

7.1.53 血清－D－葡萄糖琼脂（SDA）

非选择性布鲁氏杆菌（*Brucella*）培养基（Alton 和 Jones，1967）。

试剂	数量	培养基制备	生长特征描述
营养琼脂	95 mL	准备营养琼脂并冷却到50℃，每95 mL营养琼脂添加5 mL血清D-葡萄糖储备液，混合均匀并倒注平板	生长4 d后，在斜反射光下检查，布鲁氏杆菌（*Brucella*）的菌落光滑，细小，圆形，反光，蓝色或者蓝绿色。粗糙的菌落为黄白色，表面有干燥的小颗粒出现
血清-D-葡萄糖	5 mL加入95 mL营养琼脂		
血清-D-葡萄糖储备液	每5 mL血清添加1 g D-葡萄糖	血清-D-葡萄糖储备液是把纯的D-葡萄糖（glucose）溶解在灭活的血清中，5 mL血清中溶解1 g D-葡萄糖。过滤除菌，4℃或者-20℃保存	

注：此培养基从Oxoid能买到，即布鲁氏杆菌基础培养基（编码为CM169）。失活的马血清（5%）添加在高压灭菌后的基础培养基中。

7.1.54　Shieh 培养基 + 托普霉素（SM-T）

柱状黄杆菌（*Flavobacterium columnare*）和嗜冷黄杆菌（*F. psychrophilum*）选择培养基（Decostere 等 1997；Shieh，1980）。

试剂	数量	培养基制备	生长特征描述
蛋白胨（Difco）	5.0 g	所有的化学药品溶解在1 000 mL蒸馏水，调节pH值为7.2，121℃高压灭菌15 min，冷却至50℃，添加过滤除菌的托普霉素储备液，混合均匀并倒制平板。培养基放在密封的塑料袋中4℃保存，以确保其所含水分。当平板新鲜时，柱状黄杆菌（*F. columnare*）生长最佳，但表面湿度降低，生长受影响	用棉签拭子收集鱼类的溃烂病灶和鳃的样品接种平板。柱状黄杆菌的菌落培养2~5 d出现黄色菌落，菌落周围似根状扩散生长。参见“细菌培养物和微生物形态照片”部分。早期菌落可借助立体显微镜观察，采用未封口的类似于“曲棍球棒”的巴氏吸管取出单菌落块，然后接种到新鲜的培养基上进行继代培养。Shieh培养基添加托普霉素减少嗜水气单胞菌（*Aeromonas hydrophila*）的生长和菌落大小，并阻止杀鲑气单胞菌（*A. salmonicida*）、腐败希瓦氏菌（*S. putrefaciens*）和荧光假单胞菌（*Ps. fluorescens*）的生长
酵母膏（Difco）	0.5 g		
醋酸钠	0.01 g		
$BaCl_2 \cdot (H_2O)_2$	0.01 g		
K_2HPO_4	0.1 g		
KH_2PO_4	0.05 g		
$MgSO_47H_2O$	0.3 g		
$CaCl_2 \cdot 2H_2O$	0.006 7 g		
$FeSO_4 \cdot 7H_2O$	0.001 g		
$NaHCO_3$	0.05 g		
托普霉素	0.5 μg		
Noble 琼脂	10 g		
蒸馏水（pH值为7.2）	1 000 mL		

注：原始方法中托普霉素规定为1 mg/mL，然而，1 mg/mL托普霉素会抑制或降低澳大利亚柱状黄杆菌（*F. columnare*）菌株的生长，因此，推荐用量为0.5 mg/mL（Annette Thomas 博士，基础产业部，昆士兰州，2000，私人交流）。

7.1.55　SKDM

鲑鱼肾杆菌（*Renibacterium salmoninarum*）选择培养基（Austin 等，1983）。

试剂	数量	培养基制备	生长特征描述
胰蛋白胨	1.0 g	添加所有的试剂到蒸馏水中，并调节pH值为6.8，121℃高压灭菌15 min，然后冷却至50℃	用感染材料接种平板，并在湿润的环境下15℃培养12周。定期检查平板是否有针状菌落出现。最大的菌落是2 mm，菌落白色或者乳白色，有光泽，光滑，凸起，圆形。老的菌落可能有小粒或者结晶物出现
酵母膏	0.05 g		
放线菌酮	0.005 g		
琼脂	1.0 g		
蒸馏水	100 mL		
胎牛血清	10.0 g	L-半胱氨酸盐酸盐、D-环丝氨酸、多黏菌素B硫酸盐和噁喹酸过滤除菌，加上无菌的胎牛血清，一并添加到灭菌后的培养基中，倒制平板	
L-半胱氨酸盐酸盐	0.1 g		
D-环丝氨酸	0.001 25 g		
多黏菌素B硫酸盐	0.002 5 g		
噁喹酸	0.000 25 g		

7.1.56 希瓦氏菌（*Shewanella*）海洋琼脂（SMA）

武氏希瓦氏菌（*Shewanella woodyi*）选择培养基（Makemson 等，1997）。

试剂	数量	培养基制备	生长特征描述
细菌用蛋白胨（Difco）	5.0 g	所有的试剂添加在蒸馏水中，121℃高压灭菌 15 min	发光海洋细菌合适的培养基，尤其是希瓦氏菌属（*Shewanella*）
细菌用酵母膏（Difco）	1.0 g		
细菌用琼脂（Difco）	15.0 g		
1×海盐[①]	200 mL		
蒸馏水	1 000 mL		

注：① 5×海盐储备液配方：2.58 mol/L NaCl，0.125 mol/L $MgCl_2$，0.125 mol/L $MgSO_4$，0.1 mol/L KCl，蒸馏水 1 000 mL，pH 值调为 7.5。

7.1.57 Siem 选择培养基

绿色气球菌（*Aerococcus viridans*）选择培养基（Stewart，1972；Gjerde，1984）。

试剂	数量	培养基制备	生长特征描述
葡萄糖	6.5 g	添加所有的药品到蒸馏水中并溶解，调节 pH 值为 7.4，高压灭菌	由于革兰氏阳性球菌的生长过程中产酸，促使培养基颜色由紫色变成黄色。在 25℃培养5 d。将黄色的肉汤培养液继代培养至 BA 培养基中
酵母膏	4.5 g		
胰蛋白胨	15.0 g		
NaCl	6.4 g		
苯乙烯	2.5 g		
溴甲酚紫	0.008 g		
蒸馏水	1 000 mL		

7.1.58 Skirrow 培养基

参见螺杆菌属（*Helicobacter*）选择培养基。

7.1.59 SWT

用于海洋细菌生长的基于海水的混合培养基（Nealson，1978；Boettcher 等，1999）。

试剂	数量	培养基制备	生长特征描述
胰蛋白胨	0.5 g	添加所有的试剂到蒸馏水中，121℃高压灭菌 15 min，冷却至 50℃，无菌条件下加入过滤除菌的海水，倒成平板	用于费希尔弧菌（*Vibrio fischeri*）、玫瑰杆菌属（*Roseobacter* spp.）、斯塔普氏菌属（*Stappia* spp.）的培养
酵母膏	0.3 g		
甘油	0.3 g		
海水	70 mL		
蒸馏水	30 mL		
琼脂	1.2 g		

7.1.60 TCBS 霍乱弧菌培养基（TCBS）

用于弧菌（*Vibrio* spp.）生长的半选择培养基（Kobayashi 等，1963；Nicholls 等，1976）。

试剂	数量	培养基制备	生长特征描述
TCBS 霍乱培养基（Oxoid）	44.0 g	添加所有的药品到蒸馏水中，121℃高压灭菌 15 min，冷却至 50℃，倒成平板，4℃保存	此选择培养基能长出大多数种类的弧菌，然而，像一些菌株，如奥德弧菌［*Vibrio*（*Listonella*）*ordalii*］不能生长。气单胞菌属（*Aeromonas* spp.）和假单胞菌属（*Pseudomonas*）种类生长很弱，培养 24～48 h，菌落很小，大约为 1 mm；弧菌种类蔗糖发酵出现黄色菌落，然而蔗糖发酵阴性的菌株为绿色菌落
蒸馏水	500 mL		

注：① 一些弧菌种类在 TCBS 上生长差，也有少数菌株不能在此类培养基中生长。一些品牌的 TCBS 抑制性比其他的更强。Eiken 和 Oxoid 品牌支持弧菌种类生长的数目要多于 BBL 或 Difco 品牌，尤其是霍乱弧菌（*V. cholerae*）和非霍乱弧菌的一些种类。建议每批培养基应该测试弧菌的生长状况（Nicholls 等，1976）。

② 当进行水中细菌总数测定时（TBCs），用 TCBS 检测霍乱弧菌的数目要比用 MSA－B 少。原代培养时，在 MSA－B 上可生长、在 TCBS 上不能生长的菌落，在进行继代培养时常可在 TCBS 上生长，并能通过生化鉴定为弧菌种类。

③ 长时间培养后，最初蔗糖发酵的黄色菌落，在培养基中的蔗糖被利用或者 pH 值改变后，可能会变成绿色。

④ 配方：酵母膏 5 g，蛋白胨 10 g，硫代硫酸钠 10 g，氯化钠 10 g，牛胆汁 8 g，蔗糖 20 g，氯化铁 1 g，溴百里酚蓝 0.04 g，百里香酚蓝 0.04 g，琼脂 1.4 g，水 1 000 mL，调节 pH 值为 8.6。

7.1.61　胰蛋白胨大豆琼脂（TSA）

通用分离培养基。

试剂	数量	培养基制备	生长特征描述
胰蛋白胨大豆琼脂（Oxoid）	20.0 g	溶解胰蛋白胨大豆琼脂到蒸馏水中，121℃高压灭菌 15 min，水浴冷却 50℃，倒成平板，大约 3 mm 厚，4℃保存	适合作为通用分离培养基。添加 NaCl（7.5 g），使其最终浓度为 2%，用于分离来自海洋的细菌
蒸馏水	500 mL		

7.1.62　胰蛋白胨酵母膏盐培养基（TYES）

用于培养柱状黄杆菌（*Flavobacterium columnare*）（Triyanto 和 Wakabayashi，1999）。

试剂	数量	培养基制备	生长特征描述
胰蛋白胨	0.4 g	溶解所有的试剂到蒸馏水中，121℃高压灭菌 15 min，冷却至 50℃并倒成平板，大约 3 mm 厚，4℃保存	用来培养柱状黄杆菌（*F. columnare*），在25℃培养 24 h，菌落出现黄色色素，呈假根状、黏液状或者蜂窝状
酵母膏	0.04 g		
$MgSO_4 \cdot 7H_2O$	0.05 g		
$CaCl_2 \cdot 10H_2O$	0.05 g		
蒸馏水	100 mL		

7.1.63　胰蛋白胨酵母膏葡萄糖琼脂（TYG）

用于培养嗜冷黄杆菌（*F. psychrophilum*）、柱状黄杆菌（*F. columnare*）、海洋屈挠杆菌（*T. maritimum*）（Cipriano 等，1996）。

试剂	数量	培养基制备	生长特征描述
胰蛋白胨	0.2 g	除新霉素外，其他的试剂放到蒸馏水中，121℃高压灭菌 15 min，冷却至 50℃，无菌条件加入过滤除菌的新霉素，倒成平板	菌落呈黄色，具有呈扩散生长状的薄的边缘，显示细菌滑行运动的能力。嗜冷黄杆菌最适温度为 14～20℃，柱状黄杆菌为 22～30℃，海洋屈挠杆菌为 15～34℃。每天检查平板，至少达到 7 d，用立体显微镜有助于早期菌落特征的观察
酵母膏	0.05 g		
葡萄糖	0.3 g		
琼脂	1.5 g		
蒸馏水	100 mL		
硫酸新霉素	0.4 mg		

注：添加 10 IU/mL 的硫酸多黏菌素 B 可能有助于选择性培养柱状黄杆菌（*F. columnare*）（Shamsudin 和 Plumb，1996）。

7.1.64 TYG－M

TYG 添加 4 mg/mL 硫酸新霉素，200 IU/mL 多黏菌素 B 和 18.7 g/L 人工海水（ASW）可用于分离海洋屈挠杆菌［*Tenacibaculum*（*Flexibacter*）*maritimum*］（Chen 等，1995）。

7.1.65 VVM

创伤弧菌（*Vibrio vulnificus*）选择培养基（Cerdà－Cuéllar 等，2001）。

试剂	数量	培养基制备	生长特征描述
D－纤维二糖	15.0 g	溶解所有的试剂到蒸馏水中并煮沸，冷却至 50℃，用 5 mol/L 的 NaOH 调节 pH 值为 8.5（此培养基不用高压灭菌）	VVM 平板是紫罗兰色，创伤弧菌（*V. vulnificus*）菌落的颜色是亮黄色，由于纤维二糖发酵的缘故，菌落周围有黄色的扩散环；其他发酵纤维二糖的弧菌，如坎贝氏弧菌（*V. campbellii*），哈维氏弧菌（*V. harveyi*）和纳瓦拉弧菌（*V. navarrensis*）将在 VVM 琼脂上生长。河口弧菌（*V. aestuarianus*），溶藻弧菌（*V. alginolyticus*），鳗利斯特氏菌（*L. anguillarum*）的一些菌株也可以在此平板上生长
NaCl	10.0 g		
酵母膏	4.0 g		
$MgCl_2 \cdot 6H_2O$	4.0 g		
KCl	4.0 g		
甲酚红	40.0 mg		
溴百里酚蓝	40.0 mg		
多黏菌素 B	10^5 U/L		
甲磺酸多黏菌素	10^5 U/L		
琼脂	15.0 g		
蒸馏水	1 000 mL		

注：这个培养基的一种改良，称为 VVMc，除了多黏菌素 B 外，其他试剂都一样，事实上分离率是相同的（Cerdà－Cuéllar 等，2001）。

7.1.66 VAM

鳗利斯特氏菌［*Listonella*（*Vibrio*）*anguillarum*］推测鉴别培养基（Alsina 等，1994）。

试剂	数量	培养基制备	生长特征描述
山梨醇	15.0 g	所有的试剂（除氨苄青霉素）溶解到蒸馏水中并煮沸，冷却至 50℃，用 5 mol/L NaOH 调节 pH 值为 8.6，在无菌条件下倒平板，15℃保存，平板在 3 周内都可以使用，3 周后氨苄青霉素就失去活力	没有接种的培养基是紫罗兰色。在 25℃培养 48 h，鳗利斯特氏菌（*L. anguillarum*）的菌落是扁平、圆形、亮黄色，由于山梨醇发酵呈淡黄色扩散环。河流弧菌（*V. fluvialis*）、哈维氏弧菌（*V. harveyi*）和梅氏弧菌（*V. metschnikovii*）能够在 VAM 平板上生长，呈黄色菌落，因此，必须通过生化反应与鳗利斯特氏菌（*L. anguillarum*）区分。溶藻弧菌（*V. alginolyticus*）是非蜂拥样生长的蓝色菌落
酵母膏	4.0 g		
胆盐	5.0 g		
氯化钠	35.0 g		
氨苄青霉素	10.0 mg		
甲酚红	40.0 mg		
溴百里酚蓝	40.0 mg		
琼脂	15.0 g		
蒸馏水	1 000 mL		

7.1.67　Wood 肉汤

检测猪红斑丹毒丝菌（*Erysipelothrix rhusiopathiae*）的选择肉汤（Wood，1965）。

试剂	数量	培养基制备	生长特征描述
细菌用胰蛋白胨（Difco）	7.5 g	添加胰蛋白胨、Lab Lemco 浸粉和 NaCl 到蒸馏水中，调节 pH 值为 7.5，121℃ 高压灭菌 15 min，冷却到室温	将材料的拭子或者组织碎末加入培养基中，在 37℃ 培养 48 h。24 h 和 48 h 继代培养至 BA 平板上。 丹毒丝菌（*Erysipelothrix*）培养 48 h 菌落为 0.5 ~ 1.0 mm，灰绿色，菌落周围有轻微的 α 溶血现象，它们的溶血现象和链球菌属（*Streptococci*）的 α 溶血现象一致。参见“细菌培养物和微生物形态照片”部分
Lab Lemco 浸粉（Oxoid）	1.5 g		
氯化钠	2.5 g		
蒸馏水	500 mL		
灭菌的马血清（未灭活）	25 mL	添加所有的抗生素到 10 mL 灭菌的蒸馏水中，无菌条件下加入马血清和抗生素储备液到冷却的基础培养基中，分装在 10 mL 的 McCartney 瓶中，4℃保存	
卡那霉素	200 mg		
新霉素	25 mg		
万古霉素	12.5 mg		

注：Wood 和 Packer（1972）通过用 0.1 mol/L 的磷酸盐缓冲液（12.02 g Na_2HPO_4，2.09 g KH_2PO_4 和 1 000 mL 蒸馏水）替换蒸馏水改良了此培养基。

7.1.68　耶尔森氏菌（*Yersinia*）选择琼脂

鲁氏耶尔森氏菌（*Yersinia ruckeri*）在此培养基上不生长。

试剂	数量	培养基制备	生长特征描述
耶尔森氏菌选择性琼脂基础（Oxoid）	29.0 g	添加耶尔森氏菌选择性琼脂基础到蒸馏水中，121℃高压灭菌 15 min，冷却到 50℃	耶尔森氏菌属（*Yersinia*）的菌落为粉红色，培养 24 ~ 48 h，菌落中央似“牛眼睛”状的暗点加深
蒸馏水	500 mL		
耶尔森氏菌选择性补充剂（Oxoid）	2 mL	取 1 小瓶补充剂，无菌状态下加入 1 mL 蒸馏水和 1 mL 乙醇进行重组，混合溶解后，无菌状态下加入基础培养基，倒成平板	

7.2　生化测试培养基

7.2.1　七叶苷

试剂	数量	培养基制备	试验描述
七叶苷	0.2 g	溶解所有的试剂（七叶苷除外）并煮沸，冷却后加入七叶苷摇匀。分装 5 mL 在试管中，121℃ 高压灭菌 15 min，试管在黑暗中保存	细菌接种在七叶苷的肉汤中，在合适的温度下培养 24 ~ 48 h，变成黑色为阳性。因为一些细菌，尤其是一些弧菌，由于产生黑色素使培养基变成黑色，因此，真实的七叶苷水解必须在 354 nm UV 灯下测定荧光的失去（MacFaddin，1980；Choopun 等，2002）。有荧光则表示为阴性反应
柠檬酸铁	0.1 g		
蛋白胨水（Oxoid）	3.0 g		
蒸馏水	200 mL		

7.2.2　精氨酸双水解酶（Møller）

参见脱羧酶部分。

7.2.3　精氨酸双水解酶（Thornley）

参见脱羧酶部分。

7.2.4 布鲁氏杆菌（*Brucella*）：测试代谢活力（Alton 和 Jones，1967；Jahans 等，1997）

试剂	数量	培养基制备	试验描述
L－丙氨酸	1.25 g/L	溶解各种代谢底物到灭菌的 PBS 中，pH 值为 7.2，浓度均为 1.25 g/L。每种溶液都通过 0.22 μm 的滤膜过滤除菌，4℃保存。用 PBS 制备 MTT 溶液，浓度为 1.0 g/L，用 0.22 μm 的滤膜过滤除菌	底物的新陈代谢活力可以通过产生的四唑产物的减少来测定分析。 用 PBS 制备细胞悬液并调节浓度为 10^{10} cell/mL，在平底的微量平板中，放 100 μL 各种底物到每个小凹槽中，分别加入 50 μL 细胞悬液，37℃，10% CO_2 环境中培养18 h。培养后，每个小凹槽中加 50 μL MTT，在室温下培养 1 h，然后在每个小凹槽中添加 50 μL 甲醛。2～4 h 后，在 630 nm 下读取光密度值，每种底物的代谢指数由底物的 OD 值比空白（无底物）的 OD 值表示
L－天冬氨酸	1.25 g/L		
L－谷氨酸	1.25 g/L		
L－精氨酸	1.25 g/L		
DL－鸟氨酸	1.25 g/L		
L－赖氨酸	1.25 g/L		
D－半乳糖	1.25 g/L		
D－核糖	1.25 g/L		
D－戊醛糖	1.25 g/L		
内旋赤藻糖醇	1.25 g/L		
咪唑丙烯酸	1.25 g/L		
四甲基偶氮唑蓝（MTT）	1.0 g/L		
甲醛	40%		

7.2.5 布鲁氏杆菌（*Brucella*）：在基质培养基的生长（Alton 和 Jones，1967；Jahans 等，1997）

试剂	数量	培养基制备	试验描述
基础品红	20 μg/mL （1/50 000）	每种染料用蒸馏水制成浓度为 0.1% 的储备液，并放在沸水中灭菌 1 h，储备液 3 个月后需重新配制。每种染液添加在基础培养基中，如胰蛋白胨大豆琼脂或者血清葡萄糖琼脂。Alton 和 Jones（1967）建议，使用 FAO/WHO 的参考菌株，实验室应该确定每种染料的最佳浓度，其范围在 1：25 000～1：100 000（每毫升培养基中染料为 10～40 μg）之间。“数量”栏中的浓度是由 Jahans 等（1997）推荐的。 染料储备液按要求用量添加在融化的基础培养基中，混合均匀并倒平板，然后保存。每种平板用相应的染料标注	用 0.5 mL 的无菌生理盐水制备菌悬液，未知培养物应该在与文献中菌株相同的平板上接种。用接种环取一环菌悬液，一次性在特殊标记的区域划 5 条线，不补充接种环的悬液。对照的平板仅含有基础培养基而不含染料。在没有 CO_2 的环境下 37℃ 培养 4 d，记录每种染料中出现“生长”或者“不生长”的结果
番红 O	100 μg/mL （1/10 000）		
硫堇	20 μg/mL （1/50 000）		

7.2.6 布鲁氏杆菌（*Brucella*）选择培养基

参见 Farrell 培养基。

7.2.7 糖类发酵

检测糖类发酵的通用培养基（Vera，1948，1950）。

试剂		数量	培养基制备	试验描述
胰氨酸胰蛋白酶培养基（Gibco）		7.13 g	基础培养基准备：煮沸蒸馏水和胱氨酸胰蛋白酶培养基；分装 5 mL 到 10 mL 的试管中 糖类准备：制备糖类 10% 的溶液（3 g 溶在 30 mL）；水杨苷用 4% 的溶液（1.2 g 溶解在 30 mL 蒸馏水中） 可以高压灭菌的糖类：每 5 mL 基础培养基添加 0.5mL 糖类溶液，10 lb 高压灭菌 10 min 过滤除菌：过滤除菌的糖类溶液通过 0.22 μm 滤膜过滤。10 mL 试管中的 5 mL 基础培养基用高压灭菌，冷却至 50℃，无菌条件下，添加过滤除菌的糖类溶液，5 mL 基础培养基添加0.5mL	发酵是通过颜色由红色变为黄色来检测的。参考资料表明添加的糖类范围是 0.5% ~ 1.0%。然而，当用 0.5%时，反应可能会发生逆转，用1%的浓度可确保细菌对糖类的消耗
蒸馏水		250 mL		
糖类		最终浓度为 1%		
种类	除菌方法			
阿拉伯糖	过滤			
七叶苷	高压灭菌			
葡萄糖	高压灭菌			
纤维醇	高压灭菌			
乳糖	高压灭菌			
麦芽糖	过滤			
甘露醇	高压灭菌			
甘露糖	过滤			
水杨苷	高压灭菌			
山梨醇	高压灭菌			
蔗糖	过滤			
海藻糖	高压灭菌			
戊醛糖	过滤			

注：胱氨酸胰蛋白酶培养基含有细菌用胰蛋白、L－胱氨酸、氯化钠、亚硫酸钠、琼脂和酚红。添加 0.01% 的酵母膏，此培养基也适用于嗜纤维菌属（*Cytophaga*）、黄杆菌属（*Flarobacterium*）、屈挠杆菌属（*Flexibacter*）、屈挠杆菌属（*Tenacibaculum*）类群和需求酵母膏的某些弧菌种类，如奥德弧菌（*V. ordalii*）、海洋莫里特氏菌（*Moritella marina*），还有火神弧菌（*V. logei*）的一些菌株的碳源发酵实验。Baumann 等（1980）在弧菌和发光杆菌（*Photobacterium*）的菌株添加了 0.05% 的酵母膏，这些细菌需要有机生长因子。

（1）在文献中，一些原始配方用溴百里酚蓝作为 pH 指示剂；然而，它可能对很多海洋细菌有毒性，因此，在糖发酵测试中酚红被推荐为 pH 指示剂（Leifson，1963）。

（2）含有蛋白胨的培养基由于蛋白胨分解产物可能掩盖弱酸产物，可能会给糖分解造成不真实结果（Vera，1950）。

（3）蔗糖应该过滤灭菌，因为它不耐热，高压灭菌可能会带来假阳性结果（Stanier 等，1966）。

（4）为了防止螺旋盖试管中内部积累的 CO_2 导致的培养基颜色变化，在读结果之前确保盖子放松约 1 个小时。准备试管培养基时，培养基仅占试管体积的一半也有助于防止内部产生的 CO_2 对 pH 值造成逆转。

（5）大多数糖类在室温下可保存 2 ~ 3 周，储备液在 4℃下保存时间更长。一些糖类应该始终保存在 4℃，以防止培养基中颜色不必要的变化。这些糖类是阿拉伯糖、甘露醇、戊醛糖及氧化发酵培养基和 ONPG 培养基。

以下为特殊细菌糖发酵的可选方法。

7.2.8　黄杆菌属（*Flavobacterium*）糖发酵培养基

（1）肉汤培养基含有 0.05% 胰蛋白胨，0.05% 酵母膏，0.001 8% 酚红和过滤灭菌最终浓度为 0.2% 的糖（Wakabayashi 等，1986）。

（2）AO 培养基是糖发酵所用的基础培养基；然而，它不适合用在此试验，因为在阴性对照管中可见颜色变化（Bernardet 和 Grimont，1989）。

7.2.9 海洋细菌糖发酵培养基［Leifson，1963；曾被 Gauthier（1976b）使用过］

试剂	数量	培养基制备	试验描述
酪胨（Difco）	0.1 g	所试剂溶解在半浓度的人工海水中，用盐酸调节 pH 值为 7.5，高压灭菌后重新检查 pH 值，应该为 8.0 左右，如果需要，用盐酸调 pH 值。糖过滤除菌后，无菌条件下添加在基础培养基中，分装成 3 mL 到 13 mm × 100 mm 的试管中	颜色由红色变黄色显示发酵
酵母膏	0.01 g		
硫酸铵	0.05 g		
三羟甲基氨基甲烷缓冲液（Tris buffer）	0.05 g		
琼脂	0.3 g		
酚红	0.001 g		
人工海水	半浓度		
糖类	1%		

注：Einar Leifson（1963）将发表于 1953 年（Hugh 和 Leifson）的原始培养基配方进行了改良，由于原始培养基所用的 pH 指示剂溴百里酚蓝对许多海洋细菌有毒，因此，推荐使用酚红。此培养基也可用于氧化/发酵实验。单独添加糖类到基础培养基中进行发酵实验。此方法与通用培养基相似。

7.2.10 假单胞菌属（*Pseudomonas*）和黄杆菌属（*Flavobacterium*）糖发酵培养基（Gilardi，1983）

试剂	数量	培养基制备	试验描述
OF 基础培养基（Difco）	9.4 g	添加试剂到蒸馏水中煮沸溶解，等量分装成 100 mL，121℃高压灭菌 15 min，在每个 100 mL 的等份试样中添加 10 mL 浓度为 10% 的糖类溶液，无菌条件下每个 100 mL 的糖类溶液各自分装成 5 mL 的等份试样到 10 mL 试管中	颜色变为黄色显示发酵反应为阳性
蒸馏水	1 000 mL		
10% 糖类溶液	10 mL	过滤除菌，添加方法如上所述	

注：Difco 的 OF 培养基成分为胰蛋白胨 2.0 g，氯化钠 5.0 g，磷酸二氢钾 0.3 g，琼脂 2.0 g，溴百里酚蓝 0.08 g，1 000 mL 蒸馏水，pH 值为 6.8。

7.2.11 使用铵盐糖（ASS）产酸的糖发酵培养基

用于食鞘氨醇杆菌属（*Sphingobacterium*）、黄杆菌属（*Flavobacterium*）、腐败希瓦氏菌（*Shewanella putrefaciens*）、假单胞菌属（*Pseudomonas*）。被 Holmes 等（1975）用于测试假单胞菌属（*Pseudomonas*），被 Bernardet 和 Grimont（1989）在黄杆菌属（*Flavobacterium*）测试中用作 API 50CH 的接种培养基。Cowan 和 Steel（1970）引用过 Smith 等（1952）的方法。

试剂	数量	培养基制备	试验描述
$(NH_4)_2HPO_4$	1.0 g	添加所有的成分到蒸馏水中，通过煮沸或者蒸气加热。添加指示剂，115℃高压灭菌 20 min，培养基冷却至 60℃，添加过滤除菌的糖类溶液，分装进试管并倾斜试管，使培养基成斜面	接种并在合适的温度培养，7 d 后检查，颜色由紫色变黄色显示糖类发酵
KCl	0.2 g		
$MgSO_4 \cdot 7H_2O$	0.2 g		
酵母膏	0.2 g		
琼脂	20 g		
蒸馏水	1 000 mL		
0.2% 溴甲酚紫溶液	4 mL		
10% 糖类溶液	100 mL		

注：① 含有蛋白胨的培养基做细菌糖发酵试验的结果不可靠，因此应该用 ASS。一般的，含有蛋白胨的培养基很少得到阳性结果，ASS 大多数为阳性反应（Cowan 和 Steel，1993 年版）。

② 使用此类培养基的反应本书中没有报告。本书中报道的黄杆菌属（*Flavobacterium*）种类用含蛋白胨（糖类通用培养基）的方法和 ASS 培养基这两种方法的反应是相同的。

7.2.12　弧菌（*Vibrio*）种类糖发酵培养基

下列培养基被 Baumann 等（1971）用于弧菌种类，Beneckea 也使用过，他们均改编自 Stanier 等（1966）的方法。

（1）基础培养基（BM）：50 mmol/L 三（羟甲基）氨基甲烷盐酸盐（pH 值为 7.5），190 mmol/L NH_4Cl，0.33 mmol/L $K_2HPO_4 \cdot 3H_2O$，0.1 mmol/L $FeSO_4 \cdot 7H_2O$ 和半浓度海水。

（2）基础琼脂培养基（BMA）：混合等体积的双倍浓度的 BM。每升放入 20 g Ionagar 琼脂（Oxoid）。

（3）酵母膏肉汤（YEB）：添加 5 g/L 的酵母膏（Difco）到 BM 中。

（4）酵母膏琼脂（YEA）：添加 20 g /L 琼脂（Difco）到 YEB 中。

（5）糖发酵培养基（F－2）：在 YEB 中添加 100 mmol/L Tris－HCl（pH 值为 7.5），加 1 g/L Ionagar 琼脂（Oxoid），1 g/L 巯基乙酸钠和 10 g/L 过滤除菌的葡萄糖。

（6）糖发酵培养基（F－3）：在 BM 中加 25 mmol/L Tris－HCl（pH 值为 7.5），0.5 g/L 酵母膏（Difco），1 g/L Ionagar 琼脂（Oxoid），2 mL/L 1.6%（w/v）的溴甲酚紫乙醇溶液和 10 g/L 过滤除菌的糖类。

7.2.13　诺卡氏菌属（*Nocardia* spp.）糖类发酵培养基

基础无机氮培养基［Gordon 等（1974），引自 Ayers 等（1919）］。

试剂	数量	培养基制备	试验描述
$(NH_4)_2HPO_4$	1.0 g	除糖类外，所有的试剂添加到蒸馏水中，调节 pH 值为 7.0，分装 5 mL 到试管中，121℃ 高压灭菌 15 min，无菌条件下加入 0.5 mL 10% 的各种糖类溶液（各自高压灭菌）到试管中，然后倾斜放置成斜面	由于糖发酵产酸，颜色从紫色变黄色，在 28℃ 培养 7～28 d 开始读取结果；添加酵母膏，此培养基可以像 ASS 一样使用
KCl	0.2 g		
$MgSO_4 \cdot 7H_2O$	0.2 g		
琼脂	15.0 g		
蒸馏水	1 000 mL		
0.04% 溴甲酚紫溶液	15 mL		
被测试的糖类溶液（10%）	0.5 mL		
可选择添加酵母膏（Difco）			

注：当测试黄尾脾脏诺卡氏菌（*N. seriolae*）时，添加 2%（w/v）的酵母膏（Difco）到培养基中（Kudo 等，1988）。

7.2.14　二氧化碳环境

当培养要求二氧化碳条件时使用。实验室若没有二氧化碳培养箱，下面的方法可供选择。

方法 1：烛罐法。把琼脂平板放在密封的容器中，在里面放一根点着的蜡烛，封住盖口。此方法产生 2% CO_2（J. Lloyd，农业部，西澳大利亚州，1985，私人交流），也有其他报告认为产生 6%～8% 的 CO_2（Cottral，1978）。如果盖子是塑料的，为了防止蜡烛产生的热量，用铝箔包裹一层。

方法 2："ENO 盐"法（Lloyd，1985）。7.5 g ENO 盐在 10 L 的容器中产生 4% 的 CO_2。用合适的带密封盖子的容器，如家用食物储存盒或者用三菱瓦斯化学公司的厌氧盒。放 3 g ENO盐（Sigma）到 20 mL 水中，放在 22 cm × 22 cm × 8 cm 的容器中或者放 10 g ENO 盐到 40 mL 水中，放在 30 cm × 30 cm × 14 cm 的容器中。这种方法需要动作迅速，因此，要把盐放在一小块棉纸中。把水加入 50 mL 的尿液样品盒中，然后把该样品盒放入培养容器中，迅速把盐加入水中，然后封口。把盒子放在合适的温度下。ENO 是一种冒泡的抗酸剂，每 5 g 含有碳酸氢钠 2.32 g、碳酸钠 0.5 g、无水柠檬酸 2.18 g，可从 Sigma 购买。

7.2.15 过氧化氢酶试验（Cowan 和 Steel，1970）

在载玻片上涂抹菌落，滴上一滴 30% 的 H_2O_2。产生气泡表明阳性反应。当把菌落从血琼脂平板上采下来时，要确保载玻片上不带有血琼脂，否则会有假阳性结果出现。

7.2.16 纤维素降解（Wakabayashi 等，1989）

适合测试细菌生长要求的肉汤培养基，需添加一块纤维滤纸。观察滤纸的降解情况。嗜纤维菌属（*Cytophaga*）种类的一个特征是它们能降解纤维，因此，当测试细菌怀疑是嗜纤维菌属种类时，用 Anacker-Ordal 肉汤培养基。

7.2.17 考马斯亮蓝琼脂（CBBA）

用于测试杀鲑气单胞菌（*Aeromonas salmonicida*）A 蛋白壳（Udey，1982；Evenberg 等，1985；Cipriano 和 Bertolini，1988；Markwardt 等，1989）。

试剂	数量	培养基制备	试验描述
TSA	44.0 g	添加考马斯亮蓝和 TSA 到蒸馏水中，121℃高压灭菌 15 min，冷却至 50℃，倒成平板	考马斯亮蓝是蛋白质的特异染料，使含有 A 蛋白壳的细菌菌落周围呈蓝黑色；A 蛋白壳阳性的杀鲑气单胞菌（*A. salmonicida*）被染成深蓝色；培养基没有选择性，其他细菌也会产生蓝色菌落。尽管如此，它能辅助分离和鉴定杀鲑气单胞菌
考马斯亮蓝 R250（Bio－Rad）	0.1 g		
蒸馏水	1 000 mL		

7.2.18 柠檬酸盐：西蒙氏法（Simmons，1926）

试剂	数量	培养基制备	试验描述
西蒙氏柠檬酸盐（Difco）	3.63 g	在蒸馏水中悬浮培养基并煮沸，分装 3 mL 培养基到试管中，121℃高压灭菌 15 min，制成斜面	颜色变为深蓝色为阳性，西蒙氏柠檬酸盐（Difco）含有 1% 的 NaCl，柠檬酸作为唯一的糖类被测试；克氏（Christensen）柠檬酸盐法，柠檬酸不作为唯一糖类，因为它含有其他的营养成分
蒸馏水	15 mL		

7.2.19 刚果红

测试黄杆菌科（Flavobacteriaceae）胞外产物中半乳糖胺聚糖的产生［Johnson 和 Chilton（1966）引用与 E. J. Ordal 在此试验中的私人交流；McCurdy，1969）］。

试剂	数量	培养基制备	试验描述
刚果红	10 mg	称 10 mg 刚果红添加到 100 mL 蒸馏水中，制成最终浓度为 0.01% 的水溶液，混合均匀，贴标签，室温储存	在 AO 或 Shieh 培养基生长的菌落上滴 1～2 滴刚果红，阳性反应显红色。颜色能够持续好几个小时，此试验检测胞外葡聚糖的出现
蒸馏水	100 mL		

7.2.20 刚果红琼脂

用于检测杀鲑气单胞菌（*A. Salmonicida*）A 蛋白壳（Ishiguro 等，1985）。

准备含有 30 g/mL 刚果红的胰蛋白酶大豆琼脂（Difco）。在 20℃培养，48 h 后检查红色菌落。

7.2.21 Dienes 染色

用于从细菌中区分出支原体（Dienes，1939；Hayflick，1965）。

试剂	数量	培养基制备	试验描述
亚甲蓝	2.5 g	所有试剂溶解在蒸馏水中，储存于带螺旋盖的瓶中	方法Ⅰ：取一些染料在盖玻片上，让其干燥，切下长有菌落的琼脂块，菌落朝上放在载玻片上，将有染料的盖玻片轻轻压在载玻片的菌落上，使其与染料很好地接触。方法Ⅱ：用棉拭子直接蘸染料染支原体的菌落。支原体的菌落染成清晰的深蓝色中心和一个浅蓝色的边缘。支原体菌落染色可持续24 h，然而，细菌菌落在30 min后会退色
天青Ⅱ	1.2 g		
麦芽糖	10 g		
无水碳酸钠	0.25 g		
蒸馏水	100 mL		

注：一些方法含有0.2 g安息香酸。

7.2.22　毛地黄皂苷

用于从无胆甾原体（*Acholeplasma*）种类中区分出支原体（*Mycoplasma*）。

试剂	数量	培养基制备	试验描述
毛地黄皂苷（1.5%，w/v）	1.5 g	在乙醇中溶解毛地黄皂苷，37℃温热溶解，取20 μL储备液放到6 mm的灭菌滤纸片上（Oxoid），37℃干燥1 h	涂布疑似支原体菌落到5 cm的支原体琼脂平板上，采用肉汤或者平板培养基的菌落均可。当从琼脂平板上转菌落时，用无菌的刮刀或者末端开口的“曲棍球”样吸管（由弯曲的巴氏吸管制成），选择含有菌落的琼脂块取下，菌落向下贴在新鲜的琼脂平板上并摩擦一下。如果从肉汤中接种到平板上，用移液管取肉汤滴到平板上，然后弃掉多余的，让平板干燥一会儿。把毛地黄皂苷的纸片放在平板的中间，在CO_2环境，合适的温度下培养3～4 d。支原体对毛地黄皂苷敏感，纸片周围看到4 mm抑菌圈（直径为14 mm）。无胆甾原体（*Acholeplasma*）对毛地黄皂苷有抗性，纸片周围抑菌圈直径小于1 mm
乙醇	100 mL		

7.2.23　脱氧核糖核酸酶（DNase）

被West和Colwell（1984）使用，本书所使用之处均有报道。

试剂	数量	培养基制备	试验描述
DNase测试琼脂（Oxoid）	19.50 g	将琼脂粉末溶在1 000 mL水中，121℃高压灭菌15 min，水浴冷却至50℃，混合均匀，倒制成平板	点或者划单线接种，取一接种环细菌培养物接种在平板上，接种平板在24℃培养2～7 d，用1%的HCl冲洗平板沉淀DNA。阳性反应在细菌划线周围有清晰的区域，参见“细菌培养物和微观形态照片”部分
蒸馏水	500 mL		

注：1 mol/LHCl的制备参见“HCl”部分。

7.2.24　脱羧酶和精氨酸双水解酶

Cowan和Steel（1970），West和Colwell（1984）使用过。

试剂	数量	培养基制备	试验描述
脱羧酶基础Møller（Difco）（Møller，1955）	2.1 g	分别放在瓶中，每种氨基酸溶解在200 mL蒸馏水和脱羧酶基础中，分装5 mL到10 mL试管中，121℃高压灭菌15 min	无氨基酸的基础培养基试管通常与试验培养基平行接种，需要接种量稍大。所有的试管用液体石蜡封口。一些菌株需要培养7～14 d，大多数菌株可在48 h读取结果。检查试管底部，试管内混浊表明接种物丰富和大量生长。需盐的菌株，接种细菌之前添加0.5 mL 20%的NaCl到试管中
蒸馏水	200 mL		
L－精氨酸盐酸盐	2.0 g		
L－鸟氨酸盐酸盐	2.0 g		
L－赖氨酸盐酸盐	2.0 g		
对照——只加脱羧酶基础和蒸馏水			参见“液体石蜡”部分关于石蜡油的灭菌程序

7.2.25　精氨酸双水解酶（ADH）

Thornley（1960）的方法。建议用于海洋细菌。

试剂	数量	培养基制备	试验描述
细菌用蛋白胨（Difco）	0.1 g	所有的试剂放在蒸馏水中并调节 pH 值至 6.8。分装 5 mL 到 10 mL 的试管中，121℃高压灭菌 15 min。Thornley 描述的原始 pH 值为 7.2，然而 West 和 Colwell（1984）推荐为 6.8	用没有氨基酸的基础培养基试管与试验培养基平行接种，需要大量接种。所有的试管用液体石蜡封口，一些菌株需要培养 7～14 d。大多数菌株可在 48 h 读取结果。检查试管底部，试管内混浊表明接种物丰富和大量生长
NaCl	0.5 g		
K_2HPO_4	0.03 g		
琼脂	0.3 g		
酚红	0.001 g		
精氨酸盐酸盐	1.0 g		
蒸馏水			

注：一些弧菌在 Møller 的方法中 ADH 为阴性，但在 Thornley 的方法中则是阳性。这些弧菌是地中海弧菌（*Vibrio mediterranei*）、贻贝弧菌（*V. mytili*）、奥德弧菌（*V. orientalis*）、灿烂弧菌（*V. splendidus*）生物组 I 和一些塔氏弧菌（*V. tubiashii*）菌株（Macián 等，1996）。由于分解代谢物的阻遏作用抑制 ADH 系统，Møller 培养基中的葡萄糖可抑制此反应（Macián 等，1996）。Baumann 等（1971）发现发光杆菌属（*Photobacterium*）在 Thornley 培养基中产生碱性产物，然而，没有人掌握测试 ADH 更敏感分析方法的系统构成（West 和 Colwell，1984）。不同品牌的蛋白胨会有不同的结果，Difco 的细菌用蛋白胨被推荐（Thornley，1960）。

Thornley 培养基被 Baumann 和 Baumann（1981）改良为在基础培养基里不加 Tris－HCl。此配方可参见“弧菌（*Vibrio*）种类糖发酵培养基”。

7.2.26 疖病琼脂（furunculosis agar）

用于检测杀鲑气单胞菌（*Aeromonas salmonicida*）色素产物（Bernoth 和 Artz，1989）。

试剂	数量	培养基制备	试验描述
细菌用胰蛋白胨（Difco）	10.0 g	所有的成分放在蒸馏水中，调节 pH 值为 7.3，121℃高压灭菌 15 min，冷却至 50℃，倒平板	最好在接种后 15～20℃培养达 7 d 再检测色素的产生，25℃时细菌产生色素很少。棕色的色素扩散在每个菌落周围
酵母膏（Difco）	5.0 g		
L－酪氨酸（Merck）	1.0 g		
NaCl（Merck）	2.5 g		
琼脂（Oxoid L11）	15.0 g		
蒸馏水	1 000 mL		

注：疖病琼脂作为检测色素产物的优良培养基而被推荐，菌株在 FA 上显色比在 TSA、NA 或 BHIA 上显色的数量要多得多（Hirvelä－Koski 等，1994；Hänninen 和 Hirvelä－Koski，1997）。但是，FA 并不是杀鲑气单胞菌（*A. salmonicida*）初级分离的最佳培养基（Bernoth 和 Artz，1989），而 BA 被推荐（有可能 FA 添加血后会成为合适的初级分离培养基）。

7.2.27 明胶酶（0%和 3% NaCl）

Smith 和 Goodner（1958）；被 West 和 Colwell（1984）使用。

试剂	数量（0% NaCl）	数量（3% NaCl）	培养基制备	试验描述
细菌用蛋白胨（Difco）	1.0 g	1.0 g	所有的成分放在蒸馏水中，121℃高压灭菌 15 min，冷却至 50℃，倒平板，用隔成两半的培养皿，一半标上 3%，另一半标上 0%，在每个平板的每一半分别倒上合适的培养基，4℃保存	定点接种等量的细菌到 0% NaCl明胶和 3% NaCl 明胶平板上，在合适的温度培养 24～48 h。在细菌生长物周围明胶酶产物可见为雾状或者透明的区域，平板应该举起到光下，在暗背景对光观察，使平板急剧冷却可提供变化区域与未反应的培养基区域的明显对比。用硫酸铵冲洗平板能帮助区分透明的区域
酵母膏（Difco）	0.25 g	0.25 g		
明胶（Oxoid）	3.75 g	3.75 g		
NaCl	—	7.50 g		
琼脂 No. 1（Oxoid）	3.75 g	3.75 g		
蒸馏水	250 mL	250 mL		

注：Smith 和 Goodner（1958）的平板法是用来检测明胶成分的改变，而不是它的液化，因此，这个方法非常敏感。同样用一个分成两半的平板，一半是 0% 的 NaCl，而另一半是 3% 的 NaCl。这样能够同时对细菌需盐性进行测试。也可用小平板（5 cm），每个浓度为 1 平板。

7.2.28　葡萄糖酵母膏琼脂（GYEA）

用于50℃时诺卡氏菌属（*Nocardia*）菌落形态观察和存活试验（Gordon 等，1974）。

试剂	数量	培养基制备	试验描述
酵母膏	10.0 g	所有的试剂添加在水中，pH 值调至6.8，121℃高压灭菌 15 min，倒成平板或者做成斜面	平板培养基可以用来观察菌落形态，试管斜面可以用于50℃存活试验
葡萄糖	10.0 g		
琼脂	15.0 g		
非蒸馏水	1 000 mL		

7.2.29　溶血

记录在BA或者MSA－B上7 d内的生长，有些弧菌种类在BA上比在MSA－B上溶血更明显，尽管它们首选的生长培养基是MSA－B。

7.2.30　HCl（1 mol/L）

用于检测DNase培养基中DNA的水解。

试剂	数量	培养基制备	试验描述
浓盐酸（32%）	9.85 mL	添加9.85 mL 32%的盐酸到80 mL水中，然后补充至100 mL	DNase平板上的细菌生长24 h或48 h，用1 mol/L的盐酸冲洗，等1 min，在黑色瓷砖上观察细菌生长物周围变透明的区域。参见“细菌培养物和微观形态照片”部分
蒸馏水	80 mL		

注：安全提示——始终都是把酸加入水中，不能相反。也可以用其他浓度的盐酸，如果用35.4%的盐酸，添加8.9 mL至80 mL水中，然后定容至100 mL；如果用37%的盐酸，添加8.5 mL盐酸到80 mL水中，然后定容至100 mL。

7.2.31　马尿酸盐水解（Hwang 和 Ederer，1975）

试剂	数量	培养基制备	试验描述
马尿酸钠盐	0.15 g	在水中溶解马尿酸，分装0.4 mL到5 mL的带黄色盖子的灭菌的塑料试管中，在－20℃保存	用接种环取一大环平板上的培养物接种到培养基中，在合适的温度培养2.5 h，添加200 μL茚三酮，继续培养10 min，颜色变成深紫色为阳性（原始参考文献中认为该紫色和革兰氏染色的结晶紫颜色一样深）
蒸馏水	15 mL		

注：试剂还包括茚三酮。

7.2.32　茚三酮试剂

用来检测马尿酸盐水解（Hwang 和 Ederer，1975）。

试剂	数量	培养基制备	试验描述
茚三酮	0.35 g	在丙酮和丁醇的混合液中溶解茚三酮，分装至5 mL试管中，黑暗中保存	向在马尿酸溶液中培养2.5 h的细菌混合物中添加200 μL茚三酮，再培养10 min，观察紫色层的形成
丙酮	5 mL		
丁醇	5 mL		

7.2.33　硫化氢产物

很多参考文献中的生化反应使用醋酸铅纸条（H_2S指示剂），纸条被悬浮在含有半胱氨酸（硫来源）生长培养基的试管上面。这是个非常敏感的方法。然而，醋酸铅试纸制作比较危险［其方法参见 Cowan 和 Steel（1970）］。还有可选择的方法，但是没有上述方法敏感。此测试可用 API 20E 或者三糖铁试管进行。硫化氢生化纸条（Biostrip，目录号 TM343）可从 MedVet Science 购买到。当用这些培养基时，一定要了解测试细菌的生长要求和测试的敏感性。

7.2.34 吲哚

Cowan 和 Steel（1970）的方法 2；Colwell 和 West（1984）；MacFaddin（1980）。

试剂	数量	培养基制备	试验描述
胰蛋白胨肉汤（Difco）	2.5 g	溶解试剂并调节 pH 值为 7.5，每管分装 5 mL，121℃ 高压灭菌 15 min	接种大量的细菌，根据细菌要求在 25℃或者 37℃培养 48 h，滴加 6～7 滴 Kovács 试剂，摇匀试管，判读结果。阳性结果在肉汤培养基上面形成樱桃红色层，没有颜色表示为阴性结果。需盐细菌，添加 0.5 mL 20% NaCl 溶液到 5 mL 培养基中。即使需盐细菌在 48 h 可能显示生长，但是，如果没有 NaCl，仍可出现假阴性反应，参见"细菌培养物和微观形态照片"部分
NaCl	1.25 g		
蒸馏水	250 mL		

注：用 API 20E 测试的结果和胰蛋白胨肉汤测试可能不一致。海洋来源菌株添加终浓度为 2% 的 NaCl（如添加 500 μL 20% 的 NaCl 到 5 mL 试验培养基中）。

7.2.35 醋酸吲哚酚水解（Mills 和 Gherna，1987）

醋酸吲哚酚纸片可通过配制 10%（w/v）醋酸吲哚酚丙酮储备液，添加 50 mL 到直径为0.64 cm的空白纸片中来制备。空白纸片可从 Oxoid 购买。纸片干燥后在琥珀色的瓶子中 4℃保存。纸片的保质期大约为 6 个月。纸片也有商品化的，可以买到，如 Remel 公司。

测试：平板上的细菌培养物被刮下涂在醋酸吲哚酚纸片上，滴一滴蒸馏水，在 5～10 min内变成蓝黑色即为阳性。也可选择琼脂平板上的菌落在 0.3 mL 水中乳化，添加醋酸吲哚酚纸片，在 5～10 min 内变成蓝黑色即为阳性（Mills 和 Gherna，1987）。

7.2.36 Kovács 吲哚试剂（Kovács，1928；Cowan 和 Steel，1970；MacFaddin，1980）

试剂	数量	培养基制备	试验描述
对二甲氨基苯甲醛	5.0 g	处理盐酸和对二甲氨基苯甲醛时要小心，在 50℃温水浴中溶解对二甲氨基苯甲醛，只能放置足够长时间使其溶解，否则它会变为粉红色，然后变成深褐色。冷却后慢慢把 HCl 加入到异戊醇和对二甲氨基苯甲醛混合物中，试剂应该为淡黄色到浅棕色。试剂储存在棕色磨砂口玻璃瓶中，4℃保存	参见"吲哚"部分
异戊醇	75 mL		
浓盐酸	25 mL		

7.2.37 KOH

测试 Flexirubin 色素的出现（Reichenbach 等，1974，1981）。

试剂	数量	培养基制备	试验描述
KOH	20%		滴 1～2 滴 KOH 在 AO 培养基上的幼龄菌落上，检测到棕色或者红色色素为阳性；检测 Flexirubin 色素（Reichenbach 等，1981）；一些报告指出紫色也作为阳性（Mudarris 和 Austin 1989）

注：生长培养基中的因子可以影响色素产生，如酵母膏，通过刺激生长促使色素产生。同样，pH 值也能影响色素，低 pH 值可能使色素产物降低（Reichenbach 称 KOH 在甲醇中浓度为 5%）（Reichenbach 等，1974）。

7.2.38　麦康凯（MacConkey）琼脂

试剂	数量	培养基制备	试验描述
麦康凯琼脂（Oxoid）	26.0 g	琼脂放在蒸馏水中，121℃高压灭菌 20 min，冷却至 50℃，倒平板，4℃保存	乳糖发酵细菌使菌落显示深粉红色，非乳糖发酵菌落显示黄色、透明，沙门氏菌（*Salmonella* spp.）和迟钝爱德华菌（*Edwardsiella tarda*）显示为非乳糖发酵菌落
蒸馏水	500 mL		

7.2.39　海洋氧化发酵培养基（MOF）（Leifson，1963）

参见“氧化发酵培养基（O－F）”部分。

7.2.40　麦氏比浊管（浊度计）标准溶液的制备

麦氏管管号 No.	1%硫酸水溶液/mL	1%氯化钡水溶液/mL	相应的细菌浓度/$\times 10^6$	不透明度/IU
1	9.9	0.1	300	3
5	9.5	0.5	1 500	15

注：① 方法：按照表中要求混合 1% 的硫酸和 1% 的氯化钡；用干净、透明的玻璃试管；塞住或盖住试管，并用封口膜封闭；试管竖立放置保存。

② 使用：当用比浊管对比细菌浓度时，确保细菌悬液在大小类似的玻璃试管中，最好在细菌悬液制备通常使用的试管或瓶中制备标准溶液。进行弧菌抑制剂敏感性（O/129 纸片）试验按麦氏管 1 号管浊度选取菌苔制备接种物。API 20E、API 20NE、API 50CH 接种用麦氏管 1 号管浊度的接种物。API ZYM 接种用麦氏管 5 号管浊度的接种物。

资料来源：取自 Difco 的指南——引自 *Gradwohl's Clinical Laboratory Methods and Diagnosis*. A. C. Sonnenwirth and L. Jarett（eds）. C. V. Mosby Company，1980，第 1363 页。

7.2.41　运动性—悬滴法

被 West 和 Colwell（1984）推荐。

取一滴稳定期早期的肉汤培养物的悬液滴在盖玻片上。放一小块凡士林或橡皮泥在一角上。颠倒盖玻片放在载玻片上，使培养物悬在盖玻片与载玻片的空隙间。在相差显微镜或亮视野显微镜观察，关闭镜台下聚光器的光阑，以达到更大的对比。弱运动性菌株在半固体的运动性培养基中不能被检测到。一些细菌的运动性取决于温度；因此，要确定生长培养基放在适合的温度下。

7.2.42　MRVP 测试培养基

Clark 和 Lubs（1915）；Cowan 和 Steel（1970）；被 West 和 Colwell（1984）使用过。

试剂	数量	培养基制备	试验描述
MRVP 培养基（Oxoid）	3.75 g	在蒸馏水中溶解试剂，121℃高压灭菌 20 min，每管分装 5 mL	海洋细菌添加 NaCl，测试前必须培养 2～3 d。VP 反应：红色可能在添加试剂 18 h 后才出现
蒸馏水	250 mL		

注：VP 反应参见“伏普反应”部分。

7.2.43　甲基红试剂

试剂	数量	培养基制备	试验描述
甲基红	40 mg	把甲基红加入乙醇中，50℃水浴助溶，然后加蒸馏水至 100 mL，如果有沉淀再添加乙醇	在最适温度培育至少 2 d，添加 3～4 滴甲基红，红色持续则为阳性。参见“细菌培养物和微观形态”部分
95%乙醇	40 mL		

7.2.44 支原体特征测试

Aluotto 等（1970）改良。

试剂	数量	培养基制备	试验描述
心浸液肉汤（HIB）——储备液		添加脱水培养基到蒸馏水中，用 5 mol/L 的 NaOH 调节 pH 值至 7.6	用 1 mL 生长 24 h 的肉汤培养物接种测试管和底物对照管。 每天观察结果持续 2 周。通过对比相应的底物对照管，葡萄糖试管的 pH 值下降 0.5 单位或更多即为阳性反应。 通过双比相应的底物对照管，精氨酸和尿素试管的 pH 值上升 0.5 单位为阳性反应。 pH 值根据与 5.6 ~ 8.4 的一套 pH 值标准范围值的比较读取
心浸液肉汤	25.0 g		
蒸馏水	1000 mL		
基础培养基		制备酵母膏储备液和酚红储备液。 添加马血清、酵母膏、酚红到 74 mL 的 HIB 中，进行底物测试试验。 用 5 mol/L 的 NaOH 和 5 mol/L 的 HCl 根据底物测试的需要调节 pH 值。 准备无底物的基础培养基作为对照管。 过滤除菌，分装 5 mL 到灭菌的 bijou 或者其他带螺旋帽的小瓶中	
心浸液肉汤（Difco）储备液	74 mL		
马血清（56℃加热 30 min）	10 mL		
酵母膏（Oxoid）储备液（10%，w/v），过滤除菌	5 mL		
酚红（0.5%，w/v）高压灭菌	1 mL		
底物测试			
葡萄糖（10%，w/v）	10 mL	pH 值为 7.6	
精氨酸（0.2%）	10 mL	pH 值为 7.0	
尿素（10%，w/v）	10 mL	pH 值为 7.0	
OF 测试		分装 1 mL 灭菌的培养基到 15 mm × 45 mm 的试管中	用 0.5 mL 的过夜肉汤培养物接种两个平行的测试管和一个底物对照管，其中一个测试管和一个对照管用灭菌石蜡封口。在合适的温度培养，每天对照 pH 标准值，观察比较 pH 值的变化，持续 2 周。 发酵细菌在好氧试管和厌氧试管中均产酸，而氧化细菌仅在好氧试管中产酸
基础培养基	90 mL		
葡萄糖（10%，w/v）	10 mL，pH 值为 7.6		
四唑（TTC）产物减少		无菌状态下添加试剂到 HIA 储备液中，并倒成 5 cm 平板；TTC 也是用肉汤而不用琼脂平板进行测试	用带菌量大的琼脂块平行接种平板，带菌琼脂块可用经过酒精火焰灭菌的解剖刀片或用弯曲的末端开口的、形似“曲棍球棒”的巴氏吸管从平板上切取或插入获取。将琼脂块倒置在 TTC 平板表面涂抹，一个平板好氧培养，另一个厌氧培养，持续 2 周，3 ~ 4 d 菌落变成粉红色为阳性
HIA 储备液	74 mL		
马血清	20 mL		
酵母膏储备液	5 mL		
TTC（2%，w/v）	1 mL		
磷酸酯酶		无菌状态下添加试剂到 HIA 储备液中，并倒成 5 cm 平板；磷酸酯酶也是用肉汤而不用琼脂平板进行测试	用 24 h 的肉汤接种 3 个平板，在合适的温度培养。在第 3 天、第 7 天、第 14 天分别拿出 1 个平板用 5 mol/L NaOH 冲洗平板，红色显示阳性反应
HIA	74 mL		
马血清	20 mL		
酵母膏储备液	5 mL		
二磷酸酚酞（钠盐）(1%，w/v)	1 mL		
膜和斑点 1		无菌状态下取出蛋黄，用等量无菌蒸馏水使其成匀浆；将匀浆添加到 HIA 中，最终浓度为 10%，倒入 5 cm 平板	用测试细菌接种蛋黄培养基，在 CO_2 条件下，37℃培养 14 d，通过反射光肉眼观察，在细菌密集区域覆盖彩虹色或者珍珠色的膜一样的物质显示为阳性反应
HIA	90 mL		
蛋黄	10 mL		
膜和斑点 2		另一种可选用的方法是在培养基中用 20% 的马血清	用测试细菌接种此培养基，在 CO_2 条件下，37℃培养 14 d，在培养基上有小斑点形成则显示为阳性
HIA	80 mL		
马血清	20 mL		
过氧化氢酶			用 30% 的过氧化氢冲洗菌落生长了 24 ~ 48 h 的平板，产生气泡则显示为阳性
HIA 平板			
参见“毛地黄皂苷和 Dienes 染色”			

注：此原始培养基由 Aluotto 等（1970）提供。细菌用心浸液肉汤（Difco）含有 500 g 牛心浸出汁、10 g 细菌用胰蛋白胨、5 g 氯化钠。另一种选择是使用含有支原体补充剂的 PPLO 肉汤（Difco），并且添加了酚红和测试底物。Aluotto 等（1970）最早提出，一些支原体可能会被 1% 的精氨酸抑制，因此，推荐用量为 0.2% 的浓度。TTC 为 2，3，5 - 氯化三苯锡。

（1）pH 标准：添加酚红在基础培养基中，然后分装 3 mL 到 5 mL 的试管中，调节管中 pH 值分别在 5.6～8.4 之间，并标注。

（2）对照细菌：葡萄糖阳性——牛鼻支原体（*M. bovirhinis*）ATCC 19884，阴性——关节炎支原体（*M. arthritidis*）ATCC 19611。

精氨酸水解阳性——关节炎支原体 ATCC 19611，阴性——牛鼻支原体 ATCC19884。

尿素阳性——T-菌株支原体（*Mycoplasma*），阴性——关节炎支原体 ATCC 19611。

OF 测试细菌：氧化型——肺炎支原体（*M. pneumoniae*）ATCC 15531，发酵型——牛鼻支原体 ATCC 19884。

TTC 对照细菌：好氧和厌氧阳性——牛鼻支原体 ATCC 19884。肉汤阴性——关节炎支原体 ATCC 19611。

磷酸酯酶对照：阳性——关节炎支原体 ATCC 19611，阴性——牛鼻支原体 ATCC 19884。

膜和斑点对照细菌：阳性——鸡支原体（*M. gallinarum*）ATCC 19708，阴性——关节炎支原体 ATCC 19611。

甾醇需求：接种在无血清基础培养基中，基础培养基含有 5 mg/mL 牛血清蛋白，0.01 mg/mL 棕榈酸和不同浓度的胆固醇（1.0 mg/mL，5.0 mg/mL，10.0 mg/mL，20 mg/mL），通过支原体沉淀和缩二脲法测试培养基中蛋白质含量以确定其生长状况。

纸片抑制法：使用1.5%（w/v）的毛地黄皂苷溶液（Sigma）和5%，10%，20%（w/v）的聚二硫二丙烷磺酸钠（SPS）溶液（Koch-Light Labs，UK）。测量生长抑制圈的宽度。抑制圈宽度在5～10 mm。

7.2.45　茚三酮试剂

用于检测马尿酸盐水解（Barrow 和 Feltham，1993），参见“马尿酸盐水解”部分。

7.2.46　硝酸盐肉汤

引自 Crosby（1967）；Cowan 和 Steel（1970）；West 和 Colwell（1984）。

试剂	数量	培养基制备	试验描述
KNO_3	0.25 g	添加试剂在蒸馏水中，121℃高压灭菌 15 min，分装至 5 mL 试管中	将细菌接种培养基，并在合适的温度下培养。对于需盐细菌，添加 0.5 mL 20% 的 NaCl 到 5 mL 测试培养基中
营养肉汤	3.25 g		
蒸馏水	250 mL		
硝酸盐试剂 A		把磺胺酸添加在蒸馏水中，然后溶解在醋酸中	接种 24 h 或 48 h 后，滴加 5 滴硝酸盐试剂 A，然后滴加 5 滴硝酸盐试剂 B 到硝酸盐肉汤中，有红色出现表示为阳性反应。 不显示红色的试管用锌粉（火柴头大小的用量）试验，变为红色为真的阴性；然而没有颜色表示硝酸盐缺失，说明硝酸盐已被细菌还原为亚硝酸盐，逐渐减少，因此，为阳性结果
磺胺酸	1.28 g		
蒸馏水	110 mL		
醋酸	50 mL		
硝酸盐试剂 B		戴面罩和手套，小心操作，添加二甲基-α-萘胺到蒸馏水中，然后添加醋酸，在水浴中加热到 50℃溶解	
二甲基-α-萘胺	0.96 mL		
蒸馏水	110 mL		
醋酸	50 mL		

7.2.47 诺卡氏菌（*Nocardia* spp.）：生长培养基

参见“葡萄糖酵母膏琼脂”部分。

O/129 参见“弧菌纸片”部分对测试的描述。O/129 为2，4－二氨基－6，7－二异丙基蝶啶（O/129）磷酸盐。纸片可从 Oxoid 或其他公司购买，有 10μg 和 150μg 两种浓度的纸片。

7.2.48 O－对硝基－β－D－半乳糖（ONPG）

Cowan 和 Steel（1970），使用了 Lowe（1962）的方法。

试剂	数量	培养基制备	试验描述
蛋白胨水（Oxoid）	0.9 g	在蒸馏水中溶解蛋白胨水，121℃高压灭菌 20 min	接种在 ONPG 肉汤试管中，在合适的温度培养 24～48 h；黄色菌落显示为阳性结果，表示存在 β－半乳糖苷酶
蒸馏水	60 mL		
ONPG	0.15 g	在磷酸盐溶液中溶解 ONPG，pH 值为 7.5，过滤除菌；无菌条件下添加蛋白胨水，分装 2.5 mL 至灭菌的试管中，4℃避光保存	
Na_2HPO_4	0.035 g		
蒸馏水	25 mL		

注：ONPG 纸片能够从 Oxoid 买到。当测试黄杆菌科（*Flavobacteriaceae*）时，推荐使用 ONPG 纸片。

7.2.49 氧化酶试验

Kovács（1956），被 Cowan 和 Steel（1970）及 West 和 Colwell（1984）使用过。

试剂	数量	培养基制备	试验描述
四甲基对苯二胺	1%水合溶液	用水制备 1%氧化酶溶液，立即使用。氧化酶试剂必须储备在深色的磨砂口玻璃瓶中，避光在冰箱中保存，如果变成蓝色不能再使用	放一小块滤纸在空的培养皿中，用新鲜的准备好的氧化酶试剂润湿，用铂金接种环、木质的小棒或者牙签，涂细菌菌苔到滤纸上。10～30 s 内出现紫色为阳性反应，2 min 后出现紫色为假阳性。滤纸一旦变成蓝色应该丢弃。不要从含有糖类的培养基取菌进行氧化酶试验，如 TCBS 和 MCA（Jones，1981）

注：商品化氧化酶纸条也可以，并推荐使用，因为它们能提供标准的试验方法。

7.2.50 氧化发酵培养基（O－F）

Hugh 和 Leifson（1953）的培养基；对于海洋细菌，使用海洋氧化发酵培养基（Leifson，1963）。

试剂	数量	培养基制备	试验描述
细菌用胰蛋白胨（Difco）	0.8 g	除马血清之外，混合所有的试剂到蒸馏水中，并煮沸 1 min 溶解，稍微冷却，用 10 mol/L NaOH 调节 pH 值为 7.1，分装5 mL 至试管中，121℃高压灭菌15 min，冷却至 50℃，无菌条件每管中滴加 2 滴灭菌的马血清，4℃保存	发酵型细菌在封口的和开口的管中都产酸（黄色），氧化型细菌在开口管的表面产酸。细菌在开口管培养基的表面可看到，在其底部不生长或者很少，在封口的管中不生长。既不发酵也不氧化葡萄糖的细菌可能在开口管的表面产生碱性反应（紫色）
NaCl	2.0 g		
K_2HPO_4	0.12 g		
葡萄糖	4.0 g		
琼脂 No. 1（Oxoid）	0.8 g		
指示剂（参见“OF 指示剂”）	24 mL		
灭菌的马血清（没有失活）	每 5 mL 试管中 2 滴		
蒸馏水	400 mL		

注：Hugh 和 Leifson（1953）指出，糖类代谢有两种不同的机制。一种机制叫做发酵，无氧时发生，因此是个厌氧的过程。另一个机制叫做氧化，在有氧时出现，因此是个耗氧的过程。Oxoid 的 OF 培养基是在 Hugh 和 Leifson（1953）基础上发展而来。

7.2.51　OF 指示剂

试剂	数量	培养基制备	试验描述
甲酚红	0.15 g	溶解溴百里酚蓝到水中，每 100 mL 培养基中添加 0.3 mL 1%的溶液	
溴百里酚蓝	0.10 g		
NaOH	0.20 g		
蒸馏水	500 mL		

7.2.52　海洋氧化发酵培养基（MOF）

用于海洋细菌的糖代谢（Leifson，1963）。

试剂	数量	培养基制备	试验描述
酪胨（Difco）	0.1 g	在蒸馏水中溶解所有的成分，并调节 pH 值为 7.5，121℃高压灭菌 15 min。分别高压灭菌人工海水，并添加至蒸馏水溶解的成分中；无菌条件下每 100 mL 加 10 mL 过滤除菌的葡萄糖；无菌条件下分装 5 mL 至10 mL 的试管中	用细菌接种 2 管培养基，其中一管用灭菌的液体石蜡封口，大约为 1 cm 厚，或者用 0.5 mL。试管培养在适合的温度。 糖发酵的细菌使两个管的培养基酸化，而好氧细菌仅使“开口管”的培养基酸化。发酵细菌的结果在试验记录本上记为“F”，好氧菌或者氧化型细菌在记录本上记为“O”
酵母膏	0.01 g		
硫酸铵	0.05 g		
Tris 缓冲液	0.05 mL		
琼脂	0.3 g		
蒸馏水	50 mL		
人工海水	50 mL		
酚红（0.1%储备液）	1 mL 1.0%	酚红：使用最终浓度为 0.001%（准备 0.1%的溶液，每 100 mL 培养基添加 1 mL 此溶液）	
葡萄糖		准备 10%的溶液并过滤除菌	

注：溴百里酚蓝指示剂，常用在常规 OF 培养基中，可能对一些海洋细菌有毒性。

7.2.53　液体石蜡

用于脱羧酶试验和 OF 试验中的密封。

试剂	数量	培养基制备	试验描述
液体石蜡	按需求	封装在 100 mL 瓶中或者任何大小合适的瓶子中。160℃干热灭菌60 min；不能高压灭菌，以免油呈混浊	用于 ADH、LDC、ODC 和 OF 试验中的封口。为了便于使用，液体石蜡（矿物油）可分装到 1 L 的 Schott 瓶中，顶上装一个 2 mL 分装单位的 Socorex 分液器。分装 0.5 mL 到 10 mL 培养基中

7.2.54　生理盐水

参见“盐溶液”部分。

7.2.55　Rogosa 琼脂（RA）（Oxoid 手册）

乳杆菌（*Lactobacilli*）选择培养基（Rogosa 等，1951）。

试剂	数量	培养基制备	试验描述
Rogosa 琼脂（Oxoid）	82.0 g	把琼脂放在蒸馏水中并加热溶解，添加冰醋酸混合均匀，加热至 90～100℃，快速搅拌 2～3 min。分装到灭菌的试管或平板中，不用高压灭菌	可能帮助区分乳杆菌与其他的革兰氏阳性菌，如肉杆菌属（*Carnobacterium*）、隐秘杆菌属（*Arcanobacterium*）和漫游球菌属（*Vagococcus*）种类
蒸馏水	1 000 mL		
冰醋酸	1.32 mL		

注：成分为胰蛋白胨 10.0 g/L，酵母膏 5.0 g/L，葡萄糖 20.0 g/L，单油酸脱水山梨糖醇酯 1.0 g/L，磷酸二氢钾 6.0 g/L，柠檬酸铵 2.0 g/L，醋酸钠 25.0 g/L，硫酸镁 0.575 g/L，硫酸锰 0.12 g/L，硫酸铁 0.034 g/L，琼脂 20.0 g/L。

7.2.56 盐溶液：生理盐水

试剂	数量	培养基制备	试验描述
NaCl	0.85 g	添加盐到蒸馏水中，分装10 mL到McCartney瓶中，121℃高压灭菌15 min	可能用作商业试剂盒和“生化测试组合”的接种物
蒸馏水	100 mL		

7.2.57 食盐——20%储备液

试剂	数量	培养基制备	试验描述
NaCl	100.0 g	添加NaCl到蒸馏水中，121℃高压灭菌15 min	为便于使用，20% NaCl分装到1 L的Schott瓶中，顶上装一个分装单位为2 mL，刻度为0.5 mL的Socorex分液器。每5 mL培养基分装0.5 mL，使NaCl在试验中最终浓度为2%
蒸馏水	400 mL		

注：在大多数情况下，对于糖类培养基试管中不需要再添加NaCl，但2%的NaCl流体接种物除外。然而，液体培养管，如七叶苷、ADC、ODC、LDC、脱羧酶对照、MRVP、吲哚（TW）和硝酸盐要求必须在每5 mL培养基中添加500 μL 20%的NaCl。

7.2.58 耐盐性

（1）0%和3% NaCl：参见明胶/ NaCl分割平板。用金属丝环蘸取等量的细菌分别接种在0% NaCl中和3% NaCl中（各占半个平板）。在合适的温度下培养1 ~ 2 d后，检查变透明的区域或者不透明度。参见“细菌培养物和微观形态照片”部分。

（2）10% NaCl：用于10%含盐量耐受试验，分装等量的TSB和20%的NaCl储备液到无菌的bijou瓶或10 mL试管。添加细菌使浊度达0.5或麦氏管1号管的浊度。在合适的温度培养24 ~ 48 h，通过培养基浊度，观察细菌的明显增长。

（3）50℃存活：用于诺卡氏属菌（Gordon等，1974）。接种到葡萄糖酵母膏琼脂斜面上，在50℃水浴孵育8 h，从水浴中拿出，迅速冷却，并在28℃培养3周。检查试管中的生长状况。

7.2.59 色氨酸脱氨酶（TDA）试剂

用于API 20E试剂盒，可从商业化渠道购买。

试剂	数量	培养基制备	试验描述
氯化铁	3.4 g	溶解氯化铁到90 mL蒸馏水中，然后定容至100 mL	在API 20E的试剂盒中使用。阳性反应显棕色，变形杆菌（*Proteus*）菌株趋向阳性
蒸馏水	100 mL		

7.2.60 三糖铁（TSI）琼脂

试剂	数量	培养基制备	试验描述
三糖铁琼脂（Oxoid）	9.75 g	溶解试剂到蒸馏水中，并调节pH值为7.4，分装5 mL到10 mL的试管中，121℃高压灭菌15 min，冷却制备成斜面	用直的接种针接种试管，刺入培养基划成“Z”字形斜面，H_2S产物使试管变黑。发酵细菌将酸化TSI斜面（黄色），而非发酵细菌仅在斜面上生长，不能显示pH值变化或者显示为碱性反应，极少显示为酸性反应。 对于一些菌株，该方法不像使用醋酸铅纸条那样敏感，硫化氢生化纸条（目录编号为TM343）可从MedVet Science买到
蒸馏水	150 mL		

7.2.61 尿素（Christensen, 1946）

（1）Part A。

试剂	数量	培养基制备	试验描述
琼脂 No. 1（Oxoid）	3.75 g	添加琼脂到蒸馏水中，121℃高压灭菌15 min，冷却至50℃	海洋细菌要添加1%的NaCl
蒸馏水	225 mL		

（2）Part B。

试剂	数量	培养基制备	试验描述
BBL 品牌的尿素琼脂基础	8.7 g	添加试剂到蒸馏水中，并用0.22 μm 的滤膜过滤除菌，把 Part A 添加到25 mL Part B 中，无菌状态下分装成每管5 mL，冷却后做成斜面	从琼脂培养基取一满环细菌，大量接种到试管斜面的整个表面。鲜亮的粉红色显示为阳性反应
蒸馏水	30 mL		

注：尿素斜面应制备成基部较长、斜面较短（Gilardi, 1983）。

7.2.62 弧菌纸片

O/129 为2，4 - 二氨基 - 6，7 - 二异丙基碟啶（O/129）磷酸盐，是弧菌抑制试剂（μg）。弧菌（*Vibrio* spp.）［包括利斯特氏菌（*Listonella* spp.）、莫里特氏菌（*Moritella* spp.）和发光杆菌（*Photobacterium* spp.）］对此试剂敏感，通常称为弧菌抑制剂（Shewan 等, 1954）。此试验可帮助区别弧菌与其他革兰氏阴性杆状菌，尤其是气单胞菌属（*Aeromonas*）种类，后者对弧菌抑制剂有抗性。几乎所有的弧菌种类对 150 μg O/129 敏感，有一些对10 μg 的敏感。然而，霍乱弧菌（*Vibrio cholerae*）0139 对150 μg 浓度的 O/129 形成了抗性（Albert 等, 1993；Islam 等, 1994）。

此试验的操作方法与用于测试某种细菌对一种抗菌剂是敏感还是抗性的"敏感性试验"相同。准备正常盐度的接种物，浊度为麦氏管1号管的标准，悬浮物肉眼恰好可见。用无菌棉签蘸取菌悬液接种在平板上形成菌苔。淡水细菌用 BA 培养基，海水细菌用 MSA 培养基。将两个纸片在琼脂表面，至少分开4 cm。倒置平板，在合适的温度培养24 h，如果生长量不够可继续培养24 h。然而，正常情况在24 h 记录结果，因为如果进一步培养，尤其测试蜂拥样的弧菌时，可能显示假抗性结果。根据记录区域的大小，标记"敏感"（S）或者"抗性"（R）。O/129 500 μg 的纸片，弧菌种类的抑菌圈为9 mm 被认为是敏感的（Bernardet 和 Grimont, 1989），抑菌圈为22 mm，美人鱼发光杆菌美人鱼亚种（*Photobacterium damselae* ssp. *damselae*）被认为是敏感的（Love 等, 1981）。

纸片通常购自 Oxoid 或 Rosco Diagnostics。Oxoid 的两种浓度纸片的编号分别为 DD14（O/129 10 μg）和 DD15（150 μg）。

7.2.63 伏普反应（Vogas – Proskauer reaction）

参见 MRVP 试验（Clark 和 Lubs, 1915；Voges 和 Proskauer, 1898），被 Cowan 和 Steel（1970）引用；被 West 和 Colwell（1984）使用过。

用于检测葡萄糖发酵产生的3 - 羟基 - 2 - 丁酮（乙偶姻），培养时间和温度影响3 - 羟基 - 2 - 丁酮的产生，而不是方法。

7.2.64 MRVP 试验培养基

商业化的培养基是以 Clark 和 Lubs（1915）的培养基为基础发展而来。

试剂	数量	培养基制备	试验描述
MRVP 培养基（Oxoid）	3.75 g	添加试剂到蒸馏水中，121℃高压灭菌 15 min，冷却至50℃，每管分装 5 mL	海洋细菌要添加 NaCl，测试前必须培养 2～3 d。添加 VP 试剂 A 和 VP 试剂 B。添加试剂后红色可持续达 18 h
蒸馏水	250 mL		

注：MR 为甲基红；VP 为福格斯－普里斯考尔（Voges－Proskauer）。

7.2.65 VP 试验试剂（Barritt，1936）

试剂	数量	培养基制备	试验描述
试剂 A		溶解 α－萘酚到醇中，4℃保存	接种 MRVP 培养基，在合适的温度培养 48 h 后，取出 1 mL 放在试验管中，添加 0.6 mL 试剂 A 和 0.2 mL 试剂 B。在室温下放置达 4 h，观察粉红色的出现。用于测试 3－羟基－2－丁酮
α－萘酚	5.0 g		
无水乙醇	100 mL		
试剂 B		称取 KOH，用蒸馏水定容至 100 mL，4℃保存	
KOH	40.0 g		
蒸馏水	定容 100 mL		

注：API 20E 试剂盒中的 VP 试剂Ⅰ和Ⅱ也可以使用。转移 250 μL 培养基至离心管中，分别添加 150 μL 试剂Ⅰ和 50 μL 试剂Ⅱ，添加后试剂均需摇匀。10～20 min 后读结果。

深入阅读和其他信息来源

鱼类疾病书籍

Austin, B. and Austin, D. A. (1999) *Bacterial Fish Pathogens: Disease of Farmed and Wild Fish.* 3rd revised edn. Praxis Publishing, Chichester, UK.

Woo, P. T. K. and Bruno, D. W. (eds)(1999) *Fish Diseases and Disorders.* Vol. 3: *Viral, Bacterial and Fungal Infections.* CAB International, Wallingford, UK.

Holt, J. G. (ed.) (1984) *Bergey's Manual of Systematic Bacteriology, Vol I and Vol II.* Lippincott Williams and WilkinsBaltimore, Maryland.

Diagnostic Manual for Aquatic Animal Diseases, 3rd edn (2000) Office International Des Epizooties (OIE), 12 rue deprony, F-75017, Paris, France.

Plumb, J. A. (1999) *Health Maintenance and Principal Microbial Diseases of Cultured Fishes.* Iowa State University Press.

The fourth edition of the OIE *Diagnostic Manual for Aquatic Animal Diseases* will be available in July 2003. These manuals are also available on line. http://www.oie.int/eng/normes/fmanual/A_ summry.htm

生化鉴定试验书籍

Cowan, S. and Steel, K. (1970) *Manual for the Identification of Medical Bacteria.* Cambridge University Press, Cambridge.

Barrow, G. I. and Feltham, R. K. A. (1993) *Cowan and Steel's Manual for the Identification of Medical Bacteria*, 3rd edn. Cambridge University Press, Cambridge.

MacFaddin, J. F. (1980) *Biochemical Tests for Identification of Medical Bacteria*, 2nd edn. Williams and Wilkins, Baltimore, Maryland.

MacFaddin, J. F. (2000) *Biochemical Tests for Identification of Medical Bacteria*, 3rd edn. Williams and Wilkins, Baltimore, Maryland.

其他生化鉴定流程

Alsina, M. and Blanch, A. (1994) A set of keys for biochemical identification of environmental *Vibrio* species. *Journalof Applied Bacteriology*, 76, 79-85.

Alsina, M. and Blanch, A. (1994) Improvement and update of a set of keys for biochemical identification of *Vibrio* species. *Journal of Applied Bacteriology*, 77, 719-721.

Carson, J., Wagner, T., Wilson, T. and Donachie, L. (2001) Miniaturised tests for computer-assisted identification of motile *Aeromonas* species with an improved probability matrix. *Journal of Applied Microbiology*, 90, 190-200.

Schmidtke, L. M. and Carson, J. (1994) Characteristics of *Vagococcus salmoninarum* isolated from diseased salmonid fish. *Journal of Applied Bacteriology*, 77, 229-236.

期刊

Applied and Environmental Microbiology http://aem.asm.org/

Aquaculture http：//www. elsevier. com/locate/aquaculture

Bulletin of the European Association of Fish Pathologists

Current Microbiology http：//link. springer. de/link/service/journals/00284/

Diseases of Aquatic Organisms http：//www. int-res. com/journals/dao/

Fish Pathology

International Journal of Systematic and Evolutionary Microbiology http：//ijs. sgmjournals. org/

Journal of Applied Ichthyology http：//www. blackwell－synergy. com/Journals/issuelist. asp？ journal＝jai

Journal of Applied Microbiology http：//www. blackwell－synergy. com/Journals/issuelist. asp？ journal＝jam

Journal of Aquatic Animal Health

Journal of Clinical Microbiology http：//jcm. asm. org/

Journal of Fish Diseases

Veterinary Microbiology http：//www. elsevier. nl/locate/vetmic

培养物（菌种）保藏

Ecole Nationale Vétérinaire de Toulouse，23 chemin des Capelles，F－31076 Toulouse cedex 03，France. http：//www. bacterio. cict. fr/collections. html

ACAM：Australian Collection of Antarctic Microorganisms，Antarctic CRC，University of Tasmania，Hobart，Australia.

AHLDA：Animal Health Laboratories，Department of Agriculture. 3 Baron－Hay Court，South Perth，Western Australia 6151.

ATCC：American type Culture Collection. Corporate：ATCC，10801 University Boulevard，Manassas，VA 20110－2209，USA. Products & Services Orders：ATCC，PO Box 1549，Manassas，VA 20108－1549，USA. http：//www. atcc. org/

CCUG：Culture Collection，University of Göteborg，Department of Clinical Bacteriology，Institute of Clinical Bacteriology，Immunology，and Virology，Guldhedsgatn 10A s－413，46 Göteborg，Sweden.

CDC：Center for Disease Control，1600 Clifton Rd，Atlanta，Georgia 30333，USA.

CECT：Coleccion Espanola de Cultivos Tipo，Universidad de Valencia，Burjassot，Spain.

CIP：Collection de l'Institut Pasteur，Institut Pasteur，28 Rue du Docteur Roux，75724 Paris Cedex 15，France.

CNCM：Collection Nationale de Culture de Microorganismes，Institut Pasteur，Paris，France.

DSMZ（DSM）：Deutsche Sammlung von Mikroorganismen und Zellkulturen GmbH，Mascheroder Weg 1B，D－38124，Braunschweig，Germany. http：//www. dsmz. de/dsmzhome. htm

IAM：Institute of Molecular and Cellular Biosciences（formerly Institute of Applied Microbiology，Culture Collection－IAMCC），The University of Tokyo，Yayoi，Bunkyo－Ku，Tokyo，Japan.

KMM：Collection of Marine Microorganisms，Pacific Institute of Bioorganic Chemistry，Vladivostok，Russia.

NCFB：National Collection of Food Bacteria（previously named NCDO）. Transferred from the IFR（Institute of Food Research），Reading，to National Collections of Industrial，Food and Marine Bacteria，23 Machar Drive，Aberdeen AB24 3RY，UK.

NCIMB：National Collection of Industrial and Marine Bacteria，National Collections of Industrial，Food and Marine Bacteria, 23 Machar Drive, Aberdeen AB24 3RY, UK. http://www.ncimb.co.uk/ncimb.htm

NCTC: National Collection of Type Cultures, Central Public Health Laboratory, Colindale Ave., London NW95HT, UK. www.phls.co.uk

RVAU: Royal Veterinary and Agricultural University, Copenhagen, Denmark.

UB: University of Barcelona, Barcelona, Spain.

细菌名称/分类/命名

细菌的命名在以下网址持续更新。

DSMZ (DSM): Deutsche Sammlung von Mikroorganismen und Zellkulturen GmbH, Mascheroder Weg 1B, D-38124, Braunschweig, Germany. http://www.dsmz.de/dsmzhome.htm

符合命名法规定的细菌名录: http://www.bacterio.cict.fr/

NCBI: http://www.ncbi.nlm.nih.gov/Taxonomy/taxonomyhome.html/

鱼类疾病网址

http://www.fishbase.org/home.htm 或 http://www.fishbase.org/search.html。

该网站包括可能对渔业管理者、科学家及其他相关人员有用的鱼类信息。提供鱼类的被接受的、有效的学名和通用名，并定期更新。

http://www.wavma.org/。

该网站为世界水生动物兽医协会（WAVMA）所办，提供了许多水生动物领域的兽医所关心的信息。

附　录

附表　水生动物通用名和学名[①]

中文名	英文通用名	学名
艾氏麦鳕鲈	Eastern freshwater cod	*Maccullochella ikei*
澳大利亚拟沙丁鱼	Pilchard	*Sardinops neopilchardus*
澳大利亚岩牡蛎	Australian oyster	*Saccostrea commercialis*
澳洲淡水鳄（淡水）	Johnston crocodiles (freshwater)	*Crocodylus johnstoni*
澳洲棘鲷（澳洲黑鲷）	Yellowfin bream	*Acanthopagrus australis* (Owen)
澳洲鲭（澳洲鲐）	Blue mackerel	*Scomber australasicus*
巴西龟	Red-eared slider turtle	*Chrysemys scripta elegans*
白斑狗鱼	Northern pike	*Esox lucius* L.
白斑篮子鱼	White spotted rabbitfish	*Siganus canaliculatus*
白鲑属	Whitefish	*Coregonus* spp.
白鲸	White whale	*Delphinapterus leucas*
白鲸	Beluga whale	*Delphinapterus leucas*
白鲢	Silver carp	*Hypophthalmichthys molitrix* Valenciennes
白腰斑纹海豚	Atlantic white-sided dolphin	*Lagenorhynchus acutus*
斑点叉尾鮰	Channel catfish	*Ictalurus punctatus* (Rafinesque)
斑点光鳃鱼	Damselfish	*Chromis punctipinnis*
斑海豚	Spotted dolphin	*Stenella plagiodon*
斑丽鱼	Chanchito	*Chichlasoma facetum* (Jenyns)
斑马鱼	Zebra danio	*Brachydanio rerio*
北海狗	Northern fur seal	*Callorhinus ursinus*
北极红点鲑	Arctic char	*Salvelinus alpinus* L.
北极露脊鲸	Bowhead whale	*Balaena mysticetus*
北鲸豚	Northern right whale dolphin	*Lissodelphis borealis*
北美鲳鲹	Pompanos	*Trachinotus carolinus* L.
北美淡水蟹	Signal crayfish	*Pacifastacus leniusculus*
北太领航鲸	Pilot whale	*Globicephala scammoni*
北象海豹	Northern elephant seal	*Mirounga angustirostris*

① 译者注：附录部分的参考书目如下。

成庆泰，郑葆珊 . 1992. 拉汉英鱼类名称 . 北京：科学出版社 .
农业部渔业局 . 1995. 英汉渔业词典 . 北京：中国农业出版社 .
沈世杰 . 1984. 中英日拉世界鱼类名典 . 台北：台湾省立博物馆 .
厦门水产学院，东海水产研究所 . 1979. 英汉水产词汇 . 北京：科学出版社 .

续表

中文名	英文通用名	学名
贝氏枪乌贼	Squid	*Loligo pealei*
婢鲈	Common snook	*Centropomus undecimalis*
扁沟对虾	King prawn	*Penaeus latisulcatus*
布氏棘鲷，南地刺鲷	Silver bream	*Acanthopagrus butcheri*, *A. australis* (Owen)
步丁鱼	Menhaden	*Brevoortia patronus*
彩虹鱼	Balloon molly	*Poecilia* spp.
草鱼	Grass carp	*Ctenopharyngodon idella*
叉尾斗鱼	Paradise fish	*Macropodus opercularis* (L.)
叉尾石首鱼	Spot	*Leiostomus xanthurus*
长牡蛎	Pacific oyster	*Crassostrea gigas*
长鳍叉尾鮰	Blue catfish	*Ictalurus furcatus*
橙色莫桑比克罗非鱼	Cichlid	*Oreochromis mossambicus*
赤虾	Coral prawn	*Metapenaeopsis* spp.
虫鲽	Shotted halibut	*Eopsetta grigorjewi*
虫纹鳕鲈	Murray cod	*Maccullochella peeli*
川鲽	Flounder	*Platichthys flesus*
刺鳖	Spiny soft-shelled turtle	*Trionyx spinifer*
粗鳞鲮	Flat-tailed mullet	*Liza dussumieri* (Valenciennes)
粗鳞鳊	Silver bream	*Blicca bjoerkna*
翠鳢，线鳢	Snakehead fish	*Ophicephalus punctatus*, *O. striatus*①
大口黑鲈	Largemouth bass	*Micropterus salmoides*
大鳞大麻哈鱼	Chinook salmon	*Oncorhynchus tschawytscha*
大鳞鲻	Borneo mullet	*Liza macrolepis*
大菱鲆	Turbot	*Scophthalmus maximus* L.
大麻哈鱼	Chum salmon	*Oncorhynchus keta* (Walbaum)
大麻哈鱼属	Pacific salmon	*Oncorhynchus* spp.
大扇贝，紫扇贝	Scallop	*Pecten maximus*, *Argopecten purpuratus*
大神仙鱼（天使鱼）	Ornamental fish	*Pterophyllum scalare*
大西洋鲑	Atlantic salmon	*Salmo salar* L.
大西洋海象	Atlantic walrus	*Odobenus rosmarus rosmarus*
大西洋鲭	North-east Atlantic mackerel	*Scomber scombrus*
大西洋小鳕	Tom cod	*Gadus microgadus*
大西洋鳕	Atlantic cod	*Gadus morhua* L.
大西洋油鲱	Atlantic menhaden	*Brevoortia tyrannus* Latrobe
大眼澳鲈	Herring	*Arripis georgianus*
单斑重牙鲷	One-spot bream	*Diplodus sargus*

① 译者注：*O. striatus* 为 *Channa striatus* 的同物异名，后者为接受名。

续表

中文名	英文通用名	学名
德瓦（丹尼鱼）	Danio	*Danio devario*
点纹裸胸鳝	Spotted moray eel	*Gymnothorax moringa*
杜氏鰤（高体鰤）	Amberjack	*Seriola dumerili*
短吻柠檬鲨	Lemon shark	*Negaprion brevirostris*
多刺蝟虾	Tropical shrimp	*Stenopus hispidus*
耳乌贼属	Squid	*Sepiola*
帆鱼	Molly	*Poecilia velifera*（Regan）
翻车鲀（太阳鱼）	Sunfish	*Mola mola*
菲律宾蛤仔，错纹蛤仔，菲律宾蛤仔	Manila clam	*Tapes philippinarum*，*T. decussatus*，*Ruditapes philippinarum*
翡翠贻贝	Farmed mussel	*Perna perna*
丰年虫（统称）	Fairy shrimp	*Branchipus schaefferi* Fisher，*Chirocephalus diaphanus* Prévost，*Streptocephalus torvicornis* Waga
港海豹	Harbour seal	*Phoca vitulina*
港海豹	Common seal	*Phoca vitulina*
高鳍真鲨	Brown shark	*Carcharhinus plumbeus*
格陵兰海豹	Harp seal	*Phoca groenlandica*
蛤	Clam	*Tapes philippinarum*
巩鱼	Saratoga	*Scleropages leichardii*①
顾氏棘鲷	Silver black porgy	*Acanthopagrus cuvieri*
冠海豹	Hooded seal	*Cystophora cristata*
海鲇	Sea catfish	*Arius felis*
海狮	Sea lion	*Otaria flavescens*
海狮	Californian sea lion	*Zalophus californianus*
海豚	Common dolphin	*Delphinus delphis*
海鳟	Sea trout	*Salmo trutta* m. *trutta* L.
河鲈	Perch	*Perca fluviatilis*
河鳟，湖鳟	Brown trout	*Salmo trutta* m. *fario*，*Salmo trutta* m. *lacustris* L.
褐三齿雅罗鱼（滋贺块齿雅罗鱼）	Living dace	*Tribolodon hakonensis* Gunther②
黑格尔七彩神仙鱼，蓝色七彩神仙鱼	Discus fish	*Symphysodon discus*，*S. aequifasciatus*
黑鲫	Crucian carp	*Carassius carassius*
黑鲫	Caucasian carp	*Carassius carassius*
黑吻宽齿雀鲷	Damselfish	*Amblyglyphidodon curacao*（Bloch）

① 译者注：*leichardii* 恐有误，怀疑应为 *leichardti*。

② 译者注：Gunther 恐有误，怀疑应为 Günther。

续表

中文名	英文通用名	学名
黑线鳕	Haddock	*Melanogrammus aeglefinus* L.
黑鱼	Sablefish	*Anoplopoma fimbria* (Pallas)
红螯螯虾	Red claw crayfish	*Cherax quadricarinatus*
红鲍	Red abalone	*Haliotis rufescens*
红大麻哈鱼	Sockeye salmon	*Oncorhynchus nerka* (Walbaum)
红鼓鱼	Red drum, Redfish	*Sciaenops ocellatus*
红海盘车	Starfish	*Asterias rubens*
红尾鲇	Redtail catfish	*Phractocephalus hemiliopterus*
红眼鱼	Rudd	*Scardinius erythrophthalmus*
红藻	Red algae	*Jainia* spp.
虹鳉	Guppy	*Poecilia reticulata* (Peters) (*Lebistes reticulatus*)
虹鳟	Rainbow trout	*Oncorhynchus mykiss* (Walbaum)
虹鳟（硬头鳟）	Rainbow and steelhead trout	*Salmo gairdneri*
湖鳟，湖红点鲑	Lake trout	*Salmo trutta* m. *lacustris*, *Salvelinus namaycush* Walbaum
花狼鱼	Spotted wolf-fish	*Anarhichas minor*
花鳉属（孔雀鱼）	Silver molly	*Poecilia* spp.
环斑海豹	Ringed seal	*Phoca hispida*
环球海鰶	Boney bream	*Nematolosa come* (Richardson)
黄腹彩龟	Turtle	*Pseudemis scripta*
黄狼鲈	Yellow bass	*Morone mississippiensis*
黄头侧颈龟	South American side necked turtle	*Podocnemis unifelis*
灰海豹	Grey seal	*Halichoerus grypus*
灰海豚	Risso dolphin	*Grampus griseus*
茴鱼	Grayling	*Thymallus thymallus* L.
火口鱼	Firemouth cichlid	*Cichlasoma meeki*
霍氏食蚊鱼	Eastern mosquitofish	*Gambusia holbrooki*
鲫	Goldfish	*Carassius auratus* L.
鲫鱼属	Shubunkin	*Carassius* spp.
尖颌多锯鲷，双棘石斑鱼	Grouper	*Epinephelus guaz*, *E. coioides*
尖吻鲈	Barramundi	*Lates calcarifer* (Bloch)
江户布目蛤，贻贝，地中海贻贝	Mussel	*Protothaca jedoensis*, *Mytilus edulis*, *M. galloprovincialis*
金带篮子鱼	Rabbitfish	*Siganus rivulatus* (Forsskål)
金鲈	Yellow perch	*Perca flavescens*
金色沙丁鱼	Scaly mackerel fish	*Amblygaster postera*
金体美鳊鱼	Golden shiner	*Notemigonus crysoleucas* (Mitchell)

续表

中文名	英文通用名	学名
金头鲷	Gilthead sea bream	*Sparus auratus*
锦龟	Eastern painted turtle	*Chrysemys picta picta*
九孔鲍	Small abalone	*Haliotis diversicolor supertexta*
臼齿海鲽	Plaice	*Pleuronectes platessa*
巨骨舌鱼	Pirarucu	*Arapaima gigas* Cuvier
巨石斑鱼，斜带石斑鱼	Brown-spotted grouper	*Epinephelus tauvina*, *E. coioides*
锯缘青蟹	Mud crab	*Scylla serrata*
克氏鲑	Cutthroat trout	*Salmo clarki*
克氏双锯鱼	Damselfish	*Amphiprion clarkii* (Bennett)
克氏原螯虾	Red swamp crawfish	*Procambarus clarkii*
库里玛鲻，鲻鱼	Silver mullet	*Mugil curema* (Valenciennes), *Mugil cephalus* (L.)
宽额脂鲤，红绿鲃脂鲤	Neon tetra	*Paracheirodon innesi*, *Hyphessobrycon innesi*
宽吻海豚	Dolphin	*Tursiops truncatus*, *T. gephyreus*①
宽吻海豚	Bottle-nosed dolphin	*Tursiops truncatus*
宽吻海豚	Atlantic bottlenose dolphin	*Tursiops truncatus*
蓝白海豚（条纹原海豚）	Striped dolphin	*Stenella coeruleoalba*
蓝纹魟	Stingray	*Dasyatis pastinaca*
蓝帚齿罗非鱼	Tilapia	*Sarotherodon aureus* (Steindachner)②
狼鱼	Wolf-fish	*Anarchichas lupus* L.
狼鱼	Common wolf-fish	*Anarhichas lupus*
棱皮龟	Turtle	*Dermochelys coriacea*
鲤	Common carp	*Cyprinus carpio* L.
鲤	Carp	*Cyprinus carpio* L.
丽体鱼	Black acara	*Cichlasoma bimaculatum*
利莫斯螯虾，淡海蛄，克氏原螯虾	American crayfish	*Orconectes limosus*, *Pacifastacus leniusculus*, *Procambarus clarkii*
鳞柄玉筋鱼，尖头富筋鱼	Sand eel	*Ammodytes lancea* (Cuvier), *Hyperoplus lanceolatus* (Lesauvege)
菱体兔牙鲷	Pinkfish	*Lagodon rhomboides*
鯥	Blue fish	*Pomatomus saltatrix*
龙䲢	Greater weever	*Trachinus draco*
隆背金鲷	Pink snapper	*Chrysophrys unicolor*
隆头鱼	Wrasse	*Labrus berggylta*
卤虫	Brine shrimp	*Artemia*

① 译者注：*Tursiops truncatus* 为接受名，*T. gephyreus* 为其同物异名。

② 译者注：此学名为接受名 *Oreochromis aureus*（Steindachner，1864）的同物异名。

续表

中文名	英文通用名	学名
鹿角杜父鱼	Pacific staghorn sculpin	*Leptocottus armatus*
绿背菱鲽	Greenback flounder	*Rhombosolea tapirina* Gunther①
绿裸胸鳝	Green moray eel	*Gymnothorax funebris*
绿蠵龟	Sea turtle	*Chelonia mydas*
罗氏沼虾	Freshwater prawn	*Macrobranchium rosenbergii*
裸背鳗	Knife fish	*Gymnotus carapo*
马面鲀	Black scraper	*Novodon modestus*
马苏大麻哈鱼	Masu salmon	*Oncorhynchus masou*
麦鳕鲈（澳大利亚本土种）	Freshwater cod（Australian native）	*Maccullochella* spp.
毛足鲈	Gourami（three-spot）	*Trichogaster trichopterus*
玫瑰无须鲃	Rosy barb	*Puntius conchonius*
美国牡蛎	Eastern oyster	*Crassostreae virginica*
美洲白鲈，美洲狼鲈	White perch	*Roccus americanus*, *Morone americanus*（Gremlin）
美洲红点鲑（溪红点鲑）	Brook trout	*Salvelinus fontinalis*（Mitchill）
美洲鳗鲡	American eel	*Anguilla rostrata*
密西西比鳄	American alligator	*Alligator mississippiensis*
绵鳚	Viviparous blenny	*Zoarces viviparus*（Linnaeus）
绵鳚	Blenny	*Zoarces viviparus*（Linnaeus）
墨吉对虾	Banana prawn	*Penaeus merguiensis*
纳氏鲟	Sturgeon	*Acipenser naccarii*
纳氏鲟	Adriatic sturgeon	*Acipenser naccarii*
南极海狗	Antarctic fur seal	*Arctocephalus gazella*
南美白对虾	White leg shrimp	*P.*（*Litopenaeus*）*vannamei*
南美白对虾	Pacific white shrimp	*Penaeus vannamei*
南美海狗	Fur seal	*Arctocephalus australis*
南沃岩龙虾	Tasmanian lobster	*Jasus novaehollandiae*
南象海豹	Southern elephant seal	*Mirounga leonina*
南象海豹	Elephant seal	*Mirounga leonina*
南亚野鲮	Rohu	*Labeo rohita*
尼罗罗非鱼	Nile tilapia	*Oreochromis niloticus*
尼罗罗非鱼，奥利亚罗非鱼	Tilapia	*Oreochromis niloticus*, *O. aurus*②
尼罗罗非鱼，饰金罗非鱼，莫桑比克罗非鱼	Tilapia	*Tilapia nilotica*, *Tilapia aurea*, *Tilapia mosambica*
泥鳅	Loach	*Misgurnus anguillicaudatus* Cantor

① 译者注：Gunther 恐有误，怀疑应为 Günther。

② 译者注：*O. aurus* 恐有误，怀疑应为 *O. aureus*，即奥利亚罗非鱼。

续表

中文名	英文通用名	学名
拟鲽鲽（拟庸鲽）	American plaice	*Hippoglossoides platessoides*
拟鲤	Roach	*Rutilus rutilus* L.
拟球海胆	Sea-urchin	*Paracentrotus lividu*
逆戟鲸（虎鲸）	Killer whale	*Orcinus orca*
鲇鱼	Catfish	*Clarius batrachus* L.
欧鳊	Bream	*Abramis brama*
欧洲螯龙虾	Lobster	*Homarus gammarus* L.
欧洲螯虾（统称）	European crayfish	*Astacus leptodactylus*, *A. pachypus*, *A. torrentium*, *A. astacus*, *Austropotamobius pallipes*
欧洲黄盖鲽	Dab	*Limanda limanda*
欧洲鳗鲡	European eel	*Anguilla anguilla*
欧洲鳎	Sole	*Solea solea*
胖头鲅（黑头软口鲦）	Fathead minnow	*Pimephales promelas*
偏顶蛤	Horse mussel	*Modiolus modiolus*
瓶鼻鲸	Bottlenose whale	*Hyperodoon ampullatus*
鲯鳅	Dolphin fish	*Coryphaena hippurus* L.
企鹅（统称）	Penguins	*Aptenodytes patagonica*, *Eudyptes crestatus*, *Pyoscelis papua*, *Spheniscus demersus*, *Spheniscus humboldti*
枪形目目	Squid	Teuthoidea species
青边贻贝（新西兰绿唇贻贝）	New Zealand mussel	*Perna canaliculus*
青色埃氏电鳗	Green knife fish	*Eigemannia virescens*
鲭	Mackerel	*Scomber scombrus*
日本鳗鲡	Japanese eel	*Anguilla japonica*
日本鳗鲡	Eel	*Anguilla japonica*, *A. reinhardtii*
日本青鳉	Japanese medaka	*Oryzias latipes*
日本竹筴鱼	Jack mackerel	*Trachurus japonicus*
沙海螂	Softshell clam	*Mya arenaria*
商乌贼	Cuttle fish	*Sepia officinalis*
舌齿鲈	Sea bass	*Dicentrarchus labrax*
舌齿鲈	European sea bass	*Dicentrarchus labrax* Serranidae
食用牡蛎	Oyster	*Ostrea edulis*
梳隆头鱼	Goldsinny wrasse	*Ctenolabrus rupestris*
鼠海豚	Harbour porpoise	*Phocoena phocoena*
水獭	Otter	*Lutra lutra*
鲅	Minnow	*Phoxinus phoxinus* L.
四须岩鳕	Four bearded rockling	*Enchelyopus cimbrius* L.

续表

中文名	英文通用名	学名
梭氏中喙鲸	Sowerby's beaked whale	*Mesoploden bidens*
梭子鱼	Pike	*Esox luciu*
鲐鱼（日本鲐）	Spanish mackerel	*Scomber japonicus*
太平洋斑纹海豚	Pacific white-sided dolphin	*Lagenorhynchus obliquidens*
太平洋鲱	Pacific herring	*Clupea harengus pallasi*
太平洋玉筋鱼	Sand lance	*Ammodytes personatus* Girard
天鹅龙虾	Western rock lobster	*Panulirus cygnus*
条颈麝香龟	Striped-neck musk turtle	*Sternotherus minor peltifer*
条纹狼鲈，金眼狼鲈	Striped bass	*Morone saxatilis*（Walbaum），*M. chrysops*
突吻鳕鲈	Trout cod	*Maccullochella macquariensis*
蛙形蟹	Spanner crab	*Ranina ranina*
威德尔海海豹	Weddell seal	*Leptonychotes weddellii*
维纳斯雨丽鱼	African cichlid	*Nimbochromis venustus*
伪虎鲸	False killer whale	*Pseudorca crassidens*
无鳔石首鱼	Sand whiting	*Sillago ciliata* Cuvier
五彩搏鱼	Siamese fighting fish	*Betta splendens* Regan
五彩搏鱼	Fighting fish	*Betta splendens*
五条鰤，黄尾鰤	Yellowtail	*Seriola quinqueradiata*，*S. lalandi*
西澳海马，高冠海马，瓦氏海马，库达海马	Sea horse	*Hippocampus angustus*，*H. barbouri*，*H. whitei*，*H. kuda*
犀目鮰	White catfish	*Ictalurus catus* L.
细角滨对虾	Blue shrimp	*P.*（*Litopenaeus*）*stylirostris*
细鳞大马哈鱼	Pink salmon	*Oncorhynchus gorbuscha*
细须石首鱼	Atlantic croaker	*Micropogon undulatus*
夏威夷短尾鱿鱼	Sepiolid squid	*Euprymna scolopes*
咸水鳄	Saltwater crocodile	*Crocodylus porosus*
线鳢	Snakehead fish	*Channa striatus*
香鱼	Ayu	*Plecoglossus altivelis*
小口黑鲈	Small mouth bass	*Micropterus dolomieui*
小鳍脚企鹅	Little penguin	*Eudyptula minor*
小须鲸	Minke whale	*Balaenoptera acutorostrata*
谢氏多指马鲅	Burnett salmon	*Polydactylus sheridani*（Macleay）
星丽鱼	Oscar	*Astronotus ocellatus*
鳕鱼	Cod	*Gadus morhua*
牙鲆	Flounder	*Paralichthys olivaceus*，*P. flesus*①
牙鲆	Japanese flounder	*Paralichthys olivaceus*
牙鲆	Cultured flounder	*Paralichthys olivaceus*
牙鳕	Whiting	*Merlangius merlangus*

① 译者注：*P. flesus* 怀疑有误。

续表

中文名	英文通用名	学名
牙银汉鱼	Pejerrey	*Odonthestes*[①] *bonariensis*
雅罗鱼	Dace	*Leuciscus leuciscus* L.
亚马孙河豚	Freshwater dolphin	*Inia geoffrensis*
亚马孙河豚	Amazon freshwater dolphin	*Inia geoffrensis*
艳鲃脂鲤	Jewel tetra	*Hyphessobrycon callistus* (Boulenger)
一角鲸	Narwahl whale	*Monodon monocerus*
伊比利亚秘鳉	Iberian toothcarp	*Aphanius iberus*
银大麻哈鱼	Coho salmon	*Oncorhynchus kisutch*
银鲑鱼	Salmon	*Oncorhynchus kisutch* (Walbaum)
银鲈鱼	Silver perch	*Bidyanus bidyanus* (Mitchell)
银色犬牙石首鱼	Silver trout	*Cynoscion nothus*
庸鲽	Halibut	*Hippoglossus hippoglossus* L.
鳙	Bighead carp	*Aristichthys nobilis*
圆鳍雅罗鱼	Chub	*Leuciscus cephalis*
圆吻星鱵	Snub-nose garfish	*Arrhamphus sclerolepsis* (Gunther)[②]
远东拟沙丁鱼，南美拟沙丁鱼（澳大利亚拟沙丁鱼）	Sardine	*Sardinops melanostictus*, *Sardinops sagnax*[③]
远海梭子蟹	Blue manna crab	*Portunus pelagicus*
真鲷	Red sea bream	*Pagrus major*
真鲷，犁齿鲷，金头鲷，黄鳍棘鲷（黄鳍鲷）	Sea bream	*Pagrus major*, *Evynnis japonicus*, *Sparus aurata*, *Acanthopagrus latus*
真蛸，柔氏蛸	Octopus	*Octopus vulgaris*, *O. joubini*
中间鲍（南非鲍）	South African abalone	*Haliotis midae*
中吻鲟	Green sturgeon	*Acipenser medirostris*
重贻贝，虾夷扇贝（远东）	Mussel (Far-Eastern)	*Crenomytilus grayanus*, *Patinopecten yessoensis*
皱纹盘鲍	Abalone	*Haliotis discus hannai*
竹筴鱼	Horse mackerel	*Trachurus trachurus*
爪肢南河虾	White clawed crayfish	*Austropotamobius pallipes*
妆饰须鲨	Nurse shark	*Orectolobus ornatus*
鲻鱼	Striped mullet	*Mugil cephalus*
鲻鱼	Sea mullet	*Mugil cephalus* L.
鲻鱼	Mullet	*Mugil cephalus*
鲻鱼	Black mullet	*Mugil cephalus*
紫贻贝	Local mussel	*Mutilus edulis*
棕鮰	Brown bullhead	*Ictalurus nebulosus* (Lesueur)

注：该列表的名称来源于本书引用的参考文献。

① 译者注：*Odonthestes* 恐有误，怀疑应为 *Odontesthes*，余同。

② 译者注：Gunther 恐有误，怀疑应为 Günther。

③ 译者注：*Sardinops sagnax* 恐有误，怀疑应为 *Sardinops sagax*，即南美拟沙丁鱼（澳大利亚拟沙丁鱼）。

术语表

缩写	中文含义
α or αH	α 溶血（琼脂发绿可作为参考）
A	碱性反应
AAHRL	澳大利亚动物健康参考实验室
ACAM	澳大利亚南极微生物保藏中心
ADH	精氨酸双水解酶
Aes	七叶苷
AFB	抗酸性细菌
AHL	动物健康实验室
AHLDA	农业部动物健康实验室培养物保藏中心
Ala	L－丙氨酸
Amp	氨苄青霉素 10 μg 纸片，
ANA	厌氧细菌平板培养基
AO	用于黄杆菌纲（Flavobacteria）的 Anacker Ordal 琼脂
AO－M	添加 NaCl 的 Anacker Ordal 琼脂，用于海洋黄杆菌纲（Flavobacteria）细菌的生长
API 50CH	生物梅里埃 API 鉴定系统，糖类试验
API 20E	生物梅里埃 API 鉴定系统，发酵试验和酶试验
API 20NE	API 鉴定系统，利用试验
API Rapid ID32 Strep	链球菌（*Streptococci*）和其他革兰氏阳性细菌 API 系统
API 20 Strep	链球菌（*Streptococci*）和其他革兰氏阳性细菌 API 鉴定系统
API ZYM	API 鉴定系统，酶试验
Arab	L－阿拉伯糖
Arg	精氨酸
Asp	L－天冬氨酸
ASW	人工海水
AT	退火温度
ATCC	美国典型培养物保藏中心（美国，马里兰州，罗克维尔）
β	表示是透明区域或 β 溶血
BA	血琼脂
BGD	细菌性鳃病
βH	β 溶血
BHA	细菌性出血性腹水
BHIA	脑心浸液琼脂
BKD	细菌性肾病
bp	碱基对
BRD	褐环病
Brucella agar	用于分离布鲁氏杆菌属（*Brucella*）种类的琼脂培养基

续表

缩写	中文含义
C	PCR 反应的循环数
Ca	钙
Cat	过氧化氢酶
CBBA	考马斯亮蓝琼脂
CCA	用于分离创伤弧菌（*Vibrio vulnificus*）的纤维二糖琼脂
CCRC	培养物研究和保藏中心
CCUG	瑞典歌德堡大学菌种保存中心（哥德堡大学临床细菌学系）
CDC	美国疾病控制与预防中心（美国，乔治亚州，亚特兰大市）
CFPA	用于分离支气管炎博德特氏菌（*Bordetella bronchiseptica*）的选择性培养基
CFU	菌落形成单位
Cit	柠檬酸盐
CNCM	法国微生物保藏中心（法国，巴黎，巴斯德研究所）
CO_2	二氧化碳
CPC	纤维二糖－多黏菌素 B 琼脂，用于分离创伤弧菌（*Vibrio vulnificus* ）
Cr	球杆状
CR	刚果红
CSF	脑脊髓液
cv	曲杆状
d	天
DCA	去氧胆酸柠檬酸琼脂
Dmso	二甲基亚砜
DNase	DNA 水解检测试验
DSM	德国微生物保藏中心（德国，布伦瑞克）
EIM	叉尾鮰爱德华菌（*Edwardsiella ictaluri*）培养基
EM	电子显微镜
ERM	肠道性红嘴病
ESC	鲇鱼肠败血症
Ery	内赤藓醇
F	发酵性（兼性厌氧）
FA	气单胞菌（*Aeromonas salmonicida*）疖病琼脂
FAO	联合国粮农组织
FINE	鲆坏死性肠炎
FM	布鲁氏杆菌属（*Brucella*）Farrell 培养基
FPM	嗜冷黄杆菌（*Flavobacterium psychrophilum*）培养基
G	明胶
G	在 TCBS 平板上菌落为绿色
Glid	滑行运动性
Gal	D－半乳糖
Glu	葡萄糖
Glut	谷氨酸
Gm	革兰氏染色反应（蓝色为阳性，红色为阴性）
GUD	金鱼皮肤溃烂病

续表

缩写	中文含义
h	小时
H_2S	硫化氢
HCl	盐酸
HG	杂交组（DNA）
Hip	马尿酸水解
HS	用于柱状黄杆菌（*Flavobacterium columnare*）的 Hsu-Shotts 培养基
HSM	用于分离海洋屈挠杆菌（*Tenacibaculum maritimum*）
I	惰性反应（在 OF 测试中）
ID	鉴定
IGS	基因间区
Ind	吲哚
Inos	纤维醇
ISP No. 2	酵母浸出液琼脂（Difco）
JOD	稚牡蛎疾病
KCl	氯化钾
KDM2	鲑鱼肾杆菌（*Renibacterium salmoninarum*）生长培养基
KDMC	鲑鱼肾杆菌（*Renibacterium salmoninarum*）生长培养基
Kf	头孢菌素 30 μg 纸片
KOH	氢氧化钾 20%
KUMA	熊本县公众健康研究所（菌种保存中心）
Lac	乳糖
LDC	赖氨酸脱羧酶
LJM	用于培养分枝杆菌属（*Mycobacteria*）种类的罗氏培养基（Lowenstein-Jensen 培养基）
LMG	比利时根特大学微生物学实验室菌种保存中心
LPS	脂多糖
Lys	赖氨酸
MA 2216	海洋微生物生长培养基，商品可获得
MAF	改良抗酸染色
Malt	麦芽糖
Man	甘露醇
Man An	厌氧条件下甘露醇发酵
Mano	甘露糖
MCA	麦康凯琼脂
Mg	镁
Middlebrook's media	用于分离分枝杆菌属（*Mycobacterium*）种类
min	分钟
MOF	海洋氧化—发酵培养基
Mot	运动性
MR	甲基红
MRVP	甲基红伏普试验
MSA – B	海洋盐血琼脂培养基，用于海洋微生物生长

续表

缩写	中文含义
N	阴性
NA	营养琼脂
NaCl	食盐
NaCl 0/3	含0% NaCl 或3% NaCl 的平板培养基
NB	营养肉汤
NCFB	英国国家食品细菌保藏中心［英国农业食品研究委员会（AFRC），食品研究所，雷丁实验室］
NCIM	印度国家工业微生物菌种保存中心（印度，国家化学实验室）
NCIMB	英国国家工业和海洋细菌保藏中心（英国，苏格兰，阿伯丁郡）
NCTC	英国国家典型培养物保藏中心（英国，伦敦，公众健康中心实验室）
ND	未做测试
Neg	阴性
NG	未生长
NH	非溶血的
Nit	硝酸盐
NK	未知
NLF	非乳糖发酵
nmol	纳摩尔
NVI	挪威国家兽医研究所（挪威，奥斯陆）
nm	纳米
nt	未检测到
O	氧化（需氧代谢）
OD	光密度
ODC	鸟氨酸脱羧酶
OF	氧化—发酵试验
ONPG	邻硝基苯基－β－D－吡喃半乳糖苷
Orn	鸟氨酸
Ox	氧化酶
0%－3%	明胶分割平板，含0%和3%的NaCl
0129	弧菌抑制剂——2，4－二氨基－6，7－二异丙基蝶啶磷酸盐
Packer's plates	用于分离丹毒丝菌属（*Erysipelothrix*）种类的选择性培养基
PBS	磷酸盐缓冲液
Pig	色素产物
pmol	皮摩尔
Poly plates	用于分离嗜皮菌属（*Dermatophilus*）种类的培养基
Pos	阳性
PS	部分区域对敏感弧菌抑制剂敏感
PY	用于培养土地杆菌属（*Pedobacter*）和食鞘氨醇杆菌属（*Sphingobacterium*）种类的蛋白胨酵母培养基
PYR	L－吡咯烷酮肽酶
PYS－2	蛋白胨酵母培养基2
R	抗性

续表

缩写	中文含义
R2A	用于分离海洋黄杆菌属（*Flavobacterium*）种类和其他微生物的培养基
RAA	醋酸盐琼脂
RBC	红细胞
Rib	D－核糖
S	敏感的
SS	用于分离沙门氏菌属（*Salmonella*）和志贺氏菌属（*Shigella*）种类的培养基
SAB	用于真菌种类的沙保（Sabouraud）培养基
Sal	水杨苷
Shieh medium	用于分离柱状黄杆菌（*Flavobacterium columnare*）
Siem agar	用于分离绿浅气球菌（*Aerococcus viridans*）的选择性培养基
SKDM	选择分离鲑鱼肾杆菌（*Renibacterium salmoninarum*）的选择性培养基
Skirrow's medium	用于分离螺旋杆菌属（*Helicobacter*）种类的培养基
Sor	山梨醇
Suc	蔗糖
SW	在平板上蜂拥样生长
SWT	基于海水的混合培养基
THA	Todd－Hewitt 琼脂
TB Lab	结核病实验室
TCBS	硫代硫酸盐－柠檬酸盐－胆盐－蔗糖琼脂
TE	三氨基甲烷盐酸乙二胺四乙酸（Tris－EDTA）缓冲液
Temp	温度
Tm	解链温度
Tre	海藻糖
TSA	胰蛋白胨大豆琼脂
TSA－B	加血胰蛋白胨大豆琼脂
TSA＋NaCl	加盐胰蛋白胨大豆琼脂（食盐最终浓度为2%）
TSB	胰蛋白胨大豆肉汤
TSI	三糖铁琼脂
TYG	胰蛋白胨酵母膏葡萄糖琼脂
TYG－M	加盐胰蛋白胨酵母膏葡萄糖琼脂，用于海洋曲挠杆菌（*Tenacibaculum maritimum*）的生长
Uro	尿刊酸
v	文献报道反应可变
VAM	用于分离鳗利斯特氏菌（*Listonella anguillarum*）的鳗弧菌（*Vibrio anguillarum*）培养基
VP	福格斯－普里斯考尔试验
VPT	万古霉素，多黏菌素，甲氧苄氨嘧啶——用于分离螺旋杆菌属（*Helicobacter*）种类的 Skirrow 培养基
vs	反应可变或缓慢
UK	英国
USA	美国
UV	紫外灯

续表

缩写	中文含义
VVM	创伤弧菌（*Vibrio vulnificus*）培养基
W	弱
WHO	世界卫生组织
Wood's Broth	用于分离丹毒丝菌属（*Erysipelothrix*）种类的选择性肉汤
XLD	用于分离沙门氏菌属（*Salmonella*）种类的木糖赖氨酸脱氧胆盐培养基
Xyl	D－木糖
Y	在 TCBS 平板上为黄色菌落
YSA	耶尔森氏菌属（*Yersinia*）选择培养基
ZN	用于分枝杆菌的齐－内染色法（Ziehl-Neelson stain）
－	阴性反应
－cr	革兰氏阴性曲杆状
＋α	阴性结果，1 周后可能显示 α 溶血
＋	阳性反应
＋gb	革兰氏阳性球杆状
$+g_{+}$	葡萄糖发酵阳性，产气
$+g_{-}$	葡萄糖发酵阳性，不产气
rt	室温（25℃）为阳性，但在 37℃为阴性
＋s	缓慢阳性反应，可能需 2～4 d 才发生反应
＋sr	革兰氏阳性，短杆状
＋w	弱阳性反应

参考文献

1 Abbott, S. L. , Cheung, W. K. W. , Kroske – Bystrom, S. , Malekzadeh, T. and Janda, J. M. (1992) Identification of *Aeromonas* strains to the genospecies level in the clinical laboratory. *Journal of Clinical Microbiology* 30, 1262 – 1266.

2 Abbott, S. L. , Seli, L. S. , Catino, M. Jr. , Hartley, M. A. and Janda, J. M. (1998) Misidentification of unusual *Aeromonas* species as members of the genus *Vibrio*: a continuing problem. *Journal of Clinical Microbiology* 36, 1103 – 1104.

3 Abu-Samra, M. T. and Walton, G. S. (1977) Modified techniques for the isolation of *Dermatophilus* spp. from infected material. *Sabouraudia* 15, 23 – 27.

4 Acuna, M. T. , Diaz, G. , Bolanos, H. , Barquero, C. , Sanchez, O. , Sanchez, L. M. , Mora, G. , Chaves, A. and Campos, E. (1999) Sources of *Vibrio mimicus* contamination of turtle eggs. *Applied and Environ mental Microbiology* 65, 336 – 338.

5 Aguirre, A. A. , Balazs, G. H. , Zimmerman, B. and Spraker, T. (1994) Evaluation of Hawaiian green turtles (*Chelonia mydas*) for potential pathogens associated with fibropapillomas. *Journal of Wildlife Diseases* 30, 8 – 15.

6 Ahmet, Z. , Stanier, P. , Harvey, D. and Holt, D. (1999) New PCR primers for the sensitive detection and specific identification of Group B β-haemolytic streptococci in cerebrospinal fluid. *Molecular and Cellular Probes* 13, 349 – 357.

7 Aiso, K. , Simidu, V. and Hasuo, K. (1968) Microflora in the digestive tract of inshore fish in Japan. *Journal of General Microbiology* 52, 361 – 364.

8 Akagawa, M. and Yamasato, K. (1989) Synonymy of *Alcaligenes aquamarinus*, *Alcaligenes faecalis* subsp. *homari*, and *Deleya aesta*: *Deleya aquamarina* comb. nov. as the type species of the genus *Deleya*. *International Journal of Systematic Bacteriology* 39, 462 – 466.

9 Albert, M. , Ansaruzzaman, M. , Bardhan, P. , Faruque, A. , Faruque, S. , Islam, M. , Mahalanabis, D. , Sack, R. , Salam, M. , Siddique, A. , Yunus, M. and Zaman, K. (1993) Large epidemic of cholera-like disease in Bangladesh caused by *Vibrio cholerae* 0139 synonym Bengal. *Lancet* 342, 387 – 390.

10 Alcaide, E. , Amaro, C. , Todolí, R. and Oltra, R. (1999) Isolation and characterization of *Vibrio Parahaemolyticus* causing infection in Iberian Toothcarp *Aphanius iberus*. *Diseases of Aquatic Organisms* 35, 77 – 80.

11 Alcaide, E. , Gil-Sanz, C. , Sanjuán, E. , Esteve, D. , Amaro, C. and Silveira, L. (2001) *Vibrio harveyi* causes disease in seahorse, *Hippocampus* sp. *Journal of Fish Diseases* 24, 211 – 313.

12 Aleksic, S. , Steigerwalt, A. , Bockemühl, J. , Huntley-Carter, G. and Brenner, D. (1987) *Yersinia rohdei* sp. nov. isolated from human and dog faeces and surface water. *International Journal of Systematic Bacteriology* 37, 327 – 332.

13 Ali, A. , Carnahan, A. , Altwegg, M. , Lüthy Hottenstein, J. and Joseph, S. (1996) *Aeromonas bestiarum* sp. nov. (formerly genomospecies DNA group 2 *A. hydrophila*), a new species isolated from non-human sources. *Medical Microbiology Letters* 5, 156 – 165.

14 Allam, B. , Paillard, C. , Howard, A. and Pennec, M. L. (2000) Isolation of the pathogen *Vibrio tapetis* and defense parameters in brown ring diseased Manila clams *Ruditapes philippinarum* cultivated in England. *Diseases of Aquatic Organisms* 41, 105 – 113.

15 Allen, D. , Austin, B. and Colwell, R. (1983) *Aeromonas media*, a new species isolated from river water. *International Journal of Systematic Bacteriology* 33, 599 – 604.

16 Alsina, M. and Blanch, A. R. (1994) A set of keys for biochemical identification of environmental *Vibrio* species. *Journal of Applied Bacteriology* 76, 79 – 85.

17 Alsina, M. and Blanch, A. R. (1994) Improvement and update of a set of keys for biochemical identification of *Vibrio* species. *Journal of Applied Bacteriology* 77, 719 – 721.

18 Alsina, M. , Martínez-Picado, J. , Jofre, J. and Blanch, A. (1994) A medium for presumptive identification of *Vibrio anguillarum*. *Applied and Environmental Microbiology* 60, 1681 – 1683.

19 Altmann, K. , Marshall, M. , Nicholson, S. , Hanna, P. and Gudkovs, N. (1992) Glucose repression of pigment production in atypical isolates of *Aeromonas salmonicida* responsible for goldfish ulcer disease. *Microbios* 72, 215 – 220.

20 Alton, G. G. and Jones, L. M. (1967) *Laboratory Techniques in Brucellosis*. World Health Organiza tion, Geneva.

21 Altwegg, M. , Steigerwalt, A. G. , Altwegg – Bissig, R. , Lüthy-Hottenstein, J. and Brenner, D. J. (1990) Biochemical identification of *Aeromonas* genospecies isolated from humans. *Journal of Clinical Microbiology* 28, 258 – 264.

22 Aluotto, B. , Wittler, R. , Williams, C. and Faber, J. (1970) Standardized bacteriologic techniques for the characterization of *Mycoplasma* species. *International Journal of Systematic Bacteriology* 20, 35 – 58.

23 Alvarez, J. D. , Austin, B. , Alvarez, A. M. and Reyes, H. (1998) *Vibrio harveyi*: a pathogen of penaeid shrimps and fish in Venezuela. *Jour-*

nal of Fish Diseases 21, 313 – 316.

24 Amann, R. , Binder, B. , Olson, R. , Chisholm, S. , Devereux, R. and Stahl, D. (1990) Combination of 16*S* rRNA-targeted oligonucleotide probes with flow cytometry for analyzing mixed microbial populations. *Applied and Environmental Microbiology* 56, 1919 – 1925.

25 Amaro, C. and Biosca, E. (1996) *Vibrio Vulnificus* biotype 2, pathogenic for eels, is also an opportunistic infection for humans. *Applied and Environmental Microbiology* 62, 1454 – 1457.

26 Amaro, C. , Hor, L. – I. , Marco – Noales, E. , Bosque, T. , Fouz, B. and Alcaide, E. (1999) Isolation of *Vibrio vulnificus* serovar E from aquatic habitats in Taiwan. *Applied and Environmental Microbiology* 65, 1352 – 1355.

27 Anacker, R. L. and Ordal, E. J. (1955) Study of the bacteriophage infecting the myxobacterium *Chondrococcus columnaris*. *Journal of Bacteriology* 70, 738 – 741.

28 Anacker, R. L. and Ordal, E. J. (1959) Studies on the myxobacterium *Chondrococcus columnaris*. I. Serological typing. *Journal of Bacteriology* 78, 25 – 32.

29 Angka, S. L. , Lam, T. J. and Sin, Y. M. (1995) Some virulence characteristics of *Aeromonas hydrophila* in walking catfish (*Clarias gariepinus*) . *Aquaculture* 130, 103 – 112.

30 Anguiano-Beltrǘn, C. , Searcy – Bernal, R. and Lizǘrraga-Partida, M. (1998) Pathogenic effects of *Vibrio alginolyticus* on larvae and postlarvae of the red abalone *Haliotis rufescens*. *Diseases of Aquatic Organisms* 33, 119 – 122.

31 Angulo, L. , Lopez, J. , Vicente, J. and Saborido, A. (1994) Haemorrhagic areas in the mouth of farmed turbot, *Scophthalmus maximus* (L.) . *Journal of Fish Diseases* 17, 163 – 169.

32 Aoki, T. , Park, C. – I. , Yamashita, H. and Hirono, I. (2000) Species-specific polymerase chain reaction primers for *Lactococcus garvieae*. *Journal of Fish Diseases* 23, 1 – 6.

33 Arias, C. , Verdonck, L. , Swings, J. , Aznar, R. and Garay, E. (1997) A polyphasic approach to study the intraspecific diversity amongst *Vibrio vulnificus* isolates. *Systematic and Applied Microbiology* 20, 622 – 633.

34 Arias, C. , Aznar, R. , Pujalte, M. and Garay, E. (1998) A comparison of strategies for the detection and recovery of *Vibrio vulnificus* from marine samples of the Western Mediterranean coast. *Systematic and Applied Microbiology* 21, 128 – 134.

35 Aronson, J. D. (1926) Spontaneous tuberculosis in salt water fish. *Journal of Infectious Diseases* 39, 314 – 320.

36 Ashburner, L. D. (1977) Mycobacteria in hatchery Confined Chinook salmon (*Oncorhynchus Tshawytscha* Walbaum) . *Journal of Fish Biology* 10, 523 – 528.

37 Ashdown, L. R. (1979a) An improved screening technique for isolation of *Pseudomonas pseudo – mallei* from clinical specimens. *Pathology* 11, 293 – 297.

38 Ashdown, L. R. (1979b) Identification of *Pseudomonas pseudomallei* in the clinical laboratory. *Journal of Clinical Pathology* 32, 500 – 504.

39 Auling, G. , Reh, M. , Lee, C. M. and Schlegel, H. G. (1978) *Pseudomonas pseudoflava*, a new species of hydrogen-oxidising bacteria: its differentiation from *Pseudomonas flavaand* other yellow-pigmented, Gram-negative, hydrogen-oxidising species. *Interna tional Journal of Systematic Bacteriology* 28, 82 – 95.

40 Austin, B. (1993) Recovery of 'atypical' isolates of *Aeromonas salmonicida*, which grow at 37℃, from ulcerated non-salmonids in England. *Journal of Fish Diseases* 16, 165 – 168.

41 Austin, B. and Austin, D. A. (1999) *Bacterial Fish Pathogens: Diseases of Farmed and Wild Fish.* Praxis Publishing, Chichester, UK.

42 Austin, B. and Stobie, M. (1992a) Recovery of *Serratia plymuthica* and presumptive *Pseudo monas pseudoalcaligenes* from skin lesions in rainbow trout, *Oncorhynchus mykiss* (Walbaum), otherwise infected with enteric redmouth. *Journal of Fish Diseases* 15, 541 – 543.

43 Austin, B. and Stobie, M. (1992b) Recovery of *Micrococcus luteus* and presumptive *Planococcus* sp. from moribund fish during an outbreak of rainbow trout, *Oncorhynchus mykiss* (Walbaum), fry syndrome in England. *Journal of Fish Diseases* 15, 203 – 206.

44 Austin, B. , Zachary, A. and Colwell, R. (1978) Recognition of *Beneckea natriegens* (Payne *et al.*) Baumann *et al.* as a member of the genus *Vibrio*, as previously proposed by Webb and Payne. *Inter national Journal of Systematic Bacteriology* 28, 315 – 317.

45 Austin, B. , Rodgers, C. J. , Forns, J. M. and Colwell, R. R. (1981) *Alcaligenes faecalis* subsp *homari* subsp. nov. , a new group of bacteria isolated from moribund lobsters. *International Journal of Systematic Bacteriology* 31, 72 – 76.

46 Austin, B. , Embley, T. and Goodfellow, M. (1983) Selective isolation of *Renibacterium salmoninarum*. *FEMS Microbiology Letters* 17, 111 – 114.

47 Austin, D. , McIntosh, D. and Austin, B. (1989) Taxonomy of fish associated *Aeromonas* spp. , with the description of *Aeromonas salmonicida* subsp. *Smithia* subsp. nov. *Systematic and Applied Microbiology*, 11, 277 – 290.

48 Austin, B. , Gonzalez, C. , Stobie, M. , Curry, J. and McLoughlin, M. (1992) Recovery of *Janthinobacterium lividum* from diseased rainbow trout, *Oncorhynchus mykiss* (Walbaum), in Northern Ireland and Scotland. *Journal of Fish Diseases* 15, 357 – 359.

49 Austin, B. , Austin, D. A. , Blanch, A. R. , Cerdǜ, M. , Grimont, F. , Grimont, P. A. D. , Jofre, J. , Koblavi, S. , Larsen, J. L. , Pedersen, K. , Tiainen, T. , Verdonck, L. and Swings, J. (1997) A comparison of methods for the typing of fish – pathogenic *Vibrio* spp. *Systematic and Applied Microbiology* 20, 89 – 101.

50 Austin, B. , Austin, D. , Dalsgaard, I. , Gudmundsdóttir, B. , Høie, S. , Thornton, J. , Larsen, J. , O' Hici, B. and Powell, R. (1998) Characterization of atypical *Aeromonas salmonicida* by different methods. *Systematic* and *Applied Microbiology* 21, 50 – 64.

51 Aydin, S. , Çelebi, S. and Akyurt, I. (1997) Clinical, haematological and pathological investigations of *Escherichia vulneris* in rainbow trout (*Oncorhynchus mykiss*) . *Fish Pathology* 32, 29 – 34.

52 Ayers, S. , Rupp, P. and Johnson, W. Jr. (1919) A study of the alkali-forming bacteria found in milk. *Bulletin No.* 782 US Department of Agriculture. 53 Backman, S. , Ferguson, H. W. , Prescott, J. F. and Wilcock, B. P. (1990) Progressive panophthalmitis in chinook salmon, *Oncorhynchus tshawytscha* (Walbaum): a case report. *Journal of Fish Diseases* 13, 345 – 353.

54 Bader, J. , Shoemaker, C. and Klesius, P. (2003) Rapid detection of columnaris disease in channel catfish (*Ictalurus punctatus*) with a new speciesspecific 16 – S rRNA gene – based PCR primer for *Flavobacterium columnare. Journal of Microbiological Methods* 52, 209 – 220.

55 Baharaeen, S. and Vishniac, H. (1982) *Cryptococcus lupi* sp. nov. , an Antarctic Basidioblastomycete. *International Journal of Systematic Bacteriology* 32, 229 – 232.

56 Bakopoulos, V. , Adams, A. and Richards, R. (1995) Some biochemical properties and antibiotic sensitivities of *Pasteurella piscicida* isolated in Greece and comparison with strains from Japan, France and Italy. *Journal of Fish Diseases* 18, 1 – 7.

57 Bakopoulos, V. , Peric, Z. , Rodger, H. , Adams, A. and Richards, R. (1997) First report of fish pasteurellosis from Malta. *Journal of AquaticAnimal Health* 9, 26 – 33.

58 Balebona, M. C. , Zorrilla, I. , Moriñigo, M. and Borrego, J. (1998) Survey of bacterial pathologies affecting farmed gilt-head bream (*Sparus aurata* L.) in southwestern Spain from 1990 – 1996. *Aquaculture* 166, 19 – 35.

59 Banin, E. , Israely, T. , Kushmaro, A. , Loya, Y. , Orr, E. and Rosenberg, E. (2000) Penetration of the coral-bleaching bacterium *Vibrio shiloi* into *Oculina patagonica. Applied and Environmental Microbiology* 66, 3031 – 3036.

60 Baptista, T. , Romalde, J. and Toranzo, A. (1996) First occurrence of Pasteurellosis in Portugal affecting cultured gilthead seabream (*Sparus aurata*) . *Bulletin of the European Association of Fish Pathologists* 16, 92 – 95.

61 Barbeyron, T. , L' Haridon, S. , Corre, E. , Kloareg, B. and Potin, P. (2001) *Zobellia galactanovorans* gen. nov. , sp. nov. , a marine species of *Flavobacteriaceae* isolated from a red alga, and classification of [*Cytophaga*] *uliginosa* (ZoBell and Upham 1944) Reichenbach 1989 as *Zobellia uliginosa* gen. nov. , comb. nov. *International Journal of Systematic and Evolutionary Microbiology* 51, 985 – 997.

62 Barritt, M. M. (1936) The intensification of the Voges-Proskauer reaction by the addition of a-naphthol. *Journal of Pathology and Bacteriology* 42, 441 – 454.

63 Barrow and Feltham (1993) *Cowan and Steel' s Manual for the Identification of Medical Bacteria.* Cambridge University Press, Cambridge.

64 Baumann, P. and Baumann, L. (1981) In: Starr, M. , Stolp, H. , Trüper, H. , Balows, A. and Schlegel, H. (eds) *The Prokaryotes*, Vol. II. Springer, Berlin, 1302 – 1331.

65 Baumann, P. , Baumann, L. and Mandel, M. (1971) Taxonomy of marine bacteria: the genus *Beneckea. Journal of Bacteriology* 107, 268 – 294.

66 Baumann, L. , Baumann, P. , Mandel, M. and Allen, R. (1972) Taxonomy of aerobic marine Eubacteria. *Journal of Bacteriology* 110, 402 – 429.

67 Baumann, P. , Baumann, L. , Bang, S. and Woolkalis, M. (1980) Reevaluation of the taxonomy of *Vibrio*, *Beneckea*, and *Photobacterium*: abolition of the genusBeneckea. *Current Microbiology* 4, 127 – 132.

68 Baumann, L. , Bowditch, R. and Baumann, P. (1983a) Description of *Deleya* gen. nov. created to accommodate the marine species *Alcaligenes aestus*, *A. pacificus*, *A. cupidus*, *A. venustus*, and *Pseudomonas marina. International Journal of Systematic Bacteriology* 33, 793 – 802.

69 Baumann, P. , Bowditch, R. , Baumann, L. and Beaman, B. (1983b) Taxonomy of marine *Pseudomonas* species: *P. stanieri* sp. nov. , *P. perfectom arina* sp. nov. , nom. rev. ; *P. nautica*; and *P. doudoroffii. International Journal of Systematic Bacteriology* 33, 857 – 865.

70 Baumann, P. , Furniss, A. L. and Lee, J. V. (1984) In: Krieg, N. R. and Holt, J. G. (eds) *Bergey' s Manual of Systematic Bacteriology*, Vol. 1. Williams & Wilkins, Baltimore, 518 – 538.

71 Baya, A. , Lupiani, B. , Hetrick, F. , Roberson, B. , Lukacovic, R. , May, E. and Poukish, C. (1990a) Association of *Streptococcus* sp. with fish mortalities in the Chesapeake Bay and its tributaries. *Journal of Fish Diseases* 13, 251 – 253.

72 Baya, A. , Toranzo, A. , Núñez, S. , Barja, J. L. and Hetrick, F. M. (1990b) Association of a *Moraxella* sp. and a reo-like virus with mortalities of striped bass, *Morone saxatilis.* In: Perkins, F. and Cheng, T. (eds) *Pathology in Marine Science.* Proceedings of the Third International Colloquium on Pathology in Marine Aquaculture held in Gloucester Point, Virginia, 2 – 6 October, 1988, pp. 91 – 99.

73 Baya, A. , Toranzo, A. , Lupiani, B. , Li, T. , Roberson, B. and Hetrick, F. (1991) Biochemical and serological characterization of *Carno-bacterium* spp. isolated from farmed and natural populations of striped bass and catfish. *Applied and Environmental Microbiology* 57, 3114 – 3120.

74 Baya, A. , Li, T. , Lupiani, B. and Hetrick, F. (1992a) *Bacillus cereus*, a pathogen for striped bass. In: *Eastern Fish Health and American Fisheries Society Fish Health Section Workshop. 16 – 19 June 1992.* Auburn University, Auburn, p. 67.

75 Baya, A. , Lupiani, B. , Bandín, I. , Hetrick, F. , Figueras, A. , Carnahan, A. , May, E. and Toranzo, A. (1992b) Phenotypic and pathobiological properties of *Corynebacterium aquaticum* isolated from diseased striped bass. Diseases of *Aquatic Organisms* 14, 115 – 126.

76 Baya, A. , Toranzo, A. , Lupiani, B. , Santos, Y. and Hetrick, F. (1992c) *Serratia marcescens*: a potential pathogen for fish. *Journal of Fish*

Diseases 15, 15 – 26.

77 Bein, S. (1954) A study of certain chromogenic bacteria isolated from ' red tide' water with a description of a new species. *Bulletin of Marine Science of the Gulf and Caribbean* 4, 110 – 119.

78 Bej, A., Patterson, D., Brasher, C., Vickery, M., Jones, D. and Kaysner, C. (1999) Detection of total and hemolysin-producing *Vibrio parahaemolyticus* in shellfish using multiplex PCR amplification of *tl*, *tdh* and *trh*. *Journal of Microbiological Methods* 36, 215 – 225.

79 Bejerano, Y., Sarig, S., Horne, M. and Roberts, R. (1979) Mass mortalities in silver carp *Hypo – phthalmichthys molitrix* (Valenciennes) associated with bacterial infection following handling. *Journal of Fish Diseases* 2, 49 – 56.

80 Beji, A., Mergaert, J., Gavini, F., Izard, D., Kersters, K., Leclerc, H. and de Ley, J. (1988) Subjective synonymy of *Erwinia herbicola*, *Erwinia milletiae*, and *Enterobacter agglomerans* and redefinition of the Taxon by genotypic and phenotypic data. *International Journal of Systematic Bacteriology* 38, 77 – 88.

81 Benediktsdóttir, E., Helgason, S. and Sigurjónsdóttir, H. (1998) *Vibrio* spp. isolated from salmonids with shallow skin lesions and reared at low temperature. *Journal of Fish Diseases* 21, 19 – 28.

82 Benediktsdóttir, E., Verdonck, L., Spröer, C., Helgason, S. and Swings, J. (2000) Characterization of *Vibrio viscosus* and *Vibrio wodanis* isolatedat different geographical locations: a proposal for reclassification of *Vibrio viscosus* as *Moritella viscose* comb. nov. *International Journal of Systematic and Evolutionary Microbiology* 50, 479 – 488.

83 Ben-Haim, Y. and Rosenberg, E. (2002) A novel *Vibrio* sp. pathogen of the coral *Pocillopora damicornis*. *Marine Biology* 141, 47 – 55.

84 Ben-Haim, Y., Thompson, F., Thompson, C., Cnockaert, M., Hoste, B., Swings, J. and Rosenberg, E. (2003) *Vibrio coralliilyticus* sp. nov., a temperature-dependent pathogen of the coral *Pocillopora damicornis*. *International Journal of Systematic and Evolutionary Microbiology* 53, 309 – 315.

85 Bercovier, H., Steigerwalt, A., Guiyoule, A., Huntley-Carter, G. and Brenner, D. J. (1984) *Yersinia aldovae* (formerly *Yersinia enterocolitica*-like group X2): a new species of *Enterobacteriacea* isolated from aquatic ecosystems. *International Journal of Systematic Bacteriology* 34, 166 – 172.

86 Bercovier, H., Ursing, J., Brenner, D., Steigerwalt, A., Fanning, G., Carter, G. and Mollaret, H. (1980) *Yersinia kristensenii*: a new species of *Entero bacteriaceae* composed of sucrose-negative strains (formerly called atypical *Yersinia enterocolitica* or *Yersinia enterocolitica* – like. *Current Microbiology* 4, 219 – 224.

87 Bergman, S., Selig, M., Collins, M. D., Farrow, J. A. E., Baron, E. J., Dickersin, G. R. and Ruoff, K. L. (1995) '*Streptococcus milleri*' strains displaying a gliding type of motility. *International Journal of Systematic Bacteriology* 45, 235 – 239.

88 Bernardet, J. F. (1989) '*Flexibacter columnaris*': first description in France and comparison with bacterial strains from other origins. *Diseases of Aquatic Organisms* 6, 37 – 44.

89 Bernardet, J. – F. and Grimont, P. (1989) Deoxyribonucleic acid relatedness and phenotypic characterization of *Flexibacter columnaris* sp. nov., nom. rev., *Flexibacter psychrophilus* sp. nov., nom. rev., and *Flexibacter maritimus* Wakabayashi, Hikida, and Masumura 1986. *International Journal of Systematic Bacteriology* 39, 346 – 354.

90 Bernardet, J. F., Campbell, A. C. and Buswell, J. A. (1990) *Flexibacter maritimus* is the agent of ' black patch necrosis' in Dover sole in Scotland. *Diseases of Aquatic Organisms* 8, 233 – 237.

91 Bernardet, J. – F., Kerouault, B. and Michel, C. (1994) Comparative study on *Flexibacter maritimus* strains isolated from farmed sea bass (*Dicentrarchus labrax*) in France. *Fish Pathology* 29, 105 – 111.

92 Bernardet, J. – F., Segers, P., Vancanneyt, M., Berthe, F., Kersters, K. and Vandamme, P. (1996) Cutting a Gordian knot: emended classification and description of the Genus *Flavobacterium*, emended description of the Family *Flavobacteriaceae*, and proposal of *Flavobacterium hydatis* nom. nov. (Basonym, *Cytophaga aquatilis* Strohl and Tait 1978). *International Journal of Systematic Bacteriology* 46, 128 – 148.

93 Bernardet, J. – F., Nakagawa, Y. and Holmes, B. (2002) Proposed minimal standards for describing new taxa of the family *Flavobacteriaceae* and emended description of the family. *International Journal of Systematic and Evolutionary Microbiology* 52, 1049 – 1070.

94 Bernoth, E. – M. (1990) Autoagglutination, growth on tryptone – soy-Coomassie – agar, outer mem – brane protein patterns and virulence of *Aeromonas salmonicida* strains. *Journal of Fish Diseases* 13, 145 – 155.

95 Bernoth, E. – M. and Artz, G. (1989) Presence of *Aeromonas salmonicida* in fish tissue may be overlooked by sole reliance on furunculosis-agar. *Bulletin of the European Association of Fish Pathologists* 9, 5 – 6.

96 Berthe, F., Michel, C. and Bernardet, J. – F. (1995) Identification of *Pseudomonas anguilliseptica* isolated from several fish species in France. *Diseases of Aquatic Organisms* 21, 151 – 155.

97 Biosca, E., Esteve, C., Garay, E. and Amaro, C. (1993) Evaluation of the API 20E system for identification and discrimination of *Vibrio vulnificus* biotypes 1 and 2. *Journal of Fish Diseases* 16, 79 – 82.

98 Biosca, E. G., Amaro, C., Larsen, J. L. and Pedersen, K. (1997) Phenotypic and genotypic characterization of *Vibrio vulnificus*: proposal for the substitution of the subspecific taxon biotype for serovar. *Applied and Environmental Microbiology* 63, 1460 – 1466.

99 Birkbeck, T. H., Billcliffe, B., Laidler, A. and Cox, D. I. (2000) The relationship between *Aeromonas* sp. NCIMB 2263, a causative agent of skin lesions in Atlantic salmon, *Vibrio marinus* (*Moritella marina*) and *Vibrio viscosus. Journal of Fish Diseases* 23, 281 – 283.

100 Birkbeck, T. H., Laidler, L. A., Grant, A. N. and Cox, D. I. (2002) *Pasteurella skyensis* sp. nov., isolated from Atlantic salmon (*Salmo salar* L.). *Inter-national Journal of Systematic and Evolutionary Microbiology* 52, 699 – 704.

101 Bisharat, N., Agmon, V., Finkelstein, R., Raz, R., Ben-Dror, G., Lerner, L., Soboh, S., Colodner, R., Cameron, D., Wykstra, D., Swerdlow, D. and Farmer, J. III. (1999) Clinical, epidemiological, and microbiological features of *Vibrio vulnificus* biogroup 3 causing outbreaks of wound infection and bacteraemia in Israel. *Lancet* 354, 1421 – 1424.

102 Blackall, P. and Doheny, C. (1987) Isolation and characterisation of *Bordetella avium* and related species and an evaluation of their role in respiratory disease in poultry. *Australian Veterinary Journal* 64, 235 – 238.

103 Blanco, M., Gibello, A., Vela, A., Moreno, M., Domínguez, L. and Fernández-Garayzábal, J. (2002) PCR detection and PFGE DNA macrorestriction analyses of clinical isolates of *Pseudomonas anguilliseptica* from winter disease outbreaks in sea bream *Sparus aurata. Diseases of Aquatic Organisms* 50, 19 – 27.

104 Boettcher, K., Barber, B. and Singer, J. (1999) Use of antibacterial agents to elucidate the etiology of juvenile oyster disease (JOD) in *Crassostrea virginica* and numerical dominance of an α-proteobacterium in JOD – affected animals. *Applied and Environmental Microbiology* 65, 2534 – 2539.

105 Boettcher, K., Barber, B. and Singer, J. (2000) Additional evidence that juvenile oyster disease is caused by a member of the *Roseobacter* group and colonization of nonaffected animals by *Stappia stellulata*-like strains. *Applied and Environmental Microbiology* 66, 3924 – 3930.

106 Boettcher, K. and Ruby, E. (1990) Depressed light emission by symbiont *Vibrio fischeri* of the sepiolid squid *Euprymna scolopes. Journal of Bacteriology* 172, 3701 – 3706.

107 Boomker, J., Henton, M., Naudé, T. and Hunchzermeyer, F. (1984) Furunculosis in rainbow trout (*Salmo gairdneri*) raised in sea water. *Onderstepoort Journal of Veterinary Research* 51, 91 – 94.

108 Borrego, J. J., Castro, D., Luque, A., Paillard, C., Maes, P., Garcia, M. T. and Ventosa, A. (1996) *Vibrio tapetis* sp. nov., the causative agent of the brown ring disease affecting cultured clams. *International Journal of Systematic Bacteriology* 46, 480 – 484.

109 Borucinska, J. and Frasca, S. Jr. (2002) Naturally occurring lesions and micro – organisms in two species of free-living sharks: the spiny dogfish, *Squalus acanthias* L., and the smooth dogfish, *Mustelus canis* (Mitchill), from the north-western Atlantic. *Journal of Fish Diseases* 25, 287 – 298.

110 Bouvet, P. and Grimont, P. (1986) Taxonomy of the genus *Acinetobacter* with recognition of *Acinetobacter baumannii* sp. nov., *Acinetobacter haemolyticus* sp. nov., *Acinetobacter johnsonii* sp. nov., and *Acinetobacter junii* sp. nov. and emended description of *Acinetobacter calcoaceticus* and *Acinetobacter lwoffii. International Journal of Systematic Bacteriology* 36, 228 – 240.

111 Bowenkamp, K., Frasca, S. Jr., Draghi, A. II, Tsongalis, G., Koerting, C., Hinckley, L., Guise, S. D., Montali, R., Goertz, C., Aubin, D. S. and Dunn, J. (2001) *Mycobacterium marinum* dermatitis and panniculitis with chronic pleuritis in a captive white whale (*Delphinapterus leucas*) with aortic rupture. *Journal of Veterinary Investigation* 13, 524 – 530.

112 Bowman, J., McCammon, S., Nichols, D., Skerratt, J., Rea, S., Nichols, P. and McMeekin, T. (1997) *Shewanella gelidimarina sp. nov.* and *Shewanella frigidimarina* sp. nov., novel Antarctic species with the ability to produce eicosapentaenoic acid (20: 5w3) and grow anaerobically by dissimilatory Fe (III) reduction. *International Journal of Systematic Bacteriology* 47, 1040 – 1047.

113 Bowman, J. P. and Nichols, D. S. (2002) *Aequorivita* gen. nov., a member of the family *Flavobacteriaceae* isolated from terrestrial and marine Antarctic habitats. *International Journal of Systematic and Evolutionary Microbiology* 52, 1533 – 1541.

114 Bowser, P., Rosemark, R. and Reiner, C. (1981) A preliminary report of vibriosis in cultured American lobsters, *Homarus americanus. Journal of Invertebrate Pathology* 37, 80 – 85.

115 Bozal, N., Tudela, E., Rosselló-Mora, R., Lalucat, J. and Guinea, J. (1997) *Pseudoalteromonas antarctica* sp. nov., isolated from an Antarctic coastal environment. *International Journal of Systematic Bacteriology* 47, 345 – 351.

116 Bragg, R. R., Huchzermeyer, H. F. and Hanisch, M. A. (1990) *Mycobacterium fortuitum* isolated from three species of fish in South Africa. *Onderstepoort Journal of Veterinary Research* 57, 101 – 102.

117 Bransden, M. P., Carson, J., Munday, B. L., Handlinger, J. H., Carter, C. G. and Nowak, B. F. (2000) Nocardiosis in tank-reared Atlantic salmon, *Salmo salar* L. *Journal of Fish Diseases* 23, 83 – 85.

118 Brasher, C., DePaola, A., Jones, D. and Bej, A. (1998) Detection of microbial pathogens in shellfish with multiplex PCR. *Current Microbiology* 37, 101 – 107.

119 Brauns, L., Hudson, M. and Oliver, J. (1991) Use of the polymerase chain reaction in detection of culturable and non-culturable *Vibrio vulnificus* cells. *Applied and Environmental Microbiology* 57, 2651 – 2655.

120 Brayton, P. R., Bode, R. B., Colwell, R. R., MacDonell, M. T., Hall, H. L., Grimes, D. J., West, P. A. and Bryant, T. N. (1986) *Vibrio cincinnatiensis* sp. nov., a new human pathogen. *Journal of Clinical Microbiology* 23, 104 – 108.

121 Brenner, D., Steigerwalt, A., Falcao, D., Weaver, R. and Fanning, G. R. (1976) Characterization of *Yersinia enterocolitica* and *Yersinia pseudotuberculosis by deoxyribonucleic acid hybridization and biochemical reactions. International Journal of Systematic Bacteriology* 26, 180 - 194.

122 Brenner, D. J., Farmer, J. J. III, Fanning, G. R., Steigerwalt, A. G., Klykken, P., Wathen, H. G., Hickman, F. W. and Ewing, W. H. (1978) Deoxyribonucleic acid relatedness of *Proteus* and *Providencia* species. *International Journal of Systematic Bacteriology* 28, 269 - 282.

123 Brenner, D. J., Hickman - Brenner, F. W., Lee, J. V., Steigerwalt, A. G., Fanning, G. R., Hollis, D. G., Farmer, J. J. III, Weaver, R. E., Joseph, S. W. and Seidler, R. J. (1983) *Vibrio furnissii* (formerly aerogenic biogroup *Vibrio fluvialis*), a new species isolated from human feces and the environment. *Journal of Clinical Microbiology* 18, 816 - 824.

124 Brenner, D. J., Müller, H. E., Steigerwalt, A. G., Whitney, A. M., O' Hara, C. M. and Kämpfer, P. (1998) Two new *Rahnella* genomospecies that cannot be phenotypically differentiated from *Rahnella aquatilis. International Journal of Systematic Bacteriology* 48, 141 - 149.

125 Brew, S. D., Perrett, L. L., Stack, J. A., MacMillan, A. P. and Staunton, N. J. (1999) Human exposure to *Brucella* recovered from a sea mammal. *Veterinary Record* 144, 483.

126 Bricker, B., Ewalt, D., MacMillan, A., Foster, G. and Brew, S. (2000) Molecular characterization of *Brucella* strains isolated from marinemammals. *Journal of Clinical Microbiology* 38, 1258 - 1262.

127 Bromage, E. S., Thomas, A. and Owens, L. (1999) *Streptococcus iniae*, a bacterial infection in barramundi *Lates calcarifer. Diseases of AquaticOrganisms* 36, 177 - 181.

128 Brown, D. R., Farley, J. M., Zacher, L. A., Carlton, J. M. - R., Clippinger, T. L., Tully, J. G. andBrown, M. B. (2001) *Mycoplasma alligatoris* sp. nov. from American alligators. *International Journal of Systematic and Evolutionary Micro - biology* 51, 419 - 424.

129 Brown, D. R., Nogueira, M. F., Schoeb, T. R., Vliet, K. A., Bennett, R. A., Pye, G. W. and Jacobson, E. R. (2001) Pathology of experimental mycoplasmosis in American alligators. *Journal of Wildlife Diseases* 37, 671 - 679.

130 Brown, G., Sutcliffe, I. and Cummings, S. (2001) Reclassification of [*Pseudomonas*] *doudoroffii* (Baumann *et al.* 1983) into the genus *Oceano - monas* gen. nov., as *Oceanomonas doudoroffii* comb. nov., and description of a phenol-degrading bacterium from estuarine water as *Oceanomonas baumannii* sp. nov. *International Journal of Sys-tematic and Evolutionary Microbiology* 51, 67 - 72.

131 Brown, L., Iwama, G., Evelyn, T., Nelson, W. and Levine, R. (1994) Use of the polymerase chain reaction (PCR) to detect DNA from *Renibacterium salmoninarum* within individual salmonid eggs. *Diseases of Aquatic Organisms* 18, 165 - 171.

132 Bruno, D., Griffiths, J., Petrie, J. and Hastings, T. (1998a) *Vibrio viscosus* in farmed Atlantic salmon *Salmo salar* in Scotland: field and experimental observations. *Diseases of Aquatic Organisms* 34, 161 - 166.

133 Bruno, D., Griffiths, J., Mitchell, C., Wood, B., Fletcher, Z., Drobniewski, F. and Hastings, T. (1998b) Pathology attributed to *Mycobacterium chelonae* infection among farmed and laboratoryinfected Atlantic salmon *Salmo salar. Diseases of Aquatic Organisms* 33, 101 - 109.

134 Buck, J., Meyers, S. and Leifson, E. (1963) *Pseudo - monas* (*Flavobacterium*) *piscicida* Bein comb. nov. *Journal of Bacteriology* 4, 1125 - 1126.

135 Buller, N. B. (2003) Unpublished.

136 Bullock, G. L., Hsu, T. C. and Shotts, E. B. Jr (1986) Columnaris disease of fishes. *U. S. Fish and Wildlife Service Fish Disease Leaflet* 72.

137 Bullock, G. L., Stuckey, H. M. and Shotts, E. B. Jr (1978) Enteric redmouth bacterium: comparison of isolates from different geographic areas. *Journal of Fish Diseases* 1, 351 - 356.

138 Butzler, J. P., Dekeyser, P., Detrain, M. and Dehaen, F. (1973) Related vibrio in stools. *Journal of Pediatrics* 82, 493 - 495.

139 Cai, Y., Benno, Y., Nakase, T. and Oh, T. - K. (1998) Specific probiotic characterization of *Weissella hellenica* DS-12 isolated from flounder intestine. *Journal of General and Applied Microbiology* 44, 311 - 316.

140 Candan, A., Kucker, M. and Karatas, S. (1996) Pasteurellosis in cultured sea bass (*Dicentrarchus labrax*) in Turkey. *Bulletin of the European Association of Fish Pathologists* 16, 150 - 153.

141 Cann, D. C. and Taylor, L. Y. (1982) A outbreak of botulism in rainbow trout, *Salmo gairdneri* Richardson, farmed in Britain. *Journal of Fish Diseases* 5, 393 - 399.

142 Carnahan, A., Chakraborty, T., Fanning, G., Verma, D., Ali, A., Janda, M. and Joseph, S. (1991) *Aeromonas trota* sp. nov., an ampicillinsusceptible species isolatedfromclinical specimens. *Journal of Clinical Microbiology* 29, 1206 - 1210.

143 Carnahan, A., Fanning, G. R. and Joseph, S. W. (1991) *Aeromonas janadaei* (formerly genospecies DNA group 9 *A. sobria*), a new sucrose-negative species isolated from clinical specimens. *Journal of Clinical Microbiology* 29, 560 - 564.

144 Carson, J. and Handlinger, J. (1988) Virulence of the aetiological agent of goldfish ulcer disease in Atlantic salmon, *Salmo salar* L. *Journal of Fish Diseases* 11, 471 - 479.

145 Carson, J., Schmidtke, L. M. and Munday, B. L. (1993) *Cytophaga johnsonae*: a putative skin pathogen of juvenile farmed barramundi, *Lates calcarifer* Bloch. *Journal of Fish Diseases* 16, 209 - 218.

146 Castro, D., Martínez-Manzanares, E., Luque, A., Fouz, B., Moriñigo, M., Borrego, J. and Toranzo, A. (1992) Characterization of strains related to brown ring disease outbreaks in southwestern Spain. *Diseases of Aquatic Animals* 14, 229 - 236.

147 Cepeda, C. , García-Márquez, S. and Santos, Y. (2003) Detection of *Flexibacter maritimus* in fish tissue using nested PCR amplification. *Journal of Fish Diseases* 26, 65 – 70.

148 Cerdà-Cuéllar, M. , Permin, L. , Larsen, J. and Blanch, A. (2001) Comparison of selective medium for the detection of *Vibrio vulnificus* in environmental samples. *Journal of Applied Microbiology* 91, 322 – 327.

149 Cerdà-Cuéllar, M. , Ramon, A. , Rosselló – Mora, R. A. , Lalucat, J. , Jofre, J. and Blanch, A. (1997) *Vibrio scophthalmi* sp. nov. , a new species from Turbot (*Scophthalmus maximus*) . *International Journal of Systematic Bacteriology* 47, 58 – 61.

150 Chan, K. , Baumann, L. , Garza, M. and Baumann, P. (1978) Two new species of *Alteromonas*: *Alteromonas espejiana and Alteromonas undina*. *International Journal of Systematic Bacteriology* 28, 217 – 222.

151 Chang, C. , Jeong, J. , Shin, J. , Lee, E. and Son, H. (1999) *Rahnella aquatilis* sepsis in an immuno-competent adult. *Journal of Clinical Microbiology* 37, 4161 – 4162.

152 Chanock, R. , Hayflick, L. and Barile, M. (1962) Growth on artificial medium of an agent associated with atypical pneumonia and its identification as a pleuropneumonia-like organism. *Proceedings of the National Academy of Sciences USA* 48, 41 – 48.

153 Chapman, P. , Cipriano, R. and Teska, J. (1991) Isolation and phenotypic characterization of an oxidase-negative *Aeromonas salmonicida* causing furunculosis in coho salmon (*Oncorhynchus kisutch*) . *Journal of Wildlife Diseases* 27, 61 – 67.

154 Chen, M. F. , Henry-Ford, D. and Groff, J. M. (1995) Isolation and characterization of *Flexibacter maritimus* from marine fishes of California. *Journal of Aquatic Animal Health* 7, 318 – 326.

155 Chen, S. – C. , Lee, J. – L. , Lai, C. – C. , Gu, Y. – W. , Wang, C. – T. , Chang, H. – Y. and Tsai, K. – H. (2000) Nocardiosis in sea bass, *Lateolabrax japonicus*, in Taiwan. *Journal of Fish Diseases* 23, 299 – 307.

156 Chen, S. – C. , Lin, Y. – D. , Liaw, L. – L. and Wang, P. – C. (2001) *Lactococcus garvieae* infection in the giant freshwater prawn *Macrobranchium rosenbergii* confirmed by polymerase chain reaction and 16*S* rDNA sequencing. *Diseases of Aquatic Organisms* 45, 45 – 52.

157 Chen, S. – C. , Liaw, L. – L. , Su, H. – Y. , Ko, S. – C. , Wu, C. – Y. , Chaung, H. – C. , Tsai, Y. – H. , Yang, K. – L. , Chen, Y. – C. , Chen, T. – H. , Lin, G. – R. , Cheng, S. – Y. , Lin, Y. – D. , Lee, J. – L. , Lai, C. – C. , Weng, Y. – J. and Chu, S. – Y. (2002) *Lactococcus garvieae*, a cause of disease in grey mullet, *Mugil cephalus* L. , in Taiwan. *Journal of Fish Diseases* 25, 727 – 732.

158 Choopun, N. , Louis, V. , Huq, A. and Colwell, R. (2002) Simple procedure for rapid identification of *Vibrio cholerae* from the aquatic environment. *Applied and Environmental Microbiology* 68, 995 – 998.

159 Chopra, A. , Houston, C. , Peterson, J. and Jin, G. – F. (1993) Cloning, expression, and sequence analysis of a cytolytic enterotoxin gene from *Aeromonas hydrophila*. *Canadian Journal of Microbiology* 39, 513 – 523.

160 Chow, K. H. , Ng, T. K. , Yuen, K. Y. and Yam, W. C. (2001) Detection of RTX toxin gene in *Vibrio cholerae* by PCR. *Journal of Clinical Microbiology* 39, 2594 – 2597.

161 Chowdhury, M. A. R. , Yamanaka, H. , Miyoshi, S. , Aziz, K. M. S. and Shinoda, S. (1989) Ecology of *Vibrio mimicus* in aquatic environments. *Applied and Environmental Microbiology* 55, 2073 – 2078.

162 Christensen, P. (1980) *Flexibacter canadensis* sp. nov. *International Journal of Systematic Bacteriology* 30, 429 – 432.

163 Christensen, P. (1980) Description and taxonomic status of *Cytophaga heparina* (Payza and Korn) comb. nov. (Basionym: *Flavobacterium heparinum* Payza and Korn 1956) . *International Journal of Systematic Bacteriology* 30, 473 – 475.

164 Christensen, W. B. (1946) Urea decomposition as a means of differentiating *Proteus* and paracolon cultures from each other and from *Salmonella* and *Shigella* types. *Journal of Bacteriology* 52, 461 – 466.

165 Chun, J. , Seong, C. – N. , Bae, K. , Lee, K. – J. , Kang, S. – O. , Goodfellow, M. and Hah, Y. (1998) *Nocardia flavorosea* sp. nov. *International Journal of Systematic Bacteriology* 48, 901 – 905.

166 Cipriano, R. and Bertolini, J. (1988) Selection for virulence in the fish pathogen *Aeromonas salmonicida*, using coomassie brilliant blue agar. *Journal of Wildlife Diseases* 24, 672 – 678.

167 Cipriano, R. , Schill, W. , Pyle, S. and Horner, R. (1986) An epizootic in chinook salmon (*Oncorhynchus tshawytscha*) caused by a sorbitol – positive serovar 2 strain of *Yersinia ruckeri*. *Journal of Wildlife Diseases* 22, 488 – 492.

168 Cipriano, R. , Schill, W. B. , Teska, J. D. and Ford, L. A. (1996) Epizootiological study of bacterial cold – water disease in Pacific Salmon and further characterization of the etiological agent, *Flexibacter psychrophila*. *Journal of Aquatic Animal Health* 8, 28 – 36.

169 Clark, W. , Hollis, D. , Weaver, R. and Riley, P. (1984) *Identification of Unusual Pathogenic Gramnegative Aerobic and Facultatively Anaerobic Bacteria*. US Department of Health and Human Services, Public Health Service, Centres for Disease Control, Atlanta.

170 Clark, W. M. and Lubs, H. A. (1915) The differentia-tion of bacteria of the colon-aerogenes family by the use of indicators. *Journal of Infectious Diseases* 17, 161 – 173.

171 Clavareau, C. , Wellemans, V. , Walravens, K. , Tryland, M. , Verger, J. – M. , Grayon, M. , Cloeckaert, A. , Letesson, J. – J. and Godfroid, J. (1998) Phenotypic and molecular characterization of a Brucella strain isolated from a minke whale (*Balaenoptera acutorostrata*) . *Microbiology* 144, 3267 – 3273. 172 Cloeckaert, A. , Verger, J. – M. , Grayon, M. , Paquet, J. – Y. , Garin-Bastuji, B. , Foster, G. and

Godfroid, J. (2001) Classification of *Brucella* spp. isolated from marine mammals by DNA polymorphism at the *omp*2 locus. *Microbes and Infection* 3, 729 –738.

173 Coleman, S. , Melanson, D. , Biosca, E. and Oliver, J. (1996) Detection of *Vibrio vulnificus* biotypes 1and 2 in eels and oysters by PCR amplification. *Applied and Environmental Microbiology* 62, 1368 –1382.

174 Collins, M. , Farrow, J. , Phillips, B. and Kandler, O. (1983) *Streptococcus garvieae* sp. nov. and *Streptococcus plantarum* sp. nov. *Journal of General Microbiology* 129, 3427 –3431.

175 Collins, M. D. , Farrow, J. A. E. , Katic, V. and Kandler, O. (1984) Taxonomic studies on *Streptococci* of serological groups E, P, U and V: description of *Streptococcus porcinus* sp. nov. *Systematic and Applied Microbiology* 5, 402 –413.

176 Collins, M. D. , Farrow, J. A. E. , Phillips, B. A. , Ferusu, S. and Jones, D. (1987) Classification of *Lactobacillus divergens*, *Lactococcus piscicola*, and some catalase-negative, asporogenous, rodshaped bacteria from poultry in a new genus, *Carnobacterium*. *International Journal of Systematic Bacteriology* 37, 310 –316.

177 Collins, M. D. , Ash, C. , Farrow, J. A. E. , Wallbanks, S. and Williams, A. M. (1989) 16*S* Ribosomal ribonucleic acid sequence analysis of lactococci and related taxa. Description of *Vagococcus fluvialis* gen. nov. , sp. nov. *Journal of Applied Bacteriology* 67, 453 –460.

178 Collins, M. D. , Martinez-Murcia, A. J. and Cai, J. (1993) *Aeromonas enteropelogenes* and *Aeromonas ichthiosmia* are identicalto *Aeromonas trota* and *Aeromonas veronii*, respectively, as revealed by small-subunit rRNA sequence analysis. *International Journal of Systematic Bacteriology* 43, 855 –856.

179 Collins, M. D. and Lawson, P. A. (2000) The genus *Abiotrophia* (Kawamura *et al.*) is not mono-phyletic; proposal of *Granulicatella* gen. nov. , *Granulicatella adiacens* comb. nov. , *Granulicatella elegans* comb. nov. , and *Granulicatella balaenopterae*. *International Journal of Systematic and Evolutionary Microbiology* 50, 365 –369.

180 Collins, M. , Hoyles, L. , Hutson, R. , Foster, G. and Falsen, E. (2001) *Corynebacterium testudinoris* sp. nov. , from a tortoise, and *Corynebacterium felinum* sp. nov. , from a Scottish wild cat. *International Journal of Systematic and Evolutionary Microbiology* 51, 1349 –1352.

181 Collins, M. , Hutson, R. , Foster, G. , Falsen, E. and Weiss, N. (2002a) *Isobaculum melis* gen. nov. , sp. , nov. , a *Carnobacterium*-like organism isolated from the intestine of a badger. *International Journal of Systematic and Evolutionary Microbiology* 52, 207 –210.

182 Collins, M. D. , Hoyles, L. , Foster, G. , Falsen, E. and Weiss, N. (2002b) *Arthrobacter nasiphocae* sp. nov. , from the common seal (*Phoca vitulina*) . *International Journal of Systematic and Evolutionary Microbiology* 52, 569 –571.

183 Colorni, A. , Diamant, A. , Eldar, A. , Kvitt, H. and Zlotkin, A. (2002) *Streptococcus iniae* infections in Red Sea cage-cultured and wild fishes. *Diseases of Aquatic Organisms* 49, 165 –170.

184 Coquet, L. , Cosette, P. , Quillet, L. , Petit, F. , Junter, G. –A. and Jouenne, T. (2002) Occurrence and phenotypic characterization of *Yersinia ruckeri* strains with biofilm-forming capacity in a rainbow trout farm. *Applied and Environmental Microbiology* 68, 470 –475.

185 Corbel, M. and Morgan, W. B. (1975) Proposal for minimal standards for descriptions of new species and biotypes of the genus *Brucella*. *International Journal of Systematic Bacteriology* 25, 83 –89.

186 Cornick, J. , Morrison, C. , Zwicker, B. and Shum, G. (1984) Atypical *Aeromonas salmonicida* infection in Atlantic cod, *Gadus morhua* L. *Journal of Fish Diseases* 7, 495 –499.

187 Costa, R. , Mermoud, I. , Koblavi, S. , Morlet, B. , Haffner, P. , Berthe, F. , Legroumellec, M. and Grimont, P. (1998) Isolation and characterization of bacteria associated with a *Penaeus stylirostris* disease (Syndrome 93) in New Caledonia. *Aquaculture* 164, 297 –309.

188 Cottew, G. S. (1983) Recovery and identification of caprine and ovine mycoplasmas In: Razin, S. and Tully, J. (eds) *Methods in Mycoplasmology*, Vol. II. Academic Press, London, 91 –104.

189 Cottral, G. E. (ed.) (1978) *Manual of Standardized Methods for Veterinary Microbiology*. Cornell University Press, Ithaca, New York, 675.

190 Cousins, D. V. and Lloyd, J. M. (1988) Rapid identification of *Haemophilus somnus*, *Histophilus ovis and Actinobacillus seminis* using the API ZYM system. *Veterinary Microbiology* 17, 75 –81.

191 Cowan, S. T. and Steel, K. J. (1970) *Manual for the Identification of Medical Bacteria*. Cambridge University Press, Cambridge.

192 Coyne, V. and Al-Harthi, L. (1992) Induction of melanin biosynthesis in *Vibrio cholerae*. *Applied and Environmental Microbiology* 58, 2861 –2865.

193 Crosby, N. T. (1967) The determination of nitrite in water using Cleve' s acid 1-naphthylamine-7-sulphonic acid. *Proceedings of the Society for Water Treatment and Examination* 16, 51.

194 Crumlish, M. , Dung, T. T. , Turnbull, J. F. , Ngoc, N. T. N. and Ferguson, H. W. (2002) Identification of *Edwardsiella ictaluri* from diseased freshwater catfish, *Pangasius hypophthalmus* (Sauvage), cultured in the Mekong Delta, Vietnam. *Journal of Fish Diseases* 25, 733 –736.

195 Cruz, J. , Saraiva, A. , Eiras, J. , Branco, R. and Sousa, J. (1986) An outbreak of *Pleisiomonas Shigelloides* in farmed rainbow trout, *Salmo gairdneri* Richardson, in Portugal. *Bulletin of the European Association of Fish Pathologists* 6, 20 –22.

196 Dakin, W. , Howell, D. , Sutton, R. , O' Keefe, M. and Thomas, P. (1974) Gastroenteritis due to non-agglutinable (non-cholera) vibrios.

Medical Journal of Australia 2, 487 – 490.

197 Dalsgaard, I. and Paulsen, H. (1986) Atypical *Aeromonas salmonicida* isolated from diseased sand-eels, *Ammodytes lancea* (Cuvier) and *Hyperoplus lanceolatus* (Lesauvege). *Journal of Fish Diseases* 9, 361 – 364.

198 Dalsgaard, I., Jurgens, O. and Mortensen, A. (1988) *Vibrio salmonicida* isolated from farmed Atlantic salmon in the Faroe Islands. *Bulletin of the European Association of Fish Pathologists* 8, 53 – 54.

199 Dalsgaard, A., Dalsgaard, I., Høi, L. and Larsen, J. L. (1996) Comparison of a commercial biochemical kit and an oligonucleotide probe for identification of environmental isolates of *Vibrio vulnificus*. *Letters in Applied Microbiology* 22, 184 – 188.

200 Dalsgaard, I., Gudmundsdóttir, B., Helgason, S., Høie, S., Thoresen, O., Wichardt, U. and Wiklund, T. (1998) Identification of atypical *Aeromonas salmonicida*: inter-laboratory evaluation and harmonization of methods. *Journal of Applied Microbiology* 84, 999 – 1006.

201 Dalsgaard, I., Høi, L., Siebeling, R. J. and Dalsgaard, A. (1999) Indole-positive *Vibrio vulnificus* isolated from disease outbreaks on a Danish eel farm. *Diseases of Aquatic Organisms* 35, 187 – 194.

202 Daly, J. and Stevenson, R. (1985) Charcoal agar, a new growth medium for the fish disease bacterium *Renibacterium salmoninarum*. *Applied and Environmental Microbiology* 50, 868 – 871.

203 Danley, M. L., Goodwin, A. E. and Killian, H. S. (1999) Epizootics in farm-raised channel catfish, *Ictalurus punctatus* (Rafinesque), caused by the enteric redmouth bacterium *Yersinia ruckeri*. *Journal of Fish Diseases* 22, 451 – 456.

204 Daoust, P. – Y., Larson, B. and Johnson, G. (1989) Mycobacteriosis in yellow perch (*Perca flavescens*) from two lakes in Alberta. *Journal of Wildlife Diseases* 25, 31 – 37.

205 Daskalov, H., Stobie, M. and Austin, B. (1998) *Klebsiella pneumoniae*: a pathogen of rainbow trout (*Oncorhynchus mykiss*, Walbaum). *Bulletin of the European Association of Fish Pathologists* 18, 26 – 28.

206 Daskalov, H., Austin, D. and Austin, B. (1999) An improved growth medium for *Flavobacterium psychrophilum*. *Letters in Applied Microbiology* 28, 297 – 299.

207 Davies, R. (1990) O-serotyping of *Yersinia ruckeri* with special emphasis on European isolates. *Veterinary Microbiology* 22, 299 – 307.

208 Davies, R. L. (1991) Clonal analysis of *Yersinia ruckeri* based on biotypes, serotypes and outer membrane protein – types. *Journal of Fish Diseases* 14, 221 – 228.

209 Davies, R. L. and Frerichs, G. N. (1989) Morphological and biochemical differences among isolates of *Yersinia ruckeri* obtained from wide geographical areas. *Journal of Fish Diseases* 12, 357 – 365.

210 Davis, B. R., Fanning, G. R., Madden, J. M., Steigerwalt, A. G., Bradford, H. B., Smith, H. L. and Brenner, D. J. (1981) Characterisation of biochemically atypical *Vibrio cholerae* strains and designation of a new pathogenic species, *Vibrio mimicus*. *Journal of Clinical Microbiology* 14, 631 – 639.

211 Davis, H. S. (1922) A new bacterial disease of freshwater fishes. *Bulletin of the U. S. Bureau of Fisheries, Washington, DC* 38, 261 – 280.

212 Davis, J. and Sizemore, R. (1982) Incidence Of *Vibrio* species associated with Blue Crabs (*Callinectes sapidus*) collected from Galveston Bay, Texas. *Applied and Environmental Microbiology* 43, 1092 – 1097.

213 Decostere, A., Haesebrouck, F. and Devriese, L. (1997) Shieh medium supplemented with tobramycin for selective isolation of *Flavobacterium columnare* (*Flexibacter columnaris*) from diseased fish. *Journal of Clinical Microbiology* 35, 322 – 324.

214 Decostere, A., Haesebrouck, F. and Devriese, L. A. (1998) Characterization of four *Flavobacterium columnare* (*Flexibacter columnaris*) strains isolated from tropical fish. *Veterinary Microbiology* 62, 35 – 45.

215 DeLong, E., Wickham, G. and Pace, N. (1989) Phylogenetic strains: ribosomal RNA-based probes for the identification of single cells. *Science* 243, 1360 – 1363.

216 Denner, E. B. M., Vybiral, D., Fischer, U. R., Velimirov, B. and Busse, H. – J. (2002) *Vibrio calviensis* sp. nov., a halophilic, facultatively oligotrophic 0.2 μm-filterable marine bacterium. *International Journal of Systematic and Evolutionary Microbiology* 52, 549 – 553.

217 Desolme, B. and Bernardet, J. – F. (1996) Freezedrying of *Flavobacterium columnare*, *Flavobacterium psychrophilum* and *Flexibacter maritimus*. *Diseases of Aquatic Organisms* 27, 77 – 80.

218 Diamant, A., Banet, A., Ucko, M., Colorni, A., Knibb, W. and Kvitt, H. (2000) Mycobacteriosis in wild rabbitfish *Siganus rivulatus* associated with cage farming in the Gulf of Eilat, Red Sea. *Diseases of Aquatic Organisms* 39, 211 – 219.

219 Dienes, L. (1939) 'L' organism of Klieneberger and *Streptobacillus moniliformis*. *Journal of Infectious Diseases* 65, 24 – 42.

220 Dierckens, K. R., Vandenberghe, J., Beladjal, L., Huys, G., Mertens, J. and Swings, J. (1998) *Aeromonas hydrophila* causes 'black disease' in fairy shrimps (Anostraca; Crustacea). *Journal of Fish Diseases* 21, 113 – 119.

221 Diggles, B., Carson, J., Hine, P., Hickman, R. and Tait, M. (2000) *Vibrio* species associated with mortalities in hatchery-reared turbot (*Colistium nudipinnis*) and brill (*C. guntheri*) in New Zealand. *Aquaculture* 183, 1 – 12.

222 DiSalvo, L., Blecka, J. and Zebal, R. (1978) *Vibrio anguillarum* and larval mortality in a Californian coastal shellfish hatchery. *Applied and Environ-mental Microbiology* 35, 219 – 221.

223 Dodson, S. V., Maurer, J. J. and Shotts, E. B. (1999) Biochemical and molecular typing of *Streptococcus iniae* isolated from fish and human cases. *Journal of Fish Diseases* 22, 331 – 336.

224 Doménech, A., Fernández-Garayzábal, J. F., Pascual, C., García, J. A., Cutúli, M. T., Moreno, M. A., Collins, M. D. and Domínguez, L. (1996) Streptococcosis in cultured turbot, *Scophthalmus maximus* (L.), associated with *Streptococcus parauberis*. *Journal of Fish Diseases* 19, 33 – 38.

225 Doménech, A., Fernández-Garayzábal, J. F., García, J. A., Cutuli, M. T., Blanco, M., Gibello, A., Moreno, M. A. and Domínguez, L. (1999) Association of *Pseudomonas anguilliseptica* infection with 'winter disease' in sea bream, *Sparus aurata* L. *Journal of Fish Diseases* 22, 69 – 71.

226 Donlon, J., McGettigan, S., O' Brien, P. and Carra, P. O. (1983) Re-appraisal of the nature of the pigment produced by *Aeromonas salmonicida*. *FEMS Microbiology Letters* 19, 285 – 290.

227 Doukas, V., Athanassopoulou, F., Karagouni, E. and Dotsika, E. (1998) *Aeromonas hydrophila* infection in cultured sea bass, *Dicentrarchus labrax* L., and *Puntazzo puntazzo* Cuvier from the Aegean Sea. *Journal of Fish Diseases* 21, 317 – 320.

228 Drancourt, M., Bollet, C., Carta, A. and Rousselier, P. (2001) Phylogenetic analysis of *Klebsiella* species delineate *Klebsiella* and *Raoultella* gen. nov., with description of *Raoultella ornithinolytica* comb. nov., *Raoultella terrigena* comb. nov. and *Raoultella planticola* comb. nov. *International Journal of Systematic and Evolutionary Micro-biology* 51, 925 – 932.

229 Dunbar, S. and Clarridge, J. III (2000) Potential errors in recognition of *Erysipelothrix rhusio – pathiae*. *Journal of Clinical Microbiology* 38, 1302 – 1304.

230 Eaves, L. and Ketterer, P. (1994) Mortalities in red claw crayfish *Cherax quadricarinatus* associated with systemic *Vibrio mimicus* infection. *Diseases of Aquatic Organisms* 19, 233 – 237.

231 Egan, S., Holmstrom, C. and Kjelleberg, S. (2001) *Pseudoalteromonas ulvae* sp. nov., a bacterium with antifouling activities isolated from the surface of a marine alga. *International Journal of Systematic and Evolutionary Microbiology* 51, 1499 – 1504.

232 Egidius, E., Wiik, R., Andersen, K., Hoff, K. A. and Hjeltnes, B. (1986) *Vibrio salmonicida* sp. nov., a new fish pathogen. *International Journal of Systematic Bacteriology* 36, 518 – 520.

233 Eldar, A., Bejerano, Y. and Bercovier, H. (1994) *Streptococcus shiloi* and *Streptococcus difficile*: two new Streptococcal species causing a meningo – encephalitis in fish. *Current Microbiology* 28, 139 – 143.

234 Eldar, A., Bejerano, Y., Livoff, A., Horovitcz, A. and Bercovier, H. (1995a) Experimental streptococcal menigo-encephalitis in cultured fish. *Veterinary Microbiology* 43, 33 – 40.

235 Eldar, A., Frelier, P. F., Assenta, L., Varner, P. W., Lawhon, S. and Bercovier, H. (1995b) *Streptococcus shiloi*, the name for an agent causing septicemic infection in fish, is a junior synonym of *Streptococcus iniae*. *International Journal of Systematic Bacteriology* 45, 840 – 842.

236 Eldar, A., Ghittino, C., Asanta, L., Bozzetta, E., Goria, M., Prearo, M. and Bercovier, H. (1996) *Enterococcus seriolicida* is a junior synonym Of *Lactococcus garvieae*, a causative agent of septicaemia and meningoencephalitis in fish. *Current Microbiology* 32, 85 – 88.

237 Eldar, A., Gloria, M., Ghittino, C., Zlotkin, A. and Bercovier, H. (1999) Biodiversity of *Lactococcus garvieae* strains isolated from fish in Europe, Asia, and Australia. *Applied and Environmental Microbiology* 65, 1005 – 1008.

238 Elliott, J. and Facklam, R. (1996) Antimicrobial susceptibilities of *Lactococcus lactis* and *Lactococcus garvieae* and a proposed method to discriminate between them. *Journal of Clinical Microbiology* 34, 1296 – 1298.

239 Enger, Ø., Nygaard, H., Solberg, M., Schei, G., Nielsen, J. and Dundas, I. (1987) Characterization of *Alteromonas denitrificans* sp. nov. *International Journal of Systematic Bacteriology* 37, 416 – 421.

240 Esteve, C., Amaro, C., Biosca, E. and Garay, E. (1995) Biochemical and toxigenic properties of *Vibrio furnissii* isolated from a European eel farm. *Aquaculture* 132, 81 – 90.

241 Esteve, C., Gutiérrez, M. C. and Ventosa, A. (1995) *Aeromonas encheleia* sp. nov., isolated from European eels. *International Journal of Systematic Bacteriology* 45, 462 – 466.

242 Evans, J. J., Klesius, P. H., Gilbert, P. M., Shoemaker, C. A., Sarawi, M. A. A., Landsberg, J., Duremdez, R., Marzouk, A. A. and Zenki, S. A. (2002) Characterization of b-haemolytic Group B *Streptococcus agalactiae* in cultured seabream, *Sparus auratus* L., and wild mullet, *Liza klunzingeri* (Day), in Kuwait. *Journal of Fish Diseases* 25, 505 – 513.

243 Evelyn, T. (1977) An improved growth medium for the kidney disease bacterium and some notes on using the medium. *Bulletin de L' Office International des Epizooties* 87, 511 – 513.

244 Evelyn, T. and Prosperi-Porta, L. (1989) Inconsistent performance of KDM2, a culture medium for the kidney disease bacterium *Renibacterium salmoninarum*, due to variation in the composition of its peptone ingredient. *Diseases of Aquatic Organisms* 7, 227 – 229.

245 Evelyn, T., Prosperi-Porta, L. and Ketcheson, J. (1990) Two new techniques for obtaining consistent results when growing *Renibacterium salmoninarum* on KDM2 culture medium. *Diseases of Aquatic Organisms* 9, 209 – 212.

246 Evenberg, D., Versluis, R. and Lugtenberg, B. (1985) Biochemical and immunological characterization of the cell surface of the fish patho-

genic bacterium *Aeromonas salmonicida*. *Biochimica et Biophysica Acta* 815, 233 – 244.

247 Ewalt, D. R., Payeur, J. B., Martin, B. M., Cummins, D. R. and Miller, W. G. (1994) Characteristics of a *Brucella* species from a bottlenose dolphin (*Tursiops truncatus*). *Journal of Veterinary Diagnostic Investigation* 6, 448 – 452.

248 Ewing, W. and Davies, B. (1972) Biochemical characterization of *Citrobacter diversus* (Burkey) Werkman and Gillen and designation of the neotype strain. *International Journal of Systematic Bacteriology* 22, 12 – 18.

249 Ewing, W. H. and Fife, M. A. (1972) *Enterobacter agglomerans* (Beijerinck) comb. nov. (the herbicolaLathyri bacteria). *International Journal of Systematic Bacteriology* 22, 4 – 11.

250 Ewing, W. H., Ross, A. J., Brenner, D. J. and Fanning, G. R. (1978) *Yersinia ruckeri* sp. nov., the redmouth (RM) bacterium. *International Journal of Systematic Bacteriology* 28, 37 – 44.

251 Farkas, J. (1985) Filamentous *Flavobacterium* sp. isolated from fish with gill disease in cold water. *Aquaculture* 44, 1 – 10.

252 Farmer, J. III and McWhorter, A. (1984) Genus *Edwardsiella*. In: Krieg, N. R. and Holt, J. G. (eds) *Bergey' s Manual of Systematic Bacteriology*, Vol. I. Williams & Wilkins, Baltimore, Maryland, 486 – 491.

253 Farrell, I. D. (1974) The development of a new selective medium for the isolation of *Brucella abortus* from contaminated sources. *Research in Veterinary Science* 16, 280 – 286.

254 Farto, R., Montes, M., Pérez, M., Nieto, T., Larsen, J. and Pedersen, K. (1999) Characterization by numerical taxonomy and ribotyping of *Vibrio splendidus* biovar I and *Vibrio scophthalmi* strains associated with turbot cultures. *Journal of Applied Microbiology* 86, 796 – 804.

255 Fearrington, E., Rand, C., Mewborn, A. and Wilkerson, J. (1974) Non – cholera vibrio septicemia and meningoencephalitis. *Annals of Internal Medicine*, 81, 401.

256 Ferragut, C., Izard, D., Gavini, F., Kersters, K., Ley, J. D. and Leclerc, H. (1983) *Klebsiella trevisanii*: a new species from water and soil. *International Journal of Systematic Bacteriology* 33, 133 – 142.

257 Fidopiastis, P. M., Boletzky, S. V. and Ruby, E. G. (1998) A new niche for *Vibrio logei*, the predominant light organ symbiont of squids in the genus Sepiola. *Journal of Bacteriology* 180, 59 – 64.

258 Fields, P., Popovic, T., Wachsmuth, K. and Olsvik, O. (1992) Use of Polymerase Chain Reaction for detection of toxigenic *Vibrio cholerae* 01 strains from the Latin American cholera epidemic. *Journal of Clinical Microbiology* 30, 2118 – 2121.

259 Filler, G., Ehrich, J., Strauch, E. and Beutin, L. (2000) Acute renal failure in an infant associated with cytotoxic *Aeromonas sobria* isolated from patient' s stool and from aquarium water as suspected source of infection. *Journal of Clinical Microbiology* 38, 469 – 470.

260 Foo, J. T. W., Ho, B. and Lam, T. L. (1985) Mass mortality in *Siganus canaliculatus* due to streptococcal infection. *Aquaculture* 49, 185 – 195.

261 Forbes, L., Nielsen, O., Measures, L. and Ewalt, D. (2000) Brucellosis in ringed seals and harp seals from Canada. *Journal of Wildlife Diseases* 36, 595 – 598.

262 Foster, G., Jahans, K. L., Reid, R. J. and Ross, H. M. (1996a) Isolation of *Brucella* species from cetaceans, seals and an otter. *Veterinary Record* 138, 583 – 586.

263 Foster, G., Ross, H. M., Malnick, H., Willems, A., Garcia, P., Reid, R. J. and Collins, M. D. (1996b) *Actinobacillus delphinicola* sp. nov., a new member of the family *Pasteurellaceae Pohl* (1979) 1981 isolated from sea mammals. *International Journal of Systematic Bacteriology* 46, 648 – 652.

264 Foster, G., Ross, H. M., Hutson, R. A. and Collins, M. D. (1997) *Staphylococcus lutrae* sp. nov., a new coagulase-positive species isolated from otters. *International Journal of Systematic Bacteriology* 47, 724 – 726.

265 Foster, G., Ross, H. M., Patterson, I. A. P., Hutson, R. A. and Collins, M. D. (1998) *Actinobacillus Scotiae* sp. nov., a new member of the family *Pasteurellaceae* Pohl (1979) 1981 isolated from porpoises (*Phocoena phocoena*). *International Journal of Systematic Bacteriology* 48, 929 – 933.

266 Foster, G., Ross, H., Malnick, H., Willems, A., Hutson, R., Reid, R. and Collins, M. (2000) *Phocoenobacter uteri* gen. nov., sp. nov., a new member of the family *Pasteurellaceae* Pohl (1979) 1981 isolated from a harbour porpoise (*Phocoena phocoena*). *International Journal of Systematic and Evolutionary Microbiology* 50, 135 – 139.

267 Foster, G., MacMillan, A. P., Godfroid, J., Howie, F., Ross, H. M., Cloeckaert, A., Reid, R. J., Brew, S. and Patterson, I. A. P. (2002) A review of *Brucella* sp. infection of sea mammals with particular emphasis on isolates from Scotland. *Veterinary Microbiology* 90, 563 – 580.

268 Fouz, B., Larsen, J., Nielsen, B., Barja, J. and Toranzo, A. (1992) Characterization of *Vibrio damsela* strains isolated from turbot *Scophthalmus maximus* in Spain. *Diseases of Aquatic Organisms* 12, 155 – 166.

269 Freundt, E. A. (1983) Culture media for classic mycoplasmas. In: Razin, S. and Tully, J. (eds) *Methods in Mycoplasmology*, Vol. I. Academic Press, London, 128 – 139.

270 Friedman, C., Beaman, B., Chun, J., Goodfellow, M., Gee, A. and Hedrick, R. (1998) *Nocardia Crassostreae* sp nov., the causal agent

of nocardiosis in Pacific oysters. *International Journal of Systematic Bacteriology* 48, 237 – 246.

271 Fuhrmann, H., Böhm, K. H. and Schlotfeldt, H. – J. (1984) On the importance of enteric bacteria in the bacteriology of freshwater fish. *Bulletin of the European Association of Fish Pathologists* 4, 42 – 46.

272 Fujino, T., Sakazaki, R. and Tamura, K. (1974) Designation of the type strain of *Vibrio parahaemolyticus* and description of 200 strains of the species. *International Journal of Systematic Bacteriology* 24, 447 – 449.

273 Fukuda, Y., Matsuoka, S., Mizuno, Y. and Narita, K. (1996) *Pasteurella piscicida* infection in cultured juvenile Japanese flounder. *Fish Pathology* 31, 33 – 38.

274 Funke, G., Ramos, C., Fernάndez-Garayzάbal, J., Weiss, N. and Collins, M. (1995) Description of human-derived Centers for Disease Control Coryneform Group 2 bacteria as *Actinomyces bernardiae* sp. nov. *International Journal of Systematic Bacteriology* 45, 57 – 60.

275 Furniss, A. L. and Donovan, T. J. (1974) The isolation and identification of *Vibrio cholerae*. *Journal of Clinical Pathology* 27, 764 – 766.

276 Furniss, A. L., Lee, J. V. and Donovan, T. J. (1977) Group F, a new vibrio? *Lancet* ii, 565 – 566.

277 Furniss, A. L., Lee, J. V. and Donovan, T. J. (1978) The Vibrios. *Public Health Laboratory Science. Monograph Series No.* 11. London, 3 – 57.

278 Gales, N., Wallace, G. and Dickson, J. (1985) Pulmonary Cryptococcosis in a striped dolphin (*Stenella coeruleoalba*). *Journal of Wildlife Diseases* 21, 443 – 446.

279 Garcia, M. T., Ventosa, A., Ruiz – Berraquero, F. And Kocur, M. (1987) Taxonomic study and amended description of *Vibrio costicola*. *International Journal of Systematic Bacteriology* 37, 251 – 256.

280 Garland, C. D., Nash, G. V., Sumner, C. E. and McMeekin, T. A. (1983) Bacterial pathogens of oyster larvae (*Crassostrea gigas*) in a Tasmanian hatchery. *Australian Journal of Marine and Freshwater Research* 34, 483 – 487.

281 Gatesoupe, F. J., Lambert, C. and Nicolas, J. L. (1999) Pathogenicity of *Vibrio splendidus* strains associated with turbot larvae, *Scophthalmus maximus*. *Journal of Applied Microbiology* 87, 757 – 763.

282 Gauger, E. and Gόmez-Chiarri, M. (2002) 16*S* ribosomal DNA sequencing confirms the synonymy of *Vibrio harveyi* and *V. carchariae*. *Diseases of Aquatic Organisms* 52, 39 – 46.

283 Gauthier, M. J. (1976a) *Alteromonas rubra* sp. nov., a new marine antibiotic – producing bacterium. *International Journal of Systematic Bacteriology* 26, 459 – 466.

284 Gauthier, M. J. (1976b) Morphological, physiological, and biochemical characteristics of some violet-pigmented bacteria isolated from seawater. *Canadian Journal of Microbiology* 22, 138 – 149.

285 Gauthier, M. J. (1977) *Alteromonas citrea*, a new Gram – negative, yellow-pigmented species from seawater. *International Journal of Systematic Bacteriology* 27, 349 – 354.

286 Gauthier, M. and Breittmayer, V. (1979) A new antibiotic-producing bacterium from seawater: *Alteromonas aurantia* sp. nov. *International Journal of Systematic Bacteriology* 29, 366 – 372.

287 Gauthier, M. J. (1982) Validation of the name *Alteromonas luteoviolacea*. *International Journal of Systematic Bacteriology* 32, 82 – 86.

288 Gauthier, G., Gauthier, M. and Christen, R. (1995a) Phylogenetic analysis of the genera *Alteromonas*, *Shewanella*, and *Moritella* using genes coding for small-subunit rRNA sequences and division of the genus *Alteromonas* into two genera, *Alteromonas* (emended) and *Pseudo-alteromonas* gen. nov., and proposal of twelve new species combinations. *International Journal of Systematic Bacteriology* 45, 755 – 761.

289 Gauthier, G., Lafay, B., Ruimy, R., Breittmayer, V., Nicolas, J. L., Gauthier, M. and Christen, R. (1995b) Small-subunit rRNA sequences and whole DNA relatedness concur for the reassignment of *Pasteurella piscicida* (Snieszko *et al.*) Janssen and Surgalla to the genus *Photobacterium* as *Photobacterium damsela* subsp. *Piscicida* comb. nov. *International Journal of Systematic Bacteriology* 45, 139 – 144.

290 Gavini, F., Ferragut, C., Izard, D., Trinel, P., Leclerc, H., Lefebvre, B. and Mossel, D. (1979) *Serratia fonticola*, a new species from water. *International Journal of Systematic Bacteriology* 29, 92 – 101.

291 Gavini, F., Mergaert, J., Beji, A., Mielcarek, C., Izard, D., Kersters, K. and Ley, J. D. (1989) Transfer of *Enterobacter agglomerans* (Beijerinck 1888) Ewing and Fife 1972 to *Pantoea* gen. nov. as *Pantoea agglomerans* comb. nov. and description of *Pantoea dispersa* sp. nov. *International Journal of Systematic Bacteriology* 39, 337 – 345.

292 Geraci, J., Sauer, R. and Medway, W. (1966) Erysipelas in Dolphins. *American Journal of Veterinary Research* 27, 597 – 606.

293 Gibello, A., Blanco, M. M., Moreno, M. A., Cutúli, M. T., Doménech, A., Domínguez, L. and Fernάndez-Garayzάbal, J. F. (1999) Development of a PCR assay for detection of *Yersinia ruckeri* in tissues of inoculated and naturally infected trout. *Applied and Environmental Microbiology* 65, 346 – 350.

294 Gibson, L. F., Woodworth, J. and George, A. M. (1998) Probiotic activity of *Aeromonas media* on the Pacific oyster, *Crassostrea gigas*, when challenged with *Vibrio tubiashii*. *Aquaculture* 169, 111 – 120.

295 Giebel, J., Meier, J., Binder, A., Flossdorf, J., Poveda, J., Schmidt, R. and Kirchhoff, H. (1991) *Mycoplasma phocarhinis* sp. nov. and *Myco – plasma phocacerebrale* sp. nov., two new species from harbour seals (*Phoca vitulina*L.). *Inter-national Journal of Systematic Bac-*

teriology 41, 39 - 44.

296 Gil, P., Vivas, J., Gallardo, C. S. and Rodriguez, L. A. (2000) First isolation of *Staphylococcus warneri*, from diseased rainbow trout, *Oncorhynchus mykiss* (Walbaum), in Northwest Spain. *Journal of Fish Diseases* 23, 295 - 298.

297 Gilardi, G. (1983) *Identification of Glucosenonfermenting Gram-negative Rods.* American Society for Microbiology, Washington, DC.

298 Gilmartin, W., Vainik, P. and Neill, V. (1979) Salmonellae in feral pinnipeds off the southern California coast. *Journal of Wildlife Diseases* 15, 511 - 514.

299 Gjerde, J. (1984) Occurrence and characterization Of *Aerococcus viridans* from lobsters, *Homarus gammarus* L., dying in captivity. *Journal of Fish Diseases* 7, 355 - 362.

300 Glazebrook, J. S. and Campbell, R. S. F. (1990a) A survey of the diseases of marine turtles in northern Australia. I. Farmed turtles. *Diseases of Aquatic Organisms* 9, 83 - 95.

301 Glazebrook, J. S. and Campbell, R. S. F. (1990b) A survey of the diseases of marine turtles in northern Australia. II. Oceanarium - reared and wild turtles. *Diseases of Aquatic Organisms* 9, 97 - 104.

302 Goldenberger, D., Perschil, I., Ritzler, M. and Altwegg, M. (1995) A simple 'universal' DNA extraction procedure using SDS and proteinase K is compatible with direct PCR amplification. *PCR Methods and Applications* 4, 368 - 370.

303 Goldman, C., Loureiro, J., Quse, V., Corach, D., Calderon, E., Caro, R., Boccio, J., Heredia, S., Carlo, M. D. and Zubillaga, M. (2002) Evidence of *Helicobacter* sp. in dental plaque of captive dolphins (*Tursiops gephyreus*). *Journal of Wildlife Diseases* 38, 644 - 648.

304 Gomez-Gil, B., Tron - Mayén, L., Roque, A., Turnbull, J., Inglis, V. and Guerra-Flores, A. (1998) Species of *Vibrio* isolated from hepatopancreas, haemolymph and digestive tract of a population of healthy juvenile *Penaeus vannamei. Aquaculture* 163, 1 - 9.

305 Gomez-Gil, B., Thompson, F., Thompson, C. and Swings, J. (2003a) *Vibrio rotiferianus* sp. nov., isolated from cultures of the rotifer *Brachionus plicatilis. International Journal of Systematic and Evolutionary Microbiology* 53, 239 - 243.

306 Gomez-Gil, B., Thompson, F., Thompson, C. and Swings, J. (2003b) *Vibrio pacinii* sp. nov., from cultured aquatic organisms. *International Journal of Systematic and Evolutionary Microbiology* 53, 1569 - 1573.

307 Goodwin, AE., Roy, J. S. Jr., Grizzle, J. M. and Goldspy, M. T. Jr. (1994) *Bacillus mycoides*: a bacterial pathogen of channel catfish *Ictalurus punctatus. Diseases of Aquatic Organisms*18, 173 - 179.

308 Gordon, M. A. (1976) Characterization of *Dermatophilus congolensis*: its affinities with The *Actinomycetales* and differentiation from *Geodermatophilusi.* In: Lloyd, D. H. and Sellers, K. C. (eds) *Dermatophilus Infection in Animals and Man.* Academic Press, London, pp. 187 - 201.

309 Gordon, R., Barnett, D., Handerhan, J. and Pang, C. H. - N. (1974) *Nocardia coeliaca*, *Nocardia autotrophica*, and the Nocardin strain. *International Journal of Systematic Bacteriology* 24, 54 - 63.

310 Graevenitz, A., Bowman, J., Notaro, C. D. and Ritzler, M. (2000) Human infection with *Halomonas venusta* following fish bite. *Journal of Clinical Microbiology* 38, 3123 - 3124.

311 Grandis, S. de, Krell, P., Flett, D. and Stevenson, R. (1988) Deoxyribonucleic acid relatedness of serovars of *Yersinia ruckeri*, the enteric redmouth bacterium. *International Journal of Systematic Bacteriology* 38, 49 - 55.

312 Greenwood, A. and Taylor, D. (1978) Clostridial myositis in marine mammals. *Veterinary Record* 103, 54 - 55.

313 Greipsson, S. and Priest, F. (1983) Numerical taxonomy of *Hafnia alvei. International Journal of Systematic Bacteriology* 33, 470 - 475.

314 Grimes, D., Stemmler, J., Hada, H., May, E., Maneval, D., Hetrick, F., Jones, R., Stoskopf, M. and Colwell, R. (1984) *Vibrio* species associated with mortality of sharks held in captivity. *Microbial Ecology* 10, 271 - 282.

315 Grimes, D., Gruber, S. and May, E. (1985) Experimental infection of lemon sharks, *Negaprion brevirostris* (Poey), with *Vibrio* species. *Journal of Fish Diseases* 8, 173 - 180.

316 Grimes, D. J., Jacobs, D., Swartz, D., Brayton, P. and Colwell, R. (1993) Numerical taxonomy of gram- - negative, oxidase - positive rods from carcharhinid sharks. *International Journal of Systematic Bacteriology* 43, 88 - 98.

317 Grimont, P., Grimont, F., Richard, C. and Sakazaki, R. (1980) *Edwardsiella hoshinae*, a new species of *Enterobacteriaceae. Current Microbiology* 4, 347 - 351.

318 Gudmundsdóttir, B. K., Hastings, T. S. and Ellis, A. E. (1990) Isolation of a new toxic protease from a strain of *Aeromonas salmonicida* subspecies *achromogenes. Diseases of Aquatic Organisms* 9, 199 - 208.

319 Guerinot, M. L., West, P. A., Lee, J. V. and Colwell, R. R. (1982) *Vibrio diazotrophicus* sp. nov., a marine nitrogen - fixing bacterium. *International Journal of Systematic Bacteriology* 32, 350 - 357.

320 Gunn, B. and Colwell, R. (1983) Numerical taxonomy of Staphylococci isolated from the marine environment. *International Journal of Systematic Bacteriology* 33, 751 - 759.

321 Hada, H. S., West, P. A., Lee, J. V., Stemmler, J. and Colwell, R. R. (1984) *Vibrio tubiashii* sp. nov., a pathogen of bivalve mollusks. *International Journal of Systematic Bacteriology* 34, 1 - 4.

322 Hahnel, G. B. and Gould, R. W. (1982) Effects of temperature on biochemical reactions and drug resistance of virulent and avirulent *Aero-*

monas salmonicida. Journal of Fish Diseases 5, 329 – 337.

323 Hänninen, M. – L. and Hirvelä – Koski, V. (1997) Molecular and phenotypic methods for the characterization of atypical *Aeromonas salmonicida. Veterinary Microbiology* 56, 147 – 158.

324 Hansen, G., Bergh, O., Michaelsen, J. and Knappskog, D. (1992) *Flexibacter ovolyticus* sp. nov., a pathogen of eggs and larvae of Atlantic halibut, *Hippoglossus hippoglossus* L. *International Journal of Systematic Bacteriology* 42, 451 – 458.

325 Hansen, G. H., Raa, J. and Olafsen, J. A. (1990) Isolation of *Enterobacter agglomerans* from dolphin fish, *Coryphaena hippurus* L. *Journal of Fish Diseases* 13, 93 – 96.

326 Hao, M. V. and Komagata, K. (1985) A new species of *Planococcus*, *P. kocurii* isolated from fish, frozen foods, and fish curing brine. *Journal of General and Applied Microbiology* 31, 441 – 455.

327 Harper, C., Dangler, C., Xu, S., Feng, Y., Shen, Z., Sheppard, B., Stamper, A., Dewhirst, F., Paster, B. and Fox, J. (2000) Isolation and characterization of a *Helicobacter* sp. from the gastric mucosa of dolphins, *Lagenorhynchus acutus* and *Delphinus delphis. Applied and Environmental Microbiology* 66, 4751 – 4757.

328 Harper, C. G., Feng, Y., Xu, S., Taylor, N., Kinsel, M., Dewhirst, F., Paster, B., Greenwell, M., Levine, G., Rogers, A. and Fox, J. (2002a) *Helicobacter cetorum* sp. nov., a urease-positive *Helicobacter* species isolated from dolphins and whales. *Journal of Clinical Microbiology* 40, 4536 – 4543.

329 Harper, C., Xu, S., Feng, Y., Dunn, J. L., Taylor, N., Dewhirst, F. and Fox, J. (2002b) Identification of novel *Helicobacter* spp. from a Beluga whale. *Applied and Environmental Microbiology* 68, 2040 – 2043.

330 Håstein, T. and Holt, G. (1972) The occurrence of vibrio disease in wild Norwegian fish. *Journal of Fish Biology* 4, 33 – 37.

331 Håstein, T., Saltveit, S. and Roberts, R. (1978) Mass mortality among minnows *Phoxinus phoxinus* (L.) in Lake Tveitevatn, Norway, due to an aberrant strain of *Aeromonas salmonicida. Journal of Fish Diseases* 1, 241 – 249.

332 Hatai, K., Egusa, S. and Chikahata, H. (1975) *Pseudomonas chlororaphis* as a fish pathogen. *Bulletin of the Japanese Society of Scientific Fisheries* 41, 1203.

333 Hawke, J., Plakas, S., Minton, R., McPhearson, R., Snider, T. and Guarino, A. (1987) Fish Pasteurellosis of cultured striped bass (*Morone saxatilis*) in coastal Alabama. *Aquaculture* 65, 193 – 204.

334 Hawke, J. P., McWhorter, A. C., Steigerwalt, A. G. and Brenner, D. J. (1981) *Edwardsiella ictaluri* sp. nov., the causative agent of enteric septicaemia of catfish. *International Journal of Systematic Bacteriology* 31, 396 – 400.

335 Hayflick, L. (1965) Tissue cultures and mycoplasmas. *Texas Reports on Biology and Medicine* 23, Supplement 1, 285 – 303.

336 Hebert, A. M. and Vreeland, R. H. (1987) Phenotypic comparison of halotolerant bacteria: *Halomonas halodurans* sp. nov., rev., comb. nov. *International Journal of Systematic Bacteriology* 37, 347 – 350.

337 Heckert, R., Elankumaran, S., Milani, A. and Baya, A. (2001) Detection of a new *Mycobacterium* species in wild striped bass in the Chesapeake Bay. *Journal of Clinical Microbiology* 39, 710 – 715.

338 Hedlund, B. and Staley, J. (2001) *Vibrio cyclotrophicus* sp. nov., a polycyclic aromatic hydrocarbon (PAH) -degrading marine bacterium. *International Journal of Systematic and Evolutionary Microbiology* 51, 61 – 66.

339 Hedrick, R., McDowell, T. and Groff, J. (1987) Mycobacteriosis in cultured striped bass from California. *Journal of Wildlife Diseases* 23, 391 – 395.

340 Hendrie, M., Hodgkiss, W. and Shewan, J. (1970) The identification, taxonomy and classification of luminous bacteria. *Journal of General Microbiology* 64, 151 – 169.

341 Hendrie, M., Hodgkiss, W. and Shewan, J. (1971a) Proposal that the species *Vibrio anguillarum* Bergman 1909, *Vibrio piscium* David 1927, and *Vibrio ichthyodermis* (Wells and ZoBell) Shewan, Hobbs, and Hodgkiss 1960 be combined as a Single species, *Vibrio anguillarum. International Journal of Systematic Bacteriology* 21, 64 – 68.

342 Hendrie, M., Hodgkiss, W. and Shewan, J. (1971b) Proposal that *Vibrio marinus* (Russell 1891) Ford 1927 be amalgamated with *Vibrio fischeri* (Beijerinck 1889) Lehmann and Neumann 1896. *International Journal of Systematic Bacteriology* 21, 217 – 221.

343 Henley, M. W. and Lewis, D. H. (1976) Anaerobic bacteria associated with epizootics in grey mullet (*Mugil cephalus*) and redfish (*Sciaenops ocellata*) along the Texas gulf coast. *Journal of Wildlife Diseases* 12, 448 – 453.

344 Henrichsen, J. (1972) Bacterial surface transloca tion: a survey and classification. *Bacteriological Reviews* 36, 478 – 503.

345 Herbst, L., Costa, S., Weiss, L., Johnson, L., Bartell, J., Davis, R., Walsh, M. and Levi, M. (2001) Granulomatous skin lesions in Moray eels caused by a novel *Mycobacterium* species related to *Mycobacterium triplex. Infection and Immunity* 69, 4639 – 4646.

346 Hickman, F. W., Farmer, J. J. III., Hollis, D. G., Fanning, G. R., Steigerwalt, A. G., Weaver, R. E. and Brenner, D. J. (1982) Identification of *Vibrio hollisae* sp. nov. from patients with diarrhea. *Journal of Clinical Microbiology* 15, 395 – 401.

347 Hickman-Brenner, F. W., MacDonald, K. L., Steigerwalt, A. G., Fanning, G. R., Brenner, D. J. and Farmer, J. J. III (1987) *Aeromonas veronii*, a new ornithine decarboxylase – positive species that may cause diarrhea. *Journal of Clinical Microbiology* 25, 900 – 906.

348 Hickman - Brenner, F. W. , Fanning, G. R. , Arduino, M. J. , Brenner, D. J. and Farmer, J. J. III (1988) *Aeromonas schubertii*, a new mannitol - negative species found in human clinical specimens. *Journal of Clinical Microbiology* 26, 1561 - 1564.

349 Hicks, C. , Kinoshita, R. and Ladds, P. (2000) Pathology of melioidosis in captive marine mammals. *Australian Veterinary Journal* 78, 193 - 195.

350 Hill, A. (1985) *Mycoplasma testudinis*, a new species isolated from a Tortoise. *International Journal of Systematic Bacteriology* 35, 489 - 492.

351 Hirono, I. , Masuda, T. and Aoki, T. (1996) Cloning and detection of the hemolysin gene of *Vibrio anguillarum. Microbial Pathogenesis* 21, 173 - 182.

352 Hirvelä-Koski, V. , Koski, P. and Niiranen, H. (1994) Biochemical properties and drug resistance of *Aeromonas salmonicida* in Finland. *Diseases of Aquatic Organisms* 20, 191 - 196.

353 Hiu, S. F. , Holt, R. A. , Sriranganathan, N. , Seidler, R. J. and Fryer, J. L. (1984) *Lactobacillus piscicola*, a new species from salmonid fish. *International Journal of Systematic Bacteriology* 34, 393 - 400.

354 Hogardt, M. , Trebesius, K. , Geiger, A. , Hornef, M. , Rosenecker, J. and Heesemann, J. (2000) Specific and rapid detection by fluorescent in situ hybridization of bacteria in clinical samples obtained from cystic fibrosis patients. *Journal of Clinical Microbiology* 38, 818 - 825.

355 Høi, L. , Dalsgaard, I. and Dalsgaard, A. (1998a) Improved isolation of *Vibrio vulnificus* from seawater and sediment with Cellobiose-Colistin Agar. *Applied and Environmental Microbiology* 64, 1721 - 1724.

356 Høi, L. , Dalsgaard, I. , DePaola, A. , Siebeling, R. J. and Dalsgaard, A. (1998b) Heterogeneity among isolates of *Vibrio vulnificus* recovered from eels (*Anguilla anguilla*) in Denmark. *Applied and Environmental Microbiology* 64, 4676 - 4682.

357 Høie, S. , Heum, M. and Thoresen, O. (1997) Evaluation of a polymerase chain reaction - based assay for the detection of *Aeromonas salmonicidass salmonicida* in Atlantic salmon *Salmo salar. Diseases of Aquatic Organisms* 30, 27 - 35.

358 Hollis, D. , Weaver, R. , Baker, C. and Thornsberry, C. (1976) Halophilic *Vibrio* species isolated from blood cultures. *Journal of Clinical Microbiology* 3, 425 - 431.

359 Holmes, B. (1986) Identification and distribution of *Pseudomonas stutzeri* in clinical material. *Journal of Applied Bacteriology* 60, 401 - 411.

360 Holmes, B. , Lapage, S. P. and Malnick, H. (1975) Strains of *Pseudomonas putrefaciens* from clinical material. *Journal of Clinical Pathology* 28, 149 - 155.

361 Holmes, B. , Owen, R. , Evans, A. , Malnick, H. and Willcox, W. (1977a) *Pseudomonas paucimobilis*, a new species isolated from human clinical specimens, the hospital environment, and other sources. *International Journal of Systematic Bacteriology* 27, 133 - 146.

362 Holmes, B. , Snell, J. and Lapage, S. (1977b) Revised description, from clinical isolates, of *Flavobacterium odoratum* Stutzer and Kwaschnina 1929, and designation of the neotype strain. *International Journal of Systematic Bacteriology* 27, 330 - 336.

363 Holmes, B. , Snell, J. and Lapage, S. (1978) Revised description, from clinical strains, of *Flavobacterium breve* (Lustig) Bergey *et al.* 1923 and proposal of the neotype strain. *International Journal of Systematic Bacteriology* 28, 201 - 208.

364 Holmes, B. , Owen, R. J. and Weaver, R. E. (1981) *Flavobacterium multivorum*, a new species iso - lated from human clinical specimens and previ - ously known as group IIk, biotype 2. *International Journal of Systematic Bacteriology* 31, 21 - 34.

365 Holmes, B. , Owen, R. J. and Hollis, D. G. (1982) *Flavobacterium spiritivorum*, a new species isolated from human clinical specimens. *International Journal of Systematic Bacteriology* 32, 157 - 165.

366 Holmes, B. , Owen, R. J. , Steigerwalt, A. G. and Brenner, D. J. (1984) *Flavobacterium gleum*, a new species found in human clinical specimens. *International Journal of Systematic Bacteriology* 34, 21 - 25.

367 Hommez, J. , Devriese, L. and Castryck, F. (1983) Improved media for the isolation of *Bordetella bronchiseptica.* In: Pedersen, K. and Nielsen, N. (eds) *Atrophic Rhinitis in Pigs.* Commission of the European Communities, Luxembourg, 98 - 104.

368 Hoyles, L. , Foster, G. , Falsen, E. , Thomson, L. and Collins, M. (2001) *Facklamia miroungae* sp. nov. , from a juvenile southern elephant seal (*Mirounga leonina*) . *International Journal of Systematic and Evolutionary Microbiology* 51, 1401 - 1403.

369 Hoyles, L. , Lawson, P. , Foster, G. , Falsen, E. , Ohlén, M. , Grainger, J. and Collins, M. (2000) *Vagococcus fessus* sp. nov. , isolated from a seal and harbour porpoise. *International Journal of Systematic and Evolutionary Microbiology* 50, 1151 - 1154.

370 Hoyles, L. , Pascual, C. , Falsen, E. , Foster, G. , Grainger, J. and Collins, M. (2001) *Actinomyces marimammalium* sp. nov. , from marine mammals. *International Journal of Systematic and Evolutionary Microbiology* 51, 151 - 156.

371 Huang, C. - Y. , Garcia, J. - L. , Patel, B. K. C. , Cayot, J. - L. , Baresi, L. and Mah, R. A. (2000) *Salinivibrio Costicola* subsp. *vallismortis* subsp. nov. , a halotolerant facultative anaerobe from Death Valley, and an emended description of *Salinivibrio costicola. International Journal of Systematic and Evolutionary Microbiology* 50, 615 - 622.

372 Hugh, R. and Leifson, E. (1953) The taxonomic significance of fermentative versus oxidative metabolism of carbohydrates by various Gram negative bacteria. *Journal of Bacteriology* 66, 24 - 66.

373 Hughes, K. , Jr, Duncan, R. , Jr and Smith, S. (2002) Renomegaly associated with a myco-bacterial infection in summer flounder *Paralichthys dentatus. Fish Pathology* 37, 83 - 86.

374 Humphrey, J. D. , Lancaster, C. , Gudkovs, N. and McDonald, W. (1986) Exotic bacterial pathogens *Edwardsiella tarda* and *Edwardsiella*

ictaluri from imported ornamental fish *Betta splendens* and *Puntius conchonius*, respectively: isolation and quarantine significance. *Australian Veterinary Journal* 63, 369 - 371.

375 Humphrey, J., Lancaster, C., Gudkovs, N. and Copland, J. (1987) The disease status of Australian salmonids: bacteria and bacterial diseases. *Journal of Fish Diseases* 10, 403 - 410.

376 Humphry, D., George, A., Black, G. and Cummings, S. (2001) *Flavobacterium frigidarium* sp. nov., an aerobic, psychrophilic, xylanolytic and laminarinolytic bacterium from Antarctica. *International Journal of Systematic and Evolutionary Microbiology* 51, 1235 - 1243.

377 Huq, A., Alam, M., Parveen, S. and Colwell, R. (1992) Occurrence of resistance to vibriostatic compound 0/129 in *Vibrio cholerae* 01 isolated from clinical and environmental samples in Bangladesh. *Journal of Clinical Microbiology* 30, 219 - 221.

378 Huq, M. I., Alam, A. K. M. J., Brenner, D. J. and Morris, G. K. (1980) Isolation of *Vibrio*-like group, EF-6, from patients with diarrhea. *Journal of Clinical Microbiology* 11, 621 - 624.

379 Huys, G., Kämpfer, P., Altwegg, M., Coopman, R., Janssen, P., Gillis, M. and Kersters, K. (1997a) Inclusion of Aeromonas DNA hybridization group 11 in *Aeromonas encheleia* and extended description of the species *Aeromonas eucrenophila* and *A. encheleia*. *International Journal of Systematic Bacteriology* 47, 1157 - 1164.

380 Huys, G., Kämpfer, P., Altwegg, M., Kersters, I., Lamb, A., Coopman, R., Lüthy-Hottenstein, J., Vancanneyt, M., Janssen, P. and Kersters, K. (1997b) *Aeromonas popoffii* sp. nov., a mesophilic bacterium isolated from drinking water production plants and reservoirs. *International Journal of Systematic Bacteriology* 47, 1165 - 1171.

381 Huys, G., Kämpfer, P. and Swings, J. (2001) New DNA-DNA hybridization and phenotypic data On the species *Aeromonas ichthiosmia* and *Aeromonas allosaccharophila*: *A. ichthiosmia* Schubert *et al.* 1990 is a later synonym of *A. veronii* Hickman-Brenner *et al.* 1987. *Systematic and Applied Microbiology* 24, 177 - 182.

382 Huys, G., Denys, R. and Swings, J. (2002a) DNA-DNA reassociation and phenotypic data indicate synonymy between *Aeromonas enteropelogenes* Schubert *et al.* 1990 and Aeromonas trota Carnahan *et al.* 1991. *International Journal of Systematic and Evolutionary Microbiology* 52, 1969 - 1972.

383 Huys, G., Kämpfer, P., Albert, M. J., Kühn, I., Denys, R. and Swings, J. (2002b) *Aeromonas hydrophila* subsp. *dhakensis* subsp. nov., isolated from children with diarrhoea in Bangladesh, and extended description of *Aeromonas hydrophila* subsp. *Hydrophila* (Chester 1901) Stanier 1943 (Approved Lists 1980). *International Journal of Systematic and Evolutionary Microbiology* 52, 705 - 712.

384 Hwang, M. - N. and Ederer, G. (1975) Rapid hippurate hydrolysis method for presumptive identification of Group B streptococci. *Journal of Clinical Microbiology* 1, 114 - 115.

385 Iida, T., Sakata, C., Kawatsu, H. and Fukuda, Y. (1997) Atypical *Aeromonas salmonicida* infection in cultured marine fish. *Fish Pathology* 32, 65 - 66.

386 Innis, M. A. and Gelfand, D. H. (1990) optimization of PCRs. In: Innis, M. A., Gelfand, D. H., Sninsky, J. J. and White, T. J. (eds) *PCR Protocols: a Guide to Methods and Applications.* Academic Press, SanDiego, 3 - 12.

387 Ishiguro, E., Ainsworth, T., Trust, T. and Kay, W. (1985) Congo Red agar, a differential medium for *Aeromonas salmonicida*, detects the presence of the cell surface protein array involved in virulence. *Journal of Bacteriology* 164, 1233 - 1237.

388 Ishimaru, K., Akagawa-Matsushita, M. and Muroga, K. (1995) *Vibrio penaeicida* sp. nov., a pathogen of Kuruma Prawns (*Penaeus japonicus*). *International Journal of Systematic Bacteriology* 45, 134 - 138.

389 Ishimaru, K., Akagawa-Matsushita, M. and Muroga, K. (1996) *Vibrio ichthyoenteri* sp. nov., a pathogen of Japanese Flounder (*Paralichthys olivaceus*) larvae. *International Journal of Systematic Bacteriology* 46, 155 - 159.

390 Ishimaru, K. and Muroga, K. (1997) Taxonomic re - examination of two pathogenic *Vibrio* species isolated from milkfish and swimming crab. *Fish Pathology* 32, 59 - 64.

391 Isik, K., Chun, J., Hah, Y. and Goodfellow, M. (1999) *Nocardia salmonicida* nom. rev., a fish pathogen. *International Journal of Systematic Bacteriology* 49, 833 - 837.

392 Islam, M., Hasan, M., Miah, M., Yunus, M., Zaman, K. and Albert, M. (1994) Isolation of *Vibrio cholerae* 0139 synonym Bengal from the aquatic environment in Bangladesh: implications for disease transmission. *Applied and Environmental Microbiology* 60, 1684 - 1686.

393 Itoh, H., Kuwata, G., Tateyama, S., Yamashita, K., Inoue, T., Kataoka, H., Ido, A., Ogata, K., Takasaki, M., Inoue, S., Tsubouchi, H. and Koono, M. (1999) *Aeromonas sobria* infection with severe soft tissue damage and segmental necrotizing gastroenteritis in a patient with alcoholic liver cirrhosis. *Pathology International* 49, 541 - 546.

394 Ivanova, E., Chun, J., Romanenko, L., Matte, M., Mikhailov, V., Frolova, G., Huq, A. and Colwell, R. (2000) Reclassification of *Alteromonas distincta* Romanenko et al. 1995 as *Pseudoalteromonas Distincta* comb. nov. *International Journal of Systematic and Evolutionary Microbiology* 50, 141 - 144.

395 Ivanova, E., Kiprianova, E., Mikailov, V., Levanova, G., Garagulya, A., Gorshkova, N. and Yumoto, N. (1996) Characterisation and identification of marine *Alteromonas nigrifaciens* strains and emendation of the description. *International Journal of Systematic Bacteriology* 46,

223 – 228.

396 Ivanova, E. , Kiprianova, E. , Mikhailov, V. , Levanova, G. , Garagulya, A. , Gorshkova, N. , Vysotskii, M. , Nicolau, D. , Yumoto, N. , Taguchi, T. and Yoshikawa, S. (1998) Phenotypic diversity of *Pseudoalteromonas citrea* from different marine habitats and emendation of the description. *International Journal of Systematic and Evolutionary Microbiology* 48, 247 – 256.

397 Ivanova, E. P. , Sawabe, T. , Gorshkova, N. M. , Svetashev, V. I. , Mikhailov, V. V. , Nicolau, D. V. and Christen, R. (2001) *Shewanella japonica* sp. nov. *International Journal of Systematic and Evolutionary Microbiology* 51, 1027 – 1033.

398 Ivanova, E. P. , Shevchenko, L. S. , Sawabe, T. , Lysenko, A. M. , Svetashev, V. I. , Gorshkova, N. M. , Satomi, M. , Christen, R. and Mikhailov, V. V. (2002) *Pseudoalteromonas maricaloris* sp. nov. , isolated from an Australian sponge, and reclassification of [*Pseudoalteromonas aurantia*] NCIMB 2033 as *Pseudoalteromonas flavipulchra* sp. nov. *International Journal of Systematic and Evolutionary Microbiology* 52, 263 – 271.

399 Iveson, J. (1971) Strontium chloride B and E. E. enrichment broth media for the isolation of *Edwardsiella*, *Salmonella* and *Arizonaspecies* from tiger snakes. *Journal of Hygiene* 69, 323 – 330.

400 Iwamoto, Y. , Suzuki, Y. , Kurita, A. , Watanabe, Y. , Shimizu, T. , Ohgami, H. and Yanagihara, Y. (1995a) *Vibrio trachuri* sp. nov. , a new species isolated from diseased Japanese horse mackerel. *Microbiology and Immunology* 39, 831 – 837.

401 Iwamoto, Y. , Suzuki, Y. , Kurita, A. , Watanabe, Y. , Shimizu, T. , Ohgami, H. and Yanagihara, Y. (1995b) Rapid and sensitive PCR detection of *Vibrio trachuri* pathogenic to Japanese Horse Mackerel (*Trachurus japonicus*) . *Microbiology andImmunology* 39, 1003 – 1006.

402 Izard, D. , Ferragut, C. , Gavini, F. , Kersters, K. , Ley, J. D. and Leclerc, H. (1981) *Klebsiella terrigena*, a new species from soil and water. *International Journal of Systematic Bacteriology* 31, 116 – 127.

403 Izumikawa, K. and Ueki, N. (1997) Atypical *Aeromonas salmonicida* infection in cultured Schlegel' s black rockfish. *Fish Pathology* 32, 67 – 68.

404 Jahans, K. L. , Foster, G. and Broughton, E. S. (1997) The characterisation of *Brucella* strains isolated from marine mammals. *Veterinary Microbiology* 57, 373 – 382.

405 Janda, J. M. and Abbott, S. L. (2002) Bacterial iden – tification for publication: when is enough enough *Journal of Clinical Microbiology* 40, 1887 – 1891.

406 Janda, J. M. , Abbott, S. L. , Khashe, S. , Kellogg, G. H. and Shimada, T. (1996) Further studies on biochemical characteristics and serologic properties of the genus *Aeromonas*. *Journal of Clinical Microbiology* 34, 1930 – 1933.

407 Jansen, G. , Mooibroek, M. , Idema, J. , Harmsen, H. , Welling, G. and Degener, J. (2000) Rapid identification of bacteria in blood cultures by using fluorescently labeled oligonucleotide probes. *Journal of Clinical Microbiology* 38, 814 – 817.

408 Jasmin, A. and Baucom, J. (1967) *Erysipelothrix insidiosa* infections in the Caiman (*Caiman crocodilus*) and the American crocodile (*Crocodilus acutus*) . *American Journal of Veterinary Clinical Pathology* 1, 173 – 177.

409 Jensen, M. , Tebo, B. , Baumann, P. , Mandel, M. and Nealson, K. (1980) Characterization of *Alteromonas hanedai* (sp. nov.), a nonfermentative luminous species of marine origin. *Current Microbiology* 3, 311 – 315.

410 Jiravanichpaisal, P. , Miyazaki, T. and Limsuwan, C. (1994) Histopathology, biochemistry, and pathogenicity of *Vibrio harveyi* infecting black tiger Prawn *Penaeus monodon*. *Journal of Aquatic Animal Health* 6, 27 – 35.

411 Jöborn, A. , Olsson, J. , Westerdahl, A. , Conway, P. and Kjelleberg, S. (1997) Colonization in the fish intestinal tract and production of inhibitory substances in intestinal mucus and faecal extracts by *Carnobacterium* sp. strain K1. *Journal of Fish Diseases* 20, 383 – 392.

412 Jöborn, A. , Dorsch, M. , Olsson, J. , Westerdahl, A. and Kjelleberg, S. (1999) *Carnobacterium inhibens* sp. nov. , isolated from the intestine of Atlantic salmon (*Salmo salar*) . *International Jour nal of Systematic Bacteriology* 49, 1891 – 1898.

413 Johnson, J. L. and Chilton, W. S. (1966) Galacto samine glycan of *Chondrococcus columnaris*. *Science* 152, 1247 – 1248.

414 Johnson, R. , Colwell, R. , Sakazaki, R. and Tamura, K. (1975) Numerical taxonomy study of The *Enterobacteriaceae*. *International Journal of Systematic Bacteriology* 25, 12 – 37.

415 Jones, A. (1981) Effect of carbohydrate content of culture media on Kovac's oxidase test, with particular reference to *Vibrio* spp. *Medical Laboratory Sciences*, 38, 133 – 137.

416 Jones, M. W. and Cox, D. I. (1999) Clinical disease in seafarmed Atlantic salmon (*Salmo salar*) associ-ated with a member of the family Pasteurellaceae-acase history. *Bulletin of the European Association of Fish Pathologists* 19, 75 – 78.

417 Joseph, S. , Colwell, R. and Kaper, J. (1983) *Vibrio parahaemolyticus* and related halophilic vibrios. *Critical Reviews in Microbiology* 10, 77 – 124.

418 Kalina, G. P. , Antonov, A. S. , Turova, T. P. and Grafova, T. I. (1984) *Allomonas enterica* gen. nov. , sp. nov. : deoxyribonucleic acid homology between *Allomonas* and some other members of the *Vibrionaceae*. *International Journal of Systematic Bacteriology* 34, 150 – 154.

419 Kaminski, G. and Suter, I. (1976) Human infection with *Dermatophilus congolensis*. *Medical Journal of Australia* 1, 443 – 447.

420 Kämpfer, P. and Altwegg, M. (1992) Numerical classification and identification of *Aeromonas* genospecies. *Journal of Applied Bacteriology*

72, 341 - 351.

421 Kanamoto, T., Sato, S. and Inoue, M. (2000) Genetic heterogeneities and phenotypic characteristics of strains of the genus *Abiotrophia* and proposal of *Abiotrophia para - adiacens* sp. nov. *Journal of Clinical Microbiology* 38, 492 - 498.

422 Kaneko, K. - I. and Hashimoto, N. (1982) Five biovars of *Yersinia enterocolitica* delineated by numerical taxonomy. *International Journal of Systematic Bacteriology* 32, 275 - 287.

423 Kapperud, G., Bergan, T. and Lassen, J. (1981) Numerical taxonomy of *Yersinia enterocolitica* and *Yersinia enterocolitica*-like bacteria. *International Journal of Systematic Bacteriology* 31, 401 - 419.

424 Kariya, T., Kubota, S., Nakamura, Y. and Kira, K. (1968) Nocardial infection in cultured yellowtails (*Seriola quinqueradiata and S. purpurascens*). I. Bacteriological study. *Fish Pathology* 3, 16 - 23.

425 Karunasagar, I., Karunasagar, I. and Pai, P. (1992) Systemic *Citrobacter freundii* infection in common carp, *Cyrinus carpio* L., fingerlings. *Journal of Fish Diseases* 15, 95 - 98.

426 Kasornchandra, J., Rogers, W. and Plumb, J. (1987) *Edwardsiella ictaluri* from walking catfish, *Clarias batrachus* L., in Thailand. *Journal of Fish Diseases* 10, 137 - 138.

427 Kaznowski, A. (1998) Identification of *Aeromonas* strains of different origin to the genomic species level. *Journal of Applied Microbiology* 84, 423 - 430.

428 Kent, M. (1982) Characteristics and identification of *Pasteurella* and *Vibrio* species pathogenic to fishes using API 20 E (Analytabs Products) Multitube test strips. *Canadian Journal of Fisheries and Aquatic Sciences* 39, 1725 - 1729.

429 Ketterer, P. J. and Eaves, L. E. (1992) Deaths in captive eels (*Anguilla reinhardtii*) due to *Photobacterium* (*Vibrio*) *damsela*. *Australian Veterinary Journal* 69, 203 - 204.

430 Keyes, M. C., Crews, F. W. and Ross, A. J. (1968) *Pasteurella multocida* isolated from a Californian Sea Lion (*Zalophus californianus*). *Journal of American Veterinary Medical Association* 153, 803 - 804.

431 Khan, A. A. and Cerniglia, C. E. (1997) Rapid and sensitive method for the detection of *Aeromonas caviae* and *Aeromonas trota* by polymerase chain reaction. *Letters in Applied Microbiology* 24, 233 - 239.

432 Khan, A. A., Nawaz, M. S., Khan, S. A. and Cerniglia, C. E. (1999) Identification of *Aeromonas trota* (hybridization group 13) by amplification of the aerolysin gene using polymerase chain reaction. *Molecular and Cellular Probes* 13, 93 - 98.

433 Khashe, S. and Janda, J. M. (1998) Biochemical and pathogenic properties of *Sherwanella alga* and *Sherwanella putrefaciens*. *Journal of Clinical Microbiology* 36, 783 - 787.

434 Kiiyukia, C., Nakajima, A., Nakai, T., Muroga, K., Kawakami, H. and Hashimoto, H. (1992) *Vibrio cholerae* non-01 isolated from Ayu fish (*Plecoglossus altivelis*) in Japan. *Applied and Environmental Microbiology* 58, 3078 - 3082.

435 Kim, J. - H., Lee, J. - K., Yoo, H. - S., Shin, N. - R., Shin, N. - S., Lee, K. - H. and Kim, D. - Y. (2002) Endocarditis associated with *Escherichia coli* in a sea lion (*Zalophus californianus*). *Journal of Veterinary Diagnostic Investigation* 14, 260 - 262.

436 Kim, Y., Okuda, J., Matsumoto, C., Takahashi, N., Hashimoto, S. and Nishibuchi, M. (1999) Identification of *Vibrio parahaemolyticus* strains at the species level by PCR targeted to the *toxR* gene. *Journal of Clinical Microbiology* 37, 1173 - 1177.

437 Kimura, B., Hokimoto, S., Takahashi, H. and Fujii, T. (2000) *Photobacterium histaminum* Okuzumi *et al.* 1994 is a later subjective synonym of *Photobacterium damselae* subsp *damselae* (Love *et al.* 1981) Smith *et al.* 1991. *International Journal of Systematic and Evolutionary Microbiology* 50, 1339 - 1342.

438 Kimura, T. (1969) A new subspecies of *Aeromonas salmonicida* as an etiological agent of furunculosis on 'sakuramasu' (*Oncorhynchus masou*) and pink salmon (*O. gorbuscha*) rearing for maturity. Part 1. On the morphological and physiological properties. *Fish Pathology* 3, 34 - 44.

439 Kirchhoff, H. and Rosengarten, R. (1984) Isolation of a motile mycoplasma from fish. *Journal of General Microbiology* 130, 2439 - 2445.

440 Kirchhoff, H., Beyene, P., Fischer, M., Flossdorf, J., Heitmann, J., Khattab, B., Lopatta, D., Rosengarten, R., Seidel, G. and Yousef, C. (1987) *Mycoplasma mobile* sp. nov., a new species from fish. *International Journal of Systematic Bacteriology* 37, 192 - 197.

441 Kirchhoff, H., Mohan, K., Schmidt, R., Runge, M., Brown, D. R., Brown, M. B., Foggin, C. M., Muvavarirwa, P., Lehmann, H. and Flossdorf, J. (1997) *Mycoplasma crocodyli* sp. nov., a new species from crocodiles. *International Journal of Systematic Bacteriology* 47, 742 - 746.

442 Kitao, T., Aoki, T. and Sakoh, R. (1981) Epizootic caused by β - haemolytic Streptococcus species in cultured freshwater fish. *Fish Pathology* 15, 301 - 307.

443 Klein, B., Kleingeld, D. and Bohm, K. (1993) First isolations of *Pleisiomonas shigelloides* from samples of cultured fish in Germany. *Bulletin of the European Association of Fish Pathologists* 13, 70 - 72.

444 Kloos, W. E. and Schleifer, K. H. (1975) Isolation and characterization of Staphylococci from human skin. II. Descriptions of four new species: *Staphylococcus warneri*, *Staphylococcus capitus*, *Staphylo coccus hominus*, and *Staphylococcus simulans*. *International Journal of Systematic Bacteriology* 25, 62 - 79.

445 Kobayashi, T., Enomoto, S., Sakazaki, R. and Kuwahara, S. (1963) A new selective medium for pathogenic vibrios TCBS Agar (modified Nakanishi' s Agar). *Japanese Journal of Bacteriology* 18, 387 - 391.

446 Koch, C., Schumann, P. and Stackebrandt, E. (1995) Reclassification of *Micrococcus agilis* (Ali-Cohen 1889) to the genus *Arthrobacter* as *Arthrobacter agilis* comb. nov. and emendation of the genus *Arthrobacter*. *International Journal of Systematic Bacteriology* 45, 837 - 839.

447 Kodama, H., Nakanishi, Y., Yamamoto, F., Mikami, T., Izawa, H., Imagawa, T., Hashimoto, Y. and Kudo, N. (1987) *Salmonella arizonae* isolated from a pirarucu, *Arapaima gigas* Cuvier, with septicaemia. *Journal of Fish Diseases* 10, 509 - 512.

448 Kong, R., Lee, S., Law, T., Law, S. and Wu, R. (2002) Rapid detection of six types of bacterial pathogen in marine waters by multiplex PCR. *Water Research* 36, 2802 - 2812.

449 Königsson, M., Pettersson, B. and Johansson, K. - E. (2001) Phylogeny of the seal mycoplasmas *Mycoplasma phocae* corrig., *Mycoplasma Phocicerebrale* corrig. and *Mycoplasma phocirhinis* corrig. based on sequence analysis of 16*S* rDNA. *International Journal of Systematic and Evolutionary Microbiology* 51, 1389 - 1393.

450 Koppang, E. O., Fjølstad, M., Melgård, B., Vigerust, M. and Sørum, H. (2000) Non-pigmentedproducing isolates of *Aeromonas salmonicida* subspeciessalmonicida: isolation, identification, transmission and pathogenicity in Atlantic salmon, *Salmo salar* L. *Journal of Fish Diseases* 23, 39 - 48.

451 Kovács, N. (1928) Eine vereinfachte Methode zum Nachweis der Indolbildung durch Bakterien. *Zeitschrift fur Immunitatsforschung-Immunobiology* 44, 311 - 315.

452 Kozinska, A., Figueras, M., Chacon, M. and Soler, L. (2002) Phenotypic characteristics and pathogenicity of *Aeromonas* genomospecies isolated from common carp (*Cyprinus carpio* L.). *Journal of Applied Microbiology* 93, 1034 - 1041.

453 Kraxberger-Beatty, T., McGarey, D., Grier, H. andLim, D. (1990) *Vibrio harveyi*, an opportunistic pathogen of common snook, *Centropomus undecimalis* (Bloch), held in captivity. *Journal of Fish Diseases* 13, 557 - 560.

454 Krovacek, K., Huang, K., Sternberg, S. and Svenson, S. B. (1998) *Aeromonas hydrophila* septicaemia in a grey seal (*Halichoerus grypus*) from the Baltic Sea: a case study. *Comparative Immunology, Microbiology and Infectious Diseases* 21, 43 - 49.

455 Kudo, T., Hatai, K. and Seino, A. (1988) *Nocardia seriolae* sp. nov., causing Nocardiosis of cultured fish. *International Journal of Systematic Bacteriology* 38, 173 - 178.

456 Kuijper, E. J., Steigerwalt, A. G., Schoenmakers, B. S. C. I. M., Peeters, M. F., Zanen, H. C. andBrenner, D. J. (1989) Phenotypic characterization and DNA relatedness in human fecal isolates of *Aeromonas* spp. *Journal of Clinical Microbiology* 27, 132 - 138.

457 Kurup, P. and Schmitt, J. (1973) Numerical taxonomy of *Nocardia*. *Canadian Journal of Microbiology* 19, 1035 - 1048.

458 Kushmaro, A., Banin, E., Loya, Y., Stackebrandt, E. and Rosenberg, E. (2001) *Vibrio shiloi* sp. nov., the causative agent of bleaching of the coral *Oculina patagonica*. *International Journal of Systematic and Evolutionary Microbiology* 51, 1383 - 1388.

459 Kusuda, R. and Yamaoka, M. (1972) Etiological studies on bacterial pseudotuberculosis in cultured yellowtail with *Pasteurella piscicida* as the causative agent. I. On the morphological and biochemical properties. *Bulletin of the Japanese Society of Scientific Fisheries* 38, 1325 - 1332.

460 Kusuda, R., Toyoshima, T. and Nishioka, J. (1974) Characteristics of a pathogenic *Pseudomonas* isolated from cultured crimson sea breams. *Fish Pathology* 9, 71 - 78.

461 Kusuda, R. and Toyoshima, T. (1976) Charac Teristics of a pathogenic *Pseudomonas* isolated from cultured yellowtail. *Fish Pathology* 11, 133 - 139.

462 Kusuda, R., Kawakami, K. and Kawai, K. (1987) a fish - pathogenic *Mycobacterium* sp. isolated from an epizootic of cultured yellowtail. *Nippon Suisan Gakkaishi* 53, 1797 - 1904.

463 Kusuda, R., Yokoyama, J. and Kawai, K. (1986) Bacteriological study on cause of mass mortalities in cultured black sea bream fry. *Bulletin of the Japanese Society of Scientific Fisheries* 52, 1745 - 1751.

464 Kusuda, R., Kawai, K., Salati, F., Banner, C. R. and Fryer, J. L. (1991) *Enterococcus seriolicida* sp. nov., a fish pathogen. *International Journal of Systematic Bacteriology* 41, 406 - 409.

465 Kusuda, R., Dohata, N., Fukuda, Y. and Kawai, K. (1995) *Pseudomonas anguilliseptica* infection of Striped Jack. *Fish Pathology* 30, 121 - 122.

466 Lacoste, A., Jalabert, F., Malham, S., Cueff, A., Gélébart, F., Cordevant, C., Lange, M. and Poulet, S. (2001a) A *Vibrio splendidus* strain is associated with summer mortality of juvenile oysters *Crassostrea gigas* in the Bay of Morlaix (North Brittany, France). *Diseases of Aquatic Organisms* 46, 139 - 145.

467 Lacoste, A., Jalabert, F., Malham, S., Cueff, A. and Poulet, S. (2001b) Stress and stress - induced neuroendocrine changes increase the susceptibility of juvenile oysters (*Crassostrea gigas*) to *Vibrio splendidus*. *Applied and Environmental Microbiology* 67, 2304 - 2309.

468 Laidler, L., Treasurer, J., Grant, A. and Cox, D. (1999) Atypical *Aeromonas salmonicida* infection in wrasse (Labridae) used as cleaner fish of farmed Atlantic salmon, *Salmo salar* L., in Scotland. *Journal of Fish Diseases* 22, 209 - 213.

469 Lallier, R. and Higgins, R. (1988) Biochemical and toxigenic characteristics of *Aeromonas* spp. isolated from diseased mammals, moribund and healthy fish. *Veterinary Microbiology* 18, 63 - 71.

470 Lambert, C. , Nicolas, J. L. , Cilia, V. and Corre, S. (1998) *Vibrio pectenicida* sp. nov. , a pathogen of scallops (*Pecten Maximus*) larvae. *Inter-national Journal of Systematic Bacteriology* 48, 481 – 487.

471 Lane, D. (1991) 16*S*/23S rRNA sequencing. In: Stackebrandt, E. and Goodfellow, M. (eds) *Nucleic Acid Techniques in Bacterial Systematics.* John Wiley & Sons, Chichester, 115 – 147.

472 Lane, D. , Pace, B. , Olsen, G. , Stahl, D. , Sogin, M. and Pace, N. (1985) Rapid determination of 16*S* ribosomal RNA sequences for phylogenetic analyses. *Proceedings of the National Academy of Sciences USA* 82, 6955 – 6959.

473 Langdon, J. (1988) Fish diseases: refresher course for veterinarians. In: *Post – Graduate Committee in Veterinary Science*, *Proceedings No* 106. University of Sydney, 225 – 259.

474 Lansdell, W. , Dixon, B. , Smith, N. and Benjamin, L. (1993) Isolation of several *Mycobacterium* species from fish. *Journal of Aquatic Animal Health* 5, 73 – 76.

475 Larsen, J. and Pedersen, K. (1996) Atypical *Aeromonas salmonicida* isolated from diseased Turbot (*Scophthalmus maximus* L.). *Acta Veterinaria Scandinavica* 37, 139 – 146.

476 Laurent, F. , Provost, F. and Boiron, P. (1999) Rapid identification of clinically relevant *Nocardia* species to genus level by 16*S* rRNA gene PCR. *Journal of Clinical Microbiology* 37, 99 – 102.

477 Lawson, P. A. , Foster, G. , Falsen, E. , Ohlén, M. and Collins, M. D. (1999a) *Vagococcus lutrae* sp. nov. , isolated from the common otter (*Lutra lutra*). *Inter – national Journal of Systematic Bacteriology* 49, 1251 – 1254.

478 Lawson, P. A. , Foster, G. , Falsen, E. , Sjøden, B. and Collins, M. D. (1999b) *Abiotrophia balaenopterae* sp. nov. , isolated from the minke whale (*Balaenoptera acutorostrata*). *International Journal of Systematic Bacteriology* 49, 503 – 506.

479 Lawson, P. , Foster, G. , Falsen, E. , Ohlén, M. and Collins, M. (2000) *Atopobacter phocae* gen. nov. , sp. nov. , a novel bacterium isolated from common seals. *International Journal of Systematic and Evolutionary Microbiology* 50, 1755 – 1760.

480 Lawson, P. A. , Falsen, E. , Foster, G. , Eriksson, E. , Weiss, N. and Collins, M. (2001) *Arcanobacterium Pluranimalium* sp. nov. , isolated from porpoise and deer. *International Journal of Systematic and Evolutionary Microbiology* 51, 55 – 59.

481 Lee, C. – Y. , Pan, S. – F. and Chen, C. – H. (1995) Sequence of a cloned pR72H fragment and its use for detection of *Vibrio parahaemolyticus* in shellfish with the PCR. *Applied and Environmental Microbiology* 61, 1311 – 1317.

482 Lee, J. , Kim, J. S. , Nahm, C. H. , Choi, J. W. , Kim, J. , Pai, S. H. , Moon, K. H. , Lee, K. and Chong, Y. (1999) two cases of *Chromobacterium violaceum* infection after injury in a subtropical region. *Journal of Clinical Microbiology* 37, 2068 – 2070.

483 Lee, J. V. , Donovan, T. J. and Furniss, A. L. (1978) Characterization, taxonomy, and emended description of *Vibrio metschnikovii. International Journal of Systematic Bacteriology* 28, 99 – 111.

484 Lee, J. V. , Hendrie, M. S. and Shewan, J. M. (1979) Identification of *Aeromonas*, *Vibrio* and related organisms In: Skinner, F. A. and Lovelock, D. W. (eds) *Identification Methods for Microbiologists.* The Society of Applied Bacteriology. Technical Series No. 14. Academic Press, London and New York, 152 – 166.

485 Lee, J. V. , Shread, P. , Furniss, A. L. and Bryant, T. (1981) Taxonomy and description of *Vibrio fluvialis* sp. nov. (synonym Group F Vibrios, Group EF6). *Journal of Applied Bacteriology* 50, 73 – 94.

486 Lee, K. – H. and Ruby, E. G. (1995) Symbiotic role of the viable but nonculturable state of *Vibrio fischeri* in Hawaiian coastal seawater. *Applied and Environmental Microbiology* 61, 278 – 283.

487 Lee, S. , Wang, H. , Law, S. , Wu, R. and Kong, R. (2002) Analysis of the 16*S* – 23S rDNA intergenic spacers (IGSs) of marine vibrios for species-specific signature DNA sequences. *Marine Pollution Bulletin* 44, 412 – 420.

488 Lee, S. E. , Kim, S. Y. , Kim, S. J. , Kim, H. S. , Shin, J. H. , Choi, S. H. , Chung, S. S. and Rhee, J. H. (1998) Direct identification of *Vibrio vulnificus* in clinical specimens by nested PCR. *Journal of Clinical Microbiology* 36, 2887 – 2892.

489 Leifson, H. (1963) Determination of carbohydrate metabolism of marine bacteria. *Journal of Bacteriology* 85, 1183 – 1184.

490 LeJeune, J. and Rurangirwa, F. (2000) Polymerase chain reaction for definitive identification of *Yersinia ruckeri. Journal of Veterinary Investigation* 12, 558 – 561.

491 Leon, G. , Maulen, N. , Figueroa, J. , Villaneuva, J. , Rodriguez, C. , Vera, M. and Krauskopf, M. (1994) A PCR-based assay for the identification of the fish pathogen *Renibacterium salmoninarum. FEMS Microbiology Letters* 115, 131 – 136.

492 Leonardo, M. R. , Moser, D. P. , Barbieri, E. , Brantner, C. A. , MacGregor, B. J. , Paster, B. J. , Stackebrandt, E. and Nealson, K. H. (1999) *Shewanella pealeana* sp. nov. , a member of the microbial community associated with the accessory nidamental gland of the squid *Loligo pealei. International Journal of Systematic Bacteriology* 49, 1341 – 1351.

493 Lewin, R. and Lounsbery, D. (1969) Isolation, cultivation and characterization of *Flexibacteria. Journal of General Microbiology* 58, 145 – 170.

494 Lewin, R. A. (1974) *Flexibacter polymorphus*, a new marine species. *Journal of General Microbiology* 82, 393 – 403.

495 Lightner, D. V. and Redman, R. M. (1998) Shrimp diseases and current diagnostic methods. *Aquaculture* 164, 201 – 220.

496 Lincoln, S. P. , Fermor, T. R. and Tindall, B. J. (1999) *Janthinobacterium agaricidamnosum* sp. nov. , a soft rod pathogen of *Agaricus*

bisporus. *International Journal of Systematic Bacteriology* 49, 1577 – 1589.

497 Lic – Po, G. D., Albright, L. J., Michel, C. and Leaño, E. M. (1998) Experimental induction of lesions in snakeheads (*Ophicephalus striatus*) and catfish (*Clarias batrachus*) with *Aeromonas hydrophila*, *Aquaspirillum* sp., *Pseudomonas* sp. and *StreptoCoccus* sp. *Journal of Applied Ichthyology* 14, 75 – 79.

498 Liston, J. (1957) The occurrence and distribution of bacterial types on flatfish. *Journal of General Microbiology* 16, 205.

499 Liu, P. – C., Chen, Y. – C., Huang, C. – Y. and Lee, K. – K. (2000) Virulence of *Vibrio parahaemolyticus* isolated from cultured small abalone, *Haliotis diversicolor supertexta*, with withering syndrome. *Letters in Applied Microbiology* 31, 433 – 437.

500 Llewellyn, L. C. (1980) A bacterium with similarities to the redmouth bacterium and *Serratia liquefaciens* (Grimes and Hennerty) causing mortalities in hatchery reared salmonids in Australia. *Journal of Fish Diseases* 3, 29 – 39.

501 Lloyd, J. (1985) *Estimation of Amount of Carbondioxide Produced by Two Incubation Methods.* Department of Agriculture, Western Australia.

502 Logan, N. (1989) Numerical taxonomy of violetpigmented, gram-negative bacteria and descrip – tion of *Iodobacter fluviatile* gen. nov., comb. nov. *International. Journal of Systematic Bacteriology* 39, 450 – 456.

503 Lönnström, L., Wiklund, T. and Bylund, G. (1994) *Pseudomonas anguilliseptica* isolated from Baltic herring *Clupea harengus membras* with eye lesions. *Diseases of Aquatic Organisms* 18, 143 – 147.

504 Love, M., Teebken-Fisher, D., Hose, J. E., Farmer, J. J. III, Hickman, F. W. and Fanning, G. R. (1981) *Vibrio damsela*, a marine bacterium, causes skin ulcers on the Damselfish *Chromis punctipinnis*. *Science* 214, 1139 – 1140.

505 Lowe, G. H. (1962) The rapid detection of lactose fermentation in paracolon organisms by the demonstration of β-D-galactosidase. *Journal of Medical Laboratory Technology* 19, 21 – 25.

506 Lunder, T., Sørum, H., Holstad, G., Steigerwalt, A., Mowinckel, P. and Brenner, D. (2000) Phenotypic and genotypic characterization of *Vibrio viscosus* sp. nov. and *Vibrio wodanis* sp. nov. isolated from Atlantic Salmon (*Salmo salar*) with 'winter ulcer'. *International Journal of Systematic and Evolutionary Microbiology* 50, 427 – 450.

507 Lupiani, B., Baya, A. M., Magariños, B., Romalde, J. L., Li, T., Roberson, B. S., Hetrick, F. M. and Toranzo, A. E. (1993) *Vibrio mimicus* and *Vibrio cholerae* non-01 isolated from wild and hatchery-reared fish. *Gyobyo Kenkyu* 28, 15 – 26.

508 MacDonell, M. T. and Colwell, R. R. (1985) Phylog – eny of the Vibrionaceae, and recommendation for two new genera, *Listonella* and *Shewanella*. *Systematic and Applied Microbiology* 6, 171 – 182.

509 MacDonell, M. T., Singleton, F. L. and Hood, M. A. (1982) Diluent composition for use of API 20 E in characterising marine and estuarine bacteria. *Applied and Environmental Microbiology* 44, 423 – 427.

510 MacFaddin, J. F. (1980) *Biochemical Tests for Identification of Medical Bacteria.* Williams & Wilkins, Baltimore, Maryland.

511 Macián, M., Garay, E. and Pujalte, M. (1996) The arginine dihydrolase (ADH) system in the identification of some marine *Vibrio* species. *Systematic and Applied Microbiology* 19, 451 – 456.

512 Macián, M. C., Ludwig, W., Schleifer, K. – H., Garay, E. and Pujalte, M. (2000) *Vibrio pelagius*: differences of the Type strain deposited at various culture collections. *Systematic and Applied Microbiology* 23, 373 – 375.

513 Macián, M. C., Ludwig, W., Aznar, R., Grimont, P. A. D., Schleifer, K. H., Garay, E. and Pujalte, M. J. (2001a) *Vibrio lentussp.* nov., isolated from Mediterranean oysters. *International Journal of Systematic and Evolutionary Microbiology* 51, 1449 – 1456.

514 Macián, M. C., Ludwig, W., Schleifer, K., Pujalte, M. and Garay, E. (2001b) *Vibrio agarivorans* sp. nov., a novel agarolytic marine bacterium. *International Journal of Systematic and Evolutionary Microbiology* 51, 2031 – 2036.

515 MacKenzie, K. (1988) Presumptive mycobacteriosis in North-east Atlantic mackerel, *Scomber scombrus*. *Journal of Fish Biology* 32, 263 – 275.

516 MacKnight, K., Chow, D., See, B. and Vedros, N. (1990) Melioidosis in a macaroni penguin *Eudyptes chrysolophus*. *Diseases of Aquatic Organisms* 9, 105 – 107.

517 MacLeod, R. A. (1968) On the role of inorganic ions in the physiology of marine bacteria. *Advances in Microbiology of the Sea* 1, 95 – 126.

518 Magariños, B., Romalde, J., Bandín, I., Fouz, B. and Toranzo, A. (1992) Phenotypic, antigenic, and molecular characterization of *Pasteurella piscicida* strains isolated from fish. *Applied and Environ-mental Microbiology* 58, 3316 – 3322.

519 Maher, M., Palmer, R., Gannon, F. and Smith, T. (1995) Relationship of a novel bacterial fish pathogen to *Streptobacillus moniliformis* and the Fusobacteria group, based on 16*S* ribosomal RNA analysis. *Systematic and Applied Microbiology* 18, 79 – 84.

520 Mainster, M. E., Lynd, F. T., Cragg, P. C. and Karger, J. (1973) Treatment of multiple cases of *Pasteurella multocida* and staphylococcal pneumonia in *Alligator mississippiensis* on a herd basis. In: *Annual Proceedings of the American Association of Zoo Veterinarians*, Houston, pp. 34 – 36.

521 Makemson, J., Fulayfil, N., Landry, W., Ert, L. V., Wimpee, C., Widder, E. and Case, J. (1997) *Shewanella woodyi* sp. nov., an exclusively respiratory luminous bacterium isolated from the Alboran Sea. *International Journal of Systematic Bacteriology* 47, 1034 – 1039.

522 Manefield, M., Harris, L., Rice, S., Nys, R. de and Kjelleberg, S. (2000) Inhibition of luminescence and virulence in the black tiger prawn (*Penaeus monodon*) pathogen *Vibrio harveyi* by intercellular signal antagonists. *Applied and Environmental Microbiology* 66,

2079 - 2084.

523 Marchesi, J., Sato, T., Weightman, A., Martin, T., Fry, J., Hiom, S. and Wade, W. (1998) Design and evaluation of useful bacterium-specific PCR primers that amplify genes coding for bacterial 16*S* rRNA. *Applied and Environmental Microbiology* 64, 795 - 799.

524 Markwardt, N., Gocha, Y. and Klontz, G. (1989) a new application for Coomassie brilliant blue agar; detection of *Aeromonas salmonicida* in clinical samples. *Diseases of Aquatic Organisms* 6, 231 - 233.

525 Marshall, B. and Warren, J. (1984) Unidentified curved bacilli in the stomach of patients with gastritis and peptic ulceration. *Lancet* i, 1311 - 1315.

526 Martinez-Murcia, A. (1999) Phylogenetic positions of *Aeromonas encheleia*, *Aeromonas popoffii*, aeromonas DNA hybridization Group 11 and Aeromonas hybridization Group 501. *International Journal of Systematic Bacteriology* 49, 1403 - 1408.

527 Martinez-Murcia, A., Esteve, C., Garay, E. and Collins, M. (1992) *Aeromonas allosaccharophila* sp. nov., a new mesophilic member of the genus *Aeromonas. FEMS Microbiology Letters* 91, 199 - 206.

528 Massad, G. and Oliver, J. D. (1987) New selective and differential medium for *Vibrio cholerae* and *Vibrio vulnificus. Applied and Environmental Microbiology* 53, 2262 - 2264.

529 Masters, A., Ellis, T., Carson, J., Sutherland, S. and Gregory, A. (1995) *Dermatophilus chelonae* sp. nov., isolated from Chelonids in Australia. *International Journal of Systematic Bacteriology* 45, 50 - 56.

530 Mauel, M., Miller, D., Frazier, K. and Hines II, M. (2002) Bacterial pathogens isolated from cultured bullfrogs (*Rana castesbeiana*). *Journal of Veterinary Diagnostic Investigation* 14, 431 - 433.

531 Mawdesley-Thomas, L. E. (1969) Furunculosis in goldfish. *Journal of Fish Biology* 1, 19 - 23.

532 McCammon, S., Innes, B., Bowman, J., Franz mann, P., Dobson, S., Holloway, P., Skerratt, J., Nichols, P. and Rankin, L. (1998) *Flavobacterium hibernum* sp. nov., a lactose - utilizing bacterium from a freshwater Antarctic lake. *International Journal of Systematic Bacteriology* 48, 1405 - 1412.

533 McCammon, S. A. and Bowman, J. P. (2000) Taxonomy of Antarctic *Flavobacterium* species: description of *Flavobacterium gillisiae* sp. nov., *Flavobacterium tegetincola* sp. nov., and *Flavobacterium xanthum* sp. nov., nom. rev. and reclassification of [*Flavobacterium*] *salegens* as *Salegentibacter salegens* gen. nov., com. nov. *International Journal of Systematic and Evolutionary Microbiology* 50, 1055 - 1063.

534 McCarthy, D. H. (1975) Fish furunculosis caused by *Aeromonas salmonicida* var. *achromogenes. Wildlife Diseases* 11, 489 - 493.

535 McCarthy, D. H. (1977) The identification and significance of atypical strains of *Aeromonas salmonicida. Bulletin of the International Office of Epizootics* 87, 459 - 463.

536 McCarthy, D. and Johnson, K. (1982) A serotypic survey and cross-protection test of North American field isolates of *Yersinia ruckeri. Journal of Fish Diseases* 5, 323 - 328.

537 McCurdy, H. D. (1969) Study on the taxonomy of Myxobacterales. I. Record of Canadian isolates and survey of methods. *Canadian Journal of Microbiology* 15, 1453 - 1461.

538 McIntosh, S. and Austin, B. (1990) Recovery of an extremely proteolytic form of *Serratia liquefa ciens* as a pathogen of Atlantic salmon, *Salmo salar*, in Scotland. *Journal of Fish Biology* 36, 765 - 772.

539 McVicar, A. and White, P. (1979) Fin and skin necrosis of cultivated Dover sole *Solea solea* (L.). *Journal of Fish Diseases* 2, 557 - 562.

540 Mendes, E., Queiroz, D., Dewhirst, F., Paster, B., Moura, S. and Fox, J. (1996) *Helicobacter Trogontum* sp. nov., isolated from the rat intestine. *International Journal of Systematic Bacteriology* 46, 916 - 921.

541 Michel, C., Bernardet, J. - F. and Dinand, D. (1992) Phenotypic and genotypic studies of *Pseudomonas anguilliseptica* strains isolated from farmed Euro-pean eels (*Anguilla anguilla*) in France. *GyobyoKenkyu* 27, 229 - 232.

542 Michel, C., Nougayrède, P., Eldar, A., Sochon, E. and Kinkelin, P. de. (1997) *Vagococcus salmoninarum*, a bacterium of pathological significance in rainbow trout *Oncorhynchus mykiss* farming. *Diseases of Aquatic Organisms* 30, 199 - 208.

543 Michel, C., Messiaen, S. and Bernardet, J. - F. (2002) Muscle infections in imported neon tetra, *Paracheirodon innesi* Myers: limited occurrence of microsporidia and predominance of severe forms of columnaris disease caused by an Asian genomovar of *Flavobacterium columnare. Journal of Fish Diseases* 25, 253 - 263.

544 Middlebrook, G., Cohn, M. L., Dye, W. E., Russell, W. F. and Levy, D. (1960) Microbiologic proce-dures of value in tuberculosis. *Acta Tuberculosea Scandinavica* 38, 66 - 81.

545 Mills, C. and Gherna, R. (1987) Hydrolysis of indoxyl acetate by Campylobacter species. *Journal of Clinical Microbiology* 25, 1560 - 1561.

546 Miriam, A., Griffiths, S., Lovely, J. and Lynch, W. (1997) PCR and Probe - PCR assays to monitor broodstock Atlantic Salmon (*Salmo salar*L.) ovarian fluid and kidney tissue for presence of DNA of the fish pathogen *Renibacterium salmoninarum*. *Journal of Clinical Microbiology* 35, 1322 - 1326.

547 Mitchell, A. and Goodwin, A. (2000) The isolation of *Edwardsiella ictaluri* with a limited tolerance for aerobic growth from Channel Catfish. *Journal of Aquatic Animal Health* 12, 297 - 300.

548 Miyashita, T. (1984) *Pseudomonas fluorescens* and *Edwardsiella tarda* isolated from diseased tilapia. *Fish Pathology* 19, 45 – 50.

549 Miyata, M., Inglis, V. and Aoki, T. (1996) Rapid identification of *Aeromonas salmonicida* subspe – cies *salmonicida* by polymerase chain reaction. *Aquaculture* 141, 13 – 24.

550 Miyazaki, T., Kubota, S., Kaige, N. and Miyashita, T. (1984) A histopathological study of Streptococ-cal disease in Tilapia. *Fish Pathology* 19, 167 – 172.

551 Mohney, L., Poulos, B., Brooker, J., Cage, G. and Lightner, D. (1998) Isolation and identification of *Mycobacterium peregrinum* from the Pacific White Shrimp *Penaeus vannamei*. *Journal of Aquatic Animal Health* 10, 83 – 88.

552 Molitoris, E., Marii, M. A., Joseph, S. W., Krichevsky, M. I., Fanning, G. R., Last, G., El – Mishad, A. M., Batawi, Y. A. E. and Colwell, R. R. (1989) Numerical taxonomy and deoxyribonucleic acid relatedness of environmental and clinical *Vibrio* species isolated in Indonesia. *International Journal of Systematic Bacteriology* 39, 442 – 449.

553 Møller, V. (1955) Simplified test for some amino acid decarboxylases and for the arginine dihydrolase system. *Acta Pathologica et Microbiologica Scandinavica* 36, 158 – 172.

554 Moreno, E., Cloeckaert, A. and Moriyón, I. (2002) *Brucella* evolution and taxonomy. *Veterinary Microbiology* 90, 209 – 227.

555 Morris, J. G. J., Wilson, R., Hollis, D., Weaver, R., Miller, H., Tacket, C., Hickman, F. and Blake, P. (1982) Illness caused by *Vibrio damsela* and *Vibrio hollisae*. *Lancet* June 5, 1294 – 1297.

556 Mudarris, M. and Austin, B. (1989) Systemic disease in turbot *Scophthalmus maximus* caused by a previously unrecognized Cytophaga-like bacterium. *Diseases of Aquatic Organisms* 6, 161 – 166.

557 Mudarris, M., Austin, B., Segers, P., Vancanneyt, M., Hoste, B. and Bernardet, J. F. (1994) *Flavobacterium scophthalmum* sp. nov., a pathogen of turbot (*Scophthalmus maximus* L.). *International Journal of Systematic Bacteriology* 44, 447 – 453.

558 Müller, H., Fanning, G. R. and Brenner, D. J. (1995) Isolation of *Serratia fonticola* from Mollusks. *Systematic and Applied Microbiology* 18, 279 – 284.

559 Müller, H. E. (1983) *Providencia friedericiana*, a new species isolated from Penguins. *International Journal of Systematic Bacteriology* 33, 709 – 715.

560 Mullis, K. B. and Faloona, F. A. (1987) Specific synthesis of DNA *in vitro* via a polymerasecatalyzed chain reaction. In: Wu, R. (ed.) *Methods in Enzymology: Recombinant DNA*, Vol. 155. Academic Press, New York, 335 – 350.

561 Muroga, K., Yamanoi, H., Hironaka, Y., Yamamoto, S., Tatani, M., Jo, Y., Takahashi, S. and Hanada, H. (1984) Detection of *Vibrio anguillarum* from wild fingerlings of ayu *Plecoglossus altivelis*. *Bulletin of the Japanese Society of Scientific Fisheries* 50, 591 – 596.

562 Mutters, R., Ihm, P., Pohl, S., Frederiksen, W. and Mannheim, W. (1985) Reclassification of the genus *Pasteurella* Trevisan 1887 on the basis of deoxyri-bonucleic acid homology, with proposals for the new species *Pasteurella dagmatis*, *Pasteurella canis*, *Pasteurella stomatis*, *Pasteurella anatis, and Pasteurella langaa*. *International Journal of Systematic Bacteriology* 35, 309 – 322.

563 Myhr, E., Larsen, J., Lillehaug, A., Gudding, R., Heum, M. and Håstein, T. (1991) Characterization of *Vibrio anguillarum* and closely related species isolated from farmed fish in Norway. *Applied and Environmental Microbiology* 57, 2750 – 2757.

564 Nagai, T. and Iida, Y. (2002) Occurrence of bacterial kidney disease in cultured Ayu. *Fish Pathology* 37, 77 – 81.

565 Nair, G. B. and Holmes, B. (1999) International Committee on the Systematic Bacteriology Subcommittee on the Taxonomy of Vibrionaceae. *International Journal of Systematic Bacteriology* 49, 1945 – 1947.

566 Nakagawa, Y., Sakane, T. and Yokota, A. (1996) Emendation of the genus *Planococcus* and transfer Of *Flavobacterium okeanokoites* Zobell and upham 1944 to the genus *Planococcus* as *Plano-coccus okeanokoites* comb. nov. *International Journal of Systematic Bacteriology* 46, 866 – 870.

567 Nakai, T., Fujiie, N., Muroga, K., Arimoto, M., Mizuta, Y. and Matsuoka, S. (1992) *Pasteurella piscicida* infection in hatchery-reared juvenile striped jack. *Gyobyo Kenkyu* 27, 103 – 108.

568 Nakai, T., Hanada, H. and Muroga, K. (1985) First records of *Pseudomonas anguilliseptica* infection in cultured ayu, *Plecoglossus altivelis*. *Fish Pathology* 20, 481 – 484.

569 Nakajima, K., Muroga, K. and Hancock, R. E. W. (1983) Comparison of fatty acid, protein, and serological properties distinguishing outer membranes of *Pseudomonas anguilliseptica* strains from those of fish pathogens and other pseudomonads. *International Journal of Systematic Bacteriology* 33, 1 – 8.

570 Nakatsugawa, T. (1983) A streptococcal disease of cultured flounder. *Fish Pathology* 17, 281 – 285.

571 Nealson, K. H. (1978) Isolation, identification, and manipulation of luminous bacteria. *Methods in Enzymology* 57, 153 – 156.

572 Nelson, E. J. and Ghiorse, W. C. (1999) Isolation and identification of *Pseudoalteromonas piscicida* strain Cura-d associated with diseased damselfish (*Pomacentridae*) eggs. *Journal of Fish Diseases* 22, 253 – 260.

573 Nesterenko, O. A., Nogina, T. M., Kasumova, S. A., Kvasnikov, E. I. and Batrakov, S. G. (1982) *Rhodo-coccus luteus* nom. nov. and *Rhodococcus maris* nom. nov. *International Journal of Systematic Bacteriology* 32, 1 – 14.

574 Nguyen, H. and Kanai, K. (1999) Selective agars for the isolation of *Streptococcus iniae* from Japanese flounder, *Paralichthys olivaceus*, and

its cultural environment. *Journal of Applied Microbiology* 86, 769 – 776.

575 Nicholls, K. M., Lee, J. V. and Donovan, T. J. (1976) an evaluation of commercial thiosulphate citrate bile salt sucrose agar (TCBS). *Journal of Applied Bacteriology* 41, 265 – 269.

576 Nicolas, J. L., Basuyaux, O., Mazurié, J. and Thébault, A. (2002) *Vibrio carchariae*, a pathogen of the abalone *Haliotis tuberculata*. *Diseases of Aquatic Organisms* 50, 35 – 43.

577 Nicols, D. S., Hart, P., Nicols, P. D. and McMeekin, T. A. (1996) Enrichment of the rotifer *Brachionus plicatilis* fed an Antarctic bacterium containing polyunsaturated fatty acids. *Aquaculture* 147, 115 – 125.

578 Nielsen, M. E., Høi, L., Schmidt, A., Qian, D., Shimada, T., Shen, J. and Larsen, J. (2001) is *Aeromonas hydrophila* the dominant motile *Aeromonas* species that causes disease outbreaks in aquaculture production in the Zhejiang Province in China *Diseases of Aquatic Organisms* 46, 23 – 29.

579 Nieto, T., López, L., Santos, Y., Núñez, S. and Toranzo, A. (1990) Isolation of *Serratia plymuthica* as an opportunistic pathogen in rainbow trout, *Salmo gairdneri* Richardson. *Journal of Fish Diseases* 13, 175 – 177.

580 Nishibuchi, M., Doke, S., Toizumi, S., Umeda, T., Yoh, M. and Miwatani, T. (1988) Isolation from a coastal fish of *Vibrio hollisae* capable of producing a hemolysin similar to the thermostable direct hemolysin of *Vibrio parahaemolyticus*. *Applied and Environmental Microbiology* 54, 2144 – 2146.

581 Nishimori, E., Hasegawa, O., Numata, T. and Wakabayashi, H. (1998) *Vibrio carchariae* causes mass mortalities in Japanese abalone, *Sulculus diversicolor supratexta*. *Fish Pathology* 33, 495 – 502.

582 Nishimori, E., Kita-Tsukamoto, K. and Wakabayashi, H. (2000) *Pseudomonas pleco-glossicida* sp. nov., the causative agent of bacterial haemorrhagic ascites in ayu, *Plecoglossus altivelis*. *International Journal of Systematic and Evolution-ary Microbiology* 50, 83 – 89.

583 Nishimura, Y., Kinpara, M. and Iizuka, H. (1989) *Mesophilobacter marinus* gen. nov., sp. nov.: an aerobic coccobacillus isolated from seawater. *International Journal of Systematic Bacteriology* 39, 378 – 381.

584 Noga, E. and Berkhoff, H. (1990) Pathological and microbiological features of *Aeromonas salmonicida* infection in the American eel (*Anguilla rostrata*). *Fish Pathology* 25, 127 – 132.

585 Nogi, Y., Kato, C. and Horikoshi, K. (1998) *Moritella japonica* sp. nov., a novel barophilic bacterium isolated from a Japan Trench sediment. *Journal of General and Applied Microbiology* 44, 289 – 295.

586 Nogi, Y., Masui, N. and Kato, C. (1998) *Photobacterium profundum* sp. nov., a new, moderately barophilic species isolated from a deep-sea sediment. *Extremophiles* 2, 1 – 7.

587 Novoa, B., Luque, A., Castro, D., Borrego, J. and Figueras, A. (1998) Characterization and infectivity of four bacterial strains isolated from Brown Ring Disease-affected clams. *Journal of Invertebrate Pathology* 71, 34 – 41.

588 Nozue, H., Hayashi, T., Hashimoto, Y., Ezaki, T., Hamasaki, K., Ohwada, K. and Terawaki, Y. (1992) Isolation and characterisatio of *Shewanella alga* from human clinical specimens and emendation of the description of *S. alga* Simidu *et al.*, 1990, *International Journalof Systematic Bacteriology* 42, 628 – 634.

589 Oakey, H., Gibson, L. and George, A. (1999) DNA probes specific for *Aeromonas hydrophila* (HG1). *Journal of Applied Microbiology* 86, 187 – 193.

590 Obendorf, D. L., Carson, J. and McManus, T. J. (1987) *Vibrio damselae* infection in a stranded leatherback turtle (*Dermochelys coriacea*). *Journal of Wildlife Diseases* 23, 666 – 668.

591 Odile, M., Bouvet, M., Grimont, P., Richard, C., Aldova, E., Hausner, O. and Gabrhelova, M. (1985) *Budvicia aquatica* gen. nov., sp. nov.: a hydrogen sulfide-producing member of the *Enterobacteriaceae*. *International Journal of Systematic Bacteriology* 35, 60 – 64.

592 OIE (2000a) *World Animal Health in 2000: Reports on the Animal Health Status and Disease Control Methods and Tables on Incidence of List A Diseases*. Office International des Epizooties, Paris, 33 – 37.

593 OIE (2000b) Enteric septicaemia of catfish. In: *Diagnostic Manual for Aquatic Animal Diseases*. Office International Des Epizooties, Paris, 105 – 111.

594 Okuda, J., Nakai, T., Chang, P., Oh, T., Nishino, T., Koitabashi, T. and Nishibuchi, M. (2001) The *toxR* gene of *Vibrio* (*Listonella*) *anguillarum* controls expression of the major outer membrane proteins but not virulence in the natural host model. *Infection and Immunity* 69, 6091 – 6101.

595 Okuzumi, M., Hiraishi, A., Kobayashi, T. and Fujii, T. (1994) *Photobacterium histaminum* sp. nov., a histamine-producing marine bacterium. *International Journal of Systematic Bacteriology* 44, 631 – 636.

596 Olafsen, J., Mikkelsen, H., Giaever, H. and Hansen, G. (1993) Indigenous bacteria in haemolymph and tissues of marine bivalves at low temperatures. *Applied and Environmental Microbiology* 59, 1848 – 1854.

597 Oliver, J., Warner, R. and Cleland, D. (1983) Distribution of *Vibrio vulnificus* and other lactosefermenting Vibrios in the marine environment. *Applied and Environmental Microbiology* 45, 985 – 998.

598 Olivier, G. (1990) Virulence of *Aeromonas salmonicida*: lack of relationship with phenotypic characteristics. *Journal of Aquatic Animal Health* 2, 119 – 127.

599 Onarheim, A., Wiik, R., Burghardt, J. and Stackebrandt, E. (1994) Characterisation and identification of two *Vibrio* species indigenous to the intestine of fish in cold sea water; description of *Vibrio iliopiscarius* sp. nov. *Systematic and Applied Microbiology* 17, 370 – 379.

600 Osorio, C. R., Barja, J. L., Hutson, R. A. and Collins, M. D. (1999) *Arthrobacter rhombi* sp. nov., isolated from Greenland halibut (*Reinhardtius hippoglossoides*). *International Journal of Systematic Bacteriology* 49, 1217 – 1220.

601 Osorio, C. R., Toranzo, A. E., Romalde, J. L. and Barja, J. L. (2000) Multiplex PCR assay for *urec* and 16*S* rRNA genes clearly discriminates between both subspecies of *Photobacterium damselae*. *Diseases of Aquatic Organisms* 40, 177 – 183.

602 Ostland, V. E., Ferguson, H. W. and Stevenson, R. M. W. (1989) Case report: bacterial gill disease in goldfish *Carassias auratus*. *Diseases of Aquatic Organisms* 6, 179 – 184.

603 Ostland, V. E., Lumsden, J. S., MacPhee, D. D. and Ferguson, H. W. (1994) Characteristics of *Flavobacterium branchiophilum*, the cause of salmonid Bacterial Gill Disease in Ontario. *Journal of Aquatic Animal Health* 6, 13 – 26.

604 Ostland, V. E., Byrne, P. J., Lumsden, J. S., MacPhee, D. D., Derksen, J. A., Haulena, M., Skar, K., Myhr, E. and Ferguson, H. W. (1999a) Atypical bacterial gill disease: a new form of bacterial gill disease affecting intensively reared salmonids. *Journal of Fish Diseases* 22, 351 – 358.

605 Ostland, V. E., LaTrace, C., Morrison, D. and Ferguson, H. (1999b) *Flexibacter maritimus* associated with a bacterial stomatitis in Atlantic salmon smolts reared in net-pens in British Columbia. *Journal of Aquatic Animal Health* 11, 35 – 44.

606 Otis, V. S. and Behler, J. L. (1973) The occurrence of Salmonellae and *Edwardsiella* in the turtles of the New York Zoological Park. *Journal of Wildlife Diseases* 9, 4 – 6.

607 Packer, R. A. (1943) The use of sodium azide (NaN3) and crystal violet in a selective medium for Streptococci and *Erysipelothrix rhusiopathiae*. *Journal of Bacteriology* 46, 343 – 349.

608 Padgitt, P. J. and Moshier, S. E. (1987) Myc*obacterium poriferae* sp. nov. a scotochromogenic, rapidly growing species isolated from a marine sponge. *International Journal of Systematic Bacteriology* 37, 186 – 191.

609 Paillard, C. and Maes, P. (1994) Brown ring dis ease in the Manila clam *Ruditapes philippinarum*: establishment of a classification system. *Diseases of Aquatic Organisms* 19, 137 – 146.

610 Paillard, C., Maes, P. and Oubella, R. (1994) Brown ring disease in clams. *Annual Review of Fish Diseases* 4, 219 – 240.

611 Palmer, R., Drinan, E. and Murphy, T. (1994) A previously unknown disease of farmed Atlantic salmon: pathology and establishment of bacterial aetiology. *Diseases of Aquatic Organisms*19, 7 – 14.

612 Palmgren, H., McCafferty, D., Aspan, A., Broman, T., Sellin, M., Wollin, R., Bergstrom, S. and Olsen, B. (2000) Salmonella in sub – Antarctic: low hetero-geneity in Salmonella serotypes in South Georgian seals and birds. *Epidemiology and Infection* 125, 257 – 262.

613 Pascual, C., Foster, G., Alvarez, N. and Collins, M. D. (1998) *Corynebacterium phocae* sp. nov., isolated from the common seal (*Phoca vitulina*). *International Journal of Systematic Bacteriology* 48, 601 – 604.

614 Pascuale, V., Baloda, S., Dumontet, S. and Krovacek, K. (1994) An outbreak of *Aeromonas hydrophila* infection in turtles (*Pseudemis scripta*). *Applied and Environmental Microbiology* 60, 1678 – 1680.

615 Pavan, M. E., Abbott, S. L., Zorzopulos, J. and Janda, J. M. (2000) *Aeromonas salmonicida* subsp. *pectinolytica* subsp. nov., a new pectinase-positive subspecies isolated from a heavily polluted river. *International Journal of Systematic and Evolutionary Microbiology* 50, 119 – 1124.

616 Pazos, F., Santos, Y., Macías, A. R., Núñez, S. and Toranzo, A. E. (1996) Evaluation of media for the successful culture of *Flexibacter maritimus*. *Journal of Fish Diseases* 19, 193 – 197.

617 Pedersen, K., Kofod, H., Dalsgaard, I. and Larsen, J. (1994) Isolation of oxidase-negative *Aeromonas salmonicida* from diseased turbot *Scophthalmus maximus*. *Diseases of Aquatic organisms* 18, 149 – 154.

618 Pedersen, K., Dalsgaard, I. and Larsen, J. L. (1997) *Vibrio damsela* associated with diseased fish in Denmark. *Applied and Environmental Microbiology* 63, 3711 – 3715.

619 Pedersen, K., Verdonck, L., Austin, B., Austin, D. A., Blanch, A. R., Grimont, P. A. D., Jofre, J., Koblavi, S., Larsen, J. L., Tiainen, T., Vigneulle, M. and Swings, J. (1998) Taxonomic evidence that *Vibrio carchariae* Grimes *et al.* 1985 is a junior synonym of *Vibrio harveyi* (Johnson and Shunk 1936) Baumann *et al.* 1981. *International Journal of Systematic Bacteriology* 48, 749 – 758.

620 Pedersen, K., Austin, B., Austin, D. and Larsen, J. (1999) Vibrios associated with mortality in cultured Plaice *Pleuronectes platessa* fry. *Acta Veterinaria Scandinavica.* 40, 263 – 270.

621 Perera, R., Johnson, S., Collins, M. and Lewis, D. (1994) *Streptococcus iniae* associated with mortality of *Tilapia nilotica* and *T. aurea* hybrids. *Journal of Aquatic Animal Health* 6, 335 – 340.

622 Petrie, J., Bruno, D. W. and Hastings, T. S. (1996) Isolation of *Yersinia ruckeri* from wild, Atlantic salmon, *Salmo salar* L., in Scotland. *Bulletin of the European Association of Fish Pathologists* 16, 83 – 84.

623 Pickett, M. and Pedersen, M. (1970) Characterization of saccharolytic nonfermentative bacteria associated with man. *Canadian Journal of Microbiology* 16, 351 - 362.

624 Pidiyar, V., Kaznowski, A., Narayan, N. B., Patole, M. and Shouche, Y. S. (2002) *Aeromonas culicicola* sp. nov., from the midgut of *Culex quinquefasciatus*. *International Journal of Systematic and Evolutionary Microbiology* 52, 1723 - 1728.

625 Pier, G. B. and Madin, S. H. (1976) *Streptococcus iniae* sp nov., a beta-haemolytic streptococcus isolated from an Amazon freshwater dolphin, *Inia geoffrensis*. *International Journal of Systematic Bacteriology* 26, 545 - 553.

626 Pier, G., Madin, S. and Nakeeb, S. (1978) Isolation and characterization of a second isolate of *Strepto-coccus iniae*. *International Journal of Systematic Bacteriology* 28, 311 - 314.

627 Plumb, J. and Sanchez, D. (1983) Susceptibility of five species of fish to *Edwardsiella ictaluri*. *Journal of Fish Diseases* 6, 261 - 266.

628 Pollard, D., Johnson, W., Lior, H., Tyler, S. and Rozee, K. (1990) Detection of the Aerolysin gene in *Aeromonas hydrophila* by the polymerase chain reaction. *Journal of Clinical Microbiology* 28, 2477 - 2481.

629 Pot, B., Devriese, L. A., Hommez, J., Miry, C., Vandemeulebroecke, K., Kersters, K. and Haesebrouck, F. (1994) Characterization and identification of *Vagococcus fluvialis* strains isolated from domestic animals. *Journal of Applied Bacteriology* 77, 362 - 369.

630 Pu, Z., Dobos, M., Limsowtin, G. and Powell, I. (2002) Integrated polymerase chain reactionbased procedures for the detection and identification of species and subspecies of the Gram-positive bacterial genus *Lactococcus*. *Journal of Applied Microbiology* 93, 353 - 361.

631 Pujalte, M. - J. and Garay, E. (1986) Proposal of *Vibrio mediterranei* sp. nov.: a new marine member of the genus *Vibrio*. *International Journal of Systematic Bacteriology* 36, 278 - 281.

632 Pujalte, M. - J., Ortigosa, M., Urdaci, M. - C., Garay, E. and Grimont, P. (1993) *Vibrio mytili* sp. nov., from mussels. *International Journal of Systematic Bacteriology* 43, 358 - 362.

633 Puttinaowarat, S., Thompson, K. D., Kolk, A. and Adams, A. (2002) Identification of *Mycobacterium* spp. isolated from snakehead, *Channa striata* (Fowler), and Siamese fighting fish, *Betta splendens* (Regan), using polymerase chain reaction-reverse cross blot hybridization (PCR - RCBH). *Journal of Fish Diseases* 25, 235 - 243.

634 Pychynski, T., Malanowska, T. and Kozlowski, M. (1981) Bacterial flora in branchionecrosis of carp (particularly *Bacillus cereus* and *Bacillus subtilis*). *Medycyna Weterynaryjna* 37, 742 - 743.

635 Raguenes, G., Christen, R., Guezennec, J., Pignet, P. and Barbier, G. (1997) *Vibrio diabolicus* sp. nov., a new polysaccharide-secreting organism iso - lated from a deep - sea hydrothermal vent poly-chaete annelid, *Alvinella pompejana*. *International Journal of Systematic Bacteriology* 47, 989 - 995.

636 Ramos, C. P., Foster, G. and Collins, M. D. (1997) Phylogenetic analysis of the genus *Actinomyces* based on 16*S* rRNA gene sequences: description of *Arcanobacterium phocae* sp. nov., *Arcanobacterium bernardiae* com. nov., and *Arcanobacterium pyogenes* com. nov. *International Journal of Systematic Bacteriology* 47, 46 - 53.

637 Rasheed, V., Limsuwan, C. and Plumb, J. (1985) Histopathology of bullminnows, *Fundulus grandis* Baird & Girard, infected with a non-haemolytic group B *Streptococcus* sp. *Journal of Fish Diseases* 8, 65 - 74.

638 Ravelo, C., Magariños, B., Romalde, J. and Toranzo, A. (2001) Conventional versus miniaturized systems for the phenotypic characterization of *Lactococcus garvieae* strains. *Bulletin of the European Association of Fish Pathologists* 21, 136 - 144.

639 Reddacliff, G. L., Hornitzky, M., Carson, J., Petersen, R. and Zelski, R. (1993) Mortalities of goldfish, *Carassius auratus* (L.), associated with *Vibrio cholerae* (non-01) infection. *Journal of Fish Diseases* 16, 517 - 520.

640 Reddacliff, G. L., Hornitzky, M. and Whittington, R. J. (1996) *Edwardsiella tarda* septicaemia in rainbow trout (*Oncorhynchus mykiss*). *Australian Veterinary Journal* 73, 30.

641 Reddy, C., Cornell, C. and Fraga, A. (1982) Transfer of *Corynebacterium pyogenes* (Glage) Eberson to the genus Actinomyces as *Actinomyces pyogenes* (Glage) comb. nov. *International Journal of Systematic Bacteriology* 32, 419 - 429.

642 Register, K., Sacco, R. and Foster, G. (2000) Ribotyping and restriction endonuclease analysis reveal a novel clone of *Bordetella bronchiseptica* in seals. *Journal of Veterinary Investigation*12, 535 - 540.

643 Reichelt, J. and Baumann, P. (1975) *Photobacterium mandapamensis* Hendrie *et al.*, a later subjective synonym of *Photobacterium leiognathi* Boisvert *et al.* *International Journal of Systematic Bacteriology* 25, 208 - 209.

644 Reichenbach, H., Kleinig, H. and Achenbach, H. (1974) The pigments of *Flexibacter elegans*: novel and chemosystematically useful compounds. *Archives of Microbiology* 101, 131 - 144.

645 Reichenbach, H., Kohl, W. and Achenbach, H. (1981) The flexirubin-type pigments, chemosystematically useful compounds. In: Reichenbach, H. and Weeks, O. B. (eds) *Proceedings of the International Symposium on Yellow Pigmented Gram - Negative Bacteria of the Flavobacterium Cytophaga Group*. Verlag Chemie, Deerfield Beach, Florida.

646 Reichenbach-Klinke, H. and Elkan, E. (1966) *The Principal Diseases of Lower Vertebrates*. Academic Press, New York.

647 Reid, G. A. and Gordon, E. (1999) Phylogeny of marine and freshwater *Shewanella*: reclassification of *Shewanella putrefaciens* NCIMB 400 as

Shewanella frigidimarina. *International Journal of Systematic Bacteriology* 49, 189 – 191.

648 Ringø, E. and Gatesoupe, F. – J. (1998) Lactic acid bacteria in fish: a review. *Aquaculture*160, 177 – 203.

649 Ringø, E., Seppola, M., Berg, A., Olsen, R. E., Schillinger, U. and Holzapfel, W. (2002) Characterization of *Carnobacterium divergens* strain 6251 isolated from intestine of Arctic charr (*Salvelinus alpinus* L.). *Systematic and Applied Microbiology* 25, 120 – 129.

650 Riquelme, C., Toranzo, A., Barja, J., Vergara, N. and Araya, R. (1996) Association of *Aeromonas hydrophila* and *Vibrio alginolyticus* with larval mortalities of scallop (*Argopecten purpuratus*). *Journal of Invertebrate Pathology* 67, 213 – 218.

651 Robert-Pillot, A., Guenole, A. and Fournier, J. – M. (2002) Usefulness of R72H PCR assay for differentiation between *Vibrio parahaemolyticus* and *Vibrio alginolyticus* species: validation by DNA – DNA hybridization. *FEMS Microbiology Letters* 215, 1 – 6.

652 Rodriguez, L. A., Gallardo, C. S., Acosta, F., Nieto, T. P., Acosta, B. and Real, F. (1998) *Hafnia alvei* as an opportunistic pathogen causing mortality in brown trout, *Salmo trutta L. Journal of Fish Diseases* 21, 365 – 369.

653 Roggenkamp, A., Abele – Horn, M., Trebesius, K. – H., Tretter, U., Autenrieth, I. B. and Heese-mann, J. (1998) *Abiotrophia elegans* sp. nov., a possible pathogen in patients with culture-negative endocarditis. *Journal of Clinical Microbiology* 36, 100 – 104.

654 Rogosa, M. J., Mitchell, J. A. and Wiseman, R. F. (1951) A selective medium for the isolation and enumeration of oral and fecal lactobacilli. *Journal of Bacteriology* 62, 132 – 133.

655 Romalde, J., Magariños, B., Fouz, B., Bandín, I., Núñez, S. and Toranzo, A. (1995) Evaluation of BIONOR Mono-kits for rapid detection of bacterial fish pathogens. *Diseases of Aquatic Organisms* 21, 25 – 34.

656 Ross, A. J. and Brancato, F. (1959) *Mycobacterium fortuitum* Cruz from the tropical fish *Hyphessobrycon innesi. Journal of Bacteriology* 78, 392 – 395.

657 Ross, A. J., Rucker, R. R. and Ewing, W. H. (1966) Description of a bacterium associated with red-mouth disease of rainbow trout (*Salmo gairdneri*). *Canadian Journal of Microbiology* 12, 763 – 770.

658 Ross, H. M., Foster, G., Reid, R. J., Jahans, K. L. and MacMillan, A. P. (1994) *Brucella* species infection in sea-mammals. *Veterinary Record* 134, 359.

659 Ruger, H. J. and Tan, T. L. (1983) Separation of *Alcaligenes denitrificans* sp. nov., nom. rev. from *Alcaligenes faecalis* on the basis of DNA base composition, DNA homology, and nitrate reduction. *International Journal of Systematic Bacteriology* 33, 85 – 99.

660 Ruhnke, H. L. and Madoff, S. (1992) *Mycoplasma Phocidae* sp. nov., isolated from harbour seals (*Phoca vitulina L.*). *International Journal of Systematic Bacteriology* 42, 211 – 214.

661 Ruimy, R., Riegel, P., Carlotti, A., Boiron, P., Bernardin, G., Monteil, H., Wallace, R. J. Jr and Christen, R. (1996) *Nocardia pseudobrasiliensis* sp. nov., a new species of Nocardia which groups bacterial strains previously identified as *Nocardia brasiliensis* and associated with invasive diseases. *International Journal of Systematic Bacteriology* 46, 259 – 264.

662 Ruiz-Ponte, C., Cilia, V., Lambert, C. and Nicolas, J. L. (1998) *Roseobacter gallaeciensis* sp. nov., a new marine bacterium isolated from rearings and collectors of the scallop *Pecten maximus*. *International Journal of Systematic Bacteriology* 48, 537 – 542.

663 Rutter, J. (1981) Quantitative observations on *Bordetella bronchiseptica* infection in atrophic rhinitis of pigs. *Veterinary Record* 108, 451 – 454.

664 Rutter, J. M., Taylor, R. J., Crighton, W. G., Robert-son, I. B. and Benson, J. A. (1984) Epidemiological study of *Pasteurella multocida* and *Bordetella bronchiseptica* in atrophic rhinitis. *Veterinary record* 115, 615 – 619.

665 Saeed, M. O., Almoudi, M. M. and Al – Harbi, A. H. (1987) a *Pseudomonas* associated with disease in cultured rabbitfish *Siganus rivulatus* in the Red Sea. *Diseases of Aquatic Organisms* 3, 177 – 180.

666 Saeed, M. O., Alamoudi, M. M. and Al-Harbi, A. H. (1990) Histopathology of *Pseudomonas putre-Faciens* associated with disease in cultured rabbitfish, *Siganus rivulatus* (Forskal). *Journal of Fish Diseases* 13, 417 – 422.

667 Saiki, R. (1989) The design and optimisation of the PCR. In: Erlich, H. A. (ed.) *PCR Technology: Principles and Applications for DNA Amplification*. Stockton Press, New York, 7 – 16.

668 Saiki, R., Scharf, S., Faloona, F., Mullis, K., Horn, G., Erlich, H. and Arnheim, N. (1985) Enzymatic amplification of β-globulin genomic sequences and restriction site analysis for diagnosis of sickle cell anemia. *Science* 230, 1350 – 1354.

669 Salati, F., Tassi, P. and Bronzi, P. (1996) Isolation of an *Enterococcus* – like bacterium from diseased Adriatic sturgeon, *Acipenser naccarii*, farmed in Italy. *Bulletin of the European Association of Fish Pathologists* 16, 96 – 100.

670 Sambrook, J., Fritsch, E. and Maniatis, T. (1989) *Molecular Cloning: a Laboratory Manual*. Cold Spring Harbor Laboratory Press, Cold Spring Harbor, New York.

671 Sanders, J. E. and Fryer, J. L. (1980) *Renibacterium salmoninarum* gen. nov., sp. nov., the causative agent of bacterial kidney disease in salmonid fishes. *International Journal of Systematic Bacteriology* 30, 496 – 502.

672 Santacana, J. A., Conroy, D. A., Mujica, M. E., Marín, C. and López, N. D. (1982) Acid-fast bacte-rial infection and its control in three-spot gouramis, *Trichogaster trichopterus*. *Journal of Fish Diseases* 5, 545 – 547.

673 Santos, N. de, Vale, A. de, Sousa, M. and Silva, M. (2002) Mycobacterial infection in farmed turbot *Scophthalmus maximus*. *Diseases of*

Aquatic organisms 52, 87 – 91.

674 Santos, Y., Romalde, J. L., Bandín, I., Magariños, B., Núñez, S., Barja, J. L. and Toranzo, A. E. (1993) Usefulness of the API-20E system for the identification of bacterial fish pathogens. *Aquaculture* 116, 111 – 120.

675 Sato, N., Yamane, N. and Kawamura, T. (1982) Systemic *Citrobacter freundii* infection among sunfish *Mola mola* in Matsushima Aquarium. *Bulletin of the Japanese Society of Scientific Fisheries* 48, 1551 – 1557.

676 Saulnier, D., Avarre, J. C., Moullac, G. L., Ansquer, D., Levy, P. and Vonau, V. (2000) Rapid and sensitive PCR detection of *Vibrio penaeicida*, the putative etiological agent of Syndrome 93 in New Caledonia. *Diseases of Aquatic Organisms* 40, 109 – 115.

677 Sawabe, T., Makino, H., Tatsumi, M., Nakano, K., Tajima, K., Iqbal, M. M., Yumoto, I., Ezura, Y. and Christen, R. (1998a) *Pseudoalteromonas bacteriolytica* sp. nov., a marine bacterium that is the causative agent of red spot disease of *Laminaria japonica*. *International Journal of Systematic Bacteriology* 48, 769 – 774.

678 Sawabe, T., Sugimura, I., Ohtsuka, M., Nakano, K., Tajima, K., Ezura, Y. and Christen, R. (1998b) *Vibrio halioticoli* sp. nov., a non-motile alginolytic marine bacterium isolated from the gut of the abalone *Haliotis discus hannai*. *International Journal of Systematic Bacteriology* 48, 573 – 580.

679 Sawabe, T., Tanaka, R., Iqbae, M. M., Tajima, K., Ezura, Y., Ivanova, E. P. and Christen, R. (2000) Assignment of *Alteromonas elyakovii* KMM 162^{T} and five strains isolated from spot-wounded fronds of *Laminaria japonica* to *Pseudoalteromonas elyakovii* comb. nov. and the extended description of the species. *International Journal of Systematic and Evolutionary Microbiology* 50, 265 – 271.

680 Schiewe, M. H., Trust, T. J. and Crosa, J. H. (1981) *Vibrio ordalii* sp. nov.: causative agent of vibriosis in fish. *Current Microbiology* 6, 343 – 348.

681 Schleifer, K. H. and Kloos, W. E. (1975) Isolation and characterization of Staphylococci from human skin. I. Amended descriptions of *Staphylococcus epidermidis* and *Staphylococcus saprophyticus* and descriptions of three new species: *Staphylococcus cohnii*, *Staphylococcus haemolyticus*, and *Staphylococcus xylosus*. *International Journal of Systematic Bacteriology* 25, 50 – 61.

682 Schmidtke, L. M. and Carson, J. (1994) Characteristics of *Vagococcus salmoninarum* isolated from diseased salmonid fish. *Journal of Applied Bacteriology* 77, 229 – 236.

683 Schmidtke, L. M. and Carson, J. (1995) Characteristics of *Flexibacter psychrophilus* isolated from Atlantic salmon in Australia. *Diseases of Aquatic Organisms* 21, 157 – 161.

684 Schubert, R. (1971) Status of the names *Aeromonas* and *Aerobacter liquefaciens* Beijerinck and designation of the neotype strain for *Aeromonas hydrophila* Stanier. *International Journal of Systematic Bacteriology* 21, 87 – 90.

685 Segers, P., Vancanneyt, M., Pot, B., Torck, U., Hoste, B., Dewettinck, D., Falsen, E., Kersters, K. and Vos, P. de. (1994) Classification of *Pseudomonas diminuta* Leifson and Hugh 1954 and *Pseudo monas vesicularis* Busing, Doll, and Freytag 1953 in *Brevundimonas* gen. nov. as *Brevundimonas diminuta* comb. nov., and *Brevundimonas vesicularis* comb. nov., respectively. *International Journal of Systematic Bacteriology* 44, 499 – 510.

686 Seibold, H. R. and Neal, J. E. (1956) *Erysipelothrix septicaemia* in the porpoise. *Journal of American Veterinary Medical Association* 128, 537 – 539.

687 Seidler, R., Allen, D., Colwell, R., Joseph, S. and Daily, O. (1980) Biochemical characteristics and virulence of environmental Group F bacteria isolated in the United States. *Applied and Environ-mental Microbiology* 40, 715 – 720.

688 Shah, K. and Tyagy, B. (1986) An eye disease in silver carp, *Hypophthalmichthys molitrix*, held in tropical ponds, associated with the bacterium *Staphylococcus aureus*. *Aquaculture* 55, 1 – 4.

689 Shamsudin, M. N. and Plumb, J. A. (1996) Morpho-logical, biochemical, and physiological character-ization of *Flexibacter columnaris* isolates from four species of fish. *Journal of Aquatic Animal Health* 8, 335 – 339.

690 Shewan, J., Hodgkiss, W. and Liston, J. (1954) A method for the rapid identification of certain nonpigmented asporogenous bacilli. *Nature* (*London*) 173, 208 – 209.

691 Shieh, H. S. (1980) Studies on the nutrition of a fish pathogen, *Flexibacter columnaris*. *Microbios Letters* 13, 129 – 133.

692 Shieh, W. Y., Chen, A. L. and Chiu, H. H. (2000) *Vibrio aerogenes* sp. nov., a facultatively anaerobic marine bacterium that ferments glucose with gas production. *International Journal of Systematic and Evolutionary Microbiology* 50, 321 – 329.

693 Shiose, J., Wakabayashi, H., Tominaga, M. and Egusa, S. (1974) A report on a disease of cultured carp due to a capsulated *Pseudomonas*. *Fish Pathology* 9, 79 – 83.

694 Shotts, E. B. and Waltman, W. D. II. (1990) A medium for the selective isolation of *Edwardsiella ictaluri*. *Journal of Wildlife Diseases* 26, 214 – 218.

695 Shotts, E. B. J., Talkington, F. D., Elliott, D. G. and McCarthy, D. H. (1980) Aetiology of an ulcerative disease in goldfish, *Carassius auratus* (L.): characterization of the causative agent. *Journal of Fish Diseases* 3, 181 – 186.

696 Simidu, U. and Hasuo, K. (1968) Salt dependency of the bacterial flora of marine fish. *Journal of General Microbiology* 52, 347 – 354.

697 Simmons, J. S. (1926) A culture medium for differ – entiating organisms of typhoid – colon aerogenes groups and for isolation of certain fungi. *Journal of Infectious Diseases* 39, 201 – 214.

698 Simon, G. and Oppenheimer, C. (1968) Bacterial changes in sea water samples, due to storage and volume. *Zeitschrift für Allgemeine Mikrobiologie* 8, 209 – 214.

699 Simmons, G. C., Sullivan, N. D. and Green, P. E. (1972) Dermatophilosis in a lizard (*Amphibolurus barbatus*). *Australian Veterinary Journal* 48, 465 – 466.

700 Skaar, I., Gaustad, P., Tønjum, T., Holm, B. and Stenwig, H. (1994) *Streptococcus phocae* sp. nov., a new species isolated from clinical specimens from seals. *International Journal of Systematic Bacteriology* 44, 646 – 650.

701 Skirrow, M. B. (1977) Campylobacter enteritis: a 'new' disease. *British Medical Journal* 2, 9 – 11.

702 Smith, H. J. and Goodner, K. (1958) Detection of bacterial gelatinases by gelatin-agar plate methods. *Journal of Bacteriology* 76, 662 – 665.

703 Smith, I. M. and Baskerville, A. J. (1979) A selective medium facilitating the isolation of and recognition of *Bordetella bronchiseptica* in pigs. *Research in Veterinary Science* 27, 187 – 192.

704 Smith, N., Gordon, R. and Clark, F. (1952) Aerobic sporeforming bacteria. In: *Monograph No.* 16, US Department of Agriculture, Washington, DC.

705 Smith, S. K.; Sutton, D. C., Fuerst, J. A. and Reichelt, J. L. (1991) Evaluation of the genus Listonella and reassignment of *Listonella damsela* (Love *et al.*) MacDonell and Colwell to the genus Photobacterium as *Photobacterium damsela* comb. nov. with an emended description, *International Journal of Systematic Bacteriology* 41, 529 – 534.

706 Snieszko, S. F. (1981) Bacterial gill disease of freshwater fishes. *US Fish and Wildlife Service Fish Disease Leaflet* 62, 1 – 11.

707 Snieszko, S. F., Bullock, G., Dunbar, C. and Pettijohn, L. (1964) Nocardial infection in hatchery-reared fingerling rainbow trout (*Salmo gairdneri*). *Journal of Bacteriology* 88, 1809 – 1810.

708 Snieszko, S. F., Bullock, G. L., Hollis, E. and Boone, J. G. (1964) *Pasteurella* sp. from an epizootic of white perch (*Roccus americanus*) in Chesapeake Bay tidewater areas. *Journal of Bacteriology* 88, 1814 – 1815.

709 Snipes, K. P. and Biberstein, E. L. (1982) *Pasteurella testudinis* sp. nov.: a parasite of desert tortoises (*Gopherus agassizi*). *International Journal of Systematic Bacteriology* 32, 201 – 210.

710 Soffientino, B., Gwaltney, T., Nelson, D. R., Specker, J. L., Mauel, M. and Gómez-Chiarri, M. (1999) Infectious necrotizing enteritis and mortality caused by *Vibrio carchariae* in summer flounder *Paralichthys dentatus* during intensive culture. *Diseases of Aquatic Organisms* 38, 201 – 210.

711 Sonnenwirth, A. (1970) Bacteremia with and without meningitis due to *Yersinia enterocolitica*, *Edwardsiella tarda*, *Comamonas terrigena* and *Pseudomonas maltophilia*. *Annals of the New York Academy of Sciences* 174, 488 – 502.

712 Sørensen, U. and Larsen, J. (1986) Serotyping of *Vibrio anguillarum*. *Applied and Environmental Microbiology* 51, 593 – 597.

713 Stackebrandt, E. and Kandler, O. (1979) Taxonomy of the genus *Cellulomonas*, based on phenotypic characters and deoxyribonucleic aciddeoxyribonucleic acid homology, and proposal of seven neotype strains. *International Journal of Systematic Bacteriology* 29, 272 – 282.

714 Stanier, R. Y., Palleroni, N. J. and Doudoroff, M. (1966) The aerobic Pseudomonads: a taxonomic study. *Journal of General Microbiology* 43, 159 – 271.

715 Starliper, C. (2001) Isolation of *Serratia liqueFaciens* as a pathogen of Arctic char, *Salvelinus alpinus* (L.). *Journal of Fish Diseases* 24, 53 – 56.

716 Starliper, C., Shotts, E. and Brown, J. (1992) Isolation of *Carnobacterium piscicola* and an unidentified Gram-positive bacillus from sexually mature and post-spawning rainbow trout *Oncorhynchus mykiss*. *Diseases of Aquatic organisms* 13, 181 – 187.

717 Stevenson, R. M. W. and Daly, J. G. (1982) Biochemical and serological characteristics of Ontario isolates of *Yersinia ruckeri*. *Canadian Journal of Fisheries and Aquatic Sciences* 39, 870 – 876.

718 Stevenson, R. and Airdrie, D. (1984) Serological variation among *Yersinia ruckeri* strains. *Journal of Fish Diseases* 7, 247 – 254.

719 Stewart, J. E. (1972) The detection of *Gaffkya homari*, the bacterium pathogenic to lobsters (Genus *Homarus*). *Fisheries Research Board of Canada. New Series* 43, 1 – 5.

720 Strohl, W. and Tait, L. (1978) *Cytophaga aquatilis* sp. nov., a facultative anaerobe isolated from the gills of freshwater fish. *International Journal of Systematic Bacteriology* 28, 293 – 303.

721 Sugumar, G., Nakai, T., Hirata, Y., Matsubara, D. and Muroga, K. (1998) *Vibrio splendidus* biovar II as the causative agent of bacillary necrosis of Japanese oyster *Crassostrea gigas* larvae. *Diseases of Aquatic Organisms* 33, 111 – 118.

722 Sukenda and Wakabayashi, H. (2000) Tissue distribution of *Pseudomonas plecoglossicida* in experimentally infected Ayu *Plecoglossus altivelis* studied by real-time quantitative PCR. *Fish Pathology* 35, 223 – 228.

723 Sung, H. – H., Hwang, S. – F. and Tasi, F. – M. (2000) Response of giant freshwater prawn (*Macrobanchium rosenbergii*) to challenge by 2 strains of *Aeromonas* spp. *Journal of Invertebrate Pathology* 76, 278 – 284.

724 Suzuki, M. and Giovannoni, S. (1996) Bias caused by template annealing in the amplification of mixtures of 16*S* rRNA genes by PCR.

Applied and Environmental Microbiology 62, 625 – 630.

725 Suzuki, M., Nakagawa, Y., Harayama, S. and Yamamoto, S. (2001) Phylogenetic analysis and taxonomic study of marine Cytophaga-like bacteria: proposal for *Tenacibaculum* gen. nov. with *Tenacibaculum maritimum* comb. nov. and *Tenacibaculum ovolyticum* comb. nov., and description of *Tenacibaculum mesophilum* sp. nov. and *Tenacibaculum amylolyticum* sp. nov. *International Journal of Systematic and Evolutionary Microbiology* 51, 1639 – 1652.

726 Sweeney, J. C. and Ridgway, S. H. (1975) Common diseases of small cetaceans. *Journal of the American Veterinary Medical Association* 167, 533 – 540.

727 Swenshon, M., Lammler, C. and Siebert, U. (1998) Identification and molecular characterization of beta-haemolytic Streptococci isolated from har-bour porpoises (*Phocoena phocoena*) of the North and Baltic seas. *Journal of Clinical Microbiology* 36, 1902 – 1906.

728 Takeuchi, M. and Yokota, A. (1992) Proposals of *Sphingobacterium faecium* sp. nov., *Sphingobacterium piscium* sp. nov., *Sphingobacterium heparinum* comb. nov., *Sphingobacterium thalpophilum* com. nov. and two genospecies of the genus *Sphingobacterium*, and synonymy of *Flavobacterium yabuuchiae* and *Sphingo-bacterium spiritivorum*. *Journal of General and Applied Microbiology* 38, 465 – 482.

729 Talaat, A., Reimschuessel, R. and Trucksis, M. (1997) Identification of mycobacteria infecting fish to the species level using polymerase chain reaction and restriction enzyme analysis. *Veterinary Microbiology* 58, 229 – 237.

730 Taylor, P. and Winton, J. (2002) Optimization of nested polymerase chain reaction assays for identification of *Aeromonas salmonicida*, *Yersinia ruckeri*, and *Flavobacterium psychrophilum*. *Journal of Aquatic Animal Health* 14, 216 – 224.

731 Teixeira, L., Merquior, V. L., Vianni, M. de C., Carvalho, M. de G., Fracalanzza, S., Steigerwalt, A., Brenner, D. and Facklam, R. (1996) Phenotypic and genotypic characterization of atypical *Lactococcus garvieae* strains isolated from water buffalos with subclinical mastitis and confirmation of *L. garvieaeas* a senior subjective synonym of *Enterococcus seriolicida*. *International Journal of Systematic Bacteriology* 46, 664 – 668.

732 Teixeira, L. M., Carvalho, M. de G. S., Merquior, V. L. C., Steigerwalt, A. G., Brenner, D. J. and Facklam, R. R. (1997) Phenotypic and genotypic characterization of *Vagococcus fluvialis*, including strains isolated from human sources. *Journal of Clinical Microbiology* 35, 2778 – 2781.

733 Temprano, A., Yugueros, J., Hernanz, C., Sanchez, M., Berzal, B., Luengo, J. and Naharro, G. (2001) Rapid identification of *Yersinia ruckeri* by PCR amplification of *yrul-yruR* quorum sensing. *Journal of Fish Diseases* 24, 253 – 261.

734 Tendencia, E. (2002) *Vibrio harveyi* isolated from cage-cultured seabass *Lates calcarifer* Bloch in the Philippines. *Aquaculture Research* 33, 455 – 458.

735 Tendencia, E. A. (2002) *Vibrio harveyi* isolated from cage – cultured sea bass *Lates calcarifer* Bloch in the Philippines. *Aquaculture Research* 33, 455 – 458.

736 Teska, J., Twerdok, L., Beaman, J., Curry, M. and Finch, R. (1997) Isolation of *Mycobacterium abscessus* from Japanese Medaka. *Journal of Aquatic Animal Health* 9, 234 – 238.

737 Thoen, C. and Schliesser, T. (1984) Mycobacterial infections in cold-blooded animals. In: Kubica, G. and Wayne, L. (eds) *The Mycobacteria: a Source-book*, Vol. II. Marcel Dekker, New York, 1297 – 1311.

738 Thomas, A. D., Forbes – Faulkner, J. and Parker, M. (1979) Isolation of *Pseudomonas pseudomallei* from clay layers at defined depths. *American Journal of Epidemiology* 110, 515 – 521.

739 Thompson, F., Hoste, B., Vandemeulebroecke, K. and Swings, J. (2001a) Genomic diversity amongst *Vibrio* isolates from different sources determined by fluorescent amplified fragment length polymorphism. *Systematic and Applied Micro-biology* 24, 520 – 538.

740 Thompson, F., Li, Y., Gomez-Gil, B., Thompson, C., Hoste, B., Vandemeulebroecke, K., Rupp, G., Pereira, A., Bem, M. D., Sorgeloos, P. and Swings, J. (2003) *Vibrio neptunius* sp. nov., *Vibrio brasiliensis* sp. nov. and *Vibrio xuii* sp. nov., iso-lated from the marine aquaculture environment (bivalves, fish, rotifers and shrimps). *International Journal of Systematic and Evolutionary Micro-biology* 53, 245 – 252.

741 Thompson, F. L., Hoste, B., Thompson, C. C., Goris, J., Gomez – Gil, B., Huys, L., Vos, P. de and Swings, J. (2002a) *Enterovibrio norvegicus* gen. nov., sp. nov., isolated from the gut of turbot (*Scophthalmus maximus*) larvae: a new member of the family Vibrionaceae. *International Journal of Systematic and Evolutionary Microbiology* 52, 2015 – 2022.

742 Thompson, F. L., Hoste, B., Thompson, C. C., Huys, G. and Swings, J. (2001b) The coral bleaching *Vibrio shiloi* Kushmaro *et al.* 2001 is a later synonym of *Vibrio mediterranei* Pujalte and Garay 1986. *Systematic and Applied Microbiology* 24, 516 – 519.

743 Thompson, F. L., Hoste, B., Vandemeulebroecke, K., Engelbeen, K., Denys, R. and Swings, J. (2002b) *Vibrio trachuri* Iwamoto *et al.* 1995 is a junior synonym of *Vibrio harveyi* (Johnson and Shunk 1936) Baumann *et al.* 1981. *International Journal of Systematic and Evolutionary Micro-biology* 52, 973 – 976.

744 Thornley, M. (1960) The differentiation of pseudomonas from other gram-negative bacteria on the basis of arginine metabolism. *Journal of Applied Bacteriology* 23, 37 – 52.

745 Thyssen, A., Grisez, L., Houdt, R. V. and Ollevier, F. (1998) Phenotypic characterization of the marine pathogen *Photobacterium damselae* subsp. *piscicida*. *International Journal of Systematic Bacteriology* 48, 1145 - 1151.

746 Tison, D., Nishibuchi, M., Greenwood, J. and Seidler, R. (1982) *Vibrio vulnificus* biogroup 2: new biogroup pathogenic for eels. *Applied and Environmental Microbiology* 44, 640 - 646.

747 Tison, D. L. and Seidler, R. J. (1983) *Vibrio aestuarianus*: a new species from estuarine waters and shellfish. *International Journal of Systematic Bacteriology* 33, 699 - 702.

748 Toranzo, A. E. and Barja, J. L. (1990) A review of the taxonomy and seroepizootiology of *Vibrio anguillarum*, with special reference to aquaculture in the northwest of Spain. *Diseases of Aquatic organisms* 9, 73 - 82.

749 Toranzo, A., Baya, A., Roberson, B., Barja, J., Grimes, D. and Hetrick, F. (1987) Specificity of slide agglutination test for detecting bacterial fish pathogens. *Aquaculture* 61, 81 - 97.

750 Toranzo, A. E., Baya, A. M., Romalde, J. L. and Hetrick, F. M. (1989) Association of *Aeromonas sobria* with mortalities of adult gizzard shad, *Dorosoma cepedianum* Lesueur. *Journal of Fish Diseases* 12, 439 - 448.

751 Toranzo, A. E., Barreiro, S., Casal, J. F., Figueras, A., Magariños, B. and Barja, J. (1991) Pasteurellosis in cultured gilthead seabream (*Sparus aurata*): first report in Spain. *Aquaculture* 99, 1 - 15.

752 Toranzo, A. E., Romalde, J. L., Núñez, S., Figueras, A. and Barja, J. L. (1993) An epizootic in farmed, market-size rainbow trout in Spain caused by a strain of *Carnobacterium piscicola* of unusual virulence. *Diseases of Aquatic Organisms* 17, 87 - 99.

753 Toranzo, A., Cutrín, J., Roberson, B., Núñez, S., Abell, J., Hetrick, F. and Baya, A. (1994) Comparison of the taxonomy, serology, drug resistance transfer, and virulence of *Citrobacter freundii* strains from mammals and poikilothermic hosts. *Applied and Environmental Microbiology* 60, 1789 - 1797

754 Toranzo, A., Cutrín, J., Núñez, S., Romalde, J. And Barja, J. (1995) Antigenic characterization of *Enterococcus* strains pathogenic for turbot and their relationship with other Gram - positive bacteria. *Diseases of Aquatic Organisms* 21, 187 - 191.

755 Torrent, A., Déniz, S., Ruiz, A., Calabuig, P., Sicilia, J. and Orós, J. (2002) Esophageal diverticulum associated with *Aerococcus viridans* infection in a Loggerhead Sea Turtle (*Caretta caretta*). *Journal of Wildlife Diseases* 38, 221 - 223.

756 Tortoli, E., Bartoloni, A., Bozzetta, E., Burrini, C., Lacchini, C., Mantella, A., Penati, V., Simonetti, M. T. and Ghittino, C. (1996) Identification of the newly described *Mycobacterium poriferae* from tuberculous lesions of snakehead fish (*Channa striatus*). *Comparative Immunology, Microbiology and Infectious Diseases* 19, 25 - 29.

757 Toyama, T., Kita-Tsukamoto, K. and Wakabayashi, H. (1994) Identification of *Cytophaga psychrophila* by PCR targeted 16*S* ribosomal RNA. *Fish Pathology* 29, 271 - 275.

758 Toyama, T., Kita-Tsukamoto, K. and Wakabayashi, H. (1996) Identification of *Flexibacter maritimus*, *Flavobacterium branchiophilum* and *Cytophaga columnaris* by PCR targeted 16*S*ribosomal DNA. *Fish Pathology* 31, 25 - 31.

759 Triyanto and Wakabayashi, H. (1999) Genotypic diversity of strains of *Flavobacterium columnare* from diseased fishes. *Fish Pathology* 34, 65 - 71.

760 Triyanto, Kumamaru, A. and Wakabayashi, H. (1999) The use of PCR targeted 16*S* rDNA for identification of genomovars of *Flavobacterium columnare*. *Fish Pathology* 34, 217 - 218.

761 Trust, T., Khouri, A., Austen, R. and Ashburner, L. (1980) First isolation in Australia of atypical *Aeromonas salmonicida*. *FEMS Microbiology Letters* 9, 39 - 42.

762 Tubiash, H. S., Chanley, P. E. and Leifson, E. (1965) Bacillary necrosis, a disease of larval and juvenile bivalve mollusks. I. Etiology and epizootiology. *Journal of Bacteriology* 90, 1036 - 1044.

763 Udey, L. R. (1982) A differential medium for distin - guishing Alr + from Alr-phenotypes in *Aeromonas salmonicida*. In: *Proceedings of the 13th annual conference and workshop and 7th eastern fish health workshop*. International Association for Aquatic Animal Medicine, Baltimore, Maryland. 764 Udey, L., Young, E. and Sallman, B. (1977) Isolation and characterization of an anaerobic bacterium, *Eubacterium tarantellus* sp. nov., associated with striped mullet (*Mugil cephalus*) mortality in Biscayne Bay, Florida. *Journal of the Fisheries Research Board of Canada* 34, 402 - 409.

765 Uhland, F. C., Hélie, P. and Higgins, R. (2000) Infections of *Edwardsiella tarda* among Brook trout in Quebec. *Journal of Aquatic Animal Health* 12, 74 - 77.

766 Urakawa, H., Kita - Tsukamoto, K., Steven, S. E., Ohwada, K. and Colwell, R. R. (1998) A proposal to transfer *Vibrio marinus* (Russell 1891) to a new genus *Moritella* gen. nov. as *Moritella marina* comb. nov. *FEMS Microbiology Letters* 165, 373 - 378.

767 Urakawa, H., Kita-Tsukamoto, K. and Ohwada, K. (1999) Reassessment of the taxonomic position of *Vibrio iliopiscarius* (Onarheim *et al.* 1994) and proposal for *Photobacterium iliopiscarium* comb. nov. *International Journal of Systematic Bacteriology* 49, 257 - 260.

768 Urdaci, M., Marchand, M., Ageron, E., Arcos, J., Sesma, B. and Grimont, P. (1991) *Vibrio navarrensis* sp. nov. from sewerage. *International Journal of Systematic Bacteriology* 41, 290 - 294.

769 Urdaci, M. C. , Chakroun, C. and Bernardet, J. – F. (1998) Development of a polymerase chain reaction assay for identification and detection of the fish pathogen *Flavobacterium psychrophilum*. *Research in Microbiology* 149, 519 – 530.

770 Ursing, J. , Rosselló-Mora, R. , García – Valdés, E. and Lalucat, J. (1995) Taxonomic note: a prag – matic approach to the nomenclature of pheno-typically similar genomic groups. *International Journal of Systematic Bacteriology* 45, 604.

771 Valheim, M. , Håstein, T. , Myhr, E. , Speilberg, L. and Ferguson, H. W. (2000) *Varracalbmi*: a new bacterial panophthalmitis in farmed Atlantic salmon, *Salmo salar* L. *Journal of Fish Diseases* 23, 61 – 70.

772 Valtonen, E. T. , Rintamäki, P. and Koskivaara, M. (1992) Occurrence and pathogenicity of *Yersinia ruckeri* at fish farms in northern and central Finland. *Journal of Fish Diseases* 15, 163 – 171.

773 Vancanneyt, M. , Segers, P. , Hauben, L. , Hommez, J. , Devriese, L. A. , Hoste, B. , Vandamme, P. and Kersters, K. (1994) *Flavobacterium meningosepticum*, a pathogen in birds. *Journal of Clinical Microbiology* 32, 2398 – 2403.

774 Vancanneyt, M. , Segers, P. , Torck, U. , Hoste, B. , Bernardet, J. – F. , Vandamme, P. and Kersters, K. (1996) Reclassification of *Flavobacterium odoratum* (Stutzer 1929) strains to a new genus, *Myroides*, as *Myroides odoratus* comb. nov. and *Myroides odoratimimus* sp. nov. *International Journal of Systematic Bacteriology* 46, 926 – 932.

775 Vandamme, P. , Bernardet, J. – F. , Segers, P. , Kersters, K. and Holmes, B. (1994) New perspectives in the classification of the Flavobacteria: description of *Chryseobacterium* gen. nov. , *Bergeyella* gen. nov. , and *Empedobacternom.* rev. *International Journal of Systematic Bacteriol-ogy* 44, 827 – 831.

776 Vandamme, P. , Devriese, L. , Pot, B. , Kersters, K. and Melin, P. (1997) *Streptococcus difficile* is a nonhaemolytic group B type Ib Streptococcus. *International Journal of Systematic Bacteriology* 47, 81 – 85.

777 Vandenberghe, J. , Li, Y. , Verdonck, L. , Li, J. , Sorgeloos, P. , Xu, H. and Swings, J. (1998) Vibrios associated with *Penaeus chinensis* (Crustacea: Decapoda) larvae in Chinese shrimp hatcheries. *Aquaculture* 169, 121 – 132.

778 Varaldo, P. , Kilpper-Bälz, R. , Biavasco, F. , Satta, G. and Schleifer, K. H. (1988) *Staphylococcus delphini* sp. nov. , a coagulase-positive species isolated from Dolphins. *International Journal of Systematic Bacteriology* 38, 436 – 439.

779 Vedros, N. , Quinlivan, J. and Cranford, R. (1982) Bacterial and fungal flora of wild northern fur seals (*Callorhinus ursinus*) . *Journal of Wildlife Diseases* 18, 447 – 456.

780 Vela, A. , Vázquez, J. , Gibello, A. , Blanco, M. , Moreno, M. , Liébana, P. , Albendea, C. , Alcalá, B. , Mendez, A. , Domínguez, L. and FernándezGarayzábal, J. (2000) Phenotypic and genetic characterization of *Lactococcus garvieae* solated in Spain from Lactococcosis outbreaks and comparison with isolates of other countries and sources. *Journal of Clinical Microbiology* 38, 3791 – 3795.

781 Venkateswaran, K. , Dohmoto, N. and Harayama, S. (1998) Cloning and nucleotide sequence of the *gyrB* gene of *Vibrio parahaemolyticus* and its application in detection of this pathogen in shrimp. *Applied and Environmental Microbiology* 64, 681 – 687.

782 Venkateswaran, K. , Moser, D. P. , Dollhopf, M. E. , Lies, D. P. , Saffarini, D. A. , MacGregor, B. J. , Ringelberg, D. B. , White, D. C. , Nishijima, M. , Sano, H. , Burghardt, J. , Stackebrandt, E. and Nealson, K. H. (1999) Polyphasic taxonomy of the genus Shewanella and description of *Shewanella oneidensis* sp. nov. *International Journal of Systematic Bacteriology* 49, 705 – 724.

783 Ventura, M. and Grizzle, J. (1988) Lesions associ-ated with natural and experimental infections of *Aeromonas hydrophila* in channel catfish, *Ictalurus punctatus* (Rafinesque) . *Journal of Fish Diseases* 11, 397 – 407.

784 Vera, H. D. (1948) A simple medium for identification and maintenance of the gonococcus and other bacteria, *Journal of Bacteriology* 55, 531 – 536.

785 Vera, H. D. (1950) Relation of peptones and other culture media ingredients to the accuracy of fermentation tests, *American Journal of Public Health* 40, 1267 – 1272.

786 Vera, P. , Navas, J. I. and Fouz, B. (1991) First isola – tion of *Vibrio damsela* from seabream (*Sparus aurata*) . *Bulletin of the European Association of Fish Pathologists* 11, 112 – 113.

787 Verger, J. – M. , Grimont, F. , Grimont, P. A. D. and Grayon, M. (1985) *Brucella*, a monospecific genus as shown by deoxyribonucleic acid hybridization. *International Journal of Systematic Bacteriology* 35, 292 – 295.

788 Verschuere, L. , Heang, H. , Criel, G. , Sorgeloos, P. and Verstraete, W. (2000) Selected bacterial strains protect *Artemia* spp. from the pathogenic effects of *Vibrio proteolyticus* CW8T2. *Applied and Environmental Microbiology* 66, 1139 – 1146.

789 Vicente, A. , Coelho, A. and Salles, C. (1997) Detection of *Vibrio cholerae* and *V. mimicus* heatstable toxin gene sequence by PCR. *Journal of Medical Microbiology* 46, 398 – 402.

790 Vieira, V. , Teixeira, L. , Zahner, V. , Momen, H. , Facklam, R. , Steigerwalt, A. , Brenner, D. and Castro, . (1998) Genetic relationships among the different phenotype of *Streptococcus dysgalactiae* strains. *International Journal of Systematic Bacteriology* 48, 1231 – 1243.

791 Vigneulle, M. and Laurencin, F. B. (1995) *Serratia liquefaciens*: a case report in turbot (*Scophthalmus maximus*) cultured in floating cages in France. *Aquaculture* 132, 121 – 124.

792 Vogel, B. F. , Jørgensen, K. , Christensen, H. , Olsen, J. E. and Gram, L. (1997) Differentiation of *Shewanella putrefaciens* and *Shewanella*

alga on the basis of whole-cell protein profiles, ribotyping, phenotypic characterization, and 16*S* rRNA gene sequence analysis. *Applied and Environmental Microbiology* 63, 2189 – 2199.

793 Voges, O. and Proskauer, B. (1898) *Zentralblatt für Hygiene* 28, 20 – 22.

794 Vos, P. D. and Trüper, H. G. (2000) Judicial Commission of the International Committee on Systematic Bacteriology IXth International (IUMS) Congress of Bacteriology and Applied Microbiology. Minutes of the meetings, 14, 15 and 18 August 1999, Sydney, Australia. *International Journal of Systematic and Evolutionary Microbiology* 50, 2239 – 2244.

795 Vreeland, R. H., Litchfield, C. D., Martin, E. L. and Elliot, E (1980) *Halomonas elongata*, a new genus and species of extremely salt-tolerant bacteria. *International Journal of Systematic Bacteriology* 30, 485 – 495.

796 Vuddhakul, V., Nakai, T., Matsumoto, C., Oh, T., Nishino, T., Chen, C. – H., Nishibuchi, M. and Okuda, J. (2000) Analysis of *gyrB* and *toxR* gene sequences of *Vibrio hollisae* and development of *gyrB*-and *toxR* -targeted PCR methods for isolation of *V. hollisae* from the environment and its identifi-cation. *Applied and Environmental Microbiology* 66, 3506 – 3514.

797 Vuillaume, A., Brun, R., Chene, P., Sochon, E. and Lesel, R. (1987) First isolation of *Yersinia ruckeri* from sturgeon, *Acipenser baeri* Brandt, in south west of France, *Bulletin of the European Association of Fish Pathologists* 7, 18 – 19.

798 Waechter, M., Roux, F. L., Nicolas, J. – L., Marissal, E. and Berthe, F. (2002) Characterization of pathogenic bacteria of the cupped oyster *Crassostrea gigas. Comptes Rendus Biologies* 325, 231 – 238.

799 Wakabayashi, H. and Egusa, S. (1972) Characteristics of a *Pseudomonas* sp. from an epizootic of pond-cultured eels (*Anguilla japonica*). *Bulletin of the Japanese Society of Scientific Fisheries* 38, 577 – 587.

800 Wakabayashi, H. and Egusa, S. (1973) *Edwardsiella tarda* (*Paracolobactrum anguillimortiferum*) associated with pond-cultured eel disease. *Bulletin of the Japanese Society of Scientific Fisheries* 39, 931 – 936.

801 Wakabayashi, H., Hikida, M. and Masumura, K. (1986) *Flexibacter maritimus* sp. nov., a pathogen of marine fishes. *International Journal of Systematic Bacteriology* 36, 396 – 398.

802 Wakabayashi, H., Huh, G. and Kimura, N. (1989) *Flavobacterium branchiophila* sp. nov., a causative agent of bacterial gill disease of freshwater fishes. *International Journal of Systematic Bacteriology* 39, 213 – 216.

803 Wakabayashi, H., Sawada, K., Ninomiya, K. and Nishimori, E. (1996) Bacterial hemorrhagic ascites of Ayu caused by *Pseudomonas* sp. *Fish Pathology* 31, 239 – 240.

804 Wallace, L. J., White, F. H. and Gore, H. L. (1966) Isolation of *Edwardsiella tarda* from a seal lion and two alligators. *Journal of American Veterinary Medical Association* 149, 881 – 883.

805 Wallace, R. J., Brown, B., Tsukamura, M., Brown, J. and Onyi, G. (1991) Clinical and laboratory features of *Nocardia nova. Journal of Clinical Microbiology* 29, 2407 – 2411.

806 Wallach, J. D. (1977) Ulcerative shell disease in turtles: identification, prophylaxis and treatment. *International Zoo Yearbook* 17, 170 – 171.

807 Wallbanks, S., Martinez-Murcia, A. J., Fryer, J. L., Phillips, B. A. and Collins, M. D. (1990) 16*S* rRNA sequence determination for members of the genus Carnobacterium and related lactic acid bacteria and description of *Vagococcus salmoninarum* sp. nov. *Journal of Systematic Bacteriology* 40, 224 – 230.

808 Waltman, W. D., Shotts, E. B. and Hsu, T. C. (1986) Biochemical characteristics of *Edwardsiella ictaluri. Applied and Environmental Microbiology* 51, 101 – 104.

809 Wang, G., Tyler, K., Munro, C. and Johnson, W. (1996) Characterization of cytotoxic, hemolytic *Aeromonas caviae* clinical isolates and their identification by determining presence of a unique hemolysin gene. *Journal of Clinical Microbiology* 34, 3203 – 3205.

810 Wang, R. – F., Cao, W. – W. and Cerniglia, C. (1997) a universal protocol for PCR detection of 13 species of foodborne pathogen in foods. *Journal of Applied Microbiology* 83, 727 – 736.

811 Watson, R. (1989) The formation of primer artifacts in polymerase chain reactions. *Amplifications* 1, 5 – 6.

812 Wauters, G., Janssens, M., Steigerwalt, A. and Brenner, D. (1988) *Yersinia mollaretii* sp. nov. and *Yersinia bercovieri* sp. nov., formerly called *Yersinia enterocolitica* biogroups 3A and 3B. *International Journal of Systematic Bacteriology* 38, 424 – 429.

813 Wayne, L. G., Brenner, D. J., Colwell, R. R., Grimont, P. A. D., Kandler, O., Krichevsky, M. I., Moore, L. H., Moore, W. E. C., Murray, R. G. E., Stackebrandt, E., Starr, M. P. and Trüper, H. G. (1987) Report of the ad hoc committee on reconciliation of approaches to bacterial systematics. *International Journal of Systematic Bacteriology* 37, 463 – 464.

814 Weiner, R., Segall, A. and Colwell, R. (1985) Characterization of a marine bacterium associated with *Crassostrea virginica* (the Eastern Oyster). *Applied and Environmental Microbiology* 49, 83 – 90.

815 Weiner, R. M., Coyne, V. E., Brayton, P., West, P. and Raiken, S. F. (1988) *Alteromonas colwelliana* sp. nov., an isolate from oyster habitats. *International Journal of Systematic Bacteriology* 38, 240 – 244.

816 Weinstein, M., Litt, M., Kertesz, D., Wyper, P., Rose, D., Coulter, M., McGreer, A., Facklam, R., Ostach, C., Willey, B., Borczyk, A. and Low, D. (1997) Invasive infections due to a fish pathogen, *Streptococcus iniae. New England Journal of Medicine* 9, 589 – 594.

817 Weisburg, W., Barns, S., Pelletier, D. and Lane, D. (1991) 16*S* ribosomal DNA amplification for phylogenetic study. *Journal of Bacteriology* 173, 697 – 703.

818 West, P. A. and Colwell, R. R. (1984) Identification and classification of Vibrionaceae-an overview I In: Colwell, R. R. (ed.) *Vibrios in the Environment.* John Wiley & Sons, New York, 285 – 363.

819 West, P., Lee, J. V. and Bryant, T. N. (1983) A numerical taxonomic study of species of *Vibrio* isolated from the aquatic environment and birds in Kent, England. *Journal of Applied Bacteriology* 55, 263 – 282.

820 West, P. A., Brayton, P. R., Twilley, R. R., Bryant, T. N. and Colwell, R. R. (1985) Numerical taxonomy of nitrogen – fixing ‘decarboxylase – negative’ Vibrio species isolated from aquatic environments. *International Journal of Systematic Bacteriology* 35, 198 – 205.

821 West, P. A., Brayton, P. R., Bryant, T. N. and Colwell, R. R. (1986) Numerical taxonomy of Vibrios isolated from aquatic environments. *International Journal of Systematic Bacteriology* 36, 531 – 543.

822 Westbrook, G., O’ Hara, C. M., Roman, S. and Miller, J. M. (2000) Incidence and identification of *Klebsiella planticola* in clinical isolates with emphasis on newborns. *Journal of Clinical Microbiology* 38, 1495 – 1497.

823 White, F. H., Simpson, C. F. and Williams, L. E. (1973) Isolation of *Edwardsiella tarda*from aquatic animal species and surface waters in Florida. *Journal of Wildlife Diseases* 9, 204 – 208.

824 Whittington, R. and Cullis, B. (1988) The susceptibility of salmonid fish to an atypical strain of *Aeromonas salmonicida* that infects goldfish, *Carassius auratus* (L.), in Australia. *Journal of Fish Diseases* 11, 461 – 470.

825 Whittington, R., Gudkovs, N., Carrigan, M., Ashburner, L. and Thurstan, S. (1987) Clinical, microbiological and epidemiological findings in recent outbreaks of goldfish ulcer disease due to atypical *Aeromonas salmonicida* in south-eastern Australia. *Journal of Fish Diseases* 10, 353 – 362.

826 Whittington, R. J., Djordjevic, S., Carson, J. and Callinan, R. (1995) Restriction endonuclease analysis of atypical *Aeromonas salmonicida* isolates from goldfish *Carassius auratus*, silver perch *Bidyanus bidyanus*, and greenback flounder *Rhombosolea tapirina* in Australia. *Diseases of Aquatic Organisms* 22, 185 – 191.

827 Wiik, R., Torsvik, V. and Egidius, E. (1986) Phenotypic and genotypic comparisons among strains of the lobster pathogen *Aerococcus viridans* and other marine *Aerococcus viridans*-like cocci. *International Journal of Systematic Bacteriology* 36, 431 – 434.

828 Wiklund, T. and Bylund, G. (1990) *Pseudomonas anguilliseptica* as a pathogen of salmonid fish in Finland. *Diseases of Aquatic Organisms* 8, 13 – 19.

829 Wiklund, T. and Bylund, G. (1993) Skin ulcer disease of flounder *Platichthys flesus* in the northern Baltic Sea. *Diseases of Aquatic Organisms* 17, 165 – 174.

830 Wiklund, T. and Dalsgaard, I. (1998) Occurrence and significance of atypical *Aeromonas salmonicida* in non-salmonid and salmonid fish species: a review. *Diseases of Aquatic Organisms* 32, 49 – 69.

831 Wiklund, T., Dalsgaard, I., Eerola, E. and Olivier, G. (1994) Characteristics of ‘atypical’, cytochrome oxidase-negative *Aeromonas salmonicida* isolated from ulcerated flounders (*Platichthys flesus* (L.)). *Journal of Applied Bacteriology* 76, 511 – 520.

832 Wiklund, T., Tabolina, I. and Bezgachina, T. (1999) Recovery of atypical *Aeromonas salmonicida* from ulcerated fish from the Baltic Sea. *ICES Journal of Marine Science* 56, 175 – 179.

833 Wiklund, T., Madsen, L., Bruun, M. and Dalsgaard, I. (2000) Detection of *Flavobacterium psychrophilum* from fish tissue and water samples by PCR amplification. *Journal of Applied Microbiology* 88, 299 – 307.

834 Willems, A., Busse, J., Goor, M., Pot, B., Falsen, E., Jantzen, E., Hoste, B., Gillis, M., Kersters, K., Auling, G. and Ley, J. D. (1989) *Hydrogenophaga*, a new genus of hydrogen-oxidising bacteria that includes *Hydrogenophaga flava* comb. nov. (formerly *Pseudomonas flava*), *Hydrogenophaga palleronii* (formerly *Pseudomonas palleronii*), *Hydrogenophaga pseudoflava* (formerly *Pseudomonas pseudoflava* and ‘*Pseudomonas carboxydoflava*’), and *Hydrogenophaga taeniospiralis* (formerly *Pseudomonas taeniospiralis*). *International Journal of Systematic Bacteriology* 39, 319 – 333.

835 Williams, A. M., Fryer, J. L. and Collins, M. D. (1990) *Lactococcus piscium* sp. nov. a new *Lactococcus* species from salmonid fish. *FEMS Microbiology Letters* 68, 109 – 114.

836 Willumsen, B. (1989) Birds and wild fish as potential vectors of *Yersinia ruckeri*. *Journal of Fish Diseases* 12, 275 – 277.

837 Wilson, B. and Holliman, A. (1994) Atypicl *Aeromonas salmonicida* isolated from ulcerated chub *Leuciscus cephalis*. *Veterinary Record* 135, 185 – 186.

838 Wilson, K., Blitchington, R. and Greene, R. (1990) Amplification of bacterial 16*S* ribosomal DNA with polymerase chain reaction. *Journal of Clinical Microbiology* 28, 1942 – 1946.

839 Wolters, W. and Johnson, M. (1994) Enteric septicaemia resistance in blue catfish and three channel catfish strains. *Journal of Aquatic Animal Health* 6, 329 – 334.

840 Wong, F., Fowler, K. and Desmarchelier, P. (1995) Vibriosis due to *Vibrio mimicus* in Australian freshwater crayfish. *Journal of Aquatic*

Animal Health 7, 284 – 291.

841 Woo, P. T. K. and Bruno, D. W. (1999) *Viral, Bacterial and Fungal Infections. Fish Diseases and Disorders.* Vol. 3. CAB International, Wallingford, UK. *References* 327.

842 Wood, R. (1965) A selective liquid medium utilizing antibiotics for isolation of *Erysipelothrix insidiosa. American Journal of Veterinary Research* 26, 1303 – 1308.

843 Wood, R. and Packer, R. A. (1972) Isolation of *Erysipelothrix rhusiopathiae* from soil and manure of swine-raising premises. *American Journal of Veterinary Research* 33, 1611 – 1620.

844 Yabuuchi, E., Kaneko, T., Yano, I., Moss, C. W. and Miyoshi, N. (1983) *Sphingobacterium* gen. nov., *Sphingobacterium spiritivorum* comb. nov., *Sphingobacterium multivorum* comb. nov., *Sphingobacterium mizutae* sp. nov.: and *Flavobacterium indologenes* sp. nov.: Glucosenonfermenting Gram-negative rods in CDC Groups IIK-2 and IIb. *International Journal of Systematic Bacteriology* 33, 580 – 598.

845 Yamada, Y. and Wakabayashi, H. (1999) Identification of fish-pathogenic strains belonging to the genus *Edwardsiella* by sequence analysis of *sodB. Fish Pathology* 34, 145 – 150.

846 Yang, Y., Yeh, L., Cao, Y., Baumann, L., Baumann, P., Tang, J. S. and Beaman, B. (1983) Characterization of marine luminous bacteria isolated off the coast of China and description of *Vibrio orientalis* sp. nov. *Current Microbiology* 8, 95 – 100.

847 Yii, K. – C., Yang, T. and Lee, K. – K. (1997) Isolation and characterization of *Vibrio carchariae*, a causative agent of gastroenteritis in the groupers, *Epinephelus coioides. Current Microbiology* 35, 109 – 115.

848 Yuasa, K., Kitancharoen, N., Kataoka, Y. and Al – Murbaty, F. A. (1999) *Streptococcus iniae*, the causative agent of mass mortality in Rabbitfish *Siganus canaliculatus* in Bahrain. *Journal of Aquatic Animal Health* 11, 87 – 93.

849 Yumoto, I., Kawasaki, K., Iwata, H., Matsuyama, H. and Okuyama, H. (1998) Assignment of *Vibrio* sp. strain ABE-1 to *Colwellia maris* sp. nov., a new psychrophilic bacterium. *International Journal of Systematic Bacteriology* 48, 1357 – 1362.

850 Yumoto, I., Iwata, H., Sawabe, T., Ueno, K., Ichise, N., Matsuyama, H., Okuyama, H. and *rumoiensis* sp. nov., that exhibits high catalase activity. Kawasaki, K. (1999) Characterization of a facultatively psychrophilic bacterium, *Vibrio Appliedand Environmental Microbiology* 65, 67 – 72.

851 Ziemke, F., Höfle, M. G., Lalucat, J. and RossellóMora, R. (1998) Reclassification of *Shewanella putrefaciens* Owen' s genomic group II as *Shewanella baltica* sp. nov. *International Journal of Systematic Bacteriology* 48, 179 – 186.

852 Zlotkin, A., Eldar, A., Ghittino, C. and Bercovier, H. (1998a) Identification of *Lactococcus garvieae* by PCR. *Journal of Clinical Microbiology* 36, 983 – 985.

853 Zlotkin, A., Hershko, H. and Eldar, A. (1998b) Possible transmission of *Streptococcus iniae* from wild fish to cultured marine fish. *Applied and Environmental Microbiology* 64, 4065 – 4067.

854 ZoBell, C. E. (1941) Studies on marine bacteria. I. The cultural requirements of heterotrophic aerobes. *Journal of Marine Research* 4, 42 – 75.

855 Zorilla, I., Balebona, M. C., Moriñigo, M. A., Sarasquete, C. and Borrego, J. J. (1999) Isolation and characterisation of the causative agent of pasteurellosis, *Photobacterium damselae* spp. *piscicida*, from sole, *Solea senegalensis* (Kaup). *Journal of Fish Diseases* 22, 167 – 172.

索　引

阿德莱德沙门氏菌（*Salmonella adelaide*）　32
阿氏鬼丽鱼（*Sciaenochromis ahli* Trewavas）　18
阿氏耶尔森氏菌（*Yersinia aldovae*）　80，170，269
埃氏假交替单胞菌（*Pseudoalteromonas espejiana*）　65，111，176
艾氏假交替单胞菌（*Pseudoalteromonas elyakovii*）　15，65，111，176，266
艾氏交替单胞菌（*Alteromonas elyakovii*）　65
爱德华菌属（*Edwardsiella*）　96，137，275
奥德弧菌（*Vibrio ordalii*）　24，28，59，77，88，99，119，125，127，130，201，214，224，228，262，268，306，311，315，320
奥里塔蔓林沙门氏菌（*Salmonella oranienburg*）　31，32，69
奥奈达希瓦氏菌（*Shewanella oneidensis*）　70，114，179，267
奥氏弧菌（*Listonella ordalii*）　77
澳大利亚拟沙丁鱼（*Sardinops neopilchardus*）　334，342
澳洲鲹（*Caranx hippos* Linnaeus）　9
八叠球菌属（*Sarcina*）　271
巴布亚企鹅（*Pyoscelis papua*）　28，29，65，68
巴斯德菌病（*Pasteurellosis*）　3－5，11，17，20，36－39，41，63
巴斯德菌属（*Pasteurella*）　88，150
巴西龟（*Chrysemys scripta elegans*）　21，47，334
巴西弧菌（*Vibrio brasiliensis*）　16，74，117，130，202，213，223，232，261，267
巴西诺卡菌（*Nocardia brasiliensis*）　61，98
白斑狗鱼（*Esox lucius* Linnaeus）　17，20，334
白斑角鲨（*Squalus acanthias*）　34
白鲑属（*Coregonus* species）　334
白鲸（*Delphinapterus leucas*）　33，57，60，334
白鲢（*Hypophthalmichthys molitrix* Valenciennes）　6，334
白腰斑纹海豚（*Lagenorhynchus acutus*）　29，48，334
白嘴潜鸟（*Gavia immer*）　28
斑点叉尾鮰（*Channel catfish*）　7，42，43，47，49，52，81，234，334
斑点光鳃鱼（*Chromis punctipinnis*）　9，334
斑剑尾鱼（*Xiphophorus maculatus* Günther）　20
斑节对虾（*Penaeus monodon*）　35，76
斑嘴企鹅（*Spheniscus demersus*）　29，65
棒状杆菌属（*Corynebacterium*）　33，36，271
保科爱德华菌（*Edwardsiella hoshinae*）　52，104，137，165，281
鲍曼氏海洋单胞菌（*Oceanomonas baumannii*）　62，238
鲍氏不动杆菌（*Acinetobacter baumannii*）　42，165
鲍鱼肠弧菌（*Vibrio halioticoli*）　2，99，118，130，204，214，223，228，261，268
北海狗（*Callorhinus ursinus*）　32，33，69，334
北极红点鲑（*Salvelinus alpinus* Linnaeus）　2，23，49，58，69，334
北太领航鲸（*Globicephala scammoni*）　34，334
贝内克氏菌（*Beneckea chitinovora*）　47，76，95，130，204，267
婢鲈（*Centropomus undecimalis* Bloch）　36，335
变态噬纤维菌（*Cytophaga allerginae*）　160，255
变形杆菌（*Proteus* species）　89，106，299，328
变形杆菌属（*Proteus*）　22，131，299
变形假单胞菌（*Pseudomonas plecoglossicida*）　66，112，173，212，238，260，277
表皮葡萄球菌（*Staphylococcus epidermidis*）　32，33，70，71，182
冰海希瓦氏菌（*Shewanella gelidimarina*）　69，98，114，179，213，222，229，267
冰冷杆菌属（*Gelidibacter*）　86，139
波罗的海鲱（*Clupea harengus membras* Linnaeus）　12
波罗的海希瓦氏菌（*Shewanella baltica*）　67，69，178，238，260，266
波氏气单胞菌（*Aeromonas popoffii*）　44，95，

133，155，207，240，241，264，280
伯杰氏菌属（*Bergeyella*） 87，138
伯纳德隐秘杆菌（*Burkholderia*） 46，188，242，243，248，250
伯氏耶尔森氏菌（*Arcanobacterium bernardiae*） 80，90，170
不动杆菌属（*Acinetobacter*） 36，100，107，164，205，218，227
布鲁氏杆菌属（*Brucella*） 32，85，95，134，157，179，237，343，344
灿烂弧菌（*Vibrio splendidus*） 5，16，35，38，79，120，125，130，145，147，201，215，224，225，228，231，232，246，247，263，268，279，293，320
灿烂弧菌Ⅰ型（*Vibrio splendidus* Ⅰ） 145
叉尾鮰爱德华菌（*Edwardsiella ictaluri*） 1，4，6，7，12，18，19，37，40，52，96，104，137，156，165，208，219，233，265，281，299，344
叉尾石首鱼（*Leiostomus xanthurus*） 335
缠绕红球菌（*Rhodococcus fascians*） 68，113，190
蟾胡子鲇（*Clarias batrachus* Linnaeus） 7，43，83
产黑假交替单胞菌（*Pseudoalteromonas nigrifaciens*） 177，237
产气荚膜梭菌（*Clostridium perfringens*） 30，31，33，156
产酸克雷伯氏菌（*Klebsiella oxytoca*） 22，58，67，169
产吲哚金黄杆菌（*Chryseobacterium indologenes*） 50，103，160，254
产吲哚丽杆菌（*Flavobacterium indologenes*） 237
长缟鲹（*Pseudocaranx dentex* Bloch and Schneider） 37
长冠企鹅（*Eudyptes chrysolophus*） 28，68
长牡蛎（*Crassostrea gigas*） 79，270，335
长鳍叉尾鮰（*Ictalurus furcatus* Valenciennes） 7，41，54，335
肠杆菌属（*Enterobacter*） 32
肠奇异单胞菌（*Allomonas enterica*） 46，101，174
肠球菌属（*Enterococcus*） 86
肠炎沙门氏菌（*Salmonella enteritidis*） 28，33，68
肠棕气单胞菌（*Aeromonas enteropelogenes*） 45，84
潮气噬纤维菌（*Cytophaga uliginosum*） 81
潮气邹贝尔氏菌（*Zobellia uliginosa*） 81，121，164，217，227，229，239，246，247，263
潮湿黄杆菌（*Flavobacterium uliginosum*） 81
成团泛菌（*Pantoea agglomerans*） 15，53，62，109，166，210，221，229，230，266
橙黄噬纤维菌（*Cytophaga aurantiaca*） 51，86，87
橙色交替单胞菌（*Alteromonas aurantia*） 65，264
橙色莫桑比克罗非鱼（*Oreochromis mossambicus*） 335
橙色屈挠杆菌（*Flexibacter aurantiacus*） 54，87，257，263
迟钝爱德华菌（*Edwardsiella tarda*） 2，4，5，7，9－11，13，17，19，21，25－28，30，31，37，52，86，96，104，166，208，219，233，234，255，265，281，299，308，323
臭鼻肺炎克雷伯氏菌（*Klebsiella pneumoniae*） 27，57，170，210，220，235
除烃海杆菌（*Marinobacter hydrocarbonoclasticus*） 59，163
川鲽（*Platichthys flesus* Linnaeus） 11，335
创伤弧菌（*Vibrio vulnificus*） 8，10，14，16，35，79，80，90，99，121，130，146，148，149，198，199，216，225－227，229，233－235，263，268，269，279，280，282，298，312，344，348
刺鳖（*Trionyx spinifer*） 335
粗鳞鳊（*Blicca bjoerkna* Linnaeus） 6，335
粗形诺卡氏菌（*Nocardia crassostreae*） 16，192
脆弱气单胞菌（*Aeromonas trota*） 13，45，84，156，208，218，236，242，243，264，275，280
达拉姆沙门菌（*Salmonella durham*） 21
大斑猫鲨（*Ginglymostoma cirratum*） 34
大比目鱼黄杆菌（*Flavobacterium balustinum*） 158
大比目鱼金黄杆菌（*Chryseobacterium balustinum*） 49，103，158，237，254
大肠杆菌（*Escherichia coli*） 31－33，53，168，280，282，287－289

大底鳉（*Fundulus grandis* Baird） 15
大口黑鲈（*Micropterus salmoides*） 4，54，335
大鳞大麻哈鱼（*Oncorhynchus tschawytscha* Walbaum） 25，49，55，60，62，66，68，73，90，335
大鳞油鲱（*Brevoortia patronus* Goode） 15
大鳞鲻（*Liza macrolepis* Smith） 17，335
大菱鲆弧菌（*Vibrio scophthalmi*） 38，78，120，145，203，215，224，230，268
大菱鲆黄杆菌（*Flavobacterium scophthalmum*） 55，158
大菱鲆金黄杆菌（*Chryseobacterium scophthalmum*） 38，50，55，96，103，158，237，242，243，255，304
大麻哈鱼属（*Oncorhynchus* species） 335
大扇贝（*Pecten maximus*） 68，335
大神仙鱼（*Pterophyllum scalare*） 335
大西洋鲑（*Salmo salar* Linnaeus） 24，42－44，49，58－60，62，66－69，71，73，76，78，80，81，224，228，232，235，335
大西洋海象（*Odobenus rosmarus rosmarus*） 335
大西洋蠵龟（*Caretta caretta*） 23
大西洋星鲨（*Mustelus canis* Mitchill） 34
大西洋鳕（*Gadus morhua* Linnaeus） 8，44，49，58，335
大西洋牙鲆（*Paralichthys dentatus*） 76
单斑重牙鲷（*Diplodus sargus kotschyi* Steindachner） 5，335
德氏乳杆菌乳酸亚种（*Lactococcus delbrueckii* ssp. *lactis*） 140
德瓦丹尼鱼（*Danio devario* Hamilton） 18
低头鲇（*Pangasius hypophthalmus* Sauvage） 1
地生噬纤维菌（*Cytophaga arvensicola*） 51，160，255
地中海弧菌（*Vibrio mediterranei*） 2，8，77，78，145，202，214，223，236，262，268，320
地中海牡蛎（*Mediterranean oysters*） 17，76
地中海珊瑚（*Oculina patagonica*） 8，78
点纹裸胸鳝（*Gymnothorax moringa*） 10，336
丁鲹（*Tinca tinca*） 37
东部箱龟（*Terrapene carolina carolina*） 68
东方弧菌（*Vibrio orientalis*） 78，119，125，130，203，262，268
冬季黄杆菌（*Flavobacterium hibernum*） 54，105，161，220，229，238，265
动物隐秘杆菌（*Arcanobacterium pluranimalium*） 31，46，101，188，248，250，264
动性球菌属（*Planococcus*） 64，181
杜氏海洋单胞菌（*Oceanomonas doudoroffii*） 62，175，238
短黄杆菌（*Flavobacterium breve*） 53
短吻柠檬鲨（*Negaprion brevirostris* Poey） 34，336
短吻真海豚（*Delphinus delphis*） 30
短稳杆菌（*Empedobacter brevis*） 53，96，104，161，255
多耙鲮（*Liza klunzingeri* Day） 17
多杀巴斯德菌（*Pasteurella multocida*） 2，30，31，62，109，147，171，210，221，228，259，307
多食黄杆菌（*Flavobacterium multivorum*） 70
多食鞘氨醇杆菌（*Sphingobacterium multivorum*） 70，98，114，164，260，307
多形屈挠杆菌（*Flexibacter polymorphus*） 56，97，106，163，242，243，257，265，301
恶臭假单胞菌（*Pseudomonas putida*） 142，173，212，238
鳄鱼支原体（*Mycoplasma crocodyli*） 9，61，193，266
耳乌贼属（*Sepiola*） 336
二氧化碳噬纤维菌属（*Capnocytophaga*） 138
发光杆菌（*Photobacterium phosphoreum*） 195－197
发光杆菌属（*Photobacterium*） 88，89，122，124，141，194，195，202，204，320
发酵噬纤维菌（*Cytophaga fermentans*） 51，160，255
乏氧菌属（*Abiotrophia*） 82
翻车鱼（*Mola mola*） 50
反硝化产碱菌（*Alcaligenes denitrificans*） 42，174
反硝化假交替单胞菌（*Pseudoalteromonas denitrificans*） 65，111，176
放线杆菌属（*Actinomyces*） 32，150
非01霍乱弧菌（*Vibrio cholerae* non－01） 3，4，14，18，38，74，144，234，235，261，278
菲律宾蛤仔（*Ruditapes philippinarum*） 16，40，79，336
鲱形白鲑（*Coregonus clupeaformis* Mitchill） 39

费氏发光杆菌（*Photobacterium fischeri*） 63，75，89，266
费希尔弧菌（*Vibrio fischeri*） 37，63，75，89，118，130，131，144，213，223，233，246，247，261，278，310
分散泛菌（*Pantoea dispersa*） 62，169，210，221，230，266
分枝杆菌属（*Mycobacterium*） 3，4，14，20，22，25，39，59，61，190，193，276，345
粪产碱杆菌龙虾亚种变种（*Alcaligenes faecalis* var. *homari*） 95
粪产碱菌（*Alcaligenes faecalis*） 32，174
粪肠球菌（*Enterococcus faecalis*） 53，86，137，147，183，248，250，265
粪肠球菌液化亚种（*Enterococcus faecalis* var. *liquefaciens*） 53，181
蜂房哈夫尼菌（*Hafnia alvei*） 22，26，56，87，91，106，121，140，146，166，168，209，220，233 – 235，258
凤尾鱼（*Engraulis mordax*） 2
弗劳地柠檬酸杆菌（*Citrobacter freundii*） 6，22，26，50，103，134，165，208
弗尼斯弧菌（*Vibrio furnissii*） 10，76，118，128，130，144，200，214，223，231，232，261，267
弗氏耶尔森氏菌（*Yersinia frederiksenii*） 80，146，170
腐败假单胞菌（*Pseudomonas putrefaciens*） 22，67，70
腐败希瓦氏菌（*Shewanella putrefaciens*） 34，67，69，70，89，114，173，213，222，229，238，260，267，309，316
腐生葡萄球菌（*Staphylococcus saprophyticus*） 71，185
副溶血性弧菌（*Vibrio parahaemolyticus*） 2，6，8，9，14，35，76，78，99，120，123，124，130，145，149，198，215，224，233，262，278 – 282
副乳房链球菌（*Streptococcus parauberis*） 38，72，99，116，140，143，183，246，247，252，267
鲾发光杆菌（*Photobacterium leiognathi*） 64，88，110，130，196，211，221，230，244，245，266
盖里西亚玫瑰杆菌（*Roseobacter gallaeciensis*） 17，68，113，178
杆菌属（*Bacillus*） 271
肝素鞘氨醇杆菌（*Sphingobacterium heparinum*） 63
刚果嗜皮菌（*Dermatophilus congolensis*） 52，96，187
港海豹（*Phoca vitulina*） 61，336
高白鲑（*Coregonus peled* Gmelin） 39
高鳍真鲨（*Carcharhinus plumbeus*） 34，336
高嗜盐菌（*Halomonas elongata*） 57，97，106，168
格陵兰海豹（*Phoca groenlandica*） 32，48，336
格氏乳球菌（*Lactococcus garvieae*） 10，11，15，17，27，35，37 – 39，53，58，71，86，107，135 – 137，140，143，147，181，244，245，249，251，265，276
蛤弧菌（*Vibrio tapetis*） 16，79，120，130，201，215，225，229，239，263，268
巩鱼（*Scleropages leichardii*） 336
贡氏彩菱鲽（*Colistium guntheri*） 38
沟篮子鱼（*Siganus canaliculatus* Park） 21
关德瓦纳嗜冷弯曲杆菌（*Psychroflexus gondwanensis*） 67
冠海豹（*Cystophara cristata*） 32，42，48，336
广布肉杆菌（*Carnobacterium divergens*） 49，135，189，208，242，243，250，254
龟巴斯德菌（*Pasteurella testudinis*） 62，109，210
龟分枝杆菌（*Mycobacterium chelonae*） 20，24，38，60，97，108，190，276
龟分枝杆菌脓肿亚种（*Mycobacterium chelonae abscessus*） 18，193
龟嘴棒杆菌（*Corynebacterium testudinoris*） 21，51，103，187，248，255
鲑肉色噬纤维菌（*Cytophaga salmonicolor*） 59
鲑色链霉菌（*Streptomyces salmonis*） 73，116，188
鲑鱼肉色海滑菌（*Marinilabilia salmonicolor*） 59，139，163，258
鲑鱼肾杆菌（*Renibacterium salmoninarum*） 1，3，24，25，27，68，98，113，134，135，142，147，187，260，266，277，303，309，345，347

哈氏噬纤维菌（*Cytophaga hutchinsonii*） 51，85，87，96，139，161，255，299
哈特福德沙门氏菌（*Salmonella hartford*） 2，28
哈瓦那沙门氏菌（*Salmonella havana*） 28，33，68
哈维氏弧菌（*Vibrio harveyi*） 2，4，5，8，9，11，15，17，29，34－36，74，76，89，93，118，130，137，143，144，198，214，223，233，239，246，247，261，267，268，279，312
海豹棒状杆菌（*Corynebacterium phocae*） 103
海豹鼻节杆菌（*Arthrobacter nasiphocae*） 31，47，101，188，248，253
海豹脑支原体（*Mycoplasma phocarhinis*） 31，61，88，193
海豹隐秘杆菌（*Arcanobacterium phocae*） 31，32，264
海豹支原体（*Mycoplasma phocidae*） 31，61，88，194
海滨屈挠杆菌（*Flexibacter litoralis*） 56，162，242，243，257
海产弧菌（*Vibrio marina*） 59
海床动性微球菌（*Planomicrobium okeanokoites*（*Planococcus okeanokoites*）） 184
海床黄杆菌（*Flavobacterium okeanokoites*） 64
海带（*Laminaria japonica*） 15，65
海德堡沙门氏菌（*Salmonella heidelberg*） 31，32，69
海底希瓦菌（*Shewanella benthica*） 178
海龟嗜皮菌（*Dermatophilus chelonae*） 22，52，96，187
海环杆菌（*Cyclobacterium marinum*） 139
海黄噬纤维菌（*Cytophaga marinoflava*） 51，137，161
海利斯顿氏弧菌（*Vibrio pelagius*（*Listonella pelagia*）） 194
海利斯特氏菌（*Listonella pelagia*） 59，78，88，90，107，125，127，130，194，204，220，229，230，258，265
海马属（*Hippocampus*） 29
海水德莱氏菌（*Delya*（*Deleya*）*aquamarinus*） 57，171
海豚放线杆菌（*Actinobacillus delphinicola*） 30，31，34，42，100，173，205，206，218，230，237，253
海豚链球菌（*Streptococcus iniae*） 182，183，244－247，249，252
海豚葡萄球菌（*Staphylococcus delphini*） 30，70，115，182，267
海王弧菌（*Vibrio neptunius*） 16，23，38，77，119，130，145，203，214，223，231，262，268
海洋哺乳放线菌（*Actinomyces marimammalium*） 31，32，42，95，100，188，248，249，264
海洋德莱氏菌（*Delya*（*Deleya*）*marina*） 57
海洋迪茨氏菌（*Dietzia maris*） 52，113，189
海洋分枝杆菌（*Mycobacterium marinum*） 3，4，11，13，21，27，33，38，60，97，108，190，193，277
海洋红球菌（*Rhodococcus maris*） 52，113
海洋科尔威尔氏菌（*Colwellia maris*） 174
海洋莫里特氏菌（*Moritella marina*） 59，88，108，195，210，220，228，258，265，306，315
海洋屈挠杆菌（*Tenacibaculum maritimum*） 2－5，11，24，25，28，36，40，56，73，99，116，140，143，213，222，227，246，247，260，267，273，277，278，281，300，302，311，312，345
海洋盐单胞菌（*Halomonas marina*） 57，168
海洋种布鲁氏杆菌（*Brucella maris*） 85，265
海蛹弧菌（*Vibrio nereis*） 77，130，203，224，228，239，246，247，262，268
海藻希瓦氏菌（*Shewanella algae*） 14，67，69，114，178，212，222，229，238，260，266
海中嗜杆菌（*Mesophilobacter marinus*） 59，107，141，165，265
航海假单胞菌（*Pseudomonas nautica*） 59，163
河口弧菌（*Vibrio aestuarianus*） 74，117，203，213，267，312
河流弧菌（*Vibrio fluvialis*） 14，22，75，76，118，128，130，144，200，213，214，223，232，267，278，293，312
河流漫游球菌（*Vagococcus fluvialis*） 14，73，117，135，186，246，247，249，252，267
河流色杆菌（*Iodobacter fluviatilis*） 57，107，175，265
河鲈（*Perca fluviatilis* Linnaeus） 20，336

褐三齿雅罗鱼（*Tribolodon hakonensis*（Living Dace））336
褐鹈鹕（*Pelecannus occidentalis carolinensis*）28
黑鮰（*Ameiurus melas*（*Ictalurus melas*））7，54
黑鲫（*Carassius carassius*）6，53，336
黑美人弧菌（*Vibrio nigripulchritudo*）77，130，204，278，293
黑梢真鲨（*Carcharhinus limbatus*）34
黑头软口鲦（*Pimephales promelas*）3，54，340
黑吻宽齿雀鲷（*Amblyglyphidodon curacao* Bloch）9，336
黑线鳕（*Melanogrammus aeglefinus* Linnaeus）12，80，337
红螯螯虾（*Cherax quadricarinatus*）8，337
红鲍（*Haliotis rufescens*）2，74，337
红大麻哈鱼（*Oncorhynchus nerka* Walbaum）25，53，62，337
红海石鲈（*Pomadasys stridens* Forsskål）21
红绿鲃脂鲤（*Hyphessobrycon innesi* Myers）19，54，338
红球菌属（*Rhodococcus*）60，68，113，188
红屈挠杆菌（*Flexibacter ruber*）56，97，163，242，243，258
红色假交替单胞菌（*Pseudoalteromonas rubra*）66，112，177，259
红色交替单胞菌（*Alteromonas rubra*）66，264
红眼鱼（*Scardinius erythrophthalmus* Linnaeus）23，337
红叶藻（*Delesseria sanguinea*）2，81
虹鳉（*Poecilia reticulata*（Peters）（*Lebistes reticulatus*））19，337
虹鳟（*Oncorhynchus mykiss* Walbaum）26，27，49－53，55－59，61，63，64，66－69，71－74，79－81，90，224，228，232，337
洪氏环企鹅（*Spheniscus humboldti*）29，65
弧菌属（*Vibrio* species）16，34，51，89，122，124，143，270，271，281，289
湖底肉杆菌（*Carnobacterium funditum*）49，189，250，254
虎纹猫鲨（*Galeocerdo curvieri*）34
琥珀酸黄杆菌（*Flavobacterium succinicans*）55，106，162，257
花狼鱼（*Anarhichas minor* Olafsen）39，337
花鲈（*Lateolabrax japonicus* Cuvier）4，60
华美屈挠杆菌（*Flexibacter elegans*）55，162
化脓隐秘杆菌（*Arcanobacterium pyogenes*）47，101，188，242，243，250
环斑海豹（*Phoca hispida*）33，48，337
环状热带弧菌（*Vibrio cyclitrophicus*）75，118，203
环嘴鸥（*Larus delewarensis*）28
黄腹彩龟（*Pseudemis scripta*）22，337
黄杆菌科（*Flavobacteriaceae* family）42，82，86，128，137－139，143，158，160，318，326
黄杆菌属（*Flavobacterium* spp.）22，36，41，86，129，137－139，150，270，271，295，296，307，308，315，316，347
黄黄杆菌（*Flavobacterium xanthum*）55，97，106，162，209，220，229
黄玫瑰诺卡氏菌（*Nocardia flavorosea*）192
黄鳍棘鲷（*Acanthopagrus latus* Houttuyn）5，342
黄色海表菌（*Aequorivita crocea*）42
黄头侧颈龟（*Podocnemis unifelis*）337
黄尾鰤脏诺卡氏菌（*Nocardia seriolae*）4，11，24，39，98，109，192，266，317
灰海豹（*Halichoerus grypus*）32，43，48，337
灰真鲨（Sandbar shark）34
茴鱼（*Thymallus thymallus* Linnaeus）12，337
活动肉杆菌（*Carnobacterium mobile*）49，189，242，243，250，254
活泼微球菌（*Arthrobacter agilis*）47，101，188
火口鱼（*Cichlasoma meeki* Brind）18，60，337
火神发光杆菌（*Photobacterium logei*）64，266
火神弧菌（*Vibrio logei*）24，36，37，64，76，88，90，119，130，200，261，262，306，315
霍利斯弧菌（*Vibrio hollisae*）14，23，76，99，119，131，204，268，278
霍乱弧菌（*Vibrio cholerae*）8，14，75，77，90，107，117，118，126，130，131，144，147，197，202，213，223，231，232，235，239，278，280，282，298，310，311，329
鸡肉杆菌（*Carnobacterium gallinarum*）49，189，242，243，250，254
极地杆菌属（*Polaribacter*）86，138，139
鲫（*Carassius auratus* Linnaeus）18，223，235，337

鲫鱼属（*Carassius* species） 337
加尔文弧菌（*Vibrio calviensis*） 74，117，130，204，261，267
加利福尼亚海狮（*Zalophus californianus*） 62，69
加拿大白鲑（*Coregonus artedi* Lesueur） 39
加拿大屈挠杆菌（*Flexibacter canadensis*） 55，162，257
假白喉棒杆菌（*Corynebacterium pseudodiphtheriticum*） 248
假单胞菌属（*Pseudomonas*） 16，22，32，34，36，41，270，271，311，316
假交替单胞菌属（*Pseudoalteromonas*） 85，89，111
假结核棒杆菌（*Corynebacterium pseudotuberculosis*） 189
尖头富筋鱼（*Hyperoplus lanceolatus* Le Sauvege） 10，338
尖吻鯻（*Rhynchopelates oxyrhynchus* Temminck and Schlegel（*Therapon oxyrhynchus*）） 23
尖吻鲈（*Lates calcarifer* Bloch） 3，4，54，63，77，337
尖吻重牙鲷（*Puntazzo puntazzo* Cuvier） 4
尖嘴魟（*Dasyatis pastinaca*） 37
简氏气单胞菌（*Aeromonas janadaei*） 13，18，44，155，207，218，236，264
江户布目蛤（*Protothaca jedoensis* Lischke） 16，70，337
交替单胞菌属（*Alteromonas*） 16，34，36，85，89，101，270
节杆菌属（*Arthrobacter*） 95
杰里斯氏黄杆菌（*Flavobacterium gillisiae*） 54，97，105，161，209，220，230，265
结膜干燥棒状杆菌（*Corynebacterium xerosis*） 248
解蛋白弧菌（*Vibrio proteolyticus*） 35，78，120，130，145，200，215，224，236，262，268，279，293
解肝磷脂土地杆菌（*Pedobacter heparinus*） 63，98，110，139，163，244，245，259，307
解卵曲挠杆菌（*Tenacibaculum ovolyticum*（*Flexibacter ovolyticus*）） 12，56，73，99，116，159，260，267
解鸟氨酸克雷伯氏菌（*Klebsiella ornithinolytica*） 58，168
解鸟氨酸拉乌尔菌（*Raoultella ornithinolytica*） 58，67
解脂海表菌（*Aequorivita lipolytica*） 42
金带篮子鱼（*Siganus rivulatus* Forsskål） 21，337
金海假单胞菌（Pseudomonas perfectomarina） 67，178
金黄杆菌属（Chryseobacterium） 86，138，139
金黄节杆菌（Arthrobacter aurescens） 253
金黄色葡萄球菌（Staphylococcus aureus） 6，70，147，181
金鲈（Perca flavescens *Mitchill*） 20，337
金色假交替单胞菌［*Pseudoalteromonas aurantia*（*Pseudoalteromonas flavipulchra*）］ 65，111，112，176
金体美鳊鱼（*Notemigonus crysoleucas* Mitchill） 337
金头鲷（*Sparus auratus* Linnaeus） 5，72，224，225，232，338，342
锦鲤（*Koi carp*） 54，72
近海噬纤维菌（*Cytophaga marina*） 73
近江牡蛎（*Crassostrea virginica*） 68
近美七夕鱼（*Calloplesiops altivelis* Steindachner） 18，60
鲸类布鲁氏杆菌（*Brucella cetaceae*） 29－31，48，85
鲸螺杆菌（*Helicobacter cetorum*） 29，30，33，57，107，180
九孔鲍（*Haliotis diversicolor supertexta*） 2，338
臼齿海蝶（*Pleuronectes platessa* Linnaeus） 75
居泉沙雷氏菌（*Serratia fonticola*） 69，113，170，212，222，235，266
巨骨舌鱼（*Arapaima gigas* Cuvier） 20，68，338
锯缘青蟹（*Sternotherus minor peltifer*） 338
聚集屈挠杆菌（*Flexibacter aggregans*） 55，162，257
聚团屈挠杆菌（*Flexibacter tractuosus*） 56，163，258
卡帕奇诺卡菌（*Nocardia kampachi*） 62
坎贝氏弧菌（*Vibrio campbellii*） 74，130，204，312
抗坏血酸克吕沃尔氏菌（*Kluyvera ascorbata*） 169
考氏希瓦氏菌（*Alteromonas colwelliana*） 16

苛养颗粒链菌（*Granulicatella elegans*）　13，42，56，106，184，248，251
科氏动性球菌（*Planococcus kocurii*）　64，110，184
科氏葡萄球菌（*Staphylococcus cohnii*）　71，185
科氏希瓦氏菌（*Shewanella colwelliana*）　46，69，98，114，178，267
渴望盐单胞菌（*Halomonas cupida*）　57，166，209，220，236，238
克雷伯氏菌属（*Klebsiella*）　32
克氏双锯鱼（*Amphiprion clarkii*）　9，338
克氏耶尔森氏菌（*Yersinia kristensenii*）　81，121，146，170，246，247
克氏原螯虾（*Procambarus clarkii*）　8，338
库里玛鲻（*Bacillus subtilis*）　17，338
宽鳍鳗鲡（*Anguilla reinhardtii*）　10
宽吻海豚（*Tursiops gephyreus*）　30，48，57，73，338
溃疡分枝杆菌（*Mycobacterium marinum*）　11
蜡状芽孢杆菌（*Bacillus mycoides*）　47，102，187
蓝白海豚（*Stenella coeruleoalba*）　30，173，338
蓝黑紫色杆菌（*Janthinobacterium lividum*）　27，57，209，220，231，238，242，243，265
蓝色七彩神仙鱼（*Symphysodon aequifasciatus* Pellegrin）　18，336
蓝帚齿罗非鱼（*Saratherodon*（*Tilapia*）*aureus*）　37，338
狼隐球菌（*Cryptococcus lupi*）　51，158
雷氏变形菌（*Proteus rettgeri*）　64，89
雷氏普罗威登斯菌（*Providencia rettgeri*）　6，64，89，111，166，211，221，228
肋生弧菌（*Vibrio costicola*）　113
类鼻疽伯克霍尔德氏菌（*Burkholderia pseudomallei*）　13，28，30－33，48，95，102，171，208，219，228－231，297，298
类灿烂弧菌（*Vibrio splendidus* – like）　79
类产碱假单胞菌（*Pseudomonas pseudoalcaligenes*）　67，113，173
类湖底肉杆菌（*Carnobacterium alterfunditum*）　49，188，250，254
类黄色氢噬胞菌（*Hydrogenophaga pseudoflava*）　107，175
类霍乱弧菌（*Vibrio cholerae* – like）　75
类坎贝氏弧菌（*Vibrio campbellii* – like）　38，74
类念珠状链杆菌（*Streptobacillus moniliformis* – like）　24，115
类三重分枝杆菌（*Mycobacterium triplex* – like）　10，61，108，191，277
类星形斯塔普氏菌（*Stappia stellulata* – like）　71，99，115，179，239
类志贺邻单胞菌（*Plesiomonas shigelloides*）　171
棱皮龟（*Dermochelys coriacea*）　22，338
冷海希瓦氏菌（*Shewanella frigidimarina*）　69，89，114，179，213，222，229，231，267
冷水黄杆菌（*Flavobacterium frigidarium*）　54，105，161，256
冷湾菌属（*Psychroflexus*）　138，139
鲤鱼（*Cyprinus carpio carpio* Linnaeus）　44，45，47，50，52，54，55，66，68，72
立默氏菌属（*Riemerella*）　86，138，139
丽龟（*Lepidochelys olivacea*）　23
丽鳍角鱼（*Epalzeorhynchos kalopterus* Bleeker①）　18
丽体鱼（*Cichlasoma bimaculatum* Linnaeus）　18，60，61，338
利斯特氏菌属（*Listonella*）　87，89，122，124，194，195，197，202，204
链球菌属（*Streptococcus*）　32，33，86，89，94，142，313
链条杆菌属（*Catenibacterium* species）　49
淋巴结分枝杆菌（*Mycobacterium scrofulaceum*）　20，61，97，191，193
鳞柄玉筋鱼（*Ammodytes lancea* Cuvier）　338
菱体兔牙鲷（*Lagodon rhomboides*）　338
01 霍乱弧菌（*Vibrio cholerae* 01）　234，235，278
流产布鲁氏杆菌（*Brucella abortus*）　13，102，147，171
六线鱼（*Hexagrammos otakii*）　12
六须鲇（*Silurus glanis* Linnaeus）　35
隆背金鲷（*Chrysophrys unicolor*）　338
隆头鱼（*Labrus berggylta*）　39，338
隆头鱼科（Labridae）　39

① 译者注：*Epalzeorhynchus kallopterus*（Bleeker，1851）为有效种名，*Epalzeorhynchus kalopterus*（Bleeker，1851）为其误拼种名。

卤虫属（*Artemia* spp.） 3
鲁莫尼弧菌（*Vibrio rumoiensis*） 78，204，308
鲁氏耶尔森氏菌（*Yersinia ruckeri*） 7，10，12，15，17，20，23，25，26，28，37，39，40，81，87，91，99，121，140，146，147，217，227，229，234，235，263，279，282，299，313
鹿角杯形珊瑚（*Pocillopora damicornis*） 8
鹿角杜父鱼（*Leptocottus armatus* Girard） 20，339
绿蠵龟（*Chelonia mydas*） 22，69
绿背菱鲽（*Rhombosolea tapirina* Günther） 11，339
绿裸胸鳝（*Gymnothorax funebris*） 10，339
绿气球菌螯龙虾变种（*Aerococcus viridans* var. *homari*） 14，42，95，100，181，240，241，253
绿针假单胞菌（*Pseudomonas chlororaphis*） 28，66，172，238
轮虫弧菌（*Vibrio rotiferianus*） 23，78，120，130，202，215，224，235，262，268
罗氏耶尔森氏菌（*Yersinia rohdei*） 81，170，269
罗氏沼虾（*Macrobrachium rosenbergii*） 35，43，339
螺旋杆菌属（*Helicobacter*） 347
裸翼彩菱鲽（*Colistium nudipinnis* Waite） 38
马耳他布氏杆菌（*Brucella melitensis*） 48，157
马红球菌（*Rhodococcus equi*） 113，190
马面鲀（*Novodon modestus*） 58，339
马舌鲽（*Reinhardtius hippoglossoides* Walbaum） 12，47
马苏大麻哈鱼（*Oncorhynchus masou masou* Brevoort） 25，44，56，339
迈阿密沙门氏菌（*Salmonella miami*） 2
麦氏交替单胞菌（*Alteromonas macleodii*） 89，174，253
鳗败血假单胞菌（*Pseudomonas anguilliseptica*） 3，5，10，12，24，26，27，37－39，66，98，142，212，222，227，228，238，259，277
鳗弧菌（*Vibrio anguillarum*） 58，74，77，87，90，194，306，347
鳗利斯特氏菌（*Listonella anguillarum*） 3，5，8－10，14－17，20，24－27，38，39，41，49，58，74，88，90，97，107，125，127，128，130，131，140，142，147，194，210，220，231－233，238，258，265，270，276，312，347
鳗鱼气单胞菌（*Aeromonas encheleia*） 43，95，100，155，206，218，232，240，264
曼氏溶血杆菌（*Mannheimia haemolytica*） 30，59，147，175，258
慢性弧菌（*Vibrio lentus*） 17，76，119，130，132，203，268
漫游海单胞菌（*Marinomonas vaga*） 175
漫游球菌属（*Vagococcus*） 85，89，135，143，190，327
毛足鲈（*Trichogaster trichopterus* Pallas） 20，339
玫瑰杆菌属（*Roseobacter*） 16，68，71，98，113，173，310
玫瑰屈挠杆菌（*Flexibacter roseolus*） 56，97，163，242，243，258
玫瑰无须鲃（*Puntius conchonius* Hamilton） 19，339
梅氏弧菌（*Vibrio metschnikovii*） 77，119，130，202，268，312
美丽盐单胞菌（*Halomonas venusta*） 13，57，107，175，238
美人鱼发光杆菌（*Photobacterium damselae*） 238，259
美人鱼发光杆菌美人鱼亚种（*Photobacterium damselae* spp. *damselae*） 4，5，9，10，14，16，22，24，27，30，34，37－39，63，88，93，98，110，128，130，131，141，195，196，210，211，221，230，231，236，238，244，245，266，277，329
美人鱼发光杆菌杀鱼亚种（*Photobacterium damselae* ssp. *piscicida*） 3－5，11，17，20，30，34，36－39，41，62，63，88，98，110，141，147，196，211，221，228，230，231，238，244，245，266
美人鱼弧菌（*Vibrio damselae*） 63，88
美洲白鲈（*Roccus americanus*） 339
美洲鳄（*Crocodilus acutus*） 9
美洲红点鲑（溪红点鲑）（*Salvelinus fontinalis* Mitchill） 26，339
美洲蓝蟹（*Callinectes sapidus*） 8
美洲狼鲈（*Morone americana* Gmelin） 339
门多萨假单胞菌（*Pseudomonas mendocina*） 177

迷人产碱杆菌（*Alcaligenes venustus*） 57
米氏链球菌（*Streptococcus milleri*） 72，183
棉子糖乳球菌（*Lactococcus raffinolactis*） 140，249，276
明显假交替单胞菌（*Pseudoalteromonas distincta*） 65，176
模仿葡萄球菌（*Staphylococcus simulans*） 71，186
魔鬼弧菌（*Vibrio diabolicus*） 75，118，202，213，223，233，239，246，247，261，267
莫拉克斯氏菌属（*Moraxella*） 107，164，218，227
莫里特氏菌属（*Moritella*） 89，131，141，194，195，197，202，204
莫氏耶尔森氏菌（*Yersinia mollaretii*） 81，90，170
木糖葡萄球菌（*Staphylococcus xylosus*） 71，186
木糖氧化无色杆菌木糖氧化亚种（*Achromobacter xylosoxidans* ssp. *denitrificans*） 42，174
纳瓦拉弧菌（*Vibrio navarrensis*） 77，119，130，204，214，239，268，312
耐盐盐单胞菌（*Halomonas halodurans*） 107，168
南非诺卡氏菌（*Nocardia transvalensis*） 61，192
南极栖海面菌（*Aequorivita antarctica*） 42，160，253，264
南极洲假交替单胞菌（*Pseudoalteromonas antarctica*） 65，98，111，176，238，259，266
南美白对虾（*Penaeus vannamei* Boone） 36，60，339
南美拟沙丁鱼（*Sardinops sagax* Jenyns） 28，342
南亚野鲮（*Labeo rohita*） 339
难辨链球菌（*Streptococcus difficile*） 6，19，27，72，89，115，142，182
脑膜脓毒性黄杆菌（*Flavobacterium meningosepticum*） 55，149，160
脑膜脓毒性金黄杆菌（*Chryseobacterium meningosepticum*） 50，55，95，103，237，255
内海黄杆菌（*Flavobacterium flevense*） 54，105，161，256
内海噬纤维菌（*Cytophaga flevensis*） 54
尼罗鳄（*Crocodylus niloticus*） 9
尼罗罗非鱼（*Oreochromi niloticus niloticus* Linnaeus） 37，38，281，339
尼罗帚齿罗非鱼（*Sarotherodon niloticus*） 38
泥鳅（*Misgurnus anguillicaudatus*） 339
拟鲤（*Rutilus rutilus* Linnaeus） 23，44，45，340
拟球海胆（*Paracentrotus lividu*） 340
拟态弧菌（*Vibrio mimicus*） 4，8，23，38，77，99，107，119，197，214，223，234，235，239，262，268
拟香味类香味菌（*Myroides odoratimimus*） 238，266
逆戟鲸（虎鲸）（*Orcinus orca*） 33，340
黏放线菌（*Actinomyces viscosus*） 253
黏弧菌（*Vibrio viscous*） 59，79
黏菌莫里特氏菌（*Moritella viscosa*） 79，88
黏液真杆菌（*Eubacterium limosum*） 105
黏质沙雷氏菌（*Serratia marcescens*） 4，27，69，166，170，299
念珠菌属（*Candida* species） 33，34，49，134，158
念珠状链杆菌（*Streptobacillus moniliformis*） 71，99，115，167
鸟分枝杆菌（*Mycobacterium avium*） 190，193
鸟杆菌属（*Ornithobacterium*） 86，138，139
柠檬假交替单胞菌（*Pseudoalteromonas citrea*） 46，65，111，142，176，259，266
柠檬交替单胞菌（*Alteromonas citrea*） 46，142，264
柠檬色动性球菌（*Planococcus citreus*） 64，184
牛蛙（*Rana castesbeiana*） 43，50，72
脓肿分枝杆菌（*Mycobacterium abscessus*） 14，60，97，108，190，193，304
挪威肠弧菌（*Enterovibrio norvegicus*） 38，53，86，96，104，130，208，219，231，255，265
诺卡氏菌属（*Nocardia*） 26，88，98，109，190，192，266，277，317，321
欧洲黄盖鲽（*Limanda limanda* Linnaeus） 45，340
欧洲鳗鲡（*Anguilla anguilla* Linnaeus） 10，340
欧洲鳎（*Solea solea*） 36，225，232，340
欧鳟（*Salmo trutta trutta* Linnaeus） 26
偶发分枝杆菌（*Mycobacterium fortuitum*） 18，19，36，60，97，190，193，277

帕氏氢噬胞菌（*Hydrogenophaga palleronii*） 57
帕西尼氏弧菌（*Vibrio pacinii*） 24，35，130，203，215
庞贝蠕虫（*Alvinella pompejana*） 75
胖头鲅（*Pimephales promelas* Rafinesque） 15，340
泡囊短波单胞菌（*Brevundimonas vesicularis*） 47，242，243，254，265
毗邻乏养菌（*Abiotrophia para - adiacens*） 249
毗邻颗粒链菌（*Granulicatella adiacens*） 56，106，184，248，251
漂浮弧菌（*Vibrio natriegens*） 77，88，90，130，204，262，265，268
平鱼节杆菌（*Arthrobacter rhombi*） 12，47，101，188，242，243，248，265
葡萄球菌属（*Staphylococcus*） 36
普城沙雷氏菌（*Serratia plymuthica*） 69，114，167，212，222，230
栖冷克吕沃尔氏菌（*Kluyvera cryocrescens*） 169
栖鱼肉杆菌（*Carnobacterium piscicola*） 4，7，26，49，58，86，95，102，134 - 136，147，187，242，243，248，250，254，265
栖鱼乳杆菌［*Lactobacillus piscicola*（*Carnobacterium piscicola*）］ 58
奇异变形杆菌（*Proteus mirabilis*） 33
鲯鳅（*Coryphaena hippurus* Linnaeus） 15，29，62，340
鳍脚类布鲁氏杆菌（*Brucella pinnipediae*） 20，31，32，48，85，157
鳍脚目（Pinnipedia） 29，31
气单胞菌无色亚种（*Aeromonas salmonicida* ssp. *achromogenes*） 207，237，240
气单胞菌属（*Aeromonas*） 16，41，82，100，122，124，132，154，264，270，274，311，329
鞘氨醇杆菌属（*Sphingobacterium* spp.） 89
青色埃氏电鳗（*Eigemannia virescens* Valenciennes） 340
青紫色素杆菌（*Chromobacterium violaceum*） 13，49，103，174，237，265
屈挠杆菌属（*Flexibacter*） 41，86，97，138，139，150，295，296，315
犬种布鲁氏菌（*Brucella canis*） 48，157
缺陷短波单胞菌（*Brevundimonas diminuta*） 47，102，174，237，242，243，253，265
缺陷乏养菌（*Abiotrophia defectiva*） 183
雀鲷科（Pomacentrida） 9，66
人葡萄球菌（*Staphylococcus hominis*） 71，115，185
日本对虾（*Penaeus japonicus*） 36，78
日本鳗鲡（*Anguilla japonica*） 10，281，340
日本莫里特氏菌（*Moritella japonica*） 59，195
日本青鳉（*Oryzias latipes* Temminck and Schlegel） 14，60，340
日本希瓦氏菌（*Shewanella japonica*） 16，70，114，179，267
日本竹筴鱼（*Trachurus japonicus*） 15，79，90，271，340
日本竹筴鱼弧菌（*Vibrio trachuri*） 15，79，90，199，279
溶解噬纤维菌（*Cellulophaga*（*Cytophaga*）*lytica*） 49，160，254
溶菌假交替单胞菌（*Pseudoalteromonas bacteriolytica*） 15，65，111，172，238
溶珊瑚弧菌（*Vibrio coralliilyticus*） 8，75，99，118，130，144，202
溶血巴斯德菌（*Pasteurella haemolytica*） 59
溶血不动杆菌（*Acinetobacter haemolyticus*） 42，100，165
溶血葡萄球菌（*Staphylococcus haemolyticus*） 71，185
溶血隐秘杆菌（*Arcanobacterium haemolyticum*） 188，248，250
溶藻弧菌（*Vibrio alginolyticus*） 2，5，17，22，34，35，74，93，117，130，143 - 145，149，197，213，222，223，233，239，261，278 - 281，312
肉毒梭菌（*Clostridium botulinum*） 26，50，96，156
肉杆菌属（*Carnobacterium*） 8，23，24，39，85，134，135，187，327
乳房链球菌（*Streptococcus uberis*） 72，143，186，246，247，252，267
乳杆菌属（*Lactobacillus*） 85，134，135
乳酸乳球菌（*Lactococcus lactis*） 140，184，265
乳酸乳球菌乳脂亚种（*Lactococcus lactis* ssp. *cremoris*） 249
软弱乏养球菌（*Abiotrophia adiacens*） 56，82
塞内加尔鳎（*Solea senegalensis* Kaup） 36

三田氏黄杆菌（*Flavobacterium mizutaii*）　55，161
三疣梭子蟹（*Portunus trituberculatus*）　8
杀对虾弧菌（*Vibrio penaeicida*）　36，78，120，130，132，201，215，230，239，246，247，268，279
杀鲑弧菌（*Vibrio salmonicida*）　8，24，78，99，120，130，202，215，224，228，235，246，247，263，268，270，279，293
杀鲑诺卡氏菌（*Nocardia salmonicida*）　192
杀鲑气单胞菌（*Aeromonas salmonicida*）　5－12，18，20，23，24，26，38，39，42，44，45，49，56，83，84，87，94，95，125，130，132，133，147，151，207，218，230，231，240，241，253，274，282，309，318，320
杀鲑气单胞菌解果胶亚种（*Aeromonas salmonicida* ssp. *pectinolytica*）　45，101，153，264
杀鲑气单胞菌杀鲑亚种（*Aeromonas salmonicida* ssp. *salmonicida*）　9，12，14，23，24，26，39，41，44，49，84，101，133，147，218，230，231，236，237，240，241，264，275
杀鲑气单胞菌杀日本鲑亚种（*Aeromonas salmonicida* ssp. *masoucida*）　44，84，151，207，218
杀鲑气单胞菌无色亚种（*Aeromonas salmonicida* ssp. *achromogenes*）　5，6，20，23，44，84，87，133，151，218，264
杀鲑气单胞菌新星亚种（*Aeromonas salmonicida* ssp. *nova*）　44，84，151
杀扇贝弧菌（*Vibrio pectenicida*）　17，78，120，201，215，224，228，268
杀鱼巴斯德菌（*Pasteurella piscicida*）　62，63
杀鱼肠球菌（*Enterococcus seriolicida*）　58，137，140
杀鱼黄杆菌（*Flavobacterium piscicida*）　63，66
杀鱼假单孢菌（*Pseudomonas piscicida*）　9，66，112，172
杀鱼交替单胞菌（*Alteromonas piscicida*）　66
沙海螂（*Mya arenaria*）　340
沙门氏菌属（*Salmonella*）　347，348
沙氏漫游球菌（*Vagococcus salmoninarum*）　24，28，73，85，99，117，135，136，143，183，239，246，247，249，252，267
鲨鱼弧菌（*Vibrio carchariae*）　74，76，89，246，247
鳝死爱德华菌（*Edwardsiella anguillimortifera*）　52，86
鳝死副大肠杆菌（*Paracolobactrum anguillimortiferum*）　52
伤口埃希氏菌（*Escherichia vulneris*）　6，19，27，53，166
商乌贼（*Sepia officinalis*）　340
少动鞘氨醇单胞菌（*Sphingomonas paucimobilis*）　70，115
舌齿鲈（*Dicentrarchus labrax* Linnaeus）　3，40，63，72，73，76，340
深海发光杆菌（*Photobacterium profundum*）　64
深红沙雷氏菌（*Serratia rubidaea*）　170
神圣屈挠杆菌（*Flexibacter sancti*）　56，163，258
生孢噬纤维细菌属（*Sporocytophaga*）　86
施氏假单胞菌（*Pseudomonas stutzeri*）　22，113，173，227
石莼（*Ulva lactuca*）　2，66
石下海表菌（*Aequorivita sublithincola*）　42，264
食半乳糖邹贝尔氏菌（*Zobellia galactanovorans*）　2，81，121，164，217，227，229，239，246，247，263
食神鞘氨醇杆菌（*Sphingobacterium spiritivorum*）　70，98，114，139，164，260，267，307
食酸假单胞菌（*Pseudomonas acidovorans*）　177
豕链球菌（*Streptococcus porcinus*）　116，277
屎肠球菌（*Enterococcus faecium*）　184
嗜肝素噬纤维菌（*Cytophaga heparina*）　63
嗜冷黄杆菌（*Flavobacterium pectinovorum*）　3，24，25，27，51，55，56，87，96，106，159，209，220，227，242，243，257，273，276，282，300，302，309，311，344
嗜冷屈挠杆菌（*Flexibacter psychrophilus*）　55，56，87
嗜冷蛇菌属（*Psychroserpens*）　138，139
嗜冷噬纤维菌（*Cytophaga psychrophila*）　51，55
嗜麦芽糖寡养单胞菌（*Stenotrophomonas*（*Pseudomonas*）*maltophilia*）　179
嗜皮菌属（*Dermatophilus*）　104，298，307，346
嗜鳍黄杆菌（*Flavobacterium branchiophilum*）　1
嗜泉气单胞菌（*Aeromonas eucrenophila*）　6，32，43，95，100，155，206，240，241，264，280
嗜水气单胞菌（*Aeromonas hydrophila*）　3，4，7，13，17，18，22，32，35，43，82，83，100，

155，206，207，217，237，240，241，253，264，274，275，280，299，309
嗜水气单胞菌达卡亚种（*Aeromonas hydrophila* ssp. *dhakensis*） 13，44，82，83，132，154
嗜水气单胞菌嗜水亚种（*Aeromonas hydrophila* ssp. *hydrophila*） 43，82，83，132
嗜糖黄杆菌（*Flavobacterium saccharophilum*） 55，106，162，257
嗜中温假单胞菌（*Pseudomonas mesophilica*） 178
噬果胶黄杆菌［（*Flavobacterium*（*Cytophaga*）*pectinovorum*）］ 55，257
噬琼脂噬纤维菌（*Cytophaga agarovorans*） 59
噬纤维菌属［*Cellulophaga*（*Cytophaga*）］ 85，86，129，137－139，150，158，160
兽气单胞菌（*Aeromonas bestiarum*） 6，43，83，154，206，218，236，240，241，264
舒伯特气单胞菌（*Aeromonas schubertii*） 13，43，45，156，264
鼠海豚（*Phocoena phocoena*） 1，29，31，63，72，85，157，173，206，237，340
鼠伤寒沙门氏菌（*Salmonella typhimurium*） 28，33，68，280，282
水谷鞘氨醇杆菌（*Sphingobacterium mizutae*） 55
水栖黄杆菌（*Flavobacterium hydatis*） 51，54，105，159，209，220，228，256，265
水生棒杆菌（*Corynebacterium aquaticum*） 4，51，96，103，147，187，248，265
水生布戴约维来菌（*Budvicia aquatica*） 48，102，168
水生黄杆菌（*Flavobacterium aquatile*） 54，105，161，255，265
水生拉恩氏菌（*Rahnella aquatilis*） 14，67，169，212，222，230
水生螺菌属（*Aquaspirillum*） 46，95，174
水生噬纤维菌（*Cytophaga aquatilis*） 51，105，159，265
水獭（*Lutra lutra*） 20，73，81，85，95，134，157，340
水獭葡萄球菌（*Staphylococcus lutrae*） 20，71，98，115，182，260，267
水蛹假交替单胞菌（*Pseudoalteromonas undina*） 66
水蛹交替单胞菌（*Alteromonas undina*） 112，177
丝囊霉菌（*Aphanomyces invadans*） 43，46
斯凯巴斯德菌（*Pasteurella skyensis*） 24，62，98，109，171，259，266
斯氏普罗威登斯菌（*Providencia rustigianii*） 65，111，211，221，229
斯塔氏假单胞菌（*Pseudomonas stanieri*） 67，178
四须岩鳕（*Enchelyopus cimbrius* Linnaeus） 23，340
似石首鱼（*Sciaenops ocellatus* Linnaeus） 21
薮内黄杆菌（*Flavobacterium yabuuchiae*） 70
苏格兰放线菌（*Actinobacillus scotiae*） 31，42，100，173，206，218，229，264
塔氏弧菌（*Vibrio tubiashii*） 16，79，121，125，130，216，225，229，231，239，246，247，263，268，279，320
太平洋斑纹海豚（*Lagenorhynchus obliquidens*） 30，341
碳酸噬胞菌属（*Aequorivita*） 82，95，138
特氏克雷伯氏菌（*Klebsiella trevisanii*） 58
藤黄微球菌（*Micrococcus luteus*） 27，42，59，181
藤黄紫假交替单胞菌（*Pseudoalteromonas luteoviolacea*） 65
条纹狼鲈［*Morone saxatilis*（Walbaum）（*Roccus saxatilis*）］ 4，71，341
跳岩企鹅（*Eudyptes crestatus*） 29，65
停乳链球菌（*Streptococcus dysgalactiae*） 89
铜绿假单胞菌（*Pseudomonas aeruginosa*） 177，221，222，228，230，231
头状葡萄球菌（*Staphylococcus capitis*） 71，184
土地杆菌属（*Pedobacter*） 346
土生克雷伯氏菌（*Klebsiella terrigena*） 58，67
土生拉乌尔菌（*Raoultella terrigena*） 58，67，170，266
兔奈瑟菌（*Neisseria cuniculi*） 33
豚鼠气单胞菌（*Aeromonas caviae*） 13，35，43，83，154，206，218，231，232，240，241，264，274，275
外来分枝杆菌（*Mycobacterium peregrinum*） 36，60，97，108，191，193
王企鹅（*Aptenodytes patagonica*） 29，65
威克斯氏菌属（*Weeksella*） 86，138，139
微球菌属（*Micrococcus*） 22，36

维隆气单胞菌维隆亚种（*Aeromonas veronii* ssp. *veronii*） 6，13，46，83，208，218，219，229，230，234，235，242，243
维隆气单胞菌温和亚种（*Aeromonas veronii* ssp. *sobria*） 13，45，46，83，264
伪虎鲸（*Pseudorca crassidens*） 33，48，341
温和气单胞菌（*Aeromonas sobria*） 6，13，26，29，44，45，83，84，101，125，155，208，218，236，237，242，243，264，274，275
蚊子气单胞菌（*Aeromonas culicicola*） 43，100，155，206，240，241
稳杆菌属（*Empedobacter*） 86，138，139
沃丹弧菌（*Vibrio wodanis*） 25，80，90，121，130，146，204，263，269
沃氏葡萄球菌（*Staphylococcus warneri*） 27，71，99，115，182，186
乌龟支原体（*Mycoplasma testudinis*） 61，194
无鳔石首鱼（*Sillago ciliata*） 341
无乳链球菌（*Streptococcus agalactiae*） 5，6，15，17－19，27，37，41，71，72，89，115，142，182，244，245，251，252，277
无色杆菌属（*Achromobacter*） 271
五彩搏鱼（*Betta splendens* Regan） 19，341
五条鰤（*Seriola quinqueradiata*） 2，39，341
武氏希瓦氏菌（*Shewanella woodyi*） 70，98，114，179，213，222，227，267，310
舞蹈病真杆菌（*Eubacterium tarantellae*） 17，54，96，156
希腊魏斯氏菌（*Weissella hellenica*） 11
希瓦氏菌属（*Shewanella* spp.） 2，310
犀目鮰（*Ameiurus catus* Linnaeus） 341
席黄杆菌（*Flavobacterium tegetincola*） 55，97，106，209，220，228，265
细角滨对虾（*Penaeus stylirostris*） 36，78，341
狭小发光杆菌（*Photobacterium angustum*） 63，88，110，130，196，210，221，230，244，245，266
夏威夷短尾鱿鱼（*Euprymna scolopes*） 37，341
纤维单胞菌属（*Cellulomonas*） 299
香味类香味菌（*Myroides odoratus*） 61，97，108，109，163，238，259，266
香鱼（*Plecoglossus altivelis*） 3，43，55，58，66，68，72，74，142，144，223，224，228，235，281，341
象海豹（*Mirounga leonina*） 33，54，334，339
小肠结肠炎耶尔森菌（*Yersinia enterocolitica*） 80，81，90
小须鲸（*Balaenoptera acutorostrata*） 34，48，56，82，157，341
小须鲸乏养菌（*Abiotrophia balaenopterae*） 42，56，95
小须鲸颗粒链菌［*Granulicatella*（*Abiotrophia*）*balaenopterae*］ 34，56，82，106，181，248，251，258，265
小鱼气单胞菌（*Aeromonas ichthiosmia*） 46，84
楔孔花鳉（*Poecilia sphenops* Valenciennes） 19
斜带石斑鱼（*Epinephelus coioides*） 5，338
辛辛那提弧菌（*Vibrio cincinnatiensis*） 14，75，118，202，267
新金分枝杆菌（*Mycobacterium neoaurum*） 25，60，68，97，108，193
新生隐球菌（*Cryptococcus neoformans*） 13，30
新生隐球菌格特变种（*Cryptococcus neoformans* var. *gattii*） 51，104，158
新星诺卡氏菌（*Nocardia nova*） 192
星斑土壤杆菌（*Agrobacterium stellulatum*） 71
星丽鱼（*Astronotus ocellatus*） 19，60，341
星状诺卡菌（*Nocardia asteroides*） 98
星状诺卡氏菌（*Nocardia adteroides*） 27
需盐杆菌属（*Salegentibacter*） 138，139
许氏弧菌（*Vibrio xuii*） 36，121，130，203，216，227，231，263，269
许氏平鲉（*Sebastes schlegeli* Hildendorf） 23
蕈状芽孢杆菌（*Bacillus mycoides*） 7，102，187
牙鲆（*Paralichthys olivaceus*） 11，62，63，76，281，341
牙鳕（*Merlangius merlangus*） 341
牙银汉鱼（*Odonthestes bonariensis*） 342
雅罗鱼（*Leuciscus leuciscus* Linnaeus） 9，342
亚北极鞘氨醇单胞菌（*Sphingomonas subarctica*） 239
亚利桑那沙门氏菌（*Salmonella arizonae*） 20，68，166
沿海屈挠杆菌（*Flexibacter maritimus*） 56，73，296，300
眼镜凯门鳄（*Caiman crocodilus*） 9
厌氧金黄色葡萄球菌（*Staphylococcus aureus anaerobius*） 184

洋葱伯克霍尔德氏菌（*Burkholderia cepacia*） 48，149，174，219，228，233，235
耶尔森氏菌属（*Yersinia*） 90，146，313，348
液化链球菌（*Serratia liquefaciens*） 86
伊比利亚秘鳉（*Aphanius iberus* Valenciennes） 6，78，342
贻贝弧菌（*Vibrio mytili*） 77，119，125，203，214，223，229，239，246，247，262，268，320
乙酸钙不动杆菌（*Acinetobacter calcoaceticus*） 22，32，42，165，237
异单胞菌属（*Allomonas*） 208
异嗜糖气单胞菌（*Aeromonas allosaccharophila*） 10，13，43，83，154，206，218，236，264
抑制肉杆菌（*Carnobacterium inhibens*） 24，95，102，189，248，250，254，265
易挠屈挠杆菌（*Flexibacter flexilis*） 55，139，162，257
银大麻哈鱼（*Oncorhynchus kisutch* Walbaum） 45，55，68，342
银鲈鱼（*Bidyanus bidyanus* Mitchell） 20，342
吲哚黄杆菌（*Flavobacterium indoltheticum*） 50
吲哚金黄杆菌（*Chryseobacterium indoltheticum*） 50，103，160，254
隐秘杆菌属（*Arcanobacterium*） 95，327
隐球菌属（*Cryptococcus*） 134，158
荧光假单胞杆菌（*Pseudomonas fluorescens*） 22，32，66，98，212，222，228，230，231，238
硬壳蛤（*Mercenaria mercenaria*） 16
庸鲽（*Hippoglossus hippoglossus* Linnaeus） 12，58，73，340，342
鳙（*Aristichthys nobilis*） 6，342
疣鲍（*Haliotis tuberculata*） 2
游海假交替单胞菌（*Pseudoalteromonas haloplanktis*） 176，238
游海假交替单胞菌河豚毒素亚种（*Pseudoalteromonas haloplanktis tetraodonis*） 176
有名锤形石首鱼（*Atractoscion nobilis* Ayres） 4
鱼巴斯德菌病（Fish pasteurellosis） 3－5，11，17，20，36－39，41
鱼肠道弧菌（*Vibrio ichthyoenteri*） 11，76，119，130，201，214，223，228，239
鱼肠发光杆菌（*Photobacterium iliopiscarium*） 8，12，24，64，110，211，221，244，245，266
鱼肠弧菌（*Vibrio iliopiscarius*） 64
鱼乳球菌（*Lactococcus piscium*） 27，58，107，135，136，140，181，244，245，265，276
鱼嗜血杆菌（*Haemophilus piscium*） 56，87
鱼土地杆菌（*Pedobacter piscium*） 63，98，110，164，244，245，259
羽田氏希瓦氏菌（*Shewanella hanedai*） 70，98，179，267
圆鳍雅罗鱼（*Leuciscus cephalus* Linnaeus） 7，342
猿猴分枝杆菌（*Mycobacterium simiae*） 18，61，191，193
约氏黄杆菌（*Flavobacterium johnsoniae*） 4，51，54，86，87，105，159，209，256，257，263
约氏噬纤维菌（*Cytophaga johnsonae*） 51，54
运动支原体（*Mycoplasma mobile*） 37，61，108，193，266，306
杂斑狗母鱼（*Synodus variegatus* Lacépède） 21
藻假交替单胞菌（*Pseudoalteromonas ulvae*） 2，66，112，177，212
遮目鱼（*Chanos chanos* Forsskål） 15，76
褶皱臂尾轮虫（*Brachionus plicatilis*） 23
真鰶（*Dorosoma cepedianum* Lesueur） 29
真鲷（*Pagrus major*） 5，58，70，142，281，342
真杆菌属（*Eubacterium*） 21，156
支气管败血性博德特氏菌（*Bordetella bronchiseptica*） 47，95，237，253，265，297，298
支原体（*Mycoplasma*） 11，33，88，97，108，193，194，305，306，318，319，324，325
枝叶海马（*Phycodurus equis*） 29
植生克雷伯氏菌（*Klebsiella planticola*） 58，67，242，244
植生拉乌尔菌（*Raoultella planticola*） 14，58，67，169，266
植物乳球菌（*Lactococcus plantarum*） 140，276
志贺氏菌属（*Shigella*） 347
中度嗜盐菌（*Halomonas aquamarina*） 46，57，106，174
中国对虾（*Penaeus chinensis*） 35，78，223，232
中间气单胞菌（*Aeromonas media*） 16，44，100，155，240，241，264
中间耶尔森氏菌（*Yersinia intermedia*） 80，146，

167，216，227，229
重氮养弧菌（*Vibrio diazotrophicus*）　29，34，75，118，130，203，267，278
皱纹盘鲍（*Haliotis discus hannai*）　2，342
猪布鲁氏杆菌（*Brucella suis*）　48，157
猪红斑丹毒丝菌（*Erysipelothrix rhusiopathiae*）9，13，30，31，53，96，104，250，307，313
柱状黄杆菌（*Flavobacterium columnare*）　6，7，10，18－20，25，26，35，41，51，54，55，86，139，158，209，219，229，230，242，243，256，273，275，276，281，282，295，302，309，311，345，347
柱状屈挠杆菌（*Flexibacter columnaris*）　54，55
柱状噬纤维菌（*Cytophaga columnaris*）　41，51，54
爪哇型沙门氏菌（*Salmonella java*）　2，28
砖红噬纤维菌（*Cytophaga lateaua*）　51，96，137，161，255
妆饰须鲨（*Orectolobus ornatus*）　34，342
鲻鱼（*Mugil cephalus* Linnaeus）　17，52，71，78，252，338，342
子宫海豚杆菌（*Phocoenobacter uteri*）　31，110，176，210，221，227，228，238，259，266
紫色杆菌属（*Janthinobacterium*）　41
紫扇贝（*Argopecten purpuratus*）　17，335
棕鮰（*Ictalurus nebulosus*）　7，342
邹贝尔氏菌属（*Zobellia*）　138，139
组胺发光杆菌（*Photobacterium histaminum Apistogramma ocellatus*）　64，88

细菌培养物和微观形态照片

在此列出31种细菌培养物表观形态和一些生化鉴定试验结果的照片。显然，将所有的细菌都呈现出来是不可能的，而且呈现出的这些属、种的细菌照片是其在通用培养基上生长的形态。有一些种类，如拟态弧菌（*Vibrio mimicus*）和霍乱弧菌（*V. cholerae*）可能显示比较相似的生长形态，也可能表现得与运动型气单胞菌（*Aeromonas* spp.）相似。同样，运动型气单胞菌种类在血琼脂培养基上都显示相似性，不过，非运动型杀鲑气单胞菌（*A. salmonicida*）具有独特的菌落特征，生长缓慢，培养几天后产生色素。同时列出了部分生化测试反应结果的照片，供不熟悉的读者参考。

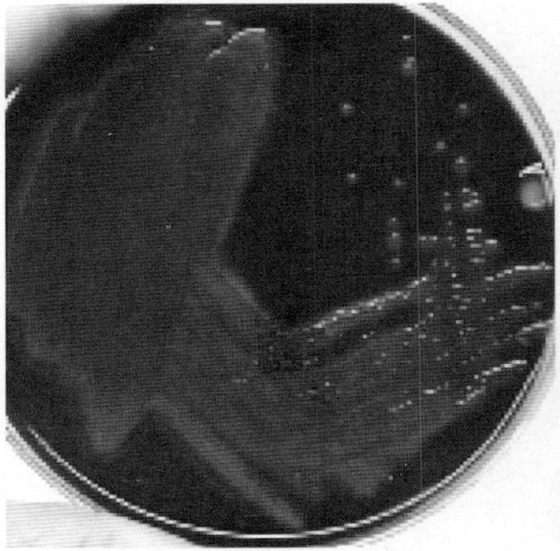

彩图1 嗜水气单胞菌（*Aeromonas hydrophila*）在BA平板上培养24 h

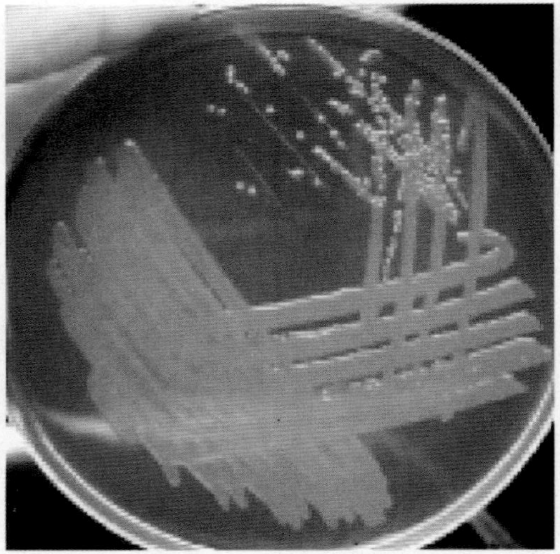

彩图2 嗜水气单胞菌在MCA平板上培养24 h

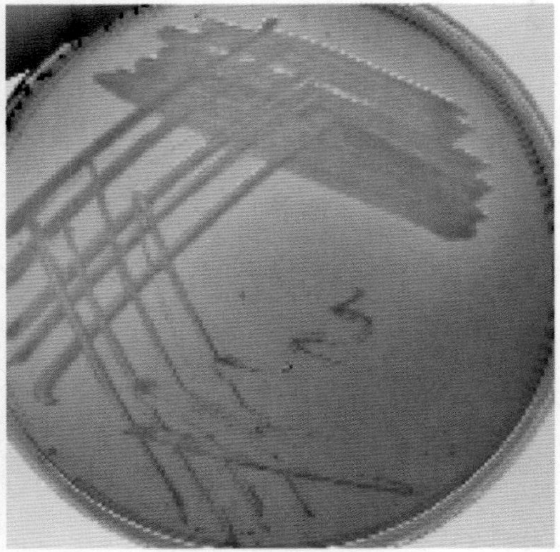

彩图3 嗜水气单胞菌在TCBS平板上培养24 h

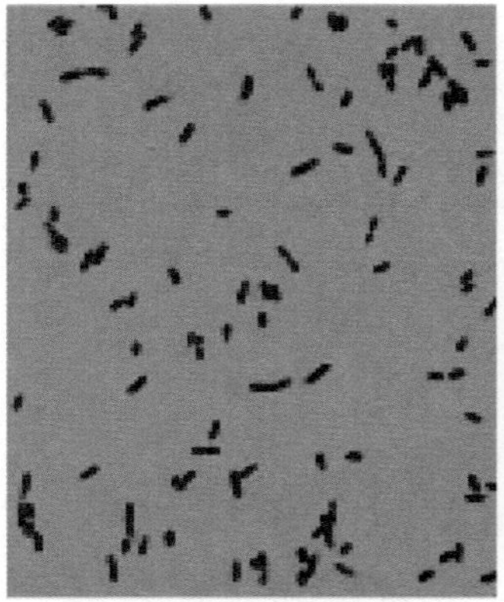

彩图4 嗜水气单胞菌，革兰氏染色

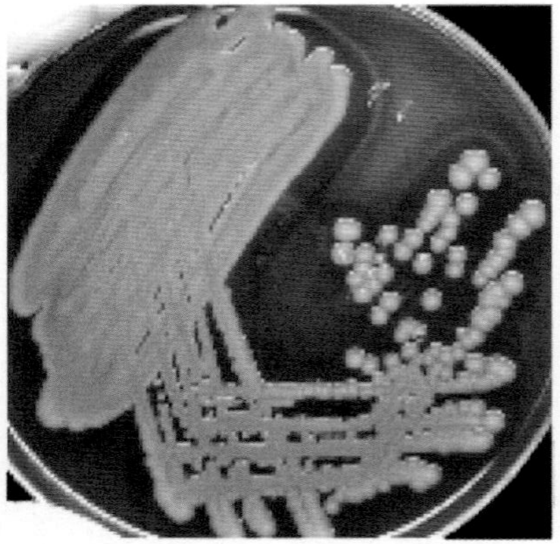

彩图5 简氏气单胞菌（*A. janadaei*）在BA平板上培养48 h

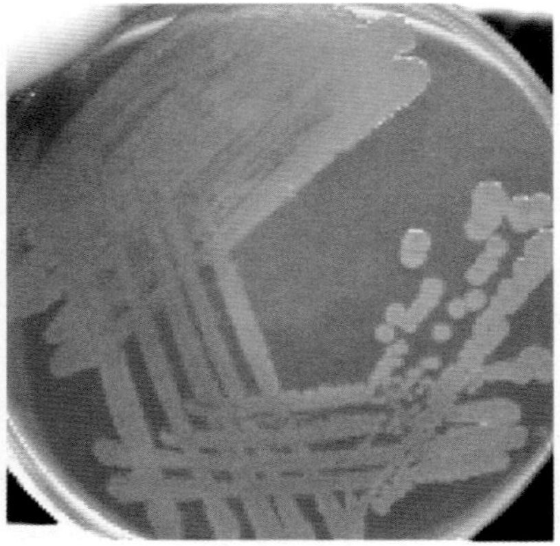

彩图6 简氏气单胞菌在MCA平板上培养3d

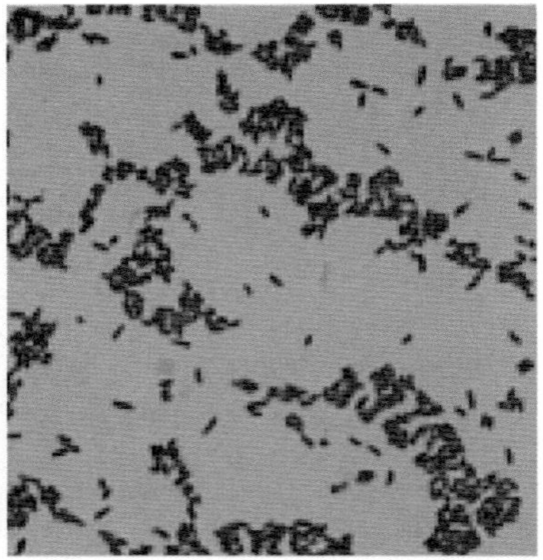

彩图7 简氏气单胞菌，革兰氏染色

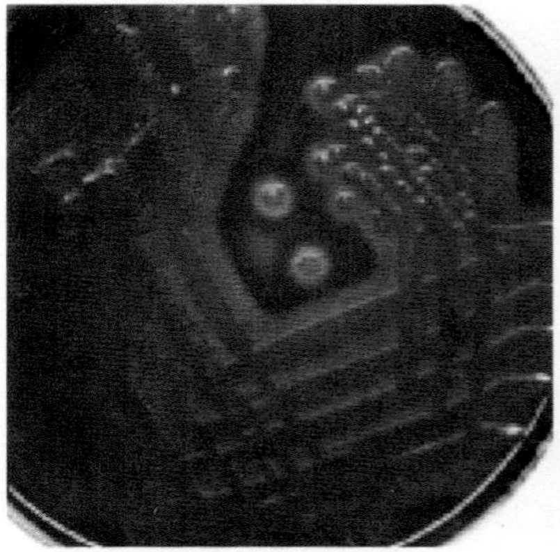

彩图8 维隆气单胞菌温和亚种（*A. veronii* ssp. *sobria*）在BA平板上25℃ 培养48 h

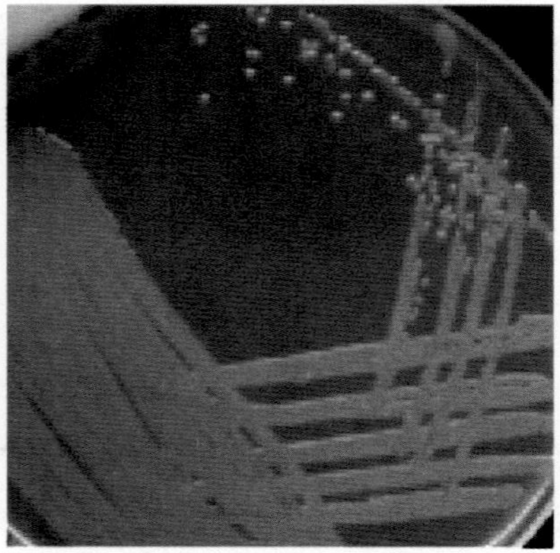

彩图9 维隆气单胞菌温和亚种在MCA平板上25℃培养24 h

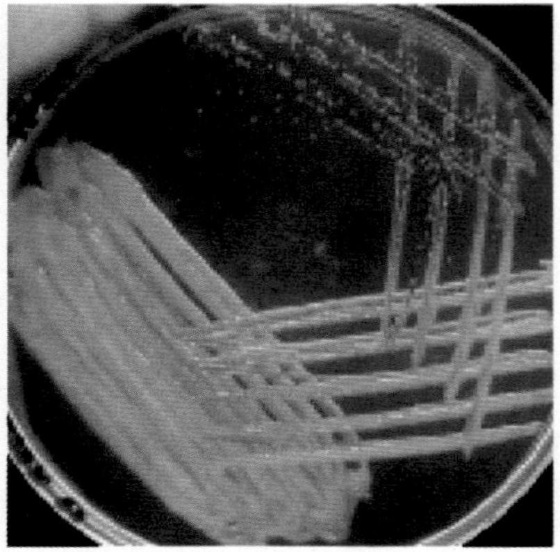

彩图10 维隆气单胞菌温和亚种在TCBS平板上25℃培养24 h

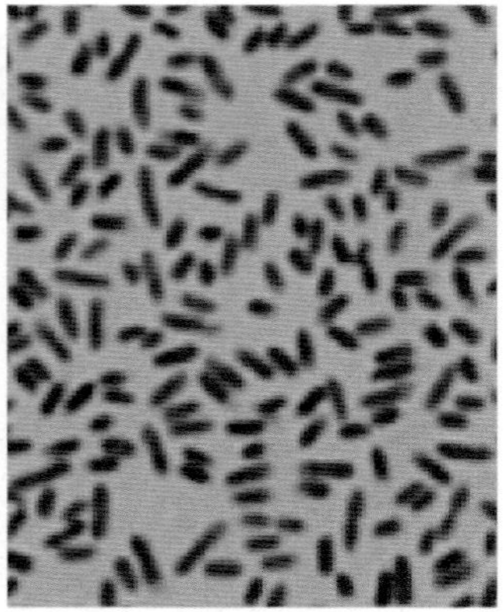

彩图11 维隆气单胞菌温和亚种，革兰氏染色

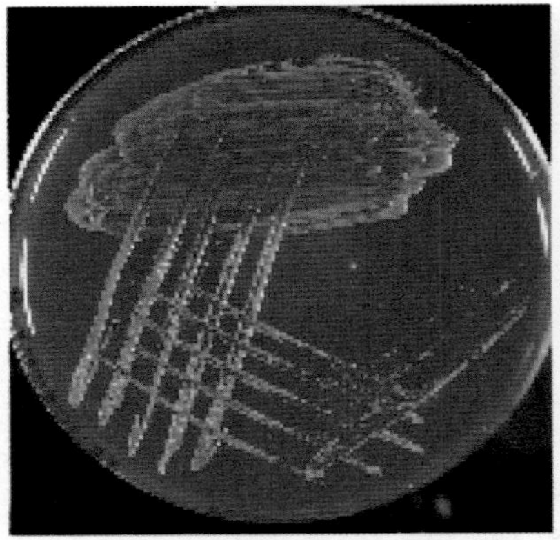

彩图12 典型杀鲑气单胞菌（*A. salmonicida*）菌株（澳大利亚菌株），在BA平板上培养3d

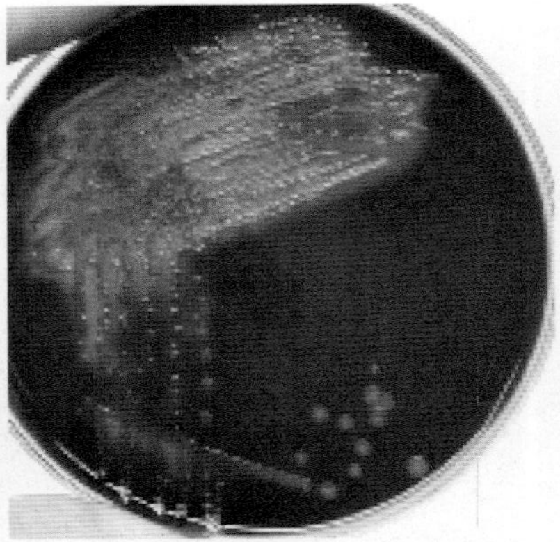

彩图13 典型杀鲑气单胞菌菌株（澳大利亚菌株），在BA平板上培养7d

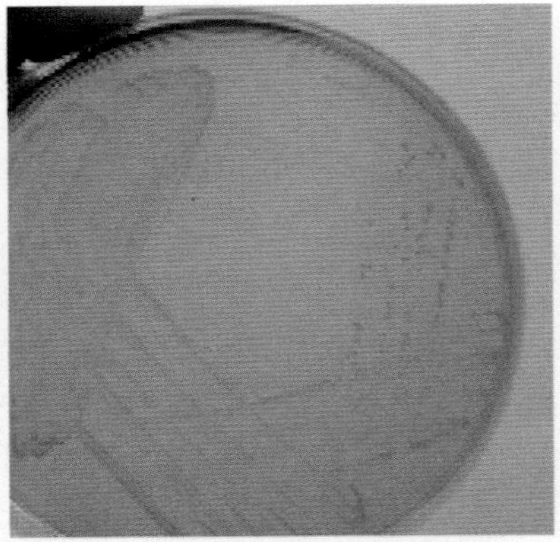

彩图14 典型杀鲑气单胞菌菌株（澳大利亚菌株），在NB琼脂平板上显示色素

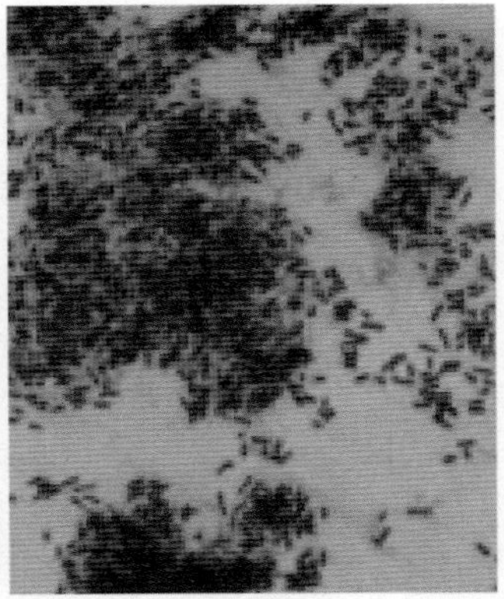

彩图15 典型杀鲑气单胞菌（澳大利亚菌株），革兰氏染色

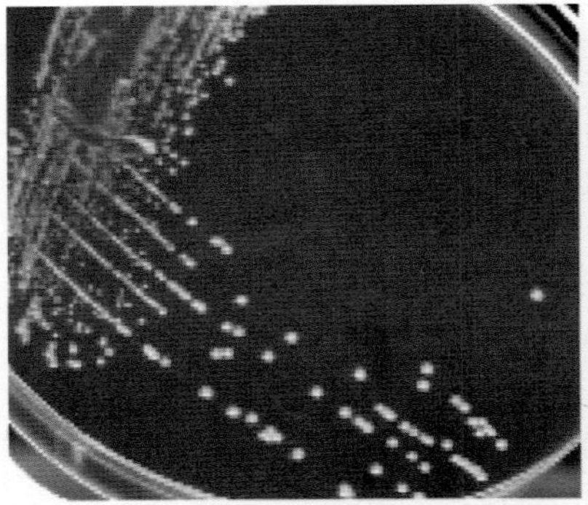

彩图16 新生隐球菌格特变种（*Cryptococcus neoformans* var. *gattii*）在BA平板上继代培养3d

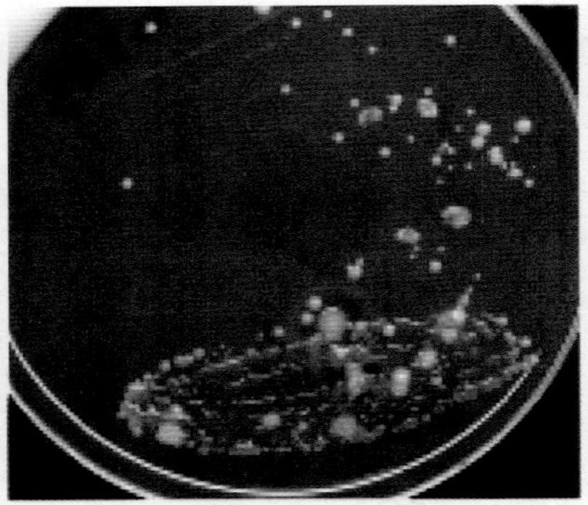

彩图17 隐球菌属，在初始分离平板上（链球菌选择性琼脂）培养7d

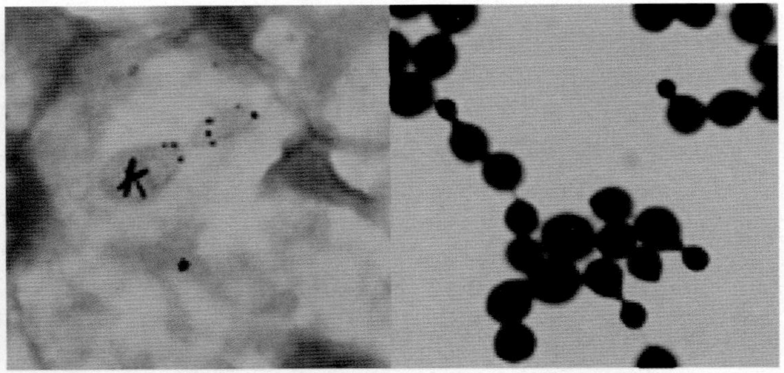

彩图18 隐球菌属，组织/培养物涂片革兰氏染色，在组织/培养物内部

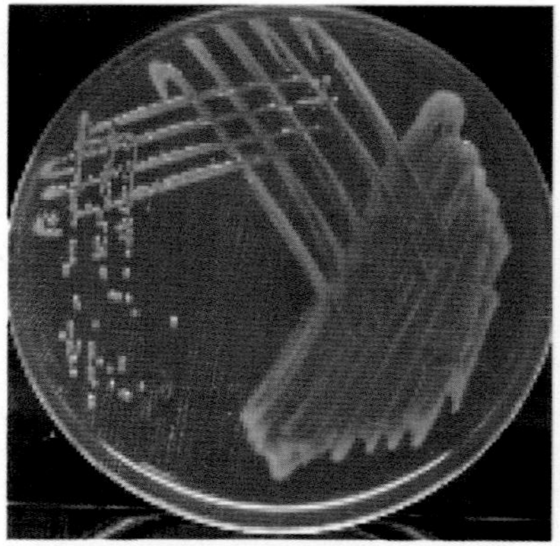

彩图19 保科爱德华菌（*Edwardsiella hoshinae*）在 BA平板上25℃培养 2d

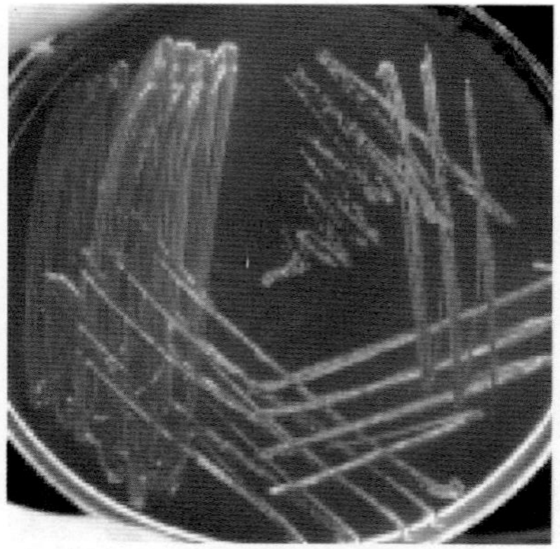

彩图20 保科爱德华菌在MCA平板上25℃培养24 h

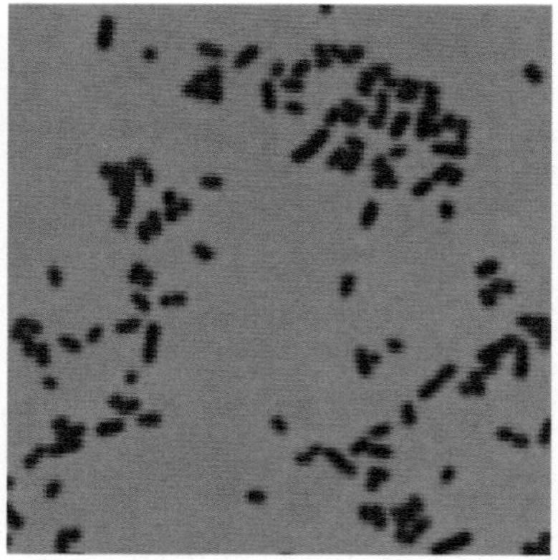

彩图21 保科爱德华菌，革兰氏染色

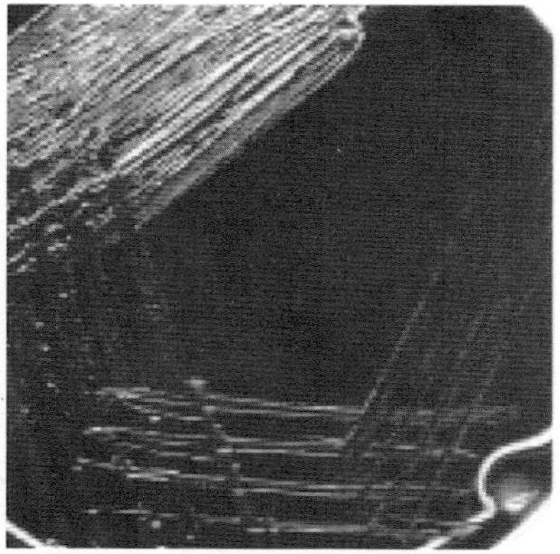

彩图22 迟钝爱德华菌（*E. tarda*）在BA平板上25℃培养24h

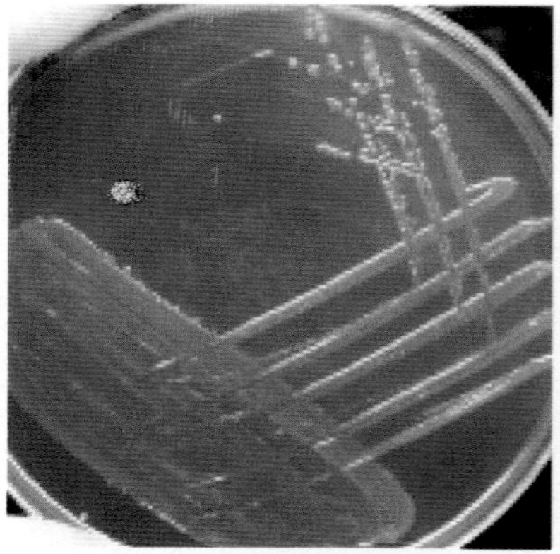

彩图23 迟钝爱德华菌在MCA平板上培养24h

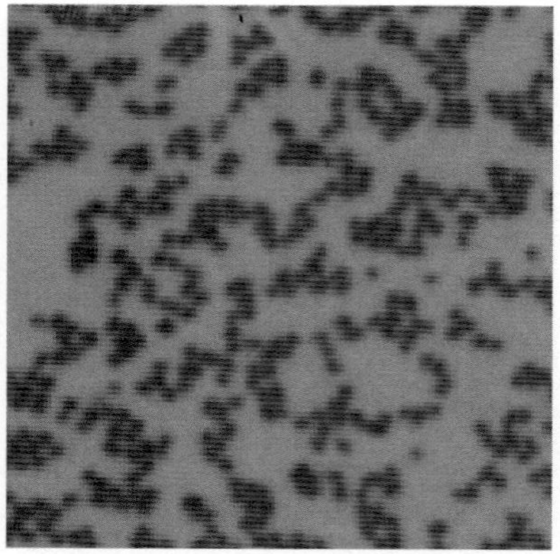

彩图24 迟钝爱德华菌，革兰氏染色

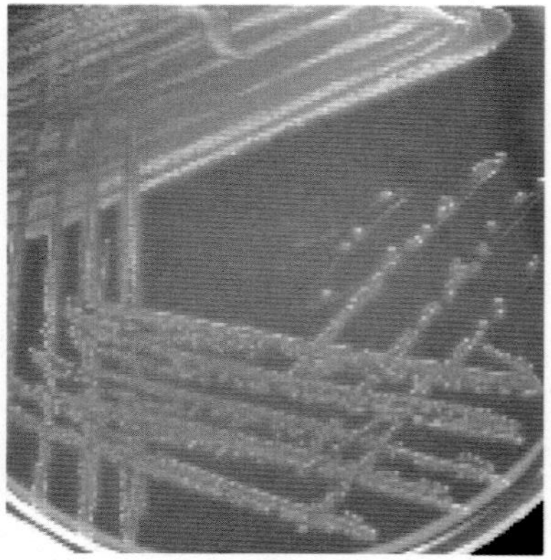

彩图25 猪红斑丹毒丝菌（*Erysi-pelothrix rhusiopathiae*）在BA平板上25℃培养24 h

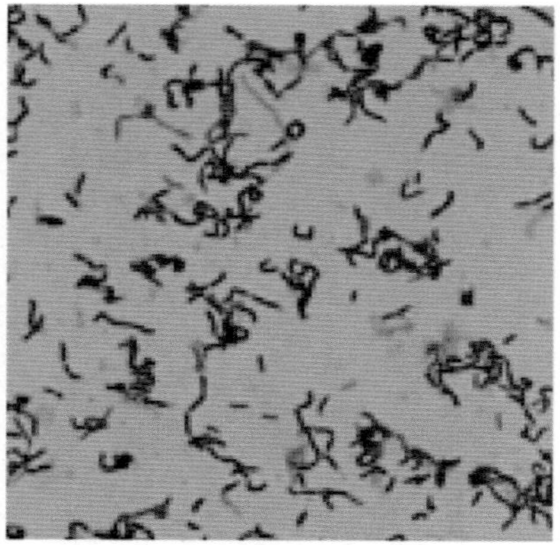

彩图26 猪红斑丹毒丝菌，革兰氏染色

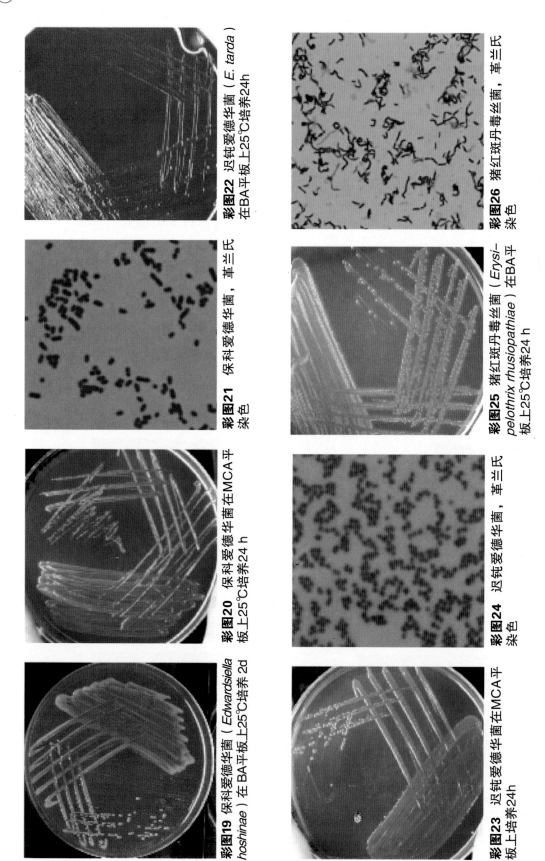

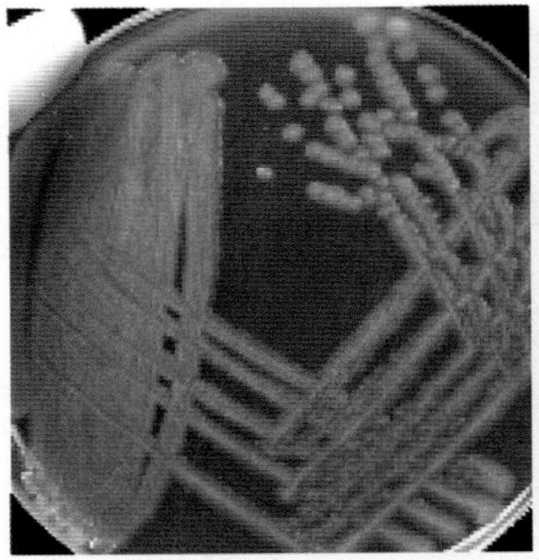

彩图27 约氏黄杆菌（*Flavobacterium johnsoniae*）在BA平板上培养

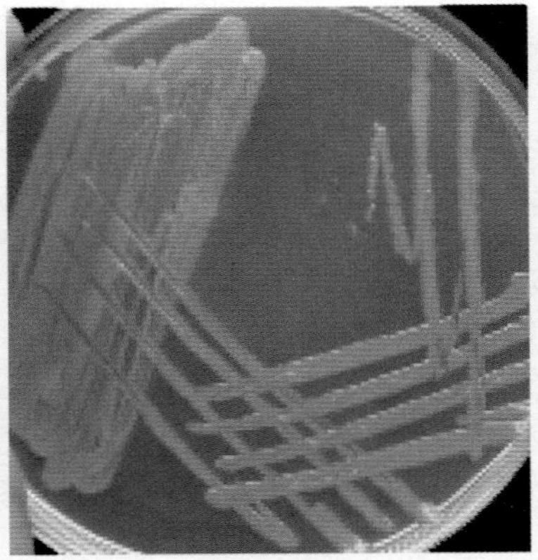

彩图28 约氏黄杆菌在NA平板上25℃培养48 h

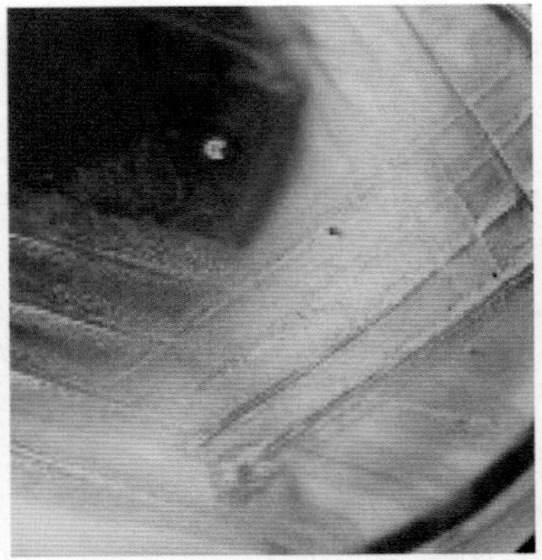

彩图29 约氏黄杆菌在AO平板上25℃培养48 h

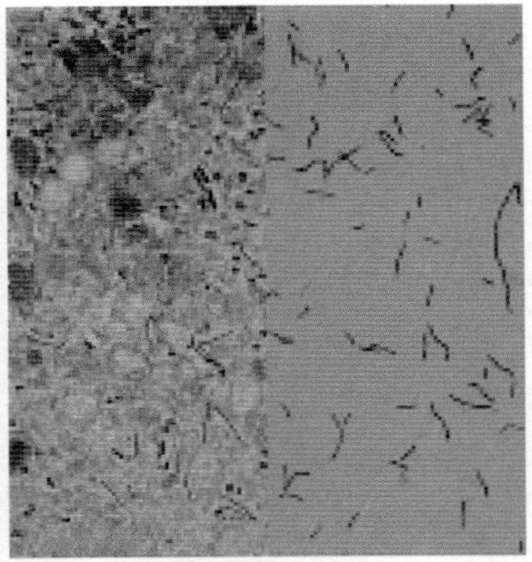

彩图30和彩图31 约氏黄杆菌，鳃组织和纯培养物细胞涂片革兰氏染色

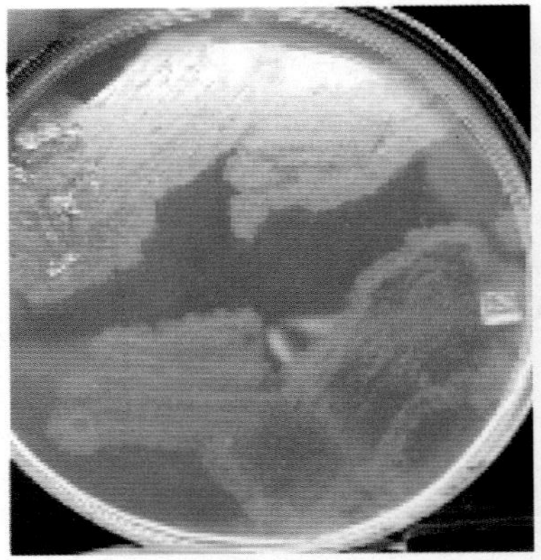

彩图32 柱状黄杆菌（*F. columnare*）在AO平板上继代培养5d

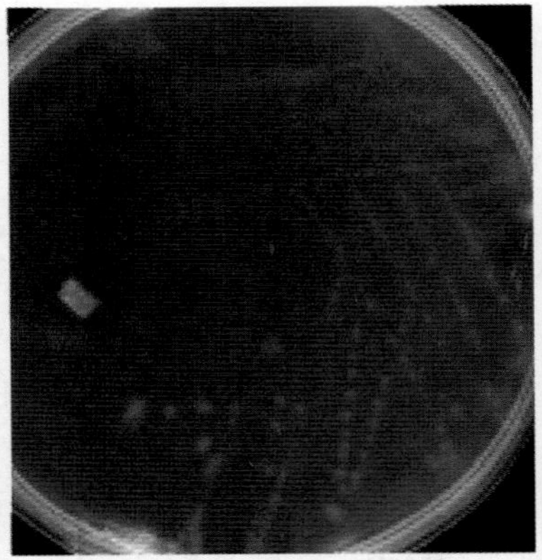

彩图33 柱状黄杆菌在AO平板上继代培养5d

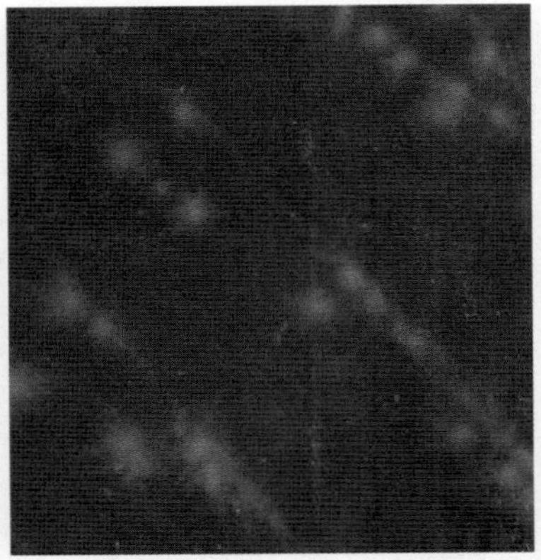

彩图34 柱状黄杆菌放大的菌落形态

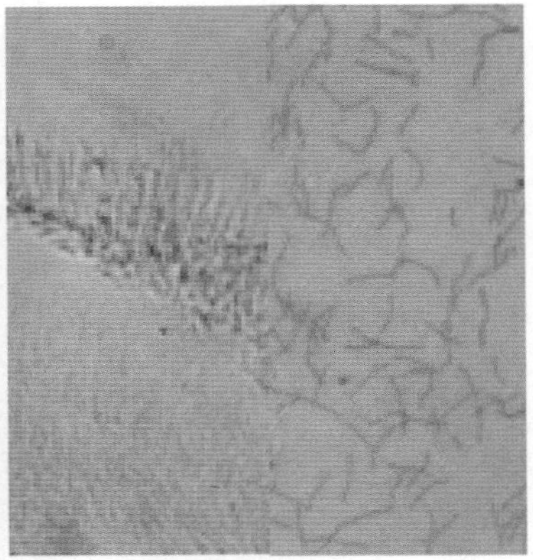

彩图35和彩图36 柱状黄杆菌，HE制片；细胞末端黏附在皮肤组织上；从培养物取细胞做涂片革兰氏染色

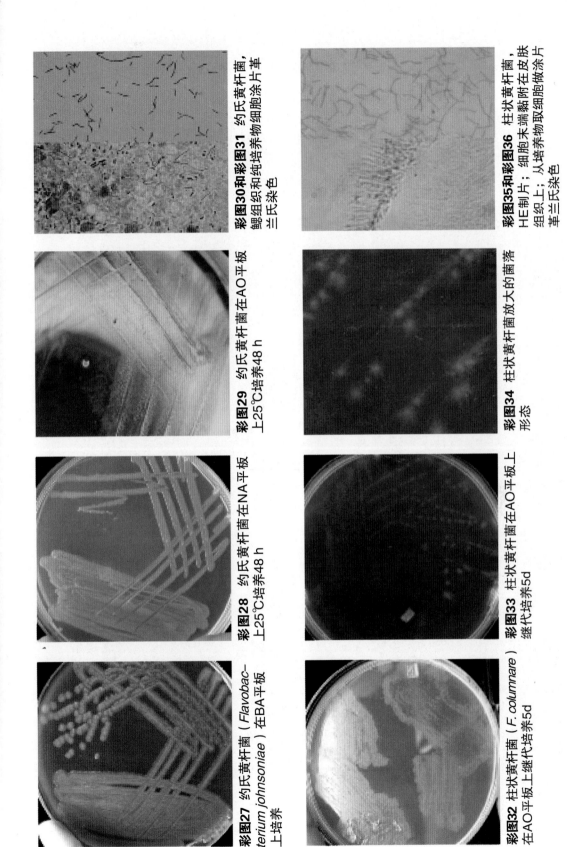

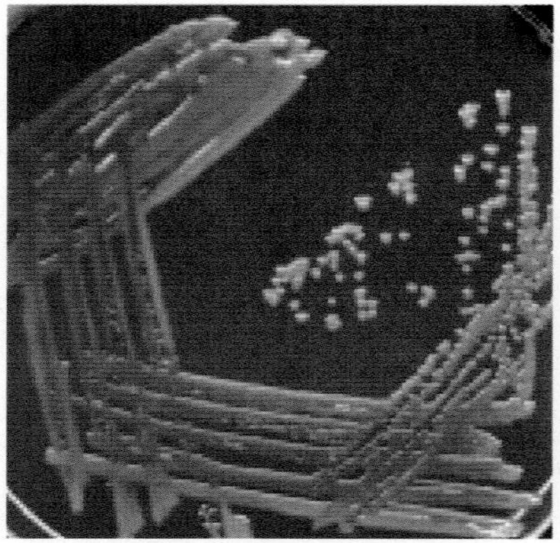

彩图37 蜂房哈夫尼菌（*Hafnia alvei*）在BA平板上25℃培养48 h

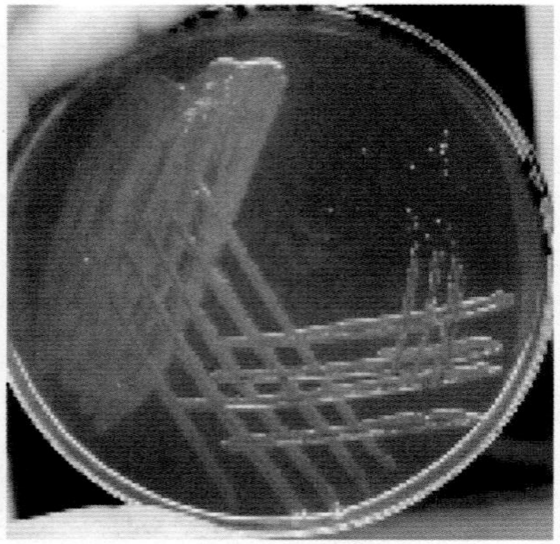

彩图38 蜂房哈夫尼菌在MCA平板上25℃培养48 h

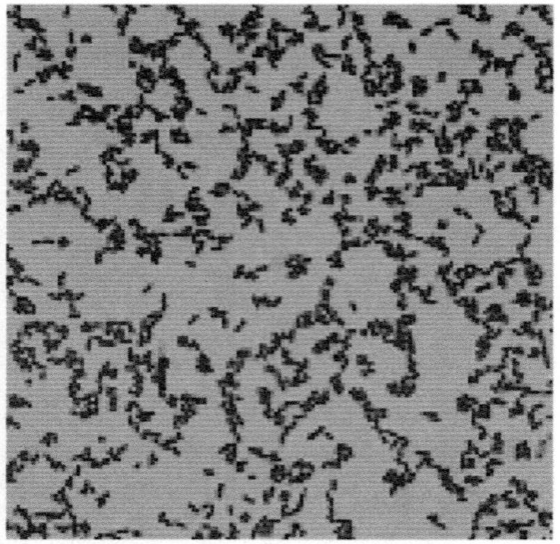

彩图39 蜂房哈夫尼菌，革兰氏染色

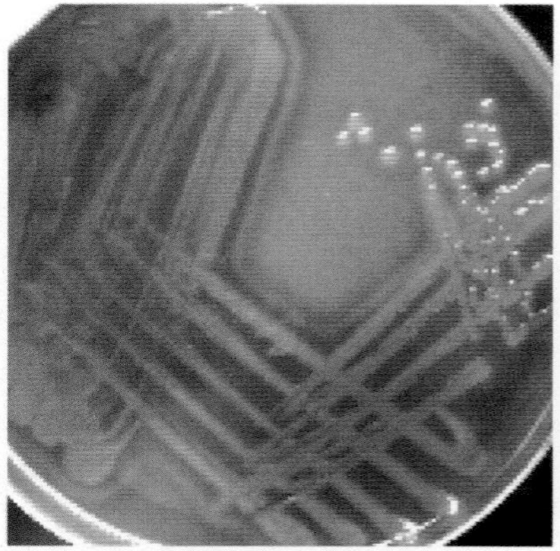

彩图40 鳗利斯特氏菌（*Listonella anguillarum*）在BA平板上25℃培养3d

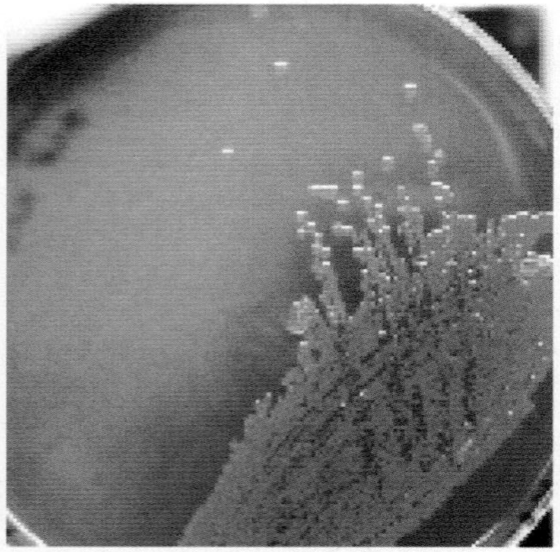

彩图41 鳗利斯特氏菌在MSA-B平板上25℃培养24 h

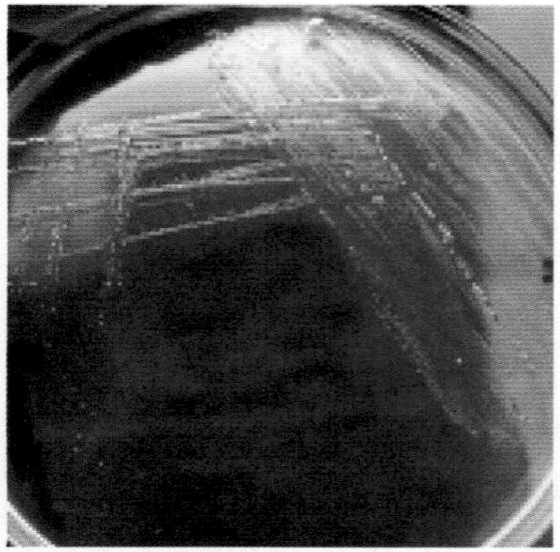

彩图42 鳗利斯特氏菌在TCBS平板上25℃培养48 h

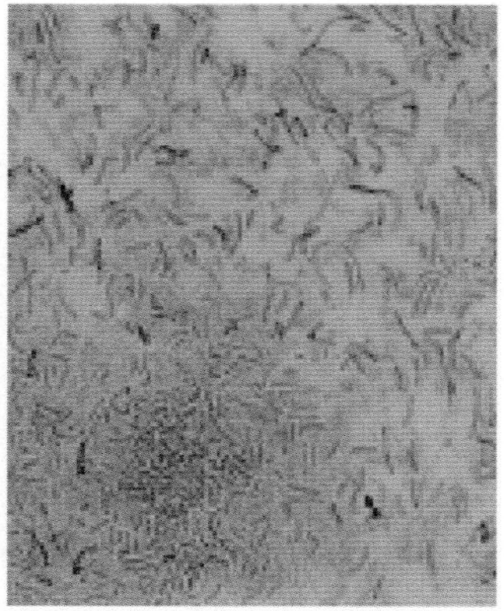

彩图43.鳗利斯特氏菌，革兰氏染色

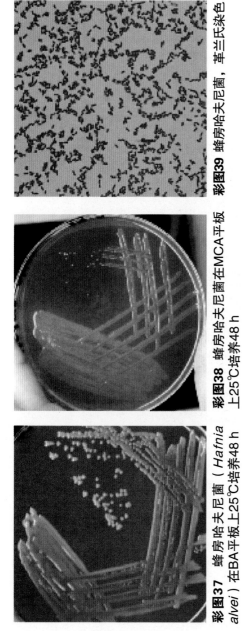

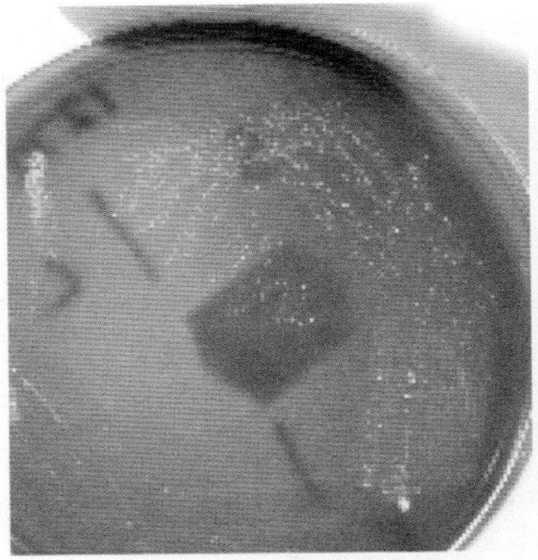

彩图44 海洋分枝杆菌（*Mycobacterium marinum*）在BA平板上培养5d

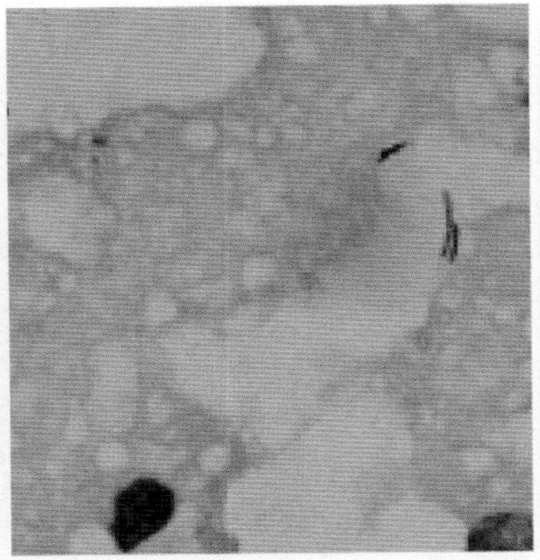

彩图45 海洋分枝杆菌，来自鳟鱼肾脏，ZN染色

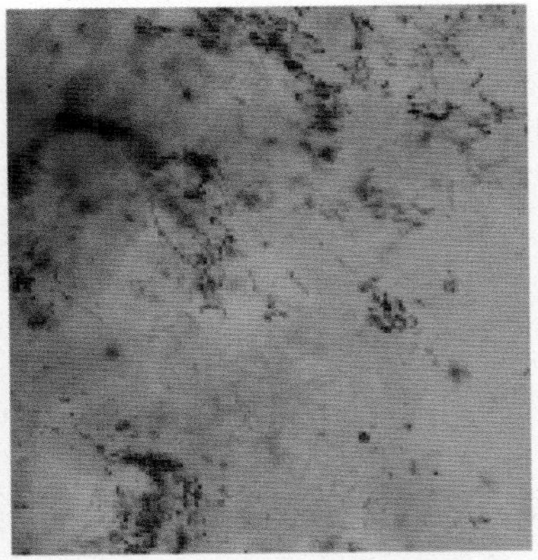

彩图46 海洋分枝杆菌，来自鳟鱼肾脏，ZN染色

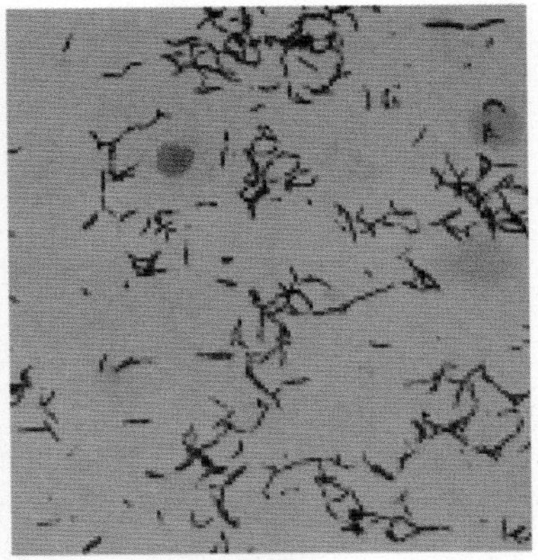

彩图47 诺卡氏菌属（*Nocardia*），革兰氏染色

彩图48 美人鱼发光杆菌美人鱼亚种（*Photobacterium damselae* ssp.*damselae*）在MSA-B平板上25℃培养2d

彩图49 美人鱼发光杆菌美人鱼亚种在BA平板上培养48 h

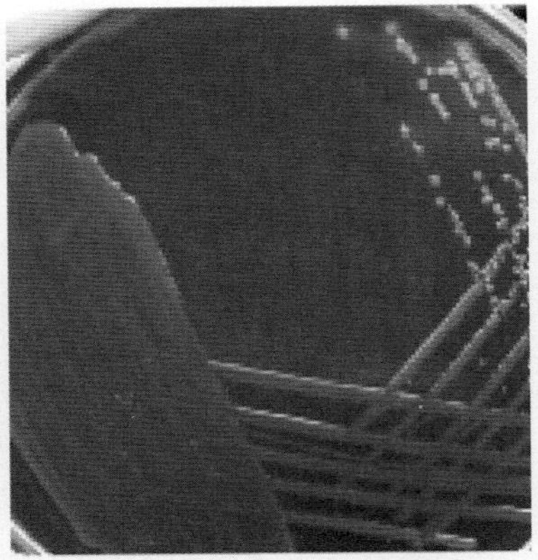

彩图50 美人鱼发光杆菌美人鱼亚种在TCBS平板上25℃培养2d

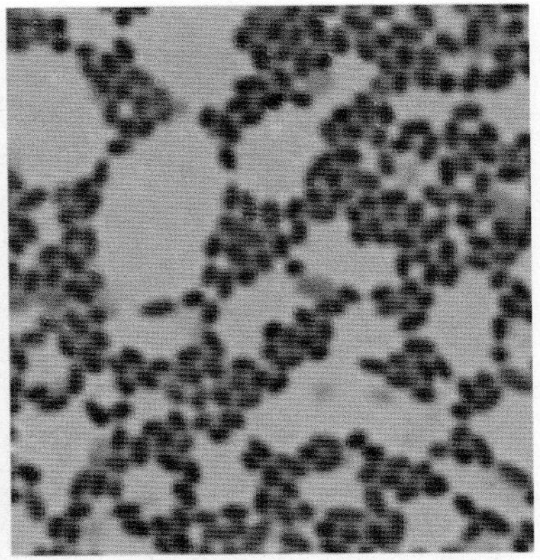

彩图51 美人鱼发光杆菌美人鱼亚种，革兰氏染色

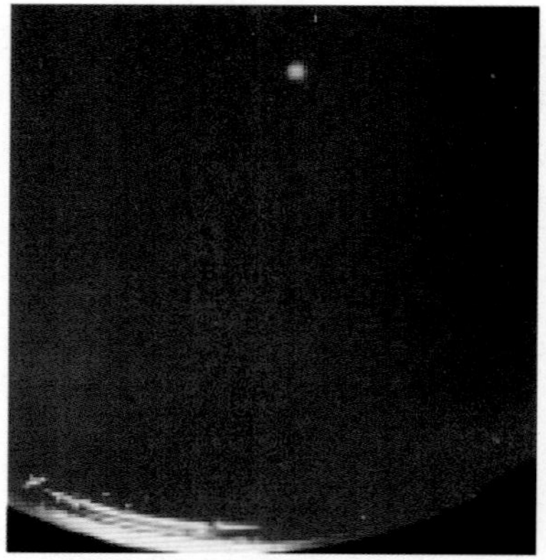

彩图52 美人鱼发光杆菌杀鱼亚种（*Photobacterium damselae* ssp. *piscicida*）培养13d

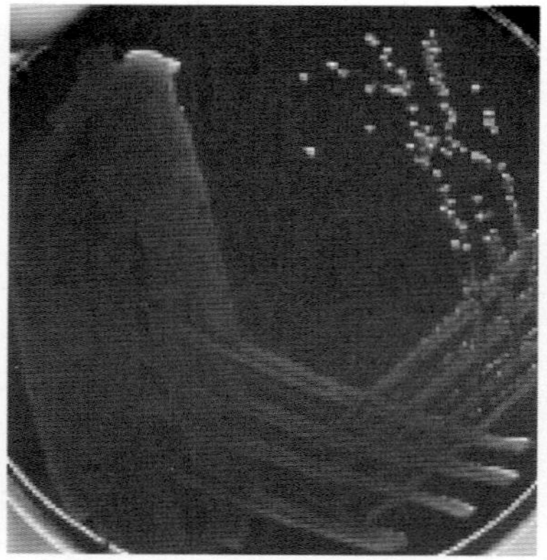

彩图53 类志贺毗邻单胞菌（*Plesiomonas shigelloides*）在BA平板上25℃培养24h

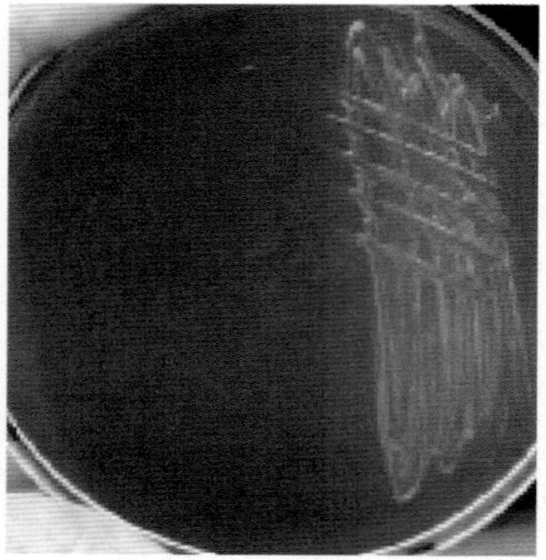

彩图54 类志贺毗邻单胞菌在MCA平板上25℃培养24h

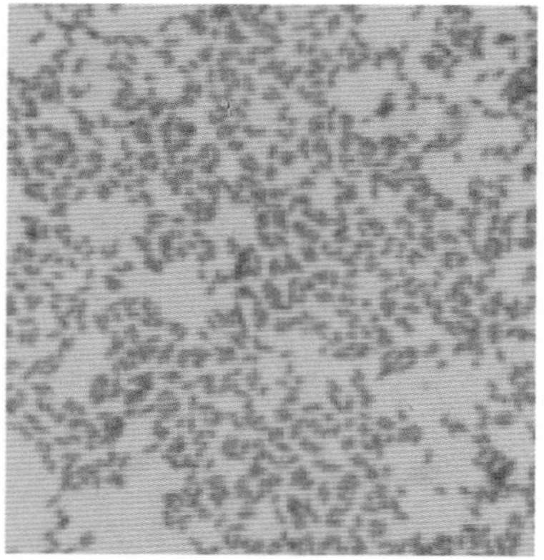

彩图55 类志贺毗邻单胞菌，革兰氏染色

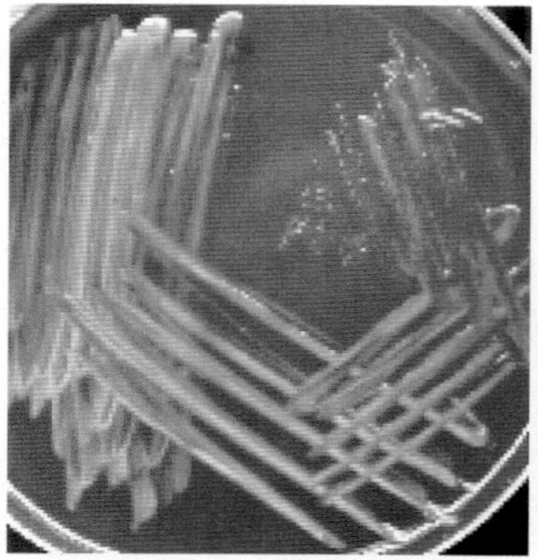

彩图56 荧光假单胞杆菌（*Pseudomonas fluorescens*）在BA平板上培养24h

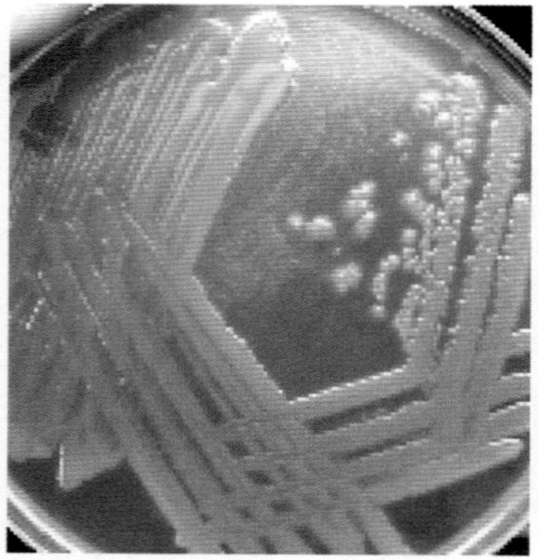

彩图57 荧光假单胞杆菌在MCA平板上培养2d

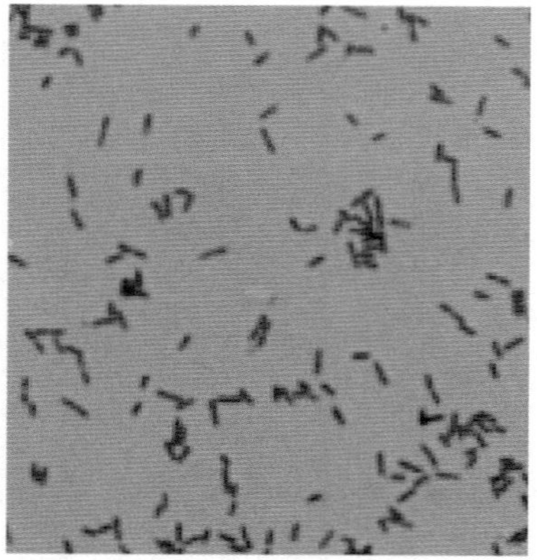

彩图58 荧光假单胞杆菌，革兰氏染色

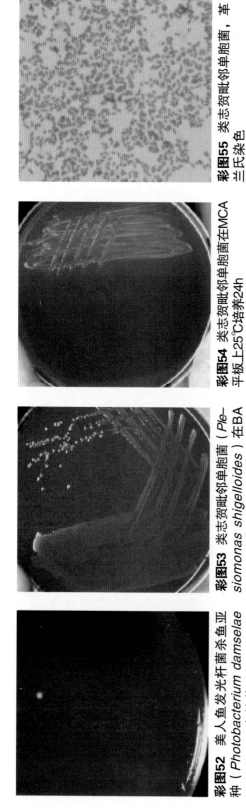

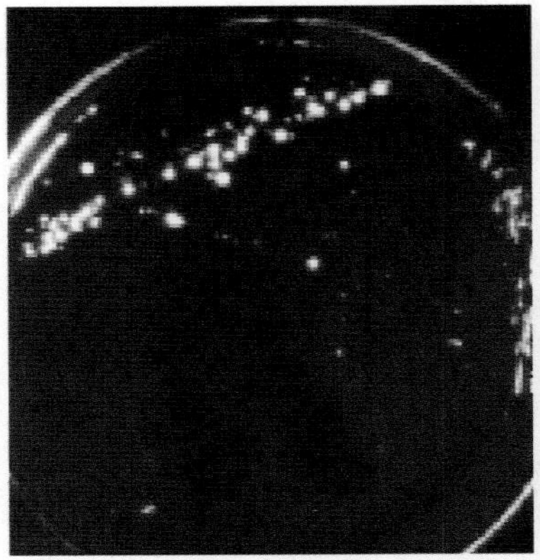

彩图59 鲑鱼肾杆菌（*Renibacterium salmoninarum*），培养2～3周

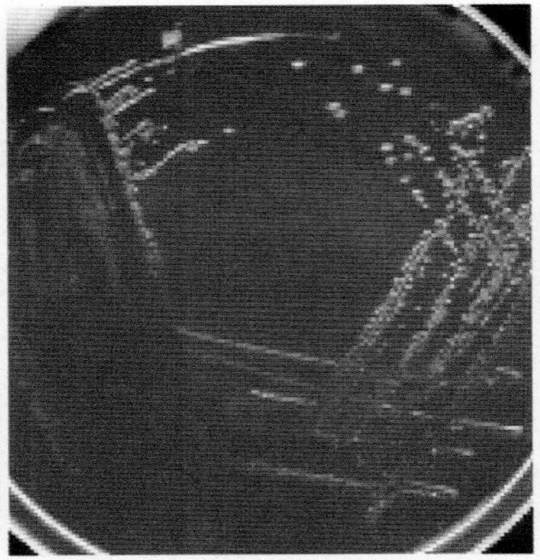

彩图60 无乳（难辨）链球菌［*Streptococcus (difficile) agalactiae*］组B，在BA平板上培养3d

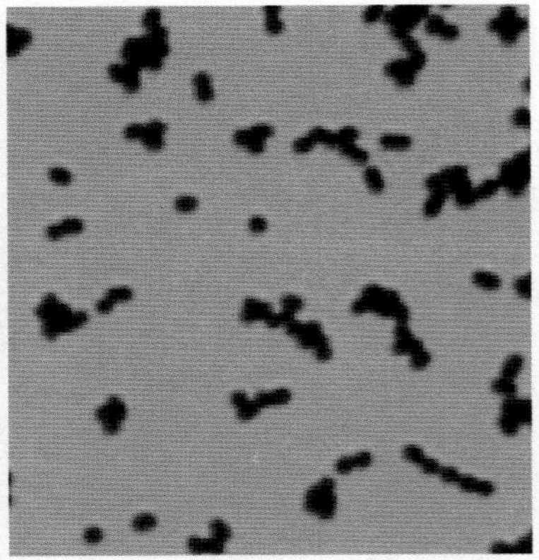

彩图61 无乳（难辨）链球菌组B，革兰氏染色

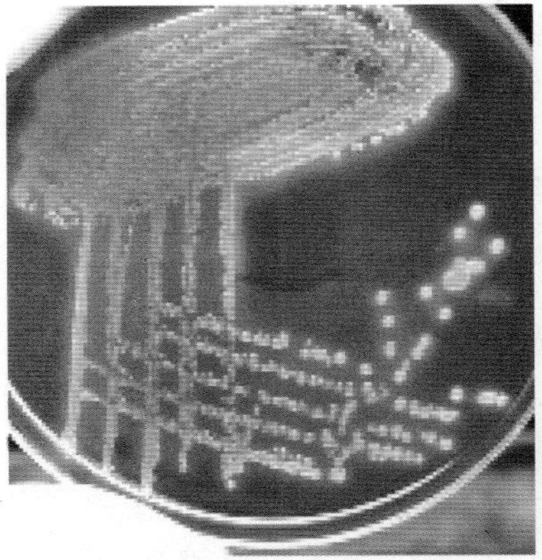

彩图62 海豚链球菌（*S. iniae*）在BA平板上培养2d显示微弱β溶血性的菌株

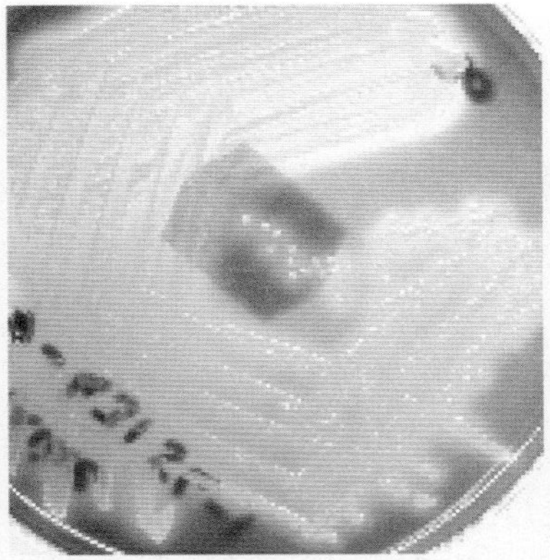

彩图63 海豚链球菌在BA平板上培养2d显示较强β溶血性的菌株

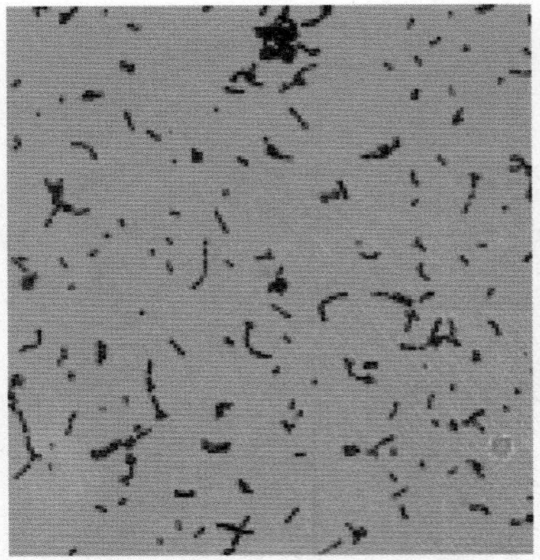

彩图64 海豚链球菌，涂片革兰氏染色

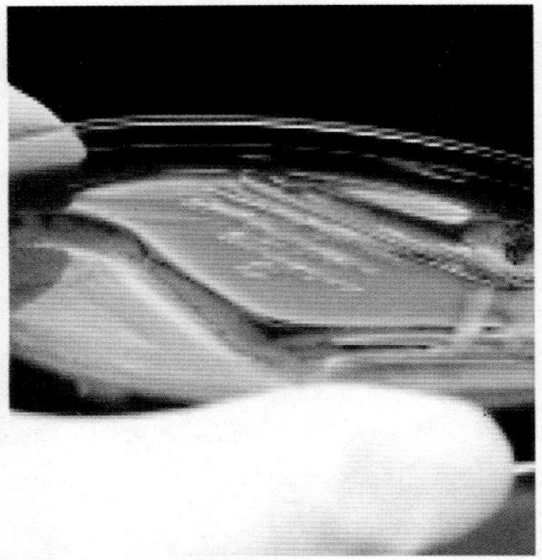

彩图65 溶藻弧菌（*Vibrio. agarivorans*）在MSA-B平板上25℃培养7d

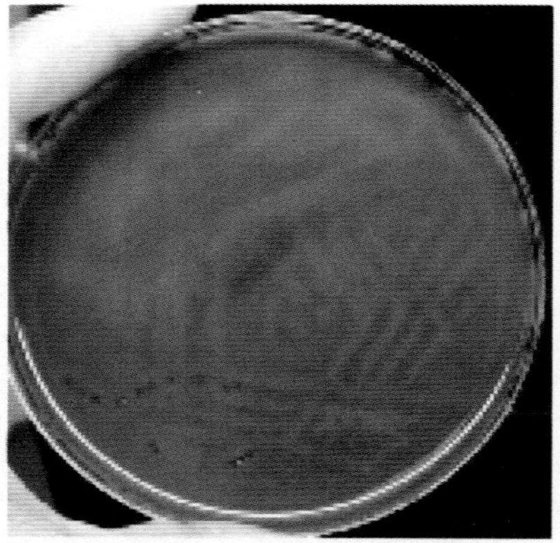

彩图66 溶藻弧菌在MSA-B平板上培养24 h，培养物穿越平板蜂拥样生长

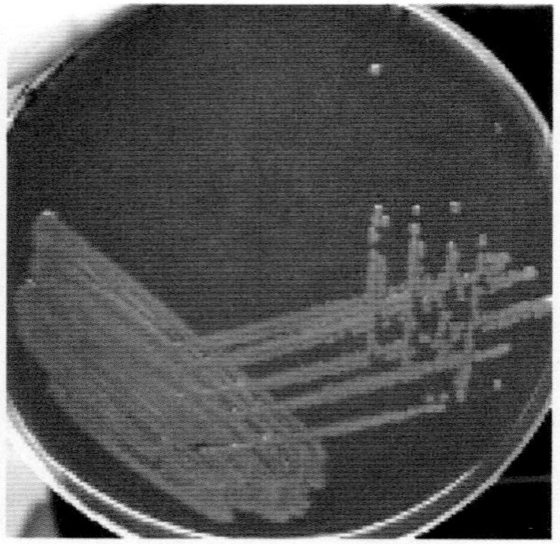

彩图67 溶藻弧菌在BA平板上培养24 h

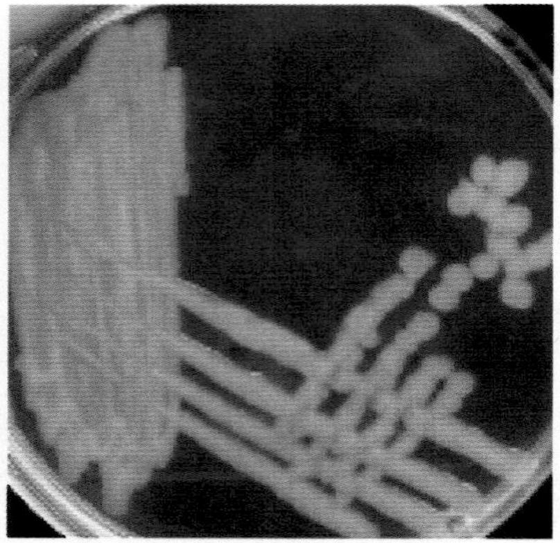

彩图68 溶藻弧菌在TCBS平板上培养24 h

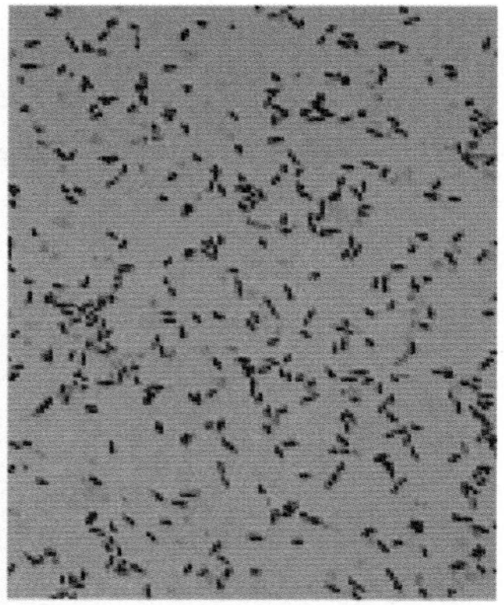

彩图69 溶藻弧菌，革兰氏染色

彩图70 非01霍乱弧菌（*V. cholerae*）在BA平板上培养24 h

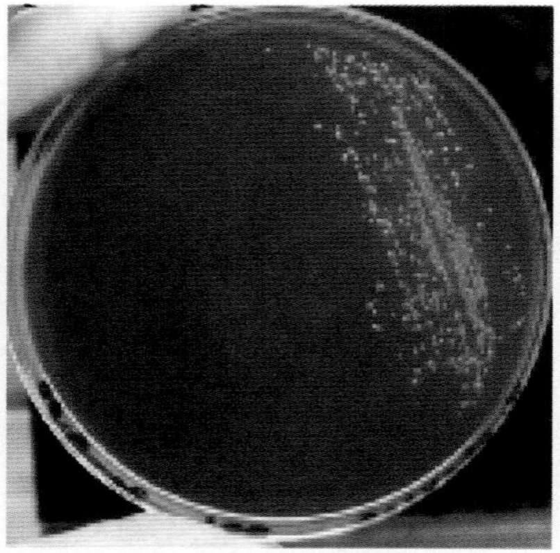

彩图71 非01霍乱弧菌在MCA平板上培养

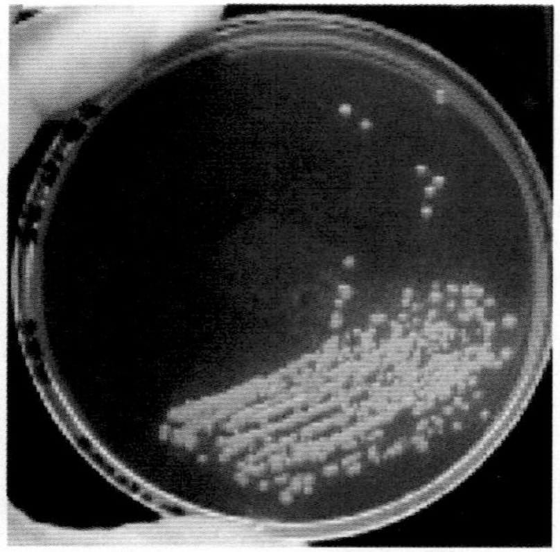

彩图72 非01霍乱弧菌在TCBS平板上培养

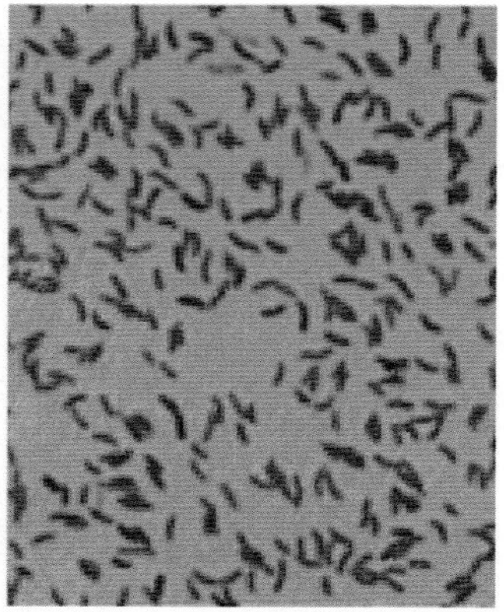

彩图73 霍乱弧菌，革兰氏染色

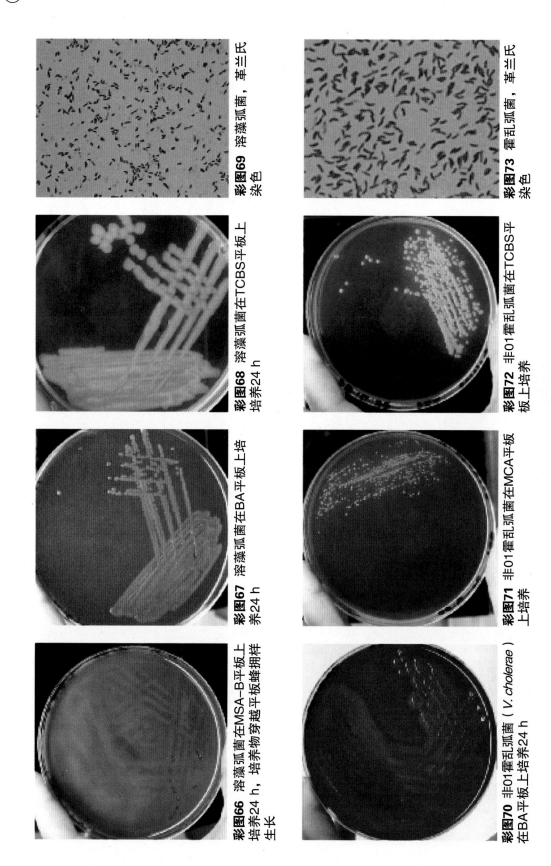

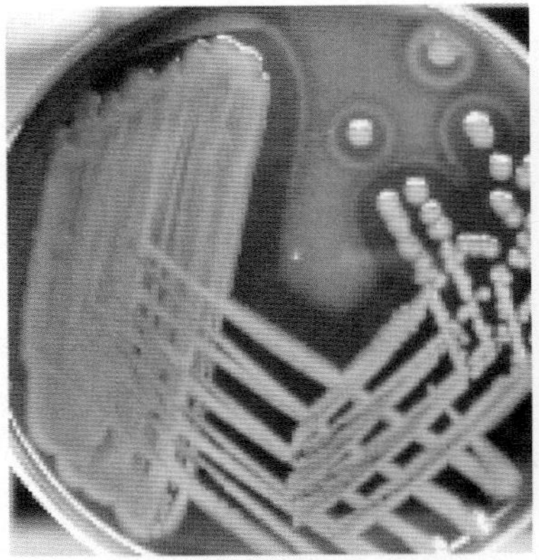

彩图74 河流弧菌（*V. fluvialis*）在BA平板上25℃培养24 h

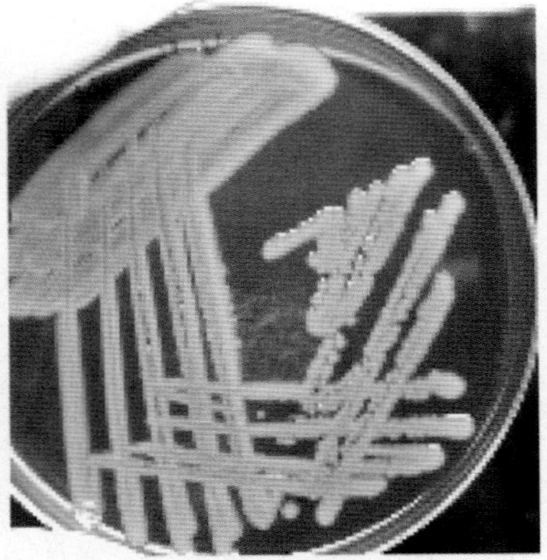

彩图75 河流弧菌在MSA-B平板上25℃培养48 h

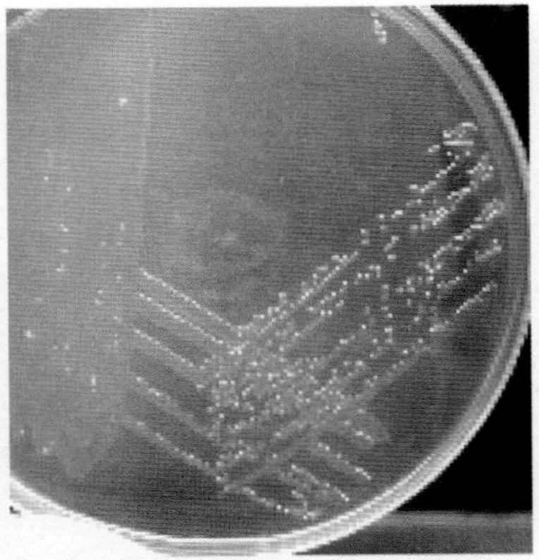

彩图76 河流弧菌在MCA平板上25℃培养24 h

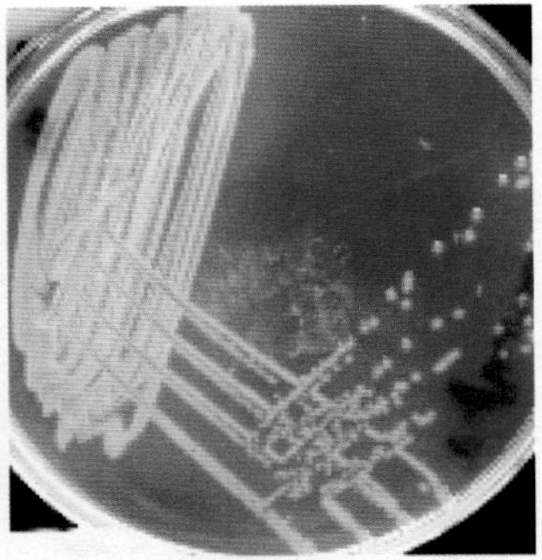

彩图77 河流弧菌在TCBS平板上25℃培养24 h

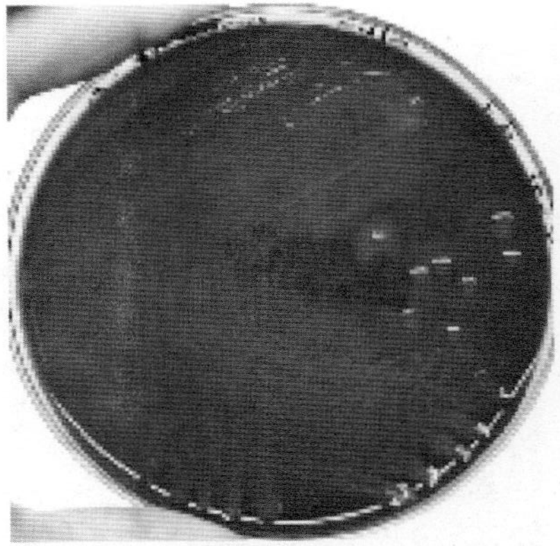

彩图78 弗尼斯弧菌（*V. furnissii*）在BA平板上培养48 h

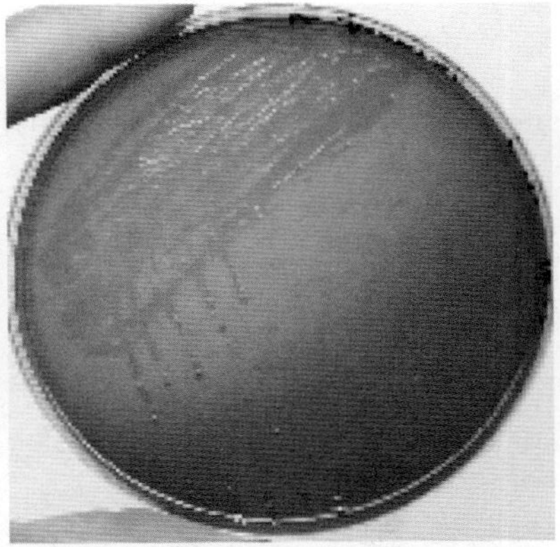

彩图79 弗尼斯弧菌在MCA平板上培养48 h

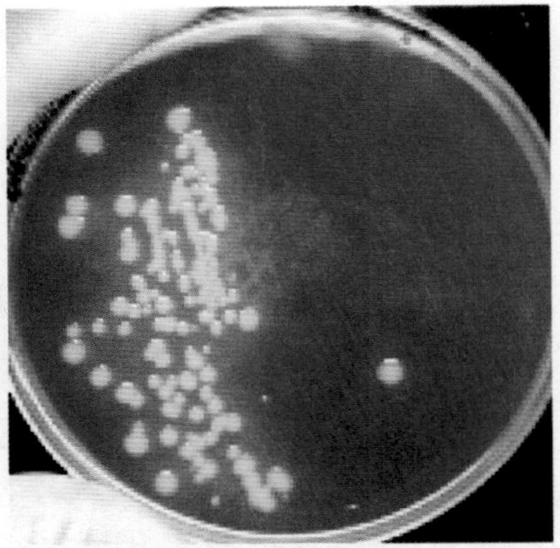

彩图80 弗尼斯弧菌在TCBS平板上培养48 h

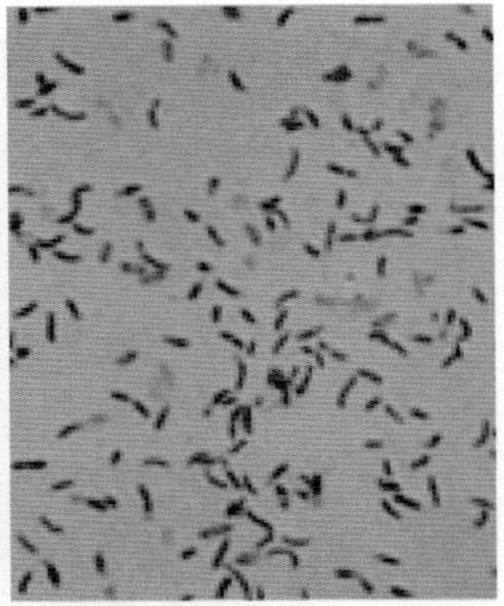

彩图81 河流弧菌，革兰氏染色

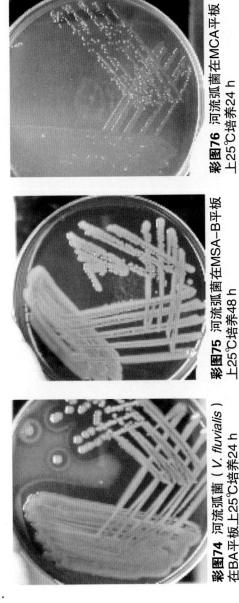

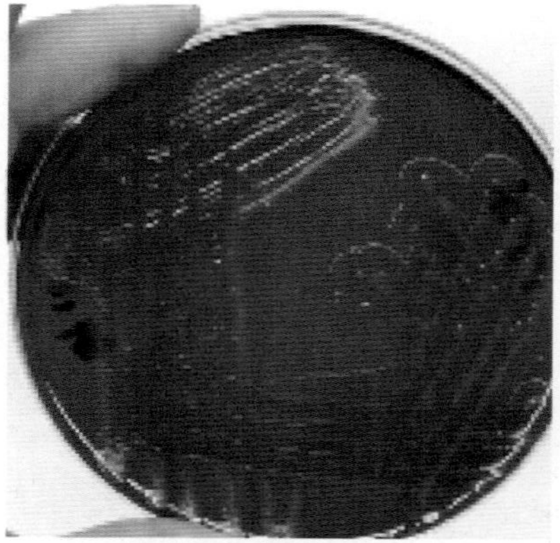

彩图82 哈维氏弧菌（*V. harveyi*）在MSA-B平板上培养48 h

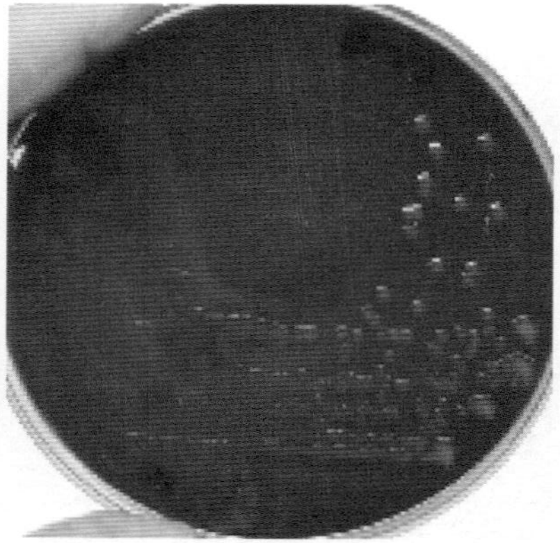

彩图83 哈维氏弧菌在BA平板上培养48 h

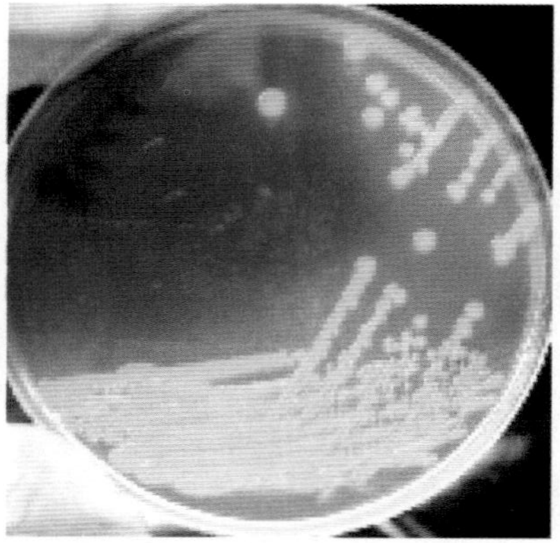

彩图84 哈维氏弧菌在TCBS平板上培养48 h

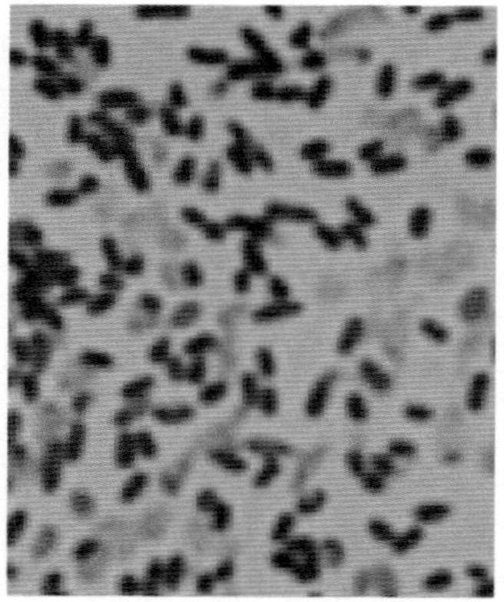

彩图85 哈维氏弧菌，革兰氏染色

彩图86 拟态弧菌（*V. mimicus*）在BA平板上培养24 h

彩图87 拟态弧菌在BA平板上培养48 h

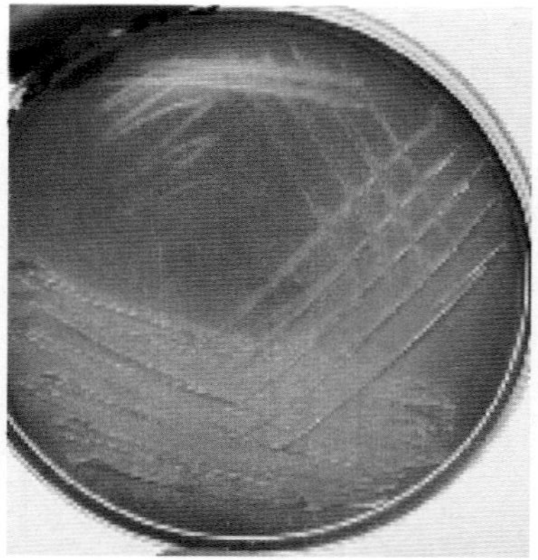

彩图88 拟态弧菌在MCA平板上培养

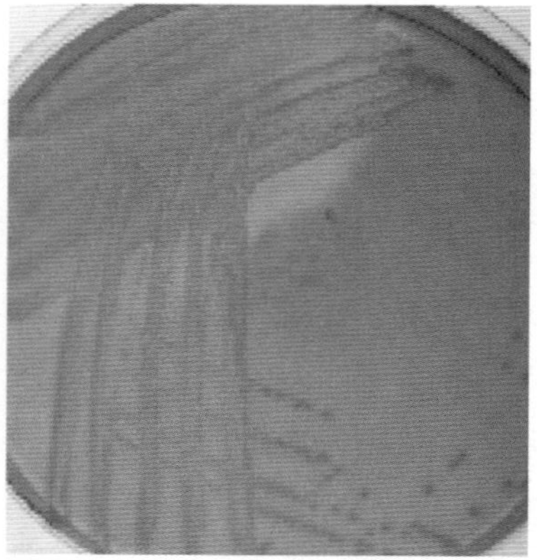

彩图89 拟态弧菌在TCBS平板上培养

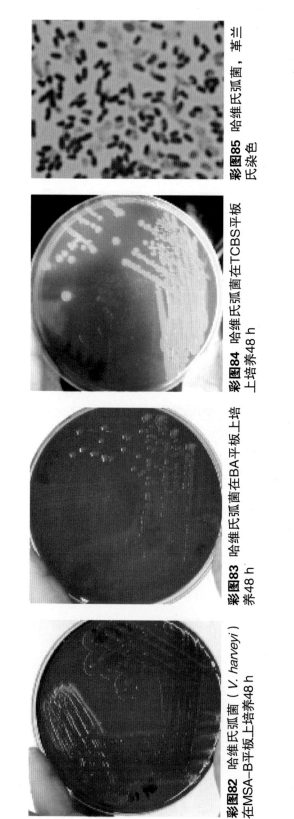

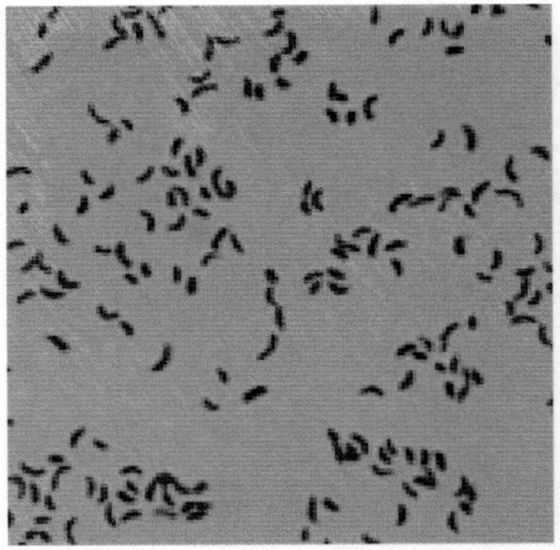

彩图90 拟态弧菌，革兰氏染色

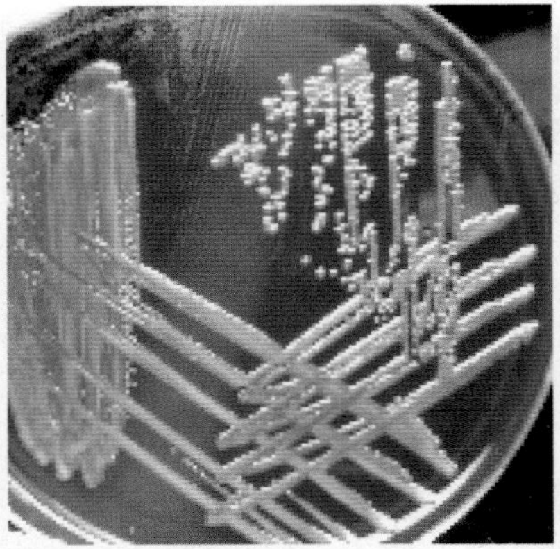

彩图91 奥德弧菌（*V. ordalii*）在MSA-B平板上培养2d

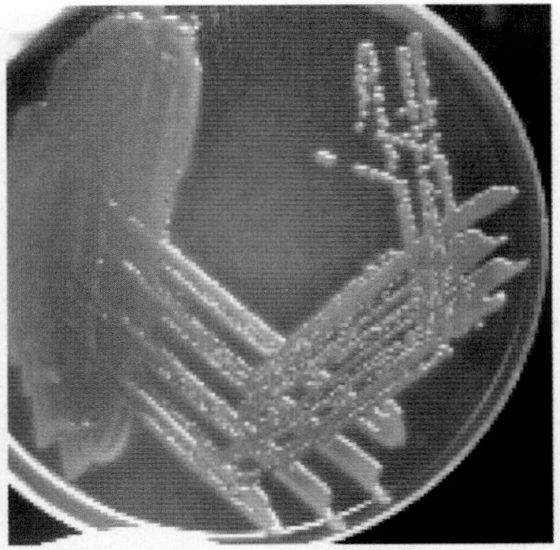

彩图92 奥德弧菌在BA平板上25℃培养3d，在TCBS平板上不生长

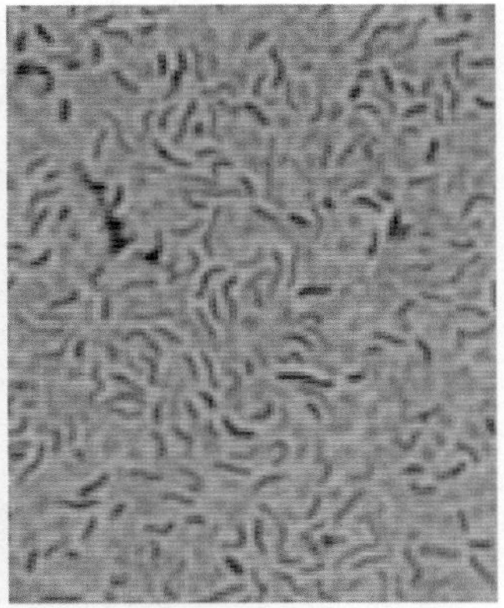

彩图93 奥德弧菌，革兰氏染色

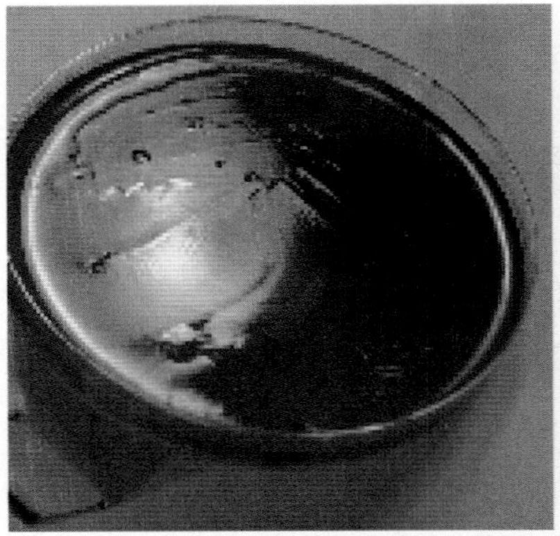

彩图94 副溶血性弧菌（*V. parahaemolyticus*）在MSA-B平板上培养48h，培养物穿越平板蜂拥样生长

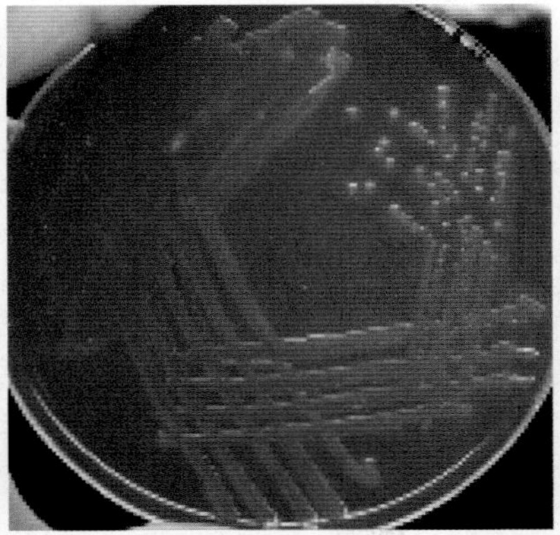

彩图95 副溶血性弧菌在BA平板上25℃培养24h

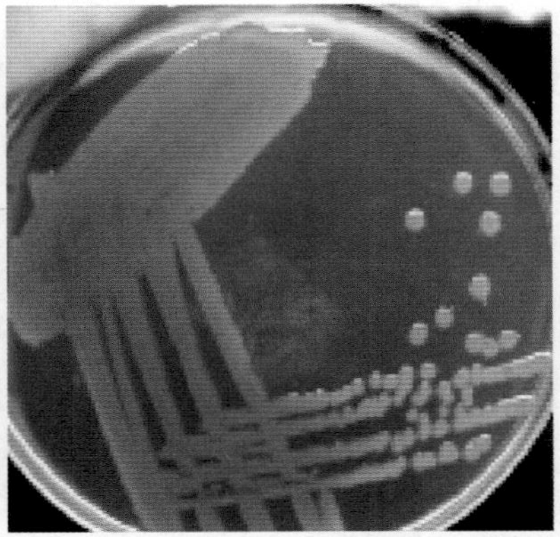

彩图96 副溶血性弧菌在TCBS平板上培养24h

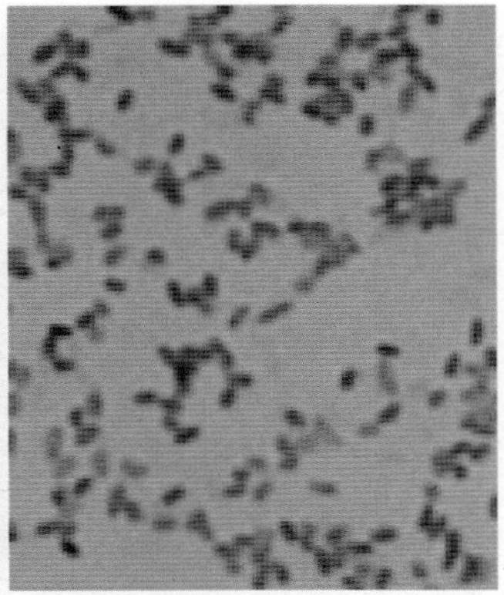

彩图97 副溶血性弧菌，涂片革兰氏染色

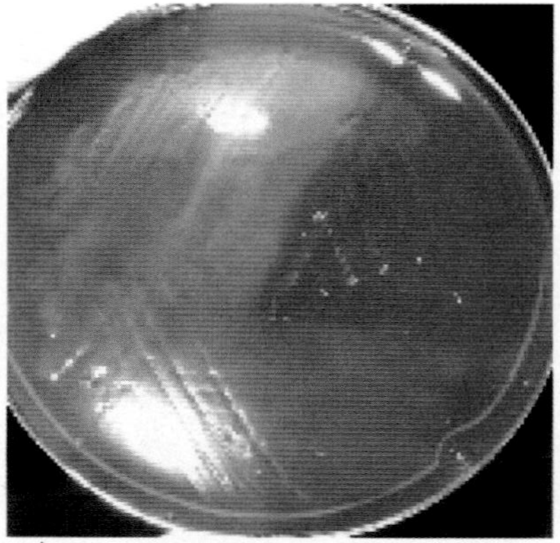

彩图98 解蛋白弧菌（*V. proteolyticus*）在BA平板上25℃培养24h，显示为较缓慢蜂拥样生长菌落

彩图99 解蛋白弧菌在MSA-B平板上培养24h，完全覆盖平板

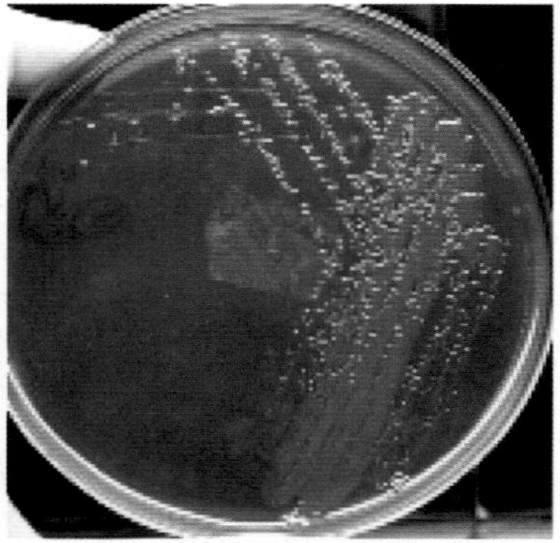

彩图100 解蛋白弧菌在TCBS平板上培养24h

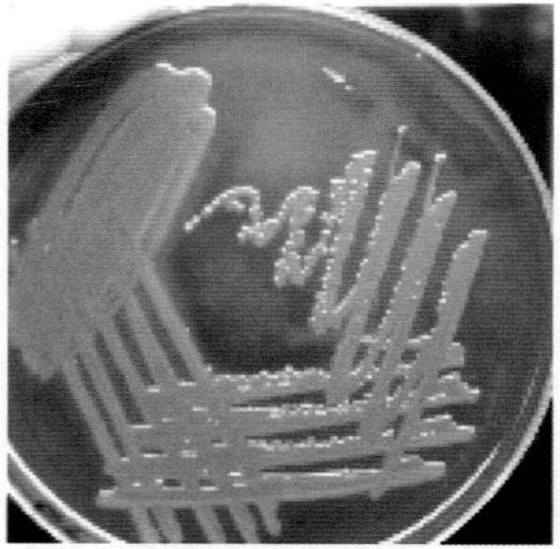

彩图101 塔氏弧菌（*V. tubiashii*）在MSA-B平板上25℃培养2d

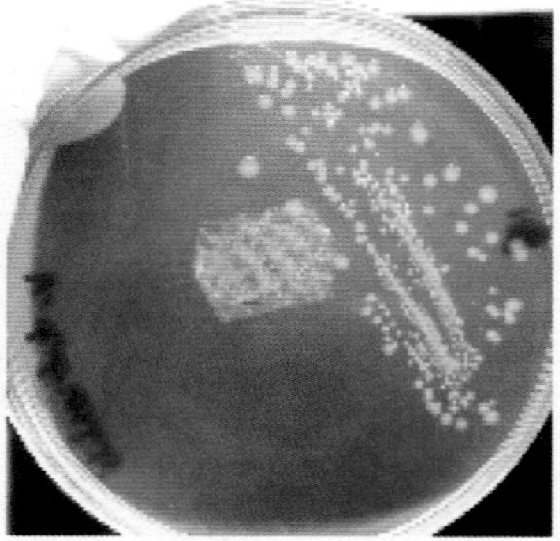

彩图102 塔氏弧菌在TCBS平板上25℃培养3d

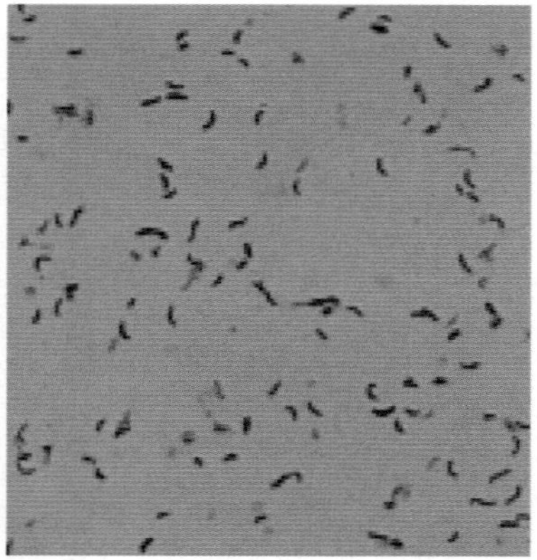

彩图103 塔氏弧菌，革兰氏染色

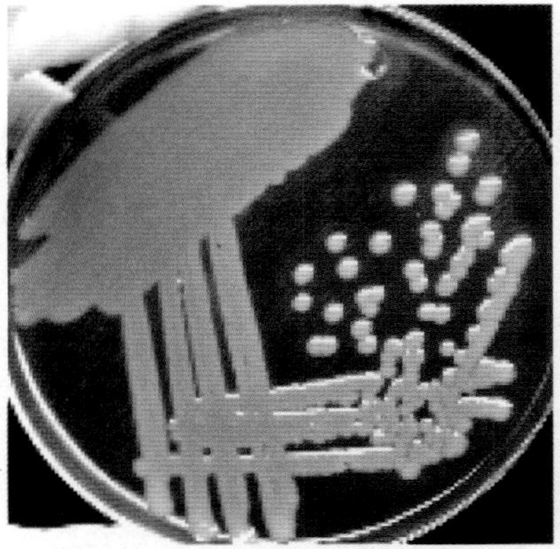

彩图104 创伤弧菌（*V. vulnificus*）在MSA-B平板上25℃培养2d

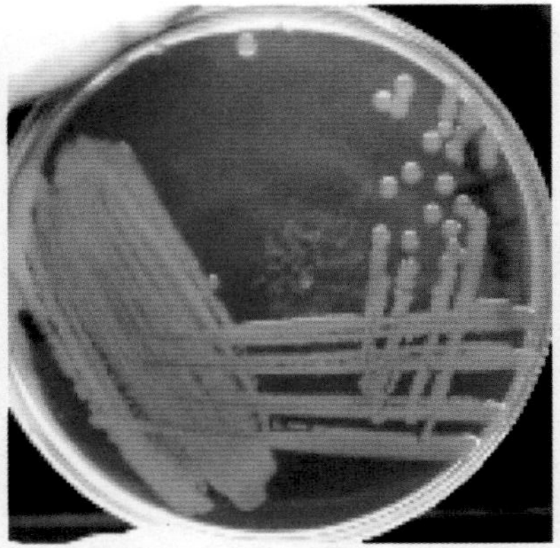

彩图105 创伤弧菌在TCBS平板上25℃培养2d

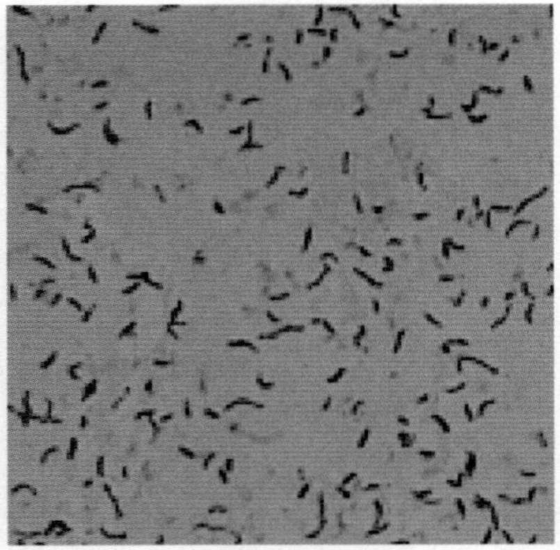

彩图106 创伤弧菌，革兰氏染色

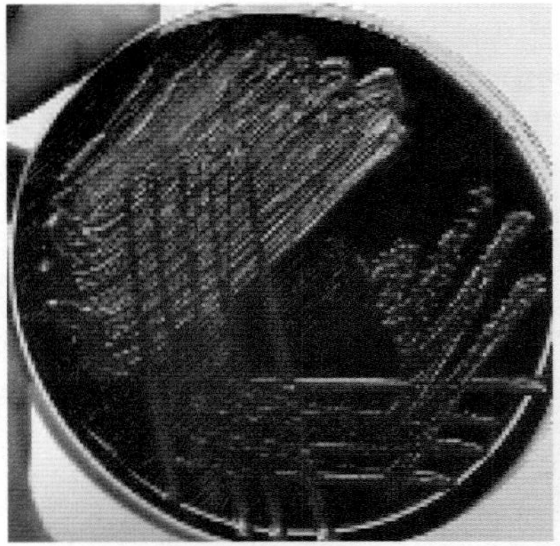

彩图107 鲁氏耶尔森氏菌（*Yersinia ruckeri*）在BA平板上25℃培养24h

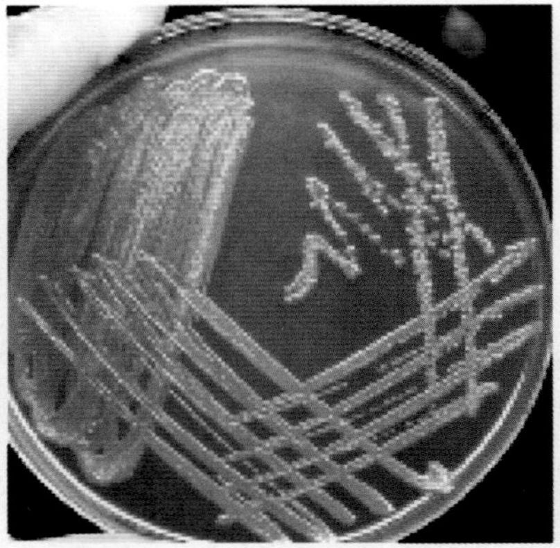

彩图108 鲁氏耶尔森氏菌在MCA平板上25℃培养24h

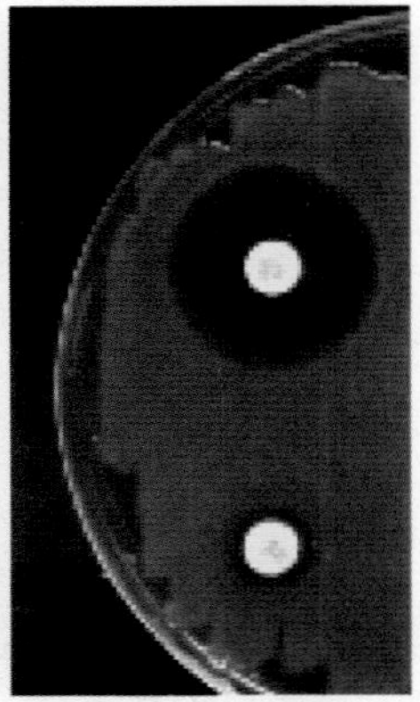

彩图109 弧菌种类鉴定纸片：上为150μg纸片(敏感)，下为10μg纸片（抗性）

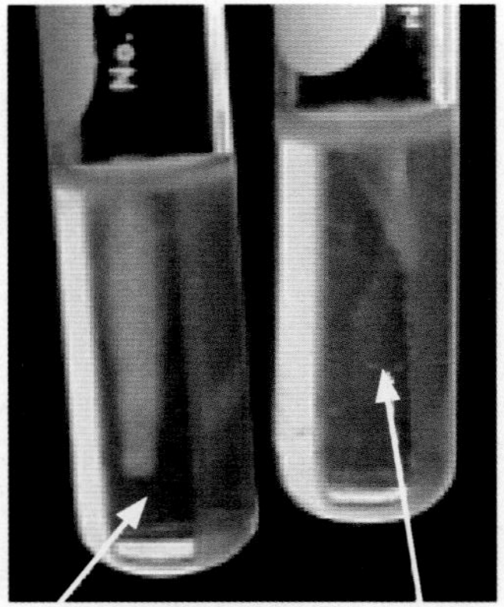

彩图110 鲁氏耶尔森氏菌的运动性在25℃为阳性（左），但在37℃为阴性 (右)

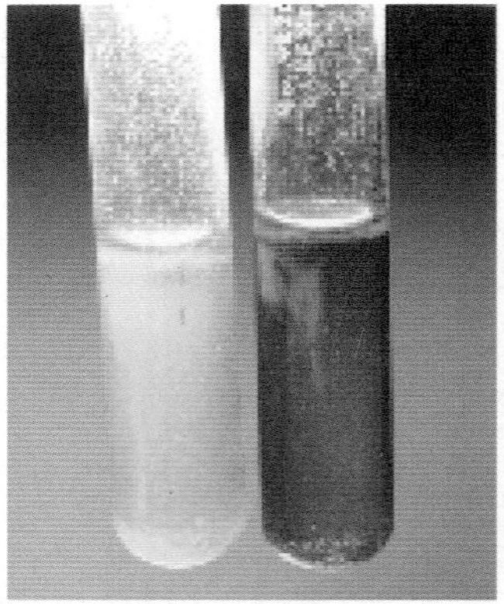

彩图111 糖发酵反应：25℃反应保持24 h，蔗糖阳性(黄色) 和蔗糖阴性(红色)

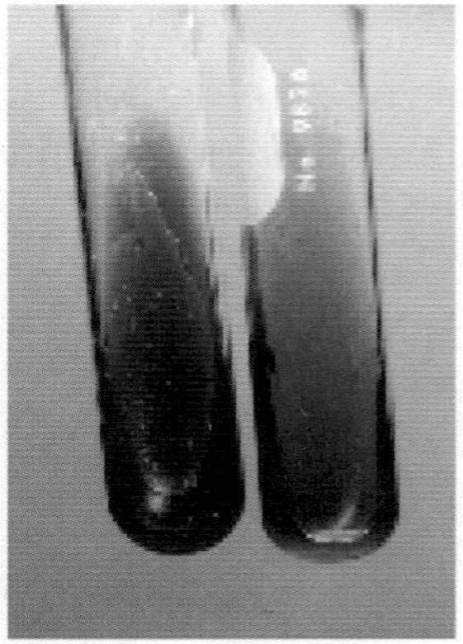

彩图112 柠檬酸试验：鲁氏耶尔森氏菌在24℃柠檬酸测试为阳性（蓝色），但在37℃为阴性（绿色）

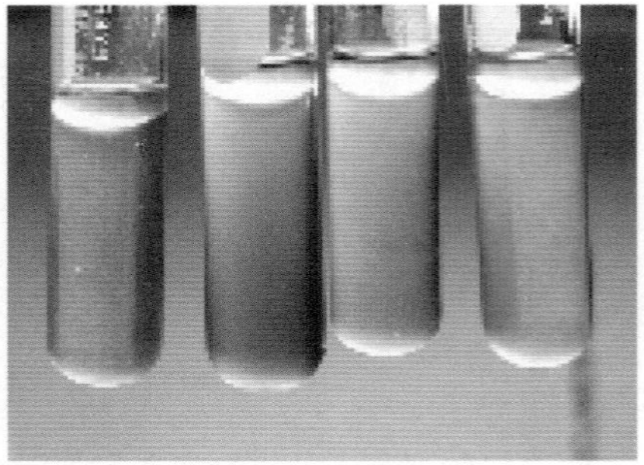

彩图113 脱羧酶反应：从左到右分别为精氨酸双水解酶 (阴性)、赖氨酸脱羧酶 (阳性)、乌氨酸脱羧酶(阳性)、对照管 (阴性)

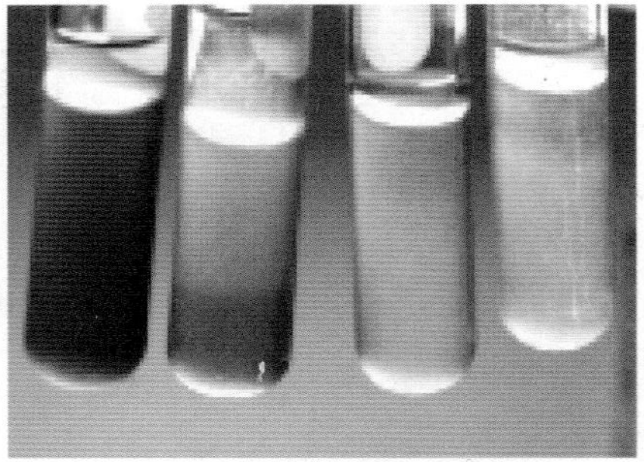

彩图114 脱羧酶反应：从左到右分别为精氨酸双水解酶 (阳性)、赖氨酸脱羧酶 (阳性)、乌氨酸脱羧酶(阴性)、对照管(阴性)

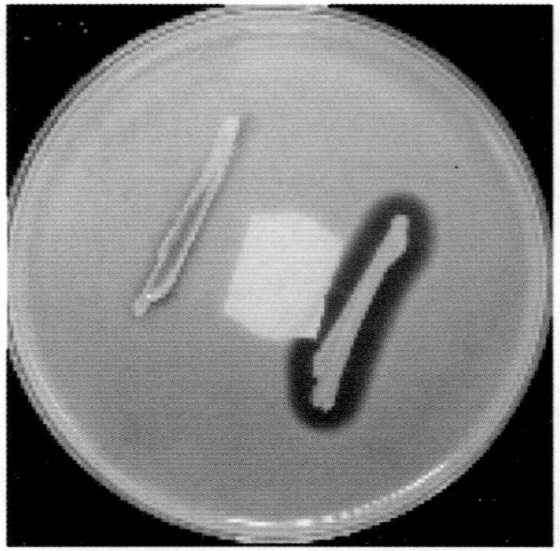

彩图115 DNase反应：左为阴性反应，右为阳性反应

彩图116 吲哚反应：左为阴性反应，右为阳性反应；副溶血性弧菌分别用添加0.85%的 NaCl和 2%的NaCl进行测试

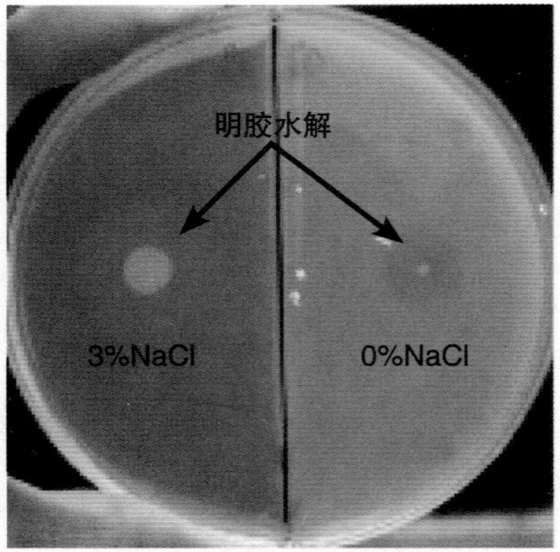

彩图117 分割平板显示明胶水解及培养物在3%和 0%的 NaCl浓度下的生长情况

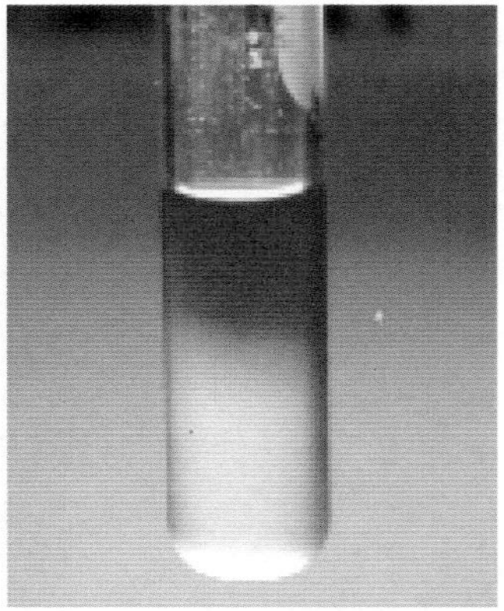

彩图118 阳性甲基红反应